工业和信息化部"十四五"规划教材

现代通信原理

（第4版）

○ 主　编　罗新民
○ 参　编　薛少丽　田　琛
　　　　　张　莹　范建存

U0322173

中国教育出版传媒集团

高等教育出版社·北京

内容简介

《现代通信原理》（第4版）在第3版的基础上修订而成。本书以现代通信系统为背景，以通信系统的模型为主线，讲述现代通信系统的基本原理、基本技术和系统性能的分析方法，包括模拟通信系统和数字通信系统，并以数字通信系统为主。本书主要介绍信号设计、编码、调制等基本理论和噪声分析方法。

本书共有12章，内容包括绪论、信号分析基础、信道与噪声、信号设计导论、模拟调制系统、信源编码、数字基带传输系统、数字载波传输系统、改进型数字调制系统、差错控制编码、同步原理及现代通信网等内容。本书为新形态教材，对于重、难点内容，读者可扫描书中二维码进行学习。

本书概念清楚、内容全面、自成体系、便于自学，既注重基本理论和基本概念的阐述，又力图反映通信技术的最新发展。本书是工业和信息化部"十四五"规划教材，既可作为电子信息类专业高年级本科生及研究生教材，也可作为相关领域工程技术人员的参考书。

图书在版编目（CIP）数据

现代通信原理／罗新民主编 . -- 4 版 . -- 北京：高等教育出版社，2024.8

ISBN 978-7-04-061930-0

Ⅰ . ①现… Ⅱ . ①罗… Ⅲ . ①通信原理-高等学校-教材 Ⅳ . ①TN911

中国国家版本馆 CIP 数据核字（2024）第 052039 号

Xiandai Tongxin Yuanli

策划编辑	高云峰	责任编辑	高云峰	封面设计	张申申 王 洋	版式设计	童 丹
责任绘图	李沛蓉	责任校对	吕红颖	责任印制	耿 轩		

出版发行	高等教育出版社	网 址	http://www.hep.edu.cn
社 址	北京市西城区德外大街 4 号		http://www.hep.com.cn
邮政编码	100120	网上订购	http://www.hepmall.com.cn
印 刷	河北信瑞彩印刷有限公司		http://www.hepmall.com
开 本	787 mm×1092 mm 1/16		http://www.hepmall.cn
印 张	28.5	版 次	2004 年 1 月第 1 版
			2024 年 8 月第 4 版
字 数	700 千字		
购书热线	010-58581118	印 次	2024 年 8 月第 1 次印刷
咨询电话	400-810-0598	定 价	68.00 元

第4版前言

《现代通信原理》自2003年第1版出版发行以来，受到了国内同行的广泛关注，已出版过3版。第2版被教育部列选为普通高等教育"十一五"国家级规划教材；第3版获得西安交通大学优秀教材一等奖。本次修订的第4版被列为工业和信息化部"十四五"规划教材。

本次修订在保持前3版概念清楚、内容全面等特点的基础上，根据近年来电子信息技术的新发展，对第3版中的部分内容进行适当的删减，增加一些新内容，以力求充分反映国内外通信技术的最新发展状况。本书具体修订内容如下：

1. 将第3版第2章"确定信号分析"和第3章"随机信号与噪声分析"进行缩减，删除部分公式推导，只重点阐述概念，合并为新版第2章"信号分析基础"；

2. 增加新章节"信道与噪声"，记为第3章，具体内容包括：信道的定义、信道的分类、信道的数学模型、信道中的噪声、香农信道容量，并将第3版1.5节"香农信道容量公式"的内容并入新版第3章"信道与噪声"中；

3. 增加5.10节"模拟通信系统的应用举例"；

4. 将第3版10.6.3节"Turbo码"进行修订，独立为本版的10.7节，并增加10.8节"低密度奇偶校验码"及10.9节"极化码"的内容；

5. 重新修订第3版第12章"通信网"的内容，章节标题改为"现代通信网"，包括通信网的基本概念、有线电视网、计算机网络、移动通信网络及现代通信网的发展趋势等内容。

本书内容共分为12章。第1~4章主要介绍通信系统的基本知识和信号设计的基本概念。第5章主要介绍模拟通信的基本原理。第6~9章主要介绍数字通信的基本原理，包括信源编码、数字基带传输系统、数字载波传输系统及改进型数字调制系统。第10~12章主要介绍数字通信系统中的差错控制编码、同步原理及现代通信网等内容。

本书可作为电子信息类专业高年级本科生及研究生教材，也可作为相关领域工程技术人员的参考书。对于本科教学，本书的参考教学时为64学时。对于具有随机信号和噪声分析等基础的研究生教学，本书的参考教学时为48学时。本书为新形态教材，对于重、难点内容，读者可扫描书中的二维码进行学习。

本书的编写得到了西安交通大学"十四五"本科教材建设规划项目的资助，出版过程中得到了高等教育出版社的大力支持，编者一并致以深切的谢意。

本次编写由罗新民负责第1、2、4、5、6、7、8章的内容，张莹负责第3、9章的内容，薛少丽负责第 10~11 章的内容，范建存负责第 12 章的内容，田琛负责各章习题的收集整理，最后由罗新民对全书进行了修改和定稿。由于编者水平和学识有限，本次出版仍可能存在不妥之处，殷切希望广大读者及同行专家批评指正，提出宝贵的意见和建议。

编者邮箱：luoxm@ xjtu. edu. cn。

编 者
2024 年 5 月
于西安交通大学

第1版前言

　　"现代通信原理"是电子信息类专业的一门重要的专业基础课。本书以现代通信系统为背景，以通信系统的模型为主线，讲述现代通信系统的基本原理、基本技术和系统性能的分析方法，包括模拟通信系统和数字通信系统，并以数字通信系统为主。本书主要介绍信号设计、编码、调制等基本理论和噪声分析方法。

　　本书是在我校编写的《信息传输基础》及《数字通信原理》两本教材的基础上，吸收了国内外同类教材的优点，并结合近几年来我校的教学实践和改革成果后重新编写而成的。本书在原教材的基础上增加了不少应用实例和例题，以便读者进一步理解所学内容，同时对原教材中的习题也进行了充实。

　　本书的参考教学时为70~90学时。使用本教材时，可根据不同的教学要求灵活讲授。本书共分12章，包括：绪论、确定信号分析、随机信号和噪声分析、信号设计导论、幅度调制系统、角度调制系统、信源编码、数字基带传输系统、数字载波传输系统、差错控制编码、同步原理及通信网。

　　本书的特点是概念清楚、内容全面、自成体系、便于自学，既注重基本理论和基本概念的阐述，又力图反映一些通信技术的最新发展。本书既可作为电子信息类专业高年级本科生及研究生教材，也可作为相关领域工程技术人员的参考书。读者应具备概率论、电路、信号与系统和通信电子线路等方面的知识。

　　本书由张传生编写第1、2章，罗新民编写第3、4、5、6、7、8、9章，薛少丽编写第10、11、12章，最后由罗新民对全书做了修改和统稿。西安电子科技大学刘增基教授仔细审阅了全书，并提出了十分宝贵的意见。此外，在本教材的编写过程中，还得到了阎鸿森教授和邓建国教授的大力支持和帮助，在此一并致以深切的谢意。

　　由于编者水平和学识有限，加之时间仓促，书中不妥和错误之处在所难免，殷切希望广大读者及同行专家批评指正。

编　者

2003 年 6 月

于西安交通大学

目 录

第5章		126

模拟调制系统

IV

数字基带传输系统

V

数字载波传输系统

目录

第 1 章

绪　　论

1.1　通信技术的发展和展望

物质、能量和信息是构成社会的三大基本要素。当前，人类社会已步入了"信息社会"，一场信息化革命的风暴正席卷全球。这是继农业革命、工业革命之后的又一次改变人类社会进程的伟大革命。在信息社会，人们无须再像以前那样将主要的时间和精力用于物质、能源的开发和利用上，而是用更多的精力与信息打交道。信息社会的最主要特征是，信息已成为一种重要的社会资源。信息社会与工业社会、农业社会的最大差异在于，信息已成为人类生存及社会进步的重要推动力。信息的开发和利用已成为社会生产力发展的重要标志。

现代通信系统起着信息传输和交换的作用，在信息社会中更显示出它的重要性，通信系统可视为信息社会的生命线。通信技术的发展代表着人类社会的文明和进步，因此，从事通信方面工作的技术人员应该了解通信技术的过去和现在，并能预测未来的发展趋势。

自人类存在以来，在生存斗争中总要进行思想交流和消息的传递。远古时代的人类用表情和动作进行信息交换，这是人类最原始的通信。在漫长的生活中，人类创造了语言和文字，进而用语言和文字（书信）进行消息的传递。

在电信号出现之前，人们还创造了许多消息的传递方式，如古代的烽火台、金鼓、旌旗、航行用的信号灯等。这些方式可以在较远的距离之间及时地完成消息的传递。

自从 1800 年伏打（Volta）发明电源以来，人们就试图用电技术进行通信。1837 年，莫尔斯（Morse）发明了利用电信号的通信方式——有线电报。这种通信方式利用导线中电流的有、无来代表传号和空号，并利用传号和空号的长短编码来传递信息。电报的发明为人类利用电技术进行通信的历史揭开了第一页。当电磁感应现象被发现后，贝尔

（A. G. Bell）于1876年利用电磁感应的原理发明了电话机。由于电话直接利用导线上电流的强弱来传送语音信号，因而使通信技术的发展又前进了一大步，这种通信方式一直保留到现在。但这种有线通信系统要花费很大的代价建造线路，在有些情况下甚至是难以实现的。

1864年，麦克斯韦（Maxwell）预言了电磁波的存在，1887年，赫兹（Hertz）通过实验证实了这一预言，这为现代无线通信技术提供了理论根据。无线电波可以在大气媒质中传播，不需要价格昂贵的线路投资，因而这一理论的创立大大推动了无线通信技术的发展。

在实践中，人们发现正弦波信号易于产生和控制，所以在20世纪初期就出现了用高频正弦波作为载波的幅度调制方式，这就是1918年出现的调幅（AM）技术。AM通信方式的出现，揭开了通信技术发展的新篇章。AM通信方式使点对点通信发展到点对面的通信（如广播），它促进了人类社会文化交流、宣传教育的发展，深刻地影响着人们的生活。

采用调幅方式传送信号容易受到噪声干扰，使信号失真，影响通信质量。为了提高抗干扰能力，1936年，人们发明了调频（FM）技术，FM技术不仅提高了通信系统的抗干扰能力，而且大大推动了移动通信技术的发展。AM和FM方式的应用标志着模拟通信时代的到来。

数字通信不仅能实现人与人、人与机器、机器与机器之间的通信和数据交换，而且具有比模拟通信系统更好的性能。1928年，奈奎斯特（Nyquist）提出了著名的抽样定理，1937年，瑞维斯（A. H. Reeves）发明了脉冲编码调制（PCM）通信技术，这些都为数字通信系统的发展奠定了坚实的理论基础。但由于器件的限制，当时并未实现数字通信技术，直到晶体管出现后，1950年贝尔实验室才生产出了第一台实用的PCM数字通信设备。

随着通信容量的增加，通信范围的扩大，1945年，英国物理学家克拉克（A. C. Clarke）提出了卫星通信的设想。1958年，人类发射了第一颗通信卫星，1962年发射的同步通信卫星，为国际大容量通信奠定了基础。

1960—1970年间出现了光纤通信，光纤通信容量大，可靠性高，是现代通信网远距离传输的主要手段之一。

20世纪70年代出现的计算机通信网络，使数据通信得到迅速发展。今天，互联网已遍布了全球的每个角落。自20世纪80年代初开始，全数字化的综合业务数字网（ISDN）就成为通信界关注的焦点。ISDN是一种提供语音和数据通信业务的综合网络。1980年，发达国家就开通了ISDN实验网，1984年，原国际电话电报咨询委员会（CCITT），国际电信联盟电信标准部（ITU-T）就提出了ISDN的功能、网络结构、接口及网络互联等方面的建议，使ISDN技术得到了迅速的发展。

20世纪90年代，通信网络和信息化基础建设得到极大的发展，新的通信技术不断涌现，如同步数字序列（SDH）、异步传输模式（ATM）、第三代移动通信技术（3G）、IP网络、蓝牙、WLAN、WiMax等。进入本世纪以来，第四代移动通信技术（IMT-A或4G）及第五代移动通信技术（5G）得到了快速的发展和应用。特别值得一提的是，在以华为技术有限公司为代表的民族企业的努力下，我国的5G移动通信技术实现了领跑世界的历史性突破。预计到本世纪中期，人类将进入通信的理想境界——个人通信网络（PCN）时代。个人通信是指任何人（Whoever）能在任何时间（Whenever）、任何地点（Wherever），以任意方式（Whatever）与任何人（Whomever）进行所谓的"5W"通信的理想方式。

　　纵观通信技术的发展历程，可以看出通信技术经历了点到点的通信，再到多点之间的信息传输和交换，最后进入网络时代的发展过程。通信技术来源于社会经济发展的需求，反过来通信技术的发展又推动了社会的进步。同时还应当注意到，通信技术的发展离不开通信理论的指导。新的通信理论的出现，必然会带来通信技术的飞跃。当然，新技术的出现也将推动理论的进一步发展。

1.2　信息、信息量与平均信息量

视频：消息、信号与信息

1.2.1　消息、信号与信息

　　消息（message）是通信系统传输的对象。消息具有各种不同的形式和内容，如语音、图像、文字、数据及气象中的温度、天气等都是消息。消息由信源产生，并需要通过不同的传感器转换为电信号（简称为信号），才能在通信系统中传输。因此，信号（signal）是消息的运载工具，是消息的载体。

　　代表消息的信号，按其取值方式的不同，可以分为两类：一类为模拟信号，如由语音转换来的音频信号及由图像转换来的视频信号等，其电压和电流值是随时间连续变化的，因而模拟信号又称为连续信号；另一类为数字信号，如代表文字的编码及计算机输出的数据信号等，其电压和电流值仅取有限个离散值，因而数字信号又称为离散信号。模拟信号和数字信号最关键的区别是看信号取值是否离散，而不是看时间是否离散。模拟信号在时间上可以是离散的，数字信号在时间上也可以是连续的。

　　模拟信号和数字信号具有一个共同特点：信号取值随时间在随机地变化，这种随机变化具有不确定性，人们无法预测，这种"不可预测"的变化就是消息中包含的本质内容，称为信息（information）。因而通信的目的是传输消息中包含的信息。信息是一个含义广泛、抽象的概念。各种随机变化的消息都会有一定量的信息，如社会科学中的经济信息、生活信息，科研中的地震信息、气象信息等。

1.2.2　信息量

　　消息中包含的信息的大小用信息量来度量。消息中所含的信息量大小与消息发生的概率有密切关系。从直观上来说，一件事发生的概率越小，越使人们感到意外和惊奇，则这件事包含的信息量就越大。例如，如果有两条消息说："今年的应届本科毕业生找工作比去年更难一些"及"今年的应届本科毕业生可以自愿攻读硕士学位，不需统考"，则后一条消息给大家带来的信息量更大些，因为这件事出现的概率很小。若消息出现的概率接近0，则此消息含有的信息量就趋于无穷大。当一个消息发生的概率为1时，即为必然的事件，则消息所含的信息量为0。由以上分析可以看出，消息中包含的信息量与消息出现的概率的倒数成比例。此外，同时获得多个消息时，得到的信息量应该是每条消息包含的信息量之和。

　　信息论中定义消息包含的信息量为消息出现概率的倒数的对数，即

视频：信源的信息量

$$I = \log_a\left(\frac{1}{P}\right) = -\log_a P \qquad (1-2-1)$$

式中，I 为消息包含的信息量，P 为消息出现的概率，a 为对数的底。a 取值不同，信息量的单位不同。当 $a=2$ 时，信息量的单位为 bit（比特）；当 $a=10$ 时，单位为 Hartley（哈特莱）；当 $a=e$ 时，单位为 nat（奈特）。一般情况下，都以 bit 为信息量的单位，即取 $a=2$。例如，当消息出现的概率为 $P=1/2$ 时，此消息包含的信息量为 1 bit。若有 M 个独立等概出现的消息，每个消息出现的概率为 $1/M$，则消息的信息量为

$$I = \log_2\left(\frac{1}{P}\right) = \log_2 1 \Big/ \frac{1}{M} = \log_2 M \text{ bit} \qquad (1-2-2)$$

从工程的角度也可以对信息量进行定义。所谓从工程的角度，就是用传输消息时所需的最少的二进制脉冲的数目来衡量消息中包含信息量的大小。因此，信息量在工程上的定义是指传输该消息时所需的最少的二进制脉冲数。当有两个互相独立且等概出现的消息要传输时，要区别这两种消息，最少需要 1 位二进制脉冲，因此该消息出现带来的信息量为 1 bit。若要传输 4 个独立等概的消息之一，则至少需 2 位二进制脉冲，因此，消息具有 2 个比特的信息量。若有 M 个独立等概的消息之一要传送，且满足 $M = 2^k (k=1,2,3,\cdots)$ 时，此消息需用 k 个二进制脉冲传递，即此消息包含的信息量为 k bit。实际上，该消息的信息量为

$$I = \log_2 M = \log_2 2^k = k \text{ bit} \qquad (1-2-3)$$

由上可以看出，工程上定义的信息量与直观定义的信息量是一致的。

以上讨论了离散消息的信息量。抽样定理说明，一个频带受限的连续信号，可用每秒一定数目的离散抽样脉冲值代替。这些离散的脉冲抽样值，可用二进制的脉冲序列表示。可见以上给出的信息量定义，同样也适用于连续消息。

1.2.3 平均信息量

一般来说，信源可以产生多个独立的消息（或符号），每个消息发生的概率可能并不相等，所以每个消息的信息量也不相同。这种情况下，通常考虑每个消息（或符号）所含信息量的统计平均值，称为信源的平均信息量。

信源的平均信息量的计算是由每个消息的信息量按概率加权求和得到的。如一个信源由 A、B、C 三种符号组成，出现 A 的概率为 $P(\text{A})$；出现 B 的概率为 $P(\text{B})$；出现 C 的概率为 $P(\text{C})$，则信源的平均信息量为

$$\overline{I} = -\left[P(\text{A})\log_2 P(\text{A}) + P(\text{B})\log_2 P(\text{B}) + P(\text{C})\log_2 P(\text{C})\right] \qquad (1-2-4)$$

更一般地说，在由 n 个独立的符号 x_1，x_2，$\cdots$，x_n 所构成的信源中，每个符号出现的概率分别为 $P(x_1)$，$P(x_2)$，$\cdots$，$P(x_n)$，且 $\sum\limits_{1}^{n} P(x_i) = 1$，则此信源的平均信息量为

$$H(x) = -\sum_{i=1}^{n} P(x_i)\log_2 P(x_i) \quad (\text{bit/符号}) \qquad (1-2-5)$$

式中，$H(x)$ 为信源的平均信息量。由于 $H(x)$ 的定义与统计热力学中熵的定义相似，所以称 $H(x)$ 为信源的熵（entropy），其单位为 bit/符号。

例 1.1 某信源的符号集由 A、B、C、D 和 E 组成，设每一个符号独立出现，出现的概率分别为 1/4、1/8、1/8、3/16 和 5/16。试求该信源的平均信息量。

解： 信源的平均信息量即为信源的熵，由式（1-2-5）得

$$H(x) = -\sum_{i=1}^{n} P(x_i) \log_2 P(x_i)$$

$$= -\left[\frac{1}{4}\log_2\frac{1}{4} + \frac{1}{8}\log_2\frac{1}{8} + \frac{1}{8}\log_2\frac{1}{8} + \frac{3}{16}\log_2\frac{3}{16} + \frac{5}{16}\log_2\frac{5}{16}\right]$$

$$= 2.23 \quad \text{bit/ 符号}$$

如果信源中各符号的出现是统计相关的，则式（1-2-5）就不再适用了，这时必须用条件概率来计算信源的平均信息量。如果只考虑前后相邻的两个符号的统计相关特性，则前一个符号为 x_i、后一个符号为 x_j 的条件平均信息量为

$$H(x_j|x_i) = \sum_{i=1}^{n} P(x_i) \sum_{j=1}^{n} \left[-P(x_j|x_i)\log_2 P(x_j|x_i)\right]$$

$$= -\sum_{i=1}^{n}\sum_{j=1}^{n}\left[P(x_i)P(x_j|x_i)\log_2 P(x_j|x_i)\right] \tag{1-2-6}$$

式中，$H(x_j|x_i)$ 为信源的条件平均信息量，$P(x_j|x_i)$ 为前一个符号为 x_i、后一个符号为 x_j 的条件概率。条件平均信息量也称为条件信源熵。

例 1.2 某离散信源由 A、B 两种符号组成，其转移概率矩阵为

$$\begin{bmatrix} P(A|A) & P(A|B) \\ P(B|A) & P(B|B) \end{bmatrix} = \begin{bmatrix} 0.8 & 0.1 \\ 0.2 & 0.9 \end{bmatrix}$$

且已知 $P(A) = 1/4$，$P(B) = 3/4$。试求该信源的平均信息量。

解： 由式（1-2-6），可得该信源的条件平均信息量为

$$H(x_j|x_i) = -\sum_{i=1}^{2}\sum_{j=1}^{2}\left[P(x_i)P(x_j|x_i)\log_2 P(x_j|x_i)\right]$$

$$= -P(A)\left[P(A|A)\log_2 P(A|A) + P(B|A)\log_2 P(B|A)\right]$$

$$\quad -P(B)\left[P(A|B)\log_2 P(A|B) + P(B|B)\log_2 P(B|B)\right]$$

$$= 0.532 \quad \text{bit/ 符号}$$

当 A、B 两个符号独立出现时，信源的平均信息量为

$$H(x) = -\sum_{i=1}^{2} P(x_i)\log_2 P(x_i)$$

$$= -\frac{1}{4}\log_2\frac{1}{4} - \frac{3}{4}\log_2\frac{3}{4}$$

$$= 0.81 \quad \text{bit/ 符号}$$

这一结果说明，符号间统计独立时的信源熵大于符号间统计相关时的信源熵。也就是说，符号间的统计相关性将使信源的平均信息量减小。

由式（1-2-5）可以看出，若信源中各符号的出现独立并且等概时，即每个符号独立出现，出现概率为 $P = 1/n$，则这时 $H(x)$ 将具有最大值，为

$$H(x) = -\sum_{i=1}^{n}\frac{1}{n}\log_2\frac{1}{n} = \log_2 n \tag{1-2-7}$$

　　这个结论是容易理解的，当各符号等概出现时，哪一个符号将发生是最难预测的，即不确定性最大，所以平均信息量也最大。

　　以上介绍的是产生离散的、相互独立消息的离散信源平均信息量的定义和计算方法。对连续信源的平均信息量，可采用概率密度函数的加权积分来计算。若连续消息出现的概率密度为 $f(x)$，则定义连续消息的相对熵（平均信息量）为

$$H(x) = -\int_{-\infty}^{\infty} f(x) \log_e f(x) \, \mathrm{d}x \tag{1-2-8}$$

　　限于篇幅，这里不再进一步讨论。

1.3　通信系统模型

1.3.1　通信系统一般模型

　　通信的目的是传输消息中包含的信息。由于消息具有许多不同的类型及不同的传输方式，因而产生了种类繁多的通信系统。为了分析信息传输的实质，可以把各类通信系统共性的及基本的组成概括为一个一般模型。不管何种通信系统，信息总是由发送端，通过信道，传输到接收端的。因此，通信系统可用如图 1-3-1 所示的一般模型来描述。

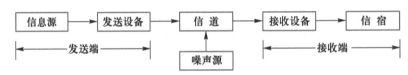

图 1-3-1　通信系统一般模型

　　图 1-3-1 所示的通信系统模型中，包括 5 个主要组成部分：信息源、发送设备、信道、接收设备和信宿。

　　信息源，简称为信源，是发出消息的设备，它把原始的消息转换为电信号。原始消息有各种类型，如语音、图像、数据、文字、图片等。这些消息由各类传感器变为可在通信系统中传输的信号。由信源产生的信号所占用的频带称为基本频带，通常具有较低的频谱分量，称这种信号为基带信号。基带信号的能量或功率集中在零频附近。

　　发送设备把信源输出的电信号转换为适合于信道传输的信号形式。如对音频信号来说，既可直接沿导线传输，也可将其调制到高频载波上，通过无线方式在自由空间中传输，这种转换都由发送设备完成。发送设备包括编码、调制及电平转换等部件。

　　由发送设备输出的信号进入信道进行传输。所谓信道是指传输信号的媒质。媒质可以是有线的，也可以是无线的。有线的媒质有双绞线、电缆、波导、光纤等。无线的媒质包括各个频段的电磁波，如：长波、中波、短波、超短波、微波及光波等。表 1-3-1 中列出了常用的无线电波的波段划分及主要的应用情况。信号在信道的传输过程中，不可避免地会受到噪声的干扰。信道的特性和干扰是影响信号传输质量的关键因素之一。

视频：通信系统一般模型

表 1-3-1　通信频段划分及其应用

频 率 范 围	符号	名称	波　　长	波段名称		应　　用
30~300 Hz	ELF	极低频	10^4~10^3 km	超长波		海底通信、电报
0.3~3 kHz	VF	音频	10^3~10^2 km	特长波		数据终端、有线通信
3~30 kHz	VLF	甚低频	10^2~10 km	甚长波		导航、电话、电报、时标
30~300 kHz	LF	低频	10~1 km	长波		导航、电力线通信、信标
0.3~3 MHz	MF	中频	10^3~10^2 m	中波		广播、业余无线电、移动通信
3~30 MHz	HF	高频	10^2~10 m	短波		国际定点通信、军用通信、广播、业余无线电
30~300 MHz	VHF	甚高频	10~1 m	超短波		电视、调频广播、移动通信、导航、空中交通管制
0.3~3 GHz	UHF	特高频	10^2~10 cm	微波	分米波	电视、雷达、遥控遥测、点对点通信、移动通信
3~30 GHz	SHF	超高频	10~1 cm		厘米波	卫星和空间通信、微波接力、雷达、移动通信
30~300 GHz	EHF	极高频	10~1 mm		毫米波	射电天文、雷达、微波接力、移动通信
10^5~10^7 GHz		紫外、红外、可见光	3×10^{-3}~3×10^{-5} mm	光波		光通信

信号经过信道的传输到达接收端。接收设备的作用是发送设备的逆变换。它包括解调器、解码器等，它把接收的信号恢复为原始的信号，送到信宿。

信宿是信息到达的目的地，信息通过接收终端把信号还原为原始的消息，或执行某个动作，或进行显示。

由于信源和信宿位于通信系统的两端，故又称为终端设备。

另外还有一种不同类型的通信系统，如雷达、声呐及地震法勘探等测量系统。此类系统的模型如图1-3-2所示。

这类系统模型主要由4个部分组成：信源、待测物体（中介体）、比较检测

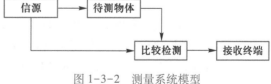

图 1-3-2　测量系统模型

和接收终端（显示）。这类系统中，信号源发出的信号是已知的，系统主要测量信号经过中介体后的变化，从而判断中介体的特性。

1.3.2　通信系统的分类

各种通信系统由于使用的波段、传输的信号、调制方式等不同，故种类繁多。为进一步了解各类通信系统的特点，可按以下不同角度，将通信系统进行分类。

（1）按消息的传输媒质划分，即按传输信道的不同，可分为两大类：一类是信号沿导

线传输的通信系统，称为有线通信系统；另一类是信号通过自由空间传播的通信系统，称为无线通信系统。无线通信系统根据使用的波段不同，又分为长波通信系统、中波通信系统、短波通信系统及微波通信系统等。

（2）按消息和信号的特点，即按传送消息的物理特征分类，可分为电话通信、电报通信、图像通信和数据通信等系统。电话通信和数据通信是目前最普及、发展最快的通信网络。

（3）按传输信号的特征分类，可分为两大类，即模拟通信和数字通信系统。在模拟通信系统中，传输信号的参数取值是随时间连续变化的模拟信号，如音频信号和视频信号等。传输中要求信号的波形失真尽量小。在数字通信系统中，传输的信号是离散取值的数字信号。数字通信系统具有抗干扰性能好、便于计算机处理、易于加密和功耗低等优点，因此应用越来越广泛。

（4）按调制方式，即按载波参数的不同变化，可分为三类：调幅（AM）、调频（FM）和调相（PM）通信系统。对数字通信系统来说，又称为幅移键控（ASK）、频移键控（FSK）和相移键控（PSK）通信系统。有时，信源输出的信号不需要调制，而直接进行传输，这类系统称为基带传输系统。相应地，把包含调制和解调过程的通信系统称为载波传输系统。

（5）按消息传输的方式来划分，可分为单工通信、半双工通信和全双工通信系统。

单工通信系统中，消息只能单方向传输，如图 1-3-3（a）所示。广播、无线寻呼和遥控系统就属于单工通信系统。

半双工通信系统中，通信的两端都可以发送和接收，但不能同时进行，即系统中要么 A 端发 B 端收，要么 B 端发 A 端收，如图 1-3-3（b）所示。对讲机就是典型的半双工通信系统。

全双工通信系统中，通信的双方（两端）可同时发送和接收消息，即消息可同时在两个方向上传递，如图 1-3-3（c）所示。电话就是典型的全双工通信系统。

（6）按信道复用方式划分，可分为频分复用（FDM）、时分复用（TDM）、码分复用（CDM）及

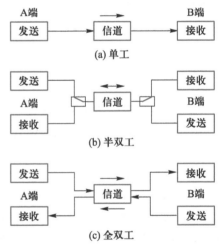

图 1-3-3　通信方式示意图

波分复用（WDM）等通信系统。通常模拟通信系统中采用频分复用方式，数字通信系统中采用时分复用方式，移动通信和卫星通信中采用码分复用方式，而光纤通信系统中常用波分复用方式。

1.3.3　模拟通信系统与数字通信系统

前面提到，通信系统中传输的信号可分为两类：模拟信号和数字信号。通常把传输模拟信号的通信系统称为模拟通信系统；传输数字信号的通信系统称为数字通信系统。模拟通信系统的模型如图 1-3-4 所示，此模型与图 1-3-1 类似，仅有的差别是把图 1-3-1 中的发送部分具体化为调制器，接收部分具体化为解调器。

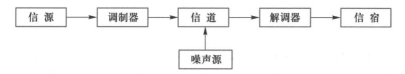

图 1-3-4　模拟通信系统的模型

数字通信系统的模型如图 1-3-5 所示。它可在一般模型的基础上具体化为 7 个部分。包括信源、编码器、调制器、信道、解调器、解码器及信宿。

图 1-3-5　数字通信系统的模型

在数字通信系统中，编码分为信源编码和信道编码。信源编码的作用是将信源输出的信号变成精练的、无多余度的码元，目的在于提高通信的有效性。信道编码，也称为抗干扰编码或纠错编码，是通过人为地加入多余度，使信号在一定的干扰条件下，具有检测或纠正错码的能力，目的是提高通信的可靠性。另外，编码部分还包括对数字信号的"加扰"和加密功能。解码是编码的逆过程。

图 1-3-4 和图 1-3-5 中调制器的作用是进行频谱变换，它将信源或编码器送来的基带信号变换为已调信号，以适合信道的传输。调制的过程还可以达到信道复用及提高传输质量的目的。解调是调制的逆变换，是将已调信号变换为基带信号的过程。

数字通信系统中为了保证正确地接收数字码元，还必须保证收发两端的同步，即步调一致。这主要由"码元同步"和"帧同步"来保证。

数字通信系统具有以下特点：① 抗干扰能力强，可靠性好；② 体积小，功耗低，易于集成；③ 便于进行各种数字信号处理；④ 有利于实现综合业务传输；⑤ 便于加密；⑥ 数字信号带宽比模拟信号宽。数字通信方式近 30 年来得到迅速发展，并成为未来通信技术的发展方向。

1.4　通信系统的主要性能指标

对通信系统进行综合评价或设计通信系统时，往往涉及许多性能指标，如系统的可靠性、有效性、适应性、经济性、标准性及使用维修的方便性等。这些指标从各方面衡量了通信系统的质量。但从信息传输的观点来看，通信的有效性和可靠性是系统最主要的性能指标。所谓通信的有效性是指系统传输的效率或信息传输的速率，即系统在单位时间、单位频带上传输信息量的多少，是描述系统传输信息的"速度"指标。通信的可靠性是指系统传输信息的准确程度或可靠程度，是描述系统传输信息的"质量"指标。在通信系统中，有效性和可靠性是互相制约的，相互矛盾的，可相互转化的。若要提高可靠性，可能引起有效性的下降；若使有效性提高，则可能引起可靠性的下降。因此实际系统中，只能在满足某一个指标要求的情况下，去尽量提高另一个指标。

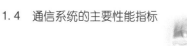

1.4.1　有效性

在模拟通信系统中，通信的有效性常用信息传输时所用的带宽 B 来衡量。传输同样的信息，占用带宽增加，则有效性变低。若能利用同一带宽传送多路信号，则有效性就高。

在数字通信系统中，通信的有效性常用码元传输速率、信息传输速率以及系统频带利用率等来衡量。

码元传输速率又称码元速率或传码率，用 R_B 表示，它是指单位时间（每秒）内系统传输的码元符号的数目，单位为 Baud（波特）。例如，若系统每秒传送 1 200 个码元符号，则码元传输速率为 1 200 Baud。码元符号可以是二进制，也可以是多进制（M 进制）的，例如，$M=4,8,\cdots$。

信息传输速率又称为信息速率或传信率，用 R_b 表示，它是指单位时间（每秒）内系统传送的信息量的多少，单位为 bit/s（比特每秒）。例如，若系统每秒传送的信息量为 2 400 bit，则信息传输速率 $R_b = 2\,400\ \mathrm{bit/s}$。

码元速率 R_B 与信息速率 R_b 的关系是明显的。当码元符号为二进制时，每个码元符号包含的信息量就是一个比特，这时码元速率等于信息速率。

当码元符号采用 M 进制（一般 $M=2^k$，$k=1,2,\cdots$ 为正整数，即 M 为 2 的整数幂）时，每个码元符号包含的信息量为 $\log_2 M$ bit，这时有

$$R_b = R_B \log_2 M \tag{1-4-1}$$

或

$$R_B = \frac{R_b}{\log_2 M} \tag{1-4-2}$$

例如，若系统的码元速率为 1 200 Baud，当码元符号为二进制时，系统的信息速率是 1 200 bit/s；当码元符号为四进制时，系统的信息速率是 2 400 bit/s；当码元符号为八进制时，则系统的信息速率为 3 600 bit/s。

为了进一步描述系统传输信息的效率，还定义了系统频带利用率 ρ。系统频带利用率是指信息传输速率 R_b 与系统带宽 B 的比值，即 $\rho = R_b/B$，ρ 的单位是 bit/(s·Hz)（比特每秒每赫兹），它表示单位频带上信息的传输速率。例如，若系统的信息传输速率 R_b 为 3 600 bit/s，系统带宽 $B = 3.6$ kHz，则 $\rho = R_b/B = 1$ bit/(s·Hz)。系统频带利用率越高，系统的传输效率越高。

1.4.2　可靠性

在模拟通信系统中，通信的可靠性是用接收端输出的信噪比 S/N 来衡量的，即接收端输出信号的平均功率 S 与噪声的平均功率 N 之比。信噪比不仅能衡量输出信号的失真程度，而且能衡量噪声对信号干扰的大小。输出信噪比大，说明信号的传输质量好，即系统的抗噪声能力强，可靠性高。

在数字通信系统中，描述通信可靠性的主要指标是误码率和误信率。

误码率是指接收端错误接收的码元数目与传输的总码元数目的比值，它表明系统传错码元的概率，常用 P_e 表示，即

$$P_e = \frac{\text{错误接收的码元数}}{\text{传输的码元总数}} \tag{1-4-3}$$

误信率，又称误比特率（bit error rate，BER），是指码元的信息量在传输过程中被丢失的概率，常用 P_b 表示，即

$$P_b = \frac{\text{传错的比特数}}{\text{传输的比特总数}} \qquad (1-4-4)$$

在二进制传输系统中，误码率 P_e 与误信率 P_b 是相等的。而在多进制（M 进制）传输系统中，可以证明，误信率 P_b 与误码率 P_e 的关系为

$$P_b = \frac{M}{2(M-1)} P_e \qquad (1-4-5)$$

在设计通信系统时，总希望有效性和可靠性都很高，但实际系统中这两个性能指标是相互制约、相互矛盾的。不同的系统对于可靠性和有效性的要求是有所不同的，所以在设计通信系统时，对两种性能的不同要求要合理安排，相互兼顾。通信系统涉及的其他性能指标不是本教材的主要内容，这里就不再讨论了。

习　题

1-1 英文字母中 e 出现的概率为 0.105，c 出现的概率为 0.023，j 出现的概率为 0.001。试分别计算它们的信息量。

1-2 有一组 12 个符号组成的消息，每个符号平均有四种电平，设四种电平发生的概率相等，试求这一组消息所包含的信息量。若每秒传输 10 组消息，则 1 分钟传输多少信息量？

1-3 消息序列是由 4 种符号 0、1、2、3 组成的，四种符号出现的概率分别为 3/8、1/4、1/4、1/8，而且每个符号的出现都是相互独立的，求下列 58 个符号组成的消息序列"2 0 1 0 2 0 1 3 0 3 2 1 3 0 0 1 2 0 3 2 1 0 1 0 0 3 2 1 0 1 0 0 2 3 1 0 2 0 0 2 0 1 0 3 1 2 0 3 2 1 0 0 1 2 0 2 1 0"的信息量和每个符号的平均信息量。

1-4 某气象员用明码报告气象状态，有四种可能的消息：晴、云、雨、雾。若每个消息是等概率的，则发送每个消息所需的最少二进制脉冲数是多少？若该 4 个消息出现的概率不等，且分别为 1/4、1/8、1/8、1/2，试计算每个消息的平均信息量。

1-5 设数字信源发送 −1.0 V 和 0.0 V 电平的概率均为 0.15，发送 +3.0 V 和 +4.0 V 电平的概率均为 0.35，试计算该信源的平均信息量。

1-6 对二进制信源，试证明当发送二进制码元 **1** 的概率和发送二进制码元 **0** 的概率相同时，信源熵最大，并求最大的信源熵。

1-7 一个由字母 A、B、C、D 组成的信源，对传输的每一个字母用二进制脉冲编码：**00** 代表 A，**01** 代表 B，**10** 代表 C，**11** 代表 D。又知每个二进制脉冲的宽度为 5 ms。

① 不同字母等概率出现时，试计算传输的平均信息速率以及传输的符号速率；

② 若各字母出现的概率分别为：$P_A = 1/5$，$P_B = 1/4$，$P_C = 1/4$，$P_D = 3/10$，试计算平均信息传输速率。

1-8 设数字键盘上有数字 0、1、2、3、4、5、6、7、8、9，发送任一数字的概率都相同。试问应以多快的速率发送数字，才能达到 2 bit/s 的信息速率？

1-9 ① 假设计算机的终端键盘上有 110 个字符，每个字符用二进制码元来表示。问每个字符需要

用几位二进制码元来表示？

② 在一条带宽为 300 Hz、信噪比（SNR）为 20 dB 的电话线路上，能以多快的速度（字符/秒）发送字符？

③ 如果以相同的概率发送每个字符，试求每个字符包含的信息量。

1–10 什么是模拟通信？什么是数字通信？数字通信系统有哪些主要优点？你对今后"数字通信系统将取代模拟通信系统"有什么看法？

1–11 数字通信系统模型中各主要组成部分的功能是什么？

1–12 一个系统传输四种脉冲，每种脉冲宽度为 1 ms，高度分别为：0 V、1 V、2 V 和 3 V，且等概率出现。每 4 个脉冲之后紧跟一个宽度为 1 ms 的 –1 V 脉冲（即不带信息的同步脉冲）把各组脉冲分开。试计算系统传输信息的平均速率。

1–13 设一数字传输系统传输二进制码元，码元速率为 2 400 Baud，试求该系统的信息传输速率。若该系统改为传输十六进制码元，码元速率为 2 400 Baud，该系统的信息传输速率又为多少？

1–14 一个多进制数字通信系统每隔 0.8 ms 向信道发送 16 种可能取的电平值中的一个。试问：

① 每个电平值所对应的比特数是多少？

② 传码率（波特）为多少？

③ 传信率为多少？

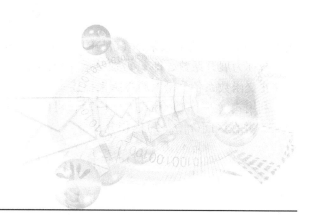

第 2 章

信号分析基础

　　信号是由消息转换而成的，它代表消息，同样携带了信息。信息的传输和处理是通过信号来进行的，所以对信号进行分析是研究信息传输和处理的基础。信号分析是从不同的角度、不同的侧面来揭示信号的本质，以便对信号进行传输和处理。

　　本章 2.1 节将在前续课程的基础上，对确定信号的正交展开、相关函数与功率谱（广义频谱分析法）以及信号复数化分析方法和时域希尔伯特变换等重要概念进行讨论；2.2节将从应用的角度出发，介绍随机过程的基本理论及分析方法。

2.1　确定信号分析

　　确定信号是指随时间的变化为确定函数的信号。确定信号的变化规律是已知的，所以并不携带信息。但是，如果是几个确定信号随机出现，则构成了一种随机信号。本节将概括性地介绍确定信号的基本分析方法，确定信号的分析方法是随机信号分析方法的基础。

2.1.1　信号的正交展开与频谱分析

1. 信号的正交展开

　　若某信号 $x(t)$ 在区间 (t_0, t_0+T) 内是分段连续的，则 $x(t)$ 可以用该区间内的正交函数系 $\{u_k(t)\} = \{u_0(t), u_1(t), \cdots\}$ 中的各分量来表示，这就是信号的正交展开。所谓正交函数系是指 $\{u_k(t)\}$ 在 (t_0, t_0+T) 上满足下式

视频：信号的正交展开与频谱分析

$$\int_{t_0}^{t_0+T} u_k(t) u_l(t) \, \mathrm{d}t = \begin{cases} C \neq 0 & \text{当 } k = l \\ 0 & \text{当 } k \neq l \end{cases} \tag{2-1-1}$$

式中，若 $C=1$，则称 $\{u_k(t)\}$ 为标准正交函数系。

$x(t)$ 用正交函数系 $\{u_k(t)\}$ 可展开为

$$x(t) = \sum_{k=0}^{\infty} a_k u_k(t) \tag{2-1-2}$$

式中，$u_k(t)$ 是正交函数系 $\{u_k(t)\}$ 中序号为 k 的函数，a_k 是 $x(t)$ 在 $\{u_k(t)\}$ 上展开的特征值，或称为展开系数，即 $x(t)$ 在分量 $u_k(t)$ 上的投影的大小。可见，正交展开就是把 $x(t)$ 用在正交函数系各分量上的投影来描述。

利用式（2-1-1）和式（2-1-2），可以容易地求出系数 a_k。将式（2-1-2）两边乘以 $u_l(t)$，并在区间 (t_0, t_0+T) 内积分，得

$$\int_{t_0}^{t_0+T} x(t) u_l(t) \mathrm{d}t = \int_{t_0}^{t_0+T} \sum_{k=0}^{\infty} a_k u_k(t) u_l(t) \mathrm{d}t = \begin{cases} a_k C & \text{当 } k = l \\ 0 & \text{当 } k \neq l \end{cases} \tag{2-1-3}$$

所以

$$a_k = \frac{1}{C} \int_{t_0}^{t_0+T} x(t) u_k(t) \mathrm{d}t \tag{2-1-4}$$

当 $C = 1$ 时

$$a_k = \int_{t_0}^{t_0+T} x(t) u_k(t) \mathrm{d}t \tag{2-1-5}$$

当对 $x(t)$ 的展开式（2-1-2）取有限项时，会带来一定的误差。若取 $k = N$ 个有限项，则截断展开式 $\hat{x}_N(t)$ 为

$$\hat{x}_N(t) = \sum_{k=0}^{N} a_k u_k(t) \tag{2-1-6}$$

这时，$x(t)$ 与 $\hat{x}_N(t)$ 的均方误差 Q 为

$$Q = \int_{t_0}^{t_0+T} \left[x(t) - \hat{x}_N(t) \right]^2 \mathrm{d}t \tag{2-1-7}$$

显然，恒有 $Q \geqslant 0$。

设 $\{u_k(t)\}$ 为标准正交函数系，则

$$\begin{aligned} Q &= \int_{t_0}^{t_0+T} \left[x(t) - \sum_{k=0}^{N} a_k u_k(t) \right]^2 \mathrm{d}t \\ &= \int_{t_0}^{t_0+T} x^2(t) \mathrm{d}t - 2\sum_{k=0}^{N} a_k^2 + \sum_{k=0}^{N} a_k^2 \\ &= \int_{t_0}^{t_0+T} x^2(t) \mathrm{d}t - \sum_{k=0}^{N} a_k^2 \geqslant 0 \end{aligned} \tag{2-1-8}$$

因而

$$\int_{t_0}^{t_0+T} x^2(t) \mathrm{d}t \geqslant \sum_{k=0}^{N} a_k^2 \tag{2-1-9}$$

以上不等式对任何标准正交函数系都成立，称为贝塞尔（Bessel）不等式。这说明任何函数 $x(t)$ 的正交展开式中的系数的平方和总是收敛的。显然，随着 N 值的增加，$\sum_{k=0}^{N} a_k^2$ 是单调增大的。如果 N 取足够大，可以使 $\sum_{k=0}^{N} a_k^2$ 任意逼近于 $\int_{t_0}^{t_0+T} x^2(t) \mathrm{d}t$，那么应有

$$\int_{t_0}^{t_0+T} x^2(t) \mathrm{d}t = \sum_{k=0}^{\infty} a_k^2 \tag{2-1-10}$$

在这种情况下，$\{u_k(t)\}$ 是完备的正交函数系，这时不需要其他不属于 $\{u_k(t)\}$ 的函数来补充参加 $x(t)$ 的精确展开。

式（2-1-10）称为完备性关系，它是描述 $x(t)$ 总能量的关系式，称为信号的瑞利–帕什瓦（Rayleigh-Parseval）定理。它指出：能量信号的总能量等于它的正交展开的各项分量的能量之和。

综上所述，用正交完备函数系 $\{u_k(t)\}$ 来展开 $x(t)$，实质上就是用 a_k 及 $u_k(t)$ 作为 k 的函数来表示 $x(t)$ 作为时间 t 的函数。作为正交展开的一般表示，当 k 取至无穷时是精确的。但实际中用无限项表示 $x(t)$ 是不方便的，希望用 k 取有限项 N 来表示 $x(t)$，且希望出现的均方误差是最小的。可以证明，在 N 给定时，对不同形式的信号 $x(t)$，采用不同的完备正交函数系来展开才能达到上述要求。完备正交函数系有多种类型，如：三角函数系、沃尔什函数系、勒让德多项式等。当 $x(t)$ 用一个完备正交的三角函数系作正交展开时，就是大家熟知的傅里叶展开。此种函数系适合于对连续的无"棱角"（跳变）的时间函数波形的展开，可用有限项分量去较好地逼近 $x(t)$，这种展开方法应用最广。如果信号 $x(t)$ 的波形是由多个矩形波构成的，则适合于应用沃尔什正交函数系展开，此种展开已在图像处理中得到应用。

2. 信号的频谱分析

信号的傅里叶分析，就是上面提到的对信号用完备正交的三角函数系展开的分析方法。傅里叶分析又称为信号的频谱分析，是分析确定信号的基本方法。在"信号与系统"课程中学习过，对周期信号 $x(t)$ 可用傅里叶级数展开为

$$x(t) = \sum_{n=-\infty}^{\infty} c_n e^{jn\omega_0 t} \qquad (2\text{-}1\text{-}11)$$

及

$$c_n = \frac{1}{T} \int_{t_0}^{t_0+T} x(t) e^{-jn\omega_0 t} dt \qquad (2\text{-}1\text{-}12)$$

式中，T 为信号 $x(t)$ 的周期，c_n 是信号 $x(t)$ 展开后 n 次谐波的系数，$\omega_0 = 2\pi/T$ 为周期信号的基波角频率。

对于非周期信号 $x(t)$，可用傅里叶变换求出信号的频谱密度函数 $X(\omega)$，即

$$X(\omega) = \mathscr{F}[x(t)] = \int_{-\infty}^{\infty} x(t) e^{-j\omega t} dt \qquad (2\text{-}1\text{-}13)$$

而

$$x(t) = \mathscr{F}^{-1}[X(\omega)] = \frac{1}{2\pi} \int_{-\infty}^{\infty} X(\omega) e^{j\omega t} d\omega \qquad (2\text{-}1\text{-}14)$$

$x(t)$ 与 $X(\omega)$ 的关系常记为

$$x(t) \leftrightarrow X(\omega)$$

式中，符号"$\leftrightarrow$"表示傅里叶变换对。

傅里叶变换提供了信号的时域表示与频域表示之间的变换工具。在通信系统中为了统一描述周期信号和非周期信号，对周期信号也同样采用频谱密度函数来表示。周期信号 $x(t)$ 的频谱密度函数 $X(\omega)$，可通过式（2-1-11）和式（2-1-13）求得

$$X(\omega) = \mathscr{F}[x(t)]$$

$$= \int_{-\infty}^{\infty} \sum_{n=-\infty}^{\infty} c_n e^{jn\omega_0 t} e^{-j\omega t} dt$$

$$= \sum_{n=-\infty}^{\infty} c_n \int_{-\infty}^{\infty} e^{-j(\omega - n\omega_0)t} dt$$

$$= 2\pi \sum_{n=-\infty}^{\infty} c_n \delta(\omega - n\omega_0) \tag{2-1-15}$$

由式（2-1-15）可以看出，周期信号的频谱密度函数是由一系列的离散冲激频谱构成的，这些冲激位于信号基频$(\omega_0 = 2\pi/T)$的各次谐波处。

为了方便计算周期信号 $x(t)$ 的频谱密度函数 $X(\omega)$，也可将 $x(t)$ 在一个周期内截断，得到信号 $x_T(t)$，先求出 $x_T(t)$ 的傅里叶变换 $X_T(\omega)$，再对得到的 $X_T(\omega)$ 周期延拓从而求得 $X(\omega)$。下面介绍这种方法。

设 $x_T(t)$ 为 $x(t)$ 在一个周期内的截断信号，即

$$x_T(t) = \begin{cases} x(t) & -T/2 \leqslant t \leqslant T/2 \\ 0 & \text{其他} \end{cases} \tag{2-1-16}$$

而

$$X_T(\omega) = \mathscr{F}[x_T(t)] = \int_{-\infty}^{\infty} x_T(t) e^{-j\omega t} dt$$

则有

$$X(\omega) = \frac{2\pi}{T} X_T(\omega) \sum_{n=-\infty}^{\infty} \delta(\omega - n\omega_0)$$

$$= \omega_0 \sum_{n=-\infty}^{\infty} X_T(n\omega_0) \delta(\omega - n\omega_0) \tag{2-1-17}$$

比较式（2-1-15）与式（2-1-17），可得

$$c_n = \frac{1}{T} X_T(n\omega_0) \tag{2-1-18}$$

由上式可见，由于引入了 $\delta(\cdot)$ 函数，对周期信号和非周期信号，都可统一用信号的傅里叶变换，即频谱密度函数来表示。

例 2.1　设周期矩形信号 $x(t)$ 如图 2-1-1（a）所示，试求其频谱密度函数 $X(\omega)$。

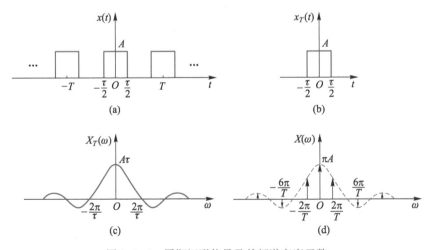

图 2-1-1　周期矩形信号及其频谱密度函数

解：设 $x_T(t)$ 为 $x(t)$ 在一个周期内的截断信号，如图 2-1-1（b）所示，则有

$$X_T(\omega) = \mathscr{F}[x_T(t)] = A\tau \mathrm{Sa}(\omega\tau/2)$$

$X_T(\omega)$ 如图 2-1-1（c）所示。

由式（2-1-17）得

$$X(\omega) = \frac{2\pi A\tau}{T} \sum_{n=-\infty}^{\infty} \mathrm{Sa}\left(\frac{n\omega_0\tau}{2}\right) \delta(\omega - n\omega_0)$$

若 $T = 2\tau$，则有

$$X(\omega) = \pi A \sum_{n=-\infty}^{\infty} \mathrm{Sa}\left(\frac{n\omega_0\tau}{2}\right) \delta(\omega - n\omega_0)$$

$X(\omega)$ 如图 2-1-1（d）所示。

以上讨论了周期信号和非周期信号的频谱分析方法。但把确定信号分为周期信号和非周期信号有一定的局限性，如在通信系统中，常会遇到一类非正规的信号，它是一种确定信号，因为从理论上总能找到一种函数来近似表示它，但它既不是周期信号，也不是有始有终的非周期信号，如图 2-1-2 所示。对这类非正规的信号，应如何描述呢，下面将进一步研究。

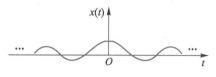

图 2-1-2　非正规的信号

2.1.2　能量信号与功率信号

为了全面地分析确定信号，必须研究信号的相关函数和功率谱密度函数。相关函数分析方法是现代信号分析的重要工具，又称为信号的广义频谱分析方法。它是对信号，特别是对随机信号进一步分析的十分重要的方法。相关函数的傅里叶变换是信号的功率谱密度函数或信号的能量谱密度函数。为此，以下先把信号按其能量和功率进行分类。

1. 能量信号

能量信号 $x(t)$ 是指在时域内有始有终、能量有限的信号，如图 2-1-3 所示。由于信号 $x(t)$ 在单位负载（1 Ω 电阻）上产生的功率为 $x^2(t)$，故在 $\mathrm{d}t$ 的时间内信号的能量为 $x^2(t)\mathrm{d}t$，$x(t)$ 在整个时域内的能量 E 为

$$E = \int_{-\infty}^{\infty} x^2(t)\mathrm{d}t < \infty \qquad (2\text{-}1\text{-}19)$$

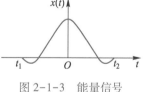

图 2-1-3　能量信号

由上式可见，能量信号在全时域（$T \to \infty$）内平均功率为 0。

一般在时域内有始有终的非周期信号是能量信号。对能量信号 $x(t)$，可用其频谱密度函数 $X(\omega)$ 及信号的能量谱密度函数 $G(\omega)$ 来描述。

设能量信号 $x(t)$ 频谱密度函数为 $X(\omega)$，信号的能量为

$$
\begin{aligned}
E &= \int_{-\infty}^{\infty} x^2(t)\mathrm{d}t \\
&= \int_{-\infty}^{\infty} x(t) \cdot \frac{1}{2\pi} \int_{-\infty}^{\infty} X(\omega) \mathrm{e}^{\mathrm{j}\omega t}\mathrm{d}\omega \mathrm{d}t \\
&= \frac{1}{2\pi} \int_{-\infty}^{\infty} X(\omega) \cdot \int_{-\infty}^{\infty} x(t) \mathrm{e}^{-\mathrm{j}(-\omega t)}\mathrm{d}t\mathrm{d}\omega
\end{aligned}
$$

$$= \frac{1}{2\pi} \int_{-\infty}^{\infty} X(\omega) X(-\omega) \mathrm{d}\omega$$

$$= \frac{1}{2\pi} \int_{-\infty}^{\infty} |X(\omega)|^2 \mathrm{d}\omega$$

$$= \frac{1}{\pi} \int_{0}^{\infty} |X(\omega)|^2 \mathrm{d}\omega$$

$$= \frac{1}{\pi} \int_{0}^{\infty} G(\omega) \mathrm{d}\omega \tag{2-1-20}$$

其中

$$G(\omega) = |X(\omega)|^2 \tag{2-1-21}$$

为能量信号的能量谱密度函数，它表示单位频带上的信号能量，表明信号的能量在频率轴上的分布情况。式（2-1-21）说明，能量信号 $x(t)$ 的能量谱密度函数 $G(\omega)$ 等于它的频谱密度函数 $X(\omega)$ 的模平方。

式（2-1-20）可重新写为

$$E = \int_{-\infty}^{\infty} x^2(t) \mathrm{d}t = \frac{1}{2\pi} \int_{-\infty}^{\infty} |X(\omega)|^2 \mathrm{d}\omega = \frac{1}{2\pi} \int_{-\infty}^{\infty} G(\omega) \mathrm{d}\omega \tag{2-1-22}$$

或

$$E = \frac{1}{2\pi} \int_{-\infty}^{\infty} G(\omega) \mathrm{d}\omega = 2 \int_{0}^{\infty} G(f) \mathrm{d}f \tag{2-1-23}$$

式（2-1-23）表明，信号 $x(t)$ 的能量为能量谱在频域内的积分值。式（2-1-22）称为能量信号的帕什瓦定理。

2. 功率信号

功率信号 $x(t)$ 是指信号在时域内无始无终，信号的能量无限，即 $E = \int_{-\infty}^{\infty} x^2(t) \mathrm{d}t \rightarrow \infty$，但平均功率有限的信号，如图 2-1-4（a）所示。

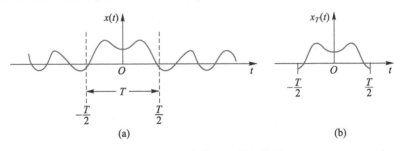

图 2-1-4　功率信号及截断信号

功率信号 $x(t)$ 的平均功率定义为

$$P = \lim_{T \to \infty} \frac{1}{T} \int_{-\frac{T}{2}}^{\frac{T}{2}} x^2(t) \mathrm{d}t = \lim_{T \to \infty} \frac{1}{T} \int_{-\infty}^{+\infty} x_T^2(t) \mathrm{d}t \tag{2-1-24}$$

式中，$x_T(t)$ 是 $x(t)$ 在区间 $[-T/2, T/2]$ 内的截断信号，为能量信号，如图 2-1-4（b）所示。式（2-1-24）表明，功率信号 $x(t)$ 的平均功率可用截断信号 $x_T(t)$ 在区间 $[-T/2, T/2]$ 内的平均功率求极限的方法得到。

周期信号是无始无终的，它在整个时域内能量无限，而功率有限，因此周期信号是典

型的功率信号。设周期信号的周期为 T_0，则其平均功率表示为

$$P = \lim_{T \to \infty} \frac{1}{T} \int_{-\frac{T}{2}}^{\frac{T}{2}} x^2(t)\,\mathrm{d}t = \lim_{n \to \infty} \frac{1}{nT_0} \int_{-\frac{nT_0}{2}}^{\frac{nT_0}{2}} x^2(t)\,\mathrm{d}t = \frac{1}{T_0} \int_{-\frac{T_0}{2}}^{\frac{T_0}{2}} x^2(t)\,\mathrm{d}t \qquad (2-1-25)$$

式（2-1-25）表明周期信号的平均功率可在信号的一个周期内求平均得到。

对功率信号 $x(t)$，可用其功率谱密度函数 $P(\omega)$ 来描述。设功率信号的截断信号 $x_T(t)$ 对应的频谱密度函数为 $X_T(\omega)$，由式（2-1-22）的能量信号帕什瓦定理，有

$$\int_{-\infty}^{\infty} x_T^2(t)\,\mathrm{d}t = \frac{1}{2\pi} \int_{-\infty}^{\infty} |X_T(\omega)|^2\,\mathrm{d}\omega \qquad (2-1-26)$$

将式（2-1-26）代入式（2-1-24），得功率信号 $x(t)$ 的平均功率为

$$\begin{aligned}
P &= \lim_{T \to \infty} \frac{1}{T} \int_{-\infty}^{\infty} x_T^2(t)\,\mathrm{d}t \\
&= \lim_{T \to \infty} \frac{1}{T} \cdot \frac{1}{2\pi} \int_{-\infty}^{\infty} |X_T(\omega)|^2\,\mathrm{d}\omega \\
&= \frac{1}{2\pi} \int_{-\infty}^{\infty} \lim_{T \to \infty} \frac{|X_T(\omega)|^2}{T}\,\mathrm{d}\omega \\
&= \frac{1}{2\pi} \int_{-\infty}^{\infty} P(\omega)\,\mathrm{d}\omega \qquad (2-1-27)
\end{aligned}$$

其中

$$P(\omega) = \lim_{T \to \infty} \frac{|X_T(\omega)|^2}{T} \qquad (2-1-28)$$

为功率信号 $x(t)$ 的功率谱密度函数，它表示单位频带上的信号功率，表明信号功率在频率轴上的分布情况。由式（2-1-27），有

$$P = \frac{1}{2\pi} \int_{-\infty}^{\infty} P(\omega)\,\mathrm{d}\omega = 2 \int_{0}^{\infty} P(f)\,\mathrm{d}f \qquad (2-1-29)$$

式（2-1-29）表明，信号 $x(t)$ 的功率为功率谱在频域内的积分值。

对于功率信号中的典型信号——周期信号的功率谱可利用以下方法求得。

设周期信号 $x(t)$ 的周期为 T，$x_T(t)$ 为 $x(t)$ 的截断信号，其频谱密度函数为 $X_T(\omega)$。$x_T(t)$ 可视为 $x(t)$ 与矩形窗函数 $\mathrm{rect}(\cdot)$ 的乘积，即

$$x_T(t) = x(t) \cdot \mathrm{rect}(\cdot) \qquad (2-1-30)$$

式中

$$\mathrm{rect}(\cdot) = \begin{cases} 1 & -\dfrac{T}{2} \leqslant t \leqslant \dfrac{T}{2} \\ 0 & \text{其他} \end{cases} \qquad (2-1-31)$$

根据频域卷积定理，有

$$X_T(\omega) = \frac{1}{2\pi} \{ X(\omega) * \mathscr{F}[\mathrm{rect}(\cdot)] \} \qquad (2-1-32)$$

式中，$X(\omega)$ 为 $x(t)$ 的傅里叶变换，$\mathscr{F}[\mathrm{rect}(\cdot)]$ 是窗函数 $[\mathrm{rect}(\cdot)]$ 的傅里叶变换，分别为

$$\mathscr{F}[\mathrm{rect}(\cdot)] = T\mathrm{Sa}(\omega T/2) \qquad (2-1-33)$$

2.1 确定信号分析

$$X(\omega) = 2\pi \sum_{n=-\infty}^{\infty} C_n \delta(\omega - n\omega_0) \qquad (2\text{-}1\text{-}34)$$

式中，$C_n = \dfrac{1}{T_0} \displaystyle\int_{-\frac{T_0}{2}}^{\frac{T_0}{2}} x(t) e^{-jn\omega_0 t} dt$ 为周期信号 $x(t)$ 的傅里叶级数的复系数。

将式 (2-1-33) 和式 (2-1-34) 代入式 (2-1-32) 中，得

$$\begin{aligned}
X_T(\omega) &= \sum_{n=-\infty}^{\infty} C_n \delta(\omega - n\omega_0) * T\mathrm{Sa}\left(\frac{\omega T}{2}\right) \\
&= T \sum_{n=-\infty}^{\infty} C_n \mathrm{Sa}\left[\frac{(\omega - n\omega_0)T}{2}\right]
\end{aligned} \qquad (2\text{-}1\text{-}35)$$

而

$$\begin{aligned}
|X_T(\omega)|^2 &= X_T(\omega) \cdot X_T^*(\omega) \\
&= \sum_{n=-\infty}^{\infty} \sum_{m=-\infty}^{\infty} T^2 C_n C_m^* \mathrm{Sa}\left[\frac{(\omega - n\omega_0)T}{2}\right] \mathrm{Sa}\left[\frac{(\omega - m\omega_0)T}{2}\right]
\end{aligned} \qquad (2\text{-}1\text{-}36)$$

当 $T \to \infty$ 时，有

$$\mathrm{Sa}\left[\frac{(\omega - n\omega_0)T}{2}\right] \mathrm{Sa}\left[\frac{(\omega - m\omega_0)T}{2}\right] = \begin{cases} 0 & n \neq m \\ \mathrm{Sa}^2\left[\dfrac{(\omega - n\omega_0)T}{2}\right] & n = m \end{cases} \qquad (2\text{-}1\text{-}37)$$

将式 (2-1-37) 代入式 (2-1-36) 得

$$|X_T(\omega)|^2 = T^2 \sum_{n=-\infty}^{\infty} |C_n|^2 \mathrm{Sa}^2\left[\frac{(\omega - n\omega_0)T}{2}\right] \qquad (2\text{-}1\text{-}38)$$

将式 (2-1-38) 代入式 (2-1-28)，得信号的功率谱为

$$\begin{aligned}
P(\omega) &= \lim_{T\to\infty} \frac{|X_T(\omega)|^2}{T} \\
&= \lim_{T\to\infty} T \sum_{n=-\infty}^{\infty} |C_n|^2 \mathrm{Sa}^2\left[\frac{(\omega - n\omega_0)T}{2}\right] \\
&= \sum_{n=-\infty}^{\infty} |C_n|^2 \lim_{T\to\infty} T\mathrm{Sa}^2\left[\frac{(\omega - n\omega_0)T}{2}\right]
\end{aligned} \qquad (2\text{-}1\text{-}39)$$

因为 $\displaystyle\lim_{K\to\infty} \frac{K}{\pi} \mathrm{Sa}^2(Kx) = \delta(x)$，所以式 (2-1-39) 为

$$P(\omega) = 2\pi \sum_{n=-\infty}^{\infty} |C_n|^2 \delta(\omega - n\omega_0) \qquad (2\text{-}1\text{-}40)$$

可见，周期信号的功率谱密度函数是由一系列的离散冲激组成的，它们分别出现在 $x(t)$ 的基波分量的各次谐波上。若将 $P(\omega)$ 在全频域上积分就得到信号的功率，即

$$\begin{aligned}
P &= \frac{1}{2\pi} \int_{-\infty}^{\infty} P(\omega) d\omega \\
&= \int_{-\infty}^{\infty} \sum_{n=-\infty}^{\infty} |C_n|^2 \delta(\omega - n\omega_0) d\omega \\
&= \sum_{n=-\infty}^{\infty} |C_n|^2
\end{aligned} \qquad (2\text{-}1\text{-}41)$$

上式称为功率信号的帕什瓦定理。

2.1.3 相关函数与功率谱密度函数

相关函数是描述两个波形信号（或一个波形信号）在间隔时间 τ 的两点上的信号取值互相依赖程度的函数，相关函数值越大，表明依赖程度越大，相关性越强。相关运算是信号时域分析的重要方法，它在信号分析、相关接收和信号检测中应用十分广泛。

1. 能量信号的相关函数

设信号 $x_1(t)$ 和 $x_2(t)$ 都为能量信号，则定义它们的互相关函数 $R_{12}(\tau)$ 为

$$R_{12}(\tau) = \int_{-\infty}^{\infty} x_1(t) \cdot x_2(t+\tau) \mathrm{d}t \qquad (2-1-42)$$

若 $x_1(t) = x_2(t) = x(t)$，则定义

$$R(\tau) = \int_{-\infty}^{\infty} x(t) \cdot x(t+\tau) \mathrm{d}t \qquad (2-1-43)$$

为 $x(t)$ 的自相关函数。

式（2-1-42）描述了两个函数在间隔 τ 的两点上取值的相关性，它与卷积过程有一定的相似性。求解相关函数的积分值，关键在于正确确定积分的区间。

例 2.2 设 $x_1(t)$、$x_2(t)$ 如图 2-1-5（a）、（b）所示，试求两信号的互相关函数 $R_{12}(\tau)$。

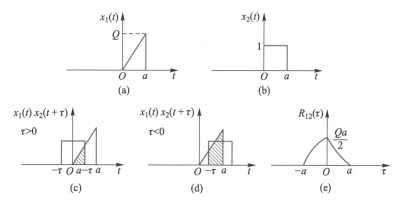

图 2-1-5 互相关函数求解过程

解： 由图 2-1-5（a）、（b）可见，$x_1(t)$ 和 $x_2(t)$ 的表示式分别为

$$x_1(t) = \begin{cases} \dfrac{Q}{a}t & 0 \leq t \leq a \\ 0 & \text{其他} \end{cases} \qquad x_2(t) = \begin{cases} 1 & 0 \leq t \leq a \\ 0 & \text{其他} \end{cases}$$

根据互相关函数的计算式（2-1-42），$R_{12}(\tau)$ 为

$$R_{12}(\tau) = \int_{-\infty}^{\infty} x_1(t) \cdot x_2(t+\tau) \mathrm{d}t$$

$\tau > 0$ 时，$x_2(t+\tau)$ 是 $x_2(t)$ 在 t 轴上向左移 τ 的结果，所以乘积 $x_1(t) \cdot x_2(t+\tau)$ 存在的积分区间为 $t=0$ 到 $t=a-\tau$，如图 2-1-5（c）所示，所以有

$$R_{12}(\tau) = \int_0^{a-\tau} \frac{Q}{a}t \cdot 1 \mathrm{d}t = \frac{Q}{2a}(a-\tau)^2 \qquad 0 \leq \tau \leq a$$

2.1 确定信号分析

同理，$\tau < 0$ 时

$$R_{12}(\tau) = \int_{-\tau}^{a} \frac{Q}{a}t \cdot 1 \mathrm{d}t = \frac{Q}{2a}(a^2 - \tau^2) \qquad -a \leqslant \tau \leqslant 0$$

求解过程如图 2-1-5（d）所示。$x_1(t)$ 与 $x_2(t)$ 的互相关函数 $R_{12}(\tau)$ 存在于区间 $[-a, a]$ 上，结果如图 2-1-5（e）所示。

例 2.3　$x(t)$ 如图 2-1-6（a）所示，试求 $x(t)$ 的自相关函数 $R(\tau)$。

解：$x(t)$ 为矩形脉冲，其表示式为

$$x(t) = \begin{cases} A & -\dfrac{T}{2} \leqslant t \leqslant \dfrac{T}{2} \\ 0 & \text{其他} \end{cases}$$

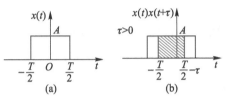

求解自相关函数 $R(\tau)$ 的步骤与例 2.2 相同，关键在于确定 $x(t) \cdot x(t+\tau)$ 的积分区间。

$\tau > 0$ 时

$$R(\tau) = \int_{-\frac{T}{2}}^{\frac{T}{2}-\tau} A^2 \mathrm{d}t = A^2(T - \tau) \quad 0 \leqslant \tau \leqslant T$$

$\tau < 0$ 时

$$R(\tau) = \int_{-\frac{T}{2}-\tau}^{\frac{T}{2}} A^2 \mathrm{d}t = A^2(T + \tau) \quad -T \leqslant \tau \leqslant 0$$

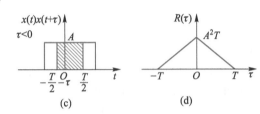

图 2-1-6　自相关函数求解过程

$R(\tau)$ 的求解过程如图 2-1-6（b）、（c）所示，$R(\tau)$ 曲线如图 2-1-6（d）所示。

相关函数的积分运算与卷积积分运算的主要区别如下：

（1）卷积运算是无序的，即：$x_1(t) * x_2(t) = x_2(t) * x_1(t)$；而相关函数的积分运算是有序的，即：$R_{12}(\tau) \neq R_{21}(\tau)$。由式（2-1-42）有

$$\begin{aligned} R_{12}(\tau) = \int_{-\infty}^{\infty} x_1(t) \cdot x_2(t+\tau) \mathrm{d}t &\xrightarrow{\text{令} t+\tau=t'} \int_{-\infty}^{\infty} x_1(t'-\tau) \cdot x_2(t') \mathrm{d}t' \\ &= R_{21}(-\tau) \end{aligned} \tag{2-1-44}$$

（2）对于同一个时间位移值，相关运算与卷积运算中位移函数的移动方向是相反的。

（3）卷积是求解信号通过线性系统的输出的方法，而相关是信号检测和提取的方法。这在后面的章节中会进一步讨论。

（4）当信号 $x(t)$ 通过一个线性系统时，若系统的冲激响应 $h(t) = x(-t)$，则系统对 $x(t)$ 的输出响应为 $x(t) * h(t) = R(t)$，即冲激响应为输入信号 $x(t)$ 镜像函数的系统的输出为 $x(t)$ 的自相关函数。

能量信号 $x(t)$ 的自相关函数具有以下性质：

① 自相关函数是偶函数，即 $R(\tau) = R(-\tau)$。因为

$$\begin{aligned} R(\tau) = \int_{-\infty}^{\infty} x(t)x(t+\tau) \mathrm{d}t &\xrightarrow{\text{令} t+\tau=t'} \int_{-\infty}^{\infty} x(t'-\tau)x(t') \mathrm{d}t' \\ &= R(-\tau) \end{aligned} \tag{2-1-45}$$

② 当 $\tau = 0$ 时，$R(\tau)$ 就是信号的能量，即 $E = \int_{-\infty}^{\infty} x^2(t) \mathrm{d}t = R(0)$。由于

$$R(\tau) = \int_{-\infty}^{\infty} x(t)x(t+\tau) \mathrm{d}t$$

令 $\tau = 0$，显然有

$$R(0) = \int_{-\infty}^{\infty} x^2(t) \, dt = E$$

此外，$\tau = 0$ 时，自相关函数 $R(\tau)$ 取最大值，即 $R(0) \geqslant R(\tau)$，因此 $\tau = 0$ 时，自相关性最强。

2. 能量信号的相关定理

若能量信号 $x_1(t)$ 和 $x_2(t)$ 的频谱分别是 $X_1(\omega)$ 和 $X_2(\omega)$，则信号 $x_1(t)$ 和 $x_2(t)$ 的互相关函数 $R_{12}(\tau)$ 与 $X_1(\omega)$ 的共轭乘以 $X_2(\omega)$ 是傅里叶变换对，即

$$R_{12}(\tau) \longleftrightarrow X_1^*(\omega) \cdot X_2(\omega) \tag{2-1-46}$$

式（2-1-46）称为能量信号的相关定理。它表明两个能量信号在时域内相关，对应频域内为一个信号频谱的共轭与另一信号的频谱相乘。

定理证明如下：

$$
\begin{aligned}
\mathscr{F}\left[R_{12}(\tau)\right] &= \int_{-\infty}^{\infty} R_{12}(\tau) \mathrm{e}^{-\mathrm{j}\omega\tau} \, \mathrm{d}\tau \\
&= \int_{-\infty}^{\infty} \left[\int_{-\infty}^{\infty} x_1(t) \cdot x_2(t+\tau) \, \mathrm{d}t\right] \mathrm{e}^{-\mathrm{j}\omega\tau} \, \mathrm{d}\tau \\
&= \int_{-\infty}^{\infty} x_1(t) \mathrm{e}^{\mathrm{j}\omega t} \, \mathrm{d}t \cdot \int_{-\infty}^{\infty} x_2(t+\tau) \mathrm{e}^{-\mathrm{j}\omega(t+\tau)} \, \mathrm{d}(t+\tau) \\
&= X_1^*(\omega) \cdot X_2(\omega)
\end{aligned}
$$

若 $x_1(t) = x_2(t) = x(t)$，则有

$$\mathscr{F}\left[R(\tau)\right] = X^*(\omega) \cdot X(\omega) = |X(\omega)|^2 = G(\omega)$$

即

$$R(\tau) \longleftrightarrow |X(\omega)|^2 = G(\omega) \tag{2-1-47}$$

由式（2-1-47）可见，能量信号的自相关函数和能量谱密度函数是一对傅里叶变换对。

3. 功率信号的相关函数

功率信号的相关函数仍然用信号截断后求极限的方法得到。设 $x_1(t)$ 和 $x_2(t)$ 都为功率信号，则它们的互相关函数定义为

$$R_{12}(\tau) = \lim_{T \to \infty} \frac{1}{T} \int_{-\frac{T}{2}}^{\frac{T}{2}} x_1(t) x_2(t+\tau) \, \mathrm{d}t$$

式中，T 的含义与式（2-1-24）中相同，为功率信号的截断区间。

当 $x_1(t) = x_2(t) = x(t)$ 时，则定义

$$R(\tau) = \lim_{T \to \infty} \frac{1}{T} \int_{-\frac{T}{2}}^{\frac{T}{2}} x(t) x(t+\tau) \, \mathrm{d}t \tag{2-1-48}$$

为功率信号 $x(t)$ 的自相关函数。

由式（2-1-48）可得到周期信号 $x(t)$ 的自相关函数为

$$R(\tau) = \lim_{T \to \infty} \frac{1}{T} \int_{-\frac{T}{2}}^{\frac{T}{2}} x(t) x(t+\tau) \, \mathrm{d}t = \frac{1}{T_0} \int_{-\frac{T_0}{2}}^{\frac{T_0}{2}} x(t) x(t+\tau) \, \mathrm{d}t \tag{2-1-49}$$

式中，T_0 为周期信号的周期。可以看到周期信号的自相关函数仍然是周期函数，且可以在一个周期内计算得到。

23

可以证明，功率信号的自相关函数与功率谱密度是一对傅里叶变换，即

$$R(\tau) \longleftrightarrow P(\omega)$$

证明如下：

因为

$$P(\omega) = \lim_{T \to \infty} \frac{|X_T(\omega)|^2}{T} \tag{2-1-50}$$

将

$$X_T(\omega) = \int_{-\infty}^{\infty} x_T(t) \mathrm{e}^{-\mathrm{j}\omega t} \mathrm{d}t = \int_{-\frac{T}{2}}^{\frac{T}{2}} x(t) \mathrm{e}^{-\mathrm{j}\omega t} \mathrm{d}t$$

代入式（2-1-50），有

$$P(\omega) = \lim_{T \to \infty} \frac{1}{T} |X_T(\omega)|^2 = \lim_{T \to \infty} \frac{1}{T} X_T^*(\omega) \cdot X_T(\omega)$$

$$= \lim_{T \to \infty} \frac{1}{T} \int_{-\frac{T}{2}}^{\frac{T}{2}} x(t) \mathrm{e}^{\mathrm{j}\omega t} \mathrm{d}t \cdot \int_{-\frac{T}{2}}^{\frac{T}{2}} x(t') \mathrm{e}^{-\mathrm{j}\omega t'} \mathrm{d}t'$$

上式中，令 $t' = t + \tau$，则有

$$P(\omega) = \lim_{T \to \infty} \frac{1}{T} \int_{-\frac{T}{2}}^{\frac{T}{2}} x(t) \mathrm{e}^{\mathrm{j}\omega t} \mathrm{d}t \cdot \int_{-\frac{T}{2}-t}^{\frac{T}{2}-t} x(t+\tau) \mathrm{e}^{-\mathrm{j}\omega(t+\tau)} \mathrm{d}\tau$$

$$= \int_{-\infty}^{\infty} \lim_{T \to \infty} \frac{1}{T} \int_{-\frac{T}{2}}^{\frac{T}{2}} x(t) x(t+\tau) \mathrm{d}t \cdot \mathrm{e}^{-\mathrm{j}\omega\tau} \mathrm{d}\tau$$

$$= \int_{-\infty}^{\infty} R(\tau) \mathrm{e}^{-\mathrm{j}\omega\tau} \mathrm{d}\tau = \mathscr{F}[R(\tau)]$$

可见，自相关函数与功率谱密度是一对傅里叶变换对，即

$$\begin{cases} P(\omega) = \displaystyle\int_{-\infty}^{\infty} R(\tau) \mathrm{e}^{-\mathrm{j}\omega\tau} \mathrm{d}\tau \\ R(\tau) = \dfrac{1}{2\pi} \displaystyle\int_{-\infty}^{\infty} P(\omega) \mathrm{e}^{\mathrm{j}\omega\tau} \mathrm{d}\omega \end{cases} \tag{2-1-51}$$

例 2.4　试求周期信号 $x(t) = A\cos(\omega_0 t + \theta)$ 的功率谱。

解：方法 1。利用信号的傅里叶级数展开求功率谱。由于

$$x(t) = A\cos(\omega_0 t + \theta) = \frac{A}{2}\left[\mathrm{e}^{\mathrm{j}(\omega_0 t + \theta)} + \mathrm{e}^{-\mathrm{j}(\omega_0 t + \theta)} \right]$$

$$= \frac{A}{2}\mathrm{e}^{\mathrm{j}\theta}\mathrm{e}^{\mathrm{j}\omega_0 t} + \frac{A}{2}\mathrm{e}^{-\mathrm{j}\theta}\mathrm{e}^{-\mathrm{j}\omega_0 t} = \sum_{n=-\infty}^{\infty} C_n \mathrm{e}^{\mathrm{j}n\omega_0 t}$$

由以上展开式，可知系数 C_n 仅在 $n = \pm 1$ 时存在，且 $C_1 = \dfrac{A}{2}\mathrm{e}^{\mathrm{j}\theta}$，$C_{-1} = \dfrac{A}{2}\mathrm{e}^{-\mathrm{j}\theta}$。

由式（2-1-40）得功率谱

$$P(\omega) = 2\pi \sum_{n=-\infty}^{\infty} |C_n|^2 \delta(\omega - n\omega_0)$$

$$= 2\pi \left(\frac{A}{2}\right)^2 \left[\delta(\omega - \omega_0) + \delta(\omega + \omega_0) \right]$$

$$= \frac{\pi A^2}{2} [\delta(\omega - \omega_0) + \delta(\omega + \omega_0)]$$

方法 2。利用相关函数求功率谱，周期信号的周期 $T_0 = 2\pi/\omega_0$。由式（2-1-49）有

$$R(\tau) = \frac{1}{T_0} \int_{-\frac{T_0}{2}}^{\frac{T_0}{2}} A\cos(\omega_0 t + \theta) \cdot A\cos(\omega_0 t + \omega_0 \tau + \theta) dt$$

$$= \frac{1}{T_0} \int_{-\frac{T_0}{2}}^{\frac{T_0}{2}} \frac{A^2}{2} [\cos\omega_0\tau + \cos(2\omega_0 t + \omega_0\tau + 2\theta)] dt$$

$$= \frac{1}{T_0} \int_{-\frac{T_0}{2}}^{\frac{T_0}{2}} \frac{A^2}{2} \cos\omega_0\tau dt + \frac{1}{T_0} \int_{-\frac{T_0}{2}}^{\frac{T_0}{2}} \frac{A^2}{2} \cos(2\omega_0 t + \omega_0\tau + 2\theta) dt$$

$$= \frac{1}{T_0} \int_{-\frac{T_0}{2}}^{\frac{T_0}{2}} \frac{A^2}{2} \cos\omega_0\tau dt$$

$$= \frac{A^2}{2} \cos\omega_0\tau$$

由式（2-1-51）有

$$P(\omega) = \int_{-\infty}^{\infty} \frac{A^2}{2} \cos\omega_0\tau \cdot e^{-j\omega\tau} d\tau$$

$$= \frac{\pi A^2}{2} [\delta(\omega - \omega_0) + \delta(\omega + \omega_0)]$$

由上可见，两种解法结果相同。由 $R(\tau) = \frac{A^2}{2}\cos\omega_0\tau$ 看出，当 $\tau = 0$ 时，$R(\tau = 0) = \frac{A^2}{2}$ 就是周期信号 $x(t)$ 的平均功率。

综上所述，既可以把确定信号 $x(t)$ 分为周期信号与非周期信号，通过傅里叶变换求得信号的频谱密度函数 $X(\omega)$，从而在频域研究该信号（这就是人们熟知的频谱分析法），也可以把确定信号分为能量信号与功率信号，对信号的自相关函数及其傅里叶变换——能量谱及功率谱进行分析，从而使得确定信号的分析方法进一步得到完善。对能量信号与功率信号的自相关函数求傅里叶变换，得到信号的能量谱及功率谱，通过在频域内研究信号的能量分布和功率分布，同样可以达到充分认识信号本质的目的，这种频谱分析方法称为广义频谱分析方法，它是后面分析随机信号和噪声的重要基础。

不过必须注意到，在对信号的能量谱及功率谱的描述中，丢掉了信号的相位信息，不同相位的信号可以有相同的能量谱或功率谱。但是，对一个给定的信号，只有唯一的能量谱或功率谱。

2.1.4　信号带宽

在通信系统中，信号带宽是非常重要的概念。信号带宽是指信号的能量或功率的主要部分集中的正频率范围。信号分为基带信号与频带信号。基带信号的能量或功率集中在零频附近，频带信号的能量或功率集中在某一载频 f_0 附近。下面介绍信号带宽常用的几种工程定义。

1. 绝对带宽

设信号的能量谱或功率谱分布在正频率轴上 $f_1 < f < f_2$ 的频率范围内，则定义信号的绝

对带宽 $B=f_2-f_1$。

2. 3 dB 带宽（半功率带宽）

设信号的能量谱或功率谱的幅值最大值出现在 $f_1<f<f_2$ 频率范围内，且在 $f_1<f<f_2$ 的频率范围内，信号的能量谱或功率谱幅值大于最大值的 50%，则定义信号的 3 dB 带宽 $B=f_2-f_1$。

3. 零点带宽

定义信号的零点带宽 $B=f_2-f_1$。这里 f_1 为信号能量谱或功率谱中低于 f_0 的第一个零点，f_2 为信号能量谱或功率谱中高于 f_0 的第一个零点。其中，f_0 为信号能量谱或功率谱最大值对应的频率点。对基带信号来说，f_1 通常为零。

4. 等效矩形带宽

信号的等效矩形带宽 B 的定义如下：

对能量信号 $x(t)$

$$B = \frac{\int_{-\infty}^{\infty} G(f)\,\mathrm{d}f}{2G(0)} \tag{2-1-52}$$

式中，$G(\omega)=|X(\omega)|^2$ 为能量信号 $x(t)$ 的能量谱密度函数。

对功率信号 $x(t)$

$$B = \frac{\int_{-\infty}^{\infty} P(f)\,\mathrm{d}f}{2P(0)} \tag{2-1-53}$$

式中，$P(f)=\lim\limits_{T\to\infty}\dfrac{|X_T(f)|^2}{T}$ 为功率信号 $x(t)$ 的功率谱密度函数。

5. 能量或功率百分比带宽

这里，信号带宽 B 为根据占信号总能量或总功率比例（90%、95%、99% 等）确定的带宽，定义如下：

对能量信号 $x(t)$

$$\frac{2\int_0^B G(f)\,\mathrm{d}f}{E} = 0.9 \quad (95\%、99\% \text{ 等}) \tag{2-1-54}$$

对功率信号 $x(t)$

$$\frac{2\int_0^B P(f)\,\mathrm{d}f}{P} = 0.9 \quad (95\%、99\% \text{ 等}) \tag{2-1-55}$$

2.1.5 复数信号与时域希尔伯特变换

在信号传输中，实际真正遇到的信号都是实时间信号。采用的分析和处理方法一般都是对实时间信号直接分析。但对某些实时间信号，应用实时间分析方法会碰到不少困难。如调幅–调相信号为

$$x(t) = A(t)\cos[\omega_0 t+\varphi(t)] \tag{2-1-56}$$

对此信号若应用实时间分析方法求其频谱 $X(\omega)$ 或自相关函数 $R(\tau)$，就有许多不便之处。在一定的条件下，如果采用复数信号的处理方法，即把 $x(t)$ 变换成复数信号 $\xi(t)$ 来分析

从而达到分析 $x(t)$ 的目的，会使问题简化，方便分析。这种方法在电路基础课中学过，如在对交流电路符号法的分析中，常把正弦信号（实信号）进行复数化处理，即对信号

$$x(t) = \cos\omega_0 t$$

可采用复数信号

$$\xi(t) = e^{j\omega_0 t} = \cos\omega_0 t + j\sin\omega_0 t$$

来表示，$x(t)$ 为 $\xi(t)$ 的实部，即

$$x(t) = \mathrm{Re}\left[\xi(t)\right] = \mathrm{Re}\left[e^{j\omega_0 t}\right] = \cos\omega_0 t$$

这样，通过对旋转矢量 $\xi(t)$ 的分析可达到对正弦信号分析的目的，给电路计算带来了方便。

1. 复数信号的定义

复数信号在实际传输系统中是不存在的，完全是为了方便信号的分析而引入的。对某实时间信号 $x(t)$，将其作为实部，再配以适当的虚部 $\hat{x}(t)$，可得到一复数信号 $\xi(t)$，即定义复数信号 $\xi(t)$ 为

$$\xi(t) = x(t) + j\hat{x}(t) \tag{2-1-57}$$
$$x(t) = \mathrm{Re}\left[\xi(t)\right] \tag{2-1-58}$$

且 $\xi(t)$ 与 $x(t)$ 具有唯一的约束关系。

所谓适当的虚部，是指虚部 $\hat{x}(t)$ 与实部 $x(t)$ 应满足时域希尔伯特（Hilbert）变换关系，从而使复数信号的频谱呈现单边谱特性，即
若

$$\xi(t) \longleftrightarrow G_\xi(\omega) \tag{2-1-59}$$

则

$$G_\xi(\omega) = \begin{cases} G_\xi(\omega)U(\omega) & \omega > 0 \\ 0 & \omega < 0 \end{cases} \tag{2-1-60}$$

式中，$G_\xi(\omega)$ 为 $\xi(t)$ 的频谱密度函数，$U(\omega)$ 为频域阶跃函数。这种对应关系与满足因果关系的物理可实现网络的传输函数 $H(\omega)$ 和冲激响应 $h(t)$ 的关系类似，即 $H(\omega)$ 为

$$H(\omega) = R(\omega) + jI(\omega) \tag{2-1-61}$$

而冲激响应为

$$h(t) = \begin{cases} h(t)U(t) & t > 0 \\ 0 & t < 0 \end{cases} \tag{2-1-62}$$

满足以上条件的 $R(\omega)$ 和 $I(\omega)$ 应满足频域希尔伯特变换的关系。

由复数信号 $\xi(t)$ 的定义，可知 $\xi(t)$ 的频谱 $G_\xi(\omega)$ 应由 $x(t)$ 的频谱密度函数 $X(\omega)$ 唯一确定。由于

$$\begin{aligned}
x(t) &= \mathscr{F}^{-1}\left[X(\omega)\right] \\
&= \frac{1}{2\pi}\int_{-\infty}^{\infty} X(\omega)e^{j\omega t}\mathrm{d}\omega \\
&= \frac{1}{2\pi}\int_{0}^{\infty} X(\omega)e^{j\omega t}\mathrm{d}\omega + \frac{1}{2\pi}\int_{-\infty}^{0} X(\omega)e^{j\omega t}\mathrm{d}\omega \\
&= \frac{1}{2\pi}\int_{0}^{\infty} X(\omega)e^{j\omega t}\mathrm{d}\omega + \left[\frac{1}{2\pi}\int_{0}^{\infty} X(\omega)e^{j\omega t}\mathrm{d}\omega\right]^{*}
\end{aligned}$$

$$= \text{Re}\left[\frac{1}{2\pi}\int_0^\infty 2X(\omega)\,\text{e}^{\text{j}\omega t}\text{d}\omega\right] \tag{2-1-63}$$

由式（2-1-58）及式（2-1-63），有

$$x(t)= \text{Re}\left[\xi(t)\right] = \text{Re}\left[\frac{1}{2\pi}\int_0^\infty 2X(\omega)\,\text{e}^{\text{j}\omega t}\text{d}\omega\right] \tag{2-1-64}$$

故

$$\xi(t)= \frac{1}{2\pi}\int_0^\infty 2X(\omega)\,\text{e}^{\text{j}\omega t}\text{d}\omega = \frac{1}{2\pi}\int_{-\infty}^\infty G_\xi(\omega)\,\text{e}^{\text{j}\omega t}\text{d}\omega \tag{2-1-65}$$

式中，$G_\xi(\omega)$ 为 $\xi(t)$ 的频谱密度函数。

由式（2-1-65）可得

$$G_\xi(\omega)=\begin{cases}2X(\omega) & \omega>0 \\ 0 & \omega<0\end{cases} \tag{2-1-66}$$

或

$$G_\xi(\omega) = 2X(\omega)U(\omega) \tag{2-1-67}$$

上式说明，复信号 $\xi(t)$ 的频谱等于 $x(t)$ 单边谱的 2 倍，因此，$G_\xi(\omega)$ 由 $X(\omega)$ 唯一确定。

2. 希尔伯特变换

从复信号具有单边谱特性可以导出复数信号的实部和虚部的关系——希尔伯特变换对。由于

$$\xi(t) = x(t)+\text{j}\hat{x}(t)$$

则

$$G_\xi(\omega) = X(\omega)+\text{j}\hat{X}(\omega) \tag{2-1-68}$$

为同时满足式（2-1-67）及式（2-1-68），应有下列关系

$$\begin{cases}\hat{X}(\omega) = -\text{j}X(\omega) & \omega>0 \\ \hat{X}(\omega) = \text{j}X(\omega) & \omega<0\end{cases} \tag{2-1-69}$$

引入符号函数

$$\text{sgn}(\omega) = \begin{cases}1 & \omega>0 \\ -1 & \omega<0\end{cases} \tag{2-1-70}$$

则

$$\hat{X}(\omega) = -\text{jsgn}(\omega)X(\omega) \tag{2-1-71}$$

这就是复信号的虚部和实部频谱的对应关系。可见，要满足复数信号的单边谱特性，$X(\omega)$ 和 $\hat{X}(\omega)$ 的关系是唯一确定的。

由式（2-1-71）看出，$\hat{x}(t)$ 相当于 $x(t)$ 通过一个传输函数为 $H(\omega) = -\text{jsgn}(\omega)$ 的网络后得到的输出信号，该网络的冲激响应为

$$h(t)= \mathscr{F}^{-1}\left[H(\omega)\right] = \mathscr{F}^{-1}\left[-\text{jsgn}(\omega)\right] \tag{2-1-72}$$

由于

$$\mathscr{F}^{-1}\left[\text{sgn}(\omega)\right] = \frac{\text{j}}{\pi t} \tag{2-1-73}$$

所以

$$h(t) = -\mathrm{j} \cdot \frac{\mathrm{j}}{\pi t} = \frac{1}{\pi t} \qquad (2\text{-}1\text{-}74)$$

故

$$\begin{aligned}
\hat{x}(t) &= x(t) * h(t) \\
&= x(t) * \left(\frac{1}{\pi t} \right) \\
&= \frac{1}{\pi} \int_{-\infty}^{\infty} \frac{x(\tau)}{t-\tau} \mathrm{d}\tau
\end{aligned} \qquad (2\text{-}1\text{-}75)$$

式（2-1-75）称为希尔伯特变换，其逆变换为

$$x(t) = -\frac{1}{\pi} \int_{-\infty}^{\infty} \frac{\hat{x}(\tau)}{t-\tau} \mathrm{d}\tau \qquad (2\text{-}1\text{-}76)$$

式（2-1-75）及（2-1-76）表示 $x(t)$ 与 $\hat{x}(t)$ 之间在时域内的约束关系。这种约束关系称为希尔伯特变换对，可用以下形式表示

$$x(t) \overset{\mathscr{H}}{\longleftrightarrow} \hat{x}(t) \qquad (2\text{-}1\text{-}77)$$

这就是说，复数信号的实部和虚部是一对希尔伯特变换对。

传输函数为 $H(\omega) = -\mathrm{jsgn}(\omega) = |H(\omega)| \mathrm{e}^{\mathrm{j}\varphi(\omega)}$ 的网络称为希尔伯特滤波器，其幅频特性为 1，相频特性为：正频率范围内相移 $-\dfrac{\pi}{2}$，负频率范围内相移 $\dfrac{\pi}{2}$，故希尔伯特滤波器也称为 $-\dfrac{\pi}{2}$ 相移网络，其传输特性如图 2-1-7 所示。

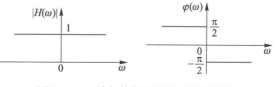

图 2-1-7 希尔伯特滤波器的传输特性

实时间信号复数化为复时间信号的一个最简单的例子就是正弦信号，即

$$x(t) = \cos\omega_0 t$$

$$\xi(t) = \mathrm{e}^{\mathrm{j}\omega_0 t} = \cos\omega_0 t + \mathrm{j}\sin\omega_0 t \qquad (2\text{-}1\text{-}78)$$

$$x(t) = \mathrm{Re}[\xi(t)] \qquad (2\text{-}1\text{-}79)$$

按频谱分析，有

$$G_\xi(\omega) = \mathscr{F}[\xi(t)] = \mathscr{F}[\mathrm{e}^{\mathrm{j}\omega_0 t}] = 2\pi\delta(\omega-\omega_0) \qquad (2\text{-}1\text{-}80)$$

$$X(\omega) = \mathscr{F}[x(t)] = \pi[\delta(\omega-\omega_0) + \delta(\omega+\omega_0)] \qquad (2\text{-}1\text{-}81)$$

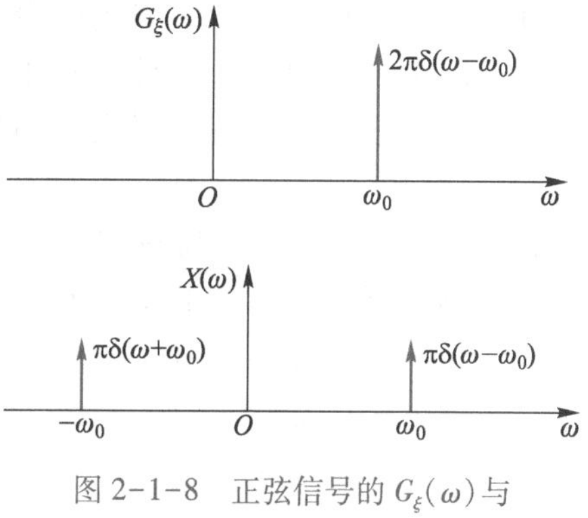

正弦信号的 $G_\xi(\omega)$ 与 $X(\omega)$ 的关系如图 2-1-8 所示。由图明显看出，$\xi(t)$ 的频谱是 $x(t)$ 的频谱在正频域部分的 2 倍。

图 2-1-8 正弦信号的 $G_\xi(\omega)$ 与 $X(\omega)$ 的关系

3. 实信号的复数化表示

实时间信号的复数化通常有两种表示方法：一种表示为复指数形式，另一种表示为解析信号的形式。如本节刚开始讨论的调幅-调相信号 $x(t) = A(t) \cdot \cos[\omega_0 t + \varphi(t)]$ 就容易表示

为复指数信号，即

$$\xi(t)=A(t)e^{j\varphi(t)} \cdot e^{j\omega_0 t}=a(t)e^{j\omega_0 t} \qquad (2\text{-}1\text{-}82)$$

$$x(t)=\text{Re}[\xi(t)]=\text{Re}[a(t) \cdot e^{j\omega_0 t}] \qquad (2\text{-}1\text{-}83)$$

式中，$a(t)=A(t)e^{j\varphi(t)}$ 是复数信号 $\xi(t)$ 的复数包络线。式（2-1-82）称为实时间信号的复指数形式。

复数信号的另一种表示方法——解析法的形式为

$$\xi(t)=x(t)+j\hat{x}(t) \qquad (2\text{-}1\text{-}84)$$

或

$$G_\xi(\omega)=2X(\omega)U(\omega) \qquad (2\text{-}1\text{-}85)$$

解析法形式即为以上定义的复数信号形式。现在的问题是，实信号复数化的两种表示方法是否是统一的呢？即式（2-1-82）所表示的复指数形式，能不能写成解析信号式(2-1-84)的形式呢？可以证明，在一定的条件下，复指数形式就是解析法形式，两者是统一的。

下面讨论该条件。在式（2-1-82）中，设 $a(t)$ 的频谱密度函数为 $G_a(\omega)$，若满足

$$G_a(\omega)=\begin{cases}G_a(\omega) & |\omega|<\omega_0 \\ 0 & |\omega|\geqslant\omega_0\end{cases} \qquad (2\text{-}1\text{-}86)$$

由式（2-1-82），有

$$G_\xi(\omega)=G_a(\omega-\omega_0) \qquad (2\text{-}1\text{-}87)$$

当 $G_a(\omega)$ 满足式（2-1-86）时，频移后的 $G_a(\omega-\omega_0)$ 必定只在正频域存在，因而复数信号 $\xi(t)$ 具有单边谱特性，即 $G_\xi(\omega)=G_\xi(\omega)U(\omega)$，满足以上定义的复数信号的解析信号形式，如图 2-1-9（a）、（b）所示。因而在式（2-1-86）的条件下，复数信号的复指数形式必为解析信号形式。式（2-1-86）的条件称为贝德罗西安（Bedrosian）条件，简称为 B 条件。该条件表明，复数包络线 $a(t)$ 具有低通型频谱特性。实际中遇到的窄带信号一般总是满足 B 条件的，因此将窄带信号复数化为复指数表示实际就是复数化为解析信号表示。

得到 $G_\xi(\omega)$ 后，很容易找到 $x(t)$ 的频谱 $X(\omega)$。例如，在满足 B 条件时，有

$$\begin{aligned}x(t)&=A(t)\cos[\omega_0 t+\varphi(t)] \\ &=\text{Re}[a(t)e^{j\omega_0 t}] \\ &=\text{Re}[\xi(t)] \\ &=\frac{1}{2}[\xi(t)+\xi^*(t)] \qquad (2\text{-}1\text{-}88)\end{aligned}$$

按傅里叶变换的性质有

$$\xi(t)\longleftrightarrow G_\xi(\omega)$$

$$\xi^*(t)\longleftrightarrow G_\xi^*(-\omega)$$

将式（2-1-88）两边同时求傅里叶变换，得

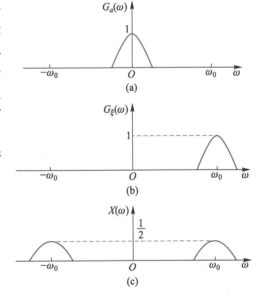

图 2-1-9　$G_a(\omega)$、$G_\xi(\omega)$ 及 $X(\omega)$ 的关系

$$X(\omega) = \frac{1}{2}\left[G_\xi(\omega) + G_\xi^*(-\omega) \right]$$

$$= \frac{1}{2}\left[G_a(\omega-\omega_0) + G_a^*(-\omega-\omega_0) \right] \quad (2\text{-}1\text{-}89)$$

由式（2-1-89）可知，将复信号的频谱 $G_\xi(\omega) = G_a(\omega-\omega_0)$ 配上共轭的负频谱部分除以 2，就构成了 $x(t)$ 的频谱，如图 2-1-9（c）所示。这种利用复数包络线的频谱来计算 $x(t)$ 频谱的方法比直接计算 $X(\omega)$ 方便得多。

4. 窄带信号自相关函数的复数化求解

以下进一步讨论复数化信号在实信号分析中的应用。对于满足式（2-1-86）第二个条件的调幅-调相信号 $x(t)$ 来说，其带宽远小于中心载波频率，通常将这种带宽远小于中心载波频率的信号称为窄带信号。对窄带信号 $x(t)$，如果直接求其自相关函数是十分复杂的。这时，采用复数化分析方法可使问题大为简化。

下面讨论如何采用复数化分析方法得到实信号的自相关函数。

设 $x(t)$ 为能量信号，其自相关函数按定义为

$$R_x(\tau) = \int_{-\infty}^{\infty} x(t)x(t+\tau)\,dt$$

定义复数化信号 $\xi(t)$ 的自相关函数为

$$R_\xi(\tau) = \frac{1}{2}\int_{-\infty}^{\infty} \xi^*(t)\xi(t+\tau)\,dt \quad (2\text{-}1\text{-}90)$$

式中，$\xi(t)$ 为 $x(t)$ 的复数化信号，且有

$$\xi(t) = x(t) + \mathrm{j}\,\hat{x}(t) \quad (2\text{-}1\text{-}91)$$

$$\xi^*(t) = x(t) - \mathrm{j}\hat{x}(t) \quad (2\text{-}1\text{-}92)$$

将式（2-1-91）和式（2-1-92）代入式（2-1-90）中，可得

$$R_\xi(\tau) = \frac{1}{2}\int_{-\infty}^{\infty} \left[x(t) - \mathrm{j}\hat{x}(t) \right]\left[x(t+\tau) + \mathrm{j}\hat{x}(t+\tau) \right]dt$$

$$= \frac{1}{2}\int_{-\infty}^{\infty} \left[x(t)x(t+\tau) + \hat{x}(t)\,\hat{x}(t+\tau) \right]dt$$

$$+ \mathrm{j}\frac{1}{2}\int_{-\infty}^{\infty} \left[x(t)\,\hat{x}(t+\tau) - \hat{x}(t)x(t+\tau) \right]dt \quad (2\text{-}1\text{-}93)$$

由能量信号的相关定理，有

$$\int_{-\infty}^{\infty} x(t)x(t+\tau)\,dt \leftrightarrow |X(\omega)|^2$$

$$\int_{-\infty}^{\infty} \hat{x}(t)\,\hat{x}(t+\tau)\,dt \leftrightarrow |\hat{X}(\omega)|^2$$

由式（2-1-71）有，$\hat{X}(\omega) = -\mathrm{j}\,\mathrm{sgn}(\omega)X(\omega)$，所以

$$|\hat{X}(\omega)|^2 = |-\mathrm{j}\,\mathrm{sgn}(\omega)X(\omega)|^2 = |X(\omega)|^2$$

上式说明，式（2-1-93）实部中两部分的积分是相同的。

若将式（2-1-93）取实部，则有

$$R_x(\tau) = \int_{-\infty}^{\infty} x(t)x(t+\tau)\,dt = \mathrm{Re}\left[R_\xi(\tau) \right] \quad (2\text{-}1\text{-}94)$$

2.1 确定信号分析

可见，信号 $x(t)$ 的自相关函数等于复数化信号自相关函数的实部。

下面，以调幅-调相信号 $x(t)=A(t)\cos[\omega_0 t+\varphi(t)]$ 为例，进一步讨论信号 $x(t)$ 的自相关函数。首先计算 $R_\xi(\tau)$。

$$R_\xi(\tau)=\frac{1}{2}\int_{-\infty}^{\infty}a^*(t)\mathrm{e}^{-\mathrm{j}\omega_0 t}a(t+\tau)\mathrm{e}^{\mathrm{j}\omega_0(t+\tau)}\mathrm{d}t$$

$$=\frac{1}{2}\mathrm{e}^{\mathrm{j}\omega_0\tau}\int_{-\infty}^{\infty}a^*(t)a(t+\tau)\mathrm{d}t \quad (2\text{-}1\text{-}95)$$

令

$$E_\xi(\tau)=\frac{1}{2}\int_{-\infty}^{\infty}a^*(t)a(t+\tau)\mathrm{d}t \quad (2\text{-}1\text{-}96)$$

式中，$E_\xi(\tau)$ 为复数信号 $\xi(t)$ 的复数包络线 $a(t)$ 的自相关函数。将式（2-1-96）代入式（2-1-95）中，可得

$$R_\xi(\tau)=E_\xi(\tau)\mathrm{e}^{\mathrm{j}\omega_0\tau}=|E_\xi(\tau)|\mathrm{e}^{\mathrm{j}[\omega_0\tau+\theta(\tau)]} \quad (2\text{-}1\text{-}97)$$

由式（2-1-94）及式（2-1-97）可得

$$R_x(\tau)=\mathrm{Re}[R_\xi(\tau)]=|E_\xi(\tau)|\cos[\omega_0\tau+\theta(\tau)] \quad (2\text{-}1\text{-}98)$$

式（2-1-98）说明，$x(t)$ 的自相关函数的包络就是复数信号的包络线的自相关函数的模值，即

$$Env[R_x(\tau)]=|E_\xi(\tau)| \quad (2\text{-}1\text{-}99)$$

综上所述，在利用复数化信号分析方法对窄带实信号 $x(t)$ 进行分析时，无论是求其频谱函数还是自相关函数，都比对实信号 $x(t)$ 直接求解要方便得多，因此，信号复数化是信号分析中重要的方法之一。

2.2 随机信号分析

通信系统中传输的信号，如语音信号（也称音频信号）、图像信号（也称视频信号）等，本质上都具有随机性，即它们的某个参数或几个参数是不能预知或不能完全预知的。也就是说，在通信系统中，接收端（接收者）在没有收到信号之前是不知道信号波形的，否则就没有可传输的信息，也就没有必要进行通信了。这种具有随机特性的信号称为随机信号。通信系统中遇到的各种干扰，如天电干扰和通信设备内部产生的热噪声、散弹噪声等，更是具有随机性。对随机信号和噪声的分析必须用统计学中有关随机过程的理论和方法进行。

视频：随机过程的基本概念

2.2.1 随机过程的概念及统计描述

随机过程是一种取值随机变化的时间函数，它不能用确切的时间函数来表示。对随机过程来说，"随机"的含意是指取值不确定，仅有取某个值的可能性；"过程"的含意是指它为时间 t 的函数，即在任意时刻考察随机过程的值是一个随机变量，随机过程可看成是随时间 t 变化的随机变量的集合。或者说，随机过程是一个由全部可能的实现（或样本函数）构成的集合，每个实现都是一个确定的时间函数，而随机性就体现在出现哪一个实现是不确定的。

随机过程的取值虽然随机，但取各种值的可能性的分布规律，通常是能够确切地获得的。也就是说随机过程有确切的统计规律，因此可以用严格的统计特性来描述随机过程。

对这个定义应理解为，与某一特定的结果 $e_i(e_i \in S)$ 相对应的时间函数 $X(e_i, t)$ 是一个确定的时间函数，称为随机过程的一个样本函数或一次实现；在某一特定时刻 $t=t_1$ 时，函数值 $X(e, t_1)$ 是一个随机变量，对不同的时间 t 得到一簇随机变量，所以随机过程是依赖于时间参数 t 的一簇随机变量。

通信系统中遇到的噪声是典型的随机过程。下面以噪声为例，进一步理解上述随机过程的基本概念。假设有 N 台性能完全相同的接收机，它们的工作条件也相同，然后测试这 N 台接收机各自的输出噪声。如果输出噪声是一个确定的时间函数，那么将会得到 N 个相同的结果。但实践表明，N 台接收机的输出噪声各不相同，即使 N 足够大，也不会得到两个完全相同的结果，其输出波形如图 2-2-1 所示。也就是说，接收机输出的噪声电压随时间的变化是不可预知的，因而它是一个随机过程。

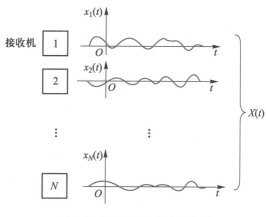

图 2-2-1　随机噪声输出波形

可以用 $X(t)$ 或 $\{x(t)\}$ 来表示图 2-2-1 中的随机过程。图中，$x_1(t), x_2(t), \cdots, x_N(t)$ 为随机过程的各次实现或样本函数。随机过程 $X(t)$ 是所有实现或样本函数的集合，而样本函数的数量有无穷个。

随机过程的每个样本函数可以看作是一个确定的时间函数。因为一个样本函数就是过程的一次实现，既然已经实现了，那么取值就确定了，因此随机性也就消失了。$X(t)$ 的随机性就体现在每次出现哪个样本函数是随机的。

如果在某一个固定时刻，如 $t=t_1$ 时，来观察随机过程的值 $X(t_1)$，那么它是一个随机变量；在不同的 $t_1, t_2, \cdots, t_n$ 时刻考察随机过程时，将得到不同的随机变量。

由以上例子可知，随机过程中包含空间与时间的双重概念。它一方面是各次实现的集合（并列的空间概念），另一方面是时间的函数（时间的概念）。不过在实践中，不可能得到空间上并列的各个样本函数，而只能得到时间很长的一次实现。因此，对随机过程也可以从实践中容易获得的一次实现来定义，如图 2-2-2 所示。图中，$x(t)$ 是随机过程的一次实现，它是随机取值的时间函数，在已经过去的时间上取值已经确定，随机性消失；在未来的时间点上，取值随机，是一个随机变量，该随机变量取值的分布规律就是随机过程在该时间上的分布规律。

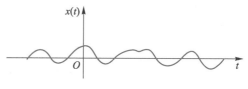

图 2-2-2　随机过程的实际定义

由于随机过程的瞬时取值是随机变量，因此随机过程的统计特性可以借用随机变量的概率分布函数或数字特征来描述。

1. 随机过程的分布函数与概率密度函数

设随机过程为 $X(t)$，当 $t=t_1$ 时，观察随机过程的值 $X(t_1)$ 是一个随机变量。因此，

随机过程 $X(t)$ 在 $t=t_1$ 时刻的统计特性就是该时刻随机变量 $X(t_1)$ 的统计特性。随机变量 $X(t_1)$ 的统计特性可以用分布函数或概率密度函数来描述，称

$$F_1(x_1,t_1)=P\{X(t_1)\leqslant x_1\} \qquad (2\text{-}2\text{-}1)$$

为随机过程 $X(t)$ 的一维分布函数。如果 $F_1(x_1,t_1)$ 对 x_1 的偏导数存在，即

$$\frac{\partial F_1(x_1,t_1)}{\partial x_1}=f_1(x_1,t_1) \qquad (2\text{-}2\text{-}2)$$

则称 $f_1(x_1,t_1)$ 为随机过程 $X(t)$ 的一维概率密度函数。由于 t_1 时刻是任意选取的，因此可以把 t_1 写为 t，这样 $f_1(x_1,t_1)$ 可记为 $f_1(x,t)$。

显然，一维分布函数或一维概率密度函数描述了随机过程在某一时刻上的统计特性。例如，对随机过程 $X(t)=X\cos\omega_0 t$（其中，ω_0 为常数，X 为服从标准正态分布的随机变量，其概率密度函数为 $f(x)=\dfrac{1}{\sqrt{2\pi}}\mathrm{e}^{-\frac{x^2}{2}}$）来说，在给定的 t_1 时刻，随机过程的值 $X(t_1)=X\cos\omega_0 t_1$ 是随机变量 X 的线性函数，仍为服从正态分布的随机变量，所以随机过程 $X(t)$ 的一维概率密度函数为

$$f_1(x_1,t_1)=\frac{1}{|\cos\omega_0 t_1|}\frac{1}{\sqrt{2\pi}}\exp\left[-\frac{1}{2}\left(\frac{x_1}{\cos\omega_0 t_1}\right)^2\right] \qquad (2\text{-}2\text{-}3)$$

式（2-2-3）描述了随机过程 $X(t)=X\cos\omega_0 t$ 在 t_1 时刻上的统计特性。

由于随机过程的一维分布函数或一维概率密度函数仅仅描述了随机过程在孤立时刻上的统计特性，而不能反映过程内部任意两个时刻或多个时刻上的随机变量的内在联系，因此还必须引入二维分布函数及多维分布函数才能达到充分描述随机过程的目的。

随机过程 $X(t)$ 在 $t=t_1$ 及 $t=t_2$ 时得到的 $X(t_1)$ 及 $X(t_2)$ 分别是两个随机变量，它们相应取 x_1 及 x_2 值的联合概率称为 $X(t)$ 的二维分布函数，即称下式

$$F_2(x_1,x_2;t_1,t_2)=P\{X(t_1)\leqslant x_1;X(t_2)\leqslant x_2\} \qquad (2\text{-}2\text{-}4)$$

为随机过程 $X(t)$ 的二维分布函数。如果 $F_2(x_1,x_2;t_1,t_2)$ 对 x_1 及 x_2 的偏导数存在，即

$$\frac{\partial F_2(x_1,x_2;t_1,t_2)}{\partial x_1\,\partial x_2}=f_2(x_1,x_2;t_1,t_2) \qquad (2\text{-}2\text{-}5)$$

则称 $f_2(x_1,x_2;t_1,t_2)$ 为随机过程 $X(t)$ 的二维概率密度函数。

随机过程的二维分布函数或二维概率密度函数描述了随机过程在任意两个时刻上的联合统计特性。

同理，称下式

$$F_n(x_1,x_2,\cdots,x_n;t_1,t_2,\cdots,t_n)$$
$$=P\{X(t_1)\leqslant x_1,X(t_2)\leqslant x_2,\cdots,X(t_n)\leqslant x_n\} \qquad (2\text{-}2\text{-}6)$$

为随机过程 $X(t)$ 的 n 维分布函数。如果存在下式

$$\frac{\partial F_n(x_1,x_2,\cdots,x_n;t_1,t_2,\cdots,t_n)}{\partial x_1\,\partial x_2\cdots\partial x_n}=f_n(x_1,x_2,\cdots,x_n;t_1,t_2,\cdots,t_n) \qquad (2\text{-}2\text{-}7)$$

则称 $f_n(x_1,x_2,\cdots,x_n;t_1,t_2,\cdots,t_n)$ 为随机过程 $X(t)$ 的 n 维概率密度函数。

显然，n 越大，用 n 维分布函数或 n 维概率密度函数去描述随机过程就越充分。不过

在实践中，用高维（$n>2$）分布函数或概率密度函数去描述随机过程时，往往会遇到困难，因为高维概率密度函数在不少场合难以获得。在对随机变量进行描述时，如果仅对随机变量的主要特征关心的话，还可以求出随机变量的数字特征。因此，相应于随机变量数字特征的定义方法，也可以得到随机过程的数字特征。

2. 随机过程的数字特征

（1）随机过程的数学期望（均值）

当 $t=t_1$ 时，随机过程 $X(t_1)$ 是一个随机变量，其数学期望为

$$E[X(t_1)] = \int_{-\infty}^{\infty} x_1 \cdot f_1(x_1, t_1) \mathrm{d}x_1 = a(t_1)$$

上式中，t_1 取任意值 t 时，得到随机过程的数学期望，记为 $E[X(t)]$ 或 $a(t)$。$E[X(t)]$ 为

$$E[X(t)] = \int_{-\infty}^{\infty} x \cdot f_1(x, t) \mathrm{d}x = a(t) \tag{2-2-8}$$

式中，$f_1(x, t)$ 为 $X(t)$ 在 t 时刻的一维概率密度函数。

$a(t)$ 表示了 $X(t)$ 在 t 时刻的随机变量的均值。对一般的随机过程来说，均值是时间 t 的函数，它表示了随机过程在各个孤立时刻上的随机变量的概率分布中心，而且随机过程的数学期望由其一维概率密度函数所决定。

（2）随机过程的方差

当 $t=t_1$ 时，随机过程 $X(t_1)$ 是一个随机变量，其方差为

$$D[X(t_1)] = E\{[X(t_1) - a(t_1)]^2\} = \sigma^2(t_1)$$

上式中，t_1 取任意值 t 时，得到随机过程的方差，记为 $D[X(t)]$ 或 $\sigma^2(t)$。$D[X(t)]$ 为

$$D[X(t)] = E\{[X(t) - a(t)]^2\} = \int_{-\infty}^{\infty} (x-a)^2 \cdot f_1(x, t) \mathrm{d}x = \sigma^2(t) \tag{2-2-9}$$

$\sigma^2(t)$ 表示了 $X(t)$ 在 t 时刻的随机变量的方差。一般情况下，随机过程的方差是时间 t 的函数，它表示了随机过程在各个孤立时刻上的随机变量对均值的偏离程度。

式（2-2-9）还可以写为

$$\sigma^2(t) = E[X^2(t)] - E^2[X(t)] \tag{2-2-10}$$

当 $E[X(t)] = 0$ 时，上式变为 $\sigma^2(t) = E[X^2(t)]$，它表示了随机过程 $X(t)$ 的均方值（平均功率）。随机过程 $X(t)$ 的均值和方差的含义如图 2-2-3 所示，它们描述了随机过程在各个孤立时刻上的统计特性，均由随机过程的一维概率密度函数加权决定。

（3）随机过程的自相关函数

随机过程 $X(t)$ 的均值 $a(t)$ 和方差 $\sigma^2(t)$，仅描述了随机过程在孤立时刻上的统计特性，它们不能反映出过程内部任意两个时刻之间的内在联系。这点可用图 2-2-4 来说明。图 2-2-4（a）中的随机过程 $X(t)$ 和图 2-2-4（b）中的随机过程 $Y(t)$ 具有相同的均值 $a(t)$ 和方差 $\sigma^2(t)$，但 $X(t)$ 和 $Y(t)$ 的统计特性明显不同。$X(t)$ 变化快，$Y(t)$ 变化慢，即过程内部任意两个时刻之间的内在联系不同或者说过程的自相关函数不同。$X(t)$ 变化快，表明随机过程 $X(t)$ 内部任意两个时刻 t_1、t_2 之间波及小，互相依赖性弱，即自相关性弱；而 $Y(t)$ 变化慢，表明随机过程 $Y(t)$ 内部任意两个时刻 t_1、t_2 之间波及大，互相依赖性强，即自相关性强。

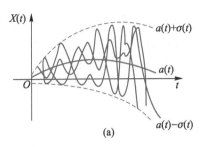

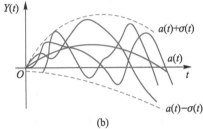

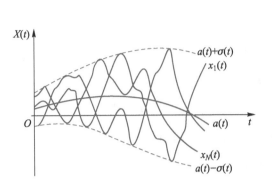

图 2-2-3　随机过程 $X(t)$ 的均值和方差　　　图 2-2-4　随机过程 $X(t)$ 和 $Y(t)$ 的比较

所谓相关，实际上是指随机过程在 t_1 时刻的取值对下一时刻 t_2 的取值的影响。影响越大，相关性越强，反之，相关性越弱。

衡量随机过程内部任意两个时刻 t_1、t_2 之间的统计相关特性时，常用到随机过程的协方差函数 $B(t_1,t_2)$ 和自相关函数 $R(t_1,t_2)$。

随机过程 $X(t)$ 的协方差函数 $B(t_1,t_2)$ 定义为

$$B(t_1,t_2) = E\{[X(t_1) - a(t_1)][X(t_2) - a(t_2)]\}$$

$$= \int_{-\infty}^{\infty} \int_{-\infty}^{\infty} [x_1 - a(t_1)][x_2 - a(t_2)]f_2(x_1,x_2;t_1,t_2)\mathrm{d}x_1\mathrm{d}x_2 \qquad (2\text{-}2\text{-}11)$$

式中，$a(t_1)$ 和 $a(t_2)$ 分别为随机过程 $X(t)$ 在 t_1 和 t_2 时刻的均值；$f_2(x_1,x_2;t_1,t_2)$ 为随机过程 $X(t)$ 的二维概率密度函数。

随机过程 $X(t)$ 的自相关函数 $R(t_1,t_2)$ 定义为

$$R(t_1,t_2) = E[X(t_1)X(t_2)]$$

$$= \int_{-\infty}^{\infty} \int_{-\infty}^{\infty} x_1 x_2 f_2(x_1,x_2;t_1,t_2)\mathrm{d}x_1\mathrm{d}x_2 \qquad (2\text{-}2\text{-}12)$$

显然，由式（2-2-11）和式（2-2-12），可得到 $B(t_1,t_2)$ 和 $R(t_1,t_2)$ 之间有如下关系

$$B(t_1,t_2) = R(t_1,t_2) - E[X(t_1)] \cdot E[X(t_2)] \qquad (2\text{-}2\text{-}13)$$

可见，随机过程 $X(t)$ 的协方差函数是 $X(t)$ 的自相关函数与 t_1 和 t_2 时刻均值的乘积的差值。当 $E[X(t_1)]$ 或 $E[X(t_2)]$ 为零时，$B(t_1,t_2) = R(t_1,t_2)$。

由上可见，协方差函数 $B(t_1,t_2)$ 和自相关函数 $R(t_1,t_2)$ 是考察随机过程在时刻 t_1 和 t_2 的相关性函数。当 $t_2 > t_1$ 时，令 $t_2 = t_1 + \tau$，其中 t_1 为考察的起始时刻，τ 为考察时刻 t_2 和 t_1 之间的时间间隔，则 $B(t_1,t_2)$ 和 $R(t_1,t_2)$ 可表示为 $B(t_1,t_1+\tau)$ 和 $R(t_1,t_1+\tau)$，即它们是 t_1 和 τ 的函数。当 t_1 取任意值 t 时，$B(t_1,t_1+\tau)$ 和 $R(t_1,t_1+\tau)$ 可记为 $B(t,t+\tau)$ 和 $R(t,t+\tau)$。

综上所述，随机过程 $X(t)$ 可以用均值 $a(t)$、方差 $\sigma^2(t)$ 及 $X(t)$ 的自相关函数 $R(t,t+\tau)$ 等数字特征来描述。在实际系统中遇到的随机过程，其数字特征的表达往往十分简洁，因此，用数字特征来描述随机过程是行之有效的方法。

例 2.5 设随机过程为
$$X(t) = A\cos(\omega_0 t + \theta)$$
式中，A 和 ω_0 均为常数；θ 是一个随机变量，它在 $0 \leqslant \theta \leqslant 2\pi$ 范围内服从均匀分布，其概率密度函数为
$$p(\theta) = \begin{cases} \dfrac{1}{2\pi} & 0 \leqslant \theta \leqslant 2\pi \\ 0 & \theta \text{ 为其他值} \end{cases}$$
试求随机过程 $X(t)$ 的均值、方差及自相关函数。

解： $X(t)$ 的均值为
$$
\begin{aligned}
a(t) = E[X(t)] &= E[A\cos(\omega_0 t + \theta)] = E[A\cos\omega_0 t\cos\theta - A\sin\omega_0 t\sin\theta] \\
&= E[A\cos\omega_0 t\cos\theta] - E[A\sin\omega_0 t\sin\theta] \\
&= A\cos\omega_0 t \cdot E[\cos\theta] - A\sin\omega_0 t \cdot E[\sin\theta] \\
&= A\cos\omega_0 t \int_0^{2\pi} \cos\theta \frac{1}{2\pi}\mathrm{d}\theta - A\sin\omega_0 t \int_0^{2\pi} \sin\theta \frac{1}{2\pi}\mathrm{d}\theta = 0
\end{aligned}
$$

$X(t)$ 的方差为
$$
\begin{aligned}
D[X(t)] &= E\{[X(t) - a(t)]^2\} \\
&= E[X^2(t)] \\
&= E[A^2\cos^2(\omega_0 t + \theta)] \\
&= \frac{A^2}{2}E[1 + \cos2(\omega_0 t + \theta)] \\
&= \frac{A^2}{2} + \frac{A^2}{2}E[\cos2(\omega_0 t + \theta)] \\
&= \frac{A^2}{2} + \frac{A^2}{2}\int_0^{2\pi}\cos2(\omega_0 t + \theta)\frac{1}{2\pi}\mathrm{d}\theta = \frac{A^2}{2}
\end{aligned}
$$

$X(t)$ 的自相关函数为
$$
\begin{aligned}
R(t, t+\tau) &= E[X(t)X(t+\tau)] \\
&= E[A^2\cos(\omega_0 t+\theta)\cos(\omega_0 t+\omega_0\tau+\theta)] \\
&= \frac{A^2}{2}E[\cos\omega_0\tau+\cos(2\omega_0 t+\omega_0\tau+2\theta)] \\
&= \frac{A^2}{2}\cos\omega_0\tau+\frac{A^2}{2}E[\cos(2\omega_0 t+\omega_0\tau+2\theta)] \\
&= \frac{A^2}{2}\cos\omega_0\tau
\end{aligned}
$$

2.2.2 平稳随机过程

随机过程按其分布函数或概率密度函数特性的不同，可以分为多种类型，如独立随机过程、马尔可夫（Markov）过程、独立增量过程及平稳随机过程等。其中，平稳随机过程是应用广泛的一类随机过程，下面将主要讨论平稳随机过程。

平稳随机过程是指过程的任意 n 维概率密度函数 $f_n(x_1, x_2, \cdots, x_n; t_1, t_2, \cdots, t_n)$ 与时间的

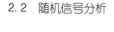

起点无关，即对任意的 n 值及时间间隔 τ 来说，如果随机过程 $X(t)$ 的 n 维概率密度函数满足

$$f_n(x_1,x_2,\cdots,x_n;t_1,t_2,\cdots,t_n)$$
$$=f_n(x_1,x_2,\cdots,x_n;t_1+\tau,t_2+\tau,\cdots,t_n+\tau) \tag{2-2-14}$$

则称随机过程 $X(t)$ 为平稳随机过程。可见，平稳随机过程是指统计特性不随时间的变化而改变的随机过程。实际中，判断一个随机过程是否为平稳随机过程，通常不是去找过程的高维分布，而是通过过程产生的环境条件来判断。如果过程产生的环境条件不随时间的变化而改变的话，则该过程就可以认为是平稳的。一般地说，在通信系统中遇到的随机信号和噪声都是平稳随机过程。

1. 平稳随机过程的统计特性

由式（2-2-14）可得，平稳随机过程的一维概率密度函数为

$$f_1(x_1,t_1)=f_1(x_1,t_1+\tau)$$

上式中，令 $\tau=-t_1$，得

$$f_1(x_1,t_1)=f_1(x_1,0)=f_1(x_1) \tag{2-2-15}$$

由式（2-2-15）可见，平稳随机过程的一维概率密度函数与考察时刻 t_1 无关。即平稳随机过程在各个孤立时刻服从相同的概率分布。当考察时刻 t_1 取任意值 t 时，$f_1(x_1)$ 可记为 $f_1(x)$。

同理可得，平稳随机过程的二维概率密度函数为

$$f_2(x_1,x_2;t_1,t_2)=f_2(x_1,x_2;t_1+\tau,t_2+\tau)$$

同样，令 $\tau=-t_1$，则上式变为

$$f_2(x_1,x_2;t_1,t_2)=f_2(x_1,x_2;0,t_2-t_1)=f_2(x_1,x_2;\tau) \tag{2-2-16}$$

式中，$\tau=t_2-t_1$ 为两个考察时刻 t_1、t_2 之间的时间间隔。

由上可见，平稳随机过程的二维概率密度函数与时间的起点 t_1 无关，而仅与时间间隔 τ 有关，是 τ 的函数。

2. 平稳随机过程的数字特征

平稳随机过程的数学期望（均值）为

$$E[X(t)]=\int_{-\infty}^{\infty}x\cdot f_1(x)\,\mathrm{d}x=a \tag{2-2-17}$$

所以，平稳随机过程的均值与时间 t 无关，它是一个常数。

平稳随机过程的方差为

$$D[X(t)]=E\{[X(t)-a]^2\}=\int_{-\infty}^{\infty}(x-a)^2\cdot f_1(x)\,\mathrm{d}x=\sigma^2 \tag{2-2-18}$$

可见，平稳随机过程的方差与时间 t 无关，也是一个常数。

平稳随机过程的自相关函数为

$$R(t_1,t_2)=E[X(t_1)X(t_2)]=E[X(t_1)X(t_1+\tau)]$$
$$=\int_{-\infty}^{\infty}\int_{-\infty}^{\infty}x_1x_2f_2(x_1,x_2;t_1,t_1+\tau)\,\mathrm{d}x_1\mathrm{d}x_2$$
$$=\int_{-\infty}^{\infty}\int_{-\infty}^{\infty}x_1x_2f_2(x_1,x_2;\tau)\,\mathrm{d}x_1\mathrm{d}x_2=R(\tau) \tag{2-2-19}$$

式中，$\tau=t_2-t_1$ 为考察随机过程的时间间隔。由式（2-2-19）可知，平稳随机过程的自相

关函数仅与时间间隔 τ 有关，是 τ 的函数，而与考察时间起点无关。

平稳随机过程的自相关函数 $R(\tau)$ 表示了过程在任意两个考察时刻之间的内在联系，是描述平稳随机过程的关键。这是因为 $R(\tau)$ 不仅决定了平稳随机过程的均值、方差等数字特征，还揭示了随机过程的频谱特性。这点可由平稳随机过程自相关函数的性质看出。平稳随机过程的自相关函数 $R(\tau)$ 具有以下主要性质：

（1）$R(\tau)=R(-\tau)$，即 $R(\tau)$ 是 τ 的偶函数。

由于

$$R(\tau)=E[X(t)X(t+\tau)] \tag{2-2-20}$$

令 $t'=t+\tau$，代入式（2-2-20）可得

$$R(\tau)=E[X(t'-\tau)X(t')]=R(-\tau) \tag{2-2-21}$$

由式（2-2-21）可见，$R(\tau)$ 是 τ 的偶函数。

（2）$|R(\tau)|\leqslant R(0)$，即自相关函数具有递减特性。当 $\tau=0$ 时，自相关函数有最大值。

由于

$$E\{[X(t)\pm X(t+\tau)]^2\}\geqslant 0 \tag{2-2-22}$$

令 $t=0$，代入式（2-2-22）可得

$$E\{[X(0)\pm X(\tau)]^2\}=E[X^2(0)]\pm 2E[X(0)X(\tau)]+E[X^2(\tau)]\geqslant 0 \tag{2-2-23}$$

对平稳随机过程来说

$$E[X^2(\tau)]=E[X^2(0)]=R(0) \tag{2-2-24}$$

而

$$E[X(0)X(\tau)]=R(\tau) \tag{2-2-25}$$

故式（2-2-23）可写为：$R(0)\pm 2R(\tau)+R(0)\geqslant 0$，所以有

$$R(0)\geqslant|R(\tau)| \tag{2-2-26}$$

（3）$R(0)=E[X^2(t)]=P$，即 $R(0)$ 为平稳随机过程 $X(t)$ 的平均功率 P。该性质可由 $R(\tau)$ 的定义式直接得到。

（4）$R(\infty)=E^2[X(t)]=a^2$，即 $R(\infty)$ 为平稳随机过程 $X(t)$ 的直流功率 a^2。

由于

$$R(\tau)=E[X(t)X(t+\tau)]$$

当 $\tau\rightarrow\infty$ 时，$X(t)$ 与 $X(t+\tau)$ 之间的相关性消失，即它们互相独立，所以

$$\begin{aligned}R(\infty)&=E[X(t)X(t+\tau)]\\&=E[X(t)]\cdot E[X(t+\tau)]\\&=E^2[X(t)]\end{aligned} \tag{2-2-27}$$

（5）$R(0)-R(\infty)=\sigma^2$，即 $R(0)-R(\infty)$ 为平稳随机过程 $X(t)$ 的方差 σ^2。

由式（2-2-10）容易看出

$$\sigma^2=E[X^2(t)]-E^2[X(t)]=R(0)-R(\infty) \tag{2-2-28}$$

式（2-2-28）说明 $X(t)$ 的方差是平均功率 P 与直流功率 a^2 的差值，故方差可认为是平稳随机过程 $X(t)$ 的交流功率。

由上述性质可知，用自相关函数可以表述平稳随机过程 $X(t)$ 所有的数字特征，因而了解平稳随机过程自相关函数的性质具有明显的实用意义。

　　最后，必须指出，平稳随机过程还有狭义平稳随机过程和广义平稳随机过程之分。若随机过程满足任意 n 维概率密度函数与时间的起点无关，则称该随机过程为狭义平稳随机过程或窄平稳随机过程。若随机过程的数学期望及方差与时间 t 无关，而自相关函数仅与时间间隔 τ 有关，则称该随机过程为广义平稳随机过程或宽平稳随机过程。因此，狭义平稳随机过程一定是广义平稳随机过程，但反之不一定成立。由平稳随机过程自相关函数的性质可知，广义平稳随机过程要求其自相关函数只与时间间隔 τ 有关即可。

3.　平稳随机过程的各态历经性

　　由于随机过程的数字特征是集合平均（统计平均），也就是说，数字特征是通过对随机过程所有的样本函数求统计平均得来的，因此要得到随机过程的数字特征需要获得大量的样本函数。但在实践中，往往很难获取随机过程大量的样本函数。不过对一般的平稳随机过程来说，其数字特征往往可以用过程的一个样本函数的时间平均来描述，这就是平稳随机过程的各态历经性。

　　对随机过程 $X(t)$ 来说，它的一次实现称为一个样本函数 $x(t)$，如图 2-2-5（a）所示。$x(t)$ 是一个确定的时间函数，将 $x(t)$ 对时间求平均就得到随机过程 $X(t)$ 的时间平均。求时间平均是指将 $x(t)$ 截断于任意的时间区间 T 内，得到截断函数 $x_T(t)$，如图 2-2-5（b）所示，先在时间区间 T 内对 $x_T(t)$ 求平均值，然后得到 $T \to \infty$ 时的极限值。

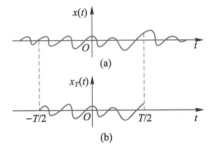

图 2-2-5　$X(t)$ 的样本函数及其截断函数

　　随机过程的时间均值记为 $\overline{X(t)}$ 或 $\overline{a}$，定义为

$$\overline{X(t)} = \lim_{T \to \infty} \frac{1}{T} \int_{-\infty}^{\infty} x(t)\, \mathrm{d}t = \lim_{T \to \infty} \frac{1}{T} \int_{-\frac{T}{2}}^{\frac{T}{2}} x_T(t)\, \mathrm{d}t = \overline{a} \qquad (2\text{-}2\text{-}29)$$

　　随机过程的时间方差记为 $\overline{[X(t) - \overline{X(t)}]^2}$ 或 $\overline{\sigma^2}$，定义为

$$\overline{[X(t) - \overline{X(t)}]^2} = \lim_{T \to \infty} \frac{1}{T} \int_{-\frac{T}{2}}^{\frac{T}{2}} [x(t) - \overline{a}]^2\, \mathrm{d}t = \overline{\sigma^2} \qquad (2\text{-}2\text{-}30)$$

　　随机过程的时间自相关函数记为 $\overline{X(t)X(t+\tau)}$ 或 $\overline{R(t,t+\tau)}$，定义为

$$\overline{X(t)X(t+\tau)} = \overline{R(t,t+\tau)} = \lim_{T \to \infty} \frac{1}{T} \int_{-\frac{T}{2}}^{\frac{T}{2}} x(t)x(t+\tau)\, \mathrm{d}t = \overline{R(\tau)} \qquad (2\text{-}2\text{-}31)$$

　　对一般的平稳随机过程来说，其数字特征往往可以用过程的一个样本函数的时间平均来代替，即满足以下关系：

$$\left. \begin{array}{l} E[X(t)] = \overline{X(t)} \\ D[X(t)] = \overline{[X(t) - \overline{X(t)}]^2} \\ E[X(t)X(t+\tau)] = \overline{X(t)X(t+\tau)} \end{array} \right\} \qquad (2\text{-}2\text{-}32)$$

　　满足式（2-2-32）的随机过程，称为具有"各态历经性"或"遍历性"的随机过程。"各态历经性"的含义是指对随机过程中的任意一个实现（样本函数）来说，它好像经历了随机过程中所有可能的状态一样。因此，在求具有各态历经性的随机过程的数字特征时，无须获得过程大量的样本函数进行集合平均（统计平均），只需得到一个样本函数进行时间平均就可以了，从而将求集合平均的问题化为求时间平均的问题，大大简化了计算过程。例如，对各态历经过程来说，由于 $R(0) = \overline{R(0)} = \lim_{T \to \infty} \frac{1}{T} \int_{-\frac{T}{2}}^{\frac{T}{2}} x^2(t)\,\mathrm{d}t$，故样本函数 $x(t)$ 的平均功率即为随机过程 $X(t)$ 的平均功率。

最后，必须指出，具有各态历经性的随机过程一定是平稳随机过程，但平稳随机过程不一定都具有各态历经性。可以证明，当平稳随机过程满足 $\lim_{T \to \infty} \frac{1}{T} \int_{-\frac{T}{2}}^{\frac{T}{2}} R(\tau)\,\mathrm{d}\tau = 0$ 的条件时，该随机过程就具有各态历经性。一般来说，通信系统中遇到的随机信号或噪声均能满足这个条件，因此以后将它们都视为各态历经平稳随机过程。

4. 维纳-欣钦定理

由 2.1 节的讨论可知，确定信号的自相关函数与功率谱密度之间是一对傅里叶变换对。对随机过程来说，上述结论仍然成立。平稳随机过程的自相关函数 $R(\tau)$ 与功率谱密度 $P(\omega)$ 之间有以下关系

$$P(\omega) = \int_{-\infty}^{\infty} R(\tau)\mathrm{e}^{-\mathrm{j}\omega\tau}\,\mathrm{d}\tau \qquad (2\text{-}2\text{-}33)$$

$$R(\tau) = \frac{1}{2\pi} \int_{-\infty}^{\infty} P(\omega)\mathrm{e}^{\mathrm{j}\omega\tau}\,\mathrm{d}\omega \qquad (2\text{-}2\text{-}34)$$

以上关系也称为维纳-欣钦（Wiener-Khinchine）定理。式（2-2-34）中，$P(\omega) = \lim_{T \to \infty} \frac{E\left[|X_T(\omega)|^2\right]}{T}$，$X_T(\omega)$ 是随机过程 $X(t)$ 的任意一个样本函数 $x(t)$ 在时间区间 T 内的截断函数 $x_T(t)$ 对应的频谱密度函数，即随机过程 $X(t)$ 的功率谱密度是随机过程任意一个样本函数 $x(t)$ 的功率谱密度的统计平均。

维纳-欣钦定理描述了平稳随机过程时域特性与频域特性之间的关系。当有了平稳随机过程自相关函数 $R(\tau)$ 或功率谱密度 $P(\omega)$ 时，通过该定理就可以得到功率谱密度 $P(\omega)$ 或自相关函数 $R(\tau)$。

例 2.6 已知平稳随机过程 $X(t)$ 的自相关函数为

$$R(\tau) = \frac{A^2}{2}\cos\omega_0\tau$$

试求该随机过程的功率谱密度及平均功率。

解：由维纳-欣钦定理，随机过程 $X(t)$ 的功率谱密度为

$$\begin{aligned}
P(\omega) &= \int_{-\infty}^{\infty} R(\tau)\mathrm{e}^{-\mathrm{j}\omega\tau}\,\mathrm{d}\tau \\
&= \int_{-\infty}^{\infty} \frac{A^2}{2}\cos\omega_0\tau\,\mathrm{e}^{-\mathrm{j}\omega\tau}\,\mathrm{d}\tau \\
&= \frac{A^2}{4} \int_{-\infty}^{\infty} \left[\mathrm{e}^{\mathrm{j}\omega_0\tau} + \mathrm{e}^{-\mathrm{j}\omega_0\tau}\right]\mathrm{e}^{-\mathrm{j}\omega\tau}\,\mathrm{d}\tau \\
&= \frac{A^2}{4} \int_{-\infty}^{\infty} \left[\mathrm{e}^{-\mathrm{j}(\omega-\omega_0)\tau} + \mathrm{e}^{-\mathrm{j}(\omega+\omega_0)\tau}\right]\mathrm{d}\tau \\
&= \frac{\pi A^2}{2}\left[\delta(\omega-\omega_0) + \delta(\omega+\omega_0)\right]
\end{aligned}$$

因此，$X(t)$ 的平均功率为 $P = E[X^2(t)] = \dfrac{1}{2\pi} \displaystyle\int_{-\infty}^{\infty} P(\omega) \mathrm{d}\omega = R(0) = \dfrac{A^2}{2}$。

该例中的随机过程实际上是例 2.5 中的 $X(t)$，即例 2.5 中的随机过程 $X(t) = A\cos(\omega_0 t + \theta)$ 是一个平稳随机过程。

平稳随机过程的自相关函数 $R(\tau)$ 表示了时域内随机过程内部的相关性，而功率谱密度 $P(\omega)$ 则表示了随机过程在频域内占有的频带。由自相关函数的含义及傅里叶变换的性质可知，自相关函数 $R(\tau)$ 占时越窄，相关性越弱，过程占有的频带越宽；相反，自相关函数 $R(\tau)$ 占时越宽，相关性越强，过程占有的频带越窄。

实际中，为了定量地描述平稳随机过程的相关性与频带之间的关系，常使用平稳随机过程的自相关时间 τ_k 和等效带宽 Δf。它们的含义如下。

（1）自相关时间 τ_k

平稳随机过程的自相关时间 τ_k 定义为自相关函数 $R(\tau)$ 曲线下的面积与 $2R(0)$ 之比，即

$$\tau_k = \frac{\displaystyle\int_{-\infty}^{\infty} R(\tau)\,\mathrm{d}\tau}{2R(0)} \tag{2-2-35}$$

由式（2-2-33），$P(\omega) = \displaystyle\int_{-\infty}^{\infty} R(\tau) \mathrm{e}^{-\mathrm{j}\omega\tau}\,\mathrm{d}\tau$，当 $\omega = 0$ 时，有

$$P(0) = \int_{-\infty}^{\infty} R(\tau)\,\mathrm{d}\tau \tag{2-2-36}$$

将式（2-2-36）代入式（2-2-35）中，得自相关时间 τ_k 为

$$\tau_k = \frac{\displaystyle\int_{-\infty}^{\infty} R(\tau)\,\mathrm{d}\tau}{2R(0)} = \frac{P(0)}{2R(0)} \tag{2-2-37}$$

自相关时间 τ_k 的含义如图 2-2-6（a）所示，它是以 $R(0)$ 为高作一矩形，并使矩形面积与 $R(\tau)$ 曲线下的面积相等时，对应的矩形宽度值的一半。

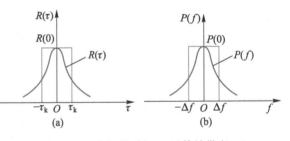

图 2-2-6　自相关时间 τ_k 及等效带宽 Δf

（2）等效带宽 Δf

平稳随机过程的等效带宽 Δf 定义为功率谱密度 $P(\omega)$ 曲线下的面积与 $2P(0)$ 之比，即

$$\Delta f = \frac{\displaystyle\int_{-\infty}^{\infty} P(f)\,\mathrm{d}f}{2P(0)} \tag{2-2-38}$$

由式（2-2-34），$R(\tau) = \dfrac{1}{2\pi} \displaystyle\int_{-\infty}^{\infty} P(\omega) \mathrm{e}^{\mathrm{j}\omega\tau}\,\mathrm{d}\omega$，当 $\tau = 0$ 时，有

$$R(0) = \frac{1}{2\pi} \int_{-\infty}^{\infty} P(\omega)\,\mathrm{d}\omega = \int_{-\infty}^{\infty} P(f)\,\mathrm{d}f \tag{2-2-39}$$

将式（2-2-39）代入式（2-2-38）中，得到等效带宽 Δf 为

$$\Delta f = \frac{\int_{-\infty}^{\infty} P(f)\,\mathrm{d}f}{2P(0)} = \frac{R(0)}{2P(0)} \tag{2-2-40}$$

等效带宽 Δf 的含义如图 2-2-6（b）所示，它是以 $P(0)$ 为高作一矩形，并使矩形面积与 $P(f)$ 曲线下的面积相等时，对应的矩形宽度值的一半。

由式（2-2-37）及式（2-2-40）可得到同一过程的自相关时间 τ_k 及等效带宽 Δf 之间的关系为

$$\tau_k \cdot \Delta f = \frac{P(0)}{2R(0)} \cdot \frac{R(0)}{2P(0)} = \frac{1}{4} \tag{2-2-41}$$

即同一过程的 τ_k 及 Δf 的乘积恒为 1/4（常数）。这说明在 $R(0)$ 相同的情况下，自相关时间 τ_k 越小，过程占有的频带 Δf 越宽；相反，自相关时间 τ_k 越大，过程占有的频带 Δf 越窄。

对不同的随机过程 $X_1(t)$ 和 $X_2(t)$，可以通过它们各自的自相关时间及等效带宽来比较它们的相关性。当 $X_1(t)$ 的自相关性强于 $X_2(t)$ 时，则有

$$\tau_{k_1} > \tau_{k_2}$$

同时

$$\Delta f_1 < \Delta f_2$$

对极端情况下的随机过程 $X(t)$ 来说，如 $\tau_k = 0$ 时，$X(t)$ 是一个非自相关过程，它的自相关性最弱，此时 $X(t)$ 的等效带宽 $\Delta f \to \infty$，即占有无穷宽的带宽，它包含零至无穷大的所有频谱分量，这如同白光中包含所有可见光一样，所以，非自相关过程又称为白色随机过程。对白色随机过程 $X(t)$ 来说，其自相关函数为

$$R(\tau) = A\delta(\tau) \tag{2-2-42}$$

式中，A 为常数。对应的功率谱密度为

$$\begin{aligned} P(\omega) &= \int_{-\infty}^{\infty} R(\tau)\mathrm{e}^{-\mathrm{j}\omega\tau}\,\mathrm{d}\tau \\ &= \int_{-\infty}^{\infty} A\delta(\tau)\mathrm{e}^{-\mathrm{j}\omega\tau}\,\mathrm{d}\tau \\ &= A \end{aligned} \tag{2-2-43}$$

另一种极端情况是，随机过程的自相关时间 $\tau_k = \infty$，等效带宽 $\Delta f = 0$。此时过程的自相关函数为 $R(\tau) = A$，功率谱密度为 $P(\omega) = 2\pi A\delta(\omega)$。这种随机过程实际上是直流信号。

2.2.3 两个随机过程之间的统计联系

以上主要讨论了单个随机过程的统计描述方法。但在许多实际问题中，常常需要研究两个或多个随机过程同时出现的情况。例如，在信号接收时，接收到的信号 $s(t)$ 往往是有用信号 $x(t)$ 与噪声 $n(t)$ 的混合信号，即

$$s(t) = x(t) + n(t) \tag{2-2-44}$$

这里，有用信号 $x(t)$ 与噪声 $n(t)$ 都是随机过程。因此，有必要研究多个随机过程之间的联合统计特性，这里仅讨论两个随机过程之间的统计联系。

1. 联合分布函数与联合概率密度函数

设有两个随机过程 $X(t)$ 和 $Y(t)$，定义下式

2.2 随机信号分析

$$F_{n+m}(x_1,\cdots,x_n;y_1,\cdots,y_m;t_1,\cdots,t_n;t'_1,\cdots,t'_m)$$

$$= P\{X(t_1)\leqslant x_1,\cdots,X(t_n)\leqslant x_n;Y(t'_1)\leqslant y_1,\cdots,Y(t'_m)\leqslant y_m\} \tag{2-2-45}$$

为 $X(t)$ 和 $Y(t)$ 的 $n+m$ 维联合分布函数。如果存在下式

$$\frac{\partial F_{n+m}(x_1,\cdots,x_n;y_1,\cdots,y_m;t_1,\cdots,t_n;t'_1,\cdots,t'_m)}{\partial x_1\cdots\partial x_n\ \partial y_1\cdots\partial y_m}$$

$$=f_{n+m}(x_1,\cdots,x_n;y_1,\cdots,y_m;t_1,\cdots,t_n;t'_1,\cdots,t'_m) \tag{2-2-46}$$

则称 $f_{n+m}(x_1,\cdots,x_n;y_1,\cdots,y_m;t_1,\cdots,t_n;t'_1,\cdots,t'_m)$ 为随机过程 $X(t)$ 和 $Y(t)$ 的 $n+m$ 维联合概率密度函数。

若随机过程 $X(t)$ 和 $Y(t)$ 对任意 $n+m$ 的值，都有下式成立

$$f_{n+m}(x_1,\cdots,x_n;y_1,\cdots,y_m;t_1,\cdots,t_n;t'_1,\cdots,t'_m)$$

$$=f_n(x_1,\cdots,x_n;t_1,\cdots,t_n)\cdot f_m(y_1,\cdots,y_m;t'_1,\cdots,t'_m) \tag{2-2-47}$$

则称随机过程 $X(t)$ 和 $Y(t)$ 是统计独立的。

若随机过程 $X(t)$ 和 $Y(t)$ 的任意 $n+m$ 维联合概率密度函数与时间的起点无关，则称随机过程 $X(t)$ 和 $Y(t)$ 是平稳相联系的，或称 $X(t)$ 和 $Y(t)$ 的联合过程是平稳的。

若随机过程 $X(t)$ 和 $Y(t)$ 的各时间平均值等于各自的统计平均值，则称随机过程 $X(t)$ 和 $Y(t)$ 具有联合各态历经性。

2. 互相关函数

随机过程 $X(t)$ 和 $Y(t)$ 的互相关函数 $R_{XY}(t_1,t_2)$ 定义为

$$R_{XY}(t_1,t_2) = E[X(t_1)Y(t_2)]$$

$$= \int_{-\infty}^{\infty}\int_{-\infty}^{\infty} x\cdot y\cdot f_2(x,y,t_1,t_2)\mathrm{d}x\mathrm{d}y \tag{2-2-48}$$

如果随机过程 $X(t)$ 和 $Y(t)$ 都是平稳随机过程，而且它们是平稳相联系的，则有

$$R_{XY}(t_1,t_2) = R_{XY}(t_2-t_1) = R_{XY}(\tau) \tag{2-2-49}$$

如果随机过程 $X(t)$ 和 $Y(t)$ 是统计独立的，则有

$$R_{XY}(t_1,t_2) = E[X(t_1)]\cdot E[Y(t_2)] \tag{2-2-50}$$

类似地，定义随机过程 $X(t)$ 和 $Y(t)$ 的互协方差函数 $B_{XY}(t_1,t_2)$ 为

$$B_{XY}(t_1,t_2) = E\{[X(t_1)-a_X(t_1)][Y(t_2)-a_Y(t_2)]\}$$

$$=R_{XY}(t_1,t_2)-E[X(t_1)]E[Y(t_2)] \tag{2-2-51}$$

式中，$a_X(t_1)$ 和 $a_Y(t_2)$ 分别为随机过程 $X(t)$ 在 t_1 时刻和随机过程 $Y(t)$ 在 t_2 时刻的均值。

当随机过程 $X(t)$ 和 $Y(t)$ 统计独立时，式（2-2-50）成立，将其代入式（2-2-51）中，有

$$B_{XY}(t_1,t_2) = 0 \tag{2-2-52}$$

这时称随机过程 $X(t)$ 和 $Y(t)$ 是互不相关的，即如果随机过程 $X(t)$ 和 $Y(t)$ 是统计独立的，则它们一定是互不相关的。但应注意，互不相关的两个随机过程，不一定统计独立。

由互相关函数 $R_{XY}(t_1,t_2)$ 的定义不难得到，对平稳相联系的随机过程 $X(t)$ 和 $Y(t)$ 来说，有

$$R_{XY}(\tau) = R_{YX}(-\tau) \tag{2-2-53}$$

这说明，两个随机过程之间的互相关函数不是时间 τ 的偶函数，即

$$R_{XY}(\tau)\neq R_{XY}(-\tau) \tag{2-2-54}$$

这是与自相关函数不同的地方。

下面来看式（2-2-44）中的随机过程 $s(t)$，它是有用信号 $x(t)$ 与噪声 $n(t)$ 之和，即 $s(t)=x(t)+n(t)$，$x(t)$ 和 $n(t)$ 均为平稳随机过程，且平稳相联系。由定义可得到 $s(t)$ 的自相关函数为

$$R_s(\tau)=R_x(\tau)+R_n(\tau)+R_{xn}(\tau)+R_{nx}(\tau) \qquad (2\text{-}2\text{-}55)$$

式中，$R_x(\tau)$ 和 $R_n(\tau)$ 分别为有用信号 $x(t)$ 与噪声 $n(t)$ 的自相关函数；$R_{xn}(\tau)=E[x(t)n(t+\tau)]$ 为 $x(t)$ 和 $n(t)$ 的互相关函数；$R_{nx}(\tau)=E[n(t)x(t+\tau)]$ 为 $n(t)$ 和 $x(t)$ 的互相关函数。

通常认为有用信号 $x(t)$ 与噪声 $n(t)$ 之间是统计独立的，且 $E[n(t)]=0$，故有 $R_{xn}(\tau)=R_{nx}(\tau)=0$，于是

$$R_s(\tau)=R_x(\tau)+R_n(\tau) \qquad (2\text{-}2\text{-}56)$$

式（2-2-56）表明随机过程 $s(t)$ 的自相关函数为有用信号 $x(t)$ 的自相关函数与噪声 $n(t)$ 的自相关函数之和。

3. 互谱密度函数

类似于随机过程功率谱密度的定义，把平稳相联系的随机过程 $X(t)$ 和 $Y(t)$ 的互相关函数 $R_{XY}(\tau)$ 的傅里叶变换定义为 $X(t)$ 和 $Y(t)$ 的互谱密度函数 $P_{XY}(\omega)$，即

$$P_{XY}(\omega)=\int_{-\infty}^{\infty}R_{XY}(\tau)\mathrm{e}^{-\mathrm{j}\omega\tau}\mathrm{d}\tau \qquad (2\text{-}2\text{-}57)$$

当随机过程 $X(t)$ 和 $Y(t)$ 统计独立，且其中任一随机过程的均值为零时，则它们的互谱密度函数 $P_{XY}(\omega)$ 在所有频率值上将为零。如对式（2-2-44）中的随机过程 $s(t)$ 来说，由于有用信号 $x(t)$ 与噪声 $n(t)$ 之间是统计独立的，且 $E[n(t)]=0$，故有

$$P_{xn}(\omega)=P_{nx}(\omega)=0 \qquad (2\text{-}2\text{-}58)$$

这时，有

$$P_s(\omega)=P_x(\omega)+P_n(\omega) \qquad (2\text{-}2\text{-}59)$$

即随机过程 $s(t)$ 的功率谱密度为有用信号 $x(t)$ 的功率谱密度与噪声 $n(t)$ 的功率谱密度之和。

2.2.4 正态随机过程

正态随机过程又称为高斯（Gaussian）随机过程，是一种常见而又重要的随机过程，如通信系统中的噪声就是典型的正态随机过程。下面对正态随机过程作一简单介绍。

1. 正态随机过程的定义

如果随机过程 $X(t)$ 的任意 n 维概率密度函数都服从正态分布，则称此随机过程为正态随机过程，其 n 维概率密度函数为

$$f_n(x_1,x_2,\cdots,x_n;t_1,t_2,\cdots,t_n)=\frac{\exp\left[\dfrac{-1}{2|\boldsymbol{\Lambda}|}\sum_{i=1}^{n}\sum_{j=1}^{n}|\boldsymbol{\Lambda}|_{ij}\left(\dfrac{x_i-a_i}{\sigma_i}\right)\left(\dfrac{x_j-a_j}{\sigma_j}\right)\right]}{\sqrt{(2\pi)^n}\sigma_1\sigma_2\cdots\sigma_n|\boldsymbol{\Lambda}|^{\frac{1}{2}}}$$

$$(2\text{-}2\text{-}60)$$

式中，$a_i=E[X(t_i)]\ (i=1,2,\cdots,n)$ 为 $X(t)$ 在 t_i 时刻的均值；

$\sigma_i^2=E\{[X(t_i)-a_i]^2\}\ (i=1,2,\cdots,n)$ 为 $X(t)$ 在 t_i 时刻的方差；

$|\boldsymbol{\Lambda}|$为归一化协方差矩阵行列式，即

$$|\boldsymbol{\Lambda}| = \begin{vmatrix} 1 & \rho_{12} & \cdots & \rho_{1n} \\ \rho_{21} & 1 & \cdots & \rho_{2n} \\ \vdots & \vdots & & \vdots \\ \rho_{n1} & \rho_{n2} & \cdots & 1 \end{vmatrix}$$

其中，$\rho_{ij} = \dfrac{E\{[X(t_i)-a_i][X(t_j)-a_j]\}}{\sigma_i \sigma_j}$为归一化协方差系数；$|\boldsymbol{\Lambda}|_{ij}$为行列式$|\boldsymbol{\Lambda}|$中元素$\rho_{ij}$

的代数余子式。

对正态随机过程来说，其一维概率密度函数是最简单的，这时的概率密度函数为

$$f(x) = \frac{1}{\sqrt{2\pi}\,\sigma} \exp\left[-\frac{(x-a)^2}{2\sigma^2}\right] \qquad (2\text{-}2\text{-}61)$$

式中，a 为正态随机变量的均值，σ^2 为正态随机变量的方差。$f(x)$如图 2-2-7 所示。当式（2-2-61）中的 $a=0$，$\sigma^2 = 1$ 时，随机变量称为标准分布的正态随机变量。

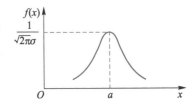

图 2-2-7　正态随机过程的
一维概率密度函数

2. 正态随机过程的性质

正态随机过程具有以下几点性质：

（1）正态随机过程如果是广义平稳的，则也是狭义平稳的。

由式（2-2-60）可知，正态随机过程的 n 维概率密度函数由各随机变量的均值、方差及归一化协方差系数所决定。如果随机过程是广义平稳的，则随机过程的均值、方差与时间 t 无关，归一化协方差系数只与时间间隔 τ 有关，而与时间起点无关。因此，这时随机过程的 n 维概率密度函数也与时间起点无关，故随机过程是狭义平稳的。

（2）正态随机过程的线性变换仍是正态随机过程。

这是一条重要的性质，以后会经常用到，这里仅简要地说明一下。设正态随机过程 $X(t)$ 经线性加权积分后得到 $Y(t)$，即

$$Y(t) = \int_{-\infty}^{t} X(t)g(t)\,\mathrm{d}t \qquad (2\text{-}2\text{-}62)$$

式中，$g(t)$是时间 t 的连续函数。由于式（2-2-62）的积分实际上是式 $\sum\limits_{k=1}^{N} X(t_k)g(t_k)\Delta t_k$ 的极限值，因此，当 $X(t)$ 是一个正态随机过程时，该式中的每一项都是一个服从正态分布的随机变量。由概率论的中心极限定理可知，多个正态随机变量之和仍是正态随机变量，因此 $Y(t)$ 为正态随机过程。

（3）如果两个正态随机过程 $X(t)$ 和 $Y(t)$ 互不相关，则它们也统计独立。

这里仅以 $X(t)$ 和 $Y(t)$ 的二维联合概率密度函数为例说明该结论的正确性。当随机过程 $X(t)$ 和 $Y(t)$ 互不相关时，则由式（2-2-51）可知，它们的互协方差函数为

$$B_{XY}(t_1, t_2) = E\{[X(t_1)-a_X(t_1)][Y(t_2)-a_Y(t_2)]\} = 0 \qquad (2\text{-}2\text{-}63)$$

因此，$X(t)$ 和 $Y(t)$ 的归一化协方差系数 $\rho_{XY}(t_1, t_2)$ 为

$$\rho_{XY}(t_1,t_2)=\frac{E\{[X(t_1)-a_X(t_1)][Y(t_2)-a_Y(t_2)]\}}{\sigma_X\sigma_Y}=0 \qquad (2-2-64)$$

此时，$X(t)$ 和 $Y(t)$ 的二维联合概率密度为

$$f_2(x,y;t_1,t_2)$$

$$=\frac{\exp\left\{\frac{-1}{2(1-\rho_{XY}^2)}\left[\frac{(x-a_X)^2}{\sigma_X^2}-\frac{2\rho_{XY}(x-a_X)(y-a_Y)}{\sigma_X\sigma_Y}+\frac{(y-a_Y)^2}{\sigma_Y^2}\right]\right\}}{2\pi\sigma_X\sigma_Y(1-\rho_{XY}^2)^{\frac{1}{2}}}$$

由于 $\rho_{XY}=0$，所以上式变为

$$f_2(x,y;t_1,t_2)=\frac{1}{\sqrt{2\pi}\,\sigma_X}\exp\left[-\frac{(x-a_X)^2}{2\sigma_X^2}\right]\cdot\frac{1}{\sqrt{2\pi}\,\sigma_Y}\exp\left[-\frac{(y-a_Y)^2}{2\sigma_Y^2}\right]$$

即

$$f_2(x,y;t_1,t_2)=f_1(x,t)\cdot f_1(y,t) \qquad (2-2-65)$$

可见，$X(t)$ 和 $Y(t)$ 是统计独立的。

2.2.5 平稳随机过程通过线性系统

当一个确定信号 $x(t)$ 通过一冲激响应为 $h(t)$ 的线性系统时，得到的输出信号 $y(t)$ 为

$$y(t)=x(t)*h(t)=\int_{-\infty}^{\infty}x(\tau)h(t-\tau)\mathrm{d}\tau \qquad (2-2-66)$$

或者

$$y(t)=\frac{1}{2\pi}\int_{-\infty}^{\infty}X(\omega)H(\omega)\mathrm{e}^{\mathrm{j}\omega\tau}\mathrm{d}\omega \qquad (2-2-67)$$

式中，$X(\omega)$ 为 $x(t)$ 的傅里叶变换；$H(\omega)$ 为 $h(t)$ 的傅里叶变换，是线性系统的网络函数。

如果将线性系统的输入信号 $x(t)$ 看作是随机过程 $X(t)$ 的一次实现，那么线性系统的输出信号 $y(t)$ 就可视为输出随机过程 $Y(t)$ 的一次实现。因此，当线性系统的输入是随机过程 $X(t)$ 时，输出 $Y(t)$ 也是随机过程，且 $X(t)$ 和 $Y(t)$ 的关系为

$$Y(t)=\int_{-\infty}^{\infty}h(\tau)X(t-\tau)\mathrm{d}\tau \qquad (2-2-68)$$

假设输入随机过程 $X(t)$ 是平稳的，那么输出随机过程 $Y(t)$ 是否也是平稳的呢？它的数字特征又是怎样的呢？下面就来讨论这些问题。

1. $Y(t)$ 的数学期望

由式（2-2-68）可得 $Y(t)$ 的数学期望 $E[Y(t)]$ 为

$$E[Y(t)]=E\left[\int_{-\infty}^{\infty}h(\tau)X(t-\tau)\mathrm{d}\tau\right]=\int_{-\infty}^{\infty}h(\tau)E[X(t-\tau)]\mathrm{d}\tau \qquad (2-2-69)$$

式中，$E[X(t-\tau)]$ 为 $X(t)$ 的数学期望。由于 $X(t)$ 是平稳的，所以 $E[X(t-\tau)]=a$，为常数。故 $E[Y(t)]$ 为

$$E[Y(t)]=a\int_{-\infty}^{\infty}h(\tau)\mathrm{d}\tau=a\cdot H(0) \qquad (2-2-70)$$

式中，$H(0)=\int_{-\infty}^{\infty}h(\tau)\mathrm{d}\tau$，是 $\omega=0$ 时，由式 $H(\omega)=\int_{-\infty}^{\infty}h(\tau)\mathrm{e}^{-\mathrm{j}\omega\tau}\mathrm{d}\tau$ 得来的。

式（2-2-70）表明，输出随机过程 $Y(t)$ 的数学期望等于输入随机过程 $X(t)$ 的数学期望与 $H(0)$ 的乘积，且与时间 t 无关。

2. $Y(t)$ 的自相关函数

由自相关函数的定义，$Y(t)$ 的自相关函数 $R_Y(t,t+\tau)$ 为

$$R_Y(t,t+\tau)=E\big[\,Y(t)Y(t+\tau)\,\big] \tag{2-2-71}$$

将式（2-2-68）代入式（2-2-71），得

$$R_Y(t,t+\tau)=E\Big[\int_{-\infty}^{\infty}h(\gamma)X(t-\gamma)\mathrm{d}\gamma\cdot\int_{-\infty}^{\infty}h(\sigma)X(t+\tau-\sigma)\mathrm{d}\sigma\Big]$$

$$=\int_{-\infty}^{\infty}\int_{-\infty}^{\infty}h(\gamma)h(\sigma)E\big[X(t-\gamma)X(t+\tau-\sigma)\big]\mathrm{d}\gamma\mathrm{d}\sigma \tag{2-2-72}$$

式中，$E[X(t-\gamma)X(t+\tau-\sigma)]=R_X(\tau+\gamma-\sigma)$ 为输入平稳随机过程 $X(t)$ 的自相关函数。于是有

$$R_Y(t,t+\tau)=\int_{-\infty}^{\infty}\int_{-\infty}^{\infty}h(\gamma)h(\sigma)R_X(\tau+\gamma-\sigma)\mathrm{d}\gamma\mathrm{d}\sigma=R_Y(\tau) \tag{2-2-73}$$

式（2-2-73）表明，输出随机过程 $Y(t)$ 的自相关函数仅为时间间隔 τ 的函数，而与时间起点无关。因此，输出随机过程 $Y(t)$ 是平稳随机过程，至少是广义平稳的。

3. $Y(t)$ 的功率谱密度

由维纳-欣钦定理，$Y(t)$ 的功率谱密度 $P_Y(\omega)$ 为

$$P_Y(\omega)=\int_{-\infty}^{\infty}R_Y(\tau)\mathrm{e}^{-\mathrm{j}\omega\tau}\mathrm{d}\tau \tag{2-2-74}$$

将式（2-2-73）代入式（2-2-74），可得

$$P_Y(\omega)=\int_{-\infty}^{\infty}\mathrm{e}^{-\mathrm{j}\omega\tau}\int_{-\infty}^{\infty}\int_{-\infty}^{\infty}h(\gamma)h(\sigma)R_X(\tau+\gamma-\sigma)\mathrm{d}\gamma\mathrm{d}\sigma\mathrm{d}\tau$$

令 $\mu=\tau+\gamma-\sigma$，得

$$P_Y(\omega)=\int_{-\infty}^{\infty}\mathrm{e}^{-\mathrm{j}\omega(\mu-\gamma+\sigma)}R_X(\mu)\mathrm{d}\mu\int_{-\infty}^{\infty}h(\gamma)\mathrm{d}\gamma\int_{-\infty}^{\infty}h(\sigma)\mathrm{d}\sigma$$

$$=\int_{-\infty}^{\infty}R_X(\mu)\mathrm{e}^{-\mathrm{j}\omega\mu}\mathrm{d}\mu\int_{-\infty}^{\infty}h(\gamma)\mathrm{e}^{\mathrm{j}\omega\gamma}\mathrm{d}\gamma\int_{-\infty}^{\infty}h(\sigma)\mathrm{e}^{-\mathrm{j}\omega\sigma}\mathrm{d}\sigma$$

$$=P_X(\omega)\cdot H^*(\omega)\cdot H(\omega)=P_X(\omega)\cdot|H(\omega)|^2 \tag{2-2-75}$$

式中，$P_X(\omega)=\int_{-\infty}^{\infty}R_X(\tau)\mathrm{e}^{-\mathrm{j}\omega\tau}\mathrm{d}\tau$ 为输入随机过程 $X(t)$ 的功率谱密度。

式（2-2-75）表明，输出随机过程 $Y(t)$ 的功率谱密度等于输入随机过程 $X(t)$ 的功率谱密度与网络函数模平方的乘积。

例 2.7　设功率谱密度为 $n_0/2$（常数）的白色随机过程（白噪声）$n(t)$ 通过带宽为 B 的理想低通滤波器，如图 2-2-8 所示。试求输出随机过程 $n_0(t)$ 的功率谱密度、自相关函数及噪声功率。

解：理想低通滤波器的传输特性为

$$H(f)=\begin{cases}1 & |f|\leqslant B\\ 0 & |f|>B\end{cases}$$

由式（2-2-75）可得输出随机过程 $n_0(t)$ 的功率谱密度为

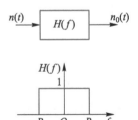

图 2-2-8　白噪声通过理想
低通滤波器

$$P_{n_0}(f) = P(f) \cdot |H(f)|^2 = \frac{n_0}{2} \qquad |f| \leq B$$

式中，$P(f) = \dfrac{n_0}{2}$ 为白噪声 $n(t)$ 的功率谱密度。

输出随机过程 $n_0(t)$ 的自相关函数为

$$\begin{aligned}
R_{n_0}(\tau) &= \mathscr{F}^{-1}\left[P_{n_0}(f)\right] \\
&= \int_{-\infty}^{\infty} P_{n_0}(f) \cdot e^{j2\pi f\tau}\, df \\
&= n_0 B \mathrm{Sa}(2\pi B\tau)
\end{aligned}$$

$P_{n_0}(f)$ 及 $R_{n_0}(\tau)$ 对应的曲线如图 2-2-9 所示。

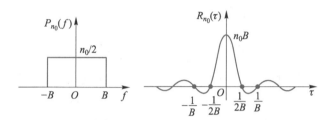

图 2-2-9　白噪声通过理想低通滤波器后输出的功率谱及自相关函数

输出噪声 $n_0(t)$ 的功率为

$$N_0 = \int_{-\infty}^{\infty} P_{n_0}(f)\, df = R_{n_0}(0) = n_0 B$$

输出随机过程 $n_0(t)$ 的等效带宽为 $\Delta f = B$，自相关时间 $\tau_{\mathrm{k}} = \dfrac{1}{4B}$。

例 2.8　设均值为零，功率谱密度为 $n_0/2$ 的高斯（正态）白噪声 $n(t)$ 通过如图 2-2-10 所示的 RC 低通滤波器，试求输出随机过程 $n_0(t)$ 的一维概率密度函数。

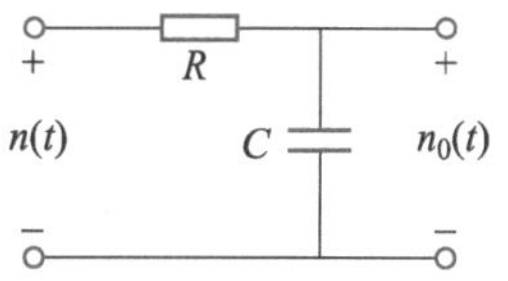

解: 由正态随机过程的性质可知，高斯白噪声 $n(t)$ 通过线性系统后输出过程 $n_0(t)$ 仍然是高斯分布的随机过程，但其数字特征和功率谱密度发生了变化。

图 2-2-10　白噪声通过
RC 低通滤波器

RC 低通滤波器的传输特性为

$$H(f) = \frac{1}{1 + j2\pi fRC}$$

$$|H(f)|^2 = \frac{1}{1 + (2\pi fRC)^2}$$

由于白噪声 $n(t)$ 的均值 $E[n(t)] = 0$，因而由式（2-2-70）可得输出随机过程 $n_0(t)$ 的均值为

$$E[n_0(t)] = E[n(t)] \cdot H(0) = 0$$

由式（2-2-75）可得输出随机过程 $n_0(t)$ 的功率谱密度为

2.2　随机信号分析

$$P_{n_0}(f) = P(f) \cdot |H(f)|^2 = \frac{n_0}{2} \cdot \frac{1}{1+(2\pi f RC)^2}$$

式中，$P(f) = \dfrac{n_0}{2}$ 为白噪声 $n(t)$ 的功率谱密度。

输出随机过程 $n_0(t)$ 的自相关函数为

$$R_{n_0}(\tau) = \mathscr{F}^{-1}[P_{n_0}(f)] = \frac{n_0}{4RC}\exp\left(-\frac{|\tau|}{RC}\right)$$

输出随机过程 $n_0(t)$ 的方差（或功率）为

$$\sigma_0^2 = R_{n_0}(0) = \frac{n_0}{4RC}$$

故输出随机过程 $n_0(t)$ 的一维概率密度函数为

$$f_0(x) = \frac{1}{\sqrt{2\pi}\,\sigma_0}\exp\left(-\frac{x^2}{2\sigma_0^2}\right)$$

例 2.9　设平稳随机过程 $X(t)$ 通过如图 2-2-11 所示的乘法器，若已知随机过程 $X(t)$ 的功率谱为 $P_X(\omega)$，试求乘法器输出响应 $Y(t)$ 的功率谱 $P_Y(\omega)$。

解： 在通信系统中，线性调制器和同步（相干）解调器等的基本功能是实现乘法运算，如图 2-2-11 所示。乘法运算是非线性变换过程，因此，求解乘法器的输出响应 $Y(t)$ 的功率谱时不能利用式（2-2-75）的结果。

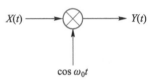

图 2-2-11　平稳随机过程通过乘法器

为了得到 $Y(t)$ 的功率谱，可先求出 $Y(t)$ 的自相关函数，再进行傅里叶变换。由自相关函数的定义得

$$\begin{aligned}
R_Y(t,t+\tau) &= E[Y(t)Y(t+\tau)] \\
&= E[X(t)X(t+\tau)\cos\omega_0 t\cos\omega_0(t+\tau)] \\
&= \frac{1}{2}E[X(t)X(t+\tau)][\cos\omega_0\tau+\cos(2\omega_0 t+\omega_0\tau)] \\
&= \frac{1}{2}R_X(\tau)[\cos\omega_0\tau+\cos(2\omega_0 t+\omega_0\tau)]
\end{aligned}$$

式中，$R_X(\tau) = E[X(t)X(t+\tau)]$ 为 $X(t)$ 的自相关函数。由上式可见，$Y(t)$ 的自相关函数与时间 t 有关，因此 $Y(t)$ 不是平稳随机过程。

对非平稳随机过程求功率谱时，应先将其自相关函数求时间平均，再进行傅里叶变换。对 $R_Y(t,t+\tau) = \dfrac{1}{2}R_X(\tau)[\cos\omega_0\tau+\cos(2\omega_0 t+\omega_0\tau)]$ 求时间平均的结果为 $\dfrac{1}{2}R_X(\tau)\cos\omega_0\tau$。

所以，$Y(t)$ 的功率谱为

$$\begin{aligned}
P_Y(\omega) &= \int_{-\infty}^{\infty}\frac{1}{2}R_X(\tau)\cos\omega_0\tau\,\mathrm{e}^{-\mathrm{j}\omega\tau}\,\mathrm{d}\tau \\
&= \frac{1}{4}[P_X(\omega-\omega_0)+P_X(\omega+\omega_0)]
\end{aligned}$$

习 题

2-1 图 E2-1 中给出了三种函数。

① 证明这些函数在区间（-4,4）内是相互正交的；

② 求相应的标准正交函数集；

③ 用②中的标准正交函数集将下面的波形展开为标准正交级数；

$$s(t) = \begin{cases} 1 & 0 \leqslant t \leqslant 4 \\ 0 & t \text{ 为其他值} \end{cases}$$

④ 利用下式计算③中展开的标准正交级数的均方误差；

$$\varepsilon = \int_{-4}^{4} \left[s(t) - \sum_{k=1}^{3} a_k u_k(t) \right]^2 \mathrm{d}t$$

⑤ 对下面的波形重复③和④；

$$s(t) = \begin{cases} \cos\left(\dfrac{1}{4}\pi t\right) & -4 \leqslant t \leqslant 4 \\ 0 & t \text{ 为其他值} \end{cases}$$

⑥ 图 E2-1 中所示的三种函数是否组成了完备正交集？

2-2 试证明任意函 $f(t)$ 总可以表示为偶函数 $f_e(t)$ 和奇函数 $f_o(t)$ 之和，即 $f(t) = f_e(t) + f_o(t)$，并求函数 $U(t)$、e^{-at} 及 e^{jt} 的奇偶分量。提示：$f(t) = \dfrac{1}{2}[f(t) + f(-t)] + \dfrac{1}{2}[f(t) - f(-t)]$

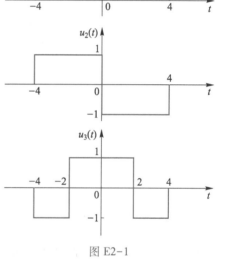

图 E2-1

2-3 证明一个偶周期函数的指数傅里叶级数的系数是实数，而一个奇周期函数的指数傅里叶级数的系数是虚数。

2-4 利用周期信号的傅里叶级数证明下式成立

$$\sum_{k=-\infty}^{\infty} \delta(t - kT_0) \leftrightarrow f_0 \sum_{k=-\infty}^{\infty} \delta(f - nf_0)$$

式中，$f_0 = 1/T_0$。

2-5 证明：

① $f(t)$ 的傅里叶变换可以表示为

$$\mathscr{F}[f(t)] = F(\omega) = \int_{-\infty}^{\infty} f(t)\cos\omega t\,\mathrm{d}t - \mathrm{j}\int_{-\infty}^{\infty} f(t)\sin\omega t\,\mathrm{d}t$$

② 若 $f(t)$ 为 t 的偶函数，有

$$\mathscr{F}[f(t)] = F(\omega) = 2\int_{0}^{\infty} f(t)\cos\omega t\,\mathrm{d}t$$

③ 若 $f(t)$ 为 t 的奇函数，有

$$\mathscr{F}[f(t)] = F(\omega) = -2\mathrm{j}\int_{0}^{\infty} f(t)\sin\omega t\,\mathrm{d}t$$

④ 对一般的 $f(t) \leftrightarrow F(\omega)$，有以下关系成立

	$f(t)$	$F(\omega)$
a.	t 的偶函数	ω 的实偶函数
b.	t 的虚偶函数	ω 的偶函数
c.	t 的奇函数	ω 的虚奇函数
d.	t 的复函数	ω 的复函数
e.	t 的复奇函数	ω 的复奇函数

2-6　利用卷积性质，求下面波形的频谱

$$s(t) = \sin 2\pi f_1 t \cos 2\pi f_2 t$$

2-7　由傅里叶变换式，求 $S(f) = A\Pi(f/2B)$ 对应的 $s(t)$，并用对偶性质验证所得的结果。（$\Pi(f/2B)$ 表示高度为 1，宽度为 $2B$，关于纵轴对称的矩形。）

2-8　求图 E2-2 所示的周期信号的傅里叶变换。

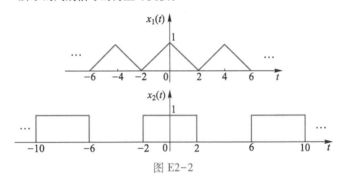

图 E2-2

2-9　证明下式成立：

$$\mathrm{sgn}(t) \leftrightarrow \frac{1}{\mathrm{j}\pi f}$$

$$\left[提示：利用 \mathrm{Sa}(x) = \frac{\sin x}{x} \right]$$

2-10　确定下面的信号是能量信号还是功率信号，并计算相应的能量或功率。

① $\omega(t) = \Pi(t/T_0)$；

② $\omega(t) = \Pi(t/T_0)\cos \omega_0 t$；

③ $\omega(t) = \cos^2 \omega_0 t$。

2-11　按如下分类方法对下列信号进行分类：（1）功率有限或能量有限；（2）周期或非周期，并且计算功率信号的功率，能量信号的能量以及周期信号的周期。

① $\cos 20\pi t + \sin 26\pi t$；

② $\exp(-10|t|)$；

③ $\Pi(t+1/2) - \Pi(t-1/2)$；

④ $\dfrac{1}{\sqrt{t^2+1}}$；

⑤ $\cos 120\pi t + \cos 377t$。

2-12　试分别用相关定理及卷积定理推导帕什瓦定理。

$$\int_{-\infty}^{\infty} f^2(t)\,\mathrm{d}t = \frac{1}{2\pi} \int_{-\infty}^{\infty} |F(\omega)|^2 \mathrm{d}\omega$$

2-13　求图 E2-3 所示周期信号 $x(t)$ 的频谱密度函数 $X(\omega)$ 及功率谱密度函数 $P(\omega)$。

2-14　用图解法求图 E2-4 中波形 $x(t)$ 和 $h(t)$ 的相关函数。

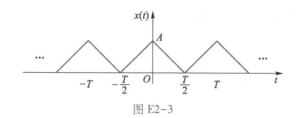

图 E2-3

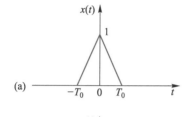
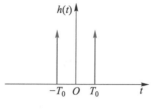

(a)

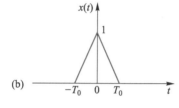
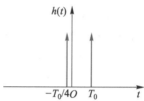

(b)

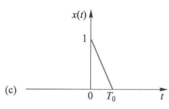
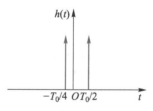

(c)

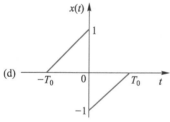
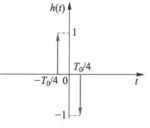

(d)

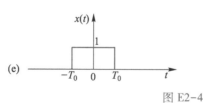
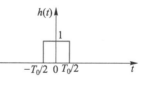

(e)

图 E2-4

2-15 试计算高斯函数 $f(t) = \dfrac{1}{\sqrt{2\pi}\,\sigma}\mathrm{e}^{-t^2/2\sigma^2}$ 的傅里叶变换 $F(\omega)$，并比较 $F(\omega)$ 和 $f(t)$，从中能得出什么样的结论？$\left[\text{提示：} \displaystyle\int_{-\infty}^{\infty}\mathrm{e}^{-u^2}\mathrm{d}u = \sqrt{\pi}\,\right]$

2-16 信号 $f(t)$ 如图 E2-5 所示。

① 用自相关函数的定义求出 $f(t)$ 的自相关函数 $R(\tau)$；

② 求 $f(t)$ 的能谱密度及总能量，并验证：

$$R(\tau)\big|_{\tau=0} = \int_{-\infty}^{\infty} f^2(t)\,\mathrm{d}t = E$$

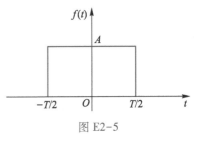

图 E2-5

2-17 设有两个正弦信号：$f_1(t)=a\cos(\omega_0 t+\theta_1)$ 及 $f_2(t)=a\sin(\omega_0 t+\theta_2)$，试证明：$f_1(t)$ 及 $f_2(t)$ 具有相同的功率谱密度函数，并求出其功率谱密度函数和平均功率。

2-18 给定 $\omega(t)=5+12\cos\omega_0 t$，其中，$\omega_0=2\pi f_0$，$f_0=10\ \mathrm{kHz}$。试求：

① 自相关函数 $R_\omega(\tau)$；

② 功率谱密度函数 $P_\omega(f)$。

2-19 利用帕什瓦定理计算下列定积分：

① $\int_{-\infty}^{\infty}\left(\dfrac{\sin t}{t}\right)^2\mathrm{d}t$ ② $\int_{-\infty}^{\infty}\dfrac{1}{a^2+t^2}\mathrm{d}t$ ③ $\int_{-\infty}^{\infty}\dfrac{t}{(a^2+t^2)^2}\mathrm{d}t$

2-20 ① 推导信号 $f(t)=\Pi(t/2)$ 的希尔伯特变换式；

② 利用①中的结果求出所给信号 $f(t)$ 的解析信号形式；

③ 画出②中求出的解析信号的幅度谱图。

2-21 分别求出下列两个脉冲信号的希尔伯特变换。

① $f(t)=\dfrac{1}{1+t^2}$，$F(\omega)=\pi\mathrm{e}^{-|\omega|}$；

② $f(t)=\begin{cases}1 & |t|<1\\0 & 其他\end{cases}$，$F(\omega)=2\dfrac{\sin\omega}{\omega}$。

2-22 设 $f(t)=A\mathrm{e}^{-\alpha t}\cos(2\pi f_c t)U(t)$。

① 试求 $f(t)$ 的频谱密度函数 $F(\omega)$；

② f_c 取多大时，$f(t)$ 可认为是窄带信号？

③ 若满足窄带条件，写出其解析信号表达式。

2-23 设信号 $f(t)=2\mathrm{e}^{-\alpha t}U(t)$ 通过一截止频率为 $1\ \mathrm{rad/s}$ 的理想 LPF（低通滤波器），试求输出信号的能量谱密度，并确定输入信号与输出信号能量之间的关系。

2-24 如图 E2-6 所示的信号 $f(t)$ 通过传输函数为 $H(\omega)$ 的线性系统，试计算当 $T=\dfrac{2\pi}{3}$、$T=\dfrac{\pi}{3}$ 及 $T=\dfrac{\pi}{6}$ 时，该系统输入、输出信号的功率谱密度及平均功率。

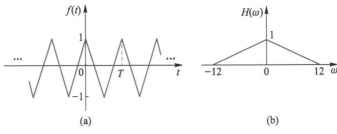

(a)   (b)

图 E2-6

2-25 设某一线性网络的传输函数为 $H(\omega)$，$h(t)$ 是网络的冲激响应，当 $t<0,h(t)=0$。若 $R(\omega)$ 及 $X(\omega)$ 分别是 $H(\omega)$ 的实部和虚部，且 $h(t)$ 在原点不包含冲激函数，试证明：

$$R(\omega)=\frac{1}{\pi}\int_{-\infty}^{\infty}\frac{X(y)}{\omega-y}\mathrm{d}y \quad 及 \quad X(\omega)=-\frac{1}{\pi}\int_{-\infty}^{\infty}\frac{R(y)}{\omega-y}\mathrm{d}y$$

即 $R(\omega)$、$X(\omega)$ 是频域内的希尔伯特变换对。[提示：$h(t)=h_e(t)+h_o(t)$，$h_e(t)=h_o(t)\operatorname{sgn}(t)$，$h_o(t)=h_e(t)\operatorname{sgn}(t)$]

2-26 设某 FM-AM 信号 $x(t)=A(t)\cos[\omega_0 t+\varphi(t)]$，其复数形式为 $\xi(t)=A(t)e^{j[\omega_0 t+\varphi(t)]}=a(t)e^{j\omega_0 t}$。试证明：$\xi(t)$ 在一定条件下必为解析信号，并说明该条件是什么。

2-27 求窄带信号 $x(t)=\exp(-|t|)\cos 1\,000\pi t$ 的复包络。

2-28 试用图解法画出下列给定的脉冲信号的自相关函数。

① $g(t)=\exp(-at)U(t)$；

② $g(t)=\exp(-\alpha|t|)$；

③ $g(t)=\exp(-\alpha t)U(t)-\exp(\alpha t)U(-t)$；

④ $g(t)=\cos\left(\dfrac{\pi}{T}t\right) \quad -\dfrac{T}{2}\leqslant t\leqslant\dfrac{T}{2}$。

2-29 设某微波中继线路由 5 个中继站组成，每个站故障率为 P，求该线路正常工作的概率及故障概率。

2-30 设随机过程为

$$X(t)=At+B$$

① 若 B 为常数，A 在 -1 和 $+1$ 之间均匀分布，画出 3 个样本函数；

② 若 A 为常数，B 在 0 和 2 之间均匀分布，画出 3 个样本函数。

2-31 给定随机过程 $X(t)$，定义另一个随机过程 $Y(t)$ 为

$$Y(t)=\begin{cases}1 & X(t)\leqslant x\\0 & X(t)>x\end{cases}$$

式中，x 是任一实数。

试证明：$Y(t)$ 的均值和自相关函数分别为随机过程 $X(t)$ 的一维和二维分布函数。

2-32 给定一随机过程 $X(t)$ 和常数 a，试以 $X(t)$ 的自相关函数表示随机过程 $Y(t)=X(t+a)-X(t)$ 的自相关函数。

2-33 给定随机过程 $X(t)$ 为：$X(t)=A\cos\omega t+B\sin\omega t$，式中，$\omega$ 为常数，A、B 是两个独立的正态随机变量，而且 $E[A]=E[B]=0$，$E[A^2]=E[B^2]=\sigma^2$。试求：$X(t)$ 的均值和自相关函数。

2-34 平稳随机过程 $X(t)$ 的功率谱密度如图 E2-7 所示。

① 试求 $X(t)$ 的自相关函数，并画出其图形；

② 试求 $X(t)$ 中含有的直流功率；

③ 试求 $X(t)$ 中含有的交流功率；

④ 对 $X(t)$ 进行抽样，若要求抽样值不相关，最高抽样率为多少？这些抽样值是否统计独立？

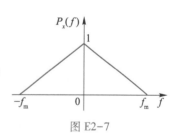

图 E2-7

2-35 设随机变量 z 服从均匀分布，其概率密度函数为

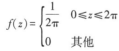

$$f(z)=\begin{cases}\dfrac{1}{2\pi} & 0\leqslant z\leqslant 2\pi\\0 & \text{其他}\end{cases}$$

现按下列关系构造两个新的随机变量 X 和 Y

$$X=\sin z,\ Y=\cos z$$

① 试分别写出 X 和 Y 的概率密度函数；

② 试证明 X 和 Y 是两个互不相关的随机变量；

③ 试问 X 和 Y 是否统计独立？

2-36 随机过程 $X(t)$ 由下式定义：$X(t)=\sin(2\pi Ft)$，式中 F 为一随机变量，其概率密度函数为

$$f(F) = \begin{cases} \dfrac{1}{B} & 0 \leqslant F \leqslant B \\ 0 & \text{其他} \end{cases}$$

试问随机过程 $X(t)$ 是否是平稳的?

2-37　设随机过程为

$$X(t) = A\cos(\omega_0 t + \theta)$$

式中 A 和 ω_0 是常数, θ 是随机变量。令

$$f(\theta) = \begin{cases} \dfrac{1}{\pi} & 0 \leqslant \theta \leqslant \pi \\ 0 & \text{其他} \end{cases}$$

① 计算 $X(t)$ 的统计平均值 $E[X(t)]$。由此对该过程的平稳性有什么结论?

② 分别计算该过程的时间均方值 $\overline{X^2(t)}$ 和统计均方值 $E[X^2(t)]$。

2-38　已知平稳随机过程 $X(t)$ 的自相关函数为

$$R_X(\tau) = 4e^{-|\tau|}\cos\pi\tau + \cos 3\pi\tau$$

试求 $X(t)$ 的功率谱密度函数 $P_X(\omega)$。

2-39　已知平稳随机过程 $X(t)$ 的功率谱密度函数为

$$P_X(\omega) = \begin{cases} 8\delta(\omega) + 20\left(1 - \dfrac{|\omega|}{10}\right) & |\omega| \leqslant 10 \\ 0 & \text{其他} \end{cases}$$

试求 $X(t)$ 的自相关函数 $R_X(\tau)$。

2-40　令 $r(t) = A_0\cos\omega_0 t + n(t)$, 式中 A_0 和 ω_0 是常数。假设 $n(t)$ 是广义平稳随机噪声, 均值为 0, 其自相关函数为 $R_n(\tau)$。

① 确定 $r(t)$ 的统计均值 $E[r(t)]$;

② 确定 $r(t)$ 的自相关函数 $R_r(t, t+\tau)$;

③ 判断 $r(t)$ 是否为广义平稳的。

2-41　假设 $x(t)$ 是各态历经的随机过程, 令 $x(t) = m_x + y(t)$, 其中 $m_x = E[x(t)]$ 是 $x(t)$ 的直流分量, $y(t)$ 是 $x(t)$ 的交流分量。

① 证明: $R_x(\tau) = m_x^2 + R_y(\tau)$;

② 证明: $\lim\limits_{\tau \to \infty} R_x(\tau) = m_x^2$;

③ 可以从 $R_x(\tau)$ 中确定 $x(t)$ 的直流分量吗?

2-42　设随机过程为

$$X(t) = A\cos(\omega_0 t + \theta)$$

式中, A 和 ω_0 是常数, θ 是随机变量。令 θ 的概率密度函数为

$$f(\theta) = \begin{cases} \dfrac{1}{\pi} & 0 \leqslant \theta \leqslant \pi \\ 0 & \text{其他} \end{cases}$$

试确定 $X(t)$ 的功率谱密度(PSD)。

2-43　若 $x(t)$ 是周期函数(或者含有周期成分), 证明:

① $R_x(\tau)$ 是周期函数(或者含有周期成分);

② $P_x(f)$ 含有 δ 函数。

2-44　设通信系统接收信号由等式 $r(t) = s(t) + n(t)$ 描述。

① 证明: $R_r(\tau) = R_s(\tau) + R_n(\tau) + R_{sn}(\tau) + R_{ns}(\tau)$;

② 当 $s(t)$ 和 $n(t)$ 相互独立，且 $n(t)$ 均值为 0 时，简化①中的结论。

2-45 如图 E2-8 所示的 RC 电路系统中，如果输入信号 $x(t)$ 的自相关函数为 $R_x(\tau) = \sigma^2 \mathrm{e}^{-\beta|\tau|}$，试用时域方法求系统输出信号 $y(t)$ 的自相关函数和均方值。

2-46 如图 E2-8 所示的 RC 系统中，若系统输入 $x(t)$ 是功率谱为 $P_x(\omega) = n_0/2$ 的白噪声，试用频域法求系统的输出 $y(t)$ 的自相关函数 $R_y(\tau)$，并计算其自相关时间 τ_k。

2-47 设随机过程 $X(t)$ 和 $Y(t)$ 是统计独立且平稳的。

① 试求 $Z(t) = X(t)Y(t)$ 的自相关函数，并证明 $Z(t)$ 是平稳随机过程；

② 若 $Y(t) = \cos(\omega_0 t + \theta)$，其中，$\omega_0$ 为常数，相位 θ 是在区间 $[0, 2\pi]$ 内均匀分布的随机变量。试证明：$Z(t)$ 的自相关函数为

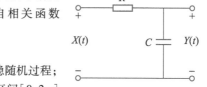

图 E2-8

$$R_Z(\tau) = \frac{1}{2} R_X(\tau) \cos \omega_0 \tau$$

式中，$R_X(\tau)$ 为 $X(t)$ 的自相关函数。

2-48 证明若两随机过程 $x(t)$ 和 $y(t)$ 是相互独立的，则它们是互不相关的，即 $R_{xy}(\tau) = m_x m_y$。

2-49 设两个随机过程 $x(t)$ 和 $y(t)$ 是具有 0 均值的联合高斯过程，互相关函数为

$$R_{xy}(\tau) = E[x(t_1)y(t_2)] = 10\sin(2\pi\tau)$$

① 何时随机变量 $x_1 = x(t_1)$ 和 $y_2 = y(t_2)$ 相互独立？

② 证明 $x(t)$ 和 $y(t)$ 是或不是独立随机过程。

2-50 如图 E2-9 所示的系统中，若 $X(t)$ 为平稳随机过程，试证明：系统的输出 $Y(t)$ 的功率谱密度函数 $P_Y(\omega) = 2P_X(\omega)(1+\cos\omega\tau)$。

2-51 如图 E2-10 所示的 RL 系统中，输入 $X(t)$ 是功率谱密度为 $n_0/2$ 的白噪声，试用频域法求系统输出 $Y(t)$ 的自相关函数 $R_Y(\tau)$。

2-52 设线性系统的传输函数 $|H(f)|^2$ 如图 E2-11 所示。

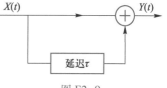

图 E2-9

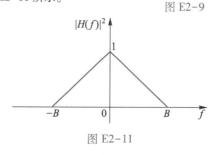

图 E2-10   图 E2-11

若输入 $x(t)$ 是高斯随机过程，其功率谱密度为

$$P_x(f) = \begin{cases} \dfrac{1}{2} N_0 & |f| \leq B \\ 0 & f \text{ 为其他值} \end{cases}$$

① 确定输出 $y(t)$ 的自相关函数；

② 确定 $y(t)$ 的概率密度函数；

③ 何时两随机变量 $y_1 = y(t_1)$ 和 $y_2 = y(t_2)$ 相互独立？

2-53 已知线性系统的传输函数（冲激响应）及输入信号的自相关函数（功率谱密度）如下：

① $\begin{cases} H(f) = \Pi(f/2B) \\ R_X(\tau) = \dfrac{N_0}{2}\delta(\tau) \end{cases}$ B 和 N_0 为正常数

② $\begin{cases} h(t)=A\exp(-\alpha t)u(t) \\ P_x(f)=\dfrac{B}{1+(2\pi\beta f)^2} \end{cases}$ A、B、β、α 为正常数

试求系统输出信号的自相关函数和功率谱密度。

2-54   设随机变量 x 是图 E2-12 中所示的四种不同器件的输入电压，y 是对应的输出电压。若随机变量 x 具有以下不同的概率密度函数，试分别求出相应的输出电压 y 的概率密度函数，并画出图形。

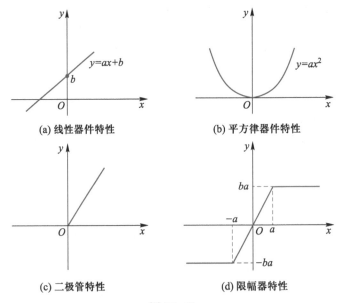

图 E2-12

① $f(x)=1$ $0<x<1$；

② $f(x)=e^{-x}$ $x>0$；

③ $f(x)=\dfrac{1}{\sqrt{2\pi}}e^{-\frac{x^2}{2}}$（即 x 为标准正态分布的随机变量）。

2-55   某服从瑞利分布的随机变量的概率密度函数为 $f(x)=\begin{cases} xe^{-\frac{x^2}{2}} & x\geq 0 \\ 0 & x<0 \end{cases}$。

① 求随机变量的分布函数 $F(x)$；

② 求概率 $P(x_1\leq x\leq x_2)$，这里 $x_2-x_1=1$；

③ 当 x 为何值时，$f(x)$ 有最大值？

④ 证明：该瑞利分布的随机变量的均值为 $\sqrt{\dfrac{\pi}{2}}$。

第 3 章

信道与噪声

信道是通信系统中不可或缺的组成部分，本章将对信道的定义、信道分类、信道模型、信道中的噪声及信道容量做深入的讨论。

3.1 信道的定义

在第 1 章中，我们定义信道是传输信号的媒质，是信息传输的通道，信道通过连接通信系统的发射端和接收端，完成点对点通信。明线、同轴电缆、光缆、电波传播等均为信道的具体形式。这种信道只涉及传输媒质，称为狭义信道。

在通信系统的研究中，为了简化系统模型并突出重点，通常根据研究的问题把信道的范围适当扩大。除了传输媒质外，还可以包括有关的部件和电路，如天线、馈线、功率放大器、混频器、调制器等，把这种范围扩大了的信道称为广义信道。在讨论通信系统的一般原理时，通常针对的是广义信道。当然，狭义信道是广义信道的核心，广义信道的性能在很大程度上取决于狭义信道，所以在研究信道的一般特性时，传输媒质仍然是讨论的重点。为了叙述简单，把广义信道简称为信道。

3.2 信道的分类

信道是连接发送端和接收端的通信设备，其功能是将信号从发送端传送到接收端。按照传输媒质的不同，信道可以分为两大类：有线信道和无线信道。按照信道特性不同，信道还可以分为恒参信道和随参信道。

3.2.1 有线信道

有线信道是指明线、对称电缆、同轴电缆、光纤及光波导等一类能够看得见的传输媒质。有线信道利用人造的传导电或光信号的媒质来传输信号，传统的固定电话网用有线信道（电话线）作为传输媒质。光也是一种电磁波，它可以在导光的媒质中传输，也可以在空间传播。光传输的媒质有光波导和光纤。光纤是目前有线通信系统中广泛应用的传输媒质。

3.2.2　无线信道

无线信道是指利用电磁波作为传输媒质在空中传播信号。无线信道是对无线通信系统中发送端和接收端之间通路的一种形象比喻。无线信道的传输媒质包括长波、中波、短波、超短波、微波及光波等各个频段的电磁波。可以这样认为，凡不属于有线信道的媒质均为无线信道的媒质。无线信道的传输特性没有有线信道的传输特性稳定和可靠，但无线信道具有方便、灵活、可移动等优点。

3.2.3　恒参信道

恒定参量信道，简称为恒参信道，是指信道特性不随时间变化的信道。各种有线信道和部分无线信道，包括卫星链路和某些视距传输链路，可以视为恒参信道，因为它们的特性变化很小、很慢。恒参信道实质上就是一个非时变线性网络，从理论上讲，只要知道这个网络的传输特性，就可以利用信号通过线性系统的分析方法得知信号通过恒参信道时受到的影响，恒参信道的主要传输特性通常可以用其振幅-频率特性和相位-频率特性来描述。当其振幅-频率特性和相位-频率特性不满足信号无失真传输条件时，会对信号传输分别产生幅频畸变和相频畸变。为消除该畸变，可以使用幅度均衡器和群时延均衡器。

3.2.4　随参信道

随机参量信道，简称为随参信道，是指信道特性随时间变化的信道。随参信道的特性比恒参信道要复杂得多，它包含一个复杂的传输媒质。虽然随参信道中包含着除媒质以外的其他转换器，但从对信号传输影响来看，传输媒质的影响是主要的，而转换器特性的影响是次要的，甚至可以忽略不计。因此，本节仅讨论随参信道的传输媒质所具有的一般特性以及对信号传输的影响。

属于随参的传输媒质主要以电离层反射、对流层散射等为代表，信号在这些媒质中传输的示意图如图 3-2-1 所示。图 3-2-1（a）为电离层反射传输示意图，图 3-2-1（b）为对流层散射传输示意图。它们的共同特点是：由发射点发出的电磁波可能经多条路径到达接收点，这种现象称多径传播。就每条路径信号而言，它的衰耗和时延都不是固定不变的，而是随电离层或对流层的变化机理随机变化的。因此，多径传播后的接收信号是衰减

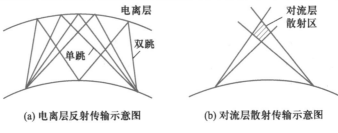

(a) 电离层反射传输示意图　　　　(b) 对流层散射传输示意图

图 3-2-1　多径传播示意图

和时延随时间变化的各路径信号的合成。

概括起来，随参信道传输媒质通常具有以下特点：

（1）信号传输的衰耗随时间随机变化；

（2）信号传输的时延随时间随机变化；

（3）信号经过多条路径到达接收端，即存在多径传播现象。

由于随参信道具有上述特点，因此它对信号传输的影响要比恒参信道严重得多。

3.3 信道的数学模型

为了讨论通信系统的性能，对信道可以进行不同的定义。一般情况下，把发送端调制器输出端至接收端解调器输入端之间的部分称为调制信道，其中可能包括放大器、变频器和天线等装置。在研究各种调制方式的性能时使用这种定义较为方便。此外，在讨论数字通信系统中的信道编码和解码时，把编码器输出端至解码器输入端之间的部分称为编码信道，如图 3-3-1 所示。在研究利用纠错编码对数字信号进行差错控制的效果时，使用编码信道的概念更加方便。

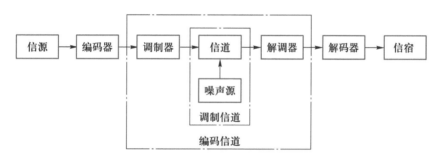

图 3-3-1　调制信道与编码信道

通常，"信道"一词在研究调制系统时均指调制信道，只有在讨论信道编码时，信道表示编码信道。

3.3.1　调制信道模型

最基本的调制信道有一对输入端和一对输出端，其输入端信号电压 $e_i(t)$ 和输出端电压 $e_o(t)$ 之间的关系可以表示为

$$e_o(t)=f[e_i(t)]+n(t) \tag{3-3-1}$$

式中，$e_i(t)$ 为信道输入端信号电压；$e_o(t)$ 为信道输出端的信号电压；$n(t)$ 为噪声电压。

由于信道中的噪声 $n(t)$ 是叠加在信号上的，而且无论有无信号，噪声 $n(t)$ 是始终存在的，因此通常称它为加性噪声或加性干扰。当没有信号输入时，信道输出端也有加性干扰输出。$f[e_i(t)]$ 表示信道输入和输出电压之间的函数关系。为了便于数学分析，通常假设 $f[e_i(t)]=k(t)e_i(t)$，即信道的作用相当于对输入信号乘一个系数 $k(t)$。这样，式（3-3-1）可以改写为

$$e_o(t)=k(t)e_i(t)+n(t) \tag{3-3-2}$$

式（3-3-2）是调制信道的一般数学模型，此模型如图 3-3-2 所示。

式 (3-3-2) 中的 $k(t)$ 是一个反映信道特性的函数，一般说来，它是时间 t 的函数，即表示信道的特性是随时间变化的。随时间变化的信道也称为时变信道。$k(t)$ 又可以看作是对信号的一种干扰，称为乘性干扰或乘性噪声。因为它与信号是相乘的关系，所以当没有输入信号时，信道输出端也没有乘性干扰输出。作为一种干扰看待，$k(t)$ 会使信号产生各种失真，包括线性失真、非线性失真、时间延迟以及衰减等。这些失真都可能随时间作随机变化，所以 $k(t)$ 只能用随机过程表述。这种特性随机变化的信道就是以上定义的随参信道。另外，也有些信道的特性基本上不随时间变化，或变化极慢极小，这种信道就是以上定义的恒参信道。

只有一个输入端和一个输出端的调制信道是最基本的信道。此外，还有多输入端和多输出端的调制信道，如图 3-3-3 所示，信道有 m 个输入端和 n 个输出端。例如，会议电话系统中信道就是一种多输入端和多输出端的调制信道，在该系统中每个人都可以同时听到多个人讲话。

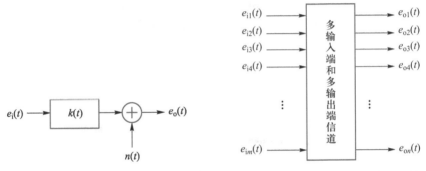

图 3-3-2　调制信道的一般数学模型　　　图 3-3-3　多输入端和多输出端的调制信道

3.3.2　编码信道模型

调制信道对信号的影响是乘性干扰 $k(t)$ 和加性干扰 $n(t)$，它们使信号的波形发生失真。编码信道的影响则不同，编码信道的输入和输出信号是数字序列。例如，在二进制信道中是 0 和 1 的序列，故编码信道对信号的影响是使传输的数字序列发生变化，即序列中的数字发生错误。所以，可以用转移概率来描述编码信道的特性。在二进制系统中，错误概率就是 0 转移为 1 的概率和 1 转移为 0 的概率。按照这种原理，可以画出一个二进制编码信道的简单模型，如图 3-3-4 所示。图中，$P(0/0)$ 和 $P(1/1)$ 是正确转移概率，$P(1/0)$ 是发送 0 而接收 1 的概率，$P(0/1)$ 是发送 1 而接收 0 的概率，后面两个概率为错误传输概率。实际编码信道转移概率的数值需要由大量的实验统计数据分析得出。在二进制系统中由于只有 0 和 1 这两种符号，所以由概率论的原理可知：

$$P(0/0) = 1 - P(1/0) \tag{3-3-3}$$

$$P(1/1) = 1 - P(0/1) \tag{3-3-4}$$

图 3-3-4 中的模型称为"简单的"二进制编码信道模型，此时假定此编码信道是无记忆信道，即前后码元发生的错误是互相独立的。也就是说，一个码元的错误和其前后码元是否发生错误无关。类似地，可以画出无记忆四进制编码信道模型，如图 3-3-5 所示。最后指出，编码信道中产生错码的原因主要是由调制信道特性不理想造成的。

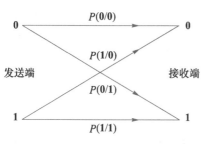

图 3-3-4　二进制编码信道模型

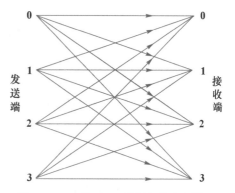

图 3-3-5　无记忆四进制编码信道模型

3.4　信道中的噪声

视频：信道
中的噪声来源

在通信系统中，信号的传输受噪声的干扰。噪声分为乘性噪声和加性噪声两大类，乘性噪声与信号本身密切相关，它可以通过合理地设计信号及系统特性等措施来消除；加性噪声则独立于信号而存在，它始终干扰着有用信号的传输。本节讨论信道中的噪声，包括白噪声、窄带噪声，以及正弦波加窄带噪声的统计特性等内容。

3.4.1　白噪声、散弹噪声和热噪声

通信系统中的加性噪声分为外部噪声和内部噪声，外部噪声主要由信道引入，包括人为噪声（如各类无线设备产生的电磁波）、工业干扰（如各类电器设备开关时产生的电脉冲）和天电噪声（如闪电、宇宙射线及太阳黑子活动产生的电磁辐射等）。内部噪声是由通信设备内部产生的干扰，它对信号的影响最为严重，是研究的重点。

内部噪声通常认为是白噪声，它是一种平稳随机过程。分析表明，理想的白噪声可以认为是由大量宽度为无穷窄的脉冲随机叠加而成的，如图 3-4-1 所示。白噪声通常被认为是均值为 0，瞬时值服从高斯分布的随机过程。由于白噪声又是加性噪声，所以常称为加性高斯白噪声（additive white Gaussian noise，AWGN），简称为高斯白噪声。

图 3-4-1　白噪声的时域特征

白噪声的一维概率密度函数为

$$f_{\mathrm{n}}(x) = \frac{1}{\sqrt{2\pi}\,\sigma_{\mathrm{n}}}\exp\left[-\frac{x^2}{2\sigma_{\mathrm{n}}^2}\right] \qquad (3-4-1)$$

式中，σ_{n}^2 为白噪声的功率。

白噪声是一个非自相关的随机过程，它包含有自零至无穷大的所有频谱分量，类似于光学中包括有全部可见光谱的白光。因此，白噪声的功率谱密度是一个常数，为

$$P(\omega) = \frac{n_0}{2} \qquad\qquad (3\text{-}4\text{-}2)$$

式中，n_0 为一常数，单位为"W/Hz"。式（3-4-2）定义的功率谱是双边功率谱的表示式，此时认为噪声功率均匀地分布在从 $-\infty \sim \infty$ 的整个频率范围内。如果写成单边功率谱的形式，则为 $P(\omega) = n_0$，此时认为噪声功率只分布在正频率范围内。

由维纳-欣钦定理可得到白噪声的自相关函数为

$$R(\tau) = \mathscr{F}^{-1}[P(\omega)] = \frac{n_0}{2}\delta(\tau) \qquad\qquad (3\text{-}4\text{-}3)$$

白噪声的自相关函数及功率谱密度如图 3-4-2（a）、（b）所示。从图中可看出，白噪声功率谱密度在整个频域内均匀分布，具有无穷的带宽。自相关函数是位于原点处的冲激函数，自相关时间为零，即除 $\tau = 0$（$\tau = 0$ 时表示同一个随机变量之间）外，白噪声随机过程内各随机变量之间都是互不相关的。

必须指出的是，真正的理想白噪声是不存在的。因为理想白噪声占据无穷宽的频带，因而具有无穷大的功率，这实际上是不可能的。通常在工程实践中遇到的噪声是带限的，带限

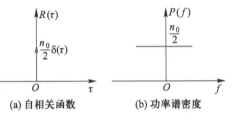

图 3-4-2　白噪声的自相关函数及功率谱密度

噪声或带内功率谱分布不均匀的噪声称为有色噪声，这类似于光学中只包括可见光部分频谱的有色光。

但是当带限噪声功率谱均匀分布的频带范围远远大于系统的工作带宽时，就可以认为该噪声具有白噪声特性。通信系统中遇到的散弹噪声和热噪声就是典型的白噪声。

散弹噪声是由通信设备中有源器件内部的载流子或电子发射的不均匀引起的一种起伏过程。散弹噪声可用图 3-4-3 来说明。图 3-4-3（a）所示的真空二极管在一定的温度下，阴极在 Δt 的时间内发射一定数目的电子，产生平均电流 I_0。但阴极在 Δt 的时间内发射的电子数目是随机的，因而产生的电流 $i(t)$ 是以 I_0 为均值上下起伏的随机过程，这种叠加在 I_0 上的起伏过程就是散弹噪声，如图 3-4-3（b）所示。由于散弹噪声是由无数个统计独立的单个电子发射后相加的结果，因此由概率论的中心极限定理可知，散弹噪声是服从高斯分布的随机过程。

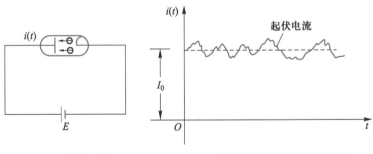

(a) 真空管中电子发射示意图　　　(b) 真空管中起伏电流变化示意图

图 3-4-3　散弹噪声

分析表明，散弹噪声的功率谱密度为 $P_i(\omega) = I_0 q$。其中，q 为电荷量。散弹噪声的功率谱密度在 $0<f<2.2×10^9$ Hz 范围内是平坦的，因而对实际的通信系统带宽来说，散弹噪声可以认为是白噪声。

热噪声也称为电阻热噪声，是由通信设备中电阻类器件（如天线）内部的电子热运动（布朗运动）引起的一种起伏过程。热噪声的产生过程可用图 3-4-4（a）来说明。图中的电阻在一定的环境温度 T（T 高于绝对零度）下，电阻内部的每个自由电子始终在作随机运动，从而在电阻内部产生一个短暂的、方向随机的电流脉冲。由于电子的数目很多，因而在电阻的两端呈现出起伏的电特性，这就是热噪声。由热噪声产生的机理可知，它是由无穷多个统计独立的电子产生的电流脉冲叠加的结果，因而热噪声也是服从高斯分布的随机过程，并且由于电流脉冲的方向是随机的，因而热噪声的均值为零。

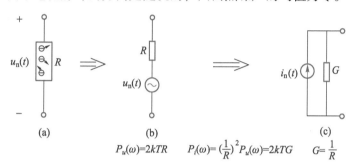

图 3-4-4 电阻热噪声的产生与等效电路

图 3-4-4（a）中的实际电阻可以用理想的无噪声电阻和噪声电压源的串联电路来等效，如图 3-4-4（b）所示，也可以用戴维南定理将图 3-4-4（b）中的电路等效为图 3-4-4（c）中噪声电流源与电导的并联形式。

理论分析与实际测量表明，电阻热噪声功率谱密度均匀分布的频率范围在 $0<f<10^{13}$ Hz 内，因此，对实际通信系统而言，热噪声可认为是白噪声。阻值为 R 的电阻产生的热噪声，其等效电压功率谱密度为

$$P_u(\omega) = 2kTR \tag{3-4-4}$$

式中，$k=1.38×10^{-23}$ J/K 为玻耳兹曼常数；T 为环境的热力学温度。等效电流功率谱密度为

$$P_i(\omega) = 2kTG \tag{3-4-5}$$

式中，$G=\dfrac{1}{R}$。

如果电路的带宽为 $B(\mathrm{Hz})$，则电压源的噪声功率为

$$N_u = \int_{-\infty}^{\infty} P_u(f)\,\mathrm{d}f = \int_{-B}^{B} 2kTR\mathrm{d}f = 4kTRB \tag{3-4-6}$$

噪声电压源的均方根电压值为

$$U_n = \sqrt{N_u} = 2\sqrt{kTRB} \tag{3-4-7}$$

同理，可以得到电流源的噪声功率为

$$N_i = \int_{-\infty}^{\infty} P_i(f)\,\mathrm{d}f = \int_{-B}^{B} 2kTG\mathrm{d}f = 4kTGB \tag{3-4-8}$$

噪声电流源的均方根电流值为

$$I_n = \sqrt{N_i} = 2\sqrt{kTGB} \qquad (3\text{-}4\text{-}9)$$

以上讨论了单个电阻产生的热噪声的分析方法。当线性网络中包含有电阻类元件时，如果要计算线性网络中任一节点电压或支路电流的热噪声，就可以应用前述随机过程通过线性网络的分析方法来进行，如图 3-4-5（a）所示。图中 a、b 点之间的电压热噪声的功率谱为

$$P_0(\omega) = P_u(\omega)\,|H(\omega)|^2 \qquad (3\text{-}4\text{-}10)$$

式中，$P_u(\omega) = 2kTR$ 为电阻 R 的电压功率谱密度；$H(\omega)$ 为图 3-4-5（b）中网络的传输函数。

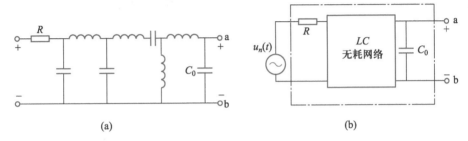

(a)　　　　　　　　　　　　　　　(b)

图 3-4-5　线性网络包含有电阻时的热噪声分析

3.4.2　窄带噪声

1. 窄带系统

在通信系统中，为了接收信号和滤除信号频谱以外的噪声干扰，常常使用带通滤波器。若带通滤波器的带宽 Δf 远小于滤波器（系统）的中心频率 f_0，即满足 $\Delta f \ll f_0$，则称这样的带通滤波器为窄带线性系统，窄带线性系统的传输函数 $H(\omega)$ 如图 3-4-6 所示。

视频：窄带噪声

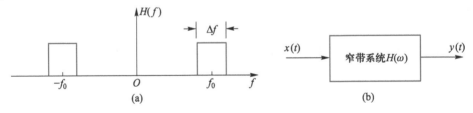

(a)　　　　　　　　　　　　　　　(b)

图 3-4-6　窄带线性系统

2. 窄带噪声

在通信系统中广泛应用着窄带线性系统，如高频放大器、中频放大器等。实际窄带线性系统的网络传输函数的波形如图 3-4-7 所示。图中，$B \ll f_0$，即窄带线性系统具有带通传输特性。

当白噪声通过窄带线性系统后，其输出噪声就具有窄带特性，称为窄带噪声。窄带噪声的功率谱密度为

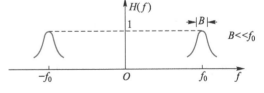

图 3-4-7　实际窄带线性系统网络传输函数的波形

$$P_{n_i}(\omega) = P(\omega)\,|H(\omega)|^2 = \frac{n_0}{2}\,|H(\omega)|^2 \qquad (3-4-11)$$

式中，$P(\omega) = \dfrac{n_0}{2}$ 为输入白噪声 $n(t)$ 的功率谱密度，$H(\omega)$ 为窄带线性系统的网络传输函数。$P_{n_i}(\omega)$ 如图 3-4-8 所示。

由维纳-欣钦定理可知，窄带噪声的自相关函数为

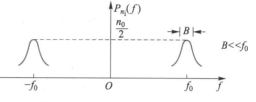

图 3-4-8　窄带噪声的功率谱密度

$$R_{n_i}(\tau) = \frac{1}{2\pi}\int_{-\infty}^{\infty} P_{n_i}(\omega)\,\mathrm{e}^{\mathrm{j}\omega\tau}\,\mathrm{d}\omega = \frac{1}{2\pi}\int_{-\infty}^{\infty}\frac{n_0}{2}\,|H(\omega)|^2\mathrm{e}^{\mathrm{j}\omega\tau}\,\mathrm{d}\omega \qquad (3-4-12)$$

当窄带线性系统具有理想的带通传输特性时，窄带噪声的功率谱密度为

$$P_{n_i}(f) = \begin{cases} \dfrac{n_0}{2} & f_0 - \dfrac{B}{2} \le |f| \le f_0 + \dfrac{B}{2} \\ 0 & \text{其他} \end{cases} \qquad (3-4-13)$$

此时，自相关函数为

$$R_{n_i}(\tau) = 2\int_{f_0-\frac{B}{2}}^{f_0+\frac{B}{2}}\frac{n_0}{2}\mathrm{e}^{\mathrm{j}2\pi f\tau}\,\mathrm{d}f = n_0 B\,\mathrm{Sa}(\pi B\tau)\cos\omega_0\tau \qquad (3-4-14)$$

$P_{n_i}(f)$ 及 $R_{n_i}(\tau)$ 对应的曲线如图 3-4-9 所示。由图看出，$R_{n_i}(\tau)$ 曲线中有许多零点，如果在这些零点上对窄带噪声进行抽样的话，那么得到的高斯随机变量是互不相关的，因而也是统计独立的。

67

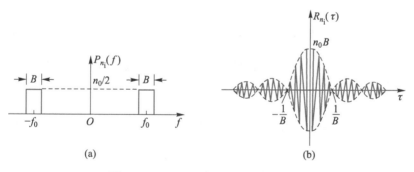

(a)　　　　　　　　　　(b)

图 3-4-9　$P_{n_i}(f)$ 及 $R_{n_i}(\tau)$ 对应的曲线

由于窄带噪声是最终影响通信系统性能的重要因素，因此有必要对窄带噪声的统计特性作进一步研究，包括窄带噪声的波形特征及窄带噪声的包络和相位的统计特性。

由于白噪声具有无穷的带宽，而窄带线性系统仅在中心频率附近允许白噪声通过，因此，白噪声通过窄带线性系统时，实际上是窄带线性系统对输入白噪声的选频过程，其结果是输出噪声中仅有中心频率 f_0 附近的频率分量，因此窄带噪声的波形具有"准正弦波"的特征，即窄带噪声的波形是一个频率近似为 f_0，包络和相位缓慢变化的正弦波，如图 3-4-10 所示。因此，可以把窄带噪声表示为

$$n_i(t) = R(t)\cos[\omega_0 t + \theta(t)] \qquad (3-4-15)$$

式中，$\omega_0 = 2\pi f_0$ 为准正弦波的角频率；$R(t)$ 和 $\theta(t)$ 分别为窄带噪声的包络和相位，它们都

是随机过程。显然，由于噪声的窄带特性，$R(t)$ 和 $\theta(t)$ 的变化一定比载波 $\cos\omega_0 t$ 的变化要缓慢得多。

窄带噪声的波形还可以写为以下形式：

$$n_i(t) = R(t)\cos\theta(t)\cos\omega_0 t - R(t)\sin\theta(t)\sin\omega_0 t$$
$$= n_c(t)\cos\omega_0 t - n_s(t)\sin\omega_0 t \qquad (3\text{-}4\text{-}16)$$

式中，$n_c(t) = R(t)\cos\theta(t)$，由于它与载波 $\cos\omega_0 t$ 同相，故称为窄带噪声的同相分量；$n_s(t) = R(t)\sin\theta(t)$，由于它与载波 $\cos\omega_0 t$ 相差 $\dfrac{\pi}{2}$，故称为窄带噪声的正交分量。$n_c(t)$ 和 $n_s(t)$ 在性质上都是具有低通特性的随机过程。

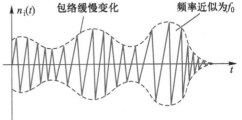

图 3-4-10 窄带噪声的波形特征

由式（3-4-15）及式（3-4-16）可以看出，窄带噪声 $n_i(t)$ 的统计特性可以由包络 $R(t)$ 和相位 $\theta(t)$ 或同相分量 $n_c(t)$ 和正交分量 $n_s(t)$ 的统计特性确定。因此，反过来说，当已知了窄带噪声 $n_i(t)$ 的统计特性后，其包络 $R(t)$ 和相位 $\theta(t)$ 或同相分量 $n_c(t)$ 和正交分量 $n_s(t)$ 的统计特性也可以确定下来。

假设通过窄带线性系统的白噪声 $n(t)$ 是均值为零的平稳高斯随机过程，那么，窄带噪声 $n_i(t)$ 也是均值为零的平稳高斯过程。下面就来确定其包络 $R(t)$ 和相位 $\theta(t)$ 以及同相分量 $n_c(t)$ 和正交分量 $n_s(t)$ 的统计特性。

由式（3-4-16）有

$$n_i(t) = n_c(t)\cos\omega_0 t - n_s(t)\sin\omega_0 t \qquad (3\text{-}4\text{-}17)$$

由于 $n_i(t)$ 是高斯随机过程，且均值为零，因此，在任意时刻，$n_i(t)$ 都是高斯随机变量。若令 $t_1 = 0$ 及 $t_2 = \dfrac{3\pi}{2\omega_0}$，则由式（3-4-17）可得，$n_i(t_1) = n_c(t_1)$ 及 $n_i(t_2) = n_s(t_2)$，即在 t_1 和 t_2 时刻，同相分量 $n_c(t)$ 和正交分量 $n_s(t)$ 都是服从高斯分布的随机变量。

若对式（3-4-17）求均值，可得

$$E[n_i(t)] = E[n_c(t)]\cos\omega_0 t - E[n_s(t)]\sin\omega_0 t \qquad (3\text{-}4\text{-}18)$$

由于 $n_i(t)$ 的均值为零且是平稳的随机过程，即对任意的时间 t，都有 $E[n_i(t)] = 0$。因此，由式（3-4-18）可得

$$\left. \begin{array}{l} E[n_c(t)] = 0 \\ E[n_s(t)] = 0 \end{array} \right\} \qquad (3\text{-}4\text{-}19)$$

式（3-4-19）说明，同相分量 $n_c(t)$ 和正交分量 $n_s(t)$ 是均值为零的随机过程。

下面再来看窄带噪声 $n_i(t)$ 的自相关函数 $R_{n_i}(t, t+\tau)$。由式（3-4-17）可得

$$\begin{aligned}
R_{n_i}(t, t+\tau) &= E\{n_i(t)n_i(t+\tau)\} \\
&= E\{[n_c(t)\cos\omega_0 t - n_s(t)\sin\omega_0 t][n_c(t+\tau)\cos\omega_0(t+\tau) \\
&\quad - n_s(t+\tau)\sin\omega_0(t+\tau)]\} \\
&= E[n_c(t)n_c(t+\tau)\cos\omega_0 t\cos\omega_0(t+\tau)] \\
&\quad - E[n_c(t)n_s(t+\tau)\cos\omega_0 t\sin\omega_0(t+\tau)] \\
&\quad - E[n_s(t)n_c(t+\tau)\sin\omega_0 t\cos\omega_0(t+\tau)] \\
&\quad + E[n_s(t)n_s(t+\tau)\sin\omega_0 t\sin\omega_0(t+\tau)]
\end{aligned}$$

$$= R_{n_c}(t,t+\tau)\cos\omega_0 t\cos\omega_0(t+\tau)$$
$$- R_{n_c n_s}(t,t+\tau)\cos\omega_0 t\sin\omega_0(t+\tau)$$
$$- R_{n_s n_c}(t,t+\tau)\sin\omega_0 t\cos\omega_0(t+\tau)$$
$$+ R_{n_s}(t,t+\tau)\sin\omega_0 t\sin\omega_0(t+\tau) \tag{3-4-20}$$

由于窄带噪声 $n_i(t)$ 是平稳随机过程，故 $R_{n_i}(t,t+\tau)=R_{n_i}(\tau)$，即 $R_{n_i}(\tau)$ 与时间起点 t 无关，而只与时间间隔 τ 有关。因此，等式（3-4-20）的右边必须满足

$$\left.\begin{array}{l} R_{n_c}(t,t+\tau)=E[n_c(t)n_c(t+\tau)]=R_{n_c}(\tau) \\[4pt] R_{n_c n_s}(t,t+\tau)=E[n_c(t)n_s(t+\tau)]=R_{n_c n_s}(\tau) \\[4pt] R_{n_s n_c}(t,t+\tau)=E[n_s(t)n_c(t+\tau)]=R_{n_s n_c}(\tau) \\[4pt] R_{n_s}(t,t+\tau)=E[n_s(t)n_s(t+\tau)]=R_{n_s}(\tau) \end{array}\right\} \tag{3-4-21}$$

式（3-4-21）说明，同相分量 $n_c(t)$ 和正交分量 $n_s(t)$ 都是平稳随机过程。由于在 $t_1=0$ 和 $t_2=\dfrac{3\pi}{2\omega_0}$ 的时刻，同相分量 $n_c(t)$ 和正交分量 $n_s(t)$ 都是服从高斯分布的随机变量，因此可以断定，同相分量 $n_c(t)$ 和正交分量 $n_s(t)$ 也是平稳的高斯随机过程。

式（3-4-20）在 $t=0$ 和 $t=\dfrac{\pi}{2\omega_0}$ 时，可以写为

$$\left.\begin{array}{l} R_{n_i}(\tau)=R_{n_c}(\tau)\cos\omega_0\tau - R_{n_c n_s}(\tau)\sin\omega_0\tau \\[4pt] R_{n_i}(\tau)=R_{n_s}(\tau)\cos\omega_0\tau + R_{n_s n_c}(\tau)\sin\omega_0\tau \end{array}\right\} \tag{3-4-22}$$

式（3-4-22）中，当 $\tau=0$ 时，有

$$R_{n_i}(0)=R_{n_c}(0)=R_{n_s}(0) \tag{3-4-23}$$

由于 $n_i(t)$、$n_c(t)$ 和 $n_s(t)$ 的均值都为零，因此，$\tau=0$ 时的自相关函数值为它们各自的方差或功率。式（3-4-23）表明，窄带噪声 $n_i(t)$ 和它的同相分量 $n_c(t)$ 及正交分量 $n_s(t)$ 具有相同的方差或功率，即

$$\sigma_{n_i}^2=\sigma_{n_c}^2=\sigma_{n_s}^2=\sigma^2 \tag{3-4-24}$$

此外，由式（3-4-22）还可以得到以下关系

$$R_{n_s}(\tau)=R_{n_c}(\tau) \tag{3-4-25}$$
$$R_{n_c n_s}(\tau)=-R_{n_s n_c}(\tau) \tag{3-4-26}$$

由互相关函数的性质，又有

$$R_{n_s n_c}(\tau)=R_{n_c n_s}(-\tau) \tag{3-4-27}$$

将式（3-4-27）代入式（3-4-26）中，可得

$$R_{n_c n_s}(\tau)=-R_{n_c n_s}(-\tau) \tag{3-4-28}$$

同理可得

$$R_{n_s n_c}(\tau)=-R_{n_s n_c}(-\tau) \tag{3-4-29}$$

由式（3-4-28）和式（3-4-29）可知，$R_{n_c n_s}(\tau)$ 和 $R_{n_s n_c}(\tau)$ 是 τ 的奇函数，因此有

$$R_{n_s n_c}(0)=R_{n_c n_s}(0)=0 \tag{3-4-30}$$

式（3-4-30）表明，$n_c(t)$ 和 $n_s(t)$ 在同一时刻是互不相关的随机过程，因而，由正态（高斯）随机过程的性质可知，它们也是统计独立的随机过程。

综上所述，窄带噪声 $n_i(t)$ 的同相分量 $n_c(t)$ 及正交分量 $n_s(t)$ 是均值为零、统计独立的平稳高斯随机过程，其方差或功率相同，且等于窄带噪声 $n_i(t)$ 的方差或功率。

由于 $n_c(t)$ 和 $n_s(t)$ 是均值为零的平稳高斯随机过程，因而它们各自的一维概率密度函数分别为

$$f_{n_c}(n_c) = \frac{1}{\sqrt{2\pi}\,\sigma_{n_c}}\exp\left(-\frac{n_c^2}{2\sigma_{n_c}^2}\right) \tag{3-4-31}$$

$$f_{n_s}(n_s) = \frac{1}{\sqrt{2\pi}\,\sigma_{n_s}}\exp\left(-\frac{n_s^2}{2\sigma_{n_s}^2}\right) \tag{3-4-32}$$

又因为 $n_c(t)$ 和 $n_s(t)$ 统计独立，因此它们的二维联合概率密度函数为

$$f_{n_c n_s}(n_c, n_s) = f_{n_c}(n_c)\cdot f_{n_s}(n_s) = \frac{1}{2\pi\sigma^2}\exp\left(-\frac{n_c^2+n_s^2}{2\sigma^2}\right) \tag{3-4-33}$$

式中，$\sigma^2 = \sigma_{n_c}^2 = \sigma_{n_s}^2$ 为窄带噪声 $n_i(t)$ 的方差。

利用概率论中的雅可比行列式，可以由 $f_{n_c n_s}(n_c, n_s)$ 导出 $R(t)$ 和 $\theta(t)$ 的二维联合概率密度函数 $f_{R\theta}(R, \theta)$ 为

$$f_{R\theta}(R,\theta) = f_{n_c n_s}(n_c, n_s)\left|\frac{\partial(n_c, n_s)}{\partial(R, \theta)}\right| \tag{3-4-34}$$

式中，$\left|\dfrac{\partial(n_c, n_s)}{\partial(R, \theta)}\right|$ 为雅可比行列式。

由于 $n_c(t) = R(t)\cos\theta(t)$，$n_s(t) = R(t)\sin\theta(t)$，所以有

$$\left|\frac{\partial(n_c, n_s)}{\partial(R, \theta)}\right| = \begin{vmatrix} \dfrac{\partial n_c}{\partial R} & \dfrac{\partial n_s}{\partial R} \\ \dfrac{\partial n_c}{\partial \theta} & \dfrac{\partial n_s}{\partial \theta} \end{vmatrix} = \begin{vmatrix} \cos\theta & \sin\theta \\ -R\sin\theta & R\cos\theta \end{vmatrix} = R$$

将上式代入式（3-4-34），得到

$$f_{R\theta}(R,\theta) = \frac{R}{2\pi\sigma^2}\exp\left[-\frac{(R\cos\theta)^2+(R\sin\theta)^2}{2\sigma^2}\right]$$

$$= \frac{R}{2\pi\sigma^2}\exp\left(-\frac{R^2}{2\sigma^2}\right) \tag{3-4-35}$$

知道了 $f_{R\theta}(R, \theta)$ 后，再利用概率论中求边际分布的方法，可以分别得到 $R(t)$ 和 $\theta(t)$ 的一维概率密度函数 $f_R(R)$ 和 $f_\theta(\theta)$，即

$$f_R(R) = \int_{-\infty}^{\infty} f_{R\theta}(R,\theta)\,\mathrm{d}\theta = \int_0^{2\pi} \frac{R}{2\pi\sigma^2}\exp\left(-\frac{R^2}{2\sigma^2}\right)\mathrm{d}\theta$$

$$= \frac{R}{\sigma^2}\exp\left(-\frac{R^2}{2\sigma^2}\right) \qquad 0 \leqslant R < \infty \tag{3-4-36}$$

式（3-4-36）表明，窄带噪声的包络 $R(t)$ 服从瑞利分布，而

$$f_{\theta}(\theta) = \int_{-\infty}^{\infty} f_{R\theta}(R,\theta)\,\mathrm{d}R$$

$$= \int_{0}^{\infty} \frac{R}{2\pi\sigma^2} \exp\left(-\frac{R^2}{2\sigma^2}\right) \mathrm{d}R \tag{3-4-37}$$

$$= \frac{1}{2\pi} \qquad 0 \leqslant \theta \leqslant 2\pi$$

式（3-4-37）表明，窄带噪声的相位 $\theta(t)$ 服从均匀分布。$f_R(R)$ 和 $f_{\theta}(\theta)$ 的分布特性如图 3-4-11 所示。

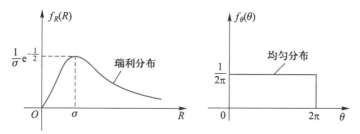

图 3-4-11　$f_R(R)$ 和 $f_{\theta}(\theta)$ 的分布特性

此外，由于 $f_{R\theta}(R,\theta)=f_R(R)\cdot f_{\theta}(\theta)$，因此 $R(t)$ 和 $\theta(t)$ 还是统计独立的（一维分布时）。

由式（3-4-36）可知，服从瑞利分布的窄带噪声的包络 $R(t)$ 有以下特点：

（1）当 $R=\sigma$ 时，$f_R(R)$ 出现最大值 $\dfrac{1}{\sigma}\exp\left(-\dfrac{1}{2}\right)$，即包络取 σ 的可能性最大。

（2）包络的期望值为 $E[R(t)] = \sqrt{\dfrac{\pi}{2}}\,\sigma$。

（3）包络的中位值为 $R_1 = 1.177\sigma$。所谓中位值是指累积分布概率为 50% 时的包络值，即满足下式的包络值：

$$\int_{0}^{R_1} f_R(R)\,\mathrm{d}R = \int_{R_1}^{\infty} f_R(R)\,\mathrm{d}R = \int_{0}^{R_1} \frac{R}{\sigma^2} \exp\left(-\frac{R^2}{2\sigma^2}\right) \mathrm{d}R = 0.5$$

由上式可得：$R_1 = 1.177\sigma$。

（4）包络的均方值为 $E[R^2(t)] = 2\sigma^2$。

（5）包络的方差为 $D[R(t)] = E\{[R-E(R)]^2\} = \left(2-\dfrac{\pi}{2}\right)\sigma^2$。

由以上分析可知，对窄带噪声的包络 $R(t)$ 来说，窄带噪声的方差 σ^2 是一个关键的参数。由于方差是窄带噪声的功率，因此当已知窄带系统的网络传输函数时，噪声的方差 σ^2 就可以得到。

以上分析出了窄带噪声的包络及相位的统计特性。

在实际的通信系统中，还可以用类似的分析方法来研究随机信道的特性及信号通过随机信道的传输问题。这些随机信道的例子包括：对流层散射信道、电离层反射信道及移动多径信道等。

这类随机信道可以用图 3-4-12 所示的模型来描述。图中，单个波束的发射信号经随机媒质的散射后变成了多个密集的波束。

设发射信号是等幅的正弦波，为

$$s_i(t) = A\cos\omega_0 t \qquad (3-4-38)$$

信号经随机媒质散射后，接收端得到的信号 $s_0(t)$ 为多个幅度和相位都是随机变化的正弦信号之和，即

$$
\begin{aligned}
s_0(t) &= \sum_{i=1}^{N} a_i(t)\cos\left[\omega_0 t + \theta_i(t)\right] \\
&= \sum_{i=1}^{N} a_i(t)\cos\theta_i(t)\cos\omega_0 t - \sum_{i=1}^{N} a_i(t)\sin\theta_i(t)\sin\omega_0 t \\
&= X(t)\cos\omega_0 t - Y(t)\sin\omega_0 t \qquad (3-4-39)
\end{aligned}
$$

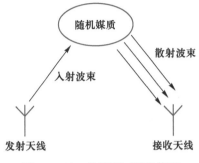

图 3-4-12　信号通过随机信道

式中，$X(t) = \sum_{i=1}^{N} a_i(t)\cos\theta_i(t)$，$Y(t) = \sum_{i=1}^{N} a_i(t)\sin\theta_i(t)$。当 N 很大时，它们是服从高斯分布的随机过程。

式（3-4-39）还可以写为

$$s_0(t) = R(t)\cos\left[\omega_0 t + \varphi(t)\right] \qquad (3-4-40)$$

式中，$R(t) = \left[X^2(t) + Y^2(t)\right]^{\frac{1}{2}}$，$\varphi(t) = \arctan\dfrac{Y(t)}{X(t)}$，分别为接收信号的包络和相位。

实践表明，$R(t)$ 和 $\varphi(t)$ 与正弦信号 $A\cos\omega_0 t$ 相比，变化要缓慢得多，因此，$s_0(t)$ 可视为一个窄带随机过程，并且 $R(t)$ 和 $\varphi(t)$ 分别为服从瑞利分布和均匀分布的随机过程。

由以上分析可知，等幅的正弦信号 $s_i(t)$ 经随机媒质传输后，接收端得到的信号 $s_0(t)$ 变成了包络和相位缓慢变化的窄带随机过程，这样的信号，通常称为衰落信号，这种随机媒质称为瑞利信道。

3.4.3　正弦波加窄带噪声的统计特性

在实际的通信系统中，加性高斯白噪声通常是和有用信号一起通过窄带线性网络的，因此在窄带线性系统的输出端得到的是有用信号和窄带高斯噪声的叠加。下面以有用信号是正弦波为例，讨论有用信号和窄带噪声叠加后合成信号的统计特性。

这种情况下，合成信号的形式为

$$
\begin{aligned}
s(t) &= A\cos(\omega_0 t + \theta_0) + n_i(t) \\
&= A\cos(\omega_0 t + \theta_0) + \left[n_c(t)\cos\omega_0 t - n_s(t)\sin\omega_0 t\right]
\end{aligned} \qquad (3-4-41)
$$

式中，A、ω_0 及 θ_0 分别为正弦波的振幅、角频率及初始相位，$n_i(t)$ 为窄带噪声。

为表达简洁起见，可选择正弦波的初始相位 $\theta_0 = 0$，这时式（3-4-41）可以写为

$$s(t) = \left[A + n_c(t)\right]\cos\omega_0 t - n_s(t)\sin\omega_0 t \qquad (3-4-42)$$

令

$$z_c(t) = A + n_c(t)，\quad z_s(t) = n_s(t)$$

则式（3-4-42）为

$$s(t) = z_c(t)\cos\omega_0 t - z_s(t)\sin\omega_0 t = Q(t)\cos\left[\omega_0 t + \varphi(t)\right] \qquad (3-4-43)$$

式中，$Q(t) = \sqrt{z_c^2(t) + z_s^2(t)}$，$\varphi(t) = \arctan\dfrac{z_s(t)}{z_c(t)}$ 分别为合成信号的包络和相位。

由 3.4.2 节的结果可以看出，$z_c(t)$ 和 $z_s(t)$ 是统计独立的平稳高斯随机过程，且有 $E[z_c(t)]=A$，$E[z_s(t)]=0$，$D[z_c(t)]=D[z_s(t)]=D[n_i(t)]=\sigma^2$。因此，$z_c(t)$ 和 $z_s(t)$ 的二维联合概率密度函数为

$$
\begin{aligned}
f_{z_c z_s}(z_c, z_s) &= \frac{1}{2\pi\sigma^2}\exp\left[-\frac{(z_c-A)^2+z_s^2}{2\sigma^2}\right] \\
&= \frac{1}{2\pi\sigma^2}\exp\left[-\frac{z_c^2-2Az_c+A^2+z_s^2}{2\sigma^2}\right]
\end{aligned}
\tag{3-4-44}
$$

利用和 3.4.2 节相同的分析方法，可以得到包络 $Q(t)$ 和相位 $\varphi(t)$ 的二维联合概率密度函数为

$$
f_{Q\varphi}(Q, \varphi) = \frac{Q}{2\pi\sigma^2}\exp\left[-\frac{Q^2-2AQ\cos\varphi+A^2}{2\sigma^2}\right]
\tag{3-4-45}
$$

式（3-4-45）对相位 $\varphi(t)$ 求边际积分，可得到包络 $Q(t)$ 的概率密度函数为

$$
\begin{aligned}
f_Q(Q) &= \int_0^{2\pi} f_{Q\varphi}(Q, \varphi)\,\mathrm{d}\varphi \\
&= \int_0^{2\pi} \frac{Q}{2\pi\sigma^2}\exp\left[-\frac{Q^2-2AQ\cos\varphi+A^2}{2\sigma^2}\right]\mathrm{d}\varphi \\
&= \frac{Q}{2\pi\sigma^2}\exp\left[-\frac{Q^2+A^2}{2\sigma^2}\right]\int_0^{2\pi}\exp\left(\frac{AQ\cos\varphi}{\sigma^2}\right)\mathrm{d}\varphi
\end{aligned}
\tag{3-4-46}
$$

应用第一类零阶修正贝塞尔（Bessel）函数

$$
I_0(x) = \frac{1}{2\pi}\int_0^{2\pi}\exp(x\cos\theta)\,\mathrm{d}\theta
$$

式（3-4-46）可写为

$$
f_Q(Q) = \frac{Q}{\sigma^2}\exp\left[-\frac{Q^2+A^2}{2\sigma^2}\right]I_0\left(\frac{AQ}{\sigma^2}\right) \quad Q \geqslant 0
\tag{3-4-47}
$$

式（3-4-47）表明，合成信号的包络服从广义瑞利分布，也称为莱斯（Rician）分布。式（3-4-47）中，如果 $A=0$，由于 $I_0(0)=1$，则式（3-4-47）就变为式（3-4-36），即包络服从瑞利分布，这就是 3.4.2 节讨论的结果。

对第一类零阶修正贝塞尔函数 $I_0(x)$ 来说，当 $x \gg 1$ 时，$I_0(x) \approx \dfrac{e^x}{\sqrt{2\pi x}}$，因此，如果 A 值很大，满足 $\dfrac{AQ}{\sigma^2} \gg 1$ 时，式（3-4-47）近似变为

$$
f_Q(Q) = \frac{1}{\sqrt{2\pi}\,\sigma}\sqrt{\frac{Q}{A}}\exp\left[-\frac{(Q-A)^2}{2\sigma^2}\right]
\tag{3-4-48}
$$

若将 $Q \approx A$ 代入式（3-4-48），则有

$$
f_Q(Q) = \frac{1}{\sqrt{2\pi}\,\sigma}\exp\left[-\frac{(Q-A)^2}{2\sigma^2}\right]
\tag{3-4-49}
$$

式（3-4-49）表明，这时包络 $Q(t)$ 服从均值为 A、方差为 σ^2 的正态分布。

由此可见，信号加噪声后的合成信号的包络分布与信道中的信噪比有关，当信噪比很

小（A 值很小，噪声起主要作用）时，合成信号的包络近似服从瑞利分布；当信噪比很大（A 值很大，信号起主要作用）时，合成信号的包络近似服从正态分布。当信噪比不大不小时，包络服从广义瑞利分布。

图 3-4-13（a）中画出了以 $\dfrac{A^2}{2\sigma^2}$（广义信噪比）为参变量的 $f_Q(Q) \sim Q/\sigma$ 曲线，由图可看出：$A=0$，即无信号时，包络 $Q(t)$ 服从瑞利分布；A 取较大值，即信噪比较大时，包络 $Q(t)$ 服从以 A 为均值的高斯分布；A 值不大时，包络 $Q(t)$ 服从广义瑞利分布。

合成信号相位 $\varphi(t)$ 的概率密度函数 $f_\varphi(\varphi)$ 是 $f_{Q\varphi}(Q,\varphi)$ 对包络 $Q(t)$ 求边际积分的结果，不过这个积分非常复杂，这里就不再讨论了。图 3-4-13（b）中画出了以 $\dfrac{A^2}{2\sigma^2}$ 为参变量的 $f_\varphi(\varphi) \sim \varphi$ 曲线。由图可见，随机相位 $\varphi(t)$ 的分布也与信道中的信噪比有关，当信噪比很小（A 值很小，噪声起主要作用）时，随机相位 $\varphi(t)$ 接近均匀分布；当信噪比很大（A 值很大，信号起主要作用）时，随机相位主要集中在信号的相位附近（这里信号的相位为零）。

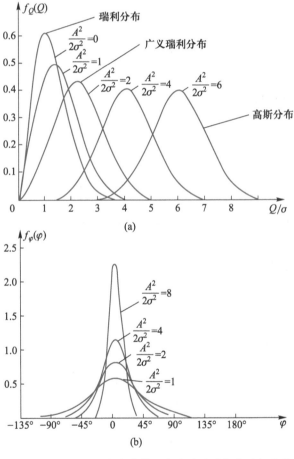

图 3-4-13　正弦波加高斯窄带噪声合成波形包络及相位分布

3.5 香农信道容量

信源的信息通过信道传递到接收端。在给定的信道条件下，信道传递信息的能力有多大呢？为了说明这个问题，信息论中定义了信道容量的概念。信道容量是指信道所能传输的最大信息速率，即

$$C = \max R \tag{3-5-1}$$

式中，C 为信道容量，R 为信息传输速率。

在离散信道中，信源发出的离散消息（符号）通过信道传送到接收端。信道中的信息传输速率与信源的平均信息量、符号发送的速率以及信道中的干扰有关。由于信道中存在干扰，传递的信息会丢失，接收到的信息量会减少。

在无干扰信道中，信道会无丢失地传递信源所发出的所有信息。此时，信道的信息传输速率为

$$R = rH(x) \tag{3-5-2}$$

式中，$H(x)$ 为信源的平均信息量，r 为信源每秒发送的符号个数。

若信道中存在干扰，即有扰信道，则接收端收到的每个符号的平均信息量应是信源的平均信息量，减去信道传送中所丢失的信息量，即

$$H_R(x) = H(x) - H(x/y) \tag{3-5-3}$$

式中，$H_R(x)$ 为接收到一个符号的平均信息量；

  $H(x)$ 为信源发送每个符号的平均信息量；

  $H(x/y)$ 为发送一个符号时，在有干扰信道中丢失的平均信息量。

若信道传送符号的速率为 r（符号数/秒），则有扰信道中的信息传输速率为

$$R = r[H(x) - H(x/y)] \tag{3-5-4}$$

式中，$H(x/y)$ 与信道的统计特性有关。

根据信道容量的定义，离散信道的信道容量应为

$$C = \max R = \max\{r[H(x) - H(x/y)]\} \tag{3-5-5}$$

对于连续信道来说，假设信道中存在加性高斯白噪声，噪声功率为 N（W），信道的带宽为 B（Hz），信号的平均功率为 S（W），则信道容量为

$$C = B\log_2(1 + S/N) \tag{3-5-6}$$

上式就是著名的香农（Shannon）公式。

这里不严格证明香农公式，仅从工程的角度说明公式的正确性。在有扰连续信道中，每传送一个符号，需要一定幅度的脉冲。如果传送 M 种符号，则需用 M 种不同幅值的脉冲。若符号出现是等概的，则传送每种幅度的脉冲代表着传送了 $\log_2 M$ bit 的信息量。为了提高传送脉冲的信息量，希望增加 M。但在传输信号功率受限的情况下，M 的增大会使各脉冲取值之间的量化分层间隔减小。当脉冲之间的间隔小到一定程度时，由于信道中噪声的干扰，接收端将难以分辨发送的到底是哪一种幅度的脉冲，从而无法获得信息。若信道中白噪声的功率为 N，则噪声的均方根电压值为 $\sqrt{N}$（设负载为 $1\ \Omega$）。为使脉冲的幅度分层数（或量化取值数）最多且能使接收端可分辨，脉冲取值的最小间隔应大于或等于噪声的均方根电压值 $\sqrt{N}$。若信号的平均功率为 S，则接收端的总功率为 $S+N$，这时接收端信号

的最大分层数为

$$M=\sqrt{S+N}\Big/\sqrt{N}=\left(1+S/N\right)^{\frac{1}{2}} \tag{3-5-7}$$

设每种幅值出现的概率相等，则每种幅值的出现带来的信息量为

$$H(x)=\log_2 M=\log_2 \left(1+S/N\right)^{\frac{1}{2}} \tag{3-5-8}$$

当信道带宽为 B 时，可以证明，信道中每秒最多可传送 $2B$ 个脉冲，即脉冲传输的最高速率 $r_{max}=2B$。根据式（3-5-1）及（3-5-2），连续信道的信道容量为

$$C=2B\log_2 \left(1+S/N\right)^{\frac{1}{2}}=B\log_2\left(1+S/N\right) \tag{3-5-9}$$

式中，S/N 为信噪比，$N=n_0 B$，n_0 为噪声的单边功率谱密度。

由式（3-5-9）看到，信道容量取决于 3 个要素，即带宽 B、信号功率 S 及噪声的功率谱密度 n_0。

由式（3-5-9）可见，当增加信道带宽 B、增加信号功率 S 或减小噪声功率 N 时，可使信道容量增大。但 S 不可能无限增加，在有扰信道中，由于噪声的功率谱密度 n_0 不等于 0，因此可适当调节带宽来增加信道容量。但是，应当注意，随着带宽 B 的增加，噪声功率 $N=n_0 B$ 也增加，从而使信道的容量减小。可以证明，带宽增大时，信道容量趋近于某一极限值。由式（3-5-9），有

$$
\begin{aligned}
\lim_{B\to\infty}C &=\lim_{B\to\infty}B\cdot\frac{n_0}{S}\cdot\frac{S}{n_0}\cdot\log_2\left(1+\frac{S}{n_0 B}\right)\\
&=\lim_{B\to\infty}\frac{n_0 B}{S}\cdot\log_2\left(1+\frac{S}{n_0 B}\right)\cdot\frac{S}{n_0}
\end{aligned} \tag{3-5-10}
$$

利用公式

$$\lim_{x\to\infty}x\log_2\left(1+\frac{1}{x}\right)=\log_2 e=1.44$$

则式（3-5-10）变为

$$\lim_{B\to\infty}C=\lim_{B\to\infty}\frac{S}{n_0}\log_2 e=1.44\frac{S}{n_0} \tag{3-5-11}$$

上式表明，当 S/n_0 一定时，信道带宽虽取无限大值，但信道容量仍是有限的。这是因为 $B\to\infty$ 时，$N=n_0 B$ 也趋于无穷大。

香农公式在通信原理中是一个极其有用的公式，它把通信系统追求的两大重要指标：有效性和可靠性结合了起来，使之既可以互相制约，又可以互相转换。香农公式虽然没有给出系统的具体实现方法，但它却在理论上阐明了这种互相转换关系的极限形式，给人们指出了努力的方向。香农公式对通信系统的设计和新的通信技术的出现有着重要的理论指导意义。

例 3.1　设一幅彩色图片由 3×10^6 个像素组成，每个像素有 16 个亮度等级，并假设每个亮度等级等概率出现。现将该幅彩色图片在信噪比为 30 dB 的信道中传输，要求 3 min 传完，试计算所需的信道带宽。

解：由于每个像素等概率出现 16 个亮度等级，故每个像素包含的信息量为 $\log_2 16$ bit = 4 bit。

一幅彩色图片包含的总信息量为

$$I = 3 \times 10^6 \times \log_2 16 \; \text{bit} = 1.2 \times 10^7 \; \text{bit}$$

要求 3 min 传完该图片，故信道的信息传输速率为

$$R = \frac{1.2 \times 10^7}{3 \times 60} \; \text{bit/s} \approx 6.67 \times 10^4 \; \text{bit/s}$$

因为信息传输速率 R 必须小于或等于信道容量 C，取 $C = R = 6.67 \times 10^4$ bit/s。又知信道中的信噪比为 30 dB，即 $S/N = 1\,000$，所以由式（3-5-9），得到所需的信道带宽为

$$B = \frac{C}{\log_2(1 + S/N)} = \frac{6.67 \times 10^4}{\log_2(1 + 1\,000)} \; \text{Hz} \approx 6.67 \times 10^3 \; \text{Hz}$$

习　题

3-1　设某恒参信道的等效模型如图 E3-1 所示，试分析信号通过此信道传输时会产生哪些失真。

3-2　设理想信道的传输函数为

$$H(\omega) = K_0 e^{-j\omega t_d}$$

式中，K_0 和 t_d 都是常数。试分析信号 $s(t)$ 通过该理想信道后的输出信号的时域和频域表示式，并对结果进行讨论。

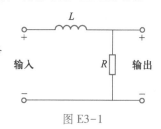

图 E3-1

3-3　某恒参信道的传输函数具有升余弦特性，即

$$H(\omega) = \begin{cases} \dfrac{T_s}{2}\left(1 + \cos\dfrac{\omega T_s}{2}\right) e^{-j\frac{\omega T_s}{2}} & |\omega| \leqslant \dfrac{2\pi}{T_s} \\[3mm] 0 & |\omega| > \dfrac{2\pi}{T_s} \end{cases}$$

式中，T_s 为常数。试求信号 $s(t)$ 通过该信道后的输出表示式，并对结果进行讨论。

3-4　调制信道的模型为图 E3-2 所示的二端口网络。试求该网络的传输函数及信号 $s(t)$ 通过该信道后的输出信号表达式，并分析输出信号产生了哪些类型的失真。

3-5　某发射机的发射功率为 50 W，载波频率为 900 MHz，发射天线和接收天线都是单位增益。试求在自由空间中，距离发射机 10 km 处的接收天线的接收功率和路径损耗。

3-6　某发射机的发射功率为 10 W，载波频率为 900 MHz，发射天线增益 $G_T = 2$，接收天线增益 $G_R = 3$。试求在自由空间中，距离发射机 10 km 处的接收机的输入功率和路径损耗。

图 E3-2

3-7　移动通信中，发射机载频为 900 MHz，一辆汽车以 80 km/h 的速度运动，试计算在下列情况下，车载接收机的载波频率：

① 汽车沿直线朝向发射机运动；

② 汽车沿直线背向发射机运动；

③ 汽车运动方向与入射波方向成 90°。

3-8　试求瑞利衰落包络值的一维概率密度函数 $f(v) = \dfrac{v}{\sigma_v} \exp\left(-\dfrac{v^2}{2\sigma_v^2}\right)$ 的最大值。

3-9　假设某随参信道有两条路径，路径时差为 $\tau = 1$ ms。试问：该信道在哪些频率上传输衰减最大？

哪些频率范围内的传输信号最有利?

3-10 在移动信道中,市区的最大时延差为 5 μs,室内的最大时延差为 0.04 μs。试计算这两种情况下的相关带宽。

3-11 设某随参信道的最大多径时延差为 2 μs,为了避免发生选择性衰落,试估算在该信道上传输的数字信号的码元脉冲宽度。

3-12 如图 E3-3 中所示的真空二极管,运用于温度为 27℃ 的电路系统环境中,$I_0 = 5$ mA,$R_L = 10$ kΩ,设系统的工作带宽为 10 kHz。试求:

① 由二极管引起的在 R_L 上的均方根噪声电压值;

② 由电阻性负载引起的在 R_L 上的均方根噪声电压值;

③ 由二极管及电阻性负载共同引起的在 R_L 上的总的均方根噪声电压值。

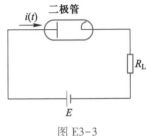

图 E3-3

3-13 由一电阻源产生的有效噪声功率为 $P = kT$,其中,$k = 1.38 \times 10^{-23}$ J/K 是玻耳兹曼常数,T 为热力学温度。请计算在室温时($T = 290$ K),由电阻产生的有效功率谱密度(每赫兹的功率)。

3-14 测得某线性系统输出噪声的均方根电压值为 2 mV,噪声为高斯型起伏噪声,试求噪声电压在 $-4 \sim +4$ mV 之间变化的概率。

3-15 窄带高斯噪声 $n_i(t) = n_c(t)\cos\omega_0 t - n_s(t)\sin\omega_0 t$。已知其功率谱密度函数为 $P(f)$,试证明:$n_i(t)$ 的同相分量 $n_c(t)$ 与正交分量 $n_s(t)$ 的自相关函数相等,且为

$$R_{n_c}(\tau) = R_{n_s}(\tau) = 2\int_0^\infty P(f)\cos\left[2\pi(f - f_0)\tau\right]\mathrm{d}f$$

并思考从上式中得到什么结论?

3-16 设有一频带受限的高斯白噪声 $n(t)$,其功率谱密度为 $P_n(f) = 10^{-6}$ V²/Hz,频率范围为 $-100 \sim +100$ kHz。

① 试证明:该噪声的均方根电压值约为 0.45 V;

② 试求该噪声的自相关函数 $R_n(\tau)$。当 τ 取何值时,$n(t)$ 与 $n(t+\tau)$ 是不相关的?

③ 在任一时刻,$n(t)$ 超过 0.45 V 和 0.9 V 的概率各为多少?

④ 写出 $n(t)$ 的二维概率密度函数 $f(n_1, n_2)$,并与以下两种情况下的一维密度函数 $f(n_1)$ 和 $f(n_2)$ 相比较:(a) $\tau = 2.5$ μs;(b) $\tau = 5$ μs。

3-17 如图 E3-4 所示,余弦波和窄带高斯噪声 $n_i(t)$ 混合加到同步检波器上。设窄带高斯噪声的数学期望为零,方差为 1。

① 写出检波器输出 $\eta(t)$ 的表示式;

② 求 $\eta(t)$ 的一维概率密度函数;

③ 求 $\eta(t)$ 小于 $\frac{1}{2}$ V 的概率;

④ 求 $\eta(t)$ 小于 0 V 的概率。

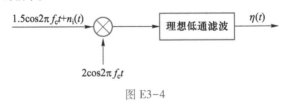

图 E3-4

3-18 设理想低通滤波器的输入是功率谱密度为 $P_n(f) = \dfrac{n_0}{2}$ W/Hz 的白噪声,理想低通滤波器的带

宽为 B，传输函数的幅度为 A，试求：

① 低通滤波器输出噪声的自相关函数 $R_{n_0}(\tau)$；

② 输出噪声的平均功率，并将结果与 $R_{n_0}(0)$ 相比较。

3-19 功率谱密度为 $\dfrac{n_0}{2}$、均值为零的高斯白噪声，通过一个中心频率为 f_0、带宽为 $2B$ 的理想带通滤波器，求输出自相关函数。

3-20 设噪声 $n(t)$ 的功率谱 $P_n(f)$ 如图 E3-5 所示。

① 试求 $n(t)$ 的自相关函数，并画出波形；

② 试求 $n(t)$ 的均方值（功率）；

③ 若把 $n(t)$ 写成窄带噪声形式 $n(t)=x(t)\cos\omega_0 t-y(t)\cdot\sin\omega_0 t$，试分别求出 $P_x(f)$、$P_y(f)$、$E[x^2]$ 和 $E[y^2]$。

3-21 某计算机网络通过同轴电缆相互连接，已知同轴电缆每个信道带宽 8 MHz，信道输出信噪比为 30 dB，问：计算机无误码传输的最高信息速率为多少？

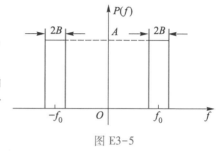

图 E3-5

3-22 已知有线电话信道带宽 3.4 kHz：

① 试求信道输出信噪比为 30 dB 时的信道容量；

② 若要在该信道中传输 33.6 kbit/s 的数据，试求接收端要求的最小信噪比。

3-23 某已知每张静止图片含有 6×10^5 个像素，每个像素具有 16 个亮度电平，且所有这些亮度电平等概出现。若要求每秒钟传输 24 幅静止图片，试计算所要求信道的最小带宽（设信道输出信噪比为 30 dB）。

3-24 由信道容量公式 $C=B\log_2(1+S/N)$，讨论 C 与 B 和 S/N 之间的关系，并证明：当 $B\to\infty$，且信息传输速率达到信道容量极限，即 $R=C$ 时，码元能量与噪声功率谱密度之比为 $\dfrac{E_b}{n_0}\approx-1.6$ dB 是极限最小信噪比。

3-25 一个平均功率受限制的理想信道，带宽为 1 MHz，受高斯白噪声干扰，信噪比为 10（倍），试求：

① 信道容量；

② 若信噪比降为 5（倍），在信道容量相同时的信道带宽；

③ 若带宽降到 0.5 MHz，保持同样信道容量时的信噪比。

3-26 具有 1 MHz 带宽的高斯信道，若信号功率与噪声的功率谱密度之比为 $\dfrac{S}{n_0}=10^6$ Hz，试计算信道容量。

3-27 计算机终端通过电话信道传输数据，设该终端输出 128 个符号，各符号相互独立且等概出现。已知电话信道带宽为 3.4 kHz，信道输出信噪比为 20 dB。试求：

① 信道容量；

② 无误传输的最高符号速率。

3-28 某通信系统的接收机收到的信号功率为 -134 dBm，接到的噪声功率谱密度为 -164 dBm/Hz，系统带宽为 2 000 Hz，试求系统无错误信息传送的最大速率。

3-29 设一幅黑白数字相片有 400 万个像素，每个像素有 16 个亮度等级。若用 3 kHz 带宽的信道传输它，且信号噪声功率比等于 20 dB，试问需要传输多长时间？

第 4 章

信号设计导论

4.1 信号及信号设计

信号设计是一门新兴学科，它在许多领域，如雷达、通信、测量及系统识别等方面得到广泛的应用。20 世纪 60 年代以后，随着卫星通信、远程宇宙通信的出现，信号设计理论得到了新的发展。

信号设计的出发点是使信号单元能够有效地从随机（白）噪声的干扰中被检测出来或从信号单元的集合中被分辨出来。在信号设计中，信号单元是个重要的概念。信号单元是指代表某个发送状态，并持续一定时间的一段完整信号。信号按其取值特征的不同，可以分为两类：一类为模拟信号，也称为连续信号或波形信号，波形信号物理量的变化（如电压或电流）是连续时间的函数；另一类为数字信号，也称为序列信号，序列信号是按一定的顺序排列的一串符号（或状态），序列信号的取值状态数是有限的，如二进制序列信号的取值状态只有两种。

信号设计中，发送信号的状态通常用某个信号单元来表示，该信号单元可以是波形信号单元，也可以是序列信号单元。

信号设计仅在传输有限个状态的系统中才有意义，即在已知有限个发送状态的信号特征，采用匹配滤波-相关接收的前提下，合理地选择信号单元以使信号在最大信噪比的条件下被检测出来。

4.1.1 信号设计的基本概念

通信的目的就是要迅速、可靠、准确及有效地传送信息，这要求人们合理地设计整个通信系统。在整个通信系统中，除了要对通信线路（即硬件）进行合理的设计之外，合理地设计信息的载体——信号也是十分重要的。

当通信系统中传输的是波形信号时，人们关心的是波形信号的本身，在噪声的影响下，信号在传输过程中总要产生失真，这时希望接收端收到的信号的失真越小越好，通常用输出信噪比来衡量系统的性能。

当通信系统中传输的是序列信号时，人们关心的是序列信号的状态，在接收端只要能正确判决发送的是哪种状态即可，而并不关心在噪声的干扰下信号波形变成了什么样子，通常用输出误码率来衡量系统的性能。但误码率的大小与信号在接收端输出的信噪比有关，信噪比越大，误码率越小。为此，希望信号在接收端能输出足够大的信噪比，以使信号可靠地被检测出来。

本章将证明，当信道中存在白噪声干扰时，在接收端采用匹配滤波-相关接收的方法能获得最大输出信噪比。这个最大信噪比正比于信号单元的能量与噪声功率谱密度之比 $(2E/n_0)$。由此可见，只要信号单元的能量足够大就可以使信号可靠地被检测出来。

然而，在一个功率受限的发送系统中，要增加发送信号单元的能量，只能通过增加信号的持续时间 T 才能实现。例如，在雷达系统中，当发送一个矩形脉冲波时，要使脉冲能量 (A^2T) 增大，只能增加脉冲宽度 T。但由于脉冲宽度增加，在接收端会造成信号在时间轴上直观分辨率的下降，出现"模糊"现象，从而使接收端难以分辨出回波脉冲的起点位置，如图 4-1-1（a）所示。为了提高时间分辨率，必须使发送脉冲变窄，如图 4-1-1（b）所示，但这样信号单元的能量又会变小，使信号不易检出。

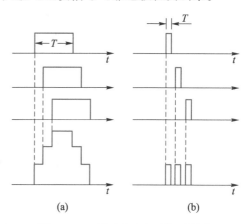

图 4-1-1 脉冲宽度与时间分辨率

由上面的例子可以看出，对于简单的信号单元，增大信噪比和提高时间分辨率的要求是矛盾的。为此，必须设计一个合理的信号单元来解决这个矛盾。寻找和设计这种合理的信号单元的问题就是信号设计问题。

另外，必须考虑到，在有些系统中，发送状态不止两个，而是两个以上。例如，要发送信号告知对方天气的晴、阴、雨三种状态，这时就要求有三个不同的信号单元来代表。在接收端要分辨清楚发送的是哪个信号单元，不仅要求有足够大的信噪比，而且应使信号单元的自相关函数与信号单元之间的互相关函数有明显的区别，以保证在给定的信号集合中实现最佳检测。这就要求信号单元之间有良好的可分辨性，即要求信号单元的自相关量要大而互相关量尽量小。如果有 M 个发送状态，可以证明信号单元之间的互相关系数 $\rho_{ij}(\tau)$ 最小的极限值可达到 $-1/(M-1)$。这类信号单元集合中各成员之间的互可分辨性超过正交函数系，故称为超正交编码信号集合。

4.1.2 信号设计的基本原则

信号设计时对代表发送状态的信号单元有什么具体的要求呢？下面将讨论这个问题。

由 4.2 节的分析将会看到，采用匹配滤波-相关接收方式时输出的信号，是所发送的匹配信号的自相关函数。因此，为了使输出波形时间分辨率提高，应要求信号单元自相关函数尖锐，具有脉冲压缩性能。但这种脉冲压缩性能并不是所有的信号单元都具备的，只有某些信号单元经匹配滤波的加工处理后才能使输出波形尖锐，主瓣持续时间变短，即具有脉冲压缩性能。用这样一类信号单元，就可以解决雷达系统中信号单元能量与分辨率之间的矛盾，即可以通过增大信号单元的持续时间 T 来增加信号能量，从而提高输出信噪比，而又可以利用信号单元的脉冲压缩特性来提高检测的时间分辨率。这就是信号设计时的重要思想基础。

通过以上分析可以总结出，在信道干扰为随机（白）噪声而接收端采用匹配滤波-相关接收的前提下，信号设计的原则应为：

（1）输出端信号在判决时刻具有最大信噪比。

（2）信号单元具有尖锐的自相关函数——即具有脉冲压缩性能。

（3）信号单元之间的互相关量很小，且与自相关量有明显差别，即信号单元之间具有良好的可分辨性。

满足以上要求的信号，在信号设计中称为优选信号。本章中将主要介绍鸟声信号、巴克码及 m 序列等三种优选信号单元。

4.2 匹配滤波器

匹配滤波器是在已知发送信号 $x(t)$ 的情况下，设计的一种线性滤波器。该线性滤波器的传输函数与发送信号的频谱相匹配，在加性高斯白噪声的干扰条件下，滤波器的输出信号在某一时刻具有最大信噪比。这一性能在线性处理中达到了极限，是所有线性滤波器不可逾越的，所以匹配滤波器又称为最佳线性滤波器。匹配滤波器最早是在 1943 年由诺思（D. O. North）提出的。目前，匹配滤波器广泛应用于雷达系统及数字通信系统中，是极其重要的一类线性滤波器。

4.2.1 匹配滤波器的传输函数

下面从最大输出信噪比的要求出发，导出匹配滤波器的网络传输函数 $H_{\mathrm{M}}(\omega)$。设发送信号为 $x(t)$，它的频谱密度函数为 $X(\omega)$，即

$$X(\omega) = \int_{-\infty}^{\infty} x(t) \mathrm{e}^{-\mathrm{j}\omega t} \mathrm{d}t \qquad (4\text{-}2\text{-}1)$$

当信号 $x(t)$ 通过滤波器 $H(\omega)$ 时，输出 $y(t)$ 为

$$y(t) = \frac{1}{2\pi} \int_{-\infty}^{\infty} X(\omega) H(\omega) \mathrm{e}^{\mathrm{j}\omega t} \mathrm{d}\omega \qquad (4\text{-}2\text{-}2)$$

式中，$H(\omega)$ 是要寻找的接收滤波器的传输特性。设式（4-2-2）中的信号 $y(t)$ 在 $t = t_0$ 时刻的瞬时值为 $y(t_0)$，则有

$$y(t_0) = \frac{1}{2\pi} \int_{-\infty}^{\infty} X(\omega) H(\omega) \mathrm{e}^{\mathrm{j}\omega t_0} \mathrm{d}\omega \qquad (4\text{-}2\text{-}3)$$

假设接收滤波器的输入噪声为白噪声，其功率谱密度为 $P(\omega) = n_0/2$，通过滤波器之后，输出噪声功率谱则为

$$P_0(\omega) = \frac{n_0}{2} \left| H(\omega) \right|^2 \qquad (4\text{-}2\text{-}4)$$

由输出噪声的功率谱密度可以求出 t_0 时刻（实际上，对噪声的任何时刻都适用）的输出噪声平均功率 $\overline{n_0^2(t_0)}$ 为

$$\overline{n_0^2(t_0)} = \overline{n_0^2(t)} = \frac{1}{2\pi}\int_{-\infty}^{\infty}\frac{n_0}{2}\,|H(\omega)|^2\mathrm{d}\omega \tag{4-2-5}$$

现在可以得到，$t = t_0$ 时刻输出信号的瞬时功率与输出噪声的平均功率之比为

$$\rho_0 = \frac{|y(t_0)|^2}{\overline{n_0^2(t)}} = \frac{\left|\dfrac{1}{2\pi}\displaystyle\int_{-\infty}^{\infty}X(\omega)H(\omega)\,\mathrm{e}^{\mathrm{j}\omega t_0}\mathrm{d}\omega\right|^2}{\dfrac{1}{2\pi}\displaystyle\int_{-\infty}^{\infty}\dfrac{n_0}{2}\,|H(\omega)|^2\mathrm{d}\omega} \tag{4-2-6}$$

由式（4-2-6）看出，对于给定的信号 $X(\omega)$ 和 t_0 时刻，不同的 $H(\omega)$ 将有不同的输出信噪比 ρ_0。为了使 ρ_0 为最大值，$H(\omega)$ 应如何选择呢？这个问题可利用施瓦茨（Schwartz）不等式来解决，施瓦茨不等式具有如下形式

$$\left|\frac{1}{2\pi}\int_{-\infty}^{\infty}A(\omega)B(\omega)\,\mathrm{d}\omega\right|^2 \leqslant \frac{1}{2\pi}\int_{-\infty}^{\infty}|A(\omega)|^2\mathrm{d}\omega \cdot \frac{1}{2\pi}\int_{-\infty}^{\infty}|B(\omega)|^2\mathrm{d}\omega \tag{4-2-7}$$

当 $A(\omega)$ 与 $B(\omega)$ 互为共轭，即

$$A(\omega) = kB^*(\omega) \qquad (k\ \text{为比例常数}) \tag{4-2-8}$$

时，式（4-2-7）取等号，即不等式左边取得极大值。

将施瓦茨不等式应用于式（4-2-6）的分子中，可得到，当滤波器的传输函数 $H(\omega)$ 与 $X(\omega)\mathrm{e}^{\mathrm{j}\omega t_0}$ 互为共轭，即

$$H(\omega) = kX^*(\omega)\mathrm{e}^{-\mathrm{j}\omega t_0} \tag{4-2-9}$$

时，式（4-2-6）中信噪比将取得最大值 $\rho_{0\max}$。此时，式（4-2-6）可以写成如下形式

$$\rho_{0\max} = \frac{|y(t_0)|^2}{\overline{n_0^2(t)}} = \frac{\dfrac{1}{2\pi}\displaystyle\int_{-\infty}^{\infty}|X(\omega)\mathrm{e}^{\mathrm{j}\omega t_0}|^2\mathrm{d}\omega \cdot \dfrac{1}{2\pi}\displaystyle\int_{-\infty}^{\infty}|H(\omega)|^2\mathrm{d}\omega}{\dfrac{n_0}{2}\cdot\dfrac{1}{2\pi}\displaystyle\int_{-\infty}^{\infty}|H(\omega)|^2\mathrm{d}\omega}$$

$$= \frac{\dfrac{1}{2\pi}\displaystyle\int_{-\infty}^{\infty}|X(\omega)|^2\mathrm{d}\omega}{n_0/2} = \frac{2E}{n_0} \tag{4-2-10}$$

式中，n_0 为噪声的单边功率谱密度，E 为信号 $x(t)$ 的总能量，即

$$E = \frac{1}{2\pi}\int_{-\infty}^{\infty}|X(\omega)|^2\mathrm{d}\omega = \int_{-\infty}^{\infty}x^2(t)\,\mathrm{d}t \tag{4-2-11}$$

由式（4-2-10）可见，最大输出信噪比 $\rho_{0\max}$ 正比于信号的总能量。

通常把满足式（4-2-9）条件的滤波器称为匹配滤波器，其传输函数记为 $H_\mathrm{M}(\omega)$，故

$$H_\mathrm{M}(\omega) = kX^*(\omega)\mathrm{e}^{-\mathrm{j}\omega t_0} \tag{4-2-12}$$

由上面的分析，可以得出以下两个重要结论：

（1）匹配滤波器的传输特性 $H_\mathrm{M}(\omega)$ 是输入信号的频谱复共轭乘以一个比例因子 k 和一个延迟因子 $\mathrm{e}^{-\mathrm{j}\omega t_0}$，即滤波器的传输特性与信号 $x(t)$ 的频谱是匹配的，这就是匹配滤波器名称的由来。

（2）在 t_0 时刻，匹配滤波器输出信号的瞬时峰值功率与输出噪声的平均功率之比达到

最大。这个极限的比值等于信号的总能量与输入白噪声的功率谱密度之比。不过,应该注意的是,该结论是在白噪声干扰的条件下得到的。如果不是白噪声干扰条件,该结论是不成立的,这在后面将进一步讨论。

　　下面从匹配滤波器的传输函数 $H_M(\omega)$ 来分析滤波器是如何在幅频特性和相位特性上对信号匹配,又是如何抑制噪声的。

　　将式(4-2-12)中匹配滤波器的传输特性写成以下形式

$$\left.\begin{array}{l} |H_M(\omega)| = k|X(\omega)| \\[4pt] \underline{/H_M(\omega)} = -\underline{/X(\omega)} - \omega t_0 \end{array}\right\} \tag{4-2-13}$$

　　式(4-2-13)称为模匹配和相位匹配公式。由式(4-2-13)看出,所谓匹配在这里所指的就是滤波器的幅频特性和相位特性与输入信号的幅频特性和相位特性相适应。

　　由模匹配公式可看出,匹配滤波器的输出不是保证输出信号的形状不变,而是最大限度地加强了信号所包含的频率分量,各频率分量加强的程度与它在信号中的强度成正比。这样信号带外的噪声将受到抑制,从而提高了输出信噪比。

　　在输出信号中各频率分量的相位是时间 t 的函数,对频率分量为 ω 的信号来说,其相角 $\varphi(t)$ 为

$$\begin{aligned} \varphi(t) &= \omega t + 信号初相 + 滤波器的相移 \\ &= \omega t + \underline{/X(\omega)} + \underline{/H_M(\omega)} \\ &= \omega t + \underline{/X(\omega)} - \underline{/X(\omega)} - \omega t_0 = \omega(t - t_0) \end{aligned} \tag{4-2-14}$$

　　由式(4-2-14)看出,匹配滤波器的相移特性对各频率的信号相位进行了校正,在 $t=t_0$ 时刻使信号中的各频率分量同相叠加,因而输出信号的瞬时值达到了最大。

　　为了进一步说明模匹配和相位匹配的含义,再看下面的一个例题。设信号 $x(t)$ 为单个矩形脉冲,脉冲宽度为 T,则信号的频谱密度函数为

$$X(\omega) = T\frac{\sin(\omega T/2)}{\omega T/2}$$

对该信号匹配的滤波器的幅频特性及滤波器对信号和噪声的处理过程如图 4-2-1 所示。

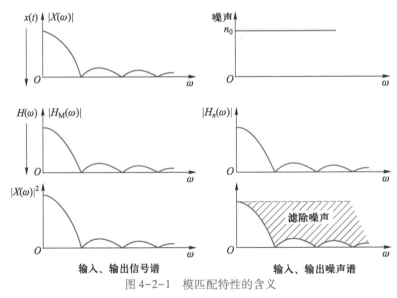

图 4-2-1　模匹配特性的含义

从图 4-2-1 中看出，大部分噪声不能通过滤波器，而信号中各频率分量却能顺利地通过，因而输出信噪比与输入信噪比相比有很大的改善。在 $t=t_0$ 时刻，信号的各频率分量是同相相加的，因而输出信号的瞬时幅度达到最大值。而噪声变化由于是随机的，在 $t=t_0$ 时刻出现同相叠加的概率极小，故这时对信号进行判决是最有利的。

延迟因子 $e^{-j\omega t_0}$ 中 t_0 的值是可以选择的，它给匹配滤波器的物理实现带来了极大的方便，这一点将在后面的分析中看到。

4.2.2　匹配滤波器的输出响应

由式（4-2-12）匹配滤波器的传输特性，可得滤波器的冲激响应 $h(t)$ 为

$$
\begin{aligned}
h(t) &= \frac{1}{2\pi} \int_{-\infty}^{\infty} H_M(\omega) e^{j\omega t} d\omega = \frac{1}{2\pi} \int_{-\infty}^{\infty} kX^*(\omega) e^{-j\omega t_0} e^{j\omega t} d\omega \\
&= \frac{1}{2\pi} \int_{-\infty}^{\infty} \left[k \int_{-\infty}^{\infty} x(t') e^{-j\omega t'} dt' \right]^* e^{j\omega(t-t_0)} d\omega \\
&= k \int_{-\infty}^{\infty} \left[\frac{1}{2\pi} \int_{-\infty}^{\infty} e^{j\omega(t-t_0+t')} d\omega \right] x(t') dt' \\
&= k \int_{-\infty}^{\infty} \delta[t' - (t_0 - t)] x(t') dt' \tag{4-2-15}
\end{aligned}
$$

利用 $\delta(\cdot)$ 函数的抽样性质，可以得到

$$
h(t) = kx(t_0 - t) \tag{4-2-16}
$$

可见，匹配滤波器的冲激响应是输入信号 $x(t)$ 的镜像信号在时间轴上右移 t_0 后的结果。若信号 $x(t)$ 的结束时间为 t_2，如图 4-2-2 所示，则 t_0 的选择必须满足 $t_0 \geqslant t_2$（实际系统中，希望 t_0 尽量小些，故通常选择 $t_0 = t_2$），这样匹配滤波器才是物理可实现的，否则，冲激响应会出现在 $t<0$ 的区域，这是非因果的系统。

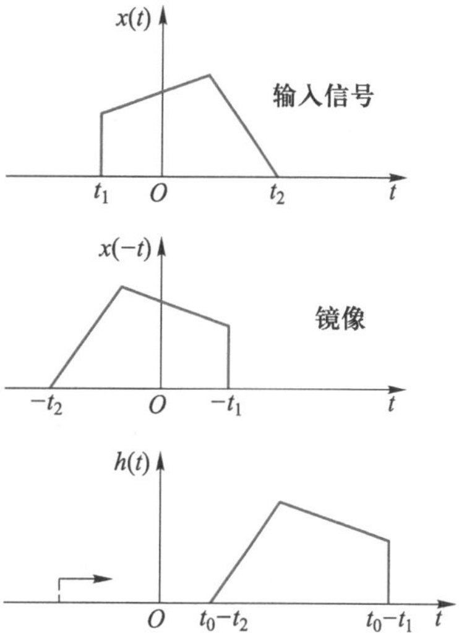

匹配滤波器的输出响应 $y(t)$ 为输入信号 $x(t)$ 与冲激响应 $h(t)$ 的卷积，即

$$
\begin{aligned}
y(t) &= x(t) * h(t) \\
&= \int_{-\infty}^{\infty} x(t-t') h(t') dt' \\
&= \int_{-\infty}^{\infty} x(t-t') kx(t_0 - t') dt'
\end{aligned}
$$

令 $\tau = t - t'$，则上式变为

$$
\begin{aligned}
y(t) &= k \int_{-\infty}^{\infty} x(\tau) x(\tau + t_0 - t) d\tau \\
&= kR(t_0 - t) = kR(t - t_0) \tag{4-2-17}
\end{aligned}
$$

图 4-2-2　t_0 的选择

可见，匹配滤波器的输出响应为输入信号的自相关函数，并在 $t=t_0$ 时刻取最大值，故有

$$
\max[y(t)] = y(t=t_0) = kR(0) = k \int_{-\infty}^{\infty} x^2(t) dt = kE \tag{4-2-18}
$$

4.2　匹配滤波器

设 $k=1$，这时输出响应的最大值为输入信号的总能量。

由式（4-2-17）看出，信号经过匹配滤波器的加工处理后，波形改变了原来的样子，变为它的自相关函数的形状。由于匹配滤波器输出是通过判决器来检测的，所以通常只关心判决时刻输出信号的峰值功率与噪声功率之比，对原波形是否失真并不关心。

白噪声通过匹配滤波器后的响应 $n_0(t)$，可以用互相关积分得到，为

$$n_0(t) = kR_{xn}(t-t_0) \tag{4-2-19}$$

由式（4-2-17）看出，如果有一个乘法器将输入信号（包括噪声）与参考信号 $x[t+(t_0-t')]$ 相乘，然后通过一个积分器积分，同样可得到式（4-2-17）及式（4-2-19）的结果。这就是相关接收器，如图 4-2-3 所示。图中，$x[t+(t_0-t')]$ 为可变时移的参考信号。相关接收器对信号的处理过程与匹配滤波接收是等价的。

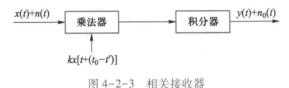

图 4-2-3　相关接收器

例 4.1　设信号 $x(t)$ 为单个矩形脉冲，宽度为 τ，高度为 A，如图 4-2-4（a）所示，试求其匹配滤波器的传输函数及输出响应。

解：信号 $x(t)$ 表示为

$$x(t) = \begin{cases} A & |t| \leqslant \dfrac{\tau}{2} \\ 0 & |t| > \dfrac{\tau}{2} \end{cases} \tag{4-2-20}$$

$x(t)$ 的频谱密度函数为

$$X(\omega) = \int_{-\infty}^{\infty} x(t) \mathrm{e}^{-\mathrm{j}\omega t} \mathrm{d}t = \int_{-\frac{\tau}{2}}^{\frac{\tau}{2}} A \mathrm{e}^{-\mathrm{j}\omega t} \mathrm{d}t$$

$$= A\tau \frac{\sin(\omega\tau/2)}{\omega\tau/2} \tag{4-2-21}$$

$X(\omega)$ 如图 4-2-4（b）所示。

与信号 $x(t)$ 匹配的滤波器的传输特性应为

$$H_{\mathrm{M}}(\omega) = kA\tau \frac{\sin(\omega\tau/2)}{\omega\tau/2} \mathrm{e}^{-\mathrm{j}\omega t_0} \tag{4-2-22}$$

由式（4-2-16），匹配滤波器的冲激响应 $h(t)$ 为

$$h(t) = kx(t_0-t) = \begin{cases} kA & 0 \leqslant t \leqslant \tau \\ 0 & \text{其他} \end{cases} \tag{4-2-23}$$

这里选择 $t_0 = \tau/2$，以保证 $h(t)$ 仅在 $t>0$ 时存在，$h(t)$ 如图 4-2-4（c）所示。

由于输出信号 $y(t) = kR(t-t_0)$，故可以先求得 $x(t)$ 的自相关函数 $R(t)$，然后移位 t_0 得到 $y(t)$。$x(t)$ 的自相关函数（或称自相关积分）为：

$0 \leqslant t \leqslant \tau$ 时

$$R(t) = \int_{-\frac{\tau}{2}}^{\frac{\tau}{2}-t} A^2 \mathrm{d}t' = A^2(\tau-t) \tag{4-2-24}$$

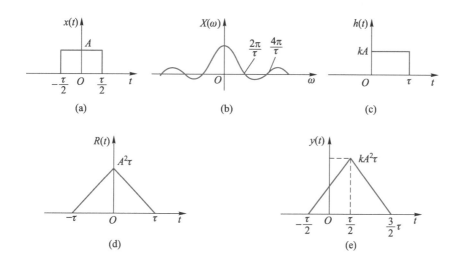

图 4-2-4　匹配滤波器计算

$-\tau \leqslant t \leqslant 0$ 时

$$R(t) = \int_{-\frac{\tau}{2}-t}^{\frac{\tau}{2}} A^2 \mathrm{d}t' = A^2(t + \tau) \tag{4-2-25}$$

将以上两式合并，得

$$R(t) = \begin{cases} A^2(\tau + t) & -\tau \leqslant t \leqslant 0 \\ A^2(\tau - t) & 0 \leqslant t \leqslant \tau \end{cases} \tag{4-2-26}$$

$R(t)$ 如图 4-2-4（d）所示。匹配滤波器的输出响应 $y(t)$ 为 $x(t)$ 的自相关函数 $R(t)$ 在时间轴上位移（右移）t_0，然后乘以因子 k 后的结果，故

$$y(t) = kR(t-t_0) = kR\left(t-\frac{\tau}{2}\right)$$

$$= \begin{cases} kA^2\left(\dfrac{\tau}{2}+t\right) & -\dfrac{\tau}{2} \leqslant t \leqslant \dfrac{\tau}{2} \\ kA^2\left(\dfrac{3\tau}{2}-t\right) & \dfrac{\tau}{2} \leqslant t \leqslant \dfrac{3\tau}{2} \end{cases} \tag{4-2-27}$$

$y(t)$ 如图 4-2-4（e）所示。

当 $t=t_0=\tau/2$ 时，输出信号 $y(t)=kA^2\tau$，为输入信号的总能量乘以因子 k。

最后，可得到单个矩形脉冲的匹配滤波器特性为（设因子 $k=1$）

$$H_{\mathrm{M}}(\omega) = A\tau \frac{\sin(\omega\tau/2)}{\omega\tau/2} \mathrm{e}^{-\mathrm{j}\frac{\omega\tau}{2}} = A\frac{\mathrm{e}^{\mathrm{j}\frac{\omega\tau}{2}}-\mathrm{e}^{-\mathrm{j}\frac{\omega\tau}{2}}}{\mathrm{j}\omega}\mathrm{e}^{-\mathrm{j}\frac{\omega\tau}{2}}$$

$$= \frac{A}{\mathrm{j}\omega}(1-\mathrm{e}^{-\mathrm{j}\omega\tau}) \tag{4-2-28}$$

由式（4-2-28）可看出，矩形脉冲的匹配滤波器可由一个理想的积分器 $1/\mathrm{j}\omega$、一个延迟单元和一个减法器构成，如图 4-2-5（a）所示。事实上，由图 4-2-4（c）所示的匹配滤波器的冲激响应 $h(t)$ 的波形，也容易理解图 4-2-5（a）所示电路就是矩形脉冲信号的匹配滤波器，该电路的冲激响应 $h(t)$ 的产生过程如图 4-2-5（b）所示。

87

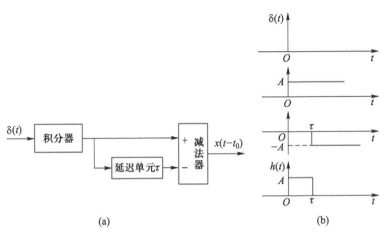

图 4-2-5　矩形脉冲的匹配滤波器构成

4.2.3　输入为非白噪声时匹配滤波器的传输特性

上面已导出，在白噪声干扰条件下，匹配滤波器的传输特性为

$$H(\omega) = kX^*(\omega)\mathrm{e}^{-\mathrm{j}\omega t_0}$$

下面讨论在输入端噪声为非白噪声条件下，匹配滤波器的传输特性。这时可以先将非白噪声通过线性网络变为白噪声，然后再利用前面得到的结论，从而使问题得以简化。

若已知输入信号 $x(t)$ 的频谱为 $X(\omega)$，噪声的功率谱密度为 $P_1(\omega)$（不为 $n_0/2$）。这时，可以用网络 $H_1(\omega)$ 使噪声白化，即

$$|H_1(\omega)|^2 P_1(\omega) = \frac{n_0}{2}(\text{常数}) \tag{4-2-29}$$

故有

$$|H_1(\omega)|^2 = \frac{n_0/2}{P_1(\omega)}$$

不过，在网络 $H_1(\omega)$ 白化噪声的同时，$H_1(\omega)$ 输出的信号也不再是原来的 $X(\omega)$，它的频谱已变为 $H_1(\omega)X(\omega)$。在这种情况下，再对 $H_1(\omega)$ 的输出信号设计匹配滤波器 $H_2(\omega)$，这样就有

$$H_2(\omega) = k[H_1(\omega)X(\omega)]^*\mathrm{e}^{-\mathrm{j}\omega t_0} \tag{4-2-30}$$

所以对输入为非白噪声的匹配滤波器应包括两个部分：$H_1(\omega)$ 和 $H_2(\omega)$，如图 4-2-6 所示。这时，匹配滤波器的传输函数为

$$H_M(\omega) = H_1(\omega)H_2(\omega) = H_1(\omega)k[H_1(\omega)X(\omega)]^*\mathrm{e}^{-\mathrm{j}\omega t_0}$$

$$= k|H_1(\omega)|^2 X^*(\omega)\mathrm{e}^{-\mathrm{j}\omega t_0} = \frac{kn_0 X^*(\omega)\mathrm{e}^{-\mathrm{j}\omega t_0}}{2P_1(\omega)} \tag{4-2-31}$$

可见，输入为非白噪声时，匹配滤波器的传输函数与输入信号频谱的复共轭成正比，同时与输入噪声的功率谱密度成反比。这种匹配滤波器同样具有最大输出信噪比的品质。但应注意，最大输出信噪比不等于 $2E/n_0$，而与信号及噪声的具体形式有关。此时的最大输出信噪

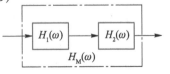

图 4-2-6　非白噪声输入时匹配滤波器的构成

比为

$$\rho_{0\max} = \frac{1}{2\pi}\int_{-\infty}^{\infty}\frac{|X(\omega)|^2}{P_1(\omega)}d\omega \qquad (4\text{-}2\text{-}32)$$

以上讨论了输入为非白噪声时，先把噪声白化，然后再对变形了的输入信号进行匹配滤波器设计的过程。在本章后续的讨论中，都假设匹配滤波器是在白噪声条件下得到的。

在白噪声条件下，匹配滤波器输出端给出的最大信噪比 $\rho_{0\max} = 2E/n_0$ 与信号的总能量成正比。匹配滤波器对输入信号的处理结果以自相关函数的形式输出，而对噪声及其他信号的处理结果以互相关函数的形式输出，输出信号波形在 $t = t_0$ 时刻达到最大值，这对数字信号的判决是极为有利的。

在 4.1 节中提到，信号设计的前提条件是匹配滤波-相关接收。相关处理是现代信号分析中的重要工具，它在信号分析以及通信系统中得到了广泛的应用。在信号设计中，是通过对信号单元的自相关和互相关函数的分析来设计和优选最佳信号单元的。因此，讨论信号设计的问题，必须研究信号单元的自相关和互相关函数的问题。

4.3 信号单元的相关函数

4.3.1 信号单元

前面提到，所谓信号单元是指代表某个发送状态，并持续一定时间的一段完整信号。它是一个整体性的单元，信号单元的任何一个部分都是无意义的。通常把信号单元分为两类：一类为信号的取值是连续时间的函数，称为波形信号单元；另一类为序列信号单元，它是由一串符号组成的序列，但符号序列的顺序不一定代表时间的概念。在发送某个状态时，每个信号单元与某个发送状态相对应。这两类信号单元如图 4-3-1 所示。在同一个信号单元的集合中，每个信号单元的持续时间是相同的。图 4-3-1 (a)、图 4-3-1 (b) 中为调频脉冲信号单元；图 4-3-1 (c)、图 4-3-1 (d) 中为脉冲编码信号单元。

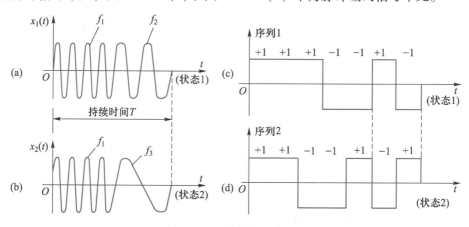

图 4-3-1　信号单元波形图

图 4-3-1 中给出了两种状态的信号单元。实际上，当只有两种发送状态时，仅用一个信号单元就可以，因为这时可以用"发信号"和"不发信号"来代表两种状态；而当有

多种发送状态（即有多个不同的信号需要传送）时，则需要多个不同的信号单元，它们构成一个信号单元集合。

4.3.2　波形信号单元的相关函数

对信号单元的相关函数进行讨论，是为了了解信号单元的自相关和互相关函数的特点，从而去寻找和设计自相关函数尖锐（自相关函数相对于信号单元有脉冲压缩性能）和互相关量尽量小（便于与自相关区别）的信号单元或信号单元集合，而并不关心信号单元的功率谱特性。

设波形信号单元 $x(t)$ 是具有一定持续时间的能量信号，则 $x(t)$ 的自相关函数定义为

$$\beta(\tau) = \int_{-\infty}^{\infty} x(t)x(t+\tau)\mathrm{d}t \qquad (4\text{-}3\text{-}1)$$

如果 $x(t)$ 是周期为 T 的周期信号，则其自相关函数仍为一个周期信号，为

$$\beta(\tau) = \frac{1}{T}\int_{-T/2}^{T/2} x(t)x(t+\tau)\mathrm{d}t \qquad (4\text{-}3\text{-}2)$$

当系统存在多个发送状态时，如有 M 个状态，就必须有 M 个信号单元来代表。这种情况下，接收端匹配滤波器对匹配信号进行自相关运算，而对其他信号单元则进行互相关运算，相应的输出为互相关函数。当 $x_i(t)$ 及 $x_j(t)$ 为非周期信号时，两者的互相关函数为

$$\beta_{ij}(\tau) = \int_{-\infty}^{\infty} x_i(t)x_j(t+\tau)\mathrm{d}t \qquad (4\text{-}3\text{-}3)$$

当 $x_i(t)$ 及 $x_j(t)$ 都是周期为 T 的周期信号时，它们的互相关函数为

$$\beta_{ij}(\tau) = \frac{1}{T}\int_{-T/2}^{T/2} x_i(t)x_j(t+\tau)\mathrm{d}t \qquad (4\text{-}3\text{-}4)$$

为了使信号单元的自相关函数与互相关函数有明显区别，对设计的信号单元必须提出以下要求：

（1）信号单元的自相关函数应有突出的主瓣，既要求信号单元的能量或功率较大，又要使信号单元的自相关函数波形尖锐而集中。

（2）互相关函数值尽量小。如果各信号单元取自正交函数系的信号集合，则它们之间的互相关函数值为零。

下面通过一个例子说明某些信号是可以满足以上要求的。

设 $x_1(t)$ 和 $x_2(t)$ 都是周期为 $7T_0$（T_0 为码元宽度）的周期信号单元，其波形如图 4-3-2（a）所示。$x_1(t)$ 和 $x_2(t)$ 都是取值为 +1 或 -1 的脉冲波形。由式（4-3-2）可计算得到 $\beta_{11}(0) = \beta_{22}(0) = 1$。由式（4-3-4）计算得到 $\beta_{12}(0) = -1/7$，自相关函数和互相关函数波形如图 4-3-2（b）所示。因此，当用匹配滤波-相关接收时（在同步的情况下），在输出端很容易区别这两个符号。

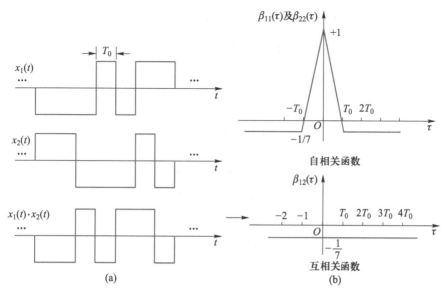

图 4-3-2　信号单元及其相关函数

4.3.3　序列信号单元的相关函数

前面已指出，序列信号单元是由符号按一定的顺序排列构成的。构成序列的符号称为序列元素（或称为码元），它可以属于 $\{0,1\}$，也可以属于 $\{+1,-1\}$。如序列 $\{x_i\} = \{0101001100\}$，$\{x_j\} = \{+1+1+1-1+1-1-1\}$ 分别是元素属于 $\{0,1\}$ 和 $\{+1,-1\}$ 的非周期序列信号单元。信号单元中所包含的码元的个数称为序列的长度，用 L 表示。如序列 $\{x_i\}$ 的长度 $L=10$，而 $\{x_j\}$ 的长度 $L=7$。若由一段序列按次序重复循环出现构成一个无限长的序列，则称这个序列为周期序列，其周期为重复循环的序列的长度。

对序列信号单元相关函数的分析，包括对非周期序列信号单元和周期序列信号单元的相关函数的分析。

在对非周期序列信号单元的相关函数的运算中，假定序列信号单元以外（即信号单元的前后）各位上都是空无所有的，而考虑周期序列信号单元时，则认为序列信号单元是周期重复出现的。

设序列 $\{x_i\}$ 是元素属于 $\{+1,-1\}$，长度为 L 的非周期序列，则其自相关函数定义为

$$\beta_{ii}(l) = \sum_{k=1}^{L-l} x_{ik} \cdot x_{ik+l} \qquad (4\text{-}3\text{-}5)$$

式中，l 为相对移位的码元个数，且 $l<L$；x_{ik} 为序列 $\{x_i\}$ 中第 k 个码元。

如果序列 $\{x_i\}$、$\{x_j\}$ 都是元素属于 $\{+1,-1\}$，长度为 L 的非周期序列，则其互相关函数定义为

$$\beta_{ij}(l) = \sum_{k=1}^{L-l} x_{ik} \cdot x_{jk+l} \qquad (4\text{-}3\text{-}6)$$

从以上非周期序列信号的相关运算可以总结出三点：第一，两个序列对应位上元素相乘；第二，对各对应位的积求和；第三，对非周期序列的运算仅涉及 $L-l$ 项，如果 $l=0$，则涉及 L 项乘积求和。

如果序列 $\{x_i\}$ 是周期序列，其周期为 L，则其自相关函数定义为

$$\beta_{ii}(l) = \sum_{k=1}^{L} x_{ik} \cdot x_{ik+l} \tag{4-3-7}$$

自相关函数的归一化值定义为自相关系数，为

$$\rho_{ii}(l) = \frac{1}{L} \sum_{k=1}^{L} x_{ik} \cdot x_{ik+l} \tag{4-3-8}$$

$\rho_{ii}(l)$ 是量纲为 1 的量，它只反映相关函数的相对值。在 $l=0$ 时取最大值

$$\rho_{ii}(0) = 1$$

如果序列 $\{x_i\}$、$\{x_j\}$ 都是周期为 L 的周期序列，则它们的相关运算与波形信号单元相似。考虑到在多种发送状态时，系统一般工作在同步状态，即 $l=0$，这时序列 $\{x_i\}$、$\{x_j\}$ 的互相关值 $\beta_{ij}(0)$ 为

$$\beta_{ij}(0) = \sum_{k=1}^{L} x_{ik} \cdot x_{jk} \tag{4-3-9}$$

归一化的互相关系数为

$$\rho_{ij}(0) = \frac{1}{L} \sum_{k=1}^{L} x_{ik} \cdot x_{jk} \tag{4-3-10}$$

以上讨论了元素取值属于 $\{+1, -1\}$ 二元域上的序列相关函数的计算问题。如果序列中的元素属于 $\{0, 1\}$ 二元域，那么又如何计算序列的相关函数呢？这里介绍两种方法。第一种方法是把 $\{0, 1\}$ 元素变换为 $\{+1, -1\}$ 元素，然后再按元素属于 $\{+1, -1\}$ 的序列信号的相关函数的计算方法进行计算；第二种方法是直接在 $\{0, 1\}$ 域上计算相关函数。

现在先介绍第一种方法。设原序列 $\{x_i\}$ 的元素 x_{ik} 取值为 **0** 或 **1**，变换后的序列 $\{y_j\}$ 的元素 y_{jk} 取值为 "+1" 或 "-1"。y_{jk} 与 x_{ik} 的关系为

$$y_{jk} = e^{j\pi x_{ik}} \tag{4-3-11}$$

由式（4-3-11）可得 x_{ik} 与 y_{jk} 的变换关系如下：
当

$$x_{ik} = 0 \quad \rightarrow \quad y_{jk} = +1$$
$$x_{ik} = 1 \quad \rightarrow \quad y_{jk} = -1$$

即原序列中 **0** 元素变为+1，**1** 元素变为-1。这样就把 $\{0, 1\}$ 序列变换为 $\{+1, -1\}$ 序列了，然后按式（4-3-5）或式（4-3-7）计算新序列的相关函数。

第二种方法是在 $\{0, 1\}$ 域上直接计算相关值。对应于式（4-3-5）及式（4-3-7）在 $\{+1, -1\}$ 域上相关函数的计算，在 $\{0, 1\}$ 域可以把式（4-3-5）和式（4-3-7）中的乘号变为模2（mod2）加号，将求和号变为对应元素的同号的个数减去异号的个数。设在两序列中求相关时，对应元素相同的个数为 A，不同的个数为 D，则序列的自相关和互相关函数分别为

$$\left. \begin{array}{l} \beta_{ii}(l) = A - D \\ \beta_{ij}(l) = A - D \end{array} \right\} \tag{4-3-12}$$

序列相关函数的归一化值为相关系数，相关系数可由下式求得

$$\left. \begin{array}{ll} \text{自相关系数：} & \rho_{ii}(l) = \dfrac{A-D}{A+D} \\[3mm] \text{互相关系数：} & \rho_{ij}(l) = \dfrac{A-D}{A+D} \end{array} \right\} \tag{4-3-13}$$

例 4.2 设两个非周期序列分别为 $\{x_i\} = \{111100010011010\}$，$\{x_j\} = \{111000100110101\}$，试计算同步状态时它们的互相关值。

解： 由式（4-3-12），$\{x_i\}$ 与 $\{x_j\}$ 的互相关函数为

$$\beta_{ij}(l) = A - D$$

同步状态时，$l = 0$，这时 $\{x_i\}$ 与 $\{x_j\}$ 的对应关系如下

$\{x_i\}$	111100010011010	$L = 15$
$\{x_j\}$	$\oplus$ 111000100110101	$L = 15$

模 2 加结果   000100110101111

将它们对应的元素作模 2 加，则对应元素相同的个数 A 为模 2 加结果中 **0** 的个数，对应元素不同的个数 D 为模 2 加结果中 **1** 的个数。由模 2 加结果可以看出，**0** 的个数为 7，**1** 的个数为 8，即 $A = 7$，$D = 8$，故

$$\beta_{ij}(0) = A - D = 7 - 8 = -1$$

互相关系数为

$$\rho_{ij}(0) = \frac{A - D}{A + D} = \frac{-1}{7 + 8} = -\frac{1}{15}$$

如果一个系统有 M 个发送状态，它需要用 M 个信号单元来代表。当进行相关运算时，则共有 M^2 个相关值。这 M^2 个相关值构成一个矩阵叫相关矩阵。相关矩阵在正交编码的信号设计中十分有用。

上面讨论的序列信号单元，在实际的系统中总是以脉冲波形的形式发送的。对序列信号单元的设计同样是追求信号单元的自相关函数尖锐，自相关值大以及互相关值小。下面将介绍几种典型的信号单元。

4.4 鸟声信号单元

鸟声信号是在第二次世界大战后期，为了解决雷达和水声技术中既要有大的信号能量又要求高分辨率的矛盾而设计出来的较为理想的波形信号单元。

4.4.1 鸟声信号的时域表示

鸟声信号是在一定持续时间内的线性调频信号单元。它的瞬时频率的变化和鸟声相似，所以称为鸟声信号。鸟声信号的振幅恒定，而它的瞬时频率是随时间线性变化的，如图 4-4-1 所示。

图 4-4-1 鸟声信号单元

鸟声信号单元的表示式为

$$x(t) = \begin{cases} A\cos\left(\omega_0 t + \dfrac{1}{2}\mu t^2\right) & -\dfrac{T}{2} \leq t \leq \dfrac{T}{2} \\ 0 & |t| > \dfrac{T}{2} \end{cases} \qquad (4\text{-}4\text{-}1)$$

式中，T 为信号单元的持续时间。

从式（4-4-1）看出，鸟声信号的瞬时相位 $\varphi(t)$ 为

$$\varphi(t) = \omega_0 t + \frac{1}{2}\mu t^2 \qquad (4\text{-}4\text{-}2)$$

信号的瞬时角频率为

$$\omega(t) = \frac{\mathrm{d}\varphi(t)}{\mathrm{d}t} = \omega_0 + \mu t \qquad (4\text{-}4\text{-}3)$$

式中，ω_0 为信号的中心角频率，它是常数。μ 为角频率的扫描速率，单位为 $\mathrm{rad/s^2}$。

由式（4-4-3）看出，信号在时间变化范围 $\left[-\dfrac{T}{2}, \dfrac{T}{2}\right]$ 内的瞬时角频率 $\omega(t)$ 是线性增加的，由 $\omega_0 - \dfrac{1}{2}\mu T$ 变为 $\omega_0 + \dfrac{1}{2}\mu T$。角频率的变化范围 $W = \mu T$，扫频宽度为 $B = \mu T/2\pi$（Hz）。

鸟声信号在持续时间 T 内，信号的振幅不变，即信号的平均功率保持不变，这样可以充分发挥发送设备的功率极限容量，使信号单元的总能量 $\dfrac{1}{2}A^2T$ 尽量大，从而解决了信号单元的能量问题。

4.4.2　鸟声信号的频谱

为了计算方便，采用复数信号的形式来计算鸟声信号的频谱。正如第 2 章中讨论的那样，一个实时间信号 $x(t)$ 可以用一个复数解析信号 $\xi(t)$ 的实部表示，例如：

$$x(t) = \cos\omega_0 t = \mathrm{Re}\left[\mathrm{e}^{\mathrm{j}\omega_0 t}\right] = \mathrm{Re}\left[\xi(t)\right] \qquad (4\text{-}4\text{-}4)$$

式中，$\xi(t) = \mathrm{e}^{\mathrm{j}\omega_0 t}$ 是一个复指数信号，它的频谱仅在 $\omega > 0$ 时存在，$\xi(t)$ 又称为解析信号。

用式（4-4-4）的表示方法，鸟声信号 $x(t)$ 所对应的复指数信号 $\xi(t)$ 为

$$\xi(t) = A\mathrm{e}^{\mathrm{j}\omega_0 t} \cdot \mathrm{e}^{\mathrm{j}\mu t^2/2} = a(t)\mathrm{e}^{\mathrm{j}\omega_0 t} \qquad (4\text{-}4\text{-}5)$$

式中

$$a(t) = A\mathrm{e}^{\mathrm{j}\mu t^2/2} \qquad (4\text{-}4\text{-}6)$$

为 $\xi(t)$ 的复包络信号。

如果满足 $\mu T \ll \omega_0$，则 $\xi(t)$ 为窄带信号。这样的窄带信号只要得到复包络信号 $a(t)$ 的频谱后，频移 ω_0 便可得到 $\xi(t)$ 的频谱 $G_\xi(\omega)$。

若 $a(t)$ 的频谱为 $G_a(\omega)$，则 $\xi(t)$ 的频谱 $G_\xi(\omega)$ 为

$$G_\xi(\omega) = G_a(\omega - \omega_0) \qquad (4\text{-}4\text{-}7)$$

现在分析复包络 $a(t)$ 的频谱 $G_a(\omega)$。为计算方便，令式（4-4-6）中的 $A = 1$，则

$$a(t) = \begin{cases} \mathrm{e}^{\mathrm{j}\frac{\mu t^2}{2}} & -\dfrac{T}{2} \leq t \leq \dfrac{T}{2} \\ 0 & \text{其他} \end{cases} \qquad (4\text{-}4\text{-}8)$$

利用指数配方、积分变换以及费涅尔积分查表等运算方法，可以得到

$$G_a(\omega)=\sqrt{\frac{\pi}{\mu}}\,\mathrm{e}^{-\mathrm{j}\frac{\omega^2}{2\mu}}\{C(z_1)+C(z_2)+\mathrm{j}[S(z_1)+S(z_2)]\} \qquad (4\text{-}4\text{-}9)$$

式中，$C(z)$、$S(z)$分别为费涅尔余弦积分和正弦积分，进一步了解请参阅相关资料。

有了复包络信号 $a(t)$ 的频谱后，由式
（4-4-7）可得到复指数信号 $\xi(t)$ 的频谱，
再利用第 2 章中讨论的实信号与复指数信
号频谱函数之间的关系式（2-1-89），即
可求出鸟声信号的频谱。

图 4-4-2 中画出了 $G_a(\omega)$ 与 ω/W 的归
一化曲线。由图看出，$G_a(\omega)$ 的模特性在
$\omega/W=0.5$ 时下降很快，近似具有带宽为
$0.5W$ 的矩形特性。所以，当 $\omega_0\gg0.5W$ 时，
鸟声信号可以视为窄带信号。图 4-4-2 中
画出了不同 $TW/2\pi=BT$ 值下的谱曲线。这
里的 BT 实际上代表了信号单元的脉冲压
缩比，下面将进一步分析。

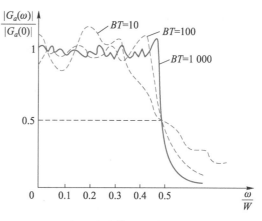

图 4-4-2 鸟声信号的等效低频频谱

4.4.3 鸟声信号单元的自相关函数

第 2 章中讨论了窄带信号的复数化分析方法，并得出了窄带信号 $x(t)$ 的自相关积分的
包络线等于相应的复信号包络线自相关积分的模值的结论。下面将通过复信号包络线的自
相关函数来计算鸟声信号的自相关函数的包络。

鸟声信号可表示为

$$x(t)=\begin{cases}A(t)\cos\left(\omega_0 t+\dfrac{1}{2}\mu t^2\right) & -\dfrac{T}{2}\leqslant t\leqslant\dfrac{T}{2}\\[2ex] 0 & |t|>\dfrac{T}{2}\end{cases}$$

式中，$A(t)$ 在 $-\dfrac{T}{2}\leqslant t\leqslant\dfrac{T}{2}$ 范围内取值为常数 A。$x(t)$ 的复指数信号 $\xi(t)$ 为

$$\xi(t)=A(t)\mathrm{e}^{\mathrm{j}\frac{\mu t^2}{2}}\mathrm{e}^{\mathrm{j}\omega_0 t}=a(t)\mathrm{e}^{\mathrm{j}\omega_0 t} \qquad (4\text{-}4\text{-}10)$$

令 $R_x(\tau)$ 为 $x(t)$ 的自相关积分，$E_\xi(\tau)$ 为复信号包络线 $a(t)$ 的自相关积分，应用第 2
章中的关系式（2-1-99），有

$$Env[R_x(\tau)]=|E_\xi(\tau)| \qquad (4\text{-}4\text{-}11)$$

$\xi(t)$ 的自相关积分为

$$R_\xi(\tau)=E_\xi(\tau)\mathrm{e}^{\mathrm{j}\omega_0\tau} \qquad (4\text{-}4\text{-}12)$$

其中，$E_\xi(\tau)$ 为

$$E_\xi(\tau)=\frac{1}{2}\int_{-\infty}^{\infty}a^*(t)a(t+\tau)\mathrm{d}t$$

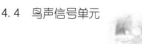

$$= \frac{1}{2} \int_{-\infty}^{\infty} A(t)A(t+\tau) e^{-j\frac{\mu t^2}{2}} e^{j\frac{\mu(t+\tau)^2}{2}} dt$$

$$= \frac{1}{2} \int_{-\infty}^{\infty} A(t)A(t+\tau) e^{j\frac{\mu \tau^2}{2}} e^{j\mu t\tau} dt \qquad (4\text{-}4\text{-}13)$$

下面进一步计算 $E_\xi(\tau)$。$A(t)$ 是鸟声信号的包络线，它是一个在 $\left[-\frac{T}{2}, \frac{T}{2}\right]$ 域内的矩形脉冲，所以在式 (4-4-13) 中应注意 $A(t)A(t+\tau)$ 的积分区间，积分的上下限如图 4-4-3 所示。

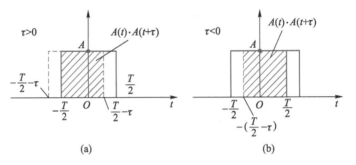

图 4-4-3　矩形包络线自相关函数的求解

由图 4-4-3（a）看出，当 $\tau > 0$ 时，有

$$E_\xi(\tau) = \frac{A^2}{2} e^{j\frac{\mu \tau^2}{2}} \int_{-\frac{T}{2}}^{\frac{T}{2}-\tau} e^{j\mu t\tau} dt$$

$$= \frac{A^2}{2}(T-\tau) \frac{\sin[\mu\tau(T-\tau)/2]}{\mu\tau(T-\tau)/2} \qquad (4\text{-}4\text{-}14)$$

当 $\tau < 0$ 时，如图 4-4-3（b）所示，这时有

$$E_\xi(\tau) = \frac{A^2}{2} e^{j\frac{\mu \tau^2}{2}} \int_{-\left(\frac{T}{2}-\tau\right)}^{\frac{T}{2}} e^{j\mu t\tau} dt$$

$$= \frac{A^2}{2}(T+\tau) \frac{\sin[\mu\tau(T+\tau)/2]}{\mu\tau(T+\tau)/2} \qquad (4\text{-}4\text{-}15)$$

合并以上两式，有

$$E_\xi(\tau) = \frac{A^2}{2}(T-|\tau|) \frac{\sin[\mu\tau(T-|\tau|)/2]}{\mu\tau(T-|\tau|)/2} \qquad (4\text{-}4\text{-}16)$$

可见，包络自相关函数结果是十分简洁的。如果直接由 $x(t)$ 求自相关函数，则十分困难。

式 (4-4-16) 中有多个零点，这些零点满足

$$\frac{\mu\tau(T-|\tau|)}{2} = \pm n\pi \qquad (n=1,2,\cdots) \qquad (4\text{-}4\text{-}17)$$

式 (4-4-17) 中，若 τ 足够小，且 $\mu T \gg 1$ 时，则 $E_\xi(\tau)$ 的第一个零点 τ_1 满足

$$\mu\tau_1 T = \pm 2\pi$$

所以

$$\pm\tau_1 = \frac{2\pi}{\mu T} = \frac{1}{B} \quad \text{（第一个零点的 } \tau \text{ 值）} \qquad (4\text{-}4\text{-}18)$$

在 $\mu T \gg 1$，且 τ 值很小的情况下，讨论 $E_\xi(\tau)$ 变化时，可以忽略 $T-|\tau|$ 的变化。可见，$E_\xi(\tau)$ 具有 $\left|\dfrac{\sin x}{x}\right|$ 的性质。$E_\xi(\tau)$ 的模值，即 $Env[R_x(\tau)]$ 的主瓣认为在第一对零点之间，宽度为 $2\tau_1$，且

$$2\tau_1 = \frac{4\pi}{\mu T} \tag{4-4-19}$$

这样，鸟声信号单元的脉冲压缩比为

$$r_c = \frac{T}{\tau_1} = T / \frac{2\pi}{\mu T} = \frac{\mu T^2}{2\pi} = \frac{WT}{2\pi} = BT \tag{4-4-20}$$

可见，一个持续时间为 T 的线性调频信号（鸟声信号单元）在匹配滤波-相关接收后，信号被压缩为宽度为 τ_1 的窄脉冲，脉冲压缩比等于扫频宽度与脉冲宽度（信号持续时间 T）之积。当 $\mu T \gg 1$ 时，压缩比很大，所以鸟声信号具有优选信号单元的性质。

$\sin x/x$ 是有旁瓣的，旁瓣的衰减与 x 成反比 $\left[x\text{ 相当于式（4-4-16）中的}\dfrac{\mu\tau T}{2}\right]$。

第一个旁瓣的最高点为 $\left|\dfrac{\sin x}{x}\right| = 0.217\,2$ （$x = 1.43\pi$）。由此看出，鸟声信号的自相关积分虽有脉冲压缩性能，但旁瓣特性并不理想，它造成检测中直观分辨率的下降。尽管如此，鸟声信号作为一种非周期波形信号单元，仍然在测距雷达、水声以及地震法地层结构勘探等许多领域内得到广泛的应用。鸟声信号单元自相关函数的包络如图 4-4-4 所示。

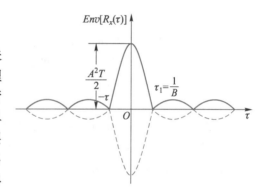

图 4-4-4　鸟声信号单元自相关函数的包络

4.5　巴克（Barker）序列

巴克序列，又称巴克码，是一种有限长的非周期序列信号单元。1952 年，英国人巴克（R. H. Barker）为了解决数字通信系统中的同步问题，首次提出了一种可靠的识别序列——巴克码。巴克序列元素的取值为 "+1" 或 "-1"。巴克序列具有良好的自相关性能以及与其他普通序列良好的互可分辨性。它是信号设计中的优选信号单元之一，应用十分广泛。

4.5.1　巴克序列及其自相关函数

对于巴克序列，首先定义它的自相关函数及其取值，然后按照所要求的条件去寻找符合条件的序列。

巴克序列的自相关函数 $\beta(l)$ 定义为

$$\beta(l) = \sum_{k=1}^{L-l} x_k x_{k+l} = \begin{cases} L & l = 0 \\ 0, \pm 1 & 0 < l \leqslant L \\ 0 & l > L \end{cases} \tag{4-5-1}$$

式中，L 为序列长度，l 为位移数，x_k 为序列的第 k 个元素。

按照以上定义，用试探的方法去寻找在 $l \neq 0$ 时自相关值不超出 ±1 的序列。设二元序列的长度为 L，计算 2^L 个不同序列的自相关函数，发现某些序列具有良好的自相关特性，完全符合以上条件。到目前为止，已找到码长 $L=1$、2、3、4、5、7、11、13 的 8 种基本巴克序列，如表 4-5-1 所列（1952 年，巴克在 $l \neq 0$，$\beta(l)=0$、-1 的条件下，只找到了 $L=3$、7、11 的三种序列）。

表 4-5-1　基本巴克序列（表中"+"代表+1，"-"代表-1）

L	序 列	L	序 列
1	+	5	+ + + - +
2	+ +，+ -	7	+ + + - - + -
3	+ + -	11	+ + + - - - + - - + -
4	+ + + -，+ + - +	13	+ + + + + - - + + - + - +

从巴克码相关函数的定义来看，巴克码越长越好。序列越长，自相关主峰越高，越尖锐。所以，人们一直在寻找更长的巴克序列。然而，到目前为止，$L>13$ 的巴克码仍未找到。有人企图证明 $L>13$ 的巴克码并不存在，这个问题是一个数学上的难题。但有人已经证明了：$L \geq 15$ 的奇数位巴克码及 $14 \leq L \leq 12\,100$ 的偶数位巴克码的确不存在。

根据巴克码自相关函数的定义，可以得到巴克码自相关函数并画出其波形。图 4-5-1（a）、（b）分别画出了 $L=7$ 与 $L=13$ 时的巴克码（B-7 码与 B-13 码）自相关函数波形。从图中看出，巴克码自相关函数主瓣宽度为一个码的宽度，因而巴克码具有良好的脉冲压缩特性。

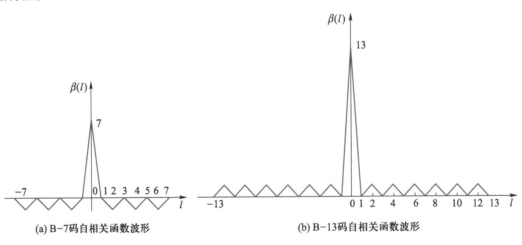

(a) B-7 码自相关函数波形　　(b) B-13 码自相关函数波形

图 4-5-1　巴克码自相关函数

4.5.2　巴克序列的演变

从同步识别的角度来看，希望找到识别性能好而且较长的序列。将巴克码与对此码反符号的码（实际上仍为巴克码）串排起来，可以构成更长的码。通过尝试，可以找到在 $l\neq0$ 时自相关值 $\beta(l)\leqslant+1$ 的良好序列。例如 $L=3$ 的巴克码（$++-$），串排两次，再串一反符号序列（$--+$），可以得到 $L=9$ 的序列。它的自相关函数值如表 4-5-2 所列。

表 4-5-2 $L=9$ 的巴克序列自相关函数值

$\beta(l)$	9	0	-3	0	1	0	-3	0	1
l	0	1	2	3	4	5	6	7	8

根据式（4-5-1）巴克序列自相关函数的定义，考查表 4-5-1 中所列的基本巴克序列的逆序列及反号序列，可以发现，对任何一种巴克序列，将其首尾顺序逆转，构成逆序列后，仍为巴克序列。同样可以验证，基本巴克序列乘以 -1 所构成的反符号序列也是巴克序列。

此外，对于基本的巴克序列，还可以将其元素演变为多状态而模仍为 1 的复数元素，从而构成多种形式的演变巴克序列。例如，将基本巴克序列 $\{x_k\}$ 按以下方式演变为 $\{y_k\}$，具体为

$$\begin{cases} y_k = x_k\rho^k \\ \rho = \mathrm{e}^{\mathrm{j}\frac{2\pi}{m}} \end{cases} \tag{4-5-2}$$

式中，m 为非零整数。当 $m=1$ 时，$\rho=1$，$\{y_k\}$ 就是原来的巴克序列。

演变后的 $\{y_k\}$ 自相关函数定义为

$$\beta_y(l) = \sum_{k=1}^{L-l} y_k y_{k+l}^* \tag{4-5-3}$$

式中，y_{k+l}^* 为 y_{k+l} 的复共轭。

由式（4-5-3）可得到

$$\begin{cases} \beta_y(0) = L \\ |\beta_y(l)| = \beta_x(l) \end{cases} \tag{4-5-4}$$

可见，演变巴克序列与基本巴克序列具有相同的自相关函数。

4.5.3 巴克序列的检测问题

接收并判别巴克码的装置是一个巴克码相关器。它把收到的巴克码各元素与参考巴克码对应的元素相乘，然后求其总和。当收到的巴克码与参考的巴克码相位对齐时，相关器输出峰值 L，这一时刻由判决器进行判决。

下面简单介绍用移位寄存器产生巴克码及检测巴克码的例子。图 4-5-2（a）表示了 B-7 码（$L=7$）发生器，其中一种是串行式的巴克码发生器，另一种为反馈式巴克码发生器。它们都产生 **1110010** 的巴克码（这里用 **0** 和 **1** 代表 -1 和 +1）。图 4-5-2（b）为 B-7 码检测电路，它由移位寄存器、相加器以及判决电路构成。图 4-5-2（c）画出了检测波形及判决输出。

注意，图 4-5-2（b）中，**0** 状态对应于相加器的 -1 V，而 **1** 状态对应于 +1 V，输出波形中，假定巴克码的前后为空无所有。调节判决电平，可以调节检测时错判的概率。巴克码作为同步码时，调节判决电平可以调节漏同步或假同步的概率。

4.5 巴克（Barker）序列

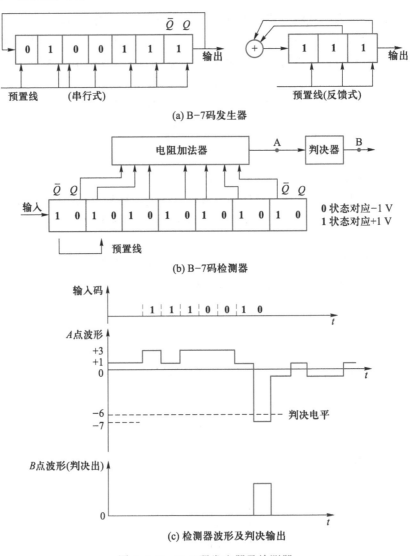

图 4-5-2　B-7 码发生器及检测器

如果巴克序列的前后不是全 **0** 的序列，而是 **1**、**0** 等概的随机序列，这时检测器的输入-输出特性与图 4-5-2（c）会有明显的区别。

实际中，巴克码的前后都存在着随机出现的 **1**、**0** 码，虽然巴克码本身并没有全部进入检测器，但在随机出现的 **1**、**0** 码流中仍然可能以某种概率出现与巴克码相同的码型。这时检测器将以某种概率输出较大值。例如，设巴克码未进入检测器的位数为 5，对于 B-7 码来说，即有 5 位检测单元被随机序列占据。由于随机序列的等概率性，这 5 位检测单元以 $1/2^5 = 1/32$ 的概率符合巴克码相应位的要求。这时检测器的最大输出为 $A = \beta(5) + 5 = 5$。进入检测器的巴克码的位数不同，输出的最大可能值也不同。这样的输入-输出关系称为输入-输出特性。下面将进一步分析这种特性。

设未进入检测器的巴克码的位数为 m，则检测器输出的最大可能值 $A(m)$ 由下式计算

$$A(m) = \beta(m) + |m| \tag{4-5-5}$$

式中，$\beta(m)$ 为巴克码的自相关函数，m 应小于巴克码的长度 L。

对于 7 位长的 B-7 巴克码来说，检测器的输出值如表 4-5-3 所列，相应的输入-输出特性，如图 4-5-3 所示。图中，$P(m)$ 为出现 $A(m)$ 的概率。

表 4-5-3　检测器的输出值表

$\lvert m \rvert$	0	1	2	3	4	5	6	7
$A(m)$	7	1	1	3	3	5	5	7
$P(m)$	1	1/2	1/4	1/8	1/16	1/32	1/64	1/128

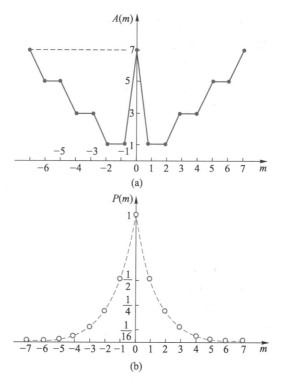

图 4-5-3　B-7 码检测器的输入-输出特性

从图 4-5-3 中看出，当巴克码未进入检测器之前（或全部退出之后），检测器输出也可能达到最大值 7。但是，这种机会出现的概率较小（1/128）。

巴克码是优选信号单元之一，它的缺点是码的长度有限，到目前为止，$L>13$ 的巴克码还未找到。

4.6　m 序列信号单元

m 序列，也称为循环周期最长的线性反馈移位寄存器序列或 SR 序列，是在 1955—1956 年间提出的一种优选信号单元。m 序列可以用线性反馈移位寄存器产生，它的生成是有规律的，但它具有随机二进制序列信号的性质，因此，m 序列是一种伪随机序列

（PN）。由于 m 序列的自相关函数具有良好的脉冲压缩特性，因而在雷达、通信、测量以及系统识别等领域内得到了十分广泛的应用。

m 序列的研究可以用数学的方法进行，也可以直观地从它的产生方法开始研究，这里采用后者。

4.6.1　m 序列的产生

一个线性反馈移位寄存器系统的结构如图 4-6-1 所示。它是由 n 级 D 触发器（作为移位寄存单元）、若干个模 2 和加法器以及反馈连线构成的。系统在时钟脉冲 CP 的推动下，虽然无外界激励信号，但能自动地运动起来，且产生一个循环的二进制周期序列，即线性反馈移位寄存器序列，又称为 SR 序列。

图 4-6-1 中，c_i 为反馈系数，它代表某一级 D_i 是否参加反馈的模 2 加运算。如果 D_i 参加反馈，则 $c_i = 1$，否则 $c_i = 0$。一般来说，c_0 和 c_n 均为 1。

下面研究图 4-6-2 中由三级 $(n=3)D$ 触发器构成的线性反馈移位寄存器系统的运动情况，考查输出二进制序列的规律。每个 D 触发器的状态只能取 0 或 1。要考查系统的输出序列，就是要研究系统中各 D 触发器的状态组合的演变情况。

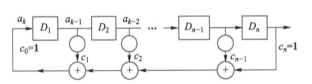

图 4-6-1　线性反馈移位寄存器系统的结构

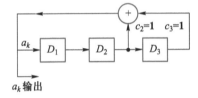

图 4-6-2　三级线性反馈移位寄存器系统

图 4-6-2 中，反馈系数 $c_1 = 0$，$c_2 = 1$，$c_3 = 1$，即 c_i 的组合为 $\{c_1 c_2 c_3\} = \{011\}$。$c_i$ 及各 D 触发器的初态决定了 D_1 触发器的输入 a_k。

设三级寄存器的初始状态为 $D_1 = 0$，$D_2 = 0$，$D_3 = 1$。在这种情况下，第一个 CP 脉冲到来后，状态演变为 $D_1 = 1$，$D_2 = 0$，$D_3 = 0$；第二个 CP 脉冲后，状态变为 $D_1 = 0$，$D_2 = 1$，$D_3 = 0$。触发器的状态依脉冲节拍的变化情况如表 4-6-1 所列，状态演变过程如图 4-6-3 所示。

表 4-6-1　触发器状态的变化情况

CP 节拍	D_1	D_2	D_3
0	0	0	1
1	1	0	0
2	0	1	0
3	1	0	1
4	1	1	0
5	1	1	1
6	0	1	1
7	0	0	1

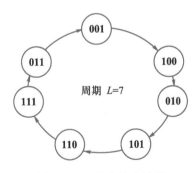

图 4-6-3　状态演变过程

从表 4-6-1 中看出，第七个状态又回到移位寄存器的初始状态，由于反馈系数 c_i 不变，因此第八个状态又与第一个状态相同。这样依次下去，就产生了第二个循环、第三个循环……循环周期长 $L=7$。从表中还看出，任何一个 D 触发器的输出都是一个周期循环的二进制序列，只不过它们的初始相位不同而已。这种无外界激励而产生的无止境的运动称为线性反馈移位寄存器的自持运动（类似自激振荡）。

以上讨论的这种移位寄存器序列，可以用一个递推公式来描述。设已知序列的前 n 个元素 $a_1 a_2 a_3 \cdots a_n$ 或 n 级 D 触发器的初态和反馈系数 c_i，就可以用公式来计算下一个状态序列的输出 a_k（即 $k=n+1$）。

设第一级触发器 D_1 的反馈输入为 a_k，则 D_1 输出为 a_{k-1}，D_2 输出 a_{k-2}……D_n 输出为 a_{k-n}，求 a_k 的递推公式为

$$a_k = \sum_{i=1}^{n} c_i a_{k-i} \quad （模 2 和） \tag{4-6-1}$$

由式（4-6-1）可以看出，如果已知序列的前 n 个元素（或 n 级 D 触发器的初态），就可以由递推公式唯一地确定序列的第 $n+1$ 个元素。例如，在图 4-6-2 所示的系统中，若已知序列前三个元素 $a_1 a_2 a_3$ 为 **100**，则第 4 个元素可由式（4-6-1）计算得到，图中，$c_1=0$，$c_2=c_3=1$，故

$$a_4 = c_1 \cdot a_3 \oplus c_2 \cdot a_2 \oplus c_3 \cdot a_1 = 0 \oplus 0 \oplus 1 = 1$$

即序列中第 4 个元素为 **1**。表 4-6-1 中，D_3 触发器在第三节拍时的输出状态就是序列的第 4 个元素。

同理，可计算出 $a_5=0$，$a_6=1$，$a_7=1$，因而，得到序列的一个循环周期为 **1001011**。

由以上分析得知，线性反馈移位寄存器的自持运动所产生的序列主要取决于反馈系数 c_i 的组合情况。在级数相同的线性反馈移位寄存器系统中，不同的 c_i 组合可以使系统产生不同周期的序列。以 $n=3$ 为例，若 c_i 的组合为 $\{111\}$，则系统结构如图 4-6-4（a）所示。此系统的自持运动在不同的初始状态下产生不同周期的循环，如图 4-6-4（b）所示。

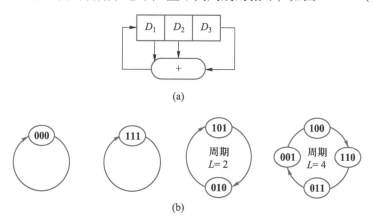

(a)

(b)

图 4-6-4　c_i 为 $\{111\}$ 时三级线性反馈移位寄存器的不同循环情况

由图 4-6-4（b）看出，只要系统初始状态为图中的某一状态，系统就形成该循环状态下的周期序列。图中，三级 D 触发器的初态全为 **0** 的 **000** 状态和全为 **1** 的 **111** 状态，形成了系统的静止状态。因为在这两种情况下，由 c_i 所决定的下一个状态仍为 **000** 或 **111**，

103

状态没有改变，故为静止状态。

图 4-6-4 （b）中，当初态为 **101** 或 **010** 时，系统都形成周期长 $L=2$ 的 **101010**…序列。当初态为 **100**、**110**、**011** 或 **001** 时，系统都形成周期长 $L=4$ 的 **110011001100**…序列。

从以上的分析中可以看出，由三个 D 触发器构成的移位寄存器的组合状态共有 $2^3=8$ 个。当 c_i 为 $\{111\}$ 时，系统的自持运动有三种不同的循环过程，即图 4-6-4 （b）中全 **0** 或全 **1** 状态的静态循环过程，经历 **010** 和 **101** 两种状态的循环过程及经历 **100**、**110**、**011** 和 **001** 四种状态的循环过程，产生序列的周期最长为 $L=4$。而在 c_i 为 $\{011\}$ 的情况下，系统只有一种循环过程，它包括 7 种状态（全 **0** 时仍为静止状态）。可见，在这种情况下，系统的自持运动经历了除全 **0** 外的所有状态，这时产生的移位寄存器序列的周期最长（$n=3$ 时 $L=2^3-1=7$）。这种移位寄存器所产生的循环周期最长的序列称为 m 序列。n 级 D 触发器构成的线性反馈移位寄存器系统产生的 m 序列的周期长为 $L=2^n-1$。

由以上对 $n=3$ 的移位寄存器系统的分析可看出，反馈移位寄存器序列的周期总是满足 $L \leqslant 2^3-1$ 的。要使移位寄存器产生 m 序列，反馈系数 c_i 应采用适当的组合。如 $n=3$ 时，c_i 为 $\{011\}$ 或 $\{101\}$ 都可以产生 m 序列，不过应注意这两种序列虽然周期相同，但序列是根本不同的。

4.6.2　特征多项式与序列多项式

为了进一步讨论线性反馈移位寄存器序列与反馈系数 c_i 的关系，可以把 c_i 所处的位置用一个多项式的系数来代表，定义该多项式为

$$f(z^{-1}) = c_0 + c_1 z^{-1} + c_2 z^{-2} + \cdots + c_n z^{-n}$$

$$= \sum_{i=0}^{n} c_i z^{-i} \qquad (4\text{-}6\text{-}2)$$

式中，z^{-i} 表示 c_i 所处的位置，c_i 只能取 **0** 或 **1**。式（4-6-2）称为线性反馈移位寄存器系统的特征多项式。在一般的系统中，c_0 和 c_n 总是等于 **1** 的。

例如，在图 4-6-2 所示的系统中，特征多项式为

$$f(z^{-1}) = 1 + z^{-2} + z^{-3} \qquad (4\text{-}6\text{-}3)$$

根据同样的思想，把递推公式所产生的序列按元素的位置用多项式表示出来，该多项式定义为

$$G(z^{-1}) = a_0 + a_1 z^{-1} + a_2 z^{-2} + \cdots$$

$$= \sum_{k=0}^{\infty} a_k z^{-k} \qquad (4\text{-}6\text{-}4)$$

式中，z^{-1} 表示延迟 1 位码元，a_k 只能取 **0** 或 **1**。$G(z^{-1})$ 称为线性反馈移位寄存器系统的序列多项式。

以下通过递推公式导出 $f(z^{-1})$ 和 $G(z^{-1})$ 之间的关系。

将式（4-6-1）代入式（4-6-4）中，得

$$G(z^{-1}) = \sum_{k=0}^{\infty} a_k z^{-k}$$

$$= \sum_{k=0}^{\infty} \left(\sum_{i=1}^{n} c_i a_{k-i} \right) z^{-(k-i)} z^{-i}$$

$$= \sum_{i=1}^{n} c_i z^{-i} \left[\sum_{k=0}^{\infty} a_{k-i} z^{-(k-i)} \right]$$

$$= \sum_{i=1}^{n} c_i z^{-i} \left[a_{-i} z^i + a_{-(i-1)} z^{i-1} + \cdots + a_{-1} z^1 + \sum_{k=0}^{\infty} a_k z^{-k} \right]$$

$$= \sum_{i=1}^{n} c_i z^{-i} \left[a_{-i} z^i + a_{-(i-1)} z^{i-1} + \cdots + a_{-1} z^1 \right] + \sum_{i=1}^{n} c_i z^{-i} G(z^{-1})$$

$$(4\text{-}6\text{-}5)$$

将式（4-6-5）移项整理（注意，mod 2 加法中，加、减号同效），得

$$\left[1 + \sum_{i=1}^{n} c_i z^{-i} \right] G(z^{-1}) = \sum_{i=1}^{n} c_i z^{-i} \left[a_{-i} z^i + a_{-(i-1)} z^{i-1} + \cdots + a_{-1} z^1 \right]$$

由于 $c_0 = \mathbf{1}$，故上式中左边多项式 $1 + \sum_{i=1}^{n} c_i z^{-i} = \sum_{i=0}^{n} c_i z^{-i} = f(z^{-1})$，因而有

$$f(z^{-1}) G(z^{-1}) = \sum_{i=1}^{n} c_i z^{-i} \left[a_{-i} z^i + a_{-(i-1)} z^{i-1} + \cdots + a_{-1} z^1 \right] \qquad (4\text{-}6\text{-}6)$$

令式（4-6-6）右边的多项式为 $h(z^{-1})$，即

$$h(z^{-1}) = \sum_{i=1}^{n} c_i z^{-i} \left[a_{-i} z^i + a_{-(i-1)} z^{i-1} + \cdots + a_{-1} z^1 \right] \qquad (4\text{-}6\text{-}7)$$

则式（4-6-6）可简写为

$$G(z^{-1}) = \frac{h(z^{-1})}{f(z^{-1})} \qquad (4\text{-}6\text{-}8)$$

式中，$h(z^{-1})$ 称为系统的初态多项式，它取决于电路的初始状态。

由于一般系统中 $c_n = \mathbf{1}$，所以 $f(z^{-1})$ 中的最高次幂为 z^{-n}，而 $h(z^{-1})$ 在 $a_{-1} = \mathbf{1}$ 时最高次幂为 $z^{-(n-1)}$，所以 $h(z^{-1})$ 中的最高次幂总低于 $f(z^{-1})$ 中的最高次幂。

由式（4-6-8），在已知系统初始状态的情况下，可以用多项式除法（在二元有限域上）来求得输出序列，其结果与递推公式求到的序列相同。

例如，在 $n=3$ 的线性反馈移位寄存器系统中，设 $a_{-3} = \mathbf{1}$，其他都为 $\mathbf{0}$，则 $h(z^{-1}) = \mathbf{1}$，若 c_i 为 {**011**}，则 $f(z^{-1}) = 1 + z^{-2} + z^{-3}$，在这种情况下，按式（4-6-8）做系数除法得到以下结果。

$$
\begin{array}{r}
1011100\,1011100\cdots \\
1011\,)\,\overline{1} \\
\oplus 1011 \\
\hline
0011 \\
\oplus\ 1011 \\
\hline
0111 \\
\oplus\ 1011 \\
\hline
0101 \\
\oplus\ 1011 \\
\hline
0001 \\
\oplus\ \ 1011 \\
\hline
11\cdots
\end{array}
$$

模2运算中,加与减等效

与第一次相同 $\qquad (4\text{-}6\text{-}9)$

这个除式无穷下去，它的商为一个周期循环序列，周期为 $L=7$。此序列与表 4-6-1 中 D_3 的输出序列相同。由于初态多项式 $h(z^{-1}) = \mathbf{1}$ 时产生的序列类似于模拟系统的冲激响应，故称为冲激响应序列 $h_0(z^{-1})$，即

$$h_0(z^{-1}) = \cfrac{1}{1 + \sum_{i=1}^{n} c_i z^{-i}} \qquad (4\text{-}6\text{-}10)$$

从上面的实际例子中看到，线性移位寄存器所产生的序列总是周期的，这是由于反馈移位寄存器的每一状态完全取决于前一状态，因此一旦产生某一状态，设为 R 状态，它与以前的某一状态 Q 相同，则状态 R 的相继状态必然与 Q 的相继状态相同。这样状态的演变就呈现周期性。

进一步可以证明，在 n 级移位寄存器中，由于各级 D 触发器有两个取值 **0** 或 **1**，故 n 级 D 触发器共有 2^n 种不同的组合状态。但由于全 **0** 状态是静止的，不能参加循环运动，所以系统最多只有 2^n-1 种不同状态参加循环。因而，n 级线性反馈移位寄存器序列的周期 $L \leqslant 2^n-1$，最长的周期为 $L = 2^n-1$。

那么，什么条件下产生周期最长的 m 序列呢？下面就来分析该条件。

4.6.3　m 序列的产生条件

前面分析指出，线性反馈移位寄存器反馈系数 c_i 的不同组合产生不同周期的序列，只有适当的 c_i 组合才能产生周期最长的序列——m 序列。那么怎样的 c_i 组合，或系统的特征多项式应满足什么条件，移位寄存器系统才能产生 m 序列呢？下面的定理将回答这个问题。

定理 4.1　若序列 $\{a_k\}$ 是 n 级线性反馈移位寄存器产生的周期最长（$L = 2^n-1$）的序列——m 序列，则系统的特征多项式 $f(z^{-1})$ 应为 n 次本原多项式。n 次本原多项式应满足以下条件：

(1) $f(z^{-1})$ 为既约多项式。

(2) $f(z^{-1})$ 应能整除 $z^{-L}+1$，$L = 2^n-1$。

(3) $f(z^{-1})$ 不能整除 $z^{-P}+1$，P 为正整数，且 $P < L$。

此定理描述了产生 m 序列的充要条件。下面首先证明，$f(z^{-1})$ 应是既约多项式。如果不是既约的，则产生的序列的周期 $L < 2^n-1$。

证明： 既约多项式是指不能再进行因式分解的多项式。若 $f(z^{-1})$ 为 n 次可分解的多项式（设可分解为两个因式），则

$$f(z^{-1}) = f_1(z^{-1}) f_2(z^{-1}) \qquad (4\text{-}6\text{-}11)$$

式中，$f_1(z^{-1})$ 为 n_1 次多项式，$f_2(z^{-1})$ 为 n_2 次多项式，且 $n_1 + n_2 = n$，n_1，$n_2 > 0$。

由式（4-6-8）可得到，此时产生的序列多项式为

$$G(z^{-1}) = \frac{h(z^{-1})}{f(z^{-1})} = \frac{h_1(z^{-1})}{f_1(z^{-1})} + \frac{h_2(z^{-1})}{f_2(z^{-1})}$$
$$= G_1(z^{-1}) + G_2(z^{-1}) \qquad (4\text{-}6\text{-}12)$$

其中

$$G_1(z^{-1}) = \frac{h_1(z^{-1})}{f_1(z^{-1})}; \quad G_2(z^{-1}) = \frac{h_2(z^{-1})}{f_2(z^{-1})}$$

即 $G(z^{-1})$ 可视为两个序列之和。由前面证明可知，一个最高幂为 n_1 次的系统特征多项式（即由 n_1 级寄存器构成的系统）$f_1(z^{-1})$ 所产生的序列周期 $L_1 \leqslant 2^{n_1}-1$。同理，$f_2(z^{-1})$ 所产生

的序列周期 $L_2 \leq 2^{n_2}-1$。两个周期序列之和的最小周期 L 应为周期 L_1 和 L_2 的最小公倍数，即

$$L = LCM[L_1, L_2] \leq (2^{n_1}-1)(2^{n_2}-1)$$
$$= 2^n + 1 - 2^{n_1} - 2^{n_2} \leq 2^n - 3 < 2^n - 1$$

若 $f(z^{-1})$ 可分解为两个相同的因式，利用上面的证明，同样可得 $L < 2^n - 1$。

可见，非既约的 $f(z^{-1})$ 不能产生 m 序列。

但既约多项式不一定都能产生 m 序列，如 $f(z^{-1}) = 1 + z^{-1} + z^{-2} + z^{-3} + z^{-4}$ 是一个 $n=4$ 次的既约多项式（注意，既约多项式除了 $1 + z^{-1}$ 之外总是奇数项）。根据式（4-6-9）的方法可以验证，它所产生的序列的周期 $L = 5 < 2^4 - 1$，可见，它并没有产生 m 序列。这是因为 $f(z^{-1}) = 1 + z^{-1} + z^{-2} + z^{-3} + z^{-4}$ 并不是本原多项式，因为它不仅可以整除 $[z^{-(2^4-1)}+1]$，而且还能整除 $z^{-5} + 1$。要使系统产生 m 序列，则系统的特征多项式必须为 n 次本原多项式。

n 次本原多项式可从 $[(z^{-1})^{2^n-1}+1]$ 多项式的分解因式中去寻找。例如，要得到 $n=4$ 次的本原多项式，可以先将 $z^{-15}+1$ 分解为

$$z^{-15}+1 = (z^{-4}+z^{-1}+1)(z^{-4}+z^{-3}+1)(z^{-4}+z^{-3}+z^{-2}+z^{-1}+1) \cdot$$
$$(z^{-2}+z^{-1}+1)(z^{-1}+1) \tag{4-6-13}$$

式中，只有因式 $z^{-4}+z^{-1}+1$ 和 $z^{-4}+z^{-3}+1$ 是 $n=4$ 次的本原多项式。另外，可以看出，这两个本原多项式的系数互为逆序排列（为互逆本原多项式）。

由上面例子看到，n 次本原多项式不止一个。n 次本原多项式的个数 $\lambda(n)$ 可用以下公式求得：

$$\lambda(n) = \frac{\varphi(2^n-1)}{n} \tag{4-6-14}$$

式中，$\varphi(\cdot)$ 是欧拉（Euler）函数，它具有以下性质

$$\varphi(\omega) = \begin{cases} 1 & \omega = 1 \\ \prod_{i=1}^{s} \omega_i^{a_i-1}(\omega_i - 1) & \omega > 1 \end{cases} \tag{4-6-15}$$

式中，ω_i 是 ω 的素因数，a_i 为 ω_i 的重次，s 为不同素因素的个数。

例如，当 $n=6$ 时，有 $\omega = 2^6 - 1 = 63$，而 $63 = 3^2 \times 7^1$，有两个不同的素因素，所以 $s=2$。这时，欧拉函数 $\varphi(\omega)$ 为

$$\varphi(2^6-1) = 3^{2-1} \times (3-1) \times 7^{1-1} \times (7-1) = 3 \times 2 \times 6 = 36$$

本原多项式的个数 $\lambda(n)$ 为

$$\lambda(6) = \frac{\varphi(2^6-1)}{n} = \frac{36}{6} = 6$$

可见，最高次幂 $n=6$ 的本原多项式有 6 个。虽然不同的 n 次本原多项式产生周期相同的 m 序列，但这些 m 序列在元素的排列次序上是不相同的。把这种周期相同而元素次序不同的 m 序列称为不同宗的 m 序列。

表 4-6-2 中给出了 $n \leq 15$ 时，系统本原多项式的个数 $\lambda(n)$ 的情况。如果要用周期相同而序列不同的 m 序列作为不同的信号单元，就可以选用适当 n 值的 m 序列发生器产生满足个数要求的信号单元。

表 4-6-2 $\lambda(n)$ 和 n 的关系

n	1	2	3	4	5	6	7	8	9	10	11	12	13	14	15
$\lambda(n)$	1	1	2	2	6	6	18	16	48	60	176	144	630	750	1 800

寻找本原多项式并非是一件方便的工作，关于本原多项式的进一步讨论，请读者参阅有关书籍。为了应用方便，表 4-6-3 及表 4-6-4 中列出了常用的本原多项式的系数，以供查找。在实际电路中，为了连接方便并使系统工作可靠，常常只用三项的本原多项式来做系统的特征多项式。

表 4-6-3 中给出了较低次的部分本原多项式的系数。表 4-6-4 中列出了 $n \geqslant 9$ 时，用十进制数表示的本原多项式的系数位置，表中未列出逆多项式的系数，且仅给出了最少项数的 n 次本原多项式。

表 4-6-3 部分本原多项式系数表

n	$L=2^n-1$	本原多项式系数（$1C_1C_2\cdots C_n$）	本原多项式范例
2	3	**111**	$f(z^{-1}) = 1+z^{-1}+z^{-2}$
3	7	**1011，1101**	$f(z^{-1}) = 1+z^{-2}+z^{-3}$
4	15	**10011，11001**	
5	31	**100101，110111，111101**	
6	63	**1000011，1100111，1101101**	
7	127	**10000011，10001001，10001111** **10011101，10111111，11001011，11010101，11100101**	
8	255	**100011101，100101011，101011111** **101100011，101100101，101101001** **110000111，111100111**	

表 4-6-4 较高次 n，而项数为 3 的本原多项式

n	系数为 1 的幂	n	系数为 1 的幂	n	系数为 1 的幂
9	0，4，9	21	0，2，21	31	0，3，31
10	0，3，10	22	0，1，22	35	0，2，35
11	0，2，11	23	0，5，23	39	0，4，39
15	0，1，15	25	0，3，25	41	0，3，41
17	0，3，17	28	0，3，28	47	0，5，47
20	0，3，20	29	0，2，29	52	0，3，52

4.6.4 m 序列信号单元的性质

m 序列是一种十分重要的优选信号，它具有以下性质：

（1）移位-相加-移位特性（平移等价性）。

（2）伪随机序列性质。

（3）双值自相关特性。

（4）具有包络线为$(\sin x/x)^2$型的线状功率谱。

下面来分析m序列的这些性质。

1. 移位-相加-移位性质

由图4-6-2和表4-6-1中看出，在$n=3$，c_i为$\{011\}$的情况下，从任一个D触发器输出的序列都是周期$L=2^3-1=7$的m序列，只不过从不同的D触发器输出的序列的相位（起始点）不同。如从D_3输出的序列为：**0010111001011**…，而从D_1输出的序列为：**101110010**…，它们都属于同一个m序列。由于系统的c_i不变，所以它们**1**、**0**排列的次序都是相同的。因此，可以将m序列中一个循环周期的$L(2^n-1)$个元素按顺序移位，得到2^n-1个不同相位的循环序列。这2^n-1个由相同的c_i确定的具有不同相位的循环序列称为同宗不同相的m序列。

如上面例子中，由D_3触发器输出的$L=7$的序列为：**0010111**，将其移位7次可以得到不同循环序列，如下所示，这里序列前的数字表示移位的次数。

原序列　　　**0010111**

① **0101110**　　　④ **1110010**

② **1011100**　　　⑤ **1100101**

③ **0111001**　　　⑥ **1001011**

⑦ **0010111**　　　与原序列相同

所谓移位-相加-移位性质是指将移位以后的两个m序列进行模2加法运算，相加的结果仍是一个m序列，此序列是原m序列移位以后产生的序列，即

$$m_k \oplus m_p = m_q \quad (k \neq p, q) \tag{4-6-16}$$

这里，m_k、m_p及m_q分别表示原m序列移位k次、p次及q次后的m序列。

例如，在上述例子中，有$m_1 \oplus m_4 = m_2$，$m_2 \oplus m_5 = m_3$，即原序列移位1次和移位4次后的序列相加，结果就是移位2次后的序列，移位2次与移位5次后的序列相加就是原序列移位3次后的序列，如下所示：

　　　① **0101110**　　　　　　② **1011100**

⊕　④ **1110010**　　　⊕　⑤ **1100101**

　　　② **1011100**　　　　　　③ **0111001**

2. m序列的伪随机性质

m序列虽然是由移位寄存器电路产生的周期序列，但它却具有与二进制随机序列类似的重要性质，所以称m序列为伪随机序列。m序列是伪随机序列中的重要一种。为了比较m序列与真正的二进制随机序列的关系，先来讨论真正的二进制随机序列的性质。

（1）二进制随机序列的性质

从信号设计的角度看，总是希望信号单元的自相关函数越尖锐越好。由第3章对噪声的分析可知，随机白噪声的自相关函数是一个在$\tau=0$处的$\delta(\cdot)$函数，在$\tau \neq 0$时，自相关函数的值为零，因而令人讨嫌的随机白噪声具有优选信号的性质，是理想的优选信号。然而，要把随机白噪声作为信号单元来代表发送的状态（符号）却存在以下问题：① 随机白噪声信号本身的幅度起伏很大，不能充分利用发送设备的功率能力；② 随机白噪声的频谱太宽，系统难以适应；③ 信号无法复制。这些问题的存在，限制了白噪声信号在实

际系统中的应用，但随机白噪声信号的性质却给人们有益的启发。

现在研究一个随机取值的二进制序列。例如，如果进行抛掷均匀硬币的试验，记录正面和反面出现的过程。出现正面记为 +1，出现反面记为 -1。这样，记录结果构成一个二进制随机序列，称为贝努利序列。当该二进制随机序列较长时，它具有以下性质：

① 均衡性。序列中出现 +1 和 -1 的概率各占 50%。

② 游程特性。所谓游程是指序列中连续出现相同符号的一段。这一段中包括的元素的个数称为游程长度 l。当序列较长时，长度 $l=1$ 的游程个数趋于游程总数的 $1/2$，长度 $l=2$ 的游程个数趋于游程总数的 $1/2^2$……长度为 l 的游程个数趋于游程总数的 $1/2^l$。

③ 二进制随机序列的自相关函数为 $\delta(\cdot)$ 函数。二进制随机序列的自相关函数定义为

$$\rho(l) = \lim_{L \to \infty} \frac{1}{L} \sum_{k=1}^{L-l} x_k x_{k+l} \tag{4-6-17}$$

式中，当 $l=0$ 时，$\rho(0)=1$。只要 $l \neq 0$，由于 x_k 与 x_{k+l} 取值互相独立，它们的乘积为 0，故有

$$\rho(l) = \begin{cases} 1 & l=0 \\ 0 & l \neq 0 \end{cases} \tag{4-6-18}$$

由于二进制随机序列具有以上三个性质，尤其是其自相关函数的尖锐而无旁瓣特性，使得随机序列成为优选信号单元，但随机序列同样存在着无法复制的问题。

m 序列可以通过电路来产生，它是一种能够复制且具有二进制随机序列类似性质的序列。

（2）m 序列的伪随机性

① 均衡性。m 序列中 0 和 1 元素的个数在一个循环周期内趋于相等，只是 1 的个数比 0 的个数多 1 个。这个性质与随机序列中 1 和 0 出现的概率各为 50% 相似。

证明：设 m 序列是从 n 级移位寄存器的 D_n 触发器输出得到的，则 m 序列中出现 1 的个数就是在 n 级 D 触发器的状态组合中 D_n 出现 1 的次数。也就是 $D_n=1$ 时，其他 $n-1$ 级 D 触发器取 0 和 1 的不同组合数，它们共有 $2^{(n-1)}$ 个。在 $L=2^n-1$ 的循环周期内，0 的个数为 L 减去 1 的个数，所以 0 的个数为 $(2^n-1)-2^{(n-1)} = 2^{(n-1)}-1$，即 m 序列中 1 的个数总是比 0 的个数多 1 个。

例如，当 $n=3$，c_i 为 {011} 时，m 序列的一个循环周期为 1001011，其中 1 的个数为 4，0 的个数为 3；当 $n=4$，c_i 为 {0011} 时，m 序列的一个循环周期为 100110101111000，其中 1 的个数为 8，0 的个数为 7。

② 游程特性。m 序列具有与随机序列类似的游程特性。m 序列中，游程的总数为 2^{n-1} 个，长度为 l 的游程个数约占序列中游程总数的 $1/2^l$，即长度为 1 的游程占 $1/2$，长度为 2 的游程占 $1/4$，长度为 3 的游程占 $1/8$，等等，还有一个长度为 n 的连 1 游程和一个长度为 $n-1$ 的连 0 游程。

可以首先确定在周期为 L 的 m 序列中最长的游程 l 的界限。由 n 级移位寄存器产生的 m 序列中，各种游程的长度为 $1 \leq l \leq n$，即游程的最大长度为 n。如果连续出现 $n+1$ 个相同的符号（设出现 $n+1$ 个 1），即 $a_1=1$，$a_2=1$，…，$a_{n+1}=1$，由于 $a_{n+1} = \sum_{i=1}^{n} c_i a_{n+1-i} = 1$，说明序列前 n 个 1 决定了第 $n+1$ 个元素仍为 1，这样依次递推下去就有 $a_{n+2}=1$，$a_{n+3}=1$，…，

则系统一直保持全**1**状态，系统静止，所以必有$l \leq n$。

现在计算在m序列的一个循环周期内，连续出现l个连**1**或连**0**的游程个数。这里先讨论$1 \leq l \leq n-2$的游程情况。

当序列中出现l个连码时，则产生它的n级D触发器中必定相应地存在着这样的l个连码。在n级D触发器中存在任何一种l个连码的组合状态必然在序列中出现。下面先计算在n级D触发器中出现l个连**1**的游程的组合数，它由式（4-6-19）决定，即

$$
\underbrace{\underbrace{0 \quad \overbrace{1 \quad 1 \cdots 1}^{l} \quad 0}_{n} \quad \overbrace{\times \quad \times \cdots \times}^{n-2-l}} \qquad (4\text{-}6\text{-}19)
$$

由于D触发器有两种状态，所以上式的组合个数为$2^{[n-(l+2)]}$个。同理，l个连**0**的游程的个数也为$2^{[n-(l+2)]}$个。所以，游程长为l的总数为l个连**1**的游程数与l个连**0**的游程数之和，即$2^{[n-(l+1)]}$个。

因为l的值可以由1到$n-2$变化，所以$1 \leq l \leq n-2$的游程总数为

$$
N' = \sum_{l=1}^{n-2} 2^{n-(l+1)} = 2^{n-1} - 2 \qquad (4\text{-}6\text{-}20)
$$

N'个游程中包括的元素的个数为

$$
S = \sum_{l=1}^{n-2} l \cdot 2^{n-(l+1)} = 2^{n} - 2n \qquad (4\text{-}6\text{-}21)
$$

这样，在$L = 2^{n}-1$个码元的周期中，还剩下$(2^{n}-1)-(2^{n}-2n) = 2n-1$个元素。由于$m$序列中**1**的个数比**0**多1个，这$2n-1$个元素刚好是一个$n$长的**1**游程和一个$n-1$长的**0**游程所包含的码元个数，所以，在$m$序列的一个周期中，游程的总数为

$$
N = \sum_{l=1}^{n-2} 2^{n-(l+1)} + 1 + 1 = 2^{n-1} \qquad (4\text{-}6\text{-}22)
$$

因此，长度为l的游程个数占游程总数的比例（除了$l=n$外）为

$$
K = \frac{2^{n-(l+1)}}{2^{n-1}} = 2^{-l} \qquad (4\text{-}6\text{-}23)
$$

由式（4-6-23）可以看出，在m序列中，游程长度每增加1位，则该游程出现的概率就下降一半，这正是随机二进制序列的重要性质。

例如，$n=4$的m序列**111100011010010**…中，游程总数为$2^{n-1} = 2^{3} = 8$个。$l=1$的游程数为4个，占游程总数的$4/8 = 1/2$；$l=2$的游程数为2个，占游程总数的$1/4$；$l=3$的游程数为1个，占游程总数的$1/2^{3} = 1/8$。$l=4$（**1111**）的游程数为1个，不符合这个规律。

3. m序列的双值自相关特性

m序列是一个周期性序列，它的自相关函数可用式（4-3-7）和式（4-3-8）计算，为

$$
\beta_{ii}(l) = \sum_{k=1}^{L} x_{ik} \cdot x_{ik+l} \qquad \text{元素} \; x_{i} \in \{-1, +1\}
$$

自相关系数为

$$
\rho_{ii}(l) = \frac{1}{L} \beta_{ii}(l)
$$

式中，L为m序列周期长度，l为移位数。

111

若 $x_i \in \{0,1\}$，则可用式（4-3-12）和式（4-3-13）计算自相关函数，即

$$\left.\begin{aligned} \beta_{ii}(l) &= A-D \\ \rho_{ii}(l) &= \frac{A-D}{A+D} \end{aligned}\right\} \tag{4-6-24}$$

在 m 序列中，应用式（4-6-24）计算自相关函数较为方便，因为 $A-D$ 代表原序列与移位序列模 2 和后得到的新序列中 0 的个数与 1 的个数的差值。由 m 序列的移位-相加-移位性质可知，原序列和移位序列模 2 和后得到的新序列仍为 m 序列，由 m 序列的性质 2 又知，在 m 序列中，0 的个数比 1 的个数少 1 个，所以 $A-D=-1$，即有

$$\beta_{ii}(l) = \begin{cases} L=2^n-1 & l=0 \text{ 或 } L \text{ 的整数倍} \\ -1 & l \text{ 为其他数} \end{cases} \tag{4-6-25}$$

自相关系数为

$$\rho_{ii}(l) = \begin{cases} 1 & l=0 \text{ 或 } L \text{ 的整数倍} \\ -\dfrac{1}{L} & l \text{ 为其他数} \end{cases} \tag{4-6-26}$$

式（4-6-25）和式（4-6-26）表明，m 序列有非常良好的自相关性质。在 $l=0$ 时，自相关函数取最大值 2^n-1，在 $l \neq 0$ 的各点上的自相关值为同一负数，所以称 m 序列为双值自相关序列。这一性质与二进制随机序列的自相关函数在原点有最大值而在其他各点的值为 0 的性质类似。m 序列具有尖锐而无旁瓣的自相关函数，是一种典型的优选信号。

图 4-6-5 所示为 $L=7$ 的 m 序列的信号波形及其自相关函数波形。图 4-6-5（a）为冲激序列信号单元；图 4-6-5（b）为全占空的矩形波，码元宽度为 t_s；图 4-6-5（c）为部分占空矩形脉冲波形。按照信号单元求自相关函数的方法，得到它们各自的自相关函数波形，分别如右图所示。应特别注意，m 序列良好的自相关性质是在序列具有周期性的条件下得到的，如果 m 序列只取一个循环，它就不具有这种性质。

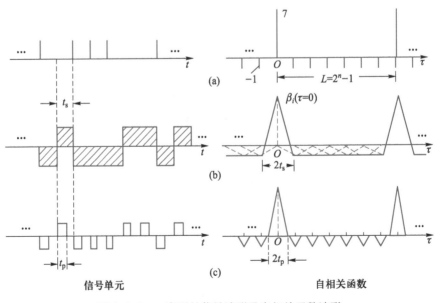

信号单元　　　　　　　　　　　　　　自相关函数

图 4-6-5　m 序列的信号波形及自相关函数波形

从图 4-6-5 中看到，m 序列的自相关函数具有良好的脉冲压缩性能。m 序列信号单元长为 $(2^n-1)t_s$，而自相关函数的主峰宽度为一个码元宽度 t_s（主峰底宽为 $2t_s$）。自相关函数的主峰高度为 2^n-1，与 $\tau \neq 0$ 时的各点值 -1 有明显差别，这一特点使接收端判决十分容易。从直观的时间分辨率来看，图 4-6-5（c）比图 4-6-5（b）有更好的分辨率。在信号设计中，为了使信号单元具有足够的能量，可使 m 序列周期 $L(2^n-1)$ 很长（即用时间来换取能量），同时为了提高直观分辨率，可使码元的脉冲很窄。这样就圆满地解决了信噪比和分辨率之间的矛盾。图 4-6-5（c）中的 t_p 为码元脉冲的宽度。

以上讨论的 m 序列的特性，即 **0**、**1** 元素的均衡性、游程特性以及双值自相关性与二进制随机序列的性质非常相似。特别是自相关函数的双值性和波形尖锐的特点使得 m 序列成为信号设计中典型的优选信号单元。此外，同长不同宗的 m 序列（即不同的本原多项式生成的 m 序列）之间的互相关特性也较好，互相关量的统计平均值为

$$E\left[\rho_{ij}(l)\right] = -1/L = -1/(2^n-1) \tag{4-6-27}$$

这里应当注意，由于相关函数与信号并没有唯一对应关系，所以同样长度而不同宗的 m 序列可以具有相同的自相关函数，也就是说，同长不同宗的 m 序列具有相同的功率谱密度函数。

4. m 序列具有包络线为 $(\sin x/x)^2$ 型的线状功率谱

信号的自相关函数与信号的功率谱密度是一对傅里叶变换对，所以 m 序列的功率谱 $P(\omega)$ 可以用 m 序列的自相关函数 $\beta(\tau)$ 求得，即

$$P(\omega) = \int_{-\infty}^{\infty} \beta(\tau) e^{-j\omega\tau} d\tau \tag{4-6-28}$$

为了简化计算，可对图 4-6-5 中的 m 序列的自相关波形进行分解。从自相关函数的波形中可以看出，m 序列的自相关波形与 m 序列的码元脉冲形状有着密切的关系。图 4-6-5（b）、（c）中的相关函数波形可以分解为周期的正三角波和周期的倒三角波的叠加 [如图 4-6-5（b）中的虚线所示]。可以预见，m 序列的功率谱就是这两种周期的三角波的频谱之和，是宽带的线状谱。

下面以图 4-6-5（c）为例，分析 m 序列功率谱的特点。图 4-6-5（c）中，m 序列的自相关函数波形可以分解为两个周期三角波的叠加。其中一个是高度为 8（即 $L+1 = 2^n$），底宽为 $2t_p$，周期为 $T=Lt_s$ 的周期正三角波；另一个是高为 -1，底宽仍为 $2t_p$，周期为 $T'=T/L=t_s$（码元宽度）的周期倒三角波。m 序列的频谱是这两个周期三角波频谱的相加。下面先求单个三角波的频谱，然后应用延拓的方法来计算周期三角波的功率谱。

一个底宽为 $2t_p$，高为 h 的等腰三角波的频谱密度函数为

$$G_{T\Delta}(\omega) = k \cdot h \left(\frac{\sin \omega t_p/2}{\omega t_p/2}\right)^2 \tag{4-6-29}$$

由第 2 章给出的延拓公式，可得到周期三角波的频谱密度函数为

$$G_{\Delta}(\omega) = \omega_0 \sum_{m=\infty}^{\infty} G_{T\Delta}(m\omega_0)\delta(\omega - m\omega_0) \tag{4-6-30}$$

因此，对周期 $T=Lt_s=(2^n-1)t_s$ 的正三角波来说，其频谱密度函数为

$$G_{\Delta}(\omega) = k \cdot 2^n \cdot \omega_0 \sum_{m=\infty}^{\infty} \left(\frac{\sin m\omega_0 t_p/2}{m\omega_0 t_p/2}\right)^2 \cdot \delta(\omega - m\omega_0) \tag{4-6-31}$$

式中，$\omega_0 = \dfrac{2\pi}{T} = \dfrac{2\pi}{Lt_s}$。

同理，可以求得周期 $T'=t_s=T/L$ 的倒三角波的频谱密度函数为

$$G_\triangledown(\omega) = k \cdot (-1) \cdot \omega_0' \sum_{m=-\infty}^{\infty} \left[\frac{\sin m\omega_0' t_p/2}{m\omega_0' t_p/2} \right]^2 \cdot \delta(\omega - m\omega_0') \qquad (4\text{-}6\text{-}32)$$

式中，$\omega_0' = \dfrac{2\pi}{t_s} = L\omega_0$。将 $\omega_0' = L\omega_0$ 代入式（4-6-32），可得

$$G_\triangledown(\omega) = -kL\omega_0 \sum_{m=-\infty}^{\infty} \left[\frac{\sin mL\omega_0 t_p/2}{mL\omega_0 t_p/2} \right]^2 \cdot \delta(\omega - mL\omega_0) \qquad (4\text{-}6\text{-}33)$$

将式（4-6-33）与式（4-6-31）相加，可得 m 序列的功率谱 $P(\omega)$ 为

$$P(\omega) = k \cdot 2^n \cdot \omega_0 \sum_{m=\infty}^{\infty} \left[\frac{\sin m\omega_0 t_p/2}{m\omega_0 t_p/2} \right]^2 \cdot \delta(\omega - m\omega_0) -$$

$$k(2^n - 1)\omega_0 \sum_{m=-\infty}^{\infty} \left[\frac{\sin mL\omega_0 t_p/2}{mL\omega_0 t_p/2} \right]^2 \cdot \delta(\omega - mL\omega_0) \qquad (4\text{-}6\text{-}34)$$

周期 $L=7$ 的 m 序列波形信号的功率谱曲线如图 4-6-6 中。

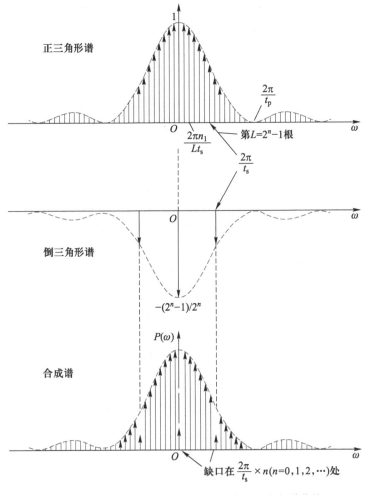

图 4-6-6　周期 $L=7$ 的 m 序列波形信号的功率谱曲线

从式（4-6-34）可以看出：

（1）在 $\omega=0$，$\pm\dfrac{2\pi}{Lt_s}$，$\pm\dfrac{4\pi}{Lt_s}$，$\cdots$，$\pm m\dfrac{2\pi}{Lt_s}$ 处，$P(\omega)$ 具有线状谱。

（2）在谱线中，每隔 L 次谐波出现谱能量减小，能量大小不是按 $\left(\dfrac{\sin\omega t_p}{2}\bigg/\dfrac{\omega t_p}{2}\right)^2$ 的包络线规律下降，而仅有原包络线强度的 $1/2^n$，形成"缺口"。

（3）m 序列功率谱的包络线按 $\left(\dfrac{\sin\omega t_p}{2}\bigg/\dfrac{\omega t_p}{2}\right)^2$ 变化，在 $\omega=2\pi/t_p$ 整数倍时出现包络线的零点。当码元采用全占空脉冲，即 $t_p=t_s$ 时，"缺口"与零点重合。

由以上分析可知，m 序列的功率谱是包络线为 $(\sin x/x)^2$ 的线状谱，理论上频带无穷宽。但实际上，在第一个零点以前的分量占信号总能量的 94%，所以常称 $\omega=2\pi/t_p$ 为 m 序列信号的带宽。当 m 序列的码元宽度 t_s 和脉冲宽度 t_p 很小时，线状谱较密且功率谱频带很宽，这时，m 序列可以视为带限白噪声源。

4.6.5　Gold 序列

以上讨论的 m 序列以其良好的伪随机特性，在雷达、通信、测量以及系统识别等领域得到了广泛的应用。但当 m 序列的周期值不大时，周期相同而序列不同的 m 序列的数目不多。由表 4-6-2 可以看出，周期为 127 的 m 序列（$n=7$）仅有 18 个；周期为 1 023 的 m 序列（$n=10$）也仅有 60 个。这样在多址通信系统中，当地址数很大时，用 m 序列作地址码就不够用了，必须寻找出数量多同时又具有类似 m 序列特性的伪随机序列。Gold 序列就是其中的一种。

Gold 序列是由 m 序列衍生出的一种伪随机序列，它是在 1967 年被提出的。Gold 序列具有和 m 序列类似的伪随机特性，但其同长度不同序列的个数比 m 序列多得多。

1. Gold 序列的产生

Gold 序列是由 m 序列优选对移位模 2 加构成的，如图 4-6-7 所示。图中，m_1 和 m_2 为周期相同的两个不同的 m 序列，它们构成一个优选对。所谓 m 序列优选对是指 m_1 和 m_2 的互相关函数 $R_{12}(l)$ 为三值函数 (r_1,r_2,r_3)，其中 r_1、r_2、r_3 分别为

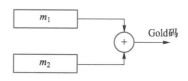

图 4-6-7　Gold 序列的产生过程

$$r_1=-1$$

$$r_2=\begin{cases}2^{(n+1)/2}-1 & n\text{ 为奇数}\\ 2^{(n+2)/2}-1 & n\text{ 为偶数},n\text{ 不为 4 的整数倍}\end{cases}$$

$$r_3=\begin{cases}-\left[2^{(n+1)/2}+1\right] & n\text{ 为奇数}\\ -\left[2^{(n+2)/2}+1\right] & n\text{ 为偶数},n\text{ 不为 4 的整数倍}\end{cases}$$

（4-6-35）

式（4-6-35）中，当 $n=4$ 及 4 的整数倍时，r_2 及 r_3 的值不存在，此时，m 序列没有优选对，因此也不存在对应的 Gold 序列。

2. Gold 序列的性质

（1）周期为 L 的一个 m 序列优选对可以构成 L 个 Gold 序列，这 L 个 Gold 序列加上 m_1

和 m_2 序列本身，共有 $L+2$ 个序列，它们之间任意两个序列的周期性互相关函数是三值函数 (r_1, r_2, r_3)。

（2）优选对数与 m 序列的周期有关，表 4-6-5 中列出了它们之间的关系。

表 4-6-5　m 序列的周期与优选对数及 Gold 序列数之间的关系

n	5	6	7	9	10
$L = 2^n - 1$	31	63	127	511	1 023
m 序列数	6	6	18	48	60
优选对数	12	6	90	288	330
Gold 序列数	396	390	11 610	147 744	338 250

（3）Gold 序列的周期性自相关函数是三值函数 (r_1, r_2, r_3)。同一优选对产生的 Gold 序列周期性互相关函数也是三值函数；同长度的不同优选对产生的 Gold 序列的周期性互相关函数不是三值函数。

利用数论及计算机搜索的方法可以找出 m 序列的优选对，表 4-6-6 中列出了 n 为 7~11 级时 m 序列对应的部分优选对。表中，多项式的系数为八进制形式，每一位数表示 3 位二进制序列，对应的关系如下：

$$0——\mathbf{000}\quad 1——\mathbf{001}\quad 2——\mathbf{010}\quad 3——\mathbf{011}$$
$$4——\mathbf{100}\quad 5——\mathbf{101}\quad 6——\mathbf{110}\quad 7——\mathbf{111}$$

二进制序列便是对应的多项式系数。其中，z^{-1} 的幂次从左至右按从高到低的顺序排列。例如，235 对应二进制序列为 **010 011 101**，它对应的本原多项式为 $z^{-7} + z^{-4} + z^{-3} + z^{-2} + 1$。

表 4-6-6　n 为 7~11 级时 m 序列对应的部分优选对

级数 n	基准本原多项式	配对本原多项式			
7	211	217 203	235 357	277 301	325 323
	217	211 213	235 271	277 357	325 323
	235	211 313	217 221	277 361	325 357
	367	277 221	203 361	313 271	345 375
9	1 021	1 131	1 333		
	1 131	1 021	1 055	1 225	1 725
	1 461	1 743	1 541	1 853	
10	2 415	2 011	3 515	3 177	
	2 641	2 517	2 213	3 045	
11	4 445	4 005	5 205	5 337	5 263
	4 215	4 577	5 747	6 765	4 563

此外，在实际系统中，为了得到数量更多的伪随机序列，还可将周期很长的 m 序列截成若干段较短的序列，称这种较短的序列为截短 m 序列。截短序列长度可以是 $1\sim2^n-1$ 之间的任意值。例如，将周期为 32 767 的 m 序列截成长度为 127 的序列，可得到约 258 种序列。m 序列截短后，其截短序列不再是 m 序列，但统计分析表明，这种截短序列也具有伪随机特性，因而在工程中得到了较广泛的应用。

4.6.6 非线性反馈移位寄存器序列——M 序列

前面讨论了线性反馈移位寄存器序列，其中最长周期 $L=2^n-1$ 的序列称为 m 序列。在线性反馈移位寄存器系统中，全 0 状态是不能参加反馈循环的。但在非线性反馈的情况下，n 级移位寄存器的全 0 状态可以参与反馈循环，从而使 n 级移位寄存器系统产生的周期序列比 m（小写）序列长一位，即周期 $L=2^n$。n 级非线性反馈移位寄存器系统可以经历移位寄存器的所有状态，这时产生的序列称为 M（大写）序列。

M 序列不具有 m 序列的移位-相加-移位和双值自相关特性，但序列中 1 和 0 出现的随机性、均衡性（即 0 和 1 各为一半）及游程特性与 m 序列类似。

目前，M 序列主要用于加密通信系统中，因为 n 级移位寄存器系统产生的不同循环的 M 序列数目要比 m 序列的个数 $\lambda(n)=\varphi(2^n-1)/n$ 多得多，这增加了破译的难度。

M 序列产生的理论问题，至今尚未得到解决。但是，古德（Gold）已证明了，对于任意自然数 n，都有 n 级 M 序列存在。1964 年，迪·布瑞茵证明了波苏默斯对 M 序列个数的猜想：n 级 M 序列的个数为 $2^{(2^{n-1}-n)}$ 个。目前，人们已找到了一些实际构造 M 序列的方法，下面简单介绍一种用 m 序列发生器构造 M 序列发生器的方法。

考察前面图 4-6-3 中 $n=3$ 的 m 序列发生器的状态转换图，可以发现，如果插入全 0 状态 000，就可以构成周期 $L=2^3=8$ 的 M 序列。让全 000 状态插在 001 状态与 100 状态之间，其他状态顺序不变，就可以产生 10111000… 的周期序列。M 序列的递推公式可以在 m 序列的递推公式基础上稍加修正得到，$n=3$ 时产生 m 序列的递推公式为

$$a_k = \sum_{i=1}^{3} c_i a_{k-i} = a_{k-2} \oplus a_{k-3}$$

将上式修正后，得到 M 序列的递推公式为

$$\begin{aligned}a_k &= \sum_{i=1}^{3} c_i a_{k-i} \oplus \overline{a}_{k-1}\,\overline{a}_{k-2} \\ &= a_{k-2} \oplus a_{k-3} \oplus \overline{a}_{k-1}\,\overline{a}_{k-2}\end{aligned} \tag{4-6-36}$$

式（4-6-36）中出现了乘积项，成为非线性递推公式。

由式（4-6-36）看出，当系统状态为 001，即 $a_{k-1}=0$，$a_{k-2}=0$，$a_{k-3}=1$ 时，则 $a_k=0$。这时反馈输入 $a_k=0$，所以它的接续状态为 000，出现全 000 状态。当 $a_{k-1}=a_{k-2}=a_{k-3}=0$ 时，由式（4-6-36）计算得 $a_k=1$，则下一次接续状态是 100，依次递推得到 M 序列。$n=3$ 时产生 M 序列的发生器电路原理图与状态转换图分别如图 4-6-8（a）、（b）所示。

由以上 $n=3$ 的 m 序列到 M 序列的递推公式变化可以推论出，n 级移位寄存器非线性反馈系统产生的 M 序列的递推公式可表示为

$$a_k = \sum_{i=1}^{n} c_i a_{k-i} \oplus \overline{a}_{k-1}\,\overline{a}_{k-2}\cdots\overline{a}_{k-n}$$

$$= \sum_{i=1}^{n} c_i a_{k-i} \oplus \prod_{i=1}^{n} \overline{a}_{k-i} \tag{4-6-37}$$

式中，$\sum_{i=1}^{n} c_i a_{k-i}$ 是产生 m 序列的递推公式。有了以上递推公式，就可以得到周期为 $L=2^n$ 的任意 M 序列。n 级移位寄存器系统可以产生不等价（不同宗）的 M 序列的个数为 $2^{(2^{n-1}-n)}$。例如，$n=10$ 时，m 序列只有 60 种，而 M 序列有 $2^{(2^{10-1}-10)}=1.30935\times10^{151}$ 种。

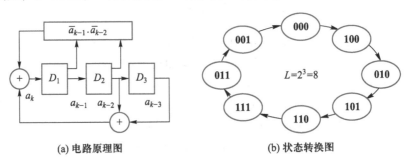

(a) 电路原理图　　　　　　　　(b) 状态转换图

图 4-6-8　$n=3$ 时 M 序列发生器及状态转换图

4.6.7　m 序列的应用

m 序列具有优良的自相关特性，且产生及复制十分容易，因而它成为信号设计中最优选的信号单元之一。目前，m 序列在雷达、通信（包括加密、解密）、系统识别及测量等许多领域都得到了广泛的应用。又由于 m 序列的随机性，它还可以当作随机噪声发生器使用。由于篇幅所限，本节仅简单介绍 m 序列的几种典型应用。

1. 误码率测量

在数字通信系统中，误码率是一项主要的质量指标。一般来说，在实际信道中传输的二进制数字信号 0 和 1 是等概且随机出现的，因此，在进行误码率测试时，信号源中的 0 和 1 应该具备以上特征。由于 m 序列中 0 和 1 的均衡性和伪随机性，且在接收端复制 m 序列十分容易，因而 m 序列常用来作为误码率测试的数字信号源。图 4-6-9 所示为数字信号单程传输时的误码率测量原理框图。

图 4-6-9　误码率测量原理框图

图 4-6-9 中，发送端将伪码发生器产生的 m 序列作为数字信号，经发送设备，通过信道传送到接收设备。接收到的数字码与本地产生且与发送端同步的 m 序列进行比较，记录错误码元的个数，并计算出传错的码元数与总码元数之比，得到信道的误码率。

2. 距离及延迟时间测量

测距雷达测量目标与观察点之间的距离及测量信号经过某一系统后时间上的延迟（或相移），都可以通过 m 序列进行相关检测来实现。

目标与观察点之间的距离可以通过信号从目标返回到观察点的时间延迟 τ 来计算，测距原理如图 4-6-10 所示。m 序列通过移位在相关器中与从目标返回的 m 序列进行相关运算，当参考 m 序列信号的移位延迟等于发送 m 序列信号在传输路径上的延迟时，相关器输出峰值。由 m 序列移位的码元数（即时间 τ）与电波的空间传播速度就可以计算出目标与观察点之间的距离。测量的精度由序列的码元宽度决定，码元越窄，测量精度越高。如果增加 m 序列的长度，则可以提高检测信噪比，增加测量的距离。

利用同样的原理，m 序列可作为系统识别中的测试信号。图 4-6-11 所示的是 m 序列在地层结构勘探中的应用原理图。图中，m 序列作为振动信号源，使地层随信号纵向振动（垂直上下），振动波每碰到不同结构的介质面就产生回波。通过拾振器（即振动传感检波器）把振动信号（m 序列）变为电信号，经放大之后与振动源的 m 序列信号进行相关处理。然后通过各相关峰值出现的时间及子波（相关波形）形状，判断各种地层的厚度及各层土质的差别，从而为寻找矿类、地下水及石油等资源提供依据。

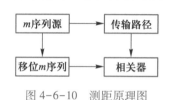
图 4-6-10　测距原理图

图 4-6-11　m 序列在识别系统中的应用原理图

3. 数字通信中的加密及数据扰乱

现代通信系统对保密性的要求越来越高。数字通信系统中信号的加密可以通过 m 序列来实现，图 4-6-12 所示的是数字信号加密、解密的基本原理图。图中，信源输出的二进制码元与 m 序列发生器产生的 m 序列进行模 2 相加，产生难以理解的数字序列，这就是加密后的信号。加密后的信号在传输过程中若被截获，窃听者也不能理解其内容。在接收端，将加密后的信号与同步的 m 序列再进行模 2 相加运算，就可以恢复原来的数字信号。

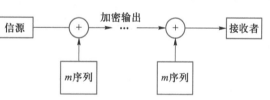
图 4-6-12　数字信号加密、解密的基本原理图

如果想要破译加密后的信号，就必须了解加密所用的 m 序列的类型、长度及相位等信息。由于 m 序列越长（即 n 越大），不同宗的 m 序列越多，且不同相位的 m 序列也越多，破译者找到与发信用的同宗同相的 m 序列所需的时间就越长，所以加密用的 m 序列越长，破译难度就越大。因而，非线性移位寄存器产生的 M 序列更适用于通信加密。例如，用 $n=10$ 的 M 序列进行加密，假定破译者用大型计算机搜索，每试探一种 $n=10$ 的 M 序列设为 1 ns，则平均约需 2×10^{134} 年才能破译密码，这实际上等于不可破译！

在数字通信系统中，为了使传输的数字码不出现较短周期现象（因为数字码的周期出现容易引起对相邻信道的干扰或串话），同时消除长连码现象（长连 1 或连 0 出现，使接收端提取位同步信号困难），常将待发送的数字信号进行数码扰乱，使之成为无周期（或周期甚长）和 **1**、**0** 码接近等概率出现的数字序列。m 序列扰码器可以使数字序列具有传输系统要求的随机码特性，这种扰乱不增加信号的多余度和带宽。

4.6　m 序列信号单元

m 序列扰码器的原理框图如图 4-6-13 所示。图 4-6-13（a）为扰码器，图 4-6-13（b）为去扰器，扰码器和去扰器都是 m 序列发生器的变形。扰码器为反馈系统，去扰器为前馈系统，对数据的扰乱也具有一定的加密作用。

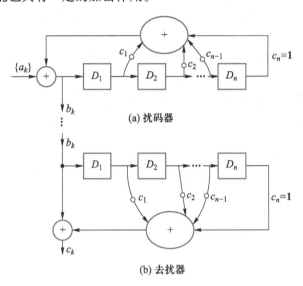

(a) 扰码器

(b) 去扰器

图 4-6-13　m 序列扰码器的原理框图

去扰器输出序列的相位与初始状态无关。扰乱与去扰原理分析如下：

扰码器的主要作用是使输出序列各位为输入序列很多位的模 2 和，若输入序列之间各位彼此独立，则输出序列就会趋近于正态白噪声序列。

设图 4-6-13 中扰码器的输入序列为 $\{a_k\}$，而扰乱输出为 $\{b_k\}$，去扰器输出为 $\{c_k\}$，则有

$$b_k = a_k \oplus \sum_{i=1}^{n} c_i b_{k-i} \tag{4-6-38}$$

而

$$c_k = b_k \oplus \sum_{i=1}^{n} c_i b_{k-i} \tag{4-6-39}$$

将式（4-6-38）的 b_k 代入式（4-6-39）中，有

$$c_k = \left(a_k \oplus \sum_{i=1}^{n} c_i b_{k-i} \right) \oplus \sum_{i=1}^{n} c_i b_{k-i} = a_k \tag{4-6-40}$$

可见，去扰后恢复了原信源序列 a_k。由于去扰器是前馈系统，并没有反馈送入移位寄存器系统的输入端，所以接收端系统的初态最多只影响前 n 个码元，n 个码元之后自动恢复扰乱前的序列。但应当注意，在信道干扰出现误码时，去扰器会使误码扩散。扩散的个数等于 m 序列发生器中参加模 2 加的反馈线的数目。因此，为减少误码扩散，应采用有最少项数的 n 次本原多项式的 m 序列发生器作为扰码器和去扰器。

4. m 序列在扩频通信系统中的应用

所谓扩频通信，是指传输信号的带宽远大于原信号本身带宽的一种通信方式。扩频通信技术是在香农的信道容量公式 $C = B\log_2(1 + S/N)$ 的指导下产生的。该公式表明，在相同

信道容量的条件下，带宽与信噪比是可以互换的，即通过编码利用较宽的频带可以换取低信噪比下的无误信息传输。

扩频通信系统中，传输信号带宽与原信号带宽的比值用扩频因数 B_e 表示，即 $B_e = B/R$，其中，B 是扩频后的信号带宽，R 为扩频前信号本身带宽。通常，B_e 的取值为 $100 \sim 1\,000$。

扩频通信系统的工作过程是这样的，在发送端用一高速伪随机序列（称为扩频码）去调制待发送的信号，由于伪随机序列的码速率远大于原信息速率，因而传输信号的带宽被大大展宽，这个过程称为扩频。在接收端用与发送端同步的伪随机序列对接收到的信号进行相关处理，把宽带信号还原为原信号，这个过程称为解扩。图 4-6-14 所示为用 m 序列作为扩频码的扩频通信系统原理图。

按扩频信号产生的方法不同，扩频通信系统可分为两种：一种是直接序列扩频（direct sequence spread spectrum，DSSS）系统，另一种是频率跳变扩频（frequency hopping spread spectrum，FHSS）系统或称为跳频扩频系统。

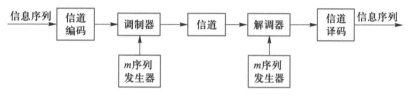

图 4-6-14　扩频通信系统原理图

直接序列扩频（DSSS）系统的原理图如图 4-6-15（a）所示，为了说明扩频原理，图中略去了信道编码部分。

在直接序列扩频系统中，发送端用信息码元（或经信道编码后的信息码元）先对载波进行二进制相移键控，得到 PSK 信号，再用伪随机序列（扩频码）对 PSK 信号进行二次调制。由于伪随机序列的速率远大于信息码元的速率，因而扩展了 PSK 信号的频谱。信息码元和扩频用的伪随机序列由于都是二进制码元，并且是对同一载波进行调制，故图 4-6-15（a）中的调制部分可简化为如图 4-6-15（b）所示。

在接收端用提取出的时钟信号先去产生与发送端同步的本地扩频码（m 序列），再用此扩频码去调制本振，然后将已调本振与接收信号混频，这样得到受信息码元调制的窄带中频信号，最后由 PSK 解调器解调出原信息序列。

当考虑信道中加入的干扰和噪声时，接收端输入信号的功率谱如图 4-6-15（c）所示，其中包括有用信号功率谱，以及白噪声、窄带干扰及宽带干扰的功率谱。这时，有用信号淹没在噪声和干扰之中。图中，有用信号的带宽为 $2R_c$，为扩频后的信号带宽，它取决于扩频码的速率 R_c。将接收端输入信号与本地扩频码相乘（解扩）后，有用信号功率谱被解扩还原为窄带功率谱，由于干扰和噪声与接收端本地扩频码无关，因此白噪声和宽带干扰的功率谱宽度基本未变，而窄带干扰功率谱则被本地扩频码扩展为宽带功率谱。接收端输入信号解扩后的功率谱如图 4-6-15（d）所示。这样经中频放大及窄带滤波后，干扰和噪声仅有一小部分落入有用信号频带内，使干扰和噪声电平大大降低，从而使输出信噪比有很大提高。

信噪比提高的倍数称为扩频系统的处理增益 G_e，理论上应等于扩频因数 B_e（实际上可能达不到此值）。处理增益不可能无限制增加，当干扰和噪声被降低到热噪声的电平强

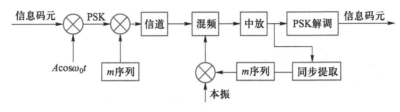

(a) 直接序列扩频系统原理图

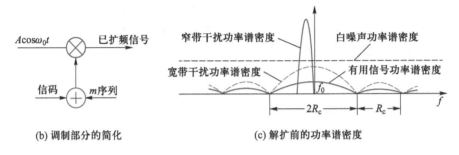

(b) 调制部分的简化　　　　　　　(c) 解扩前的功率谱密度

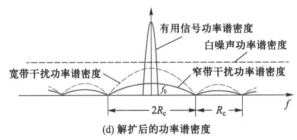

(d) 解扩后的功率谱密度

图 4-6-15　直接序列扩频系统的原理图及频谱

度时，信噪比不能再升高，达到此界限的扩频码速率称为最佳扩频速率。

跳频扩频系统（FHSS）的原理如图 4-6-16（a）所示，系统中的关键部分是由伪随机序列控制的频率合成器。在发送端，系统将由信息码元调制得到的已调信号与伪随机序列（m 序列）控制的频率合成器的输出信号混频。在每个信息码元之内发送一个或几个频率的组合，构成一个矩形包络的梳状扩频频谱，如图 4-6-16（b）中所示。扩频因数取决于频率合成器提供的不同频率个数，即伪随机序列的不同状态数（每种状态产生一个频率），频率合成器受 m 序列控制而产生 2^n-1 个不同的频率。控制频率合成器的 m 序列速率可以高于信息码元速率（称为快跳频），也可以等于或低于信息码元速率（称为慢跳频）。图 4-6-16（b）中所示的是在每个信息码元时间内产生一次跳频时的时频编码图。在时频编码中，也可以在每个码元时间内发送几个频率的组合，以代表多进制码元状态。

在跳频系统的接收端，由本地频率合成器产生与发送端具有同样变化规律且同步的本地载波信号与接收信号混频，混频之后的信号抵消了原有的频率跳变而产生固定的中频信号。这种系统抑制噪声干扰的原理与直接序列扩频相似，同样可以提高输出信噪比。

扩频技术除了可以提高通信系统的输出信噪比外，还可以应用于以下多种场合：

（1）抗干扰。在电子对抗中，敌对双方常常使用电台干扰对方的通信。采用扩频通信技术后，由于有意干扰者难以了解所用的扩频码序列，所以干扰者发出的干扰信号可视为

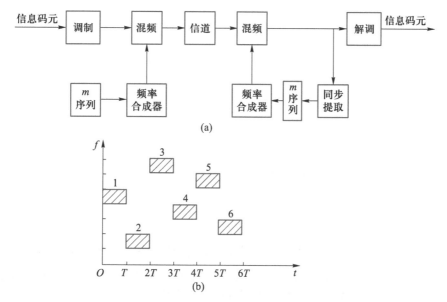

图 4-6-16　跳频扩频系统的原理图及时频编码图

与扩频信号无关，仅是一种宽带噪声，在接收端经解扩处理后，干扰将被大大抑制。理论上说，只有干扰信号与有用信号的功率之比超过处理增益 G_e 时，有用信号才可能受到干扰，但这样大的发送功率是不易做到的。

（2）低信噪比通信及信号隐藏。扩频通信系统中，接收端输入的信噪比可以很低，系统用很小的发送功率仍能保证无误通信。因而在功率受限的通信系统（如卫星通信）中，特别适合采用扩频技术。另外，由于扩频通信可以在极低的信噪比条件下进行，因此发送信号可以隐藏在噪声之中，从而使通信内容不被第三者发觉和窃听。

（3）码分多址（code division multiple access，CDMA）。码分多址是目前应用最多的一种多址通信方式，CDMA 的基础是扩频技术。面对全世界范围内对移动通信和个人通信需求的不断增长，CDMA 通信系统越来越显示出其独有的优越性。CDMA 通信系统可以利用同一个信道（同一个发送频率），同时对几个不同的接收台（机）进行不同内容的通信。这在一般的调制系统中是难以做到的，因为同一个频率的不同信号将产生相互干扰。但在 CDMA 通信系统中，各发射机用不同的伪随机序列（称为地址码）进行扩频，接收端则根据不同的地址码接收信号，每个地址码选用一个不同宗的 m 序列，接收机利用 m 序列的相关性去选择发给自己的扩频信号，与本机地址码不相关的信号，接收机没有输出。这样达到在同一信道上进行多址通信的目的。

（4）多径分离，克服衰落。在短波电离层反射、对流层散射及移动通信系统中，由于存在着电波多径传播效应，因而造成接收信号产生衰落的现象。为了克服这种现象，在接收端可以设法将不同路径的信号分离出来，进行相位校正后再叠加，从而使信号得到增强，这就是多径分离。在多径分离技术中，m 序列起着重要的作用。受 m 序列调制的扩频信号，经多径信道传播之后，各路径信号将产生不同的延迟（或相移），接收端可用不同相位的 m 序列对接收信号求相关，将不同路径的信号分离出来，然后经相位校正后相加，从而克服不同相位的信号互相抵消而产生的衰落现象。

习　题

4-1　信号设计时所考虑的基本前提和原则是什么？试举几个具有脉冲压缩性能的信号单元的例子。

4-2　设高斯脉冲信号为

$$s(t) = \frac{1}{\sqrt{2\pi}\,\sigma} e^{-t^2/2\sigma^2}$$

试计算对该信号匹配的滤波器的传输函数和输出最大信噪比 $\left(\text{设滤波器输入端的白噪声功率谱密度为}\frac{n_0}{2}\right)$。

4-3　已知信号 $x_1(t)$ 和 $x_2(t)$ 如图 E4-1 所示。试分别画出对信号 $x_1(t)$ 和 $x_2(t)$ 匹配的滤波器的冲激响应及输出响应的波形，并且标出关键点的值（峰值及波形宽度等）。

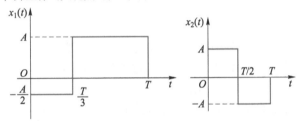

图 E4-1

4-4　试证明：矩形脉冲 $s(t)$ 通过 RC 低通滤波器的输出最大信噪比为匹配滤波器输出最大信噪比的 0.816 倍，即矩形脉冲通过 RC 准匹配滤波后的最大信噪比，比匹配滤波输出的最大信噪比仅低约0.8 dB。〔提示：先求出准最佳滤波器的最佳 RC 的值，并利用超越方程 $(1-e^{-x})(2xe^{-x}+e^{-x}-1)=0$ 的解 $x=1.26$〕

4-5　试画出如图 E4-2 所示的锯齿波 $s(t)$ 通过匹配滤波器后的输出波形，并计算最大输出信噪比。

4-6　已知信号为

$$s(t) = \begin{cases} \dfrac{A}{T}t\cos\omega_c t & 0 \leqslant t \leqslant T \\ 0 & t \text{ 为其他值} \end{cases}$$

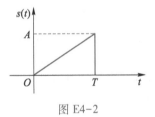

图 E4-2

以该信号加白噪声作为滤波器的输入，设计对 $s(t)$ 匹配的滤波器，画出该匹配滤波器的冲激响应和输出信号波形。

4-7　设有一持续时间为 3 s 的信号 $s(t)$，在功率谱为 $\frac{n_0}{2}$ 的白噪声干扰下传输，用匹配滤波器检测该信号。

① 试求出该信号的匹配滤波器冲激响应；

② 计算该匹配滤波器的传递函数；

③ 求匹配滤波器的输出信号 $s_o(t)$；

④ 求匹配滤波器输出平均噪声功率；

⑤ 求输出最大信噪比；

⑥ 确定输出噪声分量的自相关函数。

4-8　(1) 对以下的各种信号求对应的匹配滤波器的冲激响应和最大输出信噪比，假定白噪声功率

谱为 $\dfrac{n_0}{2}=1$（A、B、C 为常数）。

① $g(t)=A\Pi\left(\dfrac{t-2}{4}\right)$；

② $g(t)=B\Lambda(t)u(t)$；

③ $g(t)=C[u(t)-2u(t-1)+2u(t-2)-u(t-3)]$。

其中，$u(t)$ 是阶跃函数，$\Pi\left(\dfrac{t}{T}\right)$ 是高度为 1、宽为 T 的矩形函数，$\Lambda(t)$ 是高度为 1、底宽为 2 的等腰三角形函数。

（2）求以上所有情况下，匹配滤波器的传递函数。

4-9 若用七位长的巴克码 − + − − + + + 作为系统的帧同步码，已知其前后均为数字码流，码流中出现 +1 的概率 $P=0.2$，出现 −1 的概率为 $1−P$。试计算相关器接收巴克码时，把该数字信号错当为帧同步码的概率。

4-10 设有一个 $n=4$ 的线性移位寄存器反馈系统，当 $\{C_k\}=\{1111\}$、$\{C_k\}=\{0011\}$ 及 $\{C_k\}=\{0101\}$ 时，分别画出其状态转换图并写出相应的输出序列的一个周期，并指出以上哪种 $\{C_k\}$ 的组合能产生 m 序列。

4-11 如图 4-5-2（b）所示的巴克码检测器，将七位长的巴克码加于检测器的输入端，设各寄存器的初始状态均为零，试画出以下两种情况下判决器的输出波形：

① 七位巴克码的前后全为 **1**；

② 七位巴克码的前后全为 **0**。

4-12 一个 $n=3$ 的线性反馈移位寄存器，已知特征多项式为 $f(z^{-1})=z^{-3}+z^{-2}+1$，试验证它为本原多项式。

4-13 已知一个 $n=3$ 的线性反馈移位寄存器系统中，$\{C_k\}=\{101\}$，设系统的初始状态全为 **1**，试写出输出序列。

4-14 已知 $z^{-15}+1$ 的分解因式为
$$z^{-15}+1=(z^{-4}+z^{-1}+1)(z^{-4}+z^{-3}+1)(z^{-4}+z^{-3}+z^{-2}+z^{-1}+1)$$
$$(z^{-2}+z^{-1}+1)(z^{-1}+1)$$

① 试写出产生 m 序列的 $n=4$ 的线性反馈移位寄存器的特征多项式；

② 画出相应的系统结构图；

③ 试求出两种不同的 m 序列（设初态为 **1111**）。

4-15 设有一个 $n=9$ 的线性反馈移位寄存器系统产生的 m 序列。

① 求此 m 序列的周期；

② m 序列中连续出现 **1** 的最多个数为多少？是否有 8 个 **1** 的连码？为什么？

③ 该序列中出现最长连 **0** 的游程长度是多少？

④ 该序列中游程的总个数是多少？

4-16 试构成周期长度为 7 的 m 序列发生器，并说明其均衡性、游程特性、移位相加特性和自相关特性。［注：$z^{-7}+1=(z^{-1}+1)(z^{-3}+z^{-2}+1)(z^{-3}+z^{-1}+1)$］

4-17 本原多项式 $f(z^{-1})=1+z^{-1}+z^{-4}$，移位寄存器的时钟速率为 1 Hz，试画出由此产生的 m 序列的自相关函数波形和详细功率谱图。

4-18 设计一个由 5 级移位寄存器组成的扰码和解扰系统，画出扰码器和解扰器的结构图。

4-19 已知某 m 序列发生器输出的序列中，一个周期为 **111100010011010**，试确定产生此 m 序列的移位寄存器的组合 $\{C_k\}$。

4-20 若用一个由 9 级移位寄存器产生的 m 序列进行测距，已知最远目标为 1 500 km，试求加于移位寄存器的定时脉冲（CP）的最短周期。

第 5 章

模拟调制系统

5.1　引言

　　正如第 1 章讨论通信系统模型时所指出的那样，由信源产生的原始信号通常具有较低的频谱分量，这种信号称为基带信号。基带信号在大多数信道中并不能直接传输，因为大多数信道具有带通特性。因此，为了适宜在信道中传输和实现信道复用，基带信号在通信系统的发送端需要进行调制，再送入信道传输，在接收端则进行相反的变换，即解调。

视频：模拟
调制系统引言

　　所谓调制，就是按调制信号（基带信号）的变化规律去改变载波的某些参数的过程。解调则是相反的变换过程，即由载波参数的变化去恢复基带信号。由于载波频率较高，易于发射，因此调制过程特别适合无线通信系统。在实际通信系统中，通过选择不同的载波频率，还可以让多路信号在同一信道中同时传输，从而实现信道的频分复用。

　　按载波的类型不同，调制可以分为两大类：用正弦形高频信号作为载波的正弦波调制；用脉冲串作为载波的脉冲调制。通常，正弦波调制又分为模拟（连续）调制和数字调制两种。所谓模拟（连续）调制，就是指调制信号为模拟信号的正弦波调制；数字调制则是指调制信号为数字信号的正弦波调制。脉冲调制也可分为两种：用连续型的调制信号去改变脉冲参数的脉冲模拟调制及用连续信号的数字化形式（通过模-数转换，详见第 6 章）去形成一系列脉冲组的脉冲编码调制。按照已调信号的频谱与调制信号频谱之间关系的不同，以正弦波为载波的调制系统又可分为线性调制和非线性调制两大类。线性调制时，已调信号的频谱为调制信号频谱的平移及线性变换；而非线性调制时，已调信号的频谱与调制信号频谱之间不存在这种对应关系，已调信号频谱中出现与调制信号频谱无对应线性关系的分量。

本章讨论的模拟调制系统包括幅度调制系统与角度调制系统，是以正弦波为载波的模拟调制系统中应用最广泛的调制方式。幅度调制系统的典型调制方式有标准幅度调制（AM）、抑制载波双边带调制（DSB）、单边带调制（SSB）及残留边带调制（VSB）等；角度调制系统的典型调制方式有调频（FM）和调相（PM）。幅度调制属于线性调制，角度调制属于非线性调制。

5.2 幅度调制系统

幅度调制是指高频正弦载波的幅度随调制信号作线性变化的过程，标准幅度调制（amplitude modulation，AM）是最基本的幅度调制方式。

5.2.1 标准幅度调制（AM）

1. AM 信号的时域及频域表示

设 $f(t)$ 为一无直流分量的基带信号，其频谱为 $F(\omega)$。

高频正弦载波信号为

$$C(t) = A\cos(\omega_0 t + \theta_0) \tag{5-2-1}$$

式中，A 为载波幅度，ω_0 为载波角频率，θ_0 为载波的初始相位。为简单起见，设 $\theta_0 = 0$。

标准幅度调制信号的时间波形可用下式表示

$$S_{AM}(t) = [A_0 + f(t)]\cos\omega_0 t \tag{5-2-2}$$

式中，A_0 为外加的直流分量，且要求 $A_0 \geqslant |f(t)|_{max}$ 或 $[A_0 + f(t)] \geqslant 0$，否则将出现过调制现象，AM 信号的包络不能反映 $f(t)$ 的变化规律，出现严重的失真。

定义 $m = \dfrac{|f(t)|_{max}}{A_0}$ $(0 \leqslant m \leqslant 1)$ 为调幅指数。当出现过调制时，m 值大于 1，这种情况是不允许出现的。

产生标准幅度调制信号的模型如图 5-2-1 所示。典型的标准幅度调制信号波形如图 5-2-2 所示。

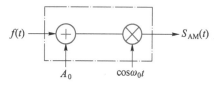

图 5-2-1　产生标准幅度调制信号的模型

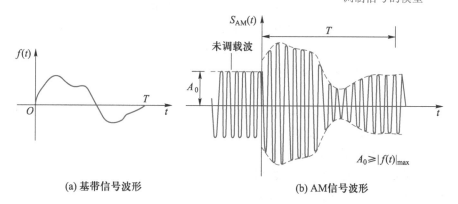

(a) 基带信号波形　　　(b) AM信号波形

图 5-2-2　典型的标准幅度调制信号波形

由傅里叶变换的性质可以得到式（5-2-2）中 $S_{AM}(t)$ 信号的频谱为

$$S_{AM}(\omega) = \pi A_0 [\delta(\omega - \omega_0) + \delta(\omega + \omega_0)] + \frac{1}{2}[F(\omega - \omega_0) + F(\omega + \omega_0)] \quad (5-2-3)$$

由式（5-2-3）可知，标准幅度调制信号的频谱 $S_{AM}(\omega)$ 中包括位于 $\omega = \omega_0$ 和 $\omega = -\omega_0$ 处的载波分量以及位于它们两旁的边频分量 $F(\omega - \omega_0)$（正频域）及 $F(\omega + \omega_0)$（负频域）。调制前后的频谱如图 5-2-3 所示。

由图 5-2-3（b）可看出，标准幅度调制信号的频谱 $S_{AM}(\omega)$ 是调制信号频谱 $F(\omega)$ 的线性搬移，调制的作用在这里是将基带信号频谱 $F(\omega)$ 搬移到载波频率 ω_0 和 $-\omega_0$ 的位置上，因而，AM 是一种线性调制方式。$S_{AM}(\omega)$ 频谱中 $|f| > f_0$ 的部分称为上边带（upper sideband，USB），$|f| < f_0$ 的部分称为下边带（lower sideband，LSB）。显然，当 $f(t)$ 为实信号时，上、下边带是完全对称的。

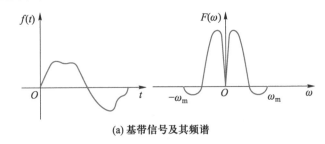

(a) 基带信号及其频谱

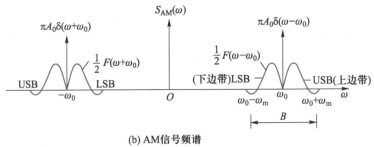

(b) AM信号频谱

图 5-2-3　标准幅度调制信号的频谱

此外，由图 5-2-3（b）还可看出，若调制信号的频谱 $F(\omega)$ 最高角频率为 ω_m，则已调信号的频谱 $S_{AM}(\omega)$ 的带宽扩展为 $2\omega_m$，因而标准幅度调制信号的带宽为

$$B = 2f_m (\text{Hz}) \quad (5-2-4)$$

式中，$f_m = \omega_m / 2\pi$ 为 $F(\omega)$ 的最高频率。

2. AM 信号的解调

AM 信号的解调可采用同步解调及包络解调两种方式。同步解调也称为相干解调。同步解调器由乘法器和低通滤波器组成，解调模型如图 5-2-4 所示。在这种解调方式中，接收端必须提供一个与发送端载波信号具有相同频率和相同相位的本地载波振荡信号，称为相干载波。相干载波由载波同步电路（详见第 11 章）提

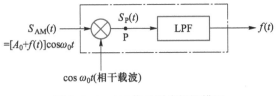

图 5-2-4　AM 信号同步解调模型

取，实现较为复杂。

图 5-2-4 中，$\cos\omega_0 t$ 为接收端产生的相干载波，它与发送端的载波信号是同频同相的。从图 5-2-4 可以得到 P 点的信号为

$$S_P(t) = S_{AM}(t)\cos\omega_0 t = [A_0 + f(t)]\cos^2\omega_0 t$$

$$= \frac{1}{2}[A_0 + f(t)](1 + \cos 2\omega_0 t)$$

分析上式可知，它由两部分组成：$\frac{1}{2}[A_0 + f(t)]$ 及 $\frac{1}{2}[A_0 + f(t)]\cos 2\omega_0 t$。第一部分为基带信号，能顺利通过低通滤波器，去除其中的直流分量 A_0 后（通过隔直电路），即为需要的调制信号 $f(t)$；第二部分是载波频率为 $2\omega_0$ 的标准幅度调制信号，通过低通滤波器后将被滤除。

上述的解调过程还可以利用卷积图解的方法来说明，如图 5-2-5 所示。图（a）为 AM

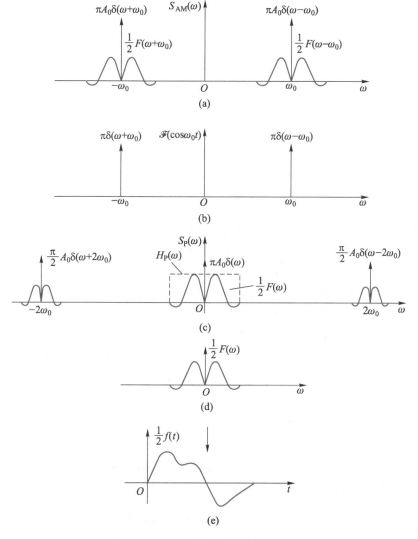

图 5-2-5　AM 信号的同步解调过程

信号的频谱；图（b）为 $\cos\omega_0 t$ 的频谱；图（c）为图（a）与图（b）卷积的结果，即为 P 点信号 $S_{\mathrm{P}}(t)$ 的频谱 $S_{\mathrm{P}}(\omega)$；图（d）为 $S_{\mathrm{P}}(\omega)$ 经过理想低通滤波器及隔直电路后的输出 $\frac{1}{2}F(\omega)$；图（e）为对应的基带信号波形 $\frac{1}{2}f(t)$。

AM 信号的解调还可以采用非相干解调方法，即包络解调。包络解调可由包络检波器来完成，其电路结构及其输入、输出波形如图 5-2-6 所示。由图可见，包络检波器是利用电容的充、放电原理来实现解调过程的，因此包络检波器的输出会出现频率为 ω_0 的波纹，需用低通滤波器加以平滑。包络检波器的最大优点是电路简单，同时不需要提取相干载波，因而，它是 AM 调制方式中最常用的解调方法。不过在抗噪声的能力上，AM 信号包络解调法不如相干解调法，但当满足大信噪比条件时，包络解调法具有和相干解调法相近的抗噪声性能，这点将在 5.4 节中证明。

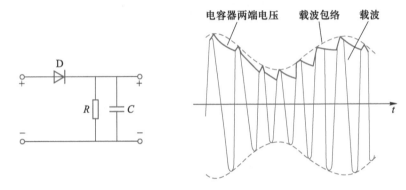

图 5-2-6　包络检波电路与波形

3. AM 信号的功率分布与调制效率

在上述的讨论中，假设调制信号 $f(t)$ 是确定信号。但在实际通信系统中，调制信号 $f(t)$ 常常是随机信号（如语音信号），因而，已调信号也是随机的。这时，讨论 AM 信号的功率及调制效率，就必须应用自相关函数和功率谱密度函数来描述。

在通信系统中遇到的调制信号通常被认为是满足各态历经性的平稳随机过程。由第 2 章的讨论可知，对于平稳随机过程来说，其自相关函数与功率谱密度函数是一对傅里叶变换。因此，可以首先求出已调信号的自相关函数，然后得到其功率谱密度函数。

假设 $f(t)$ 是一均值为 0 且满足各态历经性的平稳随机过程的一个样本函数，用它作为调制信号得到 AM 信号，则 AM 信号的自相关函数 $B_{\mathrm{AM}}(\tau)$ 为

$$B_{\mathrm{AM}}(\tau)=E[S_{\mathrm{AM}}(t)S_{\mathrm{AM}}(t+\tau)]=\overline{S_{\mathrm{AM}}(t)S_{\mathrm{AM}}(t+\tau)} \tag{5-2-5}$$

将式（5-2-2）代入式（5-2-5），可得

$$\begin{aligned}
B_{\mathrm{AM}}(\tau)&=\overline{[A_0+f(t)]\cos\omega_0 t[A_0+f(t+\tau)]\cos\omega_0(t+\tau)}\\
&=\overline{[A_0^2+A_0 f(t)+A_0 f(t+\tau)+f(t)f(t+\tau)]\cos\omega_0 t\cos\omega_0(t+\tau)}
\end{aligned} \tag{5-2-6}$$

利用三角函数关系式

$$\cos\omega_0 t\cos\omega_0(t+\tau)=\frac{1}{2}\cos\omega_0\tau+\frac{1}{2}\cos(2\omega_0 t+\omega_0\tau)$$

考虑到

$$\overline{\cos(2\omega_0 t + \omega_0 \tau)} = 0 \ \overline{\!\!\!\!\!} \ \overline{f(t)} = 0$$

可得

$$B_{AM}(\tau) = \frac{A_0^2}{2}\cos\omega_0\tau + \frac{1}{2}B_f(\tau)\cos\omega_0\tau \tag{5-2-7}$$

式中，$B_f(\tau) = \overline{f(t)f(t+\tau)}$ 为调制信号 $f(t)$ 的自相关函数。

AM 信号的功率谱密度函数为

$$P_{AM}(\omega) = \mathscr{F}[B_{AM}(\tau)] = \int_{-\infty}^{\infty} B_{AM}(\tau)e^{-j\omega\tau}d\tau$$

由式（5-2-7）及傅里叶变换的性质，可得

$$P_{AM}(\omega) = \frac{\pi A_0^2}{2}[\delta(\omega - \omega_0) + \delta(\omega + \omega_0)] + \frac{1}{4}[P_f(\omega - \omega_0) + P_f(\omega + \omega_0)] \tag{5-2-8}$$

式中，$P_f(\omega) = \mathscr{F}[B_f(\tau)]$ 为调制信号 $f(t)$ 的功率谱密度函数。式（5-2-8）中第一项是由载波产生的，它不含有信息；第二项是由调制信号 $f(t)$ 的功率谱密度决定的，它含有信息。

AM 信号的平均功率 P_{AM} 为

$$P_{AM} = \overline{S_{AM}^2(t)} = \frac{1}{2\pi}\int_{-\infty}^{\infty} P_{AM}(\omega)d\omega \tag{5-2-9}$$

将式（5-2-8）代入式（5-2-9），可得

$$P_{AM} = \frac{A_0^2}{2} + \frac{1}{2\pi}\int_{-\infty}^{\infty}\frac{1}{4}[P_f(\omega - \omega_0) + P_f(\omega + \omega_0)]d\omega$$

$$= P_0 + P_{fB} \tag{5-2-10}$$

式中，$P_0 = \dfrac{A_0^2}{2}$ 为载波功率。

$$P_{fB} = \frac{1}{2\pi}\int_{-\infty}^{\infty}\frac{1}{4}[P_f(\omega - \omega_0) + P_f(\omega + \omega_0)]d\omega \tag{5-2-11}$$

为由调制信号 $f(t)$ 引起的边带功率。

由于调制信号 $f(t)$ 的平均功率 P_f 为

$$P_f = \overline{f^2(t)} = \frac{1}{2\pi}\int_{-\infty}^{\infty} P_f(\omega)d\omega \tag{5-2-12}$$

考虑式（5-2-12），重写式（5-2-11），有

$$P_{fB} = \frac{1}{2\pi}\int_{-\infty}^{\infty}\frac{1}{4}[P_f(\omega - \omega_0) + P_f(\omega + \omega_0)]d\omega$$

$$= \frac{1}{2\pi}\int_{-\infty}^{\infty}\frac{1}{2}P_f(\omega - \omega_0)d\omega = \frac{1}{2\pi}\int_{-\infty}^{\infty}\frac{1}{2}P_f(\omega)d\omega = \frac{1}{2}P_f = \frac{1}{2}\overline{f^2(t)} \tag{5-2-13}$$

式（5-2-13）表明，AM 信号中的两个边带功率之和等于调制信号 $f(t)$ 功率的一半。

为了表征 AM 信号的功率利用程度，将 AM 信号的边带功率 P_{fB} 与平均功率 P_{AM} 之比定义为 AM 信号的调制效率，即

$$\eta_{AM} = \frac{P_{fB}}{P_{AM}} = \frac{P_{fB}}{P_0 + P_{fB}} = \frac{\overline{f^2(t)}}{A_0^2 + \overline{f^2(t)}} \tag{5-2-14}$$

可见，由于 A_0 的存在，AM 信号的调制效率是不高的。为了保证不产生过调制现象，$|f(t)|$ 的最大值不能超过 A_0 的值，因此，AM 信号的调制效率最高为 50%，它发生在调制信号 $f(t)$ 是幅度为 A_0 的方波时。如果调制信号是单频余弦波，其幅度为 A_m，则此时有

$$\overline{f^2(t)} = \overline{A_m^2 \cos^2(\omega_m t + \theta_m)} = \frac{A_m^2}{2} \qquad (5\text{-}2\text{-}15)$$

将式（5-2-15）代入式（5-2-14）后，可得

$$\eta_{AM} = \frac{A_m^2}{2A_0^2 + A_m^2} = \frac{\beta_{AM}^2}{2 + \beta_{AM}^2} \qquad (5\text{-}2\text{-}16)$$

式中，$\beta_{AM} = \dfrac{A_m}{A_0}$ 为调幅指数。

因此，当取 $\beta_{AM} = 1$ 的极限值时，调制效率有最大值，$\eta_{AM} = \dfrac{1}{3} = 33\%$。

在实际的通信系统（如 AM 广播）中，β_{AM} 的取值远小于 1，约为 0.3，此时 $\eta_{AM} = 0.043 = 4.3\%$。可见，AM 信号的调制效率是非常低的，大部分发射功率消耗在不携带信息的载波上了。但由于载波的存在，使得 AM 信号的解调可以采用电路简单的包络检波器来完成，从而降低了接收机的造价，对于拥有广大用户的广播系统来说，这样的功率消耗是非常值得的。因此，AM 调制方式目前还广泛应用于地面的无线广播系统中。

归纳以上对 AM 信号的讨论，可以得出以下结论：

（1）AM 信号的包络与调制信号 $f(t)$ 成正比，因而应用包络检波器就可以解调 $f(t)$ 信号，这样解调器结构简单，造价低；

（2）AM 信号的带宽是调制信号 $f(t)$ 最高频率的两倍；

（3）AM 信号的调制效率非常低。

为了提高 AM 信号的调制效率，可以抑制 AM 信号中的载波信号，从而得到调制效率为 100% 的双边带信号。

5.2.2　抑制载波双边带（DSB）调制

1. DSB 信号的时域表示

在标准幅度调制信号［式（5-2-2）］中，如果假设 $A_0 = 0$，就可以得到抑制载波双边带（double side band suppressed carrier，DSB-SC，简称 DSB）调制信号。因此，DSB 信号的时间波形表示式为

$$S_{DSB}(t) = f(t) \cos \omega_0 t \qquad (5\text{-}2\text{-}17)$$

产生 DSB 信号的模型如图 5-2-7 所示。由图可见，$S_{DSB}(t)$ 是调制信号 $f(t)$ 与载波 $\cos \omega_0 t$ 相乘的结果。由于 $f(t)$ 为正时

$$S_{DSB}(t) = f(t) \cos \omega_0 t$$

$f(t)$ 为负时

$$S_{DSB}(t) = -f(t) \cos \omega_0 t = f(t) \cos(\omega_0 t - \pi)$$

因此，在 DSB 信号时间波形中，当 $f(t)$ 改变极性时会出现反相点，如图 5-2-8 所示。这样，DSB 信号的包络并不反映调制信号 $f(t)$ 的变化规律，因此，DSB 信号不能采用包络检波器来进行解调。

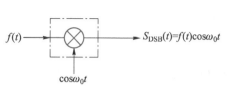

图 5-2-7 产生 DSB 信号的模型

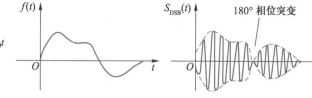

图 5-2-8 DSB 信号波形

2. DSB 信号的频域表示

由式（5-2-17），利用傅里叶变换的频移定理，可以求出 DSB 信号的频谱密度函数 $S_{\text{DSB}}(\omega)$ 为

$$S_{\text{DSB}}(\omega) = \frac{1}{2}\left[F(\omega-\omega_0)+F(\omega+\omega_0)\right] \tag{5-2-18}$$

$S_{\text{DSB}}(\omega)$ 的频谱结构如图 5-2-9 所示。由图可见，抑制载波双边带信号的频谱 $S_{\text{DSB}}(\omega)$ 是调制信号 $f(t)$ 的频谱 $F(\omega)$ 的线性搬移，因而抑制载波双边带调制是一种线性调制。假设调制信号 $f(t)$ 的频谱 $F(\omega)$ 的最高角频率为 ω_{m}，则 DSB 信号的带宽为

$$B = 2f_{\text{m}}(\text{Hz}) \tag{5-2-19}$$

式中，$f_{\text{m}} = \dfrac{\omega_{\text{m}}}{2\pi}$ 为 $F(\omega)$ 的最高频率。

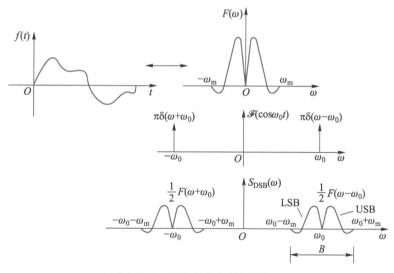

图 5-2-9 双边带信号的频谱结构

3. DSB 信号的解调

利用同步解调方法可以完成对 DSB 信号的解调，如图 5-2-10 所示。图中，设乘法器的输出点为 P，输出信号为 $S_{\text{P}}(t)$，对应的频谱为 $S_{\text{P}}(\omega)$，则有

$$S_{\text{P}}(t) = f(t)\cos^2\omega_0 t = \frac{1}{2}f(t)(1+\cos 2\omega_0 t) \tag{5-2-20}$$

经过理想低通滤波器后，式（5-2-20）

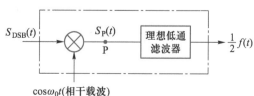

图 5-2-10 DSB 信号的解调模型

5.2 幅度调制系统

中第二项的高频分量将被滤除，滤波器的输出为 $\frac{1}{2}f(t)$。

相应地，有

$$S_{P}(\omega) = \frac{1}{2}F(\omega) + \frac{1}{4}\left[F(\omega - 2\omega_0) + F(\omega + 2\omega_0)\right] \qquad (5\text{-}2\text{-}21)$$

经过理想低通滤波器后，输出为 $\frac{1}{2}F(\omega)$。

归纳以上对 DSB 信号的讨论，可以得出以下结论：

(1) DSB 信号的包络与调制信号 $f(t)$ 的波形不完全呈线性关系。当 $f(t)$ 为正极性时，$S_{DSB}(t)$ 的包络与 $f(t)$ 成正比；但当 $f(t)$ 为负极性时，$S_{DSB}(t)$ 的包络与 $f(t)$ 沿时间轴翻转 180° 后的波形成正比。当 $f(t)$ 过零点时，$S_{DSB}(t)$ 在对应点被包络的高频载波信号的相位发生 180° 突变。这意味着，DSB 信号中的信息既记载于已调信号的幅度变化之中，同时也记载于已调载波信号的相位变化之中。因此，DSB 信号只能用同步解调法进行解调，而不能采用包络检波器进行解调。这与 AM 信号相比，增加了解调的复杂性。

(2) DSB 信号的带宽与 AM 信号的带宽相同，为调制信号最高频率的两倍。

(3) DSB 信号中无载波分量，所有的功率都用在了两个携带有用信息的边带中，信号的调制效率为 100%。

由以上分析可知，与 AM 信号相比，DSB 信号的调制效率大为提高。DSB 信号中包含两个携带有相同信息的上、下边带，从信息传输的角度看，只需传输其中的任一边带就可达到信息传输的目的，从而可以降低信号的传输带宽，这导致了单边带调制技术的产生和发展。而 DSB 作为无线通信系统的最终调制方式，在实际系统中很少采用。

5.2.3　单边带（SSB）调制

单边带（single side band，SSB）调制是通过某种方法，只传送 DSB 信号中的一个边带的调制方式。它的最大优点是比 DSB 信号或 AM 信号节省一半的带宽，因而提高了系统的频带利用率。

1. SSB 信号产生模型与已调信号频谱

SSB 信号产生模型及信号频谱如图 5-2-11 所示，SSB 信号产生模型由 DSB 调制器及边带滤波器组成。

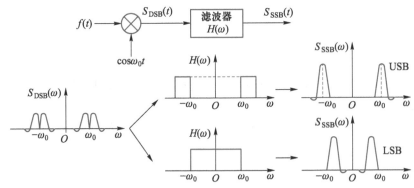

图 5-2-11　SSB 信号产生模型及信号频谱

边带滤波器的作用是让有用边带通过，而抑制无用边带。选择不同传输特性的边带滤波器就可以得到不同类型的单边带信号。当滤波器具有理想带通（或高通）特性时，滤除下边带信号，得到上边带单边带信号；当滤波器具有理想低通特性时，滤除上边带信号，得到下边带单边带信号。这种通过滤波器得到 SSB 信号的方法称为滤波法。

2. SSB 信号的解调

和双边带信号的解调一样，单边带信号的解调要采用同步解调方式实现，解调模型如图 5-2-12 所示。

利用卷积图解法可以直观地看出 SSB 信号的同步解调过程，如图 5-2-13 所示。图中，$S_{SSB}(\omega)$ 为下边带 SSB 信号，由于调制信号 $f(t)$ 的实函数性，因而上、下边带必具有对称共轭的特性。图 5-2-13 中乘法器的输出 $S_P(t)$ 的频谱 $S_P(\omega)$ 为单边带信号的频谱

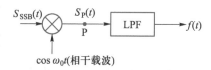

图 5-2-12　SSB 信号的同步解调模型

$S_{SSB}(\omega)$ 与两个冲激函数的卷积结果。由冲激函数的性质可知，卷积结果中必具有 $F(\omega)$ 的成分，理想低通滤波器滤除其他高频分量后，就能在时域内复现基带信号 $f(t)$。

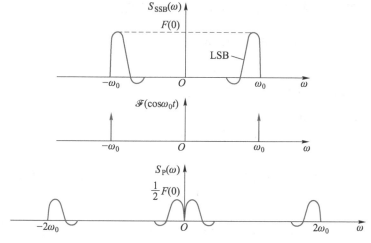

图 5-2-13　SSB 信号的同步解调过程

3. SSB 信号的时域波形

对于确定的任意基带信号 $f(t)$ 来说，要画出其对应的单边带信号 $S_{SSB}(t)$ 的波形是非常困难的，后面将导出 $S_{SSB}(t)$ 及其频谱 $S_{SSB}(\omega)$ 的解析式。这里仅以单频余弦调制信号为例来讨论单边带信号 $S_{SSB}(t)$ 的波形。

设 $f(t)=A_m\cos\omega_m t$，载波信号 $C(t)=\cos\omega_0 t$，则有双边带信号为

$$S_{DSB}(t)=A_m\cos\omega_m t\cos\omega_0 t=\frac{A_m}{2}\cos(\omega_0+\omega_m)t+\frac{A_m}{2}\cos(\omega_0-\omega_m)t$$

将上式通过具有理想带通（或高通）特性的滤波器，滤除下边带信号，得到上边带 SSB 信号为

$$S_{SSB}(t)=\frac{A_m}{2}\cos(\omega_0+\omega_m)t \tag{5-2-22}$$

式（5-2-22）对应的波形如图 5-2-14（b）所示，图 5-2-14（a）所示为基带信

5.2　幅度调制系统

号 $f(t)$ 的波形。

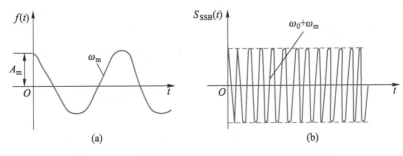

图 5-2-14　单频余弦信号调制时的单边带信号波形

由图 5-2-14 可见，单频余弦信号调制时的单边带信号 $S_{SSB}(t)$ 是一个等幅的余弦波形，其包络与基带信号不呈线性关系，只是已调信号的幅度与基带信号的幅度成正比，同时已调信号的频率 $\omega_0+\omega_m$ 与基带信号的频率有关。显然，在接收端采用简单的包络检波器是不能解调单边带信号的。

对式（5-2-22）做傅里叶变换，得到对应的频谱 $S_{SSB}(\omega)$ 为

$$S_{SSB}(\omega)=\frac{A_m\pi}{2}\big[\delta(\omega-\omega_0-\omega_m)+\delta(\omega+\omega_0+\omega_m)\big]$$

$$(5-2-23)$$

式（5-2-23）对应的频谱结构如图 5-2-15 所示，从图中看出它由单根谱线组成。

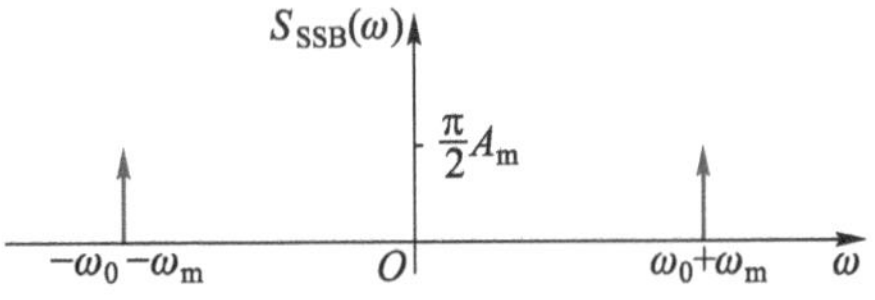

图 5-2-15　单边带信号的频谱结构

归纳以上分析，可以得到 SSB 调制方式的主要特点如下：

（1）由 SSB 信号的频谱图（参见图 5-2-11）可见，SSB 信号的带宽 B 为

$$B=f_m \qquad (5-2-24)$$

式中，$f_m=\dfrac{\omega_m}{2\pi}$，为 $F(\omega)$ 的最高频率，即 SSB 信号的带宽等于基带信号的带宽，与 DSB 及 AM 信号相比，带宽节省了一半。由于这一特点，SSB 调制在短波通信系统中获得了广泛的应用。

（2）从单频余弦调制信号产生的单边带信号波形中可以看出，SSB 信号的包络与基带信号 $f(t)$ 不呈线性关系，因此单边带信号必须用同步解调方式才能解调。

（3）用滤波法来产生单边带信号直观、简单，但是这种方法对边带滤波器的性能要求很高，有时甚至难以实现。以语音信号为例，通常取语音信号频谱的低端频率为 300 Hz，经双边带调制后，下边带与上边带之间的频率间隔只有 600 Hz，即此时边带滤波器的过渡带仅为 600 Hz。这就要求边带滤波器在中心频率 f_0 处具有十分陡峭的截止特性才行。中心频率越高，相对过渡截止特性越陡，要求边带滤波器的 Q 值越高，越难以实现。因此，在实际的系统中，常采用多级频移及多级滤波的方法来产生单边带信号，这种方法是先在较低载频处产生单边带信号，然后再通过变频器经多次频率搬移，最后形成在发射频率上的单边带信号。

5.2.4 残留边带（VSB）调制

残留边带（vestigial side band，VSB）调制是介于单边带调制与双边带调制之间的一种调制方式。在残留边带调制中，除了传送一个边带外，还保留另外一个边带的一部分。对于具有低频及直流分量的调制信号，当用滤波法提取单边带信号时，需要过渡带无限陡的理想滤波器，这实际上是无法实现的，这时就适合采用残留边带调制方式。

1. VSB 信号产生的模型

用滤波法实现残留边带调制的原理如图 5-2-16 所示。图中，$H_{VSB}(\omega)$ 为残留边带滤波器的传输函数，即 VSB 信号是将 DSB 信号通过残留边带滤波后得到的。残留边带滤波器与 SSB 调制中边带滤波器的特性不同，$H_{VSB}(\omega)$ 在载频 ω_0 两侧有一定宽度的过渡带，只要过渡特性在 $|\omega| = \omega_0$ 处具有任意奇对称特性，就可保证接收端在采用同步解调时，无失真地恢复出调制信号。

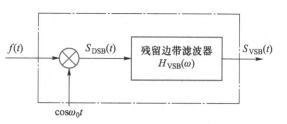

图 5-2-16　用滤波法实现残留边带调制的原理

如果双边带信号通过残留边带滤波器后，输出信号中保留上边带的绝大部分和下边带的一小部分，就称为上边带残留边带信号，反之就称为下边带残留边带信号。图 5-2-17 所示为产生下边带残留边带信号的过程及 $H_{VSB}(\omega)$ 的特性和 VSB 信号的频谱。

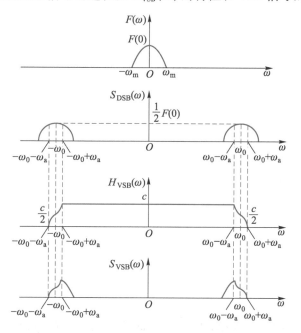

图 5-2-17　$H_{VSB}(\omega)$ 的特性和 VSB 信号的频谱

要求滤波器的 $H_{VSB}(\omega)$ 在 $|\omega| = \omega_0$ 处具有任意奇对称的互补滚降特性，$2\omega_a$ 是残留边带滤波器要求的过渡带宽。$H_{VSB}(\omega)$ 的特性为

$$H_{VSB}(\omega) = \begin{cases} H_1(\omega) & -\omega_0-\omega_a \leqslant \omega \leqslant -\omega_0+\omega_a \\ 1 & -\omega_0+\omega_a < \omega \leqslant \omega_0-\omega_a \\ H_2(\omega) & \omega_0-\omega_a < \omega \leqslant \omega_0+\omega_a \end{cases} \tag{5-2-25}$$

式中，$H_1(\omega)$ 为 $H_{VSB}(\omega)$ 的左边特性，$H_2(\omega)$ 为 $H_{VSB}(\omega)$ 的右边特性，它们在 $|\omega|=\omega_0$ 处具有任意奇对称特性。

2. VSB 信号的解调

VSB 信号的解调显然也不能简单地采用包络检波方式，而必须采用同步解调，如图 5-2-18 所示。由于 $H_{VSB}(\omega)$ 具有在 $|\omega|=\omega_0$ 处的互补滚降特性，因而在下边带残留边带信号 $S_{VSB}(t)$ 的频谱 $S_{VSB}(\omega)$ 中，下边带滤去部分的面积与上边带残留部分的面积相等。同步解调时，冲激函数与 $S_{VSB}(\omega)$ 卷积结果中必有调制信号的频谱 $F(\omega)$ 分量，经低通滤波器输出后，就能复现调制信号 $f(t)$，如图 5-2-19 所示。

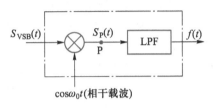

图 5-2-18　VSB 信号的同步解调方式

归纳以上分析，可得到 VSB 调制方式有以下特点：

（1）VSB 调制是对于具有丰富低频分量及直流分量的基带信号的特殊单边带调制。VSB 信号的带宽为

$$B = f_m + f_a \tag{5-2-26}$$

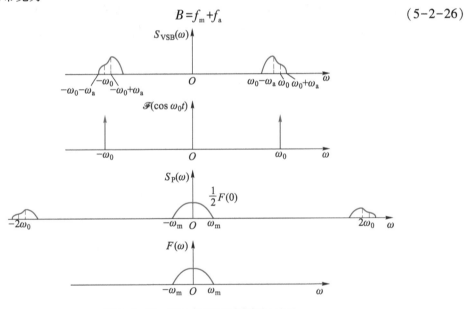

图 5-2-19　VSB 信号的同步解调过程

式中，$f_m = \dfrac{\omega_m}{2\pi}$ 为 $F(\omega)$ 的最高频率；$f_a = \dfrac{\omega_a}{2\pi}$，$2\omega_a$ 为 $H_{VSB}(\omega)$ 的过渡带宽。由于 ω_a 的数值不大，因此 VSB 信号的带宽近似与 SSB 信号相同，但 VSB 调制比 SSB 调制更容易实现。

（2）VSB 信号的解调原则上要采用同步解调。

（3）VSB 调制目前广泛应用于电视系统的图像传输过程中，但如果要求电视接收机采用同步解调方式，则势必造成电视机价格的上升。因此，在实际的电视传输系统中，采用

在 VSB 信号中适当地加入载波分量，形成近似的 AM 信号，从而在接收端采用简易的包络解调方式来复现图像信号，这样既降低了电视机的造价，又节省了传输电视信号的带宽。在模拟电视传输系统中，图像信号的带宽由双边带调制时的 12 MHz 减小为 VSB 调制时的 8 MHz。

5.3 幅度调制系统的一般模型

为了加深对幅度调制系统的理解，可以研究幅度调制系统的一般模型，由此还将引出产生 SSB 及 VSB 信号的另一种方法，并导出它们的时域及频域表示式。

5.3.1 幅度调制信号产生的一般模型

由前面的讨论可知，幅度调制信号一般可以用滤波法产生，其一般模型如图 5-3-1 所示。分析这一模型，可以得出另一种产生幅度调制信号的方法——相移法。

由图 5-3-1 可得

$$S(t) = S_{\mathrm{DSB}}(t) * h(t) = f(t)\cos\omega_0 t * h(t)$$

式中，$h(t)$ 为滤波器的冲激响应，由上式得

$$
\begin{aligned}
S(t) &= \int_{-\infty}^{\infty} f(t-\tau)\cos\omega_0(t-\tau)h(\tau)\mathrm{d}\tau \\
&= \int_{-\infty}^{\infty} f(t-\tau)h(\tau)\cos\omega_0\tau\cos\omega_0 t\mathrm{d}\tau + \int_{-\infty}^{\infty} f(t-\tau)h(\tau)\sin\omega_0\tau\sin\omega_0 t\mathrm{d}\tau \\
&= [f(t) * h(t)\cos\omega_0 t]\cos\omega_0 t + [f(t) * h(t)\sin\omega_0 t]\sin\omega_0 t
\end{aligned}
\tag{5-3-1}
$$

令

$$h_{\mathrm{I}}(t) = h(t)\cos\omega_0 t \tag{5-3-2}$$

$$h_{\mathrm{Q}}(t) = h(t)\sin\omega_0 t \tag{5-3-3}$$

式（5-3-1）可重新写为

$$
\begin{aligned}
S(t) &= [f(t) * h_{\mathrm{I}}(t)]\cos\omega_0 t + [f(t) * h_{\mathrm{Q}}(t)]\sin\omega_0 t \\
&= S_{\mathrm{I}}(t)\cos\omega_0 t + S_{\mathrm{Q}}(t)\sin\omega_0 t
\end{aligned}
\tag{5-3-4}
$$

式（5-3-4）为幅度调制信号的一般解析表达式，由其可以得到产生幅度调制信号的相移法模型，如图 5-3-2 所示。

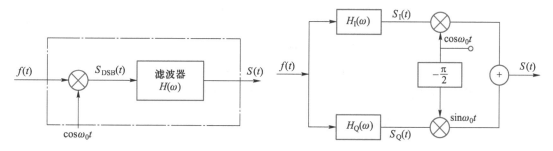

图 5-3-1　滤波法产生幅度调制信号的一般模型　　图 5-3-2　相移法产生幅度调制信号的一般模型

图 5-3-2 中，$H_{\mathrm{I}}(\omega)$ 称为同相网络的传输函数，它的冲激响应为 $h_{\mathrm{I}}(t)$；$H_{\mathrm{Q}}(\omega)$ 称为正交网络的传输函数，它的冲激响应为 $h_{\mathrm{Q}}(t)$。

由式（5-3-4），可以得到幅度调制信号频谱的一般解析表达式为

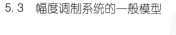

$$S(\omega)=\frac{1}{2}\left[S_{\mathrm{I}}(\omega-\omega_0)+S_{\mathrm{I}}(\omega+\omega_0)\right]-\frac{\mathrm{j}}{2}\left[S_{\mathrm{Q}}(\omega-\omega_0)-S_{\mathrm{Q}}(\omega+\omega_0)\right] \tag{5-3-5}$$

对 DSB 及 AM 信号来说，滤波法及相移法模型并无任何区别。

对 DSB 信号，有 $H_{\mathrm{I}}(\omega)=1$，$H_{\mathrm{Q}}(\omega)=0$；相应地 $S_{\mathrm{I}}(t)=f(t)$，$S_{\mathrm{Q}}(t)=0$，即

$$S(t)=S_{\mathrm{DSB}}(t)=f(t)\cos\omega_0 t$$

对 AM 信号，须加直流分量 A_0，并有 $H_{\mathrm{I}}(\omega)=1$，$H_{\mathrm{Q}}(\omega)=0$；相应地 $S_{\mathrm{I}}(t)=\left[A_0+f(t)\right]$，$S_{\mathrm{Q}}(t)=0$，即

$$S(t)=S_{\mathrm{AM}}(t)=\left[A_0+f(t)\right]\cos\omega_0 t$$

对 SSB 及 VSB 信号来说，滤波法及相移法是两种不同的产生已调信号的方法，下面进一步讨论。

1. SSB 调制模型

相移法模型是由滤波法模型导出的，从理论上说，它们是等价的。但是从产生 SSB 和 VSB 信号的具体过程上看，它们体现了两种不同的方法：滤波法和相移法。显然，相移法中的两个新网络 I 及 Q 的传输函数 $H_{\mathrm{I}}(\omega)$ 及 $H_{\mathrm{Q}}(\omega)$ 与滤波法中的边带滤波器的传输函数 $H_{\mathrm{SSB}}(\omega)$ 及 $H_{\mathrm{VSB}}(\omega)$ 具有内在的联系，它们的关系由式（5-3-2）和式（5-3-3）决定。由此可以导出产生 SSB 和 VSB 信号相应的 $H_{\mathrm{I}}(\omega)$ 和 $H_{\mathrm{Q}}(\omega)$ 以及 SSB 和 VSB 信号的解析表达式 $S_{\mathrm{SSB}}(t)$ 和 $S_{\mathrm{VSB}}(t)$，它们的频谱密度函数 $S_{\mathrm{SSB}}(\omega)$ 和 $S_{\mathrm{VSB}}(\omega)$ 也可相应地求出。

下面先以产生下边带 SSB 信号为例具体讨论。设产生下边带 SSB 信号的边带滤波器的传输函数 $H_{\mathrm{SSB}}(\omega)$ 为

$$H_{\mathrm{SSB}}(\omega)=\begin{cases}2 & |\omega|<\omega_0 \\ 0 & |\omega|\geqslant\omega_0\end{cases} \tag{5-3-6}$$

对应的结构如图 5-3-3 所示。

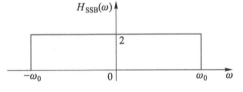

图 5-3-3　下边带滤波器的传输函数 $H_{\mathrm{SSB}}(\omega)$ 对应的结构图

由图 5-3-2 及式（5-3-4），可得到相移法产生的 SSB 信号为

$$S_{\mathrm{SSB}}(t)=S_{\mathrm{I}}(t)\cos\omega_0 t+S_{\mathrm{Q}}(t)\sin\omega_0 t$$

由式（5-3-2）及式（5-3-3），得到产生 SSB 信号的 I、Q 网络的传输函数为

$$H_{\mathrm{I}}(\omega)=\mathscr{F}\left[h_{\mathrm{I}}(t)\right]=\mathscr{F}\left[h_{\mathrm{SSB}}(t)\cos\omega_0 t\right] \tag{5-3-7}$$

$$H_{\mathrm{Q}}(\omega)=\mathscr{F}\left[h_{\mathrm{Q}}(t)\right]=\mathscr{F}\left[h_{\mathrm{SSB}}(t)\sin\omega_0 t\right] \tag{5-3-8}$$

式中，$h_{\mathrm{SSB}}(t)$ 为边带滤波器的冲激响应，即

$$h_{\mathrm{SSB}}(t)=\mathscr{F}^{-1}\left[H_{\mathrm{SSB}}(\omega)\right]$$

利用傅里叶变换的性质，可得 I、Q 网络的传输函数为

$$H_{\mathrm{I}}(\omega)=\frac{1}{2}\left[H_{\mathrm{SSB}}(\omega-\omega_0)+H_{\mathrm{SSB}}(\omega+\omega_0)\right] \tag{5-3-9}$$

$$H_{\mathrm{Q}}(\omega)=-\frac{\mathrm{j}}{2}\left[H_{\mathrm{SSB}}(\omega-\omega_0)-H_{\mathrm{SSB}}(\omega+\omega_0)\right] \tag{5-3-10}$$

由传输函数 $H_{\mathrm{SSB}}(\omega)$ 的特性可得 $H_{\mathrm{SSB}}(\omega-\omega_0)+H_{\mathrm{SSB}}(\omega+\omega_0)$ 及 $H_{\mathrm{SSB}}(\omega-\omega_0)-H_{\mathrm{SSB}}(\omega+\omega_0)$，如图 5-3-4 及图 5-3-5 所示。

考虑式（5-3-9）的关系，可以得到

$$H_I(\omega)=1 \qquad -2\omega_0 \leqslant \omega \leqslant 2\omega_0$$

因此，I 网络实际上使 $f(t)$ 直接通过，即 $S_I(t)=f(t)$。

比较图 5-3-4 及图 5-3-5 的关系，可以得到

$$H_{SSB}(\omega-\omega_0)-H_{SSB}(\omega+\omega_0)=\left[H_{SSB}(\omega-\omega_0)+H_{SSB}(\omega+\omega_0)\right]\mathrm{sgn}(\omega) \qquad (5\text{-}3\text{-}11)$$

式中，$\mathrm{sgn}(\omega)=\begin{cases} 1 & \omega>0 \\ -1 & \omega<0 \end{cases}$ 为符号函数。

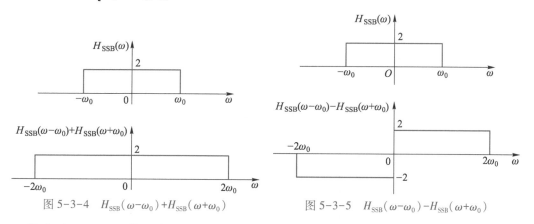

图 5-3-4 $\ H_{SSB}(\omega-\omega_0)+H_{SSB}(\omega+\omega_0)$ 　　　图 5-3-5 $\ H_{SSB}(\omega-\omega_0)-H_{SSB}(\omega+\omega_0)$

将式（5-3-11）代入式（5-3-10），可得

$$H_Q(\omega)=-\mathrm{jsgn}(\omega)\,,-2\omega_0 \leqslant \omega_0 \leqslant 2\omega_0 \qquad (5\text{-}3\text{-}12)$$

由式（5-3-12）可知，Q 网络的传输函数 $H_Q(\omega)$ 的幅频特性为 1，相频特性为：正频率范围内相移 $-\dfrac{\pi}{2}$，负频率范围内相移 $\dfrac{\pi}{2}$。该网络就是第 2 章介绍的希尔伯特滤波器，也称为 $-\dfrac{\pi}{2}$ 相移网络，其传输特性如图 2-1-7 所示。

由式（5-3-12），可求得 Q 网络的冲激响应为

$$h_Q(t)=\mathscr{F}^{-1}\left[-\mathrm{jsgn}(\omega)\right]=\frac{1}{\pi t} \qquad (5\text{-}3\text{-}13)$$

因此，基带信号 $f(t)$ 通过 Q 网络后的响应 $S_Q(t)$ 为 $f(t)$ 的希尔伯特变换，记为 $\hat{f}(t)$，且有

$$S_Q(t)=\hat{f}(t)=f(t)*h_Q(t)$$

$$=f(t)*\frac{1}{\pi t}=\frac{1}{\pi}\int_{-\infty}^{\infty}\frac{f(\tau)}{t-\tau}\mathrm{d}\tau \qquad (5\text{-}3\text{-}14)$$

对应的频谱为

$$S_Q(\omega)=\hat{F}(\omega)=F(\omega)H_Q(\omega)=-\mathrm{j}F(\omega)\mathrm{sgn}(\omega) \qquad (5\text{-}3\text{-}15)$$

由以上分析，可以得到下边带 SSB 信号的时域表示式为

$$S_{SSB}(t)=f(t)\cos\omega_0 t+\hat{f}(t)\sin\omega_0 t \qquad (5\text{-}3\text{-}16)$$

相应的频谱密度函数 $S_{SSB}(\omega)$ 为

$$S_{SSB}(\omega)=\frac{1}{2}\left[F(\omega-\omega_0)+F(\omega+\omega_0)\right]$$

$$-\frac{1}{2}\left[F(\omega-\omega_0)\mathrm{sgn}(\omega-\omega_0)\right]+\frac{1}{2}\left[F(\omega+\omega_0)\mathrm{sgn}(\omega+\omega_0)\right] \qquad (5\text{-}3\text{-}17)$$

相移法产生 SSB 信号的方框图如图 5-3-6 所示。图中，B 点的信号是 $f(t)$ 经希尔伯特滤波器后的响应，为 $\hat{f}(t)$，对应的频谱由式 (5-3-15) 决定。图 5-3-6 中画出了各点的频谱。C 点的信号是 $f(t)$ 经希尔伯特滤波器后再经过乘法器的输出结果，为 $\hat{f}(t)\sin\omega_0 t$，对应的频谱为 $Q(\omega)$，且为

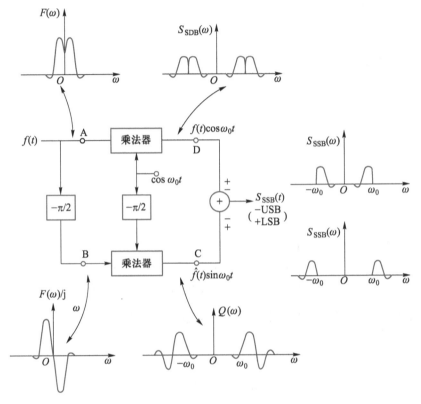

图 5-3-6　相移法产生 SSB 信号的方框图

$$Q(\omega) = \mathscr{F}[\hat{f}(t)\sin\omega_0 t]$$

$$= -\frac{1}{2}\big[F(\omega-\omega_0)\,\text{sgn}(\omega-\omega_0)\big] + \frac{1}{2}\big[F(\omega+\omega_0)\,\text{sgn}(\omega+\omega_0)\big]$$

$Q(\omega)$ 的产生过程如图 5-3-7 所示。

同理，可以求出上边带 SSB 信号的时域表示式为

$$S_{\text{SSB}}(t) = f(t)\cos\omega_0 t - \hat{f}(t)\sin\omega_0 t \tag{5-3-18}$$

相应的频谱密度函数 $S_{\text{SSB}}(\omega)$ 为

$$S_{\text{SSB}}(\omega) = \frac{1}{2}\big[F(\omega-\omega_0)+F(\omega+\omega_0)\big]$$

$$+\frac{1}{2}\big[F(\omega-\omega_0)\,\text{sgn}(\omega-\omega_0)\big]$$

$$-\frac{1}{2}\big[F(\omega+\omega_0)\,\text{sgn}(\omega+\omega_0)\big] \tag{5-3-19}$$

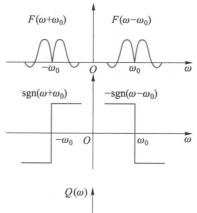

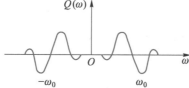

图 5-3-7　$Q(\omega)$ 的产生过程

相移法产生 SSB 信号，可以不用边带滤波器，从而使设备大为简化。但是对于语音信号，由于它具有 300~3 400 Hz 的频带范围，在这样宽的频率范围内要实现 $-\dfrac{\pi}{2}$ 相移，实际上是很困难的，而且方案中还要求两个乘法器输出电压幅度完全相同，以获得抑制载波的目的，因此用相移法产生 SSB 信号时，在对无用边带及载波的抑制上都不及滤波法优越。目前，在短波单边带通信系统中，广泛采用的是用滤波法产生 SSB 信号的方案。

2. VSB 调制模型

对 VSB 信号，应用和 SSB 信号类似的分析方法，可得到产生 VSB 信号的相移法模型以及 VSB 信号的时域和频域表达式。

设残留边带滤波器的传输函数为 $H_{\mathrm{VSB}}(\omega)$，对应的冲激响应为 $h_{\mathrm{VSB}}(t)$。由图 5-3-2 及式（5-3-4），可得相移法产生的 VSB 信号为

$$S_{\mathrm{VSB}}(t) = S_{\mathrm{I}}(t)\cos\omega_0 t + S_{\mathrm{Q}}(t)\sin\omega_0 t \tag{5-3-20}$$

由式（5-3-2）及式（5-3-3），可得产生 VSB 信号的 I、Q 网络的传输函数为

$$H_{\mathrm{I}}(\omega) = \frac{1}{2}\left[H_{\mathrm{VSB}}(\omega-\omega_0) + H_{\mathrm{VSB}}(\omega+\omega_0) \right]$$

$$-2\omega_0-\omega_{\mathrm{a}} \leqslant \omega \leqslant 2\omega_0+\omega_{\mathrm{a}} \tag{5-3-21}$$

$$H_{\mathrm{Q}}(\omega) = -\frac{\mathrm{j}}{2}\left[H_{\mathrm{VSB}}(\omega-\omega_0) - H_{\mathrm{VSB}}(\omega+\omega_0) \right]$$

$$-2\omega_0-\omega_{\mathrm{a}} \leqslant \omega \leqslant 2\omega_0+\omega_{\mathrm{a}} \tag{5-3-22}$$

以产生下边带残留边带信号为例，这时 $H_{\mathrm{VSB}}(\omega)$ 如图 5-3-8（a）所示。

$$H_{\mathrm{VSB}}(\omega)=\begin{cases}2 & -\omega_0+\omega_a\leqslant\omega\leqslant\omega_0-\omega_a\\ f_0(\omega) & -\omega_0-\omega_a\leqslant\omega<-\omega_0+\omega_a\end{cases} \tag{5-3-23}$$

$$\omega_0-\omega_a\leqslant\omega\leqslant\omega_0+\omega_a$$

式中，$f_0(\omega)$ 为在 $|\omega|=\omega_0$ 处任意奇对称函数。$H_{\mathrm{VSB}}(\omega+\omega_0)$ 及 $H_{\mathrm{VSB}}(\omega-\omega_0)$ 是 $H_{\mathrm{VSB}}(\omega)$ 频移 $\pm\omega_0$ 后的结果，如图 5-3-8（b）所示。由此可得

$$H_{\mathrm{VSB}}(\omega+\omega_0)+H_{\mathrm{VSB}}(\omega-\omega_0)=2,\quad -2\omega_0+\omega_a\leqslant\omega\leqslant2\omega_0-\omega_a \tag{5-3-24}$$

而

$$H_{\mathrm{VSB}}(\omega-\omega_0)-H_{\mathrm{VSB}}(\omega+\omega_0)$$

$$=\begin{cases}[H_{\mathrm{VSB}}(\omega+\omega_0)+H_{\mathrm{VSB}}(\omega-\omega_0)]\,\mathrm{sgn}(\omega) & \omega_a\leqslant|\omega|\leqslant2\omega_0-\omega_a\\ 2f_0(\omega) & -\omega_a\leqslant\omega\leqslant\omega_a\end{cases} \tag{5-3-25}$$

图 5-3-8（c）表示了式（5-3-25）所示的关系。这样，由式（5-3-21）得到 I 网络的传输函数 $H_{\mathrm{I}}(\omega)$ 为

$$H_{\mathrm{I}}(\omega)=\frac{1}{2}[H_{\mathrm{VSB}}(\omega-\omega_0)+H_{\mathrm{VSB}}(\omega+\omega_0)]=1,\quad -2\omega_0+\omega_a\leqslant\omega\leqslant2\omega_0-\omega_a \tag{5-3-26}$$

所以，$f(t)$ 经 I 网络后的响应为

$$S_{\mathrm{I}}(t)=f(t) \tag{5-3-27}$$

再由式（5-3-22），得 Q 网络的传输函数 $H_{\mathrm{Q}}(\omega)$ 为

$$H_{\mathrm{Q}}(\omega)=-\frac{\mathrm{j}}{2}[H_{\mathrm{VSB}}(\omega-\omega_0)-H_{\mathrm{VSB}}(\omega+\omega_0)]$$

$$=\begin{cases}-\mathrm{jsgn}(\omega) & \omega_a\leqslant|\omega|\leqslant2\omega_0-\omega_a\\ -\mathrm{j}f_0(\omega) & |\omega|<\omega_a\end{cases} \tag{5-3-28}$$

把 Q 网络称为正交滤波器，其幅频及相频特性分别由式（5-3-29）及式（5-3-30）给出，如图 5-3-9 所示。

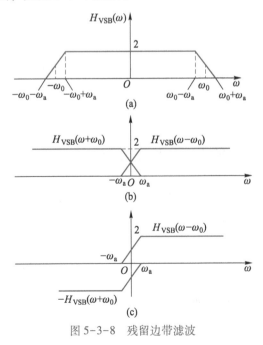

图 5-3-8　残留边带滤波

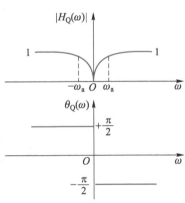

图 5-3-9　正交滤波器的传输特性

$$|H_{\mathrm{Q}}(\omega)| = \begin{cases} 1 & \omega_a \leqslant |\omega| \leqslant 2\omega_0 - \omega_a \\ |f_0(\omega)| & |\omega| < \omega_a \end{cases} \tag{5-3-29}$$

$$\theta_{\mathrm{Q}}(\omega) = \begin{cases} -\dfrac{\pi}{2} & \omega > 0 \\ +\dfrac{\pi}{2} & \omega < 0 \end{cases} \tag{5-3-30}$$

$f(t)$ 经 Q 网络后的响应为

$$S_{\mathrm{Q}}(t) = \tilde{f}(t) = \frac{1}{2\pi} \int_{-\infty}^{\infty} F(\omega) H_{\mathrm{Q}}(\omega) \mathrm{e}^{\mathrm{j}\omega t} \mathrm{d}\omega \tag{5-3-31}$$

同理，可对上边带残留边带信号做类似的分析。

最后，可以得到 VSB 信号的时域表示式为

$$S_{\mathrm{VSB}}(t) = f(t)\cos\omega_0 t \mp \tilde{f}(t)\sin\omega_0 t \tag{5-3-32}$$

式中，取"$-$"时表示上边带残留边带信号；取"$+$"时表示下边带残留边带信号。

5.3.2　幅度调制信号解调的一般模型

幅度调制信号的解调方式有两种，即同步解调和包络解调。

1. 同步解调

同步解调又称为相干解调，它的一般模型如图 5-3-10 所示。

图 5-3-10 中，$S(t)$ 是 $S_{\mathrm{AM}}(t)$、$S_{\mathrm{DSB}}(t)$、$S_{\mathrm{SSB}}(t)$、$S_{\mathrm{VSB}}(t)$ 的一般表示，$S_{\mathrm{o}}(t)$ 为恢复的基带信号。由式（5-3-4）可知

$$S(t) = S_{\mathrm{I}}(t)\cos\omega_0 t + S_{\mathrm{Q}}(t)\sin\omega_0 t \tag{5-3-33}$$

$S(t)$ 与相干载波相乘后可得

$$\begin{aligned} S_{\mathrm{P}}(t) &= S(t)\cos\omega_0 t \\ &= \frac{1}{2}S_{\mathrm{I}}(t) + \frac{1}{2}S_{\mathrm{I}}(t)\cos2\omega_0 t + \frac{1}{2}S_{\mathrm{Q}}(t)\sin2\omega_0 t \end{aligned} \tag{5-3-34}$$

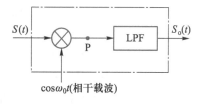

图 5-3-10　同步解调的一般模型

式（5-3-34）经低通滤波后，得 $S_{\mathrm{o}}(t) = \dfrac{1}{2}S_{\mathrm{I}}(t)$，即为基带信号 $f(t)$。

从原理上看，同步解调方式适合于所有的幅度调制信号。这是因为幅度调制属于线性调制，它们的频谱是基带信号频谱的搬移，而同步解调时，已调信号与相干载波相乘正是将基带信号频谱向零频位置反搬移的过程。

同步解调的技术关键在于接收端产生与发送端载波同频同相的相干载波，这在实际的系统中并不容易实现，因此同步解调只用在要求比较高的通信系统中。

2. 包络解调

前面曾经提到，AM 信号的包络完全反映了基带信号 $f(t)$ 的变化，因此，AM 信号可以用简单的包络检波法解调。这种方法虽然在抗噪声能力上不如同步解调方式，但由于电

路简单，接收端不需要提取相干载波，因此广泛应用于普通 AM 接收机中。

对 DSB、SSB、VSB 信号不能采用简单的包络检波法解调，但若插入大的载波信号后，则可用包络检波法来解调这些信号，如图 5-3-11 所示。

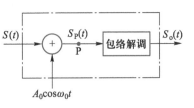

图 5-3-11　插入载波的包络检波法

由图 5-3-11 看出，加入载波后的信号为

$$S_P(t) = S(t) + A_0\cos\omega_0 t$$
$$= [A_0 + S_I(t)]\cos\omega_0 t + S_Q(t)\sin\omega_0 t = A(t)\cos[\omega_0 t + \theta(t)]$$
$$(5\text{-}3\text{-}35)$$

式中，瞬时幅度为

$$A(t) = \left[A_0^2 + S_I^2(t) + 2A_0 S_I(t) + S_Q^2(t)\right]^{\frac{1}{2}} \quad (5\text{-}3\text{-}36)$$

瞬时相位为

$$\theta(t) = \arctan\left\{S_Q(t) / [A_0 + S_I(t)]\right\} \quad (5\text{-}3\text{-}37)$$

如果插入载波信号的幅度很大，满足 $A_0 \gg |f(t)|$，则有

$$A(t) \approx \left[A_0^2 + 2A_0 S_I(t)\right]^{\frac{1}{2}} = A_0\left[1 + \frac{2S_I(t)}{A_0}\right]^{\frac{1}{2}} \quad (5\text{-}3\text{-}38)$$

对式（5-3-38），应用根式近似 $(1+2x)^{\frac{1}{2}} \approx 1 + x (x \ll 1$ 时$)$，有

$$A(t) \approx A_0 + S_I(t) \quad (5\text{-}3\text{-}39)$$

式中，A_0 是直流分量，因此包络检波后的输出信号为 $S_o(t) = S_I(t)$，即为基带信号。

由上述推导过程可知，插入大载波信号后的 DSB、SSB、VSB 信号，可以用包络检波法近似地恢复基带信号，载波分量可以在接收端插入，也可以在发送端插入。例如，在广播电视的图像信号发送过程中，采用了在发送端插入载波信号的方法，即电视台发出的是具有大载波的 VSB 信号，从而使得电视接收机可以直接使用包络解调，达到了既节省频带又设备简易的目的。

5.4　幅度调制系统的抗噪声性能

5.4.1　通信系统抗噪声性能的分析模型

由第 1 章中介绍的通信系统的一般模型已知，已调信号在信道传输的过程中，会受到加性噪声的干扰。通常认为加性噪声只对已调信号的接收产生影响，因此通信系统的抗噪声性能可以用解调器的抗噪声性能来衡量。

在模拟通信系统中，系统的抗噪声能力通常用解调器输出端信噪比来度量。解调器输出端信噪比不仅与解调器输入端信噪比有关，而且与调制及解调方式也有关。通常定义信噪比为有用信号的平均功率与噪声的平均功率之比。在相同的比较条件下，输出信噪比越高，则表明该系统的抗噪声能力越强，系统的可靠性越好。

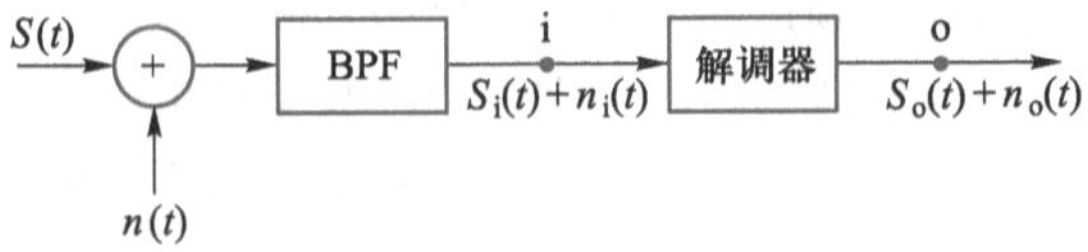

分析通信系统抗噪声性能的模型如

图 5-4-1　通信系统抗噪声性能分析模型

图 5-4-1 所示。图中，$S(t)$ 为来自发送端的已调信号，$n(t)$ 为信号传输过程中叠加的高斯

白噪声。带通滤波器（BPF）是实际接收系统中采用的高频放大器、混频器及中频放大器等具体电路的综合抽象模型，它的作用是滤除已调信号的带外噪声，同时保证已调信号顺利地通过。因此，经带通滤波器后到达解调器输入端的信号 $S_i(t)$ 仍是 $S(t)$，而噪声则由白噪声变成了带通型的窄带噪声 $n_i(t)$。解调器输出信号为 $S_o(t)$，噪声为 $n_o(t)$。

由第 3 章对窄带噪声的讨论可知，窄带噪声 $n_i(t)$ 可以表示为同相与正交分量或包络与相位的形式，即

$$n_i(t) = n_c(t)\cos\omega_0 t - n_s(t)\sin\omega_0 t = R(t)\cos[\omega_0 t + \theta(t)]$$

其中，同相分量 $n_c(t)$ 与正交分量 $n_s(t)$ 具有和 $n_i(t)$ 相同的方差或功率，即

$$\sigma_{n_i}^2 = \sigma_{n_c}^2 = \sigma_{n_s}^2 \text{ 或 } N_i = \overline{n_i^2(t)} = \overline{n_c^2(t)} = \overline{n_s^2(t)} \qquad (5\text{-}4\text{-}1)$$

式（5-4-1）中，N_i 为窄带噪声 $n_i(t)$ 的功率。设高斯白噪声 $n(t)$ 的双边功率谱密度为 $n_0/2$。对不同类型的幅度调制信号，可有不同带宽的带通滤波器，图 5-4-2 所示为解调 AM 及 DSB 信号时理想带通滤波器的传输特性。窄带噪声 $n_i(t)$ 的功率 N_i 为

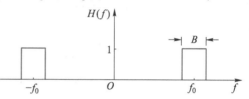

图 5-4-2 解调 AM 及 DSB 信号时带通滤波器的传输特性

$$N_i = \overline{n_i^2(t)} = \frac{1}{2\pi}\int_{-\infty}^{\infty} P_{n_i}(\omega)\,\mathrm{d}\omega \qquad (5\text{-}4\text{-}2)$$

式（5-4-2）中的 $P_{n_i}(\omega)$ 为窄带噪声 $n_i(t)$ 的功率谱，$P_{n_i}(\omega)$ 与带通滤波器的传输函数 $H(\omega)$ 之间的关系为

$$P_{n_i}(\omega) = \frac{n_0}{2}|H(\omega)|^2 \qquad (5\text{-}4\text{-}3)$$

将式（5-4-3）代入式（5-4-2）中，可得

$$N_i = \frac{1}{2\pi}\int_{-\infty}^{\infty}\frac{n_0}{2}|H(\omega)|^2\mathrm{d}\omega = n_0 B \qquad (5\text{-}4\text{-}4)$$

式中，$B(\mathrm{Hz})$ 为理想带通滤波器的带宽，B 等于 AM 及 DSB 信号的频带宽度。

显然，式（5-4-4）也适合于 SSB 或 VSB 信号解调时使用，此时，B 应等于 SSB 或 VSB 信号的频带宽度。

在下面的讨论中，为了比较不同的调制方式下解调器的抗噪声性能，还定义了调制制度增益 G 为

$$G = \frac{\text{解调器输出信噪比}}{\text{解调器输入信噪比}}$$

调制制度增益 G 实际上是解调器的处理增益，也称为信噪比增益，它表明了在某一特定的调制及解调方式下，系统信噪比的改善程度。

5.4.2 幅度调制系统同步解调时的抗噪声性能

幅度调制系统的同步解调模型如图 5-4-3 所示。图中，同步解调器由乘法器与理想低通滤波器组成。信号 $S(t)$ 为幅度调制信号，它与高斯白噪声 $n(t)$ 一起输入带通滤波器。同步解调器可视为线性网络，因此信号及噪声可以分别进行处理。下面分别讨论各种幅度调制系统的抗噪声性能。

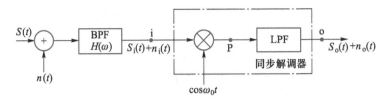

图 5-4-3　幅度调制系统的同步解调模型

1. AM 系统的抗噪声性能

AM 调制时，信号 $S(t) = S_{AM}(t) = [A_0 + f(t)]\cos\omega_0 t$，$S(t)$ 经过带通滤波器后到达解调器输入端的信号 $S_i(t)$ 仍是 $S(t)$，即 $S_i(t) = [A_0 + f(t)]\cos\omega_0 t$。这时，解调器输入端的信号平均功率为

$$S_i = \overline{S_i^2(t)} = \overline{[A_0 + f(t)]^2 \cos^2\omega_0 t} = \frac{1}{2}\left[A_0^2 + \overline{f^2(t)}\right] \tag{5-4-5}$$

式中，$f(t)$ 为调制信号。在本章的讨论中，假设 $f(t)$ 是满足各态历经性的平稳随机过程，且其均值为 0，即 $\overline{f(t)} = 0$。

由式 (5-4-4)，可得解调器输入端的噪声 $n_i(t)$ 的平均功率为

$$N_i = \overline{n_i^2(t)} = n_0 B_{AM} = 2n_0 f_m \tag{5-4-6}$$

这样，解调器输入端的信噪比为

$$\frac{S_i}{N_i} = \frac{\left[A_0^2 + \overline{f^2(t)}\right]}{4n_0 f_m} \tag{5-4-7}$$

下面来看解调器输出端信号与噪声的情况。由图 5-4-3 可以看出，信号 $S_i(t)$ 与相干载波相乘后，可得

$$S_P(t) = S_i(t)\cos\omega_0 t = [A_0 + f(t)]\cos^2\omega_0 t$$
$$= \frac{1}{2}[A_0 + f(t)](1 + \cos 2\omega_0 t) \tag{5-4-8}$$

经低通滤波器后得到的输出信号 $S_o(t)$ 为

$$S_o(t) = \frac{1}{2}f(t) \tag{5-4-9}$$

因此，输出信号的平均功率为

$$S_o = \overline{S_o^2(t)} = \frac{1}{4}\overline{f^2(t)} \tag{5-4-10}$$

同样可以看出，解调器输入端的噪声与相干载波相乘后，可得

$$n_P(t) = n_i(t)\cos\omega_0 t$$
$$= [n_c(t)\cos\omega_0 t - n_s(t)\sin\omega_0 t]\cos\omega_0 t$$
$$= n_c(t)\cos^2\omega_0 t - n_s(t)\sin\omega_0 t\cos\omega_0 t$$
$$= \frac{1}{2}n_c(t) + \frac{1}{2}n_c(t)\cos 2\omega_0 t - \frac{1}{2}n_s(t)\sin 2\omega_0 t \tag{5-4-11}$$

经低通滤波器后得到解调器的输出噪声 $n_o(t)$ 为

$$n_o(t) = \frac{1}{2}n_c(t) \tag{5-4-12}$$

故输出噪声 $n_o(t)$ 的平均功率为

$$N_o = \overline{n_o^2(t)} = \frac{1}{4}\overline{n_c^2(t)} \tag{5-4-13}$$

由式（5-4-1）及式（5-4-6）可得

$$N_o = \frac{1}{4}\overline{n_i^2(t)} = \frac{1}{4}N_i = \frac{1}{2}n_0 f_m \tag{5-4-14}$$

这样，就可由式（5-4-10）及式（5-4-14）得到解调器的输出信噪比为

$$\frac{S_o}{N_o} = \frac{\frac{1}{4}\overline{f^2(t)}}{\frac{1}{2}n_0 f_m} = \frac{\overline{f^2(t)}}{2n_0 f_m} \tag{5-4-15}$$

由解调器的输入及输出信噪比表示式，可得 AM 系统的调制制度增益为

$$G_{AM} = \frac{S_o/N_o}{S_i/N_i} = \frac{2\overline{f^2(t)}}{A_0^2 + \overline{f^2(t)}} \tag{5-4-16}$$

2. DSB 系统的抗噪声性能

DSB 调制时，信号 $S(t) = S_{DSB}(t) = f(t)\cos\omega_0 t$，这时解调器输入端的信号平均功率为

$$S_i = \overline{S_i^2(t)} = \overline{S_{DSB}^2(t)} = \overline{f(t)^2 \cos^2\omega_0 t} = \frac{1}{2}\overline{f^2(t)} \tag{5-4-17}$$

解调器输入端的噪声 $n_i(t)$ 的平均功率为

$$N_i = \overline{n_i^2(t)} = n_0 B_{DSB} = 2n_0 f_m \tag{5-4-18}$$

由以上两式，可得解调器输入端的信噪比为

$$\frac{S_i}{N_i} = \frac{\frac{1}{2}\overline{f^2(t)}}{2n_0 f_m} = \frac{1}{4}\times\frac{\overline{f^2(t)}}{n_0 f_m} \tag{5-4-19}$$

解调器输入端的信号 $S_i(t)$ 与相干载波相乘后经低通滤波器，得到输出信号 $S_o(t)$ 为

$$S_o(t) = \frac{1}{2}f(t) \tag{5-4-20}$$

输出信号的平均功率为

$$S_o = \overline{S_o^2(t)} = \frac{1}{4}\overline{f^2(t)} \tag{5-4-21}$$

同样，解调器输入端的噪声 $n_i(t)$ 与相干载波相乘后，由低通滤波器输出的噪声 $n_o(t)$ 为

$$n_o(t) = \frac{1}{2}n_c(t) \tag{5-4-22}$$

输出噪声 $n_o(t)$ 的平均功率为

$$N_o = \overline{n_o^2(t)} = \frac{1}{4}\overline{n_c^2(t)} = \frac{1}{4}N_i = \frac{1}{2}n_0 f_m \tag{5-4-23}$$

这样，就可由式（5-4-21）及式（5-4-23）得到解调器的输出信噪比为

149

5.4　幅度调制系统的抗噪声性能

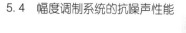

$$\frac{S_o}{N_o}=\frac{\dfrac{1}{4}\overline{f^2(t)}}{\dfrac{1}{2}n_0 f_m}=\frac{\overline{f^2(t)}}{2n_0 f_m} \tag{5-4-24}$$

由解调器的输入及输出信噪比表示式，可得 DSB 系统的调制制度增益为

$$G_{DSB}=\frac{S_o/N_o}{S_i/N_i}=2 \tag{5-4-25}$$

3. SSB 系统的抗噪声性能

SSB 调制时，信号 $S(t)=S_{SSB}(t)=f(t)\cos\omega_0 t \mp \hat{f}(t)\sin\omega_0 t$。这时，解调器输入端的信号平均功率为 [以上边带为例，即 $S_{SSB}(t)=f(t)\cos\omega_0 t - \hat{f}(t)\sin\omega_0 t$]

$$\begin{aligned} S_i &= \overline{S_i^2(t)}=\overline{S_{SSB}^2(t)}=\overline{[f(t)\cos\omega_0 t - \hat{f}(t)\sin\omega_0 t]^2}\\ &= \overline{[f(t)\cos\omega_0 t]^2}-\overline{2f(t)\hat{f}(t)\cos\omega_0 t\sin\omega_0 t}+\overline{[\hat{f}(t)\sin\omega_0 t]^2}\\ &= \overline{f^2(t)} \end{aligned} \tag{5-4-26}$$

解调器输入端的噪声 $n_i(t)$ 的平均功率为

$$N_i=\overline{n_i^2(t)}=n_0 B_{SSB}=n_0 f_m \tag{5-4-27}$$

由以上两式，可得解调器输入端的信噪比为

$$\frac{S_i}{N_i}=\frac{\overline{f^2(t)}}{n_0 f_m} \tag{5-4-28}$$

解调器输入端的信号 $S_i(t)$ 与相干载波相乘后经低通滤波器，得到输出信号 $S_o(t)$ 为

$$S_o(t)=\frac{1}{2}f(t) \tag{5-4-29}$$

输出信号的平均功率为

$$S_o=\overline{S_o^2(t)}=\frac{1}{4}\overline{f^2(t)} \tag{5-4-30}$$

同样，解调器输入端的噪声 $n_i(t)$ 与相干载波相乘后，由低通滤波器输出的噪声 $n_0(t)$ 为

$$n_o(t)=\frac{1}{2}n_c(t) \tag{5-4-31}$$

输出噪声 $n_o(t)$ 的平均功率为

$$N_o=\overline{n_o^2(t)}=\frac{1}{4}\overline{n_c^2(t)}=\frac{1}{4}N_i=\frac{1}{4}n_0 f_m \tag{5-4-32}$$

因此，解调器的输出信噪比为

$$\frac{S_o}{N_o}=\frac{\dfrac{1}{4}\overline{f^2(t)}}{\dfrac{1}{4}n_0 f_m}=\frac{\overline{f^2(t)}}{n_0 f_m} \tag{5-4-33}$$

由解调器的输入及输出信噪比表示式，可得 SSB 系统的调制制度增益为

$$G_{SSB}=\frac{S_o/N_o}{S_i/N_i}=1 \tag{5-4-34}$$

按以上相同的方法，可以对残留边带（VSB）信号进行分析，所得结论与单边带信号（SSB）相同。

由式（5-4-16）、式（5-4-25）及式（5-4-34）可以看出，同步解调时，AM 系统的调制制度增益小于 1，DSB 系统为 2，而 SSB（VSB）系统为 1。但这并不表明幅度调制系统同步解调时，DSB 系统的抗噪声性能是最好的。因为各类幅度调制系统到达解调器输入端的信噪比是不相同的，因此调制制度增益并不能用来比较不同调制系统的抗噪声性能，而只能在同类调制系统内，衡量不同解调方式对输出信噪比所带来的影响时采用。因此，不能说 DSB 系统的抗噪声性能比 SSB 系统的强一倍。

为了比较各类幅度调制系统的抗噪声性能，可以在相同的输入信号功率 S_i、相同的噪声功率谱密度 n_0 及相同的基带信号带宽 f_m 的条件下，考察系统的输出信噪比。为此可将各种系统中的输入信号功率 S_i 代入到对应的输出信噪比的表示式中去，得到以下各式：

对于 AM 系统

$$\left(\frac{S_o}{N_o}\right)_{AM} = \frac{\overline{f^2(t)}}{2n_0 f_m} = \frac{\overline{f^2(t)}}{A_0^2 + \overline{f^2(t)}} \cdot \frac{S_i}{n_0 f_m} \tag{5-4-35}$$

式（5-4-35）中，$S_i = S_{AM} = \frac{1}{2}\left[A_0^2 + \overline{f^2(t)}\right]$ 为输入 AM 信号的功率。

对于 DSB、SSB（VSB）系统

$$\left(\frac{S_o}{N_o}\right)_{DSB} = \left(\frac{S_o}{N_o}\right)_{SSB(VSB)} = \frac{S_i}{n_0 f_m} \tag{5-4-36}$$

式（5-4-36）中，$S_i = S_{DSB} = \frac{1}{2}\overline{f^2(t)}$ 及 $S_i = S_{SSB(VSB)} = \overline{f^2(t)}$ 分别为输入的 DSB 信号及 SSB（VSB）信号功率。

由上可见，DSB 系统及 SSB 系统（VSB 系统）同步解调时具有相同的输出信噪比，而 AM 系统的则要低一些。因此可以得出结论，双边带系统和单边带系统具有相同的抗噪声性能，但双边带信号所占用的传输带宽为单边带信号的两倍。它们都比 AM 系统的抗噪声能力强。在 AM 系统中，为防止过调制应使 $|f(t)|_{max} \leq A_0$，即 $\overline{f^2(t)}/[A_0^2 + \overline{f^2(t)}]$ 不超过 0.5，因此 DSB 及 SSB 系统与 AM 系统相比，输出信噪比至少改善 3 dB。

5.4.3 幅度调制系统包络解调时的抗噪声性能

幅度调制系统的解调方式有同步解调和包络解调两种。同步解调方式适用于所有的线性调制系统，它的性能较好，而且没有门限效应。但是同步解调时要求在接收端提供一个与发送端载波同频同相的本地载波（相干载波），使得同步解调时系统设备复杂。包络解调时不需要提取相干载波，实现简单，但性能较差，而且存在门限效应。下面以标准幅度调制信号为例来分析这个问题。

由于标准幅度调制（AM）信号的包络与调制信号成正比，因此解调时可用简单的包络解调方式，此时解调器为一线性包络检波器，它的输出电压与输入信号的包络成比例变化。AM 信号包络解调模型如图 5-4-4 所示。与上节讨论同步解调时的情形一样，图中包络解调器输入端的有用信号 $S_i(t)$ 即为 AM 信号，噪声 $n_i(t)$ 为高斯白噪声经带通滤波器之后的窄带噪声。

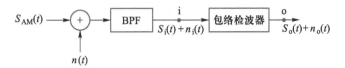

图 5-4-4　AM 信号包络解调模型

与同步解调时的情形一样，包络解调器输入端的信噪比为

$$\frac{S_i}{N_i}=\frac{\left[A_0^2+\overline{f^2(t)}\right]}{4n_0f_m}\tag{5-4-37}$$

包络解调器输入端的信号为有用信号 $S_i(t)$ 与窄带噪声 $n_i(t)$ 之和，即解调器输入端的合成信号为

$$S_i(t)+n_i(t)=\left[A_0+f(t)\right]\cos\omega_0 t+n_c(t)\cos\omega_0 t-n_s(t)\sin\omega_0 t$$
$$=A(t)\cos\left[\omega_0 t+\theta(t)\right]\tag{5-4-38}$$

式（5-4-38）中，$A(t)$ 为合成信号的包络，$\theta(t)$ 为合成信号的相位，且有

$$A(t)=\sqrt{\left[A_0+f(t)+n_c(t)\right]^2+n_s^2(t)}\tag{5-4-39}$$

$$\theta(t)=\arctan\frac{n_s(t)}{A_0+f(t)+n_c(t)}\tag{5-4-40}$$

对线性包络检波器来说，输出即为 $A(t)$。由式（5-4-39）可知，输出信号中有用信号与噪声无法完全分开，因此直接计算输出信噪比有困难。为了得到输出信噪比，下面考虑两种特殊的情况。

（1）大信噪比的情况

在大信噪比的条件下，满足下式

$$\left[A_0+f(t)\right]\gg\sqrt{n_c^2(t)+n_s^2(t)}\tag{5-4-41}$$

这时，式（5-4-39）可以简化为

$$A(t)=\left[A_0+f(t)\right]\sqrt{1+\frac{2n_c(t)}{A_0+f(t)}+\frac{n_c^2(t)+n_s^2(t)}{\left[A_0+f(t)\right]^2}}$$
$$\approx\left[A_0+f(t)\right]\sqrt{1+\frac{2n_c(t)}{A_0+f(t)}}\approx\left[A_0+f(t)\right]\left[1+\frac{n_c(t)}{A_0+f(t)}\right]$$
$$=\left[A_0+f(t)+n_c(t)\right]\tag{5-4-42}$$

由式（5-4-42）可见，包络检波器输出中含有直流分量 A_0、有用信号 $f(t)$ 及噪声 $n_c(t)$。输出的有用信号功率为

$$S_o=\overline{f^2(t)}\tag{5-4-43}$$

输出的噪声功率为

$$N_o=\overline{n_c^2(t)}=\overline{n_i^2(t)}=2n_0f_m\tag{5-4-44}$$

输出信噪比为

$$\frac{S_o}{N_o}=\frac{\overline{f^2(t)}}{2n_0f_m}\tag{5-4-45}$$

于是，由式（5-4-37）与式（5-4-45），得到调制制度增益为

$$G_{\text{AM}} = \frac{S_\text{o}/N_\text{o}}{S_\text{i}/N_\text{i}} = \frac{2\overline{f^2(t)}}{A_0^2 + \overline{f^2(t)}} \tag{5-4-46}$$

比较式（5-4-15）、式（5-4-16）与式（5-4-45）、式（5-4-46）可以发现,在大信噪比的条件下,AM 信号的包络检波法与同步解调方式具有相同的抗噪声性能。

（2）小信噪比的情况

在小信噪比的条件下,满足下式

$$\sqrt{n_\text{c}^2(t) + n_\text{s}^2(t)} \gg [A_0 + f(t)] \tag{5-4-47}$$

这时，由式（5-4-39）及式（5-4-47），可得

$$\begin{aligned}
A(t) &= \sqrt{[A_0 + f(t)]^2 + 2[A_0 + f(t)]n_\text{c}(t) + n_\text{c}^2(t) + n_\text{s}^2(t)} \\
&\approx \sqrt{2[A_0 + f(t)]n_\text{c}(t) + n_\text{c}^2(t) + n_\text{s}^2(t)} \\
&= \sqrt{n_\text{c}^2(t) + n_\text{s}^2(t)}\sqrt{1 + \frac{2n_\text{c}(t)}{n_\text{c}^2(t) + n_\text{s}^2(t)}[A_0 + f(t)]} \\
&\approx \sqrt{n_\text{c}^2(t) + n_\text{s}^2(t)} + \frac{n_\text{c}(t)}{\sqrt{n_\text{c}^2(t) + n_\text{s}^2(t)}}[A_0 + f(t)]
\end{aligned} \tag{5-4-48}$$

由式（5-4-48）可见，输出信号中有用信号 $f(t)$ 与噪声无法分开，即没有单独的有用信号项,有用信号"淹没"在了噪声之中。这时输出信噪比不是按比例地随输入信噪比下降，而是急剧恶化。通常把这种由于输入信噪比下降而引起输出信噪比急剧恶化的现象称为"门限效应"。开始出现门限效应时的输入信噪比称为门限值。

顺便指出，门限效应是由包络检波器的非线性解调过程引起的，对同步解调过程来说，由于有用信号和噪声可以视为分别处理，因而解调器输出端总是存在单独的有用信号项，所以同步解调时不存在门限效应。此外，门限效应也不只存在于包络检波方式中，下面讨论的角度调制信号的解调过程中也存在门限效应。

5.5 角度调制系统

5.5.1 角度调制的基本概念

角度调制分为频率调制和相位调制，它们是通过改变正弦载波的频率或相位来实现的，即载波的幅度保持不变，而载波的频率或相位随基带信号 $f(t)$ 而变化。因为频率或相位的变化都可以看成是载波角度的变化，故这两种调制又统称为角度调制。

与幅度调制（线性调制）系统不同，角度调制中已调信号的频谱与调制信号的频谱之间不存在线性对应关系，而是产生出与频谱搬移过程不同的新的频率分量，呈现出非线性变换的特征，故角度调制又称为非线性调制。一般来说，可按以下定义来区分线性调制与非线性调制：设已调信号是调制信号 $f(t)$ 的函数，并表示为 $\varphi[f(t)]$。如果 $\mathrm{d}\{\varphi[f(t)]\}/\mathrm{d}[f(t)]$ 与 $f(t)$ 无关，则调制是线性的，否则便是非线性的。

任一正弦载波信号 $C(t)$ 可表示为

$$C(t) = A\cos(\omega_0 t + \theta_0) \tag{5-5-1}$$

式中，载波的幅度 A、角频率 ω_0 及相位 θ_0 这 3 个参数都可以用来携带信息而构成已调

信号。

当载波的幅度随基带信号 $f(t)$ 变化，而频率及相位不变时，就是前面讨论的幅度调制系统。角度调制时载波的幅度不变，而频率及相位随基带信号 $f(t)$ 变化。角度调制信号可以表示为

$$S(t) = A\cos\left[\omega_0 t + \varphi(t)\right] = A\cos\theta(t) \tag{5-5-2}$$

式中，$\theta(t)$ 称为角度调制信号的瞬时相位；$\varphi(t)$ 称为瞬时相位偏移，它表示相对未调载波瞬时相位的偏移值。

瞬时相位 $\theta(t)$ 的导数 $\omega(t) = \dfrac{\mathrm{d}\theta(t)}{\mathrm{d}t}$ 称为信号的瞬时角频率；瞬时相位偏移 $\varphi(t)$ 的导数

$\Delta\omega(t) = \dfrac{\mathrm{d}\varphi(t)}{\mathrm{d}t}$ 称为瞬时角频率偏移，它表示相对未调载波瞬时角频率的偏移值。

5.5.2　相位调制（PM）

相位调制（phase modulation，PM）简称调相，是指瞬时相位偏移 $\varphi(t)$ 随基带信号 $f(t)$ 成比例变化的调制，即

$$\varphi(t) = K_{\mathrm{P}} f(t) \tag{5-5-3}$$

式中，K_{P} 为相移常数，是取决于具体实现电路的一个比例常数。因此，相位调制信号可以表示为

$$S_{\mathrm{PM}}(t) = A\cos\left[\omega_0 t + K_{\mathrm{P}} f(t)\right] \tag{5-5-4}$$

由式（5-5-4）可得相位调制信号的瞬时相位 $\theta(t)$ 为

$$\theta(t) = \omega_0 t + K_{\mathrm{P}} f(t) \tag{5-5-5}$$

瞬时角频率 $\omega(t)$ 为

$$\omega(t) = \frac{\mathrm{d}\theta(t)}{\mathrm{d}t} = \omega_0 + K_{\mathrm{P}} \frac{\mathrm{d}f(t)}{\mathrm{d}t} \tag{5-5-6}$$

即调相信号的瞬时相位 $\theta(t)$ 与基带信号 $f(t)$ 呈线性关系；瞬时角频率 $\omega(t)$ 与基带信号的导数 $\dfrac{\mathrm{d}f(t)}{\mathrm{d}t}$ 呈线性关系。

5.5.3　频率调制（FM）

频率调制（frequency modulation，FM）简称调频，是指瞬时角频率偏移 $\dfrac{\mathrm{d}\varphi(t)}{\mathrm{d}t}$ 随基带信号 $f(t)$ 成比例变化的调制，即

$$\Delta\omega(t) = \frac{\mathrm{d}\varphi(t)}{\mathrm{d}t} = K_{\mathrm{F}} f(t) \tag{5-5-7}$$

式中，K_{F} 为频移常数。式（5-5-7）的最大值 $\Delta\omega_{\max} = K_{\mathrm{F}} |f(t)|_{\max}$ 称为最大角频率偏移。

调频信号的瞬时相位偏移为

$$\varphi(t) = \int_{-\infty}^{t} K_{\mathrm{F}} f(t)\,\mathrm{d}t = K_{\mathrm{F}} \int_{-\infty}^{t} f(t)\,\mathrm{d}t \tag{5-5-8}$$

因此，频率调制信号可以表示为

$$S_{\mathrm{FM}}(t) = A\cos\left[\omega_0 t + K_{\mathrm{F}}\int_{-\infty}^{t} f(t)\,\mathrm{d}t\right] \tag{5-5-9}$$

由式（5-5-9）可知，调频信号的瞬时相位 $\theta(t)$ 为

$$\theta(t) = \omega_0 t + K_{\mathrm{F}}\int_{-\infty}^{t} f(t)\,\mathrm{d}t \tag{5-5-10}$$

瞬时角频率为

$$\omega(t) = \frac{\mathrm{d}\theta(t)}{\mathrm{d}t} = \omega_0 + K_{\mathrm{F}}f(t) \tag{5-5-11}$$

即调频信号的瞬时相位 $\theta(t)$ 与基带信号 $f(t)$ 的积分呈线性关系；瞬时角频率 $\omega(t)$ 与基带信号 $f(t)$ 呈线性关系。

角度调制系统中，无论是调频还是调相，都用瞬时相位偏移的最大值 $\varphi(t)\big|_{\max}$ 来定义调制指数，记为 D_{FM} 及 D_{PM}。当基带信号 $f(t)$ 为简谐振荡时，D_{FM} 及 D_{PM} 分别记为 β_{FM} 及 β_{PM}。

为了加深对上述关系式的理解，下面以基带信号 $f(t)$ 为简谐振荡为例，讨论这时的调制情况，即设

$$f(t) = A_{\mathrm{m}}\cos\omega_{\mathrm{m}}t \tag{5-5-12}$$

由式（5-5-4），可得此时的调相信号为

$$\begin{aligned}
S_{\mathrm{PM}}(t) &= A\cos\left[\omega_0 t + K_{\mathrm{P}}A_{\mathrm{m}}\cos\omega_{\mathrm{m}}t\right] \\
&= A\cos\left[\omega_0 t + \beta_{\mathrm{PM}}\cos\omega_{\mathrm{m}}t\right]
\end{aligned} \tag{5-5-13}$$

式中，$\beta_{\mathrm{PM}} = K_{\mathrm{P}}A_{\mathrm{m}}$ 为调相指数，它是瞬时相位偏移 $\varphi(t) = K_{\mathrm{P}}A_{\mathrm{m}}\cos\omega_{\mathrm{m}}t$ 的最大值。

瞬时角频率偏移为

$$\Delta\omega(t) = \frac{\mathrm{d}\varphi(t)}{\mathrm{d}t} = -K_{\mathrm{P}}A_{\mathrm{m}}\omega_{\mathrm{m}}\sin\omega_{\mathrm{m}}t$$

其最大值为

$$\Delta\omega_{\max} = K_{\mathrm{P}}A_{\mathrm{m}}\omega_{\mathrm{m}}$$

且满足 $\Delta\omega_{\max} = \omega_{\mathrm{m}}\beta_{\mathrm{PM}}$ 或 $\beta_{\mathrm{PM}} = \Delta\omega_{\max}/\omega_{\mathrm{m}}$。

这时的调相信号瞬时相位 $\theta(t)$ 为

$$\theta(t) = \omega_0 t + \beta_{\mathrm{PM}}\cos\omega_{\mathrm{m}}t \tag{5-5-14}$$

瞬时角频率 $\omega(t)$ 为

$$\omega(t) = \frac{\mathrm{d}\theta(t)}{\mathrm{d}t} = \omega_0 - \beta_{\mathrm{PM}}\omega_{\mathrm{m}}\sin\omega_{\mathrm{m}}t \tag{5-5-15}$$

由式（5-5-15）可画出调相信号的波形如图 5-5-1（a）所示。

由式（5-5-9），可得此时的调频信号为

$$\begin{aligned}
S_{\mathrm{FM}}(t) &= A\cos\left[\omega_0 t + K_{\mathrm{F}}A_{\mathrm{m}}\int_{-\infty}^{t}\cos\omega_{\mathrm{m}}t\,\mathrm{d}t\right] \\
&= A\cos\left[\omega_0 t + \beta_{\mathrm{FM}}\sin\omega_{\mathrm{m}}t\right]
\end{aligned} \tag{5-5-16}$$

式中，$\beta_{\mathrm{FM}} = K_{\mathrm{F}}A_{\mathrm{m}}/\omega_{\mathrm{m}}$ 为调频指数，它是瞬时相位偏移 $\varphi(t) = K_{\mathrm{F}}A_{\mathrm{m}}\int_{-\infty}^{t}\cos\omega_{\mathrm{m}}t\,\mathrm{d}t$ 的最大值。

这时调频信号的瞬时角频率偏移为

$$\Delta\omega(t) = \frac{\mathrm{d}\varphi(t)}{\mathrm{d}t} = K_{\mathrm{F}}A_{\mathrm{m}}\cos\omega_{\mathrm{m}}t$$

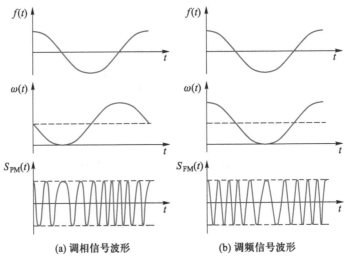

(a) 调相信号波形　　　　　　(b) 调频信号波形

图 5-5-1　调相、调频信号的波形

其最大值为 $\Delta\omega_{max} = K_F A_m$，且满足 $\Delta\omega_{max} = \omega_m \beta_{FM}$ 或 $\beta_{FM} = \Delta\omega_{max}/\omega_m$。

这时的调频信号瞬时相位 $\theta(t)$ 为

$$\theta(t) = \omega_0 t + \beta_{FM}\sin\omega_m t \qquad (5\text{-}5\text{-}17)$$

瞬时角频率 $\omega(t)$ 为

$$\omega(t) = \frac{\mathrm{d}\theta(t)}{\mathrm{d}t} = \omega_0 + \beta_{FM}\omega_m\cos\omega_m t \qquad (5\text{-}5\text{-}18)$$

由式（5-5-18）可画出调频信号的波形如图 5-5-1（b）所示。

比较图 5-5-1 中调相、调频信号的波形可以看出，如果预先不知道基带信号 $f(t)$ 的形式，而仅从已调信号波形上无法分辨出是 PM 还是 FM 波。因此，调频器也可以用来产生调相信号，只需将调制信号在送入调频器之前先进行微分，如图 5-5-2 所示。同样，也可以用调相器来产生调频信号，这时调制信号在送入调相器之前必须先进行积分，如图 5-5-3 所示。把这种由调频器或调相器产生调相信号或调频信号的方法称为间接调制法，而由调频器或调相器产生调频信号或调相信号的方法称为直接调制法。

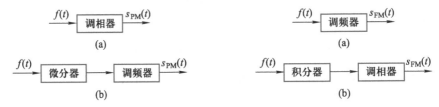

图 5-5-2　PM 波的两种产生方案　　　　　图 5-5-3　FM 波的两种产生方案

在实际系统中，由于 FM 系统的抗噪声性能优于 PM 系统，因此在质量要求高或信道噪声大的通信系统（如调频广播、电视伴音、空间通信、移动通信及模拟微波中继通信系统）中，频率调制应用更为广泛。下面将主要讨论频率调制。

5.5.4　调频信号频谱分析与卡森带宽

根据已调信号瞬时相位偏移的大小，角度调制可以分为宽带与窄带调制两种。宽带调制与窄带调制的区分并无严格的界限，但通常认为当最大瞬时相位偏移值远小于 $30°$ 时，就称为窄带调制。

对频率调制，满足

$$K_F \int_{-\infty}^{t} f(t)\,dt \bigg|_{\max} \ll \frac{\pi}{6} \qquad (5\text{-}5\text{-}19)$$

时，就称为窄带调频。当式（5-5-19）不满足时，则称为宽带调频。

1. 窄带调频（NBFM）

由调频信号的时域表示式（5-5-9），有

$$S_{FM}(t) = A\cos\left[\omega_0 t + K_F \int_{-\infty}^{t} f(t)\,dt\right]$$

$$= A\cos\omega_0 t \cos\left[K_F \int_{-\infty}^{t} f(t)\,dt\right] - A\sin\omega_0 t \sin\left[K_F \int_{-\infty}^{t} f(t)\,dt\right] \qquad (5\text{-}5\text{-}20)$$

当式（5-5-19）满足时，近似有

$$\cos\left[K_F \int_{-\infty}^{t} f(t)\,dt\right] \approx 1$$

$$\sin\left[K_F \int_{-\infty}^{t} f(t)\,dt\right] \approx K_F \int_{-\infty}^{t} f(t)\,dt$$

所以，窄带调频（NBFM）信号的表示式近似为

$$S_{NBFM}(t) = A\cos\omega_0 t - \left[AK_F \int_{-\infty}^{t} f(t)\,dt\right]\sin\omega_0 t \qquad (5\text{-}5\text{-}21)$$

对式（5-5-21）两边求傅里叶变换，可得到 NBFM 波的频谱密度函数为

$$S_{NBFM}(\omega) = \pi A\left[\delta(\omega-\omega_0)+\delta(\omega+\omega_0)\right] + \frac{AK_F}{2}\left[\frac{F(\omega-\omega_0)}{\omega-\omega_0} - \frac{F(\omega+\omega_0)}{\omega+\omega_0}\right] \qquad (5\text{-}5\text{-}22)$$

由式（5-5-22）可以看出，它与式（5-2-3）表示的 AM 信号的频谱密度函数具有相似的形式，两者都有载波分量，也都有围绕载频的两个边带。不同之处是，NBFM 信号频谱的正、负分量分别乘上了因式 $1/(\omega-\omega_0)$ 和 $1/(\omega+\omega_0)$，并且 NBFM 信号的负频率边带分量有 $180°$ 的相位翻转。因此，NBFM 信号与 AM 信号有相同的带宽，均为基带信号 $f(t)$ 最高频率的两倍。

2. 简谐信号调制时的宽带调频

当式（5-5-19）不满足时，调频信号为宽带调频，这时调频信号不能近似表示。设调制信号 $f(t)$ 为简谐振荡，即 $f(t) = A_m\cos\omega_m t$，代入式（5-5-9），可得

$$S_{FM}(t) = A\cos\left[\omega_0 t + \frac{A_m K_F}{\omega_m}\sin\omega_m t\right]$$

$$= A\cos(\omega_0 t + \beta_{FM}\sin\omega_m t) \qquad (5\text{-}5\text{-}23)$$

式中的调频指数 β_{FM} 为

$$\beta_{FM} = \varphi(t)\big|_{\max} = \frac{A_m K_F}{\omega_m} \qquad (5\text{-}5\text{-}24)$$

用三角公式将式（5-5-23）展开为

$$S_{FM}(t) = A\cos\omega_0 t \cos(\beta_{FM}\sin\omega_m t) - A\sin\omega_0 t \sin(\beta_{FM}\sin\omega_m t) \qquad (5\text{-}5\text{-}25)$$

式中，$\cos(\beta_{FM}\sin\omega_m t)$ 和 $\sin(\beta_{FM}\sin\omega_m t)$ 可以进一步展开成以贝塞尔函数为系数的三角级

数，即

$$\cos(\beta_{FM}\sin\omega_m t) = J_0(\beta_{FM}) + 2\sum_{n=1}^{\infty} J_{2n}(\beta_{FM})\cos 2n\omega_m t \qquad (5-5-26)$$

$$\sin(\beta_{FM}\sin\omega_m t) = 2\sum_{n=1}^{\infty} J_{2n-1}(\beta_{FM})\sin(2n-1)\omega_m t \qquad (5-5-27)$$

以上两式中，$J_n(\beta_{FM})$ 称为第一类 n 阶贝塞尔函数，它是 n 和 β_{FM} 的函数，其值可用无穷级数

$$J_n(\beta_{FM}) = \sum_{m=0}^{\infty} \frac{(-1)^m (\beta_{FM}/2)^{n+2m}}{m!\,(n+m)!} \qquad (5-5-28)$$

计算。贝塞尔函数曲线如图 5-5-4 所示。

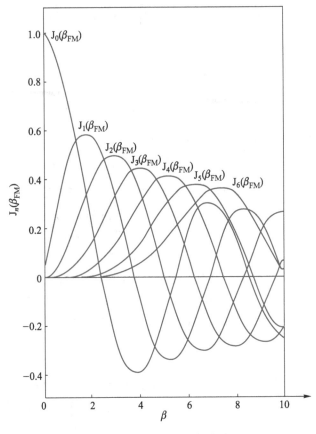

图 5-5-4　贝塞尔函数曲线

贝塞尔函数有以下主要性质：

（1）$J_{-n}(\beta_{FM}) = (-1)^n J_n(\beta_{FM})$。

即 n 为奇数时，$J_{-n}(\beta_{FM}) = -J_n(\beta_{FM})$；

n 为偶数时，$J_{-n}(\beta_{FM}) = J_n(\beta_{FM})$。

（2）当 $n > \beta_{FM}+1$ 时，$J_n(\beta_{FM}) \approx 0$。

（3）$\displaystyle\sum_{n=-\infty}^{\infty} J_n^2(\beta_{FM}) = 1$。

将式（5-5-26）及式（5-5-27）代入式（5-5-25），可得

$$S_{FM}(t) = A\cos\omega_0 t \left[J_0(\beta_{FM}) + 2\sum_{n=1}^{\infty} J_{2n}(\beta_{FM})\cos2n\omega_m t \right]$$

$$- A\sin\omega_0 t \left[2\sum_{n=1}^{\infty} J_{2n-1}(\beta_{FM})\sin(2n-1)\omega_m t \right] \tag{5-5-29}$$

利用三角函数中的积化和差公式及贝塞尔函数的第一条性质，可以得到调频信号的级数展开式为

$$S_{FM}(t) = A\sum_{n=-\infty}^{\infty} J_n(\beta_{FM})\cos(\omega_0 + n\omega_m)t \tag{5-5-30}$$

对式（5-5-30）求傅里叶变换，得到调频信号的频谱密度函数为

$$S_{FM}(\omega) = \pi A \sum_{n=-\infty}^{\infty} J_n(\beta_{FM})\left[\delta(\omega - \omega_0 - n\omega_m) + \delta(\omega + \omega_0 + n\omega_m)\right] \tag{5-5-31}$$

图 5-5-5 中画出了 $\beta_{FM} = 3$ 时，简谐信号调制的调频波频谱结构示意图。

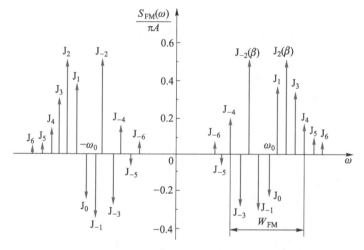

图 5-5-5　简谐信号调制的调频波频谱结构

归纳以上讨论，可以得出以下几点结论：

（1）由式（5-5-31）可知，简谐信号调频波的频谱由位于载频±ω_0 处的两个冲激，以及在 ±ω_0 两边无穷多个离散边频分量组成。这些离散分量之间的频率间隔为简谐基带信号的角频率 ω_m，载频幅度正比于零阶贝塞尔函数值 $J_0(\beta_{FM})$，边频分量幅度正比于 n 阶贝塞尔函数值 $J_n(\beta_{FM})$。

（2）从理论上说，FM 信号具有无穷多个边频分量，频带为无穷宽。因此，无失真地传输 FM 信号，系统带宽应该无穷宽，但这在实际上是做不到的，而且也没有必要。下面将从工程的观点出发，找出 FM 信号的有效频带宽度。

由贝塞尔函数的第二条性质可知，当 $n > \beta_{FM} + 1$ 时，$J_n(\beta_{FM}) \approx 0$。因此，当计算 FM 波的边频分量时，只需考虑 $\beta_{FM} + 1$ 个边频就可以了。这样 FM 信号的有效频带宽度 B_{FM} 或 W_{FM} 就为

或

$$\left. \begin{array}{l} B_{FM} = 2(\beta_{FM}+1)f_m = 2(\Delta f_{max} + f_m) \\ W_{FM} = 2(\beta_{FM}+1)\omega_m = 2(\Delta\omega_{max} + \omega_m) \end{array} \right\} \tag{5-5-32}$$

式中，$f_{\mathrm{m}} = \omega_{\mathrm{m}}/(2\pi)$ 为简谐基带信号的频率，$\Delta\omega_{\max} = \beta_{\mathrm{FM}}\omega_{\mathrm{m}}$ 为最大角频率偏移，$\Delta f_{\max} = \Delta\omega_{\max}/(2\pi) = \beta_{\mathrm{FM}} f_{\mathrm{m}}$ 为最大频率偏移。

必须注意，式（5-5-32）是近似的，是在忽略了 $|n| > \beta_{\mathrm{FM}} + 1$ 边频分量的条件下得到的，这时忽略了幅度小于 15% 的未调载波的边频分量。如果取 $|n| > \beta_{\mathrm{FM}} + 2$，那么所取的频谱加宽，此时忽略了幅度小于 10% 的未调载波的边频分量。

（3）由式（5-5-32）可知，当 $\beta_{\mathrm{FM}} \ll 1$ 时，$W_{\mathrm{FM}} \approx 2\omega_{\mathrm{m}}$，这正是窄带调频时的情况。当 $\beta_{\mathrm{FM}} \gg 1$ 时，$B_{\mathrm{FM}} \approx 2\Delta f_{\max}$ 或 $W_{\mathrm{FM}} \approx 2\Delta\omega_{\max}$，这说明在大调制指数下的 FM 信号的带宽近似为最大频偏的两倍，且与调制频率无关。

例如，调频广播的频率范围为 88～108 MHz，规定各电台之间的频道间隔为 200 kHz。最大频率偏移值为 $\Delta f_{\max} = 75$ kHz，当最高调制频率 $f_{\mathrm{m}} = 15$ kHz 时，由式（5-5-32）可计算出已调信号的带宽为 $B_{\mathrm{FM}} = 180$ kHz；电视传输系统中，伴音信号也采用调频方式，并规定最大频率偏移为 $\Delta f_{\max} = 25$ kHz，$f_{\mathrm{m}} = 15$ kHz，因而可计算出电视伴音信号的带宽为 $B_{\mathrm{FM}} = 80$ kHz。

3. 卡森带宽

上面已经得到了简谐基带信号调制时调频信号的带宽，对任意信号 $f(t)$ 调制时调频信号的带宽也可以用类似的方法导出。

对任意信号 $f(t)$，定义频率偏移率 D_{FM}，它是最大角频率偏移 $\Delta\omega_{\max}$ 与调制信号中最高频率值 ω_{m} 的比值，即

$$D_{\mathrm{FM}} = \frac{\Delta\omega_{\max}}{\omega_{\mathrm{m}}} = \frac{\Delta f_{\max}}{f_{\mathrm{m}}} \tag{5-5-33}$$

式中，$\Delta\omega_{\max} = K_{\mathrm{F}}|f(t)|_{\max}$，为最大角频率偏移。

这样，调频信号的带宽可表示为

$$\left.\begin{array}{l} B_{\mathrm{FM}} = 2(D_{\mathrm{FM}} + 1)f_{\mathrm{m}} \\ W_{\mathrm{FM}} = 2(D_{\mathrm{FM}} + 1)\omega_{\mathrm{m}} \end{array}\right\} \tag{5-5-34}$$

或

式（5-5-34）就是著名的计算调频信号带宽的卡森公式。对实际应用来说，卡森公式估计的频带宽度偏低，因此，当 $D_{\mathrm{FM}} > 2$ 时，常应用下式来计算调频信号的带宽

$$\left.\begin{array}{l} B_{\mathrm{FM}} = 2(D_{\mathrm{FM}} + 2)f_{\mathrm{m}} \\ W_{\mathrm{FM}} = 2(D_{\mathrm{FM}} + 2)\omega_{\mathrm{m}} \end{array}\right\} \tag{5-5-35}$$

或

5.6　调频信号的产生与解调

5.6.1　调频信号的产生

调频信号的产生方法有两种：直接法和间接法。直接法是采用压控振荡器（VCO）作为产生调频信号的调制器，压控振荡器的控制电压为基带信号，这样就使压控振荡器的输出频率随基带信号作线性变化。

间接调频法又称为阿姆斯特朗法，它不是直接用基带信号去改变载波振荡的频率，而是先将基带信号进行积分，然后实施窄带调相，从而间接得到窄带调频信号。之所以进行窄带调相，是因为窄带调相时，振荡器可以采用高稳定度的石英振荡器，从而提高了载频

的稳定度。

如果希望由窄带调频变为宽带调频，则可以采用倍频法。倍频通常借助于倍频器完成，倍频器可用非线性器件实现。例如，平方律器件就可以将输入信号的频率增加一倍。设平方律器件的输入信号为 $S_i(t)$，输出信号为 $S_o(t)$，则有 $S_o(t)=\left[S_i(t)\right]^2$，当输入信号 $S_i(t)$ 为调频信号时，有 $S_i(t)=A\cos\left[\omega_0 t+\varphi(t)\right]$，故

$$S_o(t)=A^2\cos^2\left[\omega_0 t+\varphi(t)\right]=\frac{1}{2}A^2+\frac{1}{2}A^2\cos\left[2\omega_0 t+2\varphi(t)\right] \tag{5-6-1}$$

由式（5-6-1）可见，滤去直流分量后，可得到一个新的调频信号，其载波频率和相位偏移均为原来的 2 倍。由于相位偏移为原来的 2 倍，因而调频指数也为原来的 2 倍。同理，n 倍频后，调频信号的调频指数为原来的 n 倍。

5.6.2 调频信号的解调

调频信号的解调通常采用非相干解调法。用于解调 FM 信号的解调器称为鉴频器，它的输出电压与输入信号的频偏成正比。由于调频信号的瞬时频率正比于调制信号的幅度，因而鉴频器的输出就正比于调制信号的幅度。

理想的鉴频器可看成是微分器与包络检波器的级联。如果对式（5-5-9）的调频信号表示式进行微分，则结果为

$$\frac{\mathrm{d}S_{\mathrm{FM}}(t)}{\mathrm{d}t}=-A\left[\omega_0+K_{\mathrm{F}}f(t)\right]\sin\left[\omega_0 t+K_{\mathrm{F}}\int_{-\infty}^{t}f(t)\,\mathrm{d}t\right] \tag{5-6-2}$$

可以看出，式（5-6-2）是一个调幅-调频信号，它经过包络检波器后即可获得基带信号 $f(t)$。

对于窄带调频信号，除了可用鉴频器进行解调以外，还可以用同步（相干）法进行解调，这是因为窄带调频信号具有线性调制的特点。窄带调频信号的同步解调模型如图 5-6-1 所示。图中，带通滤波器的作用是抑制信道中引入的噪声，同时又让有用信号顺利通过。低通滤波器的作用是让基带信号的频谱分量通过，滤除由乘法电路产生的不需要的频谱分量。

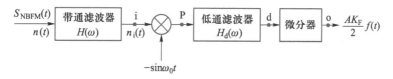

图 5-6-1 窄带调频信号的同步解调模型

已知窄带调频信号为

$$S_{\mathrm{NBFM}}(t)=A\cos\omega_0 t-\left[AK_{\mathrm{F}}\int_{-\infty}^{t}f(t)\,\mathrm{d}t\right]\sin\omega_0 t \tag{5-6-3}$$

设相干载波 $C(t)=-\sin\omega_0 t$，则相乘器的输出信号为

$$S_{\mathrm{P}}(t)=-\frac{1}{2}A\sin 2\omega_0 t+\left[\frac{AK_{\mathrm{F}}}{2}\int_{-\infty}^{t}f(t)\,\mathrm{d}t\right](1-\cos 2\omega_0 t) \tag{5-6-4}$$

经低通滤波及微分后，得到的输出信号为

$$S_o(t)=\frac{AK_F}{2}f(t) \tag{5-6-5}$$

由式（5-6-5）可以看出，输出信号正比于调制信号 $f(t)$。显然，上述同步解调法只适用于窄带调频信号的解调。

5.7　调频系统的抗噪声性能

5.7.1　窄带调频系统的抗噪声性能

上面提到，对窄带调频信号的解调，可以采用相干解调法。分析窄带调频系统抗噪声性能的模型如图 5-6-1 所示。图中，带通滤波器的带宽 B 等于窄带调频信号的带宽，低通滤波器的带宽为 f_m。设带通滤波器的传输特性 $H(f)$ 及低通滤波器的传输特性 $H_d(f)$ 为理想的，如图 5-7-1 所示。下面，首先计算解调器输入端的信噪比。

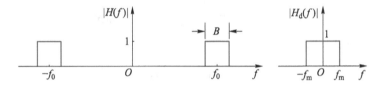

图 5-7-1　用于窄带调频信号解调的滤波器特性

参考图 5-6-1 所示的解调模型，窄带调频信号和高斯白噪声 $n(t)$ 经带通滤波器输出后到达解调器输入端 i 点时分别为

$$S_i(t)=S_{NBFM}(t)$$
$$n_i(t)=n_c(t)\cos\omega_0 t-n_s(t)\sin\omega_0 t$$

由于窄带调频信号可以看成是一个瞬时频率及相位在变化的等幅正弦波，所以解调器输入端 i 点的信号功率为

$$S_i=A^2/2 \tag{5-7-1}$$

i 点的窄带噪声 $n_i(t)$ 的功率为

$$N_i=\overline{n_i^2(t)}=n_0 B_{NBFM}=2n_0 f_m \tag{5-7-2}$$

式中，n_0 为高斯白噪声 $n(t)$ 的单边功率谱密度。

解调器输入端的信噪比为

$$\frac{S_i}{N_i}=\frac{A^2}{4n_0 f_m} \tag{5-7-3}$$

同步（相干）解调时，有用信号和噪声可以视为分别解调。

对信号来说，由式（5-6-5）有输出信号为

$$S_o(t)=\frac{AK_F}{2}f(t) \tag{5-7-4}$$

其平均功率为

$$S_o = \overline{S_o^2(t)} = \frac{A^2 K_F^2}{4} \overline{f^2(t)} \tag{5-7-5}$$

再来讨论输出噪声的情况。由图 5-6-1 可知，噪声 $n_i(t)$ 与相干载波 $-\sin\omega_0 t$ 相乘，通过低通滤波及微分后，得到解调器输出端的噪声为

$$n_o(t) = \frac{1}{2} \times \frac{dn_s(t)}{dt} \tag{5-7-6}$$

输出噪声功率为

$$N_o = \overline{n_o^2(t)} = \frac{1}{4} \int_{-\infty}^{+\infty} P_0(f)\, df \tag{5-7-7}$$

式中，$P_0(f)$ 为 $\dfrac{dn_s(t)}{dt}$ 噪声分量的功率谱密度。

由式（5-7-7）可见，为了计算输出噪声功率，可以先确定 $\dfrac{dn_s(t)}{dt}$ 噪声分量的功率谱密度 $P_0(f)$。

$\dfrac{dn_s(t)}{dt}$ 为窄带噪声 $n_i(t)$ 的正交分量 $n_s(t)$ 通过微分网络之后的输出。设 $n_s(t)$ 的功率谱密度为 $P_s(f)$，由于微分网络的传输函数为 $j\omega$，因此，$\dfrac{dn_s(t)}{dt}$ 的功率谱密度 $P_0(f)$ 为

$$P_0(f) = |j\omega|^2 P_s(f) \tag{5-7-8}$$

下面确定 $n_s(t)$ 的功率谱密度 $P_s(f)$。由第 3 章的分析可知，窄带噪声 $n_i(t)$ 和同相分量 $n_c(t)$ 及正交分量 $n_s(t)$ 具有相同的方差或功率，且有

$$n_i(t) = n_c(t)\cos\omega_0 t - n_s(t)\sin\omega_0 t$$

由上式可知，$n_i(t)$ 可视为同相分量 $n_c(t)$ 与正交分量 $n_s(t)$ 分别经过调制后的合成波形。由于 $n_i(t)$ 是带宽为 B 的带通型噪声，而 $n_c(t)$ 与 $n_s(t)$ 是带宽为 $B/2$ 的低通型噪声，且它们具有相同的平均功率，因而它们的功率谱密度相差一倍，如图 5-7-2 所示。

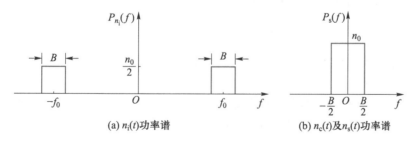

(a) $n_i(t)$ 功率谱   (b) $n_c(t)$ 及 $n_s(t)$ 功率谱

图 5-7-2 $n_i(t)$、$n_c(t)$ 及 $n_s(t)$ 的功率谱密度

由图 5-7-2，有

$$P_s(f) = n_0 \qquad |f| \leqslant B/2 \tag{5-7-9}$$

将式（5-7-9）代入式（5-7-8）中，得

$$P_0(f) = (2\pi f)^2 n_0 = 4\pi^2 n_0 f^2 \qquad |f| \leqslant B/2 \tag{5-7-10}$$

式（5-7-10）中，B 为调频信号的传输带宽，窄带调频时，信号的带宽 $B = 2f_m$。$P_0(f)$ 如

图 5-7-3 所示。由图可见，$\dfrac{\mathrm{d}n_{\mathrm{s}}(t)}{\mathrm{d}t}$ 噪声分量的功率谱在频带内不再是均匀分布的，而是与 f^2 成正比，变成了抛物线分布。

解调器中的低通滤波器是用来滤除调制信号频带以外的噪声的。设低通滤波器的截止频率为 f_{m}，由式（5-7-7）可得输出噪声功率为

$$N_{\mathrm{o}} = \overline{n_{\mathrm{o}}^2(t)} = \frac{1}{4}\int_{-f_{\mathrm{m}}}^{+f_{\mathrm{m}}} 4\pi^2 n_0 f^2 \mathrm{d}f = \frac{2\pi^2 n_0 f_{\mathrm{m}}^3}{3}$$
（5-7-11）

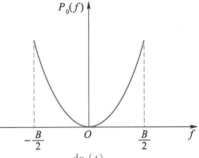

图 5-7-3　$\dfrac{\mathrm{d}n_{\mathrm{s}}(t)}{\mathrm{d}t}$ 的功率谱密度

这样，由式（5-7-5）与式（5-7-11），可得到解调器输出端的信噪比为

$$\frac{S_{\mathrm{o}}}{N_{\mathrm{o}}} = \frac{3A^2 K_{\mathrm{F}}^2 \overline{f^2(t)}}{8\pi^2 n_0 f_{\mathrm{m}}^3}$$
（5-7-12）

由式（5-7-3）的解调器输入端信噪比及式（5-7-12）的输出端信噪比，可求出窄带调频系统的调制制度增益（信噪比增益）为

$$G_{\mathrm{NBFM}} = \frac{S_{\mathrm{o}}/N_{\mathrm{o}}}{S_{\mathrm{i}}/N_{\mathrm{i}}} = \frac{3K_{\mathrm{F}}^2 \overline{f^2(t)}}{2\pi^2 f_{\mathrm{m}}^2}$$
（5-7-13）

为了理解式（5-7-13）的物理意义，对其进一步分析。定义式（5-7-13）中 $K_{\mathrm{F}}^2 \overline{f^2(t)}$ 为均方角频移，并表示为

$$(\Delta\omega_{\mathrm{rms}})^2 = K_{\mathrm{F}}^2 \overline{f^2(t)}$$
（5-7-14）

相应地，有均方频移值为 $(\Delta f_{\mathrm{rms}})^2 = K_{\mathrm{F}}^2 \overline{f^2(t)}/(4\pi^2)$，代入式（5-7-13），可得

$$G_{\mathrm{NBFM}} = 6\left(\frac{\Delta f_{\mathrm{rms}}}{f_{\mathrm{m}}}\right)^2$$
（5-7-15）

对窄带调频信号来说，显然有 $\Delta f_{\mathrm{rms}} < f_{\mathrm{m}}$，故 $G_{\mathrm{NBFM}} < 6$。它说明在窄带调频的情况下，相干解调时的调制制度增益不超过 6 倍或者 7.8 dB。

5.7.2　宽带调频系统的抗噪声性能

宽带调频信号需采用非相干方式进行解调。调频系统的抗噪声性能分析模型如图 5-7-4（a）所示。

图 5-7-4（a）中的解调器由带通滤波器（BPF）、限幅器、鉴频器及低通滤波器（LPF）组成。设带通滤波器及低通滤波器具有理想的传输特性 $H(f)$ 及 $H_{\mathrm{d}}(f)$，如图 5-7-4（b）所示。图 5-7-4（b）中，带通滤波器的中心频率为 f_0，B 为宽带调频信号的带宽，低通滤波器的截止频率为 f_{m}。

下面首先计算 i 点的信噪比。调频信号 $S_{\mathrm{FM}}(t)$ 经带通滤波器后为

$$S_{\mathrm{FM}}(t) = A\cos\left[\omega_0 t + K_{\mathrm{F}}\int_{-\infty}^{t} f(t)\,\mathrm{d}t\right]$$

因而 i 点的信号功率为

$$S_{\mathrm{i}} = \frac{A^2}{2}$$
（5-7-16）

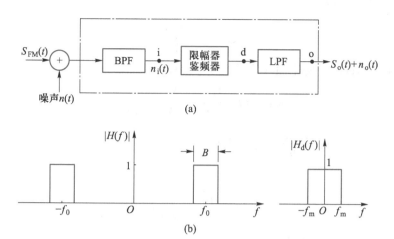

图 5-7-4　调制系统的抗噪声性能分析模型

i 点的窄带噪声 $n_i(t)$ 为高斯白噪声 $n(t)$ 经通过滤波器后的输出。设高斯白噪声 $n(t)$ 的双边功率谱密度为 $n_0/2$，则噪声 $n_i(t)$ 的功率为

$$N_i = n_0 B \qquad (5-7-17)$$

故解调器输入端的信噪比为

$$\frac{S_i}{N_i} = \frac{A^2}{2n_0 B} \qquad (5-7-18)$$

下面计算解调器输出端的信噪比。需要说明的是，FM 信号的鉴频是一种非线性变换过程，解调器输出端的噪声与信号的存在与否有关。不过可以证明，在大信噪比的条件下，可以分别计算信号与噪声的输出功率，即在大信噪比的条件下，计算输出信号功率时，可假定噪声为 0；计算输出噪声功率时，可假定调频信号中的调制信号 $f(t)$ 为 0。

先假定输入噪声为 0，这时鉴频器的输出电压比例于输入信号的频率偏移。设鉴频器的比例常数（或称增益）为 K_d，那么解调器输出端的信号为

$$S_o(t) = K_d K_F f(t) \qquad (5-7-19)$$

因而输出端信号功率为

$$S_o = \overline{S_o^2(t)} = K_d^2 K_F^2 \overline{f^2(t)} \qquad (5-7-20)$$

再来计算输出噪声功率。假定调制信号 $f(t)$ 为 0，这时，解调器的输入端为载波 $A\cos\omega_0 t$ 与窄带噪声 $n_i(t)$ 之和，将 $n_i(t)$ 表示为同相与正交分量形式，有

$$A\cos\omega_0 t + n_i(t) = [A + n_c(t)]\cos\omega_0 t - n_s(t)\sin\omega_0 t$$
$$= A(t)\cos[\omega_0 t + \varphi(t)] \qquad (5-7-21)$$

其中

$$A(t) = \sqrt{[A + n_c(t)]^2 + n_s^2(t)} \qquad (5-7-22)$$

$$\varphi(t) = \arctan\left[\frac{n_s(t)}{A + n_c(t)}\right] \qquad (5-7-23)$$

式中，$n_c(t)$ 及 $n_s(t)$ 分别为窄带噪声 $n_i(t)$ 的同相及正交分量。在大信噪比条件下，A 远大于 $|n_c(t)|$ 及 $|n_s(t)|$，利用 $\arctan x \approx x$ 关系式，由式（5-7-23）给出的相位偏移 $\varphi(t)$ 近似为

5.7　调频系统的抗噪声性能

$$\varphi(t) \approx \frac{n_s(t)}{A} \tag{5-7-24}$$

由于鉴频器的输出比例于输入信号的频率偏移，因而输出噪声为

$$n_o(t) = K_d \frac{d\varphi(t)}{dt} = \frac{K_d}{A} \cdot \frac{dn_s(t)}{dt} \tag{5-7-25}$$

式中，K_d 为鉴频器增益，$\dfrac{d\varphi(t)}{dt}$ 为鉴频器输入端信号的频率偏移。

输出噪声的功率为

$$N_o = \overline{n_o^2(t)} = \left(\frac{K_d}{A}\right)^2 \int_{-f_m}^{f_m} P_0(f)\,df \tag{5-7-26}$$

式中，$P_0(f)$ 为噪声分量 $\dfrac{dn_s(t)}{dt}$ 的功率谱密度，$f_m = \omega_m/(2\pi)$ 为低通滤波器的截止频率。

由式（5-7-10），有

$$P_0(f) = (2\pi f)^2 n_0 = 4\pi^2 n_0 f^2 \qquad |f| \le B/2 \tag{5-7-27}$$

式中，B 为宽带调频信号的带宽（$B/2 > f_m$）。将 $P_0(f)$ 代入式（5-7-26）中积分，可得

$$N_o = \frac{8\pi^2 K_d^2 n_0 f_m^3}{3A^2} \tag{5-7-28}$$

由式（5-7-20）及式（5-7-28），可得到解调器输出端的信噪比为

$$\frac{S_o}{N_o} = \frac{3A^2 K_F^2 \overline{f^2(t)}}{8\pi^2 n_0 f_m^3} = \frac{3A^2}{2n_0 f_m}\left(\frac{\Delta f_{max}}{f_m}\right)^2 \frac{\overline{f^2(t)}}{|f(t)|_{max}^2} \tag{5-7-29}$$

式中，$\Delta f_{max} = \dfrac{1}{2\pi} K_F |f(t)|_{max}$ 为最大频率偏移值。

将式（5-7-18）中解调器输入端的信噪比重新写为

$$\frac{S_i}{N_i} = \frac{A^2}{2n_0 B} \tag{5-7-30}$$

宽带调频时，$\Delta f_{max} \gg f_m$，$B \approx 2\Delta f_{max}$，故式（5-7-30）可写为

$$\frac{S_i}{N_i} = \frac{A^2}{4n_0 \Delta f_{max}} = \frac{A^2}{4n_0 f_m}\left(\frac{f_m}{\Delta f_{max}}\right) \tag{5-7-31}$$

下面对上述结论进行以下讨论：

（1）由式（5-7-27）可知，FM 系统的输出噪声功率谱与 f^2 成正比，而输出信号的平均功率由式（5-7-20）给出，它与 f 无关，因而输出端信噪比 $\dfrac{S_o}{N_o}$ 随基带信号频率的增加而下降，或者说基带信号高频端的信噪比要比低频端的信噪比低。

（2）由式（5-5-33）定义的频率偏移率 $D_{FM} = \dfrac{\Delta f_{max}}{f_m}$ 可知，当 f_m 为常数时，可通过增加 Δf_{max} 来增加 D_{FM}。这样，由式（5-7-29）及式（5-7-31）可看出，输出信噪比按 D_{FM}^2 增加，而输入信噪比按 $1/D_{FM}$ 减小。这就是说，当 D_{FM} 增加时，输出信噪比的增加要比输入信噪比的减小来得快。因此，通过增加 Δf_{max} 来增加 D_{FM}，从而使输出信噪比得到净改善是

可能的。但这种净改善只有当输入信噪比高于某一个门限值时才可能的；当输入信噪比低于门限值时，将出现门限效应。

（3）由式（5-7-29）及式（5-7-31）可得到调频系统的调制制度增益（信噪比增益）为

$$G_{\mathrm{FM}} = \frac{S_{\mathrm{o}}/N_{\mathrm{o}}}{S_{\mathrm{i}}/N_{\mathrm{i}}} = 6\left(\frac{\Delta f_{\max}}{f_{\mathrm{m}}}\right)^3 \frac{\overline{f^2(t)}}{|f(t)|^2_{\max}} = 6D_{\mathrm{FM}}^3 \frac{\overline{f^2(t)}}{|f(t)|^2_{\max}} \qquad (5\text{-}7\text{-}32)$$

式中，$D_{\mathrm{FM}} = \dfrac{\Delta f_{\max}}{f_{\mathrm{m}}}$ 为频率偏移率。

由式（5-7-32）可见，信噪比增益与 D_{FM} 呈三次方关系。在简谐信号调制 ［即 $f(t) = A_{\mathrm{m}}\cos\omega_{\mathrm{m}}t$］情况下，频率偏移率为调频指数，即 $D_{\mathrm{FM}} = \beta_{\mathrm{FM}}$，且 $\dfrac{\overline{f^2(t)}}{|f(t)|^2_{\max}} = \dfrac{1}{2}$，此时有

$$G_{\mathrm{FM}} = 3\beta_{\mathrm{FM}}^3 \qquad (5\text{-}7\text{-}33)$$

式（5-7-33）表明，在大信噪比的条件下，宽带调频系统的信噪比增益是很高的。例如，调频广播中，常取 $\beta_{\mathrm{FM}} = 5$，此时的信噪比增益为 375，可见它比任何一种幅度调制方式都优越。

（4）下面比较在大信噪比条件下，宽带调频系统与包络检波时 AM 系统的抗噪声性能，比较的条件是两者输入的已调信号功率相等。为简单起见，假设调频与调幅系统中均为简谐信号调制，信道噪声的功率谱密度也相同，且 AM 系统的调幅指数 $m = 1$。

由式（5-2-2），AM 信号为

$$S_{\mathrm{AM}}(t) = [A_0 + f(t)]\cos\omega_0 t$$

包络检波时，AM 系统中解调器输出端的信噪比由式（5-4-45）给出，为

$$\left(\frac{S_{\mathrm{o}}}{N_{\mathrm{o}}}\right)_{\mathrm{AM}} = \frac{\overline{f^2(t)}}{2n_0 f_{\mathrm{m}}} = \frac{A_{\mathrm{m}}^2/2}{2n_0 f_{\mathrm{m}}} \qquad (5\text{-}7\text{-}34)$$

式中，$f(t) = A_{\mathrm{m}}\cos\omega_{\mathrm{m}}t$ 为调制信号。

当 AM 系统的调幅指数 $m = \dfrac{A_{\mathrm{m}}}{A_0} = 1$ 时，有

$$\overline{f^2(t)} = \frac{A_{\mathrm{m}}^2}{2} = \frac{A_0^2}{2} \qquad (5\text{-}7\text{-}35)$$

将式（5-7-35）代入式（5-7-34）中，可得

$$\left(\frac{S_{\mathrm{o}}}{N_{\mathrm{o}}}\right)_{\mathrm{AM}} = \frac{A_0^2/2}{2n_0 f_{\mathrm{m}}} \qquad (5\text{-}7\text{-}36)$$

由式（5-7-29）可得，简谐信号调制时，调频系统的输出信噪比为

$$\left(\frac{S_{\mathrm{o}}}{N_{\mathrm{o}}}\right)_{\mathrm{FM}} = \frac{3A^2}{2n_0 f_{\mathrm{m}}}\left(\frac{\Delta f_{\max}}{f_{\mathrm{m}}}\right)^2 \frac{\overline{f^2(t)}}{|f(t)|^2_{\max}} = \frac{3A^2}{4n_0 f_{\mathrm{m}}}\beta_{\mathrm{FM}}^2 \qquad (5\text{-}7\text{-}37)$$

式中，A 为调频信号的幅度。

当调幅信号与调频信号的输入功率相等时，应有

$$(S_{\mathrm{i}})_{\mathrm{AM}} = [A_0^2 + \overline{f^2(t)}]/2 = (S_{\mathrm{i}})_{\mathrm{FM}} = \frac{A^2}{2} \qquad (5\text{-}7\text{-}38)$$

考虑式（5-7-35），由式（5-7-38）可得 $\dfrac{A_0^2}{2} = \dfrac{A^2}{3}$，代入式（5-7-36）中，可得

$$\left(\frac{S_o}{N_o}\right)_{AM} = \frac{A_0^2/2}{2n_0 f_m} = \frac{A^2}{6n_0 f_m} \tag{5-7-39}$$

比较式（5-7-37）与式（5-7-39），可得

$$\left(\frac{S_o}{N_o}\right)_{FM} \bigg/ \left(\frac{S_o}{N_o}\right)_{AM} = \frac{9}{2}\beta_{FM}^2 \tag{5-7-40}$$

由此可见，在调频指数较大时，调频信号解调后输出信噪比远大于调幅信号的输出信噪比。如 $\beta_{FM} = 5$ 时，调频信号输出信噪比是调幅信号的 112.5 倍，这就是调频广播的音质优于调幅广播的原因。

（5）宽带调频系统抗噪声性能的优越性是用带宽换来的。由于有

$$B_{FM} = 2(\beta_{FM}+1)f_m = (\beta_{FM}+1)B_{AM}$$

当 $\beta_{FM} \gg 1$ 时，上式变为：$B_{FM} \approx \beta_{FM} B_{AM}$ 或 $\beta_{FM} \approx \dfrac{B_{FM}}{B_{AM}}$，代入式（5-7-40）中，可得

$$\left(\frac{S_o}{N_o}\right)_{FM} \bigg/ \left(\frac{S_o}{N_o}\right)_{AM} \approx 4.5\left(\frac{B_{FM}}{B_{AM}}\right)^2 \tag{5-7-41}$$

由式（5-7-41）可见，宽带调频信号相对于调幅信号的输出信噪比的改善与其传输带宽之比的平方成正比。这意味着，对调频系统来说，增加传输带宽可以使输出信噪比增大，即调频信号具有带宽与信噪比互换的特性。这实际上体现了通信系统中有效性与可靠性互换的性质。对 AM 信号来说，由于其传输带宽是固定的，因而它不能实现带宽与信噪比的互换。

由式（5-7-40）看出，要使 FM 系统输出信噪比优于 AM 系统，必须满足 $\beta_{FM} > 1/\sqrt{4.5}$，而 $\beta_{FM} = 1/\sqrt{4.5}$ 正是窄带和宽带调频的过渡点。因此，窄带调频系统的输出信噪比与幅度调制系统相同，没有得到改善，因为两者的带宽是相同的。

以上的结论是在大信噪比的条件下得到的。由式（5-7-29）及式（5-7-31）可知，当增大 Δf_{max} 时，传输带宽将增加，从而使输出信噪比增大，但同时由于解调器输入噪声功率也增加，因而使得输入信噪比下降。当输入信噪比下降至某一数值时，输出信噪比将会剧烈下降，此时称为发生了门限效应。开始出现门限效应时的输入信噪比称为门限信噪比。理论与实践表明，对宽带调频系统来说，其门限信噪比约为 10 dB。

当解调器输入端信噪比大于门限信噪比时，称为大信噪比条件，否则称为小信噪比条件。在小信噪比条件下，上述结论将不再正确，带宽与信噪比互换的特性也不再满足。

如果利用具有反馈回路的锁相环（PLL）进行解调，则可以降低调频系统的门限值，这时可将门限值扩展到 5~6 dB。这对背景噪声电平高、信号平均功率受限（如卫星通信）的通信系统来说特别有意义。引起门限效应的原因是"尖峰噪声"，有兴趣的读者可参考相关文献。

5.8　加重措施对噪声特性的改善

由前面的分析可知，调频信号解调器输出端噪声的功率谱密度与频率的平方成正比

［式（5-7-27）］，而解调器输出端信号的功率谱密度并没有这种关系。由于调制信号 $f(t)$（如语音信号及音乐信号）的大部分功率集中在低频端，因而在输出信号 $f(t)$ 的频谱高端的信噪比会比低端信噪比低，这在实际通信系统中是不允许的。

为了解决这一问题，可以在接收端解调之后压低输出噪声的高频分量，从而抑制输出噪声的功率。但是，在压低输出噪声高频分量的同时，也会压低输出信号的高频分量，从而引起输出信号的失真。为此，可在发送端调制之前先提升信号 $f(t)$ 的高频分量，使信号在发送端调制之前，产生预失真，以便抵消接收端解调之后产生的失真。通常把发送端对信号 $f(t)$ 高频分量的提升过程称为预加重，接收端解调之后对信号 $f(t)$ 高频分量的压低过程称为去加重。

带有加重措施的 FM 系统方框图如图 5-8-1（a）所示。图中，K 为系统增益，$H_P(\omega)$ 为预加重滤波器的传输函数，$H_d(\omega)$ 为去加重滤波器的传输函数。$H_P(\omega)$ 与 $H_d(\omega)$ 之间满足倒数关系，即 $H_P(\omega) = \dfrac{1}{H_d(\omega)}$。去加重滤波器的理想传输函数应为 $H_d(\omega) = 1/(j\omega)$，此时的 $|H_d(\omega)|^2 = 1/\omega^2$，这样就能抑制输出噪声功率谱的高频部分。相应地，预加重滤波器的传输函数应为 $H_P(\omega) = j\omega$。

在实际的调频广播系统中，通常采用如图 5-8-1（b）所示的 RC 网络作为预加重滤波器，其幅频特性如图 5-8-1（c）所示。相应地，去加重网络及其幅频特性如图 5-8-1（d）、（e）所示。

采取加重措施之后，FM 系统的输出信噪比必有改善。输出信噪比的改善可以用去加重前与去加重后的噪声功率之比来衡量，这个比值称为输出信噪比增益，用 R_{FM} 表示。下面来计算 R_{FM} 的值。

由式（5-7-25）及式（5-7-27），可得图 5-8-1（a）中 FM 解调器输出端噪声 $n_o(t)$ 的功率谱密度为

$$P_{n_0}(f) = \frac{4\pi^2 K_d^2 n_0}{A^2} f^2 \tag{5-8-1}$$

如图 5-8-1（d）所示的去加重网络的传输函数为

$$H_d(f) = \frac{1}{1 + j\, f/f_1} \tag{5-8-2}$$

式中，$f_1 = 1/(2\pi RC)$ 为去加重网络的 3 dB 带宽。

去加重后输出噪声的功率应为

$$N_o' = \int_{-f_m}^{f_m} P_{n_0}(f) \, |H_d(\omega)|^2 \mathrm{d}f \tag{5-8-3}$$

式中，f_m 为信号 $f(t)$ 的最高截止频率。去加重前的输出噪声功率为

$$N_o = \int_{-f_m}^{f_m} P_{n_0}(f) \, \mathrm{d}f \tag{5-8-4}$$

由式（5-8-3）及式（5-8-4），可得到输出信噪比增益 R_{FM} 为

$$R_{FM} = \frac{N_o}{N_o'} = \frac{1}{3} \frac{(f_m/f_1)^3}{(f_m/f_1) - \arctan(f_m/f_1)} \tag{5-8-5}$$

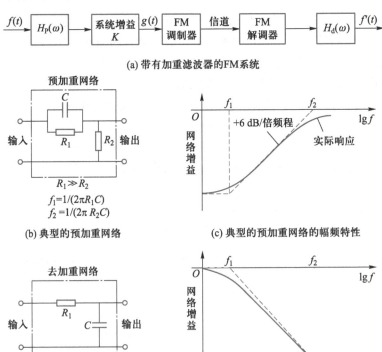

(a) 带有加重滤波器的FM系统

(b) 典型的预加重网络　　　　　(c) 典型的预加重网络的幅频特性

(d) 相应的去加重网络　　　　　(e) 相应的去加重网络的幅频特性

图 5-8-1　带有加重措施的 FM 系统

　　例如，在调频广播系统中，调制信号的最高频率为 $f_m = 15\ \mathrm{kHz}$，去加重网络的 3 dB 带宽 $f_1 = 2.1\ \mathrm{kHz}$，这时可算出输出信噪比增益为 13.3 dB。R_{FM} 与 f_m/f_1 的关系如图 5-8-2 中曲线 A 所示。

　　需要指出的是，采用加重措施之后，并没有增加系统的发射功率，解调器输入端的噪声功率及输出端的信号功率也未发生变化。那么，这种信噪比的改善是如何获得的呢？其实信噪比的改善是用增加调频信号的带宽换来的。由于预加重时提升了调制信号的高频分量，因此增加了调频信号的最大频率偏移值，从而增大了信号的传输带宽。但在频带受限的系统中，是不允许增加带宽的。因此，为了保持预加重后信号传输带宽不变，需要在预加重后将信号衰减一些再去调制，这样必然会使实际的输出信噪比增益下降。

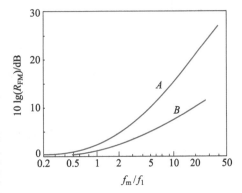

图 5-8-2　R_{FM} 与 f_m/f_1 的关系

　　假设调制信号 $f(t)$ 的功率谱密度为

$$P_f(f) = \frac{a}{1 + (f/f_1)^2} \qquad (5\text{-}8\text{-}6)$$

式中，a 为决定 $f(t)$ 平均功率的常数。不进行预加重时，信号 $f(t)$ 的功率为

$$S_f = \int_{-f_m}^{f_m} P_f(f)\,\mathrm{d}f = 2af_1 \arctan(f_m/f_1) \qquad (5\text{-}8\text{-}7)$$

预加重后调制信号 $f(t)$ 的功率为

$$S_f' = \int_{-f_m}^{f_m} P_f(f)\,|H_P(f)|^2 \mathrm{d}f = 2af_m \qquad (5\text{-}8\text{-}8)$$

为了保持调制信号功率不变，以使频偏不变，应在预加重网络之后引入系统增益 K

$$K^2 = \frac{S_f}{S_f'} = \frac{\arctan(f_m/f_1)}{f_m/f_1} \qquad (5\text{-}8\text{-}9)$$

当 $f_m = 15$ kHz，$f_1 = 2.1$ kHz 时，可计算出 $K = -7$ dB。因此，这时输出信噪比的实际改善值不是 13.3 dB，而是 6.3 dB。考虑到带宽受限时的 R_{FM} 与 f_m/f_1 的关系如图 5-8-2 中的曲线 B 所示，由图 5-8-2 可见，在带宽受限的系统中，输出信噪比的改善比带宽不受限的系统要小得多，但信噪比的改善仍然存在。因此，预加重和去加重技术不但在调频系统中得到了广泛的应用，而且也应用在了其他的音频传输和录音系统中，音频设备中的杜比（dolby）降噪系统就是一个例子。

5.9 频分复用（FDM）

"复用"是利用一个信道同时传输多路信号的一种技术，复用的目的是提高信道的利用率。通常在通信系统中，信道的带宽比一路信号的带宽大很多，因此用一个信道传输一路信号是非常浪费的。为了充分利用信道带宽，实际通信系统中常采用复用技术。按复用的方式不同，复用可以分为频分复用（frequency division multiplexing，FDM）和时分复用（time division multiplexing，TDM）两大类。本节讨论频分复用，时分复用将在第 6 章中讨论。

频分复用是指把多路信号在频率位置上分开，同时在一个信道内传输。因此，频分复用信号在频谱上不会重叠，但在时间上是重叠的。频分复用的实现方法如图 5-9-1 所示。由图 5-9-1（a）可见，在发送端，各路信号首先通过低通滤波器，用来限制最高频率 f_m。为简单起见，假设各路信号的 f_m 都相等，对应的频谱密度函数如图 5-9-1（b）所示；然后各路信号对各路副载波 [图 5-9-1（a）中的 f_{s_1}、f_{s_2}、$\cdots$、f_{s_N}]进行调制，调制方式可以是调幅、调频或调相，但常用的是单边带调制方式，因为它最节省频带。为保证各路信号频谱不重叠，相邻的副载波之间应保持一定的频率间隔，同时为了防止相邻信号互相干扰引起串话，相邻路的信号频谱之间还应考虑一定的保护间隔 f_g。在接收端，利用中心频率不同的带通滤波器来区分各路信号，并进行相应的解调，以恢复各路的调制信号。

采用单边带（上边带）调制方式的复用信号的频谱结构如图 5-9-1（c）所示。图中，各路信号具有相同的 f_m，相邻副载波之间的频率间隔为 f_m+f_g。假设有 N 路信号进行复用，则复用后的信号总频带宽度为

$$B_N = Nf_m + (N-1)f_g = (N-1)B + f_m \qquad (5\text{-}9\text{-}1)$$

式中，$B = f_m + f_g$，为一路信号占用的带宽。

多路复用信号可以在信道内直接传输，但如果采用微波接力、卫星通信或其他无线方式传输复用信号时，还需将多路复用信号对某一载波进行二次调制，这时系统称为多

级调制系统。第二次调制仍然可以采用调幅、调频或调相中的任意一种方式，但从抗干扰的性能考虑，调频方式是最好的，因此实际系统中常采用调频方式。例如，在多路微波电话传输系统中，采用的就是 FDM-SSB/FM 的多级调制方式，即单边带频分复用后的调频方式。

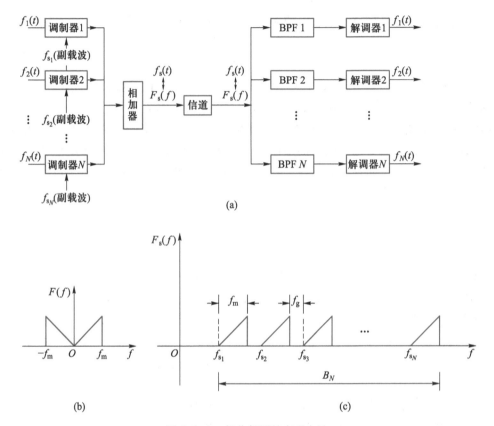

图 5-9-1　频分复用的实现方法

5.10　模拟通信系统的应用举例

模拟调制系统虽已日渐被数字通信系统取代，但其技术的典型性依然有一定的参考价值。本节通过两个系统实例介绍模拟调制技术的应用。

5.10.1　短波单边带电台

短波单边带电台是 SSB 调制技术的典型应用，由于电台体积小、操作简便、性能稳定、安装架设简单，被广泛用于林业、石油、煤炭等部门。本节以 IC-725 型短波电台为例介绍模拟通信系统的应用情况。

IC-725 电台共有四种工作模式，分别为 SSB、连续波（CW）、AM 和 FM。在信号发送状态时，单边带模式的工作过程如图 5-10-1 所示，话音信号经过话筒式音频输入孔进入发送支路，首先经过音频放大器放大，送到单边带调制器。同时，由本地振荡器产生的低载频也送到单边带调制器，该调制器的结构为一个 DSB 调制器加上单边带滤波器。

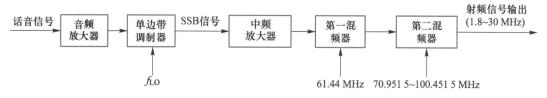

图 5-10-1　IC-725 发送状态单边带模式的工作过程

　　经过单边带滤波器，话音信号进行了第一次频谱搬移。此时的 SSB 信号为低中频信号。该 SSB 信号经中频放大器的放大隔离，在第一混频器中与来自频率合成器的本振信号（61.44 MHz）进行混频，混频后输出约 70 MHz 的高中频信号。该中频信号经进一步放大后（图中省略了该放大器），到达第二混频器，在这里与来自频率合成器的本振信号（70.951 5～100.451 5 MHz）进行单边带信号的二次混频，形成 USB 或 LSB 信号并将其频率搬移到工作波段内（1.8～30 MHz）。

　　IC-725 电台在接收状态时，信号的处理过程与发送时的工作过程相反，信号经过预选滤波器后，进入前置高频放大电路，是否需要放大要根据信号强弱而定。若信号不需要放大，则被旁通直接进入低通滤波器，与来自频率合成器的本振信号（70.951 5～100.451 5 MHz）混频，得到高中频信号。高中频信号经过放大后，再与频率为 61.44 MHz 的本振信号进行二次混频，得到低中频信号。低中频信号经晶体滤波器滤除杂波后再经过消噪门及低中频放大器，最后送入到 SSB 解调器进行解调恢复基带信号。

　　采用高、低中频对 SSB 信号分步处理，有利于多级放大器和滤波器的设计，有效消除带外干扰，提升通信质量。

5.10.2　调频立体声广播

　　调频立体声广播使用的频段为 88～108 MHz，各个调频发射频点间隔为 200 kHz。与中波/短波广播相比，调频立体声广播能够提供很好的音质，这主要是因为其信号具有以下特点：

　　（1）调频立体声广播信号中包含了左、右两个声道的和信号与差信号；

　　（2）调频立体声广播信号的音频范围为 0.3～15 kHz，高音成分得到了保留；

　　（3）调频立体声采用频率调制，与幅度调制技术相比，具有更好的抗干扰性能；

　　（4）调频立体声使用 VHF 频段，信道稳定。

　　但是调频立体声广播采用视距传输，信号覆盖的范围有限，建筑物的阻挡和隧道对信号传输质量影响很大，而中波/短波广播信号的覆盖范围通常要比调频立体声广播信号大得多。

　　调频立体声广播采用频率调制，进行频率调制之前，首先将左右两个声道的差信号（L−R）进行抑制载波双边带调制，再与和信号进行频分复用。国外的立体声广播还开辟了供辅助通信用的另一个通道，调频之前的信号频谱如图 5-10-2 所示。

　　左、右两个声道的和信号 L+R 占据频带 0～15 kHz，两声道的差信号 L−R 采用抑制载

173

波双边带调制，载频为 38 kHz，59~75 kHz 用作辅助通信信号。在信号的频谱中还包含了 19 kHz 的导频信号，该导频信号被接收端提取后，经过倍频处理，用作 DSB-SC 信号的相干解调。普通调频广播（非立体声广播）送入频率调制器的信号只包含 0~15 kHz 的 L+R 信号。

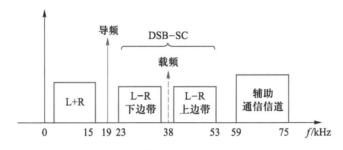

图 5-10-2　调频立体声广播中调频之前的信号频谱

调频立体声电台信号占据的频率间隔为 200 kHz，因此上述信号经过频率调制器后，产生的调频信号占据的频带必须限制在 200 kHz 以内。对于普通调频广播，调频最大频偏为 75 kHz，调频器输入信号只有 L+R 信号，最高调制频率为 15 kHz，根据卡森公式，可以计算出普通调频广播的带宽为

$$B = 2(\Delta f_{max} + f_m) = 180 \text{ kHz}$$

此时，调频指数为 $m_f = 75/15 = 5$。可以看出，调频信号的主要频谱分量限制在 200 kHz 以内。

习　题

5-1　以占空比为 1:1、峰-峰值为 $2A_m$ 的方波为调制信号，对幅度为 A 的正弦载波进行标准幅度调制。

① 写出已调波 $S_{AM}(t)$ 的表示式，并画出已调信号的波形图；

② 求出已调波的频谱 $S_{AM}(\omega)$，并画图说明。

5-2　已知线性调制信号表示如下：

① $S_1(t) = \cos\Omega t \cos\omega_0 t$；

② $S_2(t) = (1 + 0.5\sin\Omega t)\cos\omega_0 t$。

设 $\omega_0 = 6\Omega$，试分别画出 $S_1(t)$ 和 $S_2(t)$ 的波形图和频谱图。

5-3　已知调制信号的频谱为

$$F(f) = \Pi(f/20)$$

载波信号为

$$C(t) = \cos 200\pi t$$

试画出下列已调信号频谱的草图：

① 双边带调制；

② 调幅指数为 0.5 的 AM 调制；

③ 传输上边带的单边带调制；

④ 传输下边带的单边带调制。

5-4 已知调制信号 $f(t) = A\cos 2\pi Ft$，载波 $C(t) = A_c\cos 2\pi f_c t$，采用 DSB 调制方式，试画出已调信号通过包络解调器后的输出波形。

5-5 试分析 DSB 信号采用同步解调时，相干载波存在的相位误差 $\Delta\theta$ 对解调性能的影响。

5-6 若基带信号 $f(t)$ 如图 E5-1 所示，用该信号对载波进行 DSB 调制，并将已调信号送入一包络检波器的输入端。试确定检波器的输出波形，并说明输出波形是否产生失真。若产生失真，原因何在？怎么才能做到无失真检出？

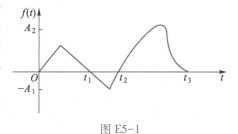

图 E5-1

5-7 用双音信号测试一个 50 kW（未调制时）的 AM 广播发射机，发射机外接 50 Ω 负载，测试信号 $m(t) = A_1\cos\omega_1 t + A_1\cos 2\omega_1 t$，$f_1 = 500$ Hz。

① 计算 AM 信号的包络；

② 确定 90% 调制（调幅指数 $m = 90\%$）下的 A_1 值；

③ 确定 90% 调制时通过 50 Ω 负载的电流峰值和电流有效值。

5-8 对基带信号 $m(t)$ 进行 DSB 调制，$m(t) = \cos\omega_1 t + 2\cos 2\omega_1 t$，$\omega_1 = 2\pi f_1$，$f_1 = 500$ Hz，载波幅度为 1。

① 写出该 DSB 信号的表达式，画出其波形；

② 计算并画出该 DSB 信号的频谱；

③ 确定已调信号的平均功率。

5-9 设 SSB 发射机被一正弦信号 $m(t)$ 调制，$m(t) = 5\cos\omega_1 t$，$\omega_1 = 2\pi f_1$，$f_1 = 500$ Hz，载波幅度为 1。

① 计算 $m(t)$ 的希尔伯特变换 $\hat{m}(t)$；

② 确定下边带 SSB 信号的表达式；

③ 确定 SSB 信号的均方根（rms）值；

④ 确定 SSB 信号的峰值；

⑤ 确定 SSB 信号的平均功率。

5-10 若基带信号 $f(t)$ 是由频率为 $f_1 = 1\,000$ Hz 及 $f_2 = 2\,000$ Hz、幅度均为 1 V 的正弦波组成的双音频信号。用该基带信号对频率为 100 kHz、幅度为 2 V 的正弦载波进行 SSB 调制。

① 试求已调波 $S_{SSB}(t)$ 的表达式及其对应的频谱；

② 画出已调波 $S_{SSB}(t)$ 的波形。

5-11 设调制系统如图 E5-2 所示，为了在输出端分别得到 $f_1(t)$ 和 $f_2(t)$，试确定接收端的 $c_1(t)$ 和 $c_2(t)$。

5-12 设调制信号为 $f(t) = A_m\cos\omega_m t$，载波为 $C(t) = A_0\cos\omega_0 t$，用该调制信号对载波进行标准幅度调制。试求：当 $A_m = 0$、$A_0/4$、$A_0/2$、A_0 时，已调波 $S_{AM}(t)$ 的总功率和总边带功率，并对 $A_m = 0$ 时的结果进行讨论。

5-13 调幅发射机在 500 Ω 无感电阻上的未调制功率为 100 W，而当以 5 V 峰值的单音调制信号进行幅度调制时，测得输出端的平均功率增加了 50%，设已调信号可表示为

$$S_{AM}(t) = A_0[1 + \beta_{AM}f(t)]\cos\omega_0 t$$

试求：

① 每个边带分量的输出平均功率；

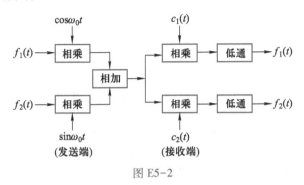

图 E5-2

② 调幅指数 β_{AM}；

③ 已调波的最大值 $|S_{AM}(t)|_{max}$；

④ $f(t)$ 的峰值减至 2 V 时的输出总平均功率。

5-14　如图 E5-3 所示为多级调制产生 SSB（每次取上边带）信号的频谱搬移过程，其中 $f_{01} = 500\ \text{kHz}$，$f_{02} = 5\ \text{MHz}$，$f_{03} = 100\ \text{MHz}$，话音信号 $f(t)$ 的频谱范围为 $300 \sim 3\ 400\ \text{Hz}$，试详细画出信号的频谱搬移过程。

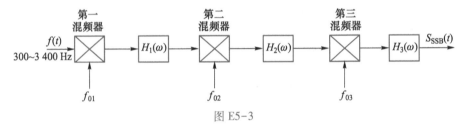

图 E5-3

5-15　试计算相干解调时残留边带系统的输出信噪比。

5-16　幅度调制信号 $S_{AM}(t)$ 通过残留边带滤波器产生残留边带信号 $S_{VSB}(t)$，滤波器的传输函数 $H_{VSB}(f)$ 如图 E5-4 所示。设调制信号为 $f(t) = A(\sin 100\pi t + \sin 6\ 000\pi t)$，试确定残留边带信号 $S_{VSB}(t)$ 的表达式。

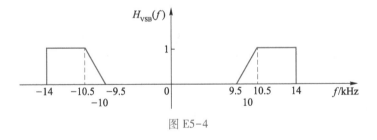

图 E5-4

5-17　已知幅度调制信号 $S_{AM}(t)$ 的总功率为 200 kW，调制信号 $f(t)$ 的最高频率 $f_m = 5\ \text{kHz}$，载波频率 $f_c = 810\ \text{kHz}$，边带功率为 40 kW，信道中噪声的双边功率谱密度 $P_n(f) = \dfrac{n_0}{2} = 5 \times 10^{-5}\ \text{W/Hz}$，系统采用包络检波方式解调。

① 画出系统框图，并标明频率关系；

② 解调器输入端信噪比 $(S/N)_i$ 为多少？

③ 解调器输出端信噪比 $(S/N)_o$ 为多少？

④ 解调器信噪比增益 G_{AM} 为多少?

⑤ 调幅指数 m 为多少? 若提高 m 会有什么效果?

5-18 设某接收机的输出噪声功率为 10^{-9} W,系统采用相干解调,输出信噪比为 23 dB,由发射机到接收机之间的总传输损耗为 100 dB。试问:

① 双边带调制时,发射机的功率应为多少?

② 若改用单边带调制时,发射机的功率又为多少?

5-19 设标准幅度调制系统中,调制信号为单音正弦信号,调制指数为 0.8,采用包络检波法解调。若输出信噪比为 30 dB,试求未调制时载波功率与噪声功率之比。

5-20 设一个 100% 单音调制的 AM 信号和一个 SSB 信号,分别用包络检波器和相干解调器解调。若解调器输入端 SSB 信号的功率为 5 mW,在保证得到相同输出信号功率的条件下,AM 信号的输入功率应为多大?

5-21 设信道中的噪声具有均匀的功率谱密度 $P_n(f) = 0.5 \times 10^{-3}$ W/Hz,该信道中传输的是抑制载波的双边带信号,设调制信号 $f(t)$ 的频带限制于 5 kHz,载频 100 kHz,已调信号的功率为 10 kW。若接收机的输入信号在加至解调器之前先经过一理想带通滤波器。

① 此滤波器应该有怎样的传输特性 $H(\omega)$?

② 解调器输入端的信噪比为多少?

③ 解调器输出端的信噪比为多少?

④ 解调器输出端的噪声功率谱密度,并用图形表示。

5-22 设角度调制信号 $S(t) = A\cos(\omega_0 t + 200\cos\omega_m t)$。

① 若 $S(t)$ 为 FM 波,且 $K_F = 4$,试求调制信号 $f(t)$;

② 若 $S(t)$ 为 PM 波,且 $K_P = 4$,试求调制信号 $f(t)$;

③ 试求最大频率偏移 $\Delta\omega_{max}\mid_{FM}$ 及最大相位偏移 $\varphi(t)_{max}\mid_{PM}$。

5-23 用频率为 10 kHz、幅度为 1 V 的正弦基带信号,对频率为 100 MHz 的载波进行频率调制,若已调信号的最大频率偏移为 1 MHz,试确定此调频信号的近似带宽。如果基带信号的幅度加倍,此时调频信号的带宽为多少? 若基带信号的频率加倍,调频信号的带宽又为多少?

5-24 用正弦信号 $m(t) = \cos(2\pi f_m t)$ 进行角度调制,若载频 $f_c = 100$ Hz,$f_m = f_c/4$。

① 设调相灵敏度 $K_P = \pi$ rad/s,画出 $m(t)$ 和对应 PM 信号;

② 设调频灵敏度 $K_F = \pi$ rad/(s·V),画出 $m(t)$ 和对应 FM 信号。

5-25 已知某 FM 调制器的频移常数 $K_F = 10$ Hz/V,载波幅度为 1 V,载波频率为 1 000 Hz,调制信号 $f(t) = A_m\cos(2\pi f_m t)$。试画出以下几种情况下已调信号的幅度谱。

① $A_m = 2$ V,$f_m = 200$ Hz;　　② $A_m = 2$ V,$f_m = 20$ Hz;

③ $A_m = 2$ V,$f_m = 4$ Hz;　　④ $A_m = 10$ V,$f_m = 20$ Hz。

5-26 若角度调制信号由下式描述:

$$s(t) = 10\cos[(2\pi \times 10^8)t + 10\cos(2\pi \times 10^3 t)]$$

试确定以下各值:

① 已调信号的功率;

② 最大相位偏移;

③ 最大频率偏移。

5-27 设某角度调制信号为 $S(t) = 10\cos(2 \times 10^5 \pi t + 10\cos 2\,000\pi t)$,试确定:

① 已调信号的平均功率;

② 最大频率偏移;

③ 最大相位偏移;

④ 已调信号的近似带宽;

⑤ 判断该已调信号是 FM 波还是 PM 波。

5-28　在 50 Ω 的负载上加有一个角度调制信号，其时间函数为

$$s(t) = 10\cos[10^8\pi t + 3\sin(2\pi \times 10^3 t)]$$

试求信号的总平均功率、最大频率偏移和最大相位偏移。

5-29　用频率为 1 kHz 的正弦信号对频率为 200 kHz 的载波进行调频，设峰值频偏为 150 Hz，试求：

① 调频信号的带宽；

② 上述调频信号经 16 倍频后的带宽；

③ 在经过 16 倍频后，调频信号中的有效边频数目。

5-30　将幅度为 4 V、频率为 1 kHz 的正弦调制波形输入调频灵敏度为 50 Hz/V 的 FM 调制器中，试问：

① 峰值频率偏移是多少？

② 调制指数是多少？

5-31　已知调频信号 $S_{FM}(t) = 10\cos(10^6\pi t + 8\cos 10^3\pi t)$，调制器的频率偏移常数 $K_{FM} = 2$，试求：
① 载波频率 f_0；② 调频指数；③ 最大频率偏移；④ 调制信号 $f(t)$。

5-32　用幅度为 1 V、频率为 500 Hz 的正弦信号，对幅度为 3 V、频率为 1 MHz 的载波信号进行调频时，最大频率偏移为 1 kHz。若将调制信号的幅度增加为 5 V，且频率增至 2 kHz，试写出此时调频信号的表达式。

5-33　已知调频信号为 $S_{FM}(t) = A\cos[2\pi f_0 t + \beta_1\sin(2\pi f_1 t) + \beta_2\sin(2\pi f_2 t)]$，其中 $f_0 = 88$ MHz，$f_1 = 5$ kHz，$f_2 = 3$ kHz，$\beta_1 = \beta_2 = 2$。

① 画出调频波的频谱结构图（考虑大于未调载波幅度 1% 的边频分量）；

② 计算各频谱分量的总功率，并与调频波总功率进行比较。

5-34　已知窄带调频（NBFM）信号为

$$S(t) = A\cos\omega_0 t - \beta_{FM}A\sin\omega_0 t\sin\omega_m t$$

试求：

① $S(t)$ 的瞬时包络最大幅度与最小幅度之比；

② $S(t)$ 的平均功率与未调载波功率之比；

③ $S(t)$ 的瞬时频率。

5-35　设调频接收机收到的调频信号有寄生调幅，可以表示为

$$S(t) = a(t)\cos[2\pi f_0 t + \varphi(t)]$$

式中，$a(t)$ 与载波相比变化缓慢，$\varphi(t)$ 与调制信号 $f(t)$ 之间的关系为 $\varphi(t) = 2\pi k_{FM}\int_0^t f(t)\mathrm{d}t$，若接收机传输带宽为没有寄生调幅时调频信号的带宽 B_{FM}。试证明：$S(t)$ 经鉴频器后的输出信号与 $a(t)f(t)$ 成正比。

5-36　设 FM 接收机鉴频器输入端的载波平均功率为 $S_0 = 4$ W，噪声的单边功率谱为 $n_0 = 10^{-3}$ W/Hz，设调制信号为单音正弦信号，产生的频率偏移 $\Delta f_{max} = 50$ kHz，若低通滤波器的带宽分别为 1 kHz 和 10 kHz，试分别求出这两种情况下系统的输出信噪比 $(S_o/N_o)_{FM}$。

5-37　设一宽带调频系统中，载波的幅度为 100 V，频率为 100 MHz，调制信号 $f(t)$ 的频率限制于 5 kHz，$\overline{f^2(t)} = 5\,000$ V^2，$K_{FM} = 500\pi$ rad/(s·V)，最大频率偏移 $\Delta f = 75$ kHz，并设信道中的噪声功率谱密度是均匀的，其功率谱密度为 $P_n(f) = 10^{-3}$ W/Hz。

① 求接收机输入端理想带通滤波器的传输特性；

② 求解调器输入端的信噪比；

③ 求解调器输出端的信噪比；

④ 若 $f(t)$ 以幅度调制方式传输并用包络检波方式解调，试比较在输出信噪比和所需带宽方面与频率

调制系统有何不同。

5-38 设调频信号的调制频率 ω_m 与预加重网络的 3 dB 带宽 ω_1 的比值为 5，试求：

① 在信道带宽不受限制的条件下，加重技术能改善的输出信噪比；

② 在信道带宽受限制的条件下，加重技术能改善的输出信噪比。

5-39 将 3 路频率为 0.3~4 kHz 的话音信号进行频分复用、传输，求采用下列方式传输时的最小带宽。

① AM；② DSB；③ SSB；④ VSB（$B_{VSB} \approx 1.25 B_{SSB}$）。

5-40 设 FDM-SSB/FM 系统中，$f_m = 4$ kHz，$f_g = 2$ kHz，$N = 960$，试求复合信号的带宽 B_N。

5-41 一频分多路复用系统用来传送 40 路幅度相同的电话信号，副载波采用单边带调制，主载波采用调频方式。设每路电话信号的最高频率为 3.4 kHz，为减少串话所留的频率间隔为 0.6 kHz。试求：

① 最大频率偏移为 800 kHz 时，系统的传输带宽；

② 第 40 路电话与第 1 路电话相比，信噪比下降的分贝数。

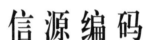

第6章

信源编码

在第 1 章中曾介绍过，通信系统可分为模拟通信系统和数字通信系统，并且数字通信技术在现代通信系统中显得越来越重要。对数字通信系统来说，为了使代表消息的信号在数字系统中有效地传输，必须将信源输出的信号进行变换，使之变成合适的数字脉冲串（一般为二进制脉冲），这就是信源编码。在数字通信系统中，信源编码的主要目的有两个：第一，将信号变换为适合于数字通信系统处理和传输的数字信号形式。如果信源是模拟信源，应首先进行模拟-数字变换。经过信源编码输出的信号应是在时间上离散，在取值上为有限个状态的数字脉冲串。第二，通过信源编码提高通信系统的有效性，尽可能地减少原消息中的冗余度（redundancy），进行压缩信号带宽的编码，使单位时间或单位系统频带上所传的信息量最大。以上两个目的常常在编码的过程中同时得以实现。

在本章中，将主要介绍三种不同情况下的编码方法。首先讨论离散无记忆信源（DMS）编码，这里简单描述了不等概消息的最佳编码——哈夫曼（Huffman）编码过程；然后详细地阐述了模拟信号的数字化编码——脉冲编码调制（PCM）及增量调制（DM）的编码原理、方法及其性能；最后简单地介绍了语音和图像信号压缩编码的基本概念。

6.1 离散无记忆信源（DMS）编码

假设离散无记忆信源输出有限个符号 $x_i(i=1、2、\cdots、L)$，每个符号出现的概率分别为 $P(x_i)(i=1、2、\cdots、L)$。由第 1 章的讨论可知，该信源的熵（平均信息量）为

$$H(x) = -\sum_{i=1}^{L} P(x_i)\log_2 P(x_i) \leqslant \log_2 L \qquad (6\text{-}1\text{-}1)$$

式（6-1-1）中，当 $P(x_i)$ 相等（等概）时，等号成立。

离散信源编码就是对每个符号用一定长度的代码来表示。在信息论中已经证明，每个

符号二进制代码的平均长度最短不应小于信源的熵。各符号的代码长度可以等长，也可以不等长。编码方法不同，编码的效率也不同。

6.1.1　等长编码

所谓等长编码（也称为均匀编码）就是不管符号出现的概率如何，每个符号都用 N 位二进制码表示。设信源共有 L 种符号，则需要的编码长度 N 由 $\log_2 L$ 决定。当 L 为 2 的整数次幂时

$$N = \log_2 L \tag{6-1-2}$$

当 L 不为 2 的整数次幂时，则应取

$$N = [\log_2 L] + 1 \tag{6-1-3}$$

式中，符号 $[\log_2 L]$ 表示取 $\log_2 L$ 的整数部分。

定义 DMS 编码的效率为 $H(x)/N$，即每位二进制码所代表的信源的平均信息量。由式（6-1-1）、式（6-1-2）及式（6-1-3）看出，当符号等概出现且 L 为 2 的整数次幂时，$N = H(x)$，这时的编码效率为 100%。当符号等概出现，但 L 不为 2 的整数次幂时，信源的平均信息量 $H(x)$ 与编码长度 N 之间最多相差 1 bit。因此，当 $L \gg 1$ 时，编码效率下降不严重，但当 L 值较小时，编码的效率较低。为了提高编码的效率，可将连续 J 个符号进行统一编码，这种方法称为扩展编码。显然，扩展编码时必有 L^J 个不同的码字，这样每个码字的编码长度 N 应为

$$N \geqslant \log_2 L^J = J\log_2 L \tag{6-1-4}$$

对 N 取整数有

$$N = [J\log_2 L] + 1 \tag{6-1-5}$$

这时每个信源符号的平均位数为

$$\overline{N} = N/J = [\log_2 L] + \frac{1}{J} \tag{6-1-6}$$

由式（6-1-6）看出，扩展编码后使式（6-1-3）中每个符号所增加的 1 bit 下降到了 $1/J$ bit，从而提高了编码效率。

6.1.2　不等长编码

在上面的讨论中，如果符号出现的概率 $P(x_i)$ 是不相等的，那么用等长度编码时效率会更低。为了提高编码效率，对符号出现概率不相等的信源常采用不等长编码。这种编码方式是将出现概率较大的符号用位数较短的二进制码字表示，而出现概率较小的符号用位数较长的二进制码字表示，即不等长编码是一种概率匹配编码。哈夫曼码就是一种最佳的匹配编码，它是一种单义可译码，是一种平均编码长度最短的码。

假设哈夫曼编码中，出现概率为 $P(x_i)$ 的符号的编码长度为 n_i，则每个符号的平均码长 $\overline{N}$ 为

$$\overline{N} = \sum_{i=1}^{L} P(x_i) \cdot n_i \tag{6-1-7}$$

可以证明，每个符号的平均码长 $\overline{N}$ 满足

$$H(x) \leqslant \overline{N} \leqslant H(x) + 1 \tag{6-1-8}$$

下面用两个例子来对哈夫曼编码的方法进行说明。

例 6.1　若气象台用四种符号发布天气预报：A 表示晴天，B 表示阴天，C 表示雨天，D 表示雾天。设它们出现的概率分别为：1/2，1/4，1/8，1/8，求其哈夫曼编码及码的平均长度。

解：哈夫曼编码时，首先将信源符号按出现的概率大小依次排队，如图 6-1-1 所示。编码先从概率最小的两种符号开始，将最小概率的两个符号一个用 **0** 表示，另一个用 **1** 表示；然后将这两个最小的概率合并为一个新的概率，接着再按概率大小排队，并按同样的方法将两个概率较小的符号分别用 **0** 和 **1** 表示。每次编码合并后将减少一个符号。这样依次重复下去，直到概率最大的符号，最后构成一个带有分支的

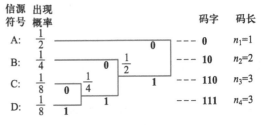

图 6-1-1　不等长编码

"编码树"，这棵树包含了所有要求的码字。编码的结果为 A：**0**；B：**10**；C：**110**；D：**111**。

由式（6-1-1），可求得该信源的熵为

$$H(x) = -\left[\frac{1}{2}\log_2\frac{1}{2} + \frac{1}{4}\log_2\frac{1}{4} + \frac{1}{8}\log_2\frac{1}{8} + \frac{1}{8}\log_2\frac{1}{8} \right] = 1.75 \text{ 比特/符号}$$

由式（6-1-7）计算平均编码长度得出

$$\overline{N} = \sum_{i=1}^{L} P(x_i) \cdot n_i = 1 \times \frac{1}{2} + 2 \times \frac{1}{4} + 3 \times \frac{1}{8} + 3 \times \frac{1}{8} = 1.75$$

此例中，编码的平均长度达到了最小的极限值，即 $\overline{N} = H(x)$，此时的编码效率为 100%，这种编码称为最佳编码。

例 6.2　设有一个由七种符号 x_1、x_2、$\cdots$、x_7 构成的信源，符号出现的概率分别为：0.35、0.30、0.20、0.10、0.04、0.005、0.005。试画出编码树，并求出此信源的哈夫曼码平均长度。

解：根据哈夫曼码的编码方法画出的"编码树"如图 6-1-2 所示。

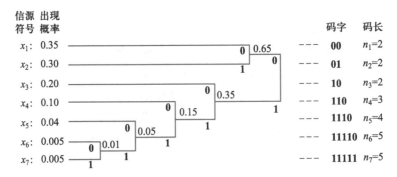

图 6-1-2　哈夫曼码"编码树"

信源的熵为

$$H(x) = -\sum_{i=1}^{7} P(x_i)\log_2 P(x_i) = 2.11 \text{ 比特／符号}$$

平均编码长度为

$$\overline{N} = \sum_{i=1}^{7} P(x_i) \cdot n_i = 2.21 \tag{6-1-9}$$

式（6-1-9）满足关系：$H(x) \leqslant \overline{N} \leqslant H(x)+1$。

此例中，若采用等长编码，则 $N=3$，因此，采用哈夫曼码编码后的效率得到了提高。

由以上两个例子可以看出，哈夫曼码组中任意一个码字都不是另一较长码字的前缀。这一重要性质使得哈夫曼码成为唯一可译码。

对以上这种不等长编码，如果不是对每一个符号单独进行编码，而是对 J 个符号进行扩展编码，可以证明，编码效率会进一步提高。这时式（6-1-8）中的平均码长 $\overline{N}$ 可表示为

$$H(x) \leqslant \overline{N} \leqslant H(x)+\frac{1}{J} \tag{6-1-10}$$

这就是香农的无干扰编码定理，称为香农第一定理。式（6-1-10）说明，总可以（通过扩展编码）使编码的平均长度 $\overline{N}$ 任意接近信源的熵，从而提高信源的编码效率。

6.2 抽样定理

当信源的输出不是数字信号而是模拟信号（如电话机输出的音频信号、摄像机输出的视频信号等）时，为了使这些信号能在数字系统中传输，首先必须在发送端将模拟信号转换为数字信号，即进行 A/D 转换。在接收端进行相应的 D/A 转换。

A/D 转换的第一步是将时间上连续的模拟信号变为时间上离散的样值，该过程称为抽样。能否由离散的样值序列重建原始的模拟信号，是抽样定理要回答的问题。抽样定理是任意模拟信号数字化的理论基础。下面分别介绍低通信号的抽样定理和带通信号的抽样定理。

6.2.1 低通信号的抽样定理

一个频带限制在 $(0, f_H)$ 内的低通信号 $f(t)$，如果以 $f_s \geqslant 2f_H$ 的抽样频率〔或以 $T_s \leqslant \dfrac{1}{2f_H}(s)$ 的抽样间隔〕对其进行等间隔的抽样，则 $f(t)$ 将由所得到的抽样值完全确定。该定理称为低通信号的均匀抽样定理。

抽样定理说明，若信号 $f(t)$ 的频谱在某一频率 f_H 之上为零，则 $f(t)$ 中的全部信息完全包含在其间隔不大于 $\dfrac{1}{2f_H}(s)$ 的均匀抽样值中。或者说，对信号中的最高频率分量至少在一个周期内要取两个样值。通常把最小的抽样频率 $f_s = 2f_H$ 称为奈奎斯特（Nyquist）频率。下面证明该定理。

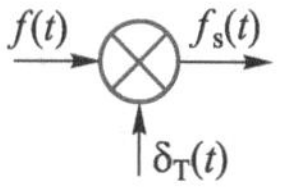

设 $f(t)$ 为低通信号，其频谱为 $F(\omega)$。抽样脉冲序列是一个周期为 T_s 的周期冲激函数 $\delta_T(t)$。抽样过程是 $f(t)$ 与 $\delta_T(t)$ 相乘的过程，如图 6-2-1 所示。抽样后的信号 $f_s(t)$ 为

图 6-2-1　抽样过程

$$f_s(t) = f(t)\delta_T(t)$$

$$= f(t) \sum_{k=-\infty}^{\infty} \delta(t - kT_s)$$

$$= \sum_{k=-\infty}^{\infty} f(kT_s)\delta(t - kT_s) \tag{6-2-1}$$

式中，$f(kT_s)$ 为 $t = kT_s$ 时信号 $f(t)$ 的瞬间抽样值。

由频域卷积定理，可得信号 $f_s(t)$ 的频谱 $F_s(\omega)$ 为

$$F_s(\omega) = \frac{1}{2\pi}[F(\omega) * \delta_T(\omega)] \tag{6-2-2}$$

式中，$\delta_T(\omega)$ 为抽样脉冲序列 $\delta_T(t)$ 的频谱。由于

$$\delta_T(\omega) = \frac{2\pi}{T_s} \sum_{k=-\infty}^{\infty} \delta(\omega - k\omega_s) \tag{6-2-3}$$

其中，$\omega_s = \dfrac{2\pi}{T_s}$。将式（6-2-3）代入式（6-2-2）中，有

$$F_s(\omega) = \frac{1}{T_s}\Big[F(\omega) * \sum_{k=-\infty}^{\infty} \delta_T(\omega - k\omega_s)\Big] = \frac{1}{T_s} \sum_{k=-\infty}^{\infty} F(\omega - k\omega_s) \tag{6-2-4}$$

抽样过程中各点的信号及其频谱如图 6-2-2 所示。

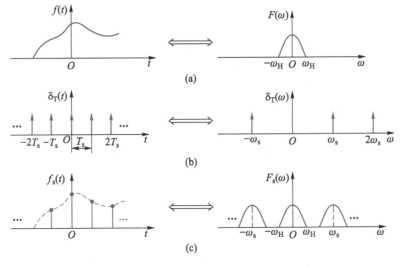

图 6-2-2　抽样过程中各点的信号及其频谱

由图 6-2-2 可见，抽样信号的频谱是以 ω_s 为周期的周期性频谱，除了保留了 $f(t)$ 原来的频谱以外，还增加了无穷多个间隔为 ω_s 的 $F(\omega)$ 分量。在满足 $\omega_s \geqslant 2\omega_H$ 的条件下，周期性频谱无混叠现象。这样，在理想情况下，接收端只要用一个截止频率为 ω_c（且满足 $\omega_H \leqslant \omega_c \leqslant \omega_s - \omega_H$）的理想低通滤波器 $H(\omega)$ 对抽样后的脉冲序列进行滤波，就可以无失真地恢复原始信号 $f(t)$，如图 6-2-3 所示。如果 $\omega_s < 2\omega_H$，则抽样信号的频谱 $F_s(\omega)$ 出现混叠现象，如图 6-2-4 所示。此时，接收端不可能无失真地重建原始信号。

以上证明了，只要抽样频率 $f_s \geqslant 2f_H$，那么抽样信号 $f_s(t)$ 中就包含信号 $f(t)$ 的全部信息，否则，抽样信号的频谱会出现混叠现象，引起恢复信号的失真。

图 6-2-3（a）中，理想低通滤波器的传输函数为（取 $\omega_c = \omega_H$）

$$H(\omega) = \begin{cases} 1 & |\omega| \leq \omega_H \\ 0 & |\omega| > \omega_H \end{cases} \qquad (6\text{-}2\text{-}5)$$

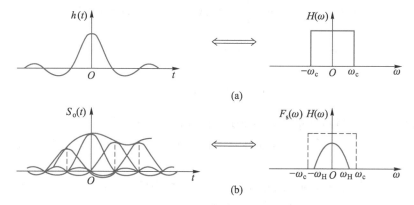

(a)

(b)

图 6-2-3　抽样信号的恢复

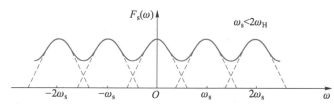

图 6-2-4　混叠现象

相应地有

$$h(t) = \frac{\omega_H}{\pi} \mathrm{Sa}(\omega_H t) \qquad (6\text{-}2\text{-}6)$$

式中，$\mathrm{Sa}(\cdot)$ 为抽样函数。

抽样脉冲序列信号 $f_s(t)$ 通过低通滤波器后输出的重建信号 $S_o(t)$ 为

$$
\begin{aligned}
S_o(t) &= f_s(t) * h(t) \\
&= \frac{\omega_H}{\pi} \sum_{k=-\infty}^{\infty} f(kT_s)\delta(t - kT_s) * \mathrm{Sa}(\omega_H t) \\
&= \frac{\omega_H}{\pi} \sum_{k=-\infty}^{\infty} f(kT_s)\mathrm{Sa}[\omega_H(t - kT_s)]
\end{aligned} \qquad (6\text{-}2\text{-}7)
$$

式（6-2-7）说明，输出的重建信号 $S_o(t)$ 由一系列最大幅度为信号抽样值 $f(kT_s)$ 的抽样函数组成，其中 $\mathrm{Sa}(\omega_H t)$ 常称为核函数。$S_o(t)$ 如图 6-2-3（b）所示。

此外，从频域上看，输出信号 $S_o(t)$ 的频谱 $S_o(\omega)$ 是式（6-2-4）与 $H(\omega)$ 相乘的结果，由图 6-2-2（c）可看出，结果为 $F_s(\omega)$ 中 $k=0$ 时的那部分频谱，即

$$S_o(\omega) = F_s(\omega)H(\omega) = \frac{1}{T_s}F(\omega) \qquad (6\text{-}2\text{-}8)$$

由式（6-2-8）求逆变换得到输出信号 $S_o(t)$ 为

$$S_o(t) = \frac{1}{T_s}f(t) \tag{6-2-9}$$

比较式（6-2-7）与式（6-2-9）可以得到

$$f(t) = T_s S_o(t) = \frac{T_s \omega_H}{\pi} \sum_{k=-\infty}^{\infty} f(kT_s) \mathrm{Sa}[\omega_H(t - kT_s)] \tag{6-2-10}$$

由抽样定理有，$\omega_s \geqslant 2\omega_H$，取 $\omega_s = 2\omega_H\left(T_s = \dfrac{1}{2f_H}\right)$，代入式（6-2-10）可得

$$f(t) = \sum_{k=-\infty}^{\infty} f(kT_s) \mathrm{Sa}\left[\frac{\omega_s}{2}(t - kT_s)\right] \tag{6-2-11}$$

式（6-2-11）说明，当满足条件 $\omega_s \geqslant 2\omega_H$ 时，信号 $f(t)$ 完全由它的抽样值 $f(kT_s)$ 确定。因此，在通信系统中，只需传输信号 $f(t)$ 的抽样值 $f(kT_s)$，就可以达到传输信号 $f(t)$ 的目的。

以上讨论的是低通信号的冲激脉冲抽样过程，称为理想抽样，但难以实现。在实际系统中，常采用有一定宽度的窄脉冲序列对信号进行抽样，即自然抽样。

6.2.2　自然抽样

自然抽样的波形及频谱如图 6-2-5 所示。自然抽样信号 $f_N(t)$ 为 $f(t)$ 与抽样脉冲序列 $S_P(t)$ 的乘积，即

$$f_N(t) = f(t) \cdot S_P(t) \tag{6-2-12}$$

式中，$S_P(t)$ 为理想的矩形抽样脉冲，脉冲的幅度为 A，宽度为 τ，脉冲重复频率为 $\omega_s = 2\pi/T_s$，且 $\tau < T_s$。

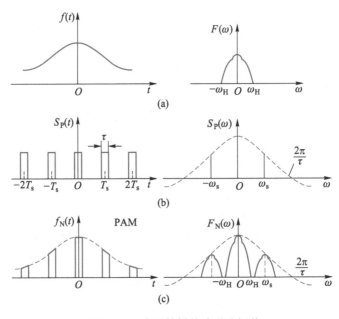

图 6-2-5　自然抽样的波形及频谱

$S_P(t)$ 的频谱函数 $S_P(\omega)$ 为

$$S_P(\omega) = \frac{2\pi}{T_s} A\tau \text{Sa}\left(\frac{\omega\tau}{2}\right) \sum_{k=-\infty}^{\infty} \delta(\omega - k\omega_s) = \frac{2\pi A\tau}{T_s} \sum_{k=-\infty}^{\infty} \text{Sa}\left(\frac{k\omega_s\tau}{2}\right) \delta(\omega - k\omega_s)$$

$$(6\text{-}2\text{-}13)$$

由式（6-2-12）求频域卷积得到自然抽样信号 $f_N(t)$ 的频谱 $F_N(\omega)$ 为

$$F_N(\omega) = \frac{1}{2\pi}\left[F(\omega) * S_P(\omega)\right] = \frac{A\tau}{T_s} \sum_{k=-\infty}^{\infty} \text{Sa}\left(\frac{k\omega_s\tau}{2}\right) F(\omega - k\omega_s) \qquad (6\text{-}2\text{-}14)$$

频谱函数 $F_N(\omega)$ 如图 6-2-5（c）所示。由图可见，$F_N(\omega)$ 是 $F(\omega)$ 在 $\omega = k\omega_s$ 不同点的搬移，且受函数 $\text{Sa}\left(\dfrac{k\omega_s\tau}{2}\right)$ 加权。只要满足 $\omega_s \geqslant 2\omega_H$ 的条件，则 $F_N(\omega)$ 中的频谱就不会重叠。

接收端将 $F_N(\omega)$ 通过截止频率为 ω_H 的低通滤波器，就可以无失真地恢复原始信号 $f(t)$，即在式（6-2-14）中取 $k=0$，可得

$$S_o(\omega) = \frac{A\tau}{T_s} F(\omega) \qquad (6\text{-}2\text{-}15)$$

相应地有

$$S_o(t) = \frac{A\tau}{T_s} f(t) \qquad (6\text{-}2\text{-}16)$$

由式（6-2-16）看出，自然抽样恢复出的信号为 $f(t)$ 与系数 $\dfrac{A\tau}{T_s}$ 相乘。

自然抽样的特点是抽样信号 $f_N(t)$ 的脉冲"顶部"随信号 $f(t)$ 变化，即自然抽样的脉冲顶部保持了 $f(t)$ 的变化规律，故 $f_N(t)$ 又称为脉冲调幅（PAM）信号。

以上讨论的是利用矩形脉冲作为抽样脉冲序列的自然抽样过程。实际上，任意形状的脉冲序列都可以作为抽样脉冲序列。设任意形状的脉冲抽样序列 $S_P(t)$ 为

$$S_P(t) = \sum_{k=-\infty}^{\infty} p(t - kT_s) \qquad (6\text{-}2\text{-}17)$$

式中，$p(t)$ 为任意形状的脉冲，T_s 为脉冲重复周期。

自然抽样后的信号 $f_N(t)$ 为

$$f_N(t) = f(t) S_P(t) = f(t) \sum_{k=-\infty}^{\infty} p(t - kT_s) \qquad (6\text{-}2\text{-}18)$$

将周期序列 $S_P(t)$ 用傅里叶级数展开，并代入式（6-2-18），得到

$$f_N(t) = \sum_{k=-\infty}^{\infty} c_k f(t) e^{jk\omega_s t} \qquad (6\text{-}2\text{-}19)$$

式中，c_k 为 $S_P(t)$ 傅里叶级数展开式中的系数。对式（6-2-19）求傅里叶变换得到 $f_N(t)$ 的频谱 $F_N(\omega)$ 为

$$F_N(\omega) = \sum_{k=-\infty}^{\infty} c_k F(\omega - k\omega_s) \qquad (6\text{-}2\text{-}20)$$

由式（6-2-20）看出，$F_N(\omega)$ 由 c_k 加权的一系列 $F(\omega)$ 的频移分量组成。在接收端通过低通滤波器之后得到

$$S_o(t) = c_0 f(t) \qquad (6\text{-}2\text{-}21)$$

式中，c_0 为抽样脉冲序列的直流分量。式（6-2-21）说明用任意形状的脉冲序列抽样同样可以无失真地恢复原始信号 $f(t)$。

6.2.3　平顶抽样

平顶抽样是将 $f(t)$ 先用理想冲激脉冲序列进行抽样，然后将抽样值通过一个线性网络形成一系列幅度为抽样值，并具有一定宽度的矩形脉冲序列。平顶抽样模型及抽样波形如图 6-2-6 所示。

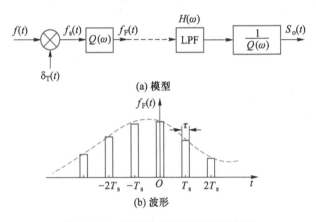

(a) 模型

(b) 波形

图 6-2-6　平顶抽样模型及抽样波形

图 6-2-6（a）中，产生平顶脉冲的线性网络的网络函数为 $Q(\omega)$。接收端为了恢复信号 $f(t)$，必须有相应的倒数网络 $1/Q(\omega)$。$Q(\omega)$ 的时间响应是一个矩形函数，即

$$q(t) = A\text{rect}\left(\frac{t}{\tau}\right) \tag{6-2-22}$$

式中，A 为决定脉冲幅度的常数，τ 为脉冲宽度。$q(t)$ 的频谱 $Q(\omega)$ 为

$$Q(\omega) = A\tau\text{Sa}\left(\frac{\omega\tau}{2}\right) \tag{6-2-23}$$

由图 6-2-6（a）及式（6-2-4）和式（6-2-23），得到平顶抽样信号 $f_F(t)$ 的频谱 $F_F(\omega)$ 为

$$F_F(\omega) = F_s(\omega)Q(\omega) = \frac{A\tau}{T_s}\sum_{k=-\infty}^{\infty}\text{Sa}\left(\frac{\omega\tau}{2}\right)F(\omega - k\omega_s) \tag{6-2-24}$$

相应的时域波形 $f_F(t)$ 为

$$f_F(t) = A\sum_{k=-\infty}^{\infty}f(kT_s)\text{rect}\left(\frac{t - kT_s}{\tau}\right) \tag{6-2-25}$$

式（6-2-25）为平顶抽样信号的表示式，也称为 PAM 信号，波形如图 6-2-6（b）所示。

比较自然抽样信号的频谱表示式（6-2-14）与平顶抽样信号的频谱表示式（6-2-24），可以看出两式相似，但实际上它们之间的差别极大。自然抽样脉冲波形仅使抽样信号频谱的包络发生了变化，而平顶抽样脉冲形成网络函数 $Q(\omega)$ 引起的加权项 $\text{Sa}\left(\frac{\omega\tau}{2}\right)$ 却对整个抽样信号的频谱产生了影响，这种影响称为孔径失真。

为了消除网络函数 $Q(\omega)$ 引起的孔径失真，接收端必须在低通滤波器之后加入均衡网

络 $1/Q(\omega)$。加入均衡网络后的输出信号频谱为

$$S_o(\omega) = F_F(\omega) \cdot H(\omega) \cdot 1/Q(\omega)$$

$$= \frac{A\tau}{T_s}\mathrm{Sa}\left(\frac{\omega\tau}{2}\right)F(\omega)\frac{1}{A\tau\mathrm{Sa}\left(\dfrac{\omega\tau}{2}\right)} = \frac{1}{T_s}F(\omega) \tag{6-2-26}$$

由式（6-2-26）可得到输出信号 $S_o(t)$ 为

$$S_o(t) = \mathscr{F}^{-1}\left[S_o(\omega)\right] = \frac{1}{T_s}f(t) \tag{6-2-27}$$

可见，加入均衡网络后，平顶抽样恢复的信号与理想抽样恢复的信号相同。

6.2.4 带通信号的抽样定理

以上讨论了带限在 $(0,f_H)$ 的低通信号的抽样。在实际系统中，还会遇到频谱限制在 f_L 与 f_H 之间的带通信号 $f(t)$。其中，f_L 称为带通信号的下截止频率，f_H 称为带通信号的上截止频率，$B=f_H-f_L$ 称为带通信号的带宽。

设带通信号的上截止频率 f_H 与信号的带宽 B 之间的关系为

$$f_H = nB + kB \qquad 0 \leqslant k < 1 \tag{6-2-28}$$

式中，n 为小于 f_H/B 的最大整数。当 k 为零时，f_H 是带宽 B 的整数倍。

对带通信号 $f(t)$ 来说，抽样频率不一定需要大于带通信号上截止频率 f_H 的两倍。带通信号的抽样定理说明，此时的抽样频率 f_s 满足

$$f_s = 2B(1+k/n) \tag{6-2-29}$$

由此式画出 f_s 与信号上截止频率 f_H 的关系曲线如图 6-2-7 所示。

由图 6-2-7 可见，当 $f_H=B$ 时，$n=1$，$f_s=2B=2f_H$，这时就是低通信号的情况。当 f_H 由 B 向 $2B$ 增加时，$n=1$，k 从 0 变到 1，这时式（6-2-29）变为 $f_s=2B(1+k)$，故 f_s 从 $2B$ 变到 $4B$。但当 $f_H=2B$ 时，$n=2$，$k=0$，f_s 从 $4B$ 又降为 $f_s=2B$。当 f_H 由 $2B$ 向 $3B$ 增加时，$n=2$，k 从 0 变到 1，这时式（6-2-29）变为 $f_s=2B\left(1+\dfrac{k}{2}\right)$，故 f_s 从 $2B$ 变到 $3B$。但当

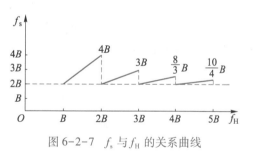

图 6-2-7 f_s 与 f_H 的关系曲线

$f_H=3B$ 时，$n=3$，$k=0$，则 f_s 从 $3B$ 又降为 $f_s=2B$。依次推演下去，可以看出，当 f_H 增大时，n 也增大，则由式（6-2-29）确定的抽样频率 f_s 将趋近 $2B$，即对于带通信号来说，抽样频率 f_s 接近信号带宽的两倍。当 f_H 是带宽 B 的整数倍（即满足 $f_H=nB$ 时），抽样频率 f_s 等于 $2B$。

带通信号的抽样定理从频域上很容易理解。以 $f_H=nB$ 为例，若按低通信号的抽样定理，则要求 $f_s \geqslant 2nB$，现用 $f_s=2B$ 的抽样频率对其抽样，抽样后的信号各段频谱之间仍不会发生混叠。图 6-2-8 画出了 $n=1,2,3$ 时的情形。

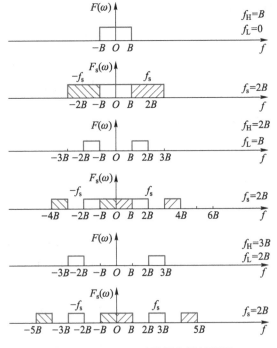

图 6-2-8　$f_s = 2B$ 时抽样信号频谱图

6.3　脉冲模拟调制

所谓脉冲模拟调制是指用脉冲作为载波的调制方式，即用基带信号对脉冲的参数（幅度、宽度及时间位置）进行模拟调制，得到三类调制方式，即脉冲调幅（PAM）、脉冲调宽（PDM）及脉冲调位（PPM）。图 6-3-1 所示为各类脉冲模拟调制信号波形，图（a）

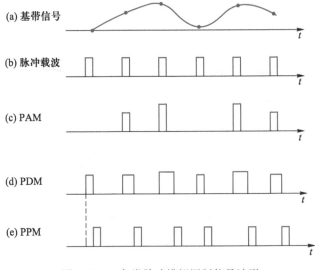

图 6-3-1　各类脉冲模拟调制信号波形

为基带信号，图（b）为脉冲载波，图（c）为 PAM 信号，图（d）为 PDM 信号，图（e）为 PPM 信号。其中，PAM 信号在抽样定理中已讲述过它产生的方法，自然抽样及平顶抽样的脉冲序列就是 PAM 信号。

PDM 信号可以在 PAM 信号的基础上产生，如图 6-3-2 所示。由图可见，利用一个锯齿波与 PAM 信号相加，再去触发电路，在给定门限的情况下可得到 PDM 信号。PPM 信号可用 PDM 信号的后沿形成。

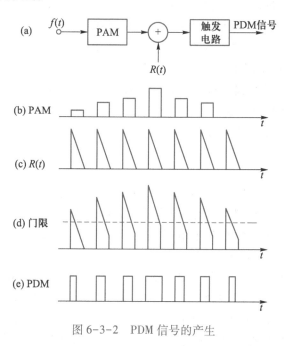

图 6-3-2　PDM 信号的产生

理论分析表明，脉冲模拟调制系统的抗噪声性能不如正弦波调制系统，更不如下节介绍的脉冲编码调制（PCM）系统。因此脉冲模拟调制方式应用较少，而广泛采用的是脉冲编码调制方式。

6.4　脉冲编码调制（PCM）

6.4.1　PCM 基本原理

PCM（pulse code modulation）的概念早在 1937 年就由法国工程师瑞维斯提出，但限于当时的器件水平，直到 1946 年，美国的 Bell 实验室才制造出第一台 PCM 数字电话终端机。20 世纪 60 年代以后，晶体管 PCM 终端机开始大量应用于市话网的中继线路中，使市话电缆传输电话的路数增加了几十倍。此后，随着超大规模集成电路的 PCM 编、解码器的出现，PCM 在通信系统中获得了更广泛的应用。

脉冲编码调制（PCM）是一种将模拟信号经过抽样、量化和编码变换成数字信号的编码方式。PCM 通信系统的基本组成如图 6-4-1 所示。

图 6-4-1　PCM 通信系统的基本组成

PCM 主要包括抽样、量化和编码三个步骤。抽样是将时间上连续的模拟信号变为时间上离散的抽样信号的过程；量化是把抽样信号变为幅度离散的数字信号的过程；编码则是将量化后的数字信号（多进制）表示为二进制码组输出的过程。从调制的角度来看，PCM 编码过程可以认为是一种特殊的调制方式，即用模拟信号去改变脉冲载波序列的有无，所以 PCM 称为脉冲编码调制。

PCM 码组经数字信道传输到接收端后，先对 PCM 码组进行译码，然后通过理想低通滤波器滤波，就得到重构的模拟信号 $f'(t)$。上节已经详细讨论了抽样过程，下面主要对 PCM 的量化和编码过程进行深入分析。

6.4.2　均匀量化与量化噪声

模拟信号抽样后，样值脉冲幅度的取值仍是连续的（可取模拟信号变化范围内的任意值）。为了能用数字脉冲传输抽样信号，还必须将样值脉冲在幅度上离散化，用预先规定的有限个电平来表示模拟抽样值，这就是量化过程。量化的方法是按允许的误差将样值脉冲进行量化分层。量化分层的单位称为量化级或量化台阶，用符号 Δ 表示。一个典型的均匀量化特性如

视频：均匀量化
与量化噪声

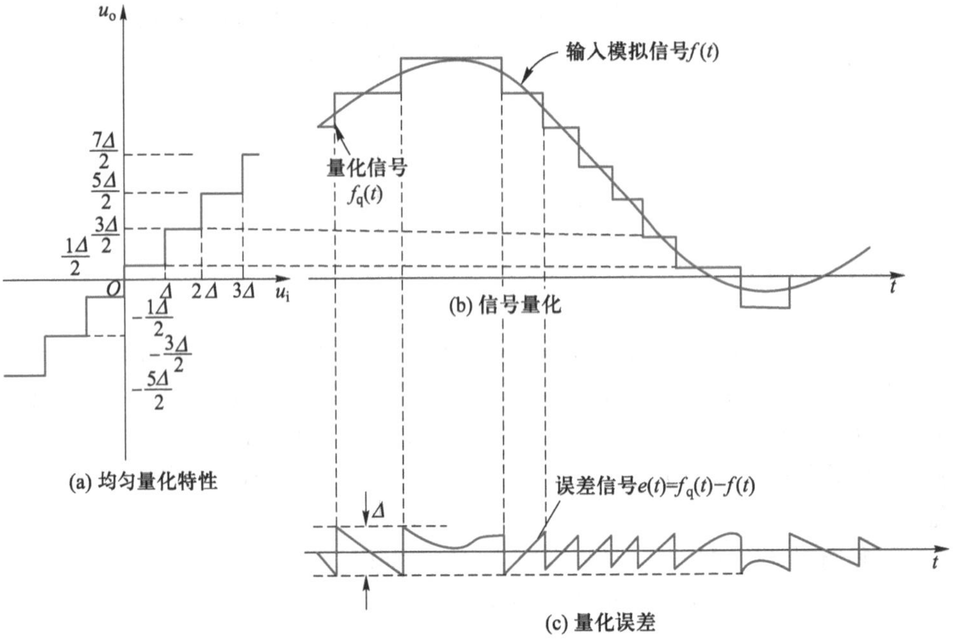

图 6-4-2（a）所示。这样用四舍五入的方法将样值脉冲用最接近的量化级代替，如图 6-4-2（b）所示。图 6-4-2（b）中，$f(t)$ 表示输入模拟信号，$f_q(t)$ 表示量化信号。量化后每个样值脉冲的取值是原定的有限个量化级（如 L 级）中的某一级。

图 6-4-2　信号量化及量化误差

显然，量化信号与输入模拟信号之间存在着一定的误差，称为量化误差 $e(t)$，$e(t) = f_q(t) - f(t)$，如图 6-4-2（c）所示。由于这种误差的影响相当于干扰或噪声，故又称其为量化噪声。量化误差信号一般在 $\pm\dfrac{\Delta}{2}$ 内变化。量化台阶的大小取决于整个信号的变化范围与量化分层数，对均匀量化来说，各量化台阶是相同的，即

$$\Delta = \frac{f_{\max} - f_{\min}}{L} \tag{6-4-1}$$

式中，$f_{\max}$ 及 $f_{\min}$ 分别为输入信号的最大值及最小值，L 为量化分层数。

假设信号取值的概率分布是均匀的，且误差信号 $e(t)$ 的分布在 $\pm\dfrac{\Delta}{2}$ 内也是均匀的，则误差信号的概率密度为

$$f(x) = \begin{cases} \dfrac{1}{\Delta} & |x| \leqslant \dfrac{\Delta}{2} \\ 0 & \text{其他} \end{cases} \tag{6-4-2}$$

量化噪声的平均功率 N_q，即量化噪声信号的均方值，可由下式求得

$$
\begin{aligned}
N_q &= E\big[e^2(t)\big] \\
&= \int_{-\frac{\Delta}{2}}^{\frac{\Delta}{2}} x^2 f(x)\,\mathrm{d}x \\
&= \int_{-\frac{\Delta}{2}}^{\frac{\Delta}{2}} x^2 \frac{1}{\Delta}\,\mathrm{d}x = \frac{\Delta^2}{12}
\end{aligned} \tag{6-4-3}
$$

式（6-4-3）表明，量化噪声的功率仅与量化台阶 Δ 的平方成正比。当信号的变化范围确定时，量化分层数（L 值）越大，量化台阶越小，量化噪声的平均功率 N_q 也越小。量化噪声永远不可能消除，量化噪声随信号的出现而存在，随信号的消失而消失。

现在来分析量化后信号的量化信噪比。先求出量化信号的平均功率。量化信号的平均功率可用量化脉冲的均方值求得。设信号 $f(t)$ 的变化范围在 $[-A, A]$ 内均匀分布，即信号的概率密度函数为 $f(x) = 1/(2A)$，并且将信号均匀地量化为 L 个电平 f_{qi}，f_{qi} 的取值为：$\pm\dfrac{\Delta}{2}$、$\pm\dfrac{3\Delta}{2}$、$\pm\dfrac{5\Delta}{2}$、$\cdots$、$\pm\dfrac{(L-1)\Delta}{2}$，则量化后的信号功率为

$$
\begin{aligned}
S &= E(f_{qi}^{\,2}) = \sum_{i=1}^{L} (f_{qi})^2 \int_{f_{qi-1}}^{f_{qi}} f(x)\,\mathrm{d}x = 2\sum_{i=1}^{L/2} (f_{qi})^2 \int_{\frac{2A}{L}} \frac{1}{2A}\,\mathrm{d}x \\
&= \frac{2}{L}\sum_{i=1}^{L/2}\left(\frac{2i-1}{2}\right)^2 \Delta^2 = \frac{\Delta^2}{12}(L^2 - 1)
\end{aligned} \tag{6-4-4}
$$

当 $L \gg 1$ 时，信号功率近似为

$$S = \frac{\Delta^2}{12}L^2 \tag{6-4-5}$$

由式（6-4-3）及式（6-4-5）可得到信号的量化信噪比为

$$\frac{S}{N_q} = \frac{\Delta^2}{12}L^2 \Big/ \frac{\Delta^2}{12} = L^2 \tag{6-4-6}$$

或写为

$$\left(\frac{S}{N_{\mathrm{q}}}\right)_{\mathrm{dB}} = 20\lg L \qquad (6\text{-}4\text{-}7)$$

由式（6-4-7）可见，量化信噪比随量化电平数的增加而提高，但量化电平数的增加将使 PCM 编码位数增多，从而使编码信号的带宽增大。因此，量化电平数要由量化信噪比及编码信号带宽的要求共同确定。

6.4.3　压扩原理与非均匀量化

以上讨论的量化过程，由于量化台阶固定、分层均匀而称为均匀量化。均匀量化时，由于量化台阶固定，量化噪声不变，因此当信号 $f(t)$ 较小时，信号的量化信噪比也就很小。这样对小信号来说，量化信噪比就难以达到给定的要求。通常，把满足信噪比要求的输入信号的取值范围定义为动态范围。因此均匀量化时，信号的动态范围将受到较大的限制。

实际系统中遇到的信号大都具有非均匀分布的特性，出现小信号的概率很大，如语音信号就是这样。统计表明，大约 50% 的时间内，语音信号的瞬时值要低于其有效值的 1/4。因此，改善小信号时的量化信噪比非常重要。

为了提高小信号时的量化信噪比，实际系统中常采用非均匀量化。非均匀量化是根据信号的不同取值区间来确定量化台阶的，对信号取值小的区间，量化台阶小；对信号取值大的区间，量化台阶大。非均匀量化的实现方法是对信号进行压扩处理，即在发送端对信号进行压缩后再均匀量化；在接收端则进行相应的扩张以恢复原信号。

所谓压缩是指对信号进行不均匀放大的过程，小信号时放大倍数大，大信号时放大倍数小；扩张是压缩的逆变换过程。压缩器是一个非线性变换电路，它将输入变量 x 变换成另一个变量 y，即

$$y = g(x) \qquad (6\text{-}4\text{-}8)$$

接收端采用一个传输特性为

$$x = g^{-1}(y) \qquad (6\text{-}4\text{-}9)$$

的扩张器来恢复 x。实际系统中常采用对数式压扩特性。

对语音信号的 PCM 编码过程来说，国际上，原 CCITT 制定出的 CCITT G.711 建议规定，对语音信号进行抽样时的抽样频率为 $f_s = 8 \text{ kHz}$，相应地，抽样间隔 $T_s = 125 \text{ μs}$，即对语音信号来说，每秒钟应取 8 000 个样值，或以 125 μs 的间隔进行抽样。对语音信号进行压扩时，CCITT G.711 建议给出了两种对数压扩特性，即 μ 律压扩和 A 律压扩。北美和日本等国采用 μ 律压扩标准，我国和欧洲则采用 A 律压扩标准。

1. μ 律压缩特性

μ 律对数压缩特性为

$$y = \frac{\ln(1+\mu x)}{\ln(1+\mu)} \qquad 0 \leqslant x \leqslant 1 \qquad (6\text{-}4\text{-}10)$$

式中，μ 为压缩系数，x 为压缩器输入信号的归一化值，y 为压缩器输出信号的归一化值。

μ 律对数压扩特性如图 6-4-3 所示。其中，图 6-4-3（a）为压缩特性，图 6-4-3（b）为扩张特性。由图可见，$\mu=0$ 时，压缩特性是一条通过原点的直线，没有压缩效果。$\mu=100$ 时，有明显的压缩效果。目前国际上对语音信号采用 $\mu=255$ 的压扩标准。需要说明的

是，μ 律压扩特性曲线是关于原点奇对称的，图 6-4-3 中只画出了正向部分。

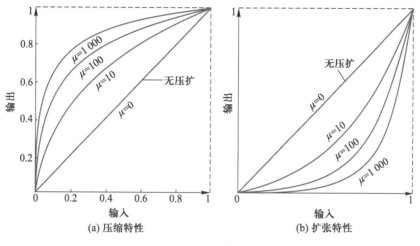

(a) 压缩特性　　　　　(b) 扩张特性

图 6-4-3 　μ 律对数压扩特性

2. A 律压缩特性

A 律对数压缩特性为

$$y=\begin{cases}\dfrac{Ax}{1+\ln A} & 0\leqslant x\leqslant\dfrac{1}{A}\\[3mm]\dfrac{1+\ln Ax}{1+\ln A} & \dfrac{1}{A}<x\leqslant1\end{cases}\qquad(6\text{-}4\text{-}11)$$

式中，A 为压缩系数，x 为压缩器输入信号的归一化值，y 为压缩器输出信号的归一化值。

由式（6-4-11）可知，A 律压缩特性由两部分组成，小信号$\left(0\leqslant x\leqslant\dfrac{1}{A}\right)$时，为线性压缩特性；大信号$\left(\dfrac{1}{A}<x\leqslant1\right)$时，为对数压缩特性。$A$ 律压缩特性如图 6-4-4 所示。和 μ 律一样，A 律压缩特性曲线也是关于原点奇对称的，图 6-4-4 中只画出了正向部分。由图 6-4-4 可见，$A=1$ 时没有压缩效果，A 越大，压缩效果越明显。对语音信号的 PCM 编码来说，目前国际上采用 $A=87.6$ 的压扩标准。

3. 对数压缩特性的折线近似

理想的 A 律或 μ 律压缩特性早期是用二极管的非线性来实现的。但由于二极管的一致性不好，因此很难保证压缩特性的一致性与稳定性，同时也很难做到压缩特性与扩张特性相匹配。

随着数字电路技术的发展，实际系统中常采用折线的方法来近似对数压缩特性。按原 CCITT 建议，对语音信号的 PCM 编码采用 13 折线逼近 A 律压缩特性，15 折线逼近 μ 律压缩特性。下面介绍 13 折线的产生方法，如图 6-4-5 所示。13 折线的形状如图 6-4-5 （b）

图 6-4-4 　A 律压缩特性

所示，图中，x 表示归一化的输入信号，y 表示归一化的输出信号。图 6-4-5（c）表示的是 13 折线中 1~4 段折线放大后的示意图。13 折线的产生过程分为以下三步。

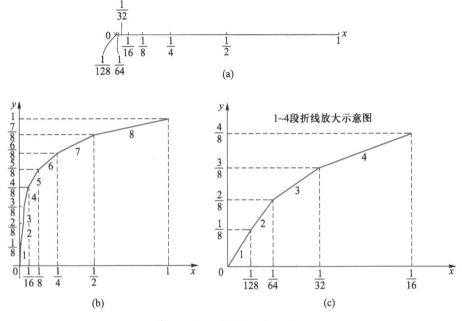

图 6-4-5　13 折线的产生方法

第一步，把 x 划分为不均匀的 8 段，如图 6-4-5（a）所示。第一分点取在 1/2 处，第二分点取在 1/4 处，以后每个分点都取在剩余段的 1/2 处，直到 1/128 处。这样就将 x 分为了不均匀的 8 段，分别为（从左到右）：第 1 段 $0 \sim \dfrac{1}{128}$，第 2 段 $\dfrac{1}{128} \sim \dfrac{1}{64}$，第 3 段 $\dfrac{1}{64} \sim \dfrac{1}{32}$……第 8 段 $\dfrac{1}{2} \sim 1$。注意，第 1 段和第 2 段长度相同，以后每段的长度均为前段的两倍。

第二步，把 y 轴均匀地划分为 8 段，分别为：第 1 段 $0 \sim \dfrac{1}{8}$，第 2 段 $\dfrac{1}{8} \sim \dfrac{2}{8}$，第 3 段 $\dfrac{2}{8} \sim \dfrac{3}{8}$……第 8 段 $\dfrac{7}{8} \sim 1$。

第三步，用直线将原点与坐标点 $\left(\dfrac{1}{128}, \dfrac{1}{8}\right)$ 相连，再将 $\left(\dfrac{1}{128}, \dfrac{1}{8}\right)$ 与 $\left(\dfrac{1}{64}, \dfrac{2}{8}\right)$ 相连，$\left(\dfrac{1}{64}, \dfrac{2}{8}\right)$ 与 $\left(\dfrac{1}{32}, \dfrac{3}{8}\right)$ 相连……最后将 $\left(\dfrac{1}{2}, \dfrac{7}{8}\right)$ 与（1，1）相连，得到 8 段直线连成的折线。各段直线的斜率 k 分别为：第 1 段 $k_1 = \dfrac{1/8}{1/128} = 16$，第 2 段 $k_2 = \dfrac{1/8}{1/128} = 16$，第 3 段 $k_3 = \dfrac{1/8}{1/64} = 8$，第 4 段 $k_4 = \dfrac{1/8}{1/32} = 4$，第 5 段 $k_5 = \dfrac{1/8}{1/16} = 2$，第 6 段 $k_6 = \dfrac{1/8}{1/8} = 1$，第 7 段 $k_7 = \dfrac{1/8}{1/4} = \dfrac{1}{2}$，第 8 段 $k_8 = \dfrac{1/8}{1/2} = \dfrac{1}{4}$。由于第 1 段和第 2 段直线的斜率相同，都为 16，所以实际上只有 7 段直线。

当输入信号为负时，压缩特性对原点奇对称，因此在第三象限中还有 7 段直线（图 6-4-5 中未画出）。由于负方向的第 1 段和第 2 段直线与正方向的第 1 段和第 2 段直线的斜率相同，因而，正负双向折线实际上由 13 段直线组成，故称其为 13 折线。

下面考察 13 折线与 A 律压缩特性曲线的近似程度。由式（6-4-11）中的第一个等式 $y = \dfrac{Ax}{1+\ln A}$，可求出该段直线的斜率为 $k' = \dfrac{dy}{dx} = \dfrac{A}{1+\ln A}$，将 $A = 87.6$ 代入此式，可得 $k' = \dfrac{87.6}{1+\ln 87.6} \approx 16$，该值与 13 折线正方向第 1 段直线的斜率相同，故认为 13 折线与 $A = 87.6$ 的 A 律压缩特性曲线最为逼近。因此，13 折线也称为 $A = 87.6$ 的 13 折线。

4. 非均匀量化过程

有了 13 折线之后，下面再来看看量化的过程。量化是通过对图 6-4-5（b）中的输出信号 y 均匀地分层实现的。图 6-4-5（b）中，在 y 轴表示的输出信号被均匀地划分为 8 段的基础上，再将每段均匀地划分为 16 等份，这样输出信号共有 $8 \times 16 = 128$ 个均匀的量化级。由 13 折线的对应关系可以看出，输出信号 y 的均匀量化对应到输入信号 x 是非均匀量化，即以上对输出信号 y 的均匀量化过程，对应输入信号 x 来说，是在 x 不均匀的 8 段上进行的，每段均匀地划分为 16 等份，这样对输入信号 x 也分为了 $8 \times 16 = 128$ 个量化级，但这 128 个量化级是不均匀的，小信号时，量化台阶小；大信号时，量化台阶大。最小的是第 1 段，由于第 1 段的长度为归一化值的 1/128，再将它等分为 16 小段，故量化台阶为 $\Delta_1 = \dfrac{1}{128} \times \dfrac{1}{16} = \dfrac{1}{2\,048}$；第 2 段的长度与第 1 段的长度相同，因而第 2 段的量化台阶与第 1 段相同，为 $\Delta_2 = \dfrac{1}{2048}$；第 3 段的量化台阶为 $\Delta_3 = \dfrac{1}{64} \times \dfrac{1}{16} = \dfrac{1}{1\,024}$；第 4 段的量化台阶为 $\Delta_4 = \dfrac{1}{32} \times \dfrac{1}{16} = \dfrac{1}{512}$……第 8 段的量化台阶为 $\Delta_8 = \dfrac{1}{2} \times \dfrac{1}{16} = \dfrac{1}{32}$。由此可见，小信号时量化台阶仅有归一化值的 1/2 048，而大信号时量化台阶为归一化值的 1/32，两者相差 64 倍。同时还可以看出，若以 Δ_1 为量化台阶进行均匀量化的话，则量化级数应为 2 048；而采用非均匀量化时，量化级数仅为 128。

6.4.4 PCM 编码

模拟信号经抽样、量化后变成了在时间和幅度上都离散的数字信号，但它是多电平（多进制）数字信号，电平数取决于量化级数。这种多电平数字信号是不适合在信道中直接传输的。因此，还必须将这些多进制数字信号转换成适合在信道中传输的二进制信号。在 PCM 系统中，把量化后的信号电平值转换成二进制码组的过程称为编码，其逆过程称为解码或译码。

理论上来说，任何一种可逆的二进制码组都可以用于 PCM 编码。常见的二进制码组有三种，即自然二进制码组 NBC（natural binary code）（简称自然二进制码）；折叠二进制码组 FBC（folded binary code）（简称折叠码）；格雷二进制码组 RBC（gray or reflected binary code）（简称格雷码）。表 6-4-1 中列出了这些码的编码规律。

表 6-4-1　PCM 编码时常用的码组的编码规律

量 化 电 平	自然二进制码	折 叠 码	格 雷 码
0	000	011	000
1	001	010	001
2	010	001	011
3	011	000	010
4	100	100	110
5	101	101	111
6	110	110	101
7	111	111	100

　　自然二进制码就是一般的十进制正整数的二进制表示。格雷码的特点是相邻电平的编码仅有一位之差。

　　折叠码相当于计算机中的符号幅度码。左边第一位表示信号的极性，后面几位表示信号的幅度。这里用 **1** 表示正极性，用 **0** 表示负极性。由表 6-4-1 可看出，折叠码的特点是码组的上半部和下半部除极性位外，呈倒影关系，这相当于相对零电平对称折叠，故被形象地称为折叠码。因此，当信号幅度的绝对值相同时，折叠码组除第 1 位外都相同。也就是说，用第 1 位码表示极性后，双极性信号可以采用单极性编码方法，从而可以大为简化编码过程。

　　折叠码的另一个优点是误码对小信号的影响较小，这对语音信号编码十分有利，因为语音信号出现小信号的概率较大。例如，由大信号的 **111** 误为 **011** 时，从表 6-4-1 可看出，对自然二进制码解码后得到的样值与原信号相比，误差为 4 个量化级；而对折叠码，误差为 7 个量化级。因而，大信号时误码对折叠码的影响很大。但如果误码发生在由小信号的 **100** 误为 **000** 时，情况就不一样了。这时对自然二进制码来说，误差还是 4 个量化级，而对折叠码，误差只有 1 个量化级。因而在 PCM 通信系统中，采用折叠码比用自然二进制码优越。

　　PCM 编码时，除了码组类型的选择外，还有码位数 N 的确定。码位数 N 与量化的分层数 L 密切相关。由 6.1.1 节的讨论可知，若采用等长编码，当 L 为 2 的整数次幂时，应取

$$N=\log_2 L \tag{6-4-12}$$

当 L 不为 2 的整数次幂时，则应取

$$N=\left[\log_2 L\right]+1 \tag{6-4-13}$$

　　可见，在输入信号变化范围一定时，量化台阶 Δ 越小，量化的分层数 L 越多，量化噪声就越小，通信质量当然也越好，但用的码位数 N 也越多。一般从语音的可懂度来说，采用 3~4 位非线性编码（非均匀量化编码）即可，但有明显失真。当编码位数增加到 7~8 位时，语音质量就比较理想了。

　　按原 CCITT 建议，对语音信号来说，采用 A 律 13 折线 PCM 编码时，量化分层数 $L=$

$2×128=256=2^8$，因此，语音信号 PCM 编码时需要的码位数 $N=8$。这样，对一路语音信号进行 PCM 编码后的码元速率 R 为

$$R=Nf_s=8×8\ 000\ \text{bit/s}=64\ \text{kbit/s}$$

式中，$f_s=8\ 000\ \text{Hz}$，为语音信号的抽样频率，即一路语音信号进行 PCM 编码后的信息传输速率为 64 kbit/s。

实际的 PCM 系统中常把量化器和编码器合在一起。常用的编码器有：计数式编码器、并行编码器及逐位比较反馈型编码器。这些编码器的原理图如图 6-4-6 所示。图（a）为计数式编码器，它用一个斜坡电压去逼近样值脉冲取值。逼近过程中计数斜坡电压上升的台阶数且编出相应的码字。图（b）为三位码并行编码器。它把样值脉冲同时与各预置电平比较，编出相应的码字。图（c）为逐位比较反馈型编码器，是目前用得较为广泛的编码器。图（c）可用图（d）等效。逐位比较反馈型编码器的工作原理对应表 6-4-1 中的自然二进制码编码过程。在编第一位码时，将样值脉冲与整个信号电平的一半进行比较，编第二位码时，将样值脉冲与整个信号电平的四分之一进行比较，依次下去编出 N 位码组。下面将讨论其编码过程。

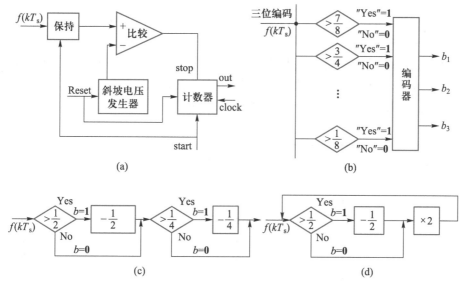

图 6-4-6　常用编码器的原理图

对语音信号来说，编码器的任务就是根据输入的样值脉冲输出相应的 8 位二进制码字 $D_1D_2D_3D_4D_5D_6D_7D_8$。8 位二进制码一般按极性码、段落码及段内码的顺序排列，如表 6-4-2 所列。

表 6-4-2　8 位二进制码的排列顺序

极　性　码	段　落　码	段　内　码
D_1	$D_2D_3D_4$	$D_5D_6D_7D_8$

具体编码过程如下：

D_1：极性码。当样值脉冲为正值时，D_1 编为 **1** 码；当样值脉冲为负值时，D_1 编为

0 码。

$D_2D_3D_4$：段落码。由前面讨论的 13 折线压缩特性曲线看出，对输入信号 x 来说，正部分共有 8 个不均匀段落，可用 3 位二进制码表示。表 6-4-3 列出了段落码与段落号之间的关系，可以看出，段落码选用的是自然码组。表 6-4-3 中还列出了各段以最小量化台阶 $\Delta = \dfrac{1}{2\,048}$ 为单位的起始电平和各段落量化台阶与最小量化台阶 Δ 的比值。当样值（以 Δ 为单位）给定时，可由各段起始电平值确定样值属于哪一段，确定后就用该段的段落码表示。

表 6-4-3　段落码编码电平表

段　落　号	1	2	3	4	5	6	7	8
段落码 ($D_2D_3D_4$)	**000**	**001**	**010**	**011**	**100**	**101**	**110**	**111**
起始电平（以 Δ 为单位）	0	16	32	64	128	256	512	1 024
各段量化台阶与 Δ 的比值	1	1	2	4	8	16	32	64

$D_5D_6D_7D_8$：段内码，又称为电平码。由于每段均匀分为 16 等级，故每级可用 4 位二进制码表示，如表 6-4-4 所示。段内码选用的也是自然码组。编码时将输入信号的抽样值量化到 16 个量化级中的某一级上，然后就用该级的电平码表示。

表 6-4-4　段内码电平表

电平序号	段　内　码			
	D_5	D_6	D_7	D_8
15	**1**	**1**	**1**	**1**
14	**1**	**1**	**1**	**0**
13	**1**	**1**	**0**	**1**
12	**1**	**1**	**0**	**0**
11	**1**	**0**	**1**	**1**
10	**1**	**0**	**1**	**0**
9	**1**	**0**	**0**	**1**
8	**1**	**0**	**0**	**0**
7	**0**	**1**	**1**	**1**
6	**0**	**1**	**1**	**0**
5	**0**	**1**	**0**	**1**
4	**0**	**1**	**0**	**0**
3	**0**	**0**	**1**	**1**
2	**0**	**0**	**1**	**0**
1	**0**	**0**	**0**	**1**
0	**0**	**0**	**0**	**0**

在给出以上编码规则后，再来看逐位比较反馈型编码器的编码过程。逐位比较反馈型编码器的原理框图如图 6-4-7 所示。由图可见，逐位比较反馈型编码器包括以下几个部分：整流、极性判别、保持电路、比较器、恒流源、7-11 位码变换电路及记忆电路。

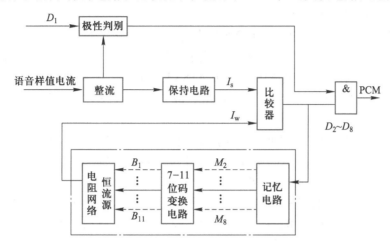

图 6-4-7　逐位比较反馈型编码器的原理框图

整流是将双极性脉冲变成单极性脉冲的过程。极性判别电路用来判别输入样值脉冲的极性，编出第一位极性码 D_1。样值为正时，编 **1** 码；样值为负时，编 **0** 码。比较器将通过保持电路后的样值电流 I_s 多次与权值电流 I_w 进行比较，每比较一次产生一位编码，且 $I_s > I_w$ 时，编 **1** 码；反之编 **0** 码。每个样值要进行 7 次比较，编出 7 位码。

每次比较所需的权值电流 I_w 均由本地译码器产生。本地译码器包括记忆电路、7-11 位码变换电路及恒流源。记忆电路用来寄存输入的二进制码，因为除第一次比较外，以后每次比较都要根据前面几次比较的结果来确定权值电流 I_w，因此 7 位码组中的前 6 位均应由记忆电路寄存下来。恒流源产生权值电流 I_w 时，有 11 个基本的权值电流支路，这些支路电流值为：1、2、4、8、16、32、64、128、256、512、1 024，每次权值电流 I_w 输出时需要 11 个脉冲来控制。由于比较器输出的是 7 位非线性码，因此需要有 7-11 位码变换电路进行转换。7-11 位码变换电路完成的实际上是非均匀量化到均匀量化的转换过程。下面通过一个例子来具体说明编码过程。

例 6.3　设输入抽样脉冲值为 +1 270 个量化单位，试采用逐位比较反馈型编码器将其编为 8 位码。

解： 设 8 位码为 $D_1 D_2 D_3 D_4 D_5 D_6 D_7 D_8$。

（1）确定极性码 D_1

由于脉冲值为正，故极性码 $D_1 = \mathbf{1}$。

（2）确定段落码 $D_2 D_3 D_4$

第一次比较，确定段落码中的 D_2。由于 D_2 表示输入信号是处在 8 个段落的前四段还是后四段，故权值电流取 $I_w = 128$，因 $I_s = 1\,270 > I_w = 128$，故 $D_2 = \mathbf{1}$，它表示输入信号抽样值处于 8 个段落的后四段（5~8 段）。

第二次比较，确定段落码中的 D_3。用 D_3 来进一步表示输入信号是处在 5~6 段还是 7~8 段，故权值电流取 $I_w = 512$，因 $I_s > I_w$，故 $D_3 = \mathbf{1}$，它表示信号处于 7~8 段。

第三次比较，确定段落码中的 D_4。D_4 用来表示输入信号是处在第 7 段还是第 8 段，故权值电流取 $I_w = 1\,024$，因 $I_s > I_w$，故 $D_4 = 1$，它表示信号处于第 8 段。

因此，段落码 $D_2 D_3 D_4$ 为 **111**，表示输入抽样脉冲值处于第 8 段。

（3）确定段内码 $D_5 D_6 D_7 D_8$

段内码用来确定抽样脉冲值处于第 8 段中的哪一个量化级上。

第四次比较，确定段内码中的 D_5。D_5 表示信号是处在前 8 个（0~7）量化级还是后 8 个（8~15）量化级，故权值电流取 $I_w = 1\,024 + 8 \times \Delta_8$。其中，$\Delta_8 = 64\Delta$，为第 8 段的量化台阶，即 $I_w = (1\,024 + 8 \times 64)\Delta = 1\,536\Delta$。因 $I_s < I_w$，故 $D_5 = 0$，它表示信号处于第 8 段中的 0~7（前 8 个）量化级。

第五次比较，确定段内码中的 D_6。D_6 表示信号是处在前 0~7 量化级中的0~3级还是 4~7 级，故权值电流取 $I_w = 1\,024 + 4 \times \Delta_8 = (1\,024 + 4 \times 64)\Delta = 1\,280\Delta$。因 $I_s < I_w$，故 $D_6 = 0$，它表示信号处于第 8 段中的 0~3 量化级。

第六次比较，确定段内码中的 D_7。D_7 表示信号是处在前 0~3 量化级中的0~1级还是 2~3 级，故权值电流取 $I_w = 1\,024 + 2 \times \Delta_8 = (1\,024 + 2 \times 64)\Delta = 1\,152\Delta$。因 $I_s > I_w$，故 $D_7 = 1$，它表示信号处于第 8 段中的 2~3 量化级。

第七次比较，确定段内码中的 D_8。D_8 表示信号是处在前 2~3 量化级中的第 2 级还是第 3 级，故权值电流取 $I_w = 1\,024 + 3 \times \Delta_8 = (1\,024 + 3 \times 64)\Delta = 1\,216\Delta$。因 $I_s > I_w$，故 $D_8 = 1$，它表示信号处于第 8 段中的第 3 量化级。

故段内码 $D_5 D_6 D_7 D_8$ 确定为 **0011**。

最后编码器输出的 8 位码组为 **11110011**，它表示输入抽样脉冲值被量化在了第 8 段中的第 3 级上。量化电平值为 $(1\,024 + 3 \times 64)\Delta = 1\,216\Delta$，故量化误差为 $|1\,270 - 1\,216|\Delta = 54\Delta$，小于该段的量化台阶 $(\Delta_8 = 64\Delta)$。

以上讨论的是非均匀量化编码过程，下面将其与均匀量化编码过程做一比较。语音信号 13 折线压缩编码过程中，采用非均匀量化，最小量化台阶为 $\Delta = 1/2\,048$，128 个量化级，只需编 7 位码；假设以 $\Delta = 1/2\,048$ 为量化台阶对信号进行均匀量化，则有 2\,048 个量化级，需编 11 位码。可见，在保证小信号量化台阶相同的条件下，7 位非线性码与 11 位线性码是等效的。如上例中，输入抽样脉冲值为 1\,270 个量化单位，其量化电平为 1\,216 个量化单位，量化误差为 54 个量化单位，7 位非线性码为 **1110011**，对应的 11 位线性码为 **10011000000**（因为 1\,216 = 1\,024 + 128 + 64）。此外，非均匀量化编码的性能比均匀量化编码的性能有了很大的改善。如在 A 律压缩编码时，对小信号大约改善了 24 dB（因为 A 律压缩时，对小信号放大了 16 倍，故 $20\lg 16 = 24$ dB）。一个典型的无压扩和有压扩编码信号的量化信噪比特性如图 6-4-8 所示。图中表明，均匀量化编码的信噪比随信号下降而线性下降。有压扩编码信号的信噪比随信号的下降而缓慢地下降，大大增加了输入信号的编码动态范围。

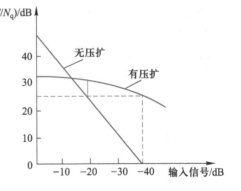

图 6-4-8　有、无压扩编码信号的量化信噪比特性比较

6.4.5 PCM 译码

译码就是将收到的 PCM 码组还原为发送端抽样脉冲幅度的过程。译码得到的抽样脉冲信号经过低通滤波器后，就可恢复原始的模拟信号。译码电路的类型主要有三种：电阻网络型、级联型以及级联-网络混合型。这里以电阻网络型译码电路为例说明 PCM 译码的过程。电阻网络型译码电路如图 6-4-9 所示。

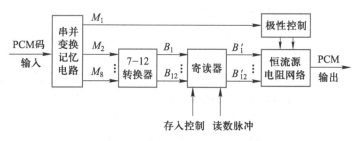

图 6-4-9 电阻网络型译码电路

由图 6-4-9 可见，接收端译码电路与发送端本地译码器相似。但发送端译码器只译出信号的幅度，而不译出极性。接收端译码电路必须把极性码 D_1 译成正、负控制信号。另外还应注意到，接收端译码器将发送端译码器中的 7-11 转换器变成了 7-12 转换器。这是因为，在接收端为了减小量化误差，增加了半个量化级的权值电流支路。接收端译码器中的另一个独特部件是寄读器，它的作用是把存入的信号在一定的时刻并行输出到恒流源中的译码逻辑电路中去，以产生所需的各种逻辑控制脉冲去控制恒流源及电阻网络的开关，从而驱动权值电流支路产生译码输出。

以上较详细地介绍了 PCM 压缩编码及译码原理。20 世纪 70 年代以前，在实用化的 PCM 数字电话系统中，PCM 编解码器均采用分立元件和小规模集成电路实现，设备体积及功耗大，调试复杂。此后，随着大规模集成电路的发展，出现了集成 PCM 编解码器。目前，集成 PCM 编解码器经历了几代的发展历程。第一代集成 PCM 编码器中的模拟电路采用双极性工艺，而数字电路采用 MOS 工艺，因而由两个芯片才能组成一个 PCM 编码器。第二代单片 PCM 编解码器采用 NMOS 工艺，在一个芯片上集成一个编码器或解码器。因此，若要组成一个 PCM 编解码器，需要两片 PCM 集成电路。第三代单片 PCM 编解码器采用 NMOS 或 CMOS 工艺，在一个芯片上集成一个编码器与一个解码器，而且在同一芯片上还带有收发开关电容语音滤波器，因而使单片 PCM 编解码器的性能大大增强。目前，采用第三代工艺生产的单片 PCM 集成编解码器种类较多，典型的型号有：Intel 2914、Intel 29C14、Intel 2916，Motorola 14402、Motorola 14403，AMI S3506、AMI S3508 等，详细的技术性能及使用方法可参考各厂家提供的产品手册。

6.5 PCM 信号的时分复用

6.5.1 时分复用（TDM）的原理

在数字通信系统中，一般都采用时分复用方式来提高信道的传输效率。时分复用

（time division multiplexing，TDM）的主要特点是利用不同时隙来传送各路信号，其理论基础是抽样定理。抽样定理说明，模拟信号可用时间上离散出现的抽样脉冲值来代替，这样在抽样脉冲之间就留出了时间空隙。利用这种空隙就可以传输其他信号的抽样值，因此在一个信道上可以同时传输多路信号。如图 6-5-1 所示为两路信号进行时分复用的情形。图中，两路信号 $f_1(t)$ 和 $f_2(t)$ 具有相同的抽样频率，但它们的抽样脉冲在时间上交替出现。显然，这种复用信号到了接收端，只要在时间上恰当地进行分离，就能恢复各路信号。

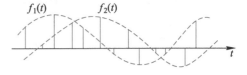

图 6-5-1　两路信号时分复用

上述概念可推广到 N 路信号复用的情形中去。图 6-5-2 为 N 路信号时分复用时的时隙结构。通常，把抽样定理规定的脉冲抽样间隔 $T_s(T_s = 1/f_s)$ 称为一帧，将一帧的时间分为 N 等份，每一等份称为一个时隙 $T_c(T_c = T_s/N)$，每路信号占用一个时隙。对语音信号来说，因为抽样频率规定为 $f_s = 8\ 000$ Hz，故一帧的时间为 $T_s = 125\ \mu s$。显然，时隙 T_c 越小，时分复用的路数就越多。

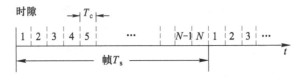

图 6-5-2　N 路信号时分复用的时隙结构

一个简单的 PCM 信号时分复用系统的组成如图 6-5-3 所示。图中，多路信号的样值脉冲按时间顺序排队进入压缩量化编码器。通常，编码器输出的 PCM 码是单极性的二进制脉冲序列，一般来说，并不适合在信道中直接传输，因此必须对单极性码进行码型变换，变为适合信道传输的双极性传输码型。常用的基带传输码型有极性交替反转码（AMI）和高密度双极性码（HDB$_3$）（这两种码将在第 7 章中介绍）。在接收端，为消除传输过程中积累的噪声和干扰，先对信号进行均衡、再生，然后再进行双极性到单极性码型的逆变换和译码扩张，最后通过分路器把时分复用信号分开。

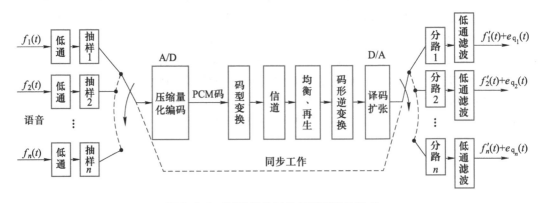

图 6-5-3　PCM 信号时分复用系统的组成

在进行 PCM 信号的时分复用时，先把一定路数的信号复合成一个标准的数据流，称为基群（一次群），然后再把基群数据流采用数字复接技术，汇合成速率更高的高次群。按原 CCITT 建议，国际上采用 TDM 制式的数字电话通信系统的体系标准有两种。一种是以 A 律 PCM30/32 路为基础，称为 E 标准；另一种以 μ 律 PCM24 路为基础，称为 T 标准。欧洲及中国等采用 A 律 PCM30/32 路标准；北美及日本等采用 μ 律 PCM24 路标准。下面主要介绍 A 律 PCM30/32 路体系标准。

6.5.2 PCM 基群帧结构与高次群

A 律 PCM30/32 路体系标准的基群帧结构如图 6-5-4 所示。在该标准中，将 1 帧时间等间隔地分为 32 个时隙，每个时隙从 0 ~ 31 顺序编号，分别记为 TS_0、TS_1、TS_2、…、TS_{31}，其中 TS_1 ~ TS_{15} 和 TS_{17} ~ TS_{31} 共 30 个时隙用来传送 30 路电话信号的 8 位 PCM 编码码组，TS_0 用来传送 8 位帧同步码，TS_{16} 专门用于传送话路信令（8 位）。对语音信号来说，1 帧的时间为 $T_s = 125\ \mu s$，所以每个时隙占用的时间为 $T_c = 125/32\ \mu s \approx 3.91\ \mu s$，每个时隙包含 8 位码，每位码占用的时间为 $3.91/8\ \mu s \approx 488\ ns$。一帧内共有 $256(32 \times 8)$ 个二进制码元，1 s 内有 8 000 帧，由此可计算出 PCM30/32 路体系标准基群信号的信息速率为

$$f_B = 256 \times 8\ 000\ bit/s = 2\ 048\ kbit/s$$

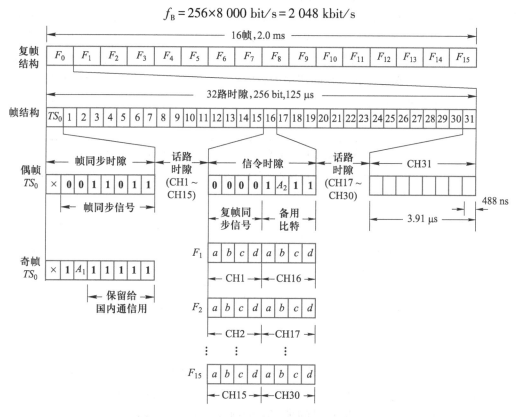

图 6-5-4　PCM30/32 路体系标准的基群帧结构

帧同步码组是为了保证接收端能正确地从数据流中识别出各路信号而加入的标志信号，它每隔 1 帧插入到 TS_0 时隙内传送。帧同步码是一组特定的码组，为 ×0011011，其中

205

6.5　PCM 信号的时分复用

第一位码"×"备用，为 **1**。在不传帧同步码的奇数帧的 TS_0 时隙内，传送的第二位码元固定为 **1**，以避免接收端错误地识别为帧同步码组。

TS_{16} 用来传送 30 路语音信号的各种信令信号（如摘机、挂机及振铃等），由于这些信号传输速率较低，故对其以 500 Hz 的速率抽样，且每路仅用 4 位编码（每帧时隙传两路），因此可每隔 16 帧传输一次。这 16 帧构成一个复帧，依次编号为 F_0、F_1、…、F_{15}。其中，F_0 的 TS_{16} 时隙中的前 4 位码用来传送复帧同步码组 **0000**，后 4 位码备用。$F_1 \sim F_{15}$ 的 TS_{16} 时隙用来传送 30 路语音信号的信令。这种帧结构中，每帧共有 32 个路时隙，但真正用于传送电话或数据的时隙只有 30 路，因此，把这种基群结构称为 PCM30/32 路标准。

μ 律 PCM24 路标准的基群信号采用另外一种帧结构。1 帧包含 24 个路时隙及 1 位帧同步码，每个时隙传送 8 位二进制码元，每帧共有 193 个码元，1 s 内有 8 000 帧，故 PCM24 路标准的基群信号的信息速率为

$$f_B = 193 \times 8\,000 \text{ bit/s} = 1\,544 \text{ kbit/s}$$

更多路数语音信号的复用是在基群的基础上复合得到的。对 A 律 PCM30/32 路标准来说，四个基群复合得到一个二次群，信息速率为 8 448 kbit/s；四个二次群复合得到一个三次群，信息速率为 34 368 kbit/s；四个三次群复合得到一个四次群，信息速率为 139 264 kbit/s，等等。对 μ 律 PCM24 路标准来说，四个基群复合得到一个二次群；五个或七个二次群复合得到一个三次群，等等。以上关系如表 6-5-1 所列。表中每一种群路可以用来传输多路电话信号，也可以用来传输具有相同速率的数字信号，如电视电话信号、频分多路复用的群路编码信号或数据信号等。

表 6-5-1 数字复接系列

群路等级	PCM24（北美、日本）		PCM30/32（欧洲、中国）	
	路数	信息速率（kbit/s）	路数	信息速率（kbit/s）
基　群	24	1 544	30	2 048
二次群	96	6 312	120	8 448
三次群	480 或 672	32 064 或 44 736	480	34 368
四次群	1 440	97 728	1 920	139 264
五次群	5 760	397 200	7 680	564 992

6.5.3 PCM 信号的带宽

对模拟信号来说，PCM 编码后信号占据的带宽远大于模拟信号自身的频谱带宽。如单路语音信号带宽不超过 4 kHz，对语音信号进行 PCM 编码后的信息速率为 64 kbit/s，其带宽远大于 4 kHz。那么，PCM 信号的带宽该如何计算呢？下面就来讨论这个问题。

对一个宽度为 T 的矩形脉冲来说，为了不使脉冲失真太大，要求传输此脉冲的信道带宽 B_{ch} 为

$$B_{ch} \geqslant \frac{1}{2T} \qquad (6\text{-}5\text{-}1)$$

PCM 编码时，单路编码信号的码元速率为 $R=Nf_s=2Nf_H$，故每位二进制码元的宽度为 $T=\dfrac{1}{R}$，代入式（6-5-1）可得

$$B_{ch} \geqslant \frac{R}{2} = \frac{2Nf_H}{2} = Nf_H \tag{6-5-2}$$

式中，N 为编码位数，f_H 为模拟信号的最高频率。由式（6-5-2）可见，数字信号的最小带宽是码元速率的一半。

如果是 n 路 PCM 信号时分复用，则总码元速率 R 为

$$R = nNf_s = 2nNf_H \tag{6-5-3}$$

这时，信号的最小带宽应为

$$B_{ch} = \frac{R}{2} = nNf_H \tag{6-5-4}$$

例如，如果对 32 路语音信号进行 PCM 时分复用编码，语音信号的抽样频率 $f_s=8$ kHz，编码位数 $N=8$，则 32 路时分复用信号的总码元速率 R 为

$$R = 32 \times 8 \times 8\,000 \text{ bit/s} = 2\,048 \text{ kbit/s}$$

因而信号的带宽为 $B_{ch} = \dfrac{R}{2} = 1\,024$ kHz。

6.5.4 时分复用（TDM）与频分复用（FDM）的比较

TDM 和 FDM 技术都可以用来在一个信道中同时传输多路信号。TDM 复用时，信号在时间上是分开的，但在频域内是重叠的。FDM 复用时，信号在频域内是分开的，但在时间上是重叠的。从理论上说，这两种复用方式是等同的，不能说哪种方式更好。但在实际系统中，TDM 方式要优于 FDM 方式，这主要体现在以下两点上：

第一，TDM 系统中的电路比 FDM 系统中的电路简单很多。FDM 系统中每个通道都包括有许多模拟电路（如带通滤波器、调制解调器及载波发生器等）；而 TDM 系统中仅有一个数字化的复用器和分配器，且数字电路集成度高、稳定性好、可靠性高。

第二，TDM 系统具有相当小的串话干扰。FDM 系统中由于电路的非线性造成的串话干扰在 TDM 系统中几乎不存在，因为 TDM 系统中，各路信号不是同时，而是分时处理的，只要数字脉冲不产生重叠就不会产生串话现象。因此，TDM 系统对电路的非线性要求不严，电路调整方便。但 TDM 要求系统的接收端和发送端必须保持严格的同步，因而增加了系统的复杂性。

6.6 PCM 系统的抗噪声性能

PCM 系统的抗噪声性能是用系统输出端的信噪比来衡量的。PCM 系统的性能主要受到两种噪声的影响：量化噪声和信道加性噪声。输出端总的信噪比为

$$\frac{S_o}{N_o} = \frac{E[f_o^2(t)]}{N_q + N_e} \tag{6-6-1}$$

式中，$f_o(t)$ 为接收端输出信号，S_o 为输出信号的平均功率，N_q 为量化噪声功率，N_e 为信

道加性噪声引起的误码在接收端产生的噪声平均功率。

由于量化噪声和信道加性噪声是互相独立的，因此可以分开讨论它们对信号的影响。

6.6.1　量化噪声的影响

6.4.2 节中分析了发送端量化后的信号功率与噪声功率，现在来考虑接收端的情况。在接收端，译码后的信号样值和噪声经过理想低通滤波器后输出，可以证明，输出量化信噪比与发送端的量化信噪比相同。由式（6-4-6）有

$$\frac{S_o}{N_q} = L^2 = 2^{2N} \tag{6-6-2}$$

或写为

$$(S_o/N_q)_{dB} = 10\lg 2^{2N} = 20N\lg 2 = 6N \tag{6-6-3}$$

式中，N 为编码位数。由式（6-6-3）看出，量化信噪比分贝数与 PCM 的编码位数 N 呈线性关系，每增加一位编码，则量化信噪比增加 6 dB。另一方面，由式（6-5-2）可看出，$N = B_{ch}/f_H$，代入式（6-6-2）中，得到量化信噪比为

$$S_o/N_q = 2^{2N} = 2^{2(B_{ch}/f_H)} \tag{6-6-4}$$

式（6-6-4）说明，若要提高 PCM 量化信噪比，可以增加编码位数，但这是用扩展信道带宽换来的。这个结论说明了通信系统的可靠性和有效性的互换关系。

6.6.2　误码对输出信号的影响

PCM 信号在信道中传输时，会受到信道中加性噪声的影响，造成接收端判决器的判决错误，形成误码。误码将会使译码器恢复出的量化样值脉冲与发送端原样值脉冲不同，造成误差。由于 PCM 编码时，N 位长的码组中每一位二进制码的权值是不同的，因此，误码发生的位置不同，产生的误差大小也不相同。在一个 N 位长的自然码组中，误码出现在最低位时，产生的误差为一个 Δ；误码出现在第 i 位时，产生的误差为 $2^{i-1}\Delta$，如图 6-6-1 所示。

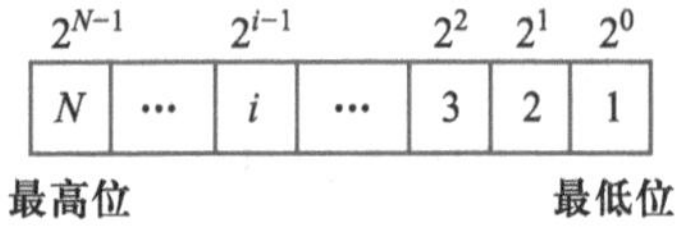

在加性高斯白噪声影响的条件下，误码可认为是独立出现的。设误码发生的概率（误码率）为 P_e，则可以计算出 N 位长的码组中只发生一位错码时，产生的误差平均功率 σ_e^2 为

图 6-6-1　自然码组中二进制位的权值

$$\begin{aligned}\sigma_e^2 &= \frac{1}{N}\sum_{i=1}^{N}(2^{i-1}\Delta)^2 \\ &= \frac{\Delta^2}{N}\sum_{i=1}^{N}(2^{i-1})^2 \\ &= \frac{2^{2N}-1}{3N}\Delta^2 \\ &\approx \frac{2^{2N}}{3N}\Delta^2 \end{aligned} \tag{6-6-5}$$

N 位长的码组中，只发生一位错码的概率为 $C_N^1 P_e = NP_e$，所以式（6-6-5）中实际产生的误差功率为

$$N'_e = \sigma_e^2 \cdot NP_e \approx \frac{2^{2N}\Delta^2}{3}P_e \qquad (6\text{-}6\text{-}6)$$

当误码率 $P_e \ll 1$ 时，码组中同时发生两位或两位以上错码的概率极小，故它们对平均误差功率的影响可以忽略不计。

由于误码脉冲与样值脉冲（间隔为 T_s）一样，在接收端通过理想低通滤波器输出，应用式（6-2-9）中求输出信号的方法，可得到理想低通滤波器输出的误差功率 N_e 为

$$N_e = \frac{1}{T_s^2}N'_e = \frac{1}{T_s^2} \cdot \frac{2^{2N}\Delta^2}{3}P_e \qquad (6\text{-}6\text{-}7)$$

同样地，由式（6-4-5）得到低通滤波器输出信号的功率 S_o 为

$$S_o = \frac{1}{T_s^2} \cdot \frac{\Delta^2}{12}L^2 = \frac{1}{T_s^2} \cdot \frac{2^{2N}}{12}\Delta^2 \qquad (6\text{-}6\text{-}8)$$

由以上两式可得到输出误码信噪比为

$$\frac{S_o}{N_e} = \frac{1}{4P_e} \qquad (6\text{-}6\text{-}9)$$

可见，由误码引起的输出信噪比与误码率成反比。

将式（6-6-2）与式（6-6-9）合并，得到输出总信噪比为

$$\frac{S_o}{N_q + N_e} = \frac{L^2}{1 + 4P_e 2^{2N}} = \frac{2^{2N}}{1 + 4P_e 2^{2N}} \qquad (6\text{-}6\text{-}10)$$

由式（6-6-10）可见，输出信噪比与误码率 P_e 和编码位数 N 有关。当信道加性噪声较小时，P_e 很小，这时 PCM 系统的信噪比主要取决于量化信噪比，即式(6-6-2)；当信道加性噪声较大时，P_e 很大，满足 $4P_e 2^{2N} \gg 1$。这时，PCM 系统的信噪比主要取决于误码信噪比，即式（6-6-9）。在 PCM 基带传输系统中，P_e 一般小于 10^{-6}，故这时只需考虑量化信噪比。

6.7　自适应差分脉冲编码调制（ADPCM）

由前面的讨论知道，对语音信号进行 A 律压缩 PCM 编码后的码元速率为 64 kbit/s，传送 64 kbit/s 数字信号的最小带宽为 32 kHz，该值远大于传输一路模拟语音信号的带宽（通常取 4 kHz）。为了减小编码信号的带宽，可以采用语音压缩编码技术。

通常人们把码元速率低于 64 kbit/s 的语音编码方法称为语音压缩编码技术。语音压缩编码的方法很多，如差分脉冲编码（DPCM）、子带编码（SBC）、变换域编码（ATC）、参数或波形矢量编码（VQ）及码激励线性预测编码（CELP）等。研究表明，自适应差分脉冲编码（ADPCM）是语音压缩编码技术中复杂度较低的一种方法，它能以 32 kbit/s 的码元速率达到 PCM 编码时 64 kbit/s 码元速率的语音质量要求，是 CCITT G.721 建议提出的可作为长途传输系统中使用的一种新型的国际通用的语音编码方法。

自适应差分脉冲编码是在差分脉冲编码技术的基础上逐步发展起来的。因此，首先简单地介绍一下 DPCM（differential pulse code modulation）的编码过程。

PCM 编码时，认为带限波形的各样值点是互相独立、互不相关的，因而对各样值点进行单独编码，从而使编码后的信号带宽大大增加。但实际上，按奈奎斯特抽样频率（或

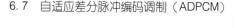

更高抽样频率）对模拟信号进行抽样时，前后相邻的样值点之间有很强的相关性，即它们之间存在有很大的冗余度（redundancy）。利用这种相关性，可以只对相邻样值之间的差值进行 PCM 编码。一般来说，差值的幅度较原样值的幅度要小。这样，在量化台阶不变（量化噪声功率不变）的情况下，可以减少编码的位数，从而使编码信号的带宽减小。这种 PCM 编码方式就是差分脉冲编码，即 DPCM。显然，如果保持编码位数不变，则 DPCM 信号在量化信噪比方面会优于 PCM 信号。

实现 DPCM 的一种方法是，用前 k 个样值来预测当前的样值，然后对当前样值与预测值之间的差值进行量化编码。设 x_n 为当前样值，$\hat{x}_n$ 为预测值，它为前 k 个样值的线性加权组合，即

$$\hat{x}_n = \sum_{i=1}^{k} a_i \, x_{n-i} \tag{6-7-1}$$

式中，a_i 为预测系数。x_n 与 $\hat{x}_n$ 的误差 e_n 为

$$e_n = x_n - \hat{x}_n \tag{6-7-2}$$

选择一组最佳的预测系数 $\{a_i\}$ 可使误差 e_n 的均方值最小。按以上介绍的线性预测方法工作的 DPCM 编码器如图 6-7-1（a）所示。

最简单的一种 DPCM 编码方法是仅用前一个样值来代替预测值，这样预测器可大为简化。这种编码方法如图 6-7-1（b）所示，图中在接收端，将接收值加上前一样点的值就得到当前值。这种简单的 DPCM 编码有实际意义。

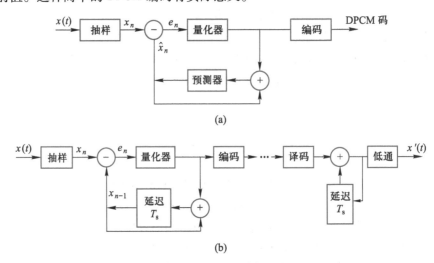

图 6-7-1　DPCM 编译码器

实际上，语音信号是一个非平稳随机过程，其统计特性随时间不断地变化。因此，为了获得最佳的编码性能，希望 DPCM 系统中的量化器与预测器的参数能根据输入信号的统计特性自适应地变化。量化器与预测器的参数能根据输入信号的统计特性自适应于最佳或接近于最佳的 DPCM 系统，称为自适应脉冲编码调制（ADPCM）系统。另一种 ADPCM 编码方式是使量化级随输入信号的统计特性自适应地改变，即用预测值去控制量化级差，使量化台阶随信号的大小不同而自适应变化。

目前，ADPCM 算法已经成功地应用于语音和图像信号的编码中，速率在 24～32 kbit/s

的 ADPCM 编码信号的质量相当于速率为 64 kbit/s 的 PCM 的编码信号。可见，ADPCM 编码方式在信号带宽及抗噪声性能上都优于 PCM 编码方式。

6.8　增量编码调制（DM 或 ΔM）

增量编码调制 DM（delta modulation），简称为 ΔM，是 1946 年由法国工程师在 PCM 的基础上提出的另一种模拟信号数字化的方法。

ΔM 是一种特殊的脉冲编码方式。在 DPCM 编码过程中，差值编码的位数 N 取为 1，就得到了 ΔM。也就是说，样值的增量仅用一位二进制码表示时的 DPCM 编码方式就是增量编码调制。模拟信号的这种编码方式非常简单，应用方便，特别适合于在小容量的通信系统中采用。

6.8.1　ΔM 的基本原理

增量编码调制的基本思想是用一个阶梯波 $f_q(t)$ 去逼近一个带限的模拟波形 $f(t)$，如图 6-8-1（a）所示。首先，根据模拟信号的幅度值及抽样速率（注意：在 ΔM 系统中，抽样速率大大高于奈奎斯特频率）去规定量化台阶 σ，然后将 t_i 时刻的抽样值 $f(t_i)$ 与前一抽样时刻的阶梯波形的取值 $f_q(t_i-T_s)$（其中 $T_s=1/f_s$，为抽样间隔）进行比较，并按以下规则编码。

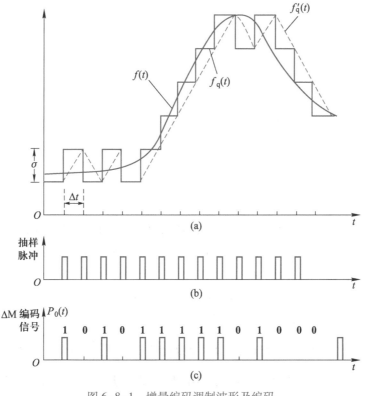

图 6-8-1　增量编码调制波形及编码

若 $f(t_i)>f_q(t_i-T_s)$，则编为 **1** 码，并让 $f_q(t)$ 在 t_i 时刻上升一个台阶 σ，且在下一个 T_s

时间内$f_q(t)$值保持不变；若$f(t_i)<f_q(t_i-T_s)$，则编为 **0** 码，并让$f_q(t)$在t_i时刻下降一个台阶σ，且在下一个T_s时间内$f_q(t)$值保持不变。下一次编码时，将$f(t_i+T_s)$与$f_q(t_i)$进行比较，依次下去，就得到 ΔM 编码信号及逼近模拟信号$f(t)$变化的阶梯波形$f_q(t)$。ΔM 编码信号如图 6-8-1（c）所示。图中，$f(t)$的 ΔM 编码信号$P_0(t)$为：**10101111101000**…。

由 ΔM 编码过程可以看出，ΔM 编出的码并不用来表示信号抽样值的大小，而是表示抽样时刻信号波形的变化趋势。

在 ΔM 系统的接收端，译码器根据收到的 **1** 码或 **0** 码让输出波形上升或下降一个台阶σ，得到重建量化波形，然后通过低通滤波器恢复模拟信号。实现这种台阶积累的电路就是"积分器"，可用RC电路实现。不过"积分器"输出的信号不可能像$f_q(t)$那样是阶梯波形，而是斜变波形$f'_q(t)$，如图 6-8-1（a）中所示。这种斜变波形经低通滤波器后的输出信号$f'(t)$非常接近原始模拟信号$f(t)$。以上讨论的 ΔM 编码过程中，台阶σ是固定不变的，称为简单增量调制，简单增量调制系统的编码器及译码器分别如图 6-8-2（a）、（b）所示。

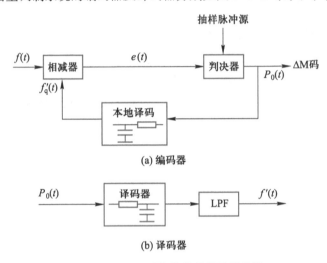

(a) 编码器

(b) 译码器

图 6-8-2　ΔM 系统的编码器及译码器

6.8.2　量化噪声与过载噪声

ΔM 编码与 PCM 编码相似，由于原始模拟信号与量化信号不一致而存在着量化误差，又称为量化噪声。如图 6-8-3 所示，本地译码器产生的斜变波$f'_q(t)$与$f(t)$之间的误差即为量化误差$e(t)$，即

$$e(t)=f(t)-f'_q(t) \tag{6-8-1}$$

由图 6-8-3（a）中看出，ΔM 系统的量化误差信号$e(t)$在$[-\sigma,+\sigma]$范围内变化，并不像 PCM 编码过程中由于四舍五入，所以误差在$\left[-\dfrac{\Delta}{2},+\dfrac{\Delta}{2}\right]$范围内变化。应用 PCM 中计算量化噪声功率的方法，可求出 ΔM 系统中的量化噪声功率。设$e(t)$的值在$[-\sigma,+\sigma]$范围内均匀分布，则量化噪声$e(t)$的平均功率（均方值）为

$$N_q = E\left[e^2(t)\right] = \int_{-\sigma}^{+\sigma} e^2 \cdot \frac{1}{2\sigma}\mathrm{d}e = \frac{\sigma^2}{3} \tag{6-8-2}$$

式（6-8-2）表明，ΔM 系统的量化噪声功率与量化台阶 σ 的平方成正比。也就是说，σ 越小，量化噪声功率越小，因此希望 σ 值小些。但当 σ 值太小时（设抽样速率一定），译码器输出的斜变波可能跟不上信号 $f(t)$ 的变化而产生更大的失真，这种失真称为过载失真，它将产生很大的过载噪声，图6-8-3（b）、（c）中给出了这种情况。这种现象在正常工作时是必须避免，而且是可以避免的。

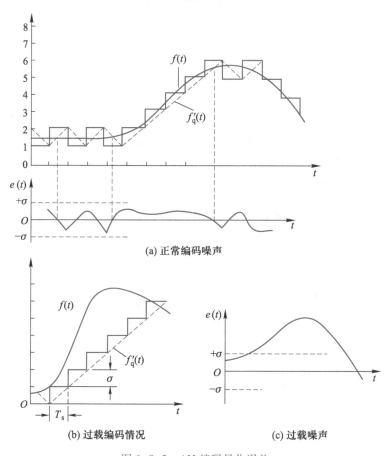

(a) 正常编码噪声

213

(b) 过载编码情况

(c) 过载噪声

图 6-8-3　ΔM 编码量化误差

下面来分析过载噪声产生的原因及解决的办法。先看斜变波上升或下降的最大斜率，从图6-8-3（b）中看出，斜变波上升或下降的最大斜率是连续出现 **1** 或 **0** 码时波形的斜率，其值为

$$K_{\mathrm{m}} = \frac{\sigma}{T_{\mathrm{s}}} = \sigma \cdot f_{\mathrm{s}} \qquad (6\text{-}8\text{-}3)$$

式中，f_{s} 为信号的抽样频率。当输入模拟信号 $f(t)$ 的最大斜率 $\left|\dfrac{\mathrm{d}f(t)}{\mathrm{d}t}\right|_{\max}$ 大于 K_{m} 时，即当

$$\left|\frac{\mathrm{d}f(t)}{\mathrm{d}t}\right|_{\max} > \sigma \cdot f_{\mathrm{s}} \qquad (6\text{-}8\text{-}4)$$

时，编码器将产生过载失真。因此，为了避免过载现象的出现，应使 K_{m} 的值足够大，它可通过提高 σ 或 f_{s} 的值来达到。但从式（6-8-2）看出，σ 值的增大会引起 ΔM 系统量化

噪声功率的增大，故 σ 值应适当地选取。因而，实际系统中，应选取足够高的抽样频率以避免出现过载现象。一般地说，ΔM 系统中的抽样频率要比 PCM 系统中的抽样频率高很多（通常要高两倍以上）。

从另一方面来看，不发生过载现象，实际上也是对输入信号提出了某种要求。例如，当输入信号为单音频信号，即 $f(t) = A\cos\omega t$ 时，信号的最大斜率为 $\left|\dfrac{df(t)}{dt}\right|_{\max} = A\omega$，此时不发生过载的条件是

$$A\omega \leqslant \sigma \cdot f_s \qquad (6\text{-}8\text{-}5)$$

由式（6-8-5）可得到输入信号最大允许的幅度值（临界过载值）为

$$A_{\max} = \frac{\sigma f_s}{\omega} \qquad (6\text{-}8\text{-}6)$$

由式（6-8-6）可见，$A_{\max}$ 随信号的频率增加而下降，频率增加一倍时，幅度下降 6 dB。这是简单 ΔM 编码系统的缺陷，实际系统中必须加以改进。此外，简单 ΔM 编码系统还有编码动态范围小的特点。

简单 ΔM 编码器的动态范围定义为最大编码允许的幅度 $A_{\max} = \dfrac{\sigma f_s}{\omega}$ 与最小的可编码电平 $A_{\min} = \dfrac{\sigma}{2}$ 之比，即

$$(D_c)_{dB} = 20\lg\frac{A_{\max}}{A_{\min}} = 20\lg\left[\frac{\sigma f_s}{\omega}\bigg/\frac{\sigma}{2}\right] = 20\lg f_s/\pi f \qquad (6\text{-}8\text{-}7)$$

设音频信号 $f(t)$ 的频率 $f = 1$ kHz，语音信号的动态范围为 40 dB，代入式（6-8-7）可求出满足该动态范围的抽样频率为 $f_s \approx 300$ kHz。因此，当抽样频率不够高时，简单的 ΔM 编码系统的动态范围将不能满足要求。

实际的 ΔM 系统中，采用的是改进型的数字压扩自适应增量调制及总和增量调制（Δ-Σ）方式。

6.8.3　增量编码调制系统的抗噪声性能

和分析 PCM 系统的抗噪声性能时一样，下面分别讨论量化噪声和信道加性噪声对系统性能的影响。

1. 量化信噪比

式（6-8-2）表示的量化噪声功率为 $N_q = E[e^2(t)] = \dfrac{\sigma^2}{3}$，但该功率并不是系统的最终输出噪声功率。从误差信号波形中可大致看出 $e(t)$ 的功率谱应在 $(0, f_s)$ 频带内按某一规律分布，为计算简单起见，假定 $e(t)$ 的功率谱 $P_e(f)$ 在 $(0, f_s)$ 内均匀分布，即

$$P_e(f) = \frac{\sigma^2}{3f_s} \quad 0 < f < f_s \qquad (6\text{-}8\text{-}8)$$

若接收端低通滤波器的截止频率为 f_c，则系统的最终输出量化噪声功率 N_q 为

$$N_q = P_e(f) \cdot f_c = \frac{\sigma^2 f_c}{3f_s} \qquad (6\text{-}8\text{-}9)$$

当输入信号为单音频信号，即 $f(t) = A\cos\omega t$ 时，信号的功率为

$$S = \frac{A^2}{2} \qquad (6-8-10)$$

由式（6-8-6），可得到信号的最大（临界）功率为

$$S = \frac{A_{\max}^2}{2} = \frac{1}{2}\left[\frac{\sigma f_s}{\omega}\right]^2 = \frac{\sigma^2 f_s^2}{8\pi^2 f^2} \qquad (6-8-11)$$

由式（6-8-9）及式（6-8-11），可求得量化信噪比为

$$\frac{S}{N_q} = \frac{\sigma^2 f_s^2}{8\pi^2 f^2} \bigg/ \frac{\sigma^2 f_c}{3f_s} = \frac{3}{8\pi^2} \cdot \frac{f_s^3}{f^2 f_c} = 0.04 \times \frac{f_s^3}{f^2 f_c} \qquad (6-8-12)$$

式中，f_s 为抽样频率，f 为输入信号的频率，f_c 为低通滤波器的截止频率。

由式（6-8-12）看出：

（1）$\frac{S}{N_q}$ 与抽样频率的三次方成正比，因此，为提高系统的量化信噪比，ΔM 系统的抽样频率要比 PCM 系统的抽样频率高。一般语音信号进行 ΔM 编码时，取 $f_s = 32\ \text{kHz}$。

（2）$\frac{S}{N_q}$ 与输入信号频率的平方及低通滤波器的截止频率成反比。因此，简单的 ΔM 系统中语音信号高频段的量化信噪比将下降。

2. 误码噪声

信道中的加性噪声会引起误码，误码使接收端译码器的输出信号产生误差。ΔM 系统中，不管是 **1** 码错成 **0** 码还是 **0** 码错成 **1** 码，产生的误差信号绝对值是相同的，为 $|\pm 2E|$，如图 6-8-4 所示（图中错码用 **0*** 及 **1*** 表示）。图中，E 为码元脉冲的幅度。

设系统的误码率为 P_e，则误码信号的平均功率为

$$\sigma_e^2 = (2E)^2 P_e \qquad (6-8-13)$$

由图 6-8-4 看出，误差脉冲的宽度为 T_s，脉冲频谱的第一个零点在 $f_s = 1/T_s$ 处。由于误码信号的功率谱密度 $P_e(f)$ 与脉冲频谱函数的平方成正比，因此，误码信号的功率主要非均匀地分布在 $(0 \sim f_s)$ 内。为简单起见，假设误码信号的等效功率谱带宽为 $f_s/2$，于是误码信号的功率谱密度为

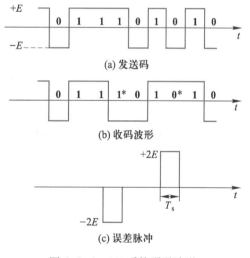

(a) 发送码

(b) 收码波形

(c) 误差脉冲

图 6-8-4　ΔM 系统误码波形

$$P_e(f) = \frac{\sigma_e^2}{f_s/2} = \frac{8E^2 P_e}{f_s} \qquad 0 < f < \frac{f_s}{2} \qquad (6-8-14)$$

误码脉冲信号经译码（积分）器后，再经过低通滤波器，才是真正的输出噪声。积分器的输入是宽度为 T_s，幅度为 E 的脉冲信号，输出是幅度为 σ（台阶）的三角波，如图 6-8-5 所示，可求出积分器的传输特性 $H(\omega)$ 为

$$H(\omega) = \frac{S_2(\omega)}{S_1(\omega)} = \frac{\sigma}{E \cdot T_s} \cdot \frac{1}{\mathrm{j}\omega} \tag{6-8-15}$$

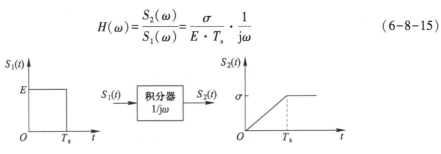

图 6-8-5　积分器的输入、输出波形

由式（6-8-14）及式（6-8-15），得到积分器输出噪声的功率谱为

$$P_o(f) = |H(f)|^2 P_e(f) = \frac{2\sigma^2 P_e f_s}{\pi^2 f^2} \quad 0 < f < \frac{f_s}{2} \tag{6-8-16}$$

式（6-8-16）在 $f=0$ 处无定义。实际上语音信号的频率总是大于零的，设语音信号的下截止频率为 f_L，上截止频率为 f_H，则低通滤波器输出的噪声功率为

$$N_e = \int_{f_L}^{f_H} P_o(f)\,\mathrm{d}f = \int_{f_L}^{f_H} \frac{2\sigma^2 P_e f_s}{\pi^2 f^2}\mathrm{d}f = \frac{2\sigma^2 P_e f_s}{\pi^2}\left[\frac{1}{f_L} - \frac{1}{f_H}\right] \tag{6-8-17}$$

考虑到 $f_H \gg f_L$，故式（6-8-17）变为

$$N_e = \frac{2\sigma^2 P_e f_s}{\pi^2 f_L} \tag{6-8-18}$$

由式（6-8-11）及式（6-8-18），可得信号临界状态下的误码输出信噪比为

$$\frac{S}{N_e} = \frac{\sigma^2 f_s^2}{8\pi^2 f^2} \bigg/ \frac{2\sigma^2 P_e f_s}{\pi^2 f_L} = \frac{f_L f_s}{16 f^2 P_e} \tag{6-8-19}$$

由式（6-8-19）可见，在已知抽样频率 f_s、信号频率 f 及基带信号低端频率 f_L 的条件下，ΔM 系统的误码输出信噪比与误码率 P_e 成反比。

和 PCM 系统一样，若同时考虑量化噪声及信道加性噪声对 ΔM 系统的影响，则 ΔM 系统总的输出信噪比为

$$\frac{S}{N_q + N_e} = \frac{3 f_L f_s^3}{8\pi^2 f_L f_c f^2 + 48 P_e f^2 f_s^2} \tag{6-8-20}$$

6.8.4　增量总和（Δ-Σ）调制与自适应数字压扩增量调制

由于简单增量调制的频率特性差、动态范围小，因而实际系统中常采用改进型的增量调制方式。常用的有增量总和（Δ-Σ）调制和自适应数字压扩增量调制。下面简要地介绍它们的工作原理。

1. 增量总和（Δ-Σ）调制

前面提到，简单增量调制临界过载信号的幅度随信号频率的提高而下降，产生这种现象的根本原因在于本地译码器中采用了 RC 积分电路。由于输入到积分器的脉冲信号幅度固定，抽样频率也固定，因而相对低频信号来说，高频信号在一个周期内输入到积分器的脉冲数量要少，从而积分器输出的最高电压值也小，故高频信号编码时，积分器输出幅度跟不上信号的变化。为了改进信号幅度随频率的提高而下降的特性，以适应高频分量丰富

的信号的编码要求，提出了增量总和（Δ-∑）调制方式。

Δ-∑调制的基本原理如图6-8-6所示。它与简单ΔM的主要区别是：将输入信号在编码之前进行预处理，使信号高频分量幅度下降，然后再进行ΔM调制。预处理的方法是让信号通过一个RC积分器（与本地译码器相同），相应地在接收端加入一个与RC积分器特性互补的微分器，以补偿发送端积分后引起的频率失真。由于积分即为求和之意，因此把这种增量调制方式称为增量总和调制。

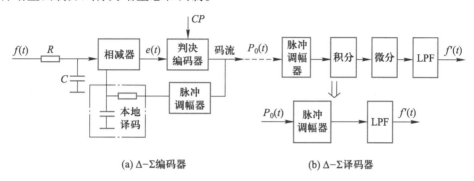

(a) Δ-∑编码器　　　　　　　　　　(b) Δ-∑译码器

图6-8-6　Δ-∑调制的基本原理

由图6-8-6看出，由于增量总和调制发送端编码器中两个RC积分器的参数相同，因而它们可以合并，变为一个RC积分器，插在相减器之后。此外，由于接收端的积分器特性与微分器特性互补，因此它们均可省去，从而使接收端简化为仅有低通滤波器的电路，这样Δ-∑调制原理图可以简化，如图6-8-6（b）所示。由图可见，输出脉冲信号$P_0(t)$反馈到输入端与输入信号$f(t)$相减，得到的差值信号积分后为$e(t)$，$e(t)$与零电平进行比较，当$e(t)$的极性为正时，判决器允许脉冲源的脉冲通过，当$e(t)$的极性为负时，判决器阻止脉冲源的脉冲通过。因此，如果输入信号的幅度变大，则输出的脉冲将通过得更多，这表明Δ-∑编码后的脉冲信号中不像简单ΔM调制那样包含信号相对变化的信息，而是包含信号的幅度信息。因此，无论输入信号的频率成分如何，输出脉冲总是跟踪输入信号幅度变化的，所以接收端可直接通过低通滤波恢复原信号。

2. 自适应数字压扩增量调制

数字压扩增量调制是为了改善量化信噪比和扩大编码动态范围而设计的。在简单的ΔM调制及Δ-∑调制中，由于量化台阶σ不变，因而量化噪声是固定的。这样小信号时的量化信噪比不能满足要求。为改善小信号的量化信噪比及扩大信号的编码动态范围，可采用和PCM系统相同的压扩编码方法，即让ΔM系统中的量化台阶σ自适应地随输入信号的统计特性变化，大信号时，量化台阶σ大；小信号时，量化台阶σ小。这种量化台阶随输入信号的统计特性变化的增量调制称为自适应增量调制，记为ADM。

控制σ的方法有两种：一种为前向控制，这种控制方法是用输入信号幅度的整流电压去控制编码器RC充、放电的脉冲幅度，即控制脉冲调幅器的输出，从而使台阶σ随信号的幅度而变化。此时，由于σ的变化是连续的，因而又称为连续压扩增量编码。这种编码方法必须把控制信号和信号一同送到接收端，故有些不便之处。另一种为后向控制，这种方法是由编码输出的码流$P_0(t)$中的连**1**码和连**0**码的个数来控制给RC积分器充、放电的脉冲幅度。由于受控于连**1**码和连**0**码的个数，所以这种编码方式又称为数字压扩式编

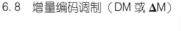

码。码流 $P_0(t)$ 中的连 1 码和连 0 码的个数反映了信号的变化情况，在一定的时间内，连 1 码或连 0 码的个数越多，说明信号上升或下降的幅度越大，这时需将台阶 σ 变大，以使本地译码器跟上输入信号的变化。当连 1 码或连 0 码的个数小于一定的数目时，台阶取最小值 σ_{min}。后向控制方法的优点是控制信息就在码流之中，接收端可从码流中直接提取，因而数字压扩式增量调制广泛用于实际系统中。一个典型的数字压扩式增量调制编译码器原理框图如图 6-8-7 所示。

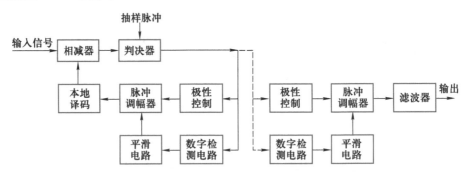

图 6-8-7　数字压扩式增量调制编译码器原理框图

在语音信号的压扩增量调制编码过程中，一般不是用连 1 码和连 0 码检测器的输出电压去瞬时控制台阶 σ 的变化，而是经过音节平滑滤波器后去控制脉冲调幅器，这样做更适合于语音信号的特点。所谓音节是指语音信号包络变化的一个周期，语音信号的音节一般约为 10 ms，即相当于语音信号的包络变化速率为 100 Hz 左右。音节平滑滤波器实际上是一个积分电路，它的时间常数与语音信号的音节相近，因此，它的输出信号是一个以音节为时间常数缓慢变化的电压，并与语音信号的平均斜率成正比。由于此时台阶大小直接反映重建信号的斜率变化，且随脉冲调幅器的输出连续变化，所以这种数字压扩式增量调制又称为连续可变斜率增量调制（CVSD）。

数字压扩式增量调制与简单增量调制相比，编码器的动态范围得到了很大扩展。图 6-8-8 所示为量化信噪比随输入信号幅度变化的曲线。图中，m 为连 1 码和连 0 码的检测数目，δ 为最小台阶和最大台阶的比值（$\sigma_{min}/\sigma_{max}$），称为压扩比。由图 6-8-8 可见，简单 ΔM 和 $\Delta\text{-}\Sigma$ 的信噪比随输入信号幅度降低而线性下降，而理想的 ADM 系统信噪比不变。一般的 ADM 系统在 σ 可变范围内信噪比随输入信号幅度降低下降很少，但当信号小到一定程度时（连 1 码和连 0 码个数不超过 m 时），无压扩效果，此时信噪比随输入信号幅度下降与简单增量调制系统相同。

需要指出，如果把压扩技术应用到 $\Delta\text{-}\Sigma$ 系统中，那么 $\Delta\text{-}\Sigma$ 系统的性能将会得到进一步提高。此外，为了改进 ΔM 的性能，除了上面介绍的 $\Delta\text{-}\Sigma$ 调制及数字压扩增量调制以外，还有双积分型增量调制、高信息型增量调制等，限于篇幅这里不再详述。

3. ADM 集成单片编译码器

目前，数字检测音节压扩增量调制已经实用化，采用 16 kbit/s 或 32 kbit/s 码元速率的数字检测音节压扩增量调制方式的语音质量完全符合中等通话的质量要求。早期的数字检测音节压扩增量调制是由分立元件与小规模的集成电路实现的，20 世纪 70 年代末推出了数字压扩单片编译码集成电路。

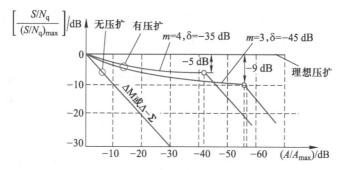

图 6-8-8　量化信噪比随输入信号幅度变化的曲线

美国 Motorola 公司推出的 ADM 单片编译码集成电路共有四种：MC3417、MC3418、MC3517 及 MC3518，它们的组成及功能基本相同，均可作为语音信号的数字压扩增量调制编码器和译码器。只不过 MC3417 和 MC3418 是民用产品，采用三连 **1** 或 **0** 数字检测，适用码元速率为 9.6~16 kbit/s；而 MC3517 和 MC3518 是军用产品，采用四连 **1** 或 **0** 数字检测，适用码元速率为 16~32 kbit/s。

本节以 Motorola 公司的 MC3518 为例，简要介绍数字压扩单片编译码集成电路的工作原理及其使用情况。

图 6-8-9 给出了 MC3518 单片编译码集成电路的原理框图及外形图，它是双列直插式 16 脚的集成电路。从原理图中可以看出，MC3518 单片集成电路由模拟输入运算放大器（1）、数字输入运算放大器（2）、电压-电流转换运算放大器（3）、积分运算放大器（4）、数字逻辑电路、极性转换开关以及调制/解调选择开关和 $V_{CC}/2$ 参考电源等 8 部分组成。

219

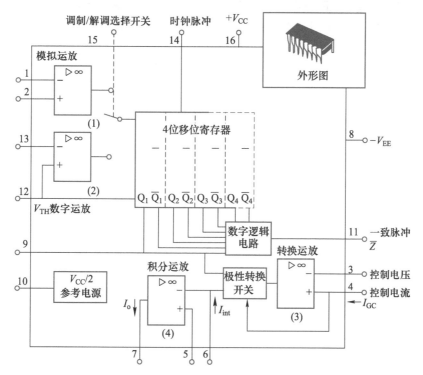

图 6-8-9　MC3518 原理框图及外形图

模拟输入运算放大器完成相减与限幅放大作用，模拟语音信号从该运放的反相输入端输入，本地解码信号从同相输入端输入，运放的输出信号就是它们相减后放大的误差信号。数字输入运算放大器的作用是对数字编码信号放大整形，经移位寄存器再次整形后输出。电压-电流转换运算放大器是将控制电压的变化转化为控制电流的变化，用电流控制量阶的压扩变化。数字逻辑电路包括一个由四级 D 触发器组成的移位寄存器和四连 0 和连 1 数字检测电路（对 MC3517 来说是三级移位寄存器和三连 0 和连 1 数字检测电路）。第一级移位寄存器兼作抽样与数字信号形成电路，Q_1 就是数码输出。四连 0 和连 1 数字检测电路称为一致脉冲检测电路，其输出为一致脉冲 $\overline{Z}$，当数码流中出现四连 0 和连 1 时，$\overline{Z}$ 为低电平；否则，$\overline{Z}$ 为高电平。该一致脉冲经外接音节平滑滤波器来获得控制量阶大小的控制电压。

　　MC3518 既可作为调制器（编码器）也可作为解调器（译码器）使用。它由 15 脚的调制/解调选择开关来控制。当选择开关接高电平（如 $V_{CC}/2$）时，MC3518 作编码器用。输入模拟信号由引脚 1 接入，时钟脉冲由引脚 14 输入，编码信号由引脚 9 输出；当选择开关接低电平（如接地）时，MC3518 作译码器用。输入信码由引脚 13 接入，译码输出信号由引脚 7 输出。引脚 12 上的电压根据 MC3518 与 TTL 电路还是 CMOS 电路接口而选择。当与 TTL 电路连接时，引脚 12 上的偏压为 1.4 V；而当与 CMOS 电路连接时，引脚 12 上的偏压为 2.5 V。

　　采用 MC3518 电路构成的单积分数字压扩增量调制编码器如图 6-8-10 所示。图中，引脚 15 接 $V_{CC}/2$ 电压，使 MC3518 工作在编码器状态。引脚 12 上接两个硅二极管到地，通过片内的 $V_{CC}/2$ 稳压电源和电阻 R_1，保证引脚 12 上的偏压为 1.4 V（与 TTL 电路连接）。图 6-8-10 中，C_1 为隔直电容，R_3、R_4 用于供给输入运放直流工作点，C_2、C_3 为滤波电容，R_4 同时还起输入阻抗匹配的作用。图 6-8-10 中，选 $R_4 = 600\ \Omega$，使编码器交流输入阻抗为 600 Ω。音节平滑滤波器由 R_P、R_S 和 C_S 组成，积分器由 RC 网络组成，量阶控制电阻为 R_x、R_{min}。

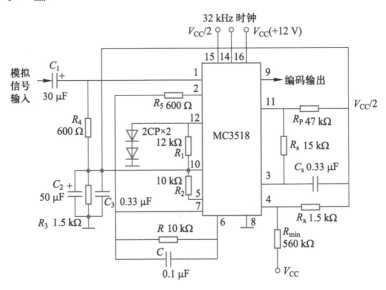

图 6-8-10　单积分数字压扩增量调制编码器

图 6-8-11 所示为采用 MC3518 的单积分增量调制译码器电路。从图中可看出，引脚 15 通过 10 kΩ 电阻接地，编码信号从引脚 13 接入，译码输出信号由引脚 7 输出。

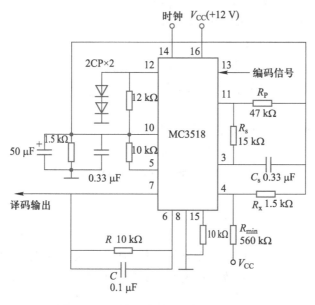

图 6-8-11　单积分增量调制译码器电路

6.9　PCM 系统与 ΔM 系统的比较

PCM 和 ΔM 都是模拟信号数字化的基本方法。ΔM 实际上是 DPCM 的一种特例，因此有时把 PCM 和 ΔM 统称为脉冲编码。

PCM 的特点是多路信号统一编码，对语音信号采用 8 位编码，编码设备复杂，但语音质量好。PCM 一般用于大容量的干线通信系统中。

ΔM 的特点是单路信号编码，设备简单，码元速率一般比 PCM 低，质量也不如 PCM，但 ΔM 设备简单，话路上下方便灵活，因此特别适合在小容量的支线通信系统中采用。

下面比较 ΔM 和 PCM 系统的性能。先看量化信噪比，假设 ΔM 和 PCM 具有相同的码元速率。

对 PCM 来说，由式（6-6-3）有

$$(S_o/N_q)_{dB} = 10\lg 2^{2N} = 20N\lg 2 = 6N \tag{6-9-1}$$

由式（6-9-1）可看出，$(S_o/N_q)_{dB}$ 与编码位数 N 呈线性关系。

对 ΔM 来说，由式（6-8-12）有

$$\frac{S}{N_q} = \frac{3}{8\pi^2} \cdot \frac{f_s^3}{f^2 f_c} \tag{6-9-2}$$

当 ΔM 和 PCM 码元速率相同时，$f_s = N \cdot 2f_c$，代入式（6-9-2）并取 dB 数得

$$(S/N_q)_{dB} = 30\lg N + 10\lg\left(\frac{3}{\pi^2} \cdot \frac{f_c^2}{f^2}\right) \tag{6-9-3}$$

由式（6-9-3）可看出，$(S/N_q)_{dB}$ 与编码位数 N 呈对数关系，并与 f_c/f 有关。取 $f_c/f=$ 3 000/1 000 时，式（6-9-1）和式（6-9-3）曲线如图 6-9-1 所示。由图可见，当编码位数 $N \leqslant 4$ 时，ΔM 的性能优于 PCM；当编码位数 $N>4$ 时，PCM 的性能优于 ΔM。

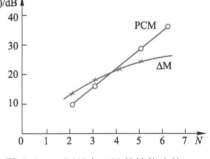

图 6-9-1　PCM 与 ΔM 的性能比较

ΔM 与 PCM 抗加性噪声性能的比较取决于误码的影响。由于 ΔM 中误码只会引起 2σ 的脉冲幅度误差，而在 PCM 中，误码引起的脉冲幅度误差一般高于两个台阶，所以在同样的误码条件下，ΔM 性能优于 PCM。若希望两者有相同的误码噪声功率，则 PCM 系统中的误码率应小于 ΔM 系统中的误码率。

6.10　语音和图像信号的压缩编码

语音和图像信号是数字通信系统中常见的传输信号，是多媒体信息的重要组成部分，它们都属于模拟信号。模拟信号数字传输时，必须进行模-数转换。语音信号的数字变换称为语音编码，图像信号的数字变换称为图像编码。对语音信号进行常规编码时，通常采用 PCM 方式，编码后的信息速率为 64 kbit/s，而对彩色电视信号采用 PCM 方式编码后的信息速率高达 100 Mbit/s。传输这些数字信号时所需的信道带宽远大于传输原始模拟信号时所需的带宽。为了节省系统带宽，人们希望降低编码后的码元速率。降低模拟信号的编码速率称为压缩编码。目前，人们已经研究出了多种压缩编码方法，下面仅对此作简要介绍。

6.10.1　语音压缩编码

通常人们把信息速率低于 64 kbit/s 的语音编码方法称为语音压缩编码技术。语音编码研究的问题就是在给定的编码速率条件下，如何获得更高质量的重建语音信号，或者说在给定重建语音质量的条件下，如何降低编码速率。降低语音编码速率的基本依据和途径是利用语音信号本身的冗余度及人耳的听觉特性。衡量语音压缩编码性能的主要指标有：语音编码质量、编码速率、编解码时延及编码算法复杂度。

评价语音编码质量常采用平均意见得分（mean opinion score，简称 MOS 得分）的主观评定方法。MOS 得分标准分为五级，如表 6-10-1 所示。通常认为 MOS 4.0~4.5 分为高质量数字化语音，达到长途电话网的质量要求，称为网络质量；MOS 3.5 分左右称为通信质量，可以满足多数语音通信系统使用要求。MOS 3.0 分以下称为合成语音质量，它一般具有足够高的可懂度，但自然度及讲话人的确认性等方面不够好。

表 6-10-1　MOS 得分与主观感觉

MOS 得分	质 量 级 别	主 观 感 觉
5	优	几乎无噪声
4	良	轻微噪声

MOS 得分	质 量 级 别	主 观 感 觉
3	中	中等噪声
2	差	噪声烦人
1	劣	语音不可懂

编解码时延是指对语音信号进行压缩编解码处理所需的时间，它随着压缩算法复杂度的增加而增加。时延过大的算法不能用于实时通信系统中，具体的时延大小要求取决于使用的场合。例如，在没有回波抑制的电话网中，单程通信的编解码时延应在 1 ms 左右，但在单向的广播电视系统中，可以没有时延的要求。

编码算法复杂度是指实现编码算法所需的硬件设备量，它可用算法的运算量及需要的存储量来度量。语音压缩编码算法有许多种，归纳起来可以分为三大类：波形编码、参数编码及混合编码。语音信号的波形编码是将语音信号作为一般波形信号进行处理，它力图使重建语音信号波形保持原语音波形，因此这类编码具有适应能力强、重建语音信号质量高的优点，但波形编码时的编码速率较高。脉冲编码调制（PCM）、自适应增量调制（ADM）、自适应差分脉冲编码调制（ADPCM）、子带编码（SBC）及自适应变换编码（ATC）等都属于波形编码。对语音信号来说，当波形编码的速率在 16~64 kbit/s 时，重建的语音信号质量高，但当速率进一步下降时，编码性能下降较快。

语音信号的参数编码（也称为声码器编码）是对语音信号的特征参数进行提取和编码，它力图使重建语音信号具有尽可能高的可懂度，即保持原语音的语意，而重建后的语音信号波形与原语音信号波形之间可能会有相当大的差别。在提取语音信号的特征参数时，采用的方法往往是利用某种语音信号生成模型，在幅度谱上逼近原语音。参数编码的优点是编码速率低，在 1.2~2.4 kbit/s 甚至更低的速率上能重建可懂度很好的合成语音，缺点是合成语音的自然度不够好，抗背景噪声的能力较差。通道声码器、共振峰声码器、相位声码器及目前广泛使用的线性预测（LPC）声码器都是典型的参数编码器。

此外，近几年还出现了一类新型的参数编码器，称为混合编码器或新一代声码器。这类编码器除利用声码器的特点（利用语音产生模型提取语音参数）外，还利用波形编码器的特点，它既克服了波形编码和参数编码的缺点，又结合了它们的优点，从而在较低的编码速率上获得较高的语音质量。这种编码器能在4~16 kbit/s的编码速率上重建出高质量的语音信号。多脉冲线性预测编码(MP-LPC 或 MPC)、规则脉冲激励线性预测编码（RPE-LPC）以及码激励线性预测编码（CELP）等就属于这类新型编码器。

为便于比较各种编码技术的性能，表 6-10-2 中列出了几种主要编码技术的性能指标和评估参数，表中编码的复杂性是以 PCM 为标准，按电路的运算量做出的相对比较。

表 6-10-2 几种主要编码技术比较

编码方式	信息速率/(kbit·s^{-1})	MOS	编码时延/ms	复杂性/MIPS	编 码 标 准
PCM	64	4.3	0	1	ITU-T G.711
ADPCM	32	4.1	0	10	ITU-T G.721

续表

编码方式	信息速率/(kbit · s⁻¹)	MOS	编码时延/ms	复杂性/MIPS	编码标准
LPC	2.4	2.5	35	10	NSA
MPLPC	9.6	3.8	35		
CELP	4.8	3.2	30	16	FS1016
MELP	2.4	3.4	22.5	40	US DoD
LD-CELP	16	4.1	2	10	ITU-T G. 728
VSELP	8	3.8	20		IS-54
RPE-LTP	13	3.7	20	30	GSM

6.10.2　图像压缩编码

　　图像信号压缩编码的过程如图 6-10-1 所示。图中，模拟图像信号经 PCM 编码得到数字图像信号，在压缩编码前，将 PCM 编码后得到的数字图像信号进行变换。在接收端则进行相反的变换。图像信号压缩编码时，利用了图像信号本身的冗余度及人类的视觉特性。

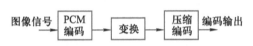

图 6-10-1　图像信号压缩编码的过程

　　目前，常采用的变换可以分为两类：一类是预测变换；另一类是函数变换。预测变换是利用相邻像素之间的相关性来压缩编码速率的。对二维的图像信号来说，图像信号的每个像素与上下左右相邻的像素之间都存在着相关性，因此可以进行二维预测。对活动图像而言，相邻帧之间也存在着相关性，故可进行三维预测。预测编码的基本方法是差分脉冲编码调制（DPCM），既可在一帧图像内进行帧内预测编码，也可在多帧图像间进行帧间预测编码。由于这时仅对预测值的误差进行编码，从而可达到压缩编码速率的目的。

　　函数变换通常采用某种正交变换方法，将图像抽样值变换到变换域，以消除图像信号的相关性，从而去掉图像信号中的冗余信息，实现图像信号的压缩编码目的。研究表明，各种正交变换，例如，离散傅里叶变换（DFT）、沃尔什变换（Walsh）、离散余弦变换（DCT）及卡南-洛伊夫（K-L）变换等，都能在不同程度上减小随机向量的相关性。由于变换所产生的变换域系数之间的相关性很小，可以分别独立地对其进行处理，而且经正交变换后，信号能量大都集中在少量的变换域系数上。通过量化删去对图像信号贡献小的系数，只保留贡献大的系数来恢复原始图像信号，并不会引起明显的失真。这就是利用正交变换进行数据压缩的基本原理。

　　在最小均方误差准则下，最佳的正交变换是 K-L 变换，其变换后的系数之间是互不相关的。但是由于 K-L 变换时计算的复杂度较高，难以实现，因而在实际系统中不常使用。离散余弦变换（DCT）是一种在性能上接近 K-L 变换的正交变换，并具有多种快速算法，因而在图像压缩编码中应用最为广泛。例如，用于静止图像压缩的 JPEG 标准中即采用了 DCT 编码技术；用于可视电话和会议电视的 ITU-T H. 261 标准中也采用了带运动补偿的 DCT 编码技术。

图像信号压缩编码后，所需编码比特数可以大为降低。为了度量某种压缩编码的压缩效率，可定义编码压缩比为

$$压缩比 = \frac{压缩前图像每像素所需比特数}{压缩后图像每像素所需比特数}$$

一般来说，根据对图像信号质量要求的不同，压缩比可以在 10~100 之间。

习　题

6-1　已知某地天气预报状态分为 6 种：晴天、多云、阴天、小雨、中雨、大雨。

①　若 6 种状态等概出现，试求每种消息的平均信息量及等长二进制编码的码长 N。

②　若 6 种状态出现的概率为：晴天——0.6；多云——0.22；阴天——0.1；小雨——0.06；中雨——0.013；大雨——0.007。试计算消息的平均信息量，若按哈夫曼码进行最佳编码，试求各状态编码及平均码长 $\overline{N}$。

6-2　某一离散无记忆信源（DMS）由 8 个字母 $X_i (i=1,2,\cdots,8)$ 组成，设每个字母出现的概率分别为：0.25，0.20，0.15，0.12，0.10，0.08，0.05，0.05。试求：

①　哈夫曼编码时产生的 8 个不等长码字；

②　平均二进制编码长度 $\overline{N}$；

③　信源熵，并与 $\overline{N}$ 比较。

6-3　一离散无记忆信源每毫秒输出符号集 $\{A,B,C,D,E,F,G,H\}$ 中的一个符号，符号集中各符号出现的概率分别为 $\{0.01,0.03,0.35,0.02,0.15,0.18,0.19,0.07\}$。

①　试求信源熵；

②　进行哈夫曼编码；

③　求平均信源编码输出比特速率；

④　求在有和无信源编码时所需的最小二进制信道比特速率。

6-4　某一 DMS 有 5 种信源符号，每种符号出现的概率均为 1/5，试计算以下几种编码情况下的有效性（效率）。

①　每个符号分别进行等长二进制编码；

②　每两个符号组合进行等长二进制编码；

③　每三个符号组合进行等长二进制编码。

6-5　已知基带信号为 $f(t) = \cos\omega_1 t + \cos 2\omega_1 t$，对其进行理想抽样，并用理想低通滤波器来接收抽样后信号。

①　试画出基带信号的时间波形和频谱；

②　确定最小抽样频率；

③　画出理想抽样后的信号波形及频谱。

6-6　已知信号 $x(t) = 4\cos 30\pi t$。

①　画出用冲激序列对其抽样后的频谱，抽样速率如下：

（a）35 样值/s；　　（b）15 样值/s；　　（c）10 样值/s。

225

② 假设进行以上抽样后的信号通过一重建低通滤波器，低通滤波器的传递函数为

$$H(f) = \Pi\left(\frac{f}{32}\right)$$

试求出每种情况下的输出信号。当抽样信号中存在混叠时，指出输出信号中哪些是混叠成分，哪些是所希望的信号成分。

6-7　已知信号 $f(t)$ 的最高截止频率为 f_m，若用图 E6-1 所示的 $q(t)$ 对 $f(t)$ 进行自然抽样，$q(t)$ 是周期为 $T = 1/2f_m$ 的周期三角波。试确定已抽样信号的频谱表达式，并画出其示意图。

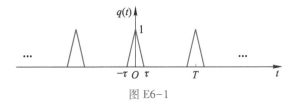

图 E6-1

6-8　已知低通信号最高频率为 f_H，用高度为 1、宽度为 τ、周期为 $\dfrac{1}{2f_H}$ 的周期性三角脉冲对其进行自然抽样。

① 画出已抽样信号的波形图；

② 求已抽样信号的频谱，并画出频率草图（低通信号及其频谱的形状可自行假设）；

③ 若改为用周期性冲激函数进行抽样，重复步骤①、②，并比较两者在波形和频谱上的差别。

6-9　① 画出用 4 kHz 的速率对频率为 1 kHz 的正弦波进行自然抽样所获得的 PAM 信号的波形；

② 若要获得平顶 PAM 波形，重复步骤①。

6-10　已知信号的频谱如图 E6-2 所示，对其进行理想抽样。

① 若用理想低通滤波器接收，试确定抽样频率；

② 若采用 RC 滤波器接收，要求抑制寄生频谱并且具有 2 kHz 的过滤带，试确定抽样频率。

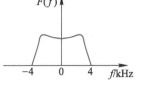

图 E6-2

6-11　模拟语音信号的频谱如图 E6-3 所示，以 10 kHz 的速率对这一波形进行抽样，抽样脉冲宽度 $\tau = 50\ \mu s$。

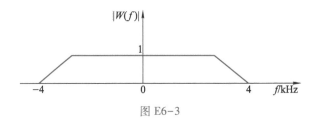

图 E6-3

① 给出自然抽样 PAM 波形频谱的表达式，并画出所得到的结果；

② 给出平顶抽样 PAM 波形频谱的表达式，并画出所得到的结果。

6-12　一低通信号 $f(t)$，它的频谱 $F(f)$ 由下式给出：

$$F(f) = \begin{cases} 1 - |f|/200 & |f| < 200 \\ 0 & \text{其他 } f \end{cases}$$

① 若对 $f(t)$ 进行理想抽样，抽样频率 $f_s = 300$ Hz，试画出抽样后信号的频谱图；

② 若抽样频率 $f_s = 400$ Hz，重复步骤①。

6-13　均匀抽样定理告诉人们：一个带限信号完全可以由它在时域上的抽样值确定。与此对应，对

一个时域上受限的信号 $x(t)$［即 $|t| \geq T$ 时,$x(t) = 0$］,试说明 $x(t)$ 的频谱 $X(f)$ 完全可以由频域上的抽样值 $X(kf_0)$ 确定$\left(\text{其中} f_0 \leq \dfrac{1}{2T}\right)$。

6-14 12 路载波电话的频带范围为 60~108 Hz,对其进行理想抽样,试确定最低抽样频率值,并画出理想抽样后的频谱。

6-15 已知某量化器量化特性如图 E6-4(a)所示,设 $m_{k+1} - m_k = 1$ V。

① 画出误差特性 $n(v_i) = v_o - v_i$;

② 若输入 $v_i(t) = \sin\omega_0 t$,画出 $n(v_i)$ 波形;

③ 若输入信号如图 E6-4(b)所示,试画出此时的量化失真波形,并求其平均功率。

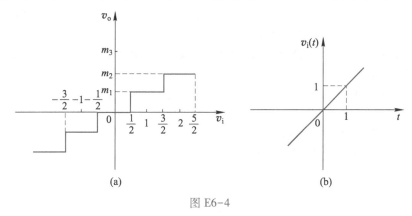

图 E6-4

6-16 若采用对数压缩 μ 律编码,$\mu = 100$,$0 \leq v_i \leq v_{\max}$。

① 试求相应的扩张特性;

② 若划分为 32 个量化级,试计算压扩后对小信号量化误差的改善程度。

6-17 采用 13 折线 A 律编码,设最小量化级为一个单位,已知抽样脉冲为 +635 个单位。

① 试求此时编码器输出码组,并计算量化误差(段内码用自然二进制码);

② 写出对应于该 7 位码(不含极性码)的均匀量化 11 位码。

6-18 采用 13 折线 A 律译码电路,设接收端收到的码组为 **01101100**,最小量化级为一个单位。

① 试求译码输出为多少个单位;

② 写出对应于该 7 位码(不含极性码)的均匀量化 11 位码。

6-19 将一个带宽为 4.2 MHz 的模拟信号转换成二进制的 PCM 信号以便在信道上传输。接收机输出端的信号峰值与量化噪声功率比至少为 55 dB。

① 求 PCM 码字所需的比特数以及量化器所需的量化台阶数;

② 求等效的比特率;

③ 如果采用矩形脉冲波形传输,则所需的信道零点带宽是多少?

6-20 用一个 850 MB 的硬盘来存储 PCM 数据。假设以 8 千样本/秒的抽样速率对音频信号进行抽样,编码后的 PCM 信号的平均 SNR(信噪比)至少为 30 dB。问此硬盘可以存储多少分钟的音频信号所转换的 PCM 数据?

6-21 给定一个模拟信号,它的频谱成分在频带 300~3 000 Hz 的范围内,假设利用 7 kHz 的抽样频率对其进行 PCM 编码。

① 画出 PCM 系统的方框图(包括发送机、信道与接收机);

② 假设接收机输出端所需的峰值信号与噪声功率比至少为 30 dB,并且使用双极性矩形脉冲波形传

输，试计算所需的均匀量化台阶数以及零点带宽；

③ 讨论如何采用非均匀方式量化以提高系统的性能。

6-22　在一个 PCM 系统中，由于信道噪声所引起的误码率为 10^{-4}。假设恢复出的模拟信号的峰值信号与噪声功率比至少为 30 dB。

① 试求所需的量化台阶的最小数；

② 如果原始的模拟信号的绝对带宽为 2.7 kHz，那么采用双极性矩形脉冲波形传输时，PCM 信号的零点带宽是多少？

6-23　对 10 路带宽均为 0~4 000 Hz 的模拟信号进行 PCM 时分复用传输，抽样速率为 8 000 Hz，抽样后进行 16 级量化，并编为自然二进制码。试求传输此时分复用信号所需带宽。

6-24　设有 23 路模拟信号，每路均带限于 3.4 kHz，以 8 kHz 的抽样频率对其进行抽样，并与一路同步信道（8 kHz）一起复用为 TDM PAM 信号。

① 画出系统的方框图，并指出复接器的工作频率 f_s 以及 TDM PAM 信号总的脉冲速率；

② 计算信道所需的零点带宽。

6-25　设 13 折线 A 律编码器的过载电平为 5 V，输入抽样脉冲的幅度为 -0.937 5 V，若最小量化级为 2 个单位，最大量化器的分层电平为 4 096 个单位。

① 试求此时编码器输出码组，并计算量化误差；

② 写出对应于该码组（不含极性码）的均匀量化编码。

6-26　简单增量调制系统中，已知输入模拟信号 $f(t) = A\cos 2\pi f_m t$，抽样速率为 f_s，量化台阶为 σ。

① 求简单增量调制系统的最大跟踪斜率；

② 若系统不出现过载失真，则输入信号幅度范围为多少？

③ 如果接收码序列为 **10111000111**，请按斜变信号方式画出译码器输出信号波形（设初始电平为 0）。

6-27　为了测试一个 DM 系统，在系统的输入端馈送峰-峰值为 1 V 的 10 kHz 正弦波信号，并以 10 倍于奈奎斯特速率的抽样速率对信号进行抽样。试问：

① 为了预防出现斜率过载噪声并且使化噪声最小，所需的量化台阶为多大？

② 如果接收机的输入端带限于 200 kHz，那么量化信噪比是多少？

6-28　设语音信号的动态范围为 40 dB，语音信号的最高截止频率 $f_c = 3\,400$ Hz，若人耳对语音信号的最低信噪比要求为 16 dB，试计算 DM 编码调制时，对频率为 $f = 800$ Hz 的信号而言，满足动态范围的抽样频率 f_s 是多少？

6-29　对信号 $f(t) = m\sin 2\pi f_0 t$ 进行简单 DM 增量调制。试证明：在既保证不过载，又保证信号幅度不小于编码电平的条件下，抽样频率 f_s 的选择应满足 $f_s > \pi f_0$。

6-30　对信号 $f(t)$ 进行简单增量调制，抽样频率 f_s 为 40 kHz，量化台阶为 σ。

① 若 $f(t) = A\sin \omega t$，试求发生过载的条件；

② 若编码时二进制码 **0** 和 **1** 出现概率分别为 1/3 和 2/3，试问系统的平均信息速率为多少？

③ 系统可能的最大信息速率为多少？

6-31　按照将 DM 作为 DPCM 特例的分析方法，利用 DM 的量化信噪比公式 $\left[\text{即：} \sigma = \left(\dfrac{M-1}{2}\right)\Delta\text{，差}\right.$ 值为 M 个电平，编码为 N 位 $\Big]$，证明 DPCM 的量化信噪比为

$$\frac{S}{N_q} = \frac{3N(M-1)^2}{8\pi^2} \cdot \frac{f_s^3}{f^2 f_m} = \frac{3N}{8\pi^2}(2^{2N}-1)^2 \cdot \frac{f_s^3}{f^2 f_m}$$

并将 DPCM 与 DM 及 PCM 的性能进行比较。

6-32　给定某信号的波形、抽样频率及量化台阶 σ，试画出简单 DM 的编码过程。

6-33 在忽略接收机噪声的情况下，求 DM 和 PCM 系统的输出信噪比（量化信噪比）$\left(\dfrac{S}{N_q}\right)_{\text{DM}}$ 及 $\left(\dfrac{S}{N_q}\right)_{\text{PCM}}$。设输入的是频率 $f = 800$ Hz 的单音频信号，低通滤波器的截止频率 $f_c = 4\,000$ Hz，信道带宽为 f_{ch}，且 $f_{\text{ch}}/f_c = 5$。

6-34 若要求 DM 和 PCM 系统的输出信噪比（量化信噪比）都为 30 dB，且 $f_c = 4\,000$ Hz，$f = 800$ Hz，试比较 DM 和 PCM 系统所需的带宽。

6-35 有一电话信道带宽 $B = 3\,000$ Hz，信噪比 $S/N = 400$（即 26 dB），假定信道为带限高斯信道。试求：

① 信道容量 C；

② 说明此信道能否有效地支持对 PCM 编码的语音信号的传输；

③ 假定传输速率是信道容量的 40%，试问哪种信源编码方式可以压缩信号带宽以适应该电话信道的带宽限制？

第 7 章

数字基带传输系统

7.1 引言

在数字传输系统中，传输的对象通常是二进制数字信号，它可能是来自计算机、电传打字机或其他数字设备的各种数字脉冲，也可能是来自数字电话终端的脉冲编码调制（PCM）信号。这些二进制数字信号的频带范围通常从直流和低频开始，直到某一频率 f_m，这种信号称为数字基带信号。在某些有线信道中，特别是在传输距离不太远的情况下，数字基带信号可以不经过调制和解调过程，在信道中直接传送，这种不使用调制和解调设备而直接传输基带信号的通信系统称为基带传输系统。而在另外一些信道，特别是无线信道和光信道中，数字基带信号则必须经过调制过程，将信号频谱搬移到高频处才能在信道中传输，相应地，在接收端必须经过解调过程，才能恢复数字基带信号。这种包括了调制和解调过程的传输系统称为数字载波传输系统。

数字基带传输系统的模型如图 7-1-1 所示，它主要包括码型变换器、发送滤波器、信道、接收滤波器、均衡器和抽样判决器等部分。

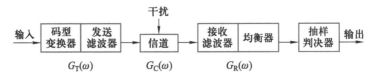

图 7-1-1　数字基带传输系统的模型

数字基带传输系统的输入信号是由终端设备或编码设备产生的二进制脉冲序列，通常是单极性的矩形脉冲信号（NRZ 码）。为了使这种信号适合于信道的传输，一般要经过码形变换器，把单极性的二进制脉冲变成双极性脉冲（如 AMI 码或 HDB₃ 码）。发送滤波器对码脉冲进行波形变换，以减小信号在基带传输系统中传输时产生的码间串扰。信号在传输过程中，由于信道特性不理想及加性噪声的影响，接收到的信号波形会产生失真，为了减小失真对信号的影响，接收信号首先进入接收滤波器滤波，然后再经均衡器对失真信号进行校正，最后由抽样判决器恢复数字基带脉冲序列。

目前，虽然在实际使用的数字通信系统中，基带传输方式不如数字载波传输方式应用广泛，但由于数字基带传输系统是数字通信系统中最基本的传输方式，而且从理论上来说，任何一种线性载波传输系统都可以等效为基带传输系统，因此理解数字信号的基带传输过程十分重要。

7.2 数字基带信号

7.2.1 数字基带信号的要求

不同形式的数字基带信号（又称为码型）具有不同的频谱结构，为适应信道的传输特性及接收端再生、恢复数字基带信号的需要，必须合理地设计数字基带信号，即选择合适的信号码型。适合于在有线信道中传输的数字基带信号形式称为线路传输码型。一般来说，选择数字基带信号码型时，应遵循以下基本原则：

（1）数字基带信号应不含有直流分量，且低频及高频分量也应尽可能少。在基带传输系统中，往往存在隔直电容及耦合变压器，不利于直流及低频分量的传输。此外，高频分量的衰减随传输距离的增加会快速地增大。另一方面，过多的高频分量还会引起话路之间的串扰，因此希望数字基带信号中的高频分量也要尽可能少。

（2）数字基带信号中应含有足够大的定时信息分量。基带传输系统在接收端进行抽样、判决、再生原始数字基带信号时，必须有抽样定时脉冲。一般来说，这种定时脉冲信号是从数字基带信号中直接提取的。这就要求数字基带信号中含有或经过简单处理后含有定时脉冲信号的线谱分量，以便同步电路提取。实际经验表明，所传输的信号中不仅要有定时分量，而且定时分量还必须具有足够大的能量，才能保证同步提取电路稳定可靠地工作。

（3）基带传输的信号码型应对任何信源都具有透明性，即与信源的统计特性无关。这一点也是为了便于定时信息的提取而提出的。信源的编码序列中，有时候会出现长时间连 0 的情况，这使接收端在较长的时间段内无信号，因而同步提取电路无法工作。为避免出现这种现象，基带传输码型必须保证在任何情况下都能使序列中 1 和 0 出现的概率基本相同，且不出现长连 1 或 0 的情况。当然，这要通过码型变换过程来实现。码型变换实际上是把数字信息用电脉冲信号重新表示的过程。

此外，选择的基带传输信号码型还应有利于提高系统的传输效率，具有较强的抗噪声和码间串扰的能力及自检能力。实际系统中常常根据通信距离和传输方式等不同的要求，选择合适的基带码型。

7.2.2 数字基带信号的波形

对不同的数字基带传输系统，应根据不同的信道特性及系统指标要求，选择不同的数字脉冲波形。原则上可选择任意形状的脉冲作为基带信号波形，如矩形脉冲、三角波、高斯脉冲及升余弦脉冲等。但实际系统常用的数字波形是矩形脉冲，这是由于矩形脉冲易于产生和处理。下面以矩形脉冲为例，介绍常用的几种数字基带信号波形，这些波形如图 7-2-1 所示。

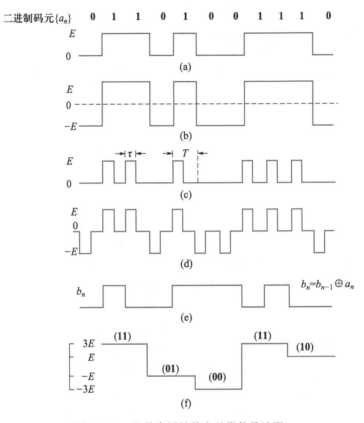

图 7-2-1　几种常用的数字基带信号波形

1. 单极性波形（NRZ）

这是一种最简单的二进制数字基带信号波形。这种波形用正电平和零电平分别表示二进制码元的 **1** 码和 **0** 码，也就是用脉冲的有无来表示码元的 **1** 和 **0**，如图 7-2-1（a）所示。这种波形的特点是脉冲的极性单一，有直流分量，且脉冲之间无空隙，即脉冲的宽度等于码元宽度，故这种脉冲又称为不归零码（non return to zero，NRZ）。NRZ 波形一般用于近距离的电传机之间的信号传输。

2. 双极性波形

在双极性波形中，用正电平和负电平分别表示二进制码元的 **1** 码和 **0** 码，如图 7-2-1（b）所示，这种波形的脉冲之间也无空隙。此外，从信源的统计规律来看，**1** 码和 **0** 码出现的概率相等，所以这种波形无直流分量。同时，这种波形具有较强的抗干扰能力，故双极性波形在基带传输系统中应用广泛。

3. 单极性归零波形（RZ）

这种波形如图 7-2-1（c）所示。它的特点是脉冲的宽度（τ）小于码元的宽度（T），每个电脉冲在小于码元宽度的时间内总要回到零电平，故这种波形又称为归零波形（return to zero，RZ）。归零波形由于码元间隔明显，因此有利于定时信息的提取。但单极性 RZ 波形中仍含有直流分量，且由于脉冲变窄，码元能量减小，因而在匹配接收时，输出信噪比较不归零波形的低。

4. 双极性归零波形

这种波形是用正电平和负电平分别表示二进制码元的 **1** 码和 **0** 码，但每个电脉冲在小于码元宽度的时间内都要回到零电平，如图 7-2-1（d）所示。这种波形兼有双极性波形和归零波形的特点。

5. 差分波形（相对码波形）

以上介绍的几种波形中，信息码元与脉冲电平之间的对应关系是固定不变的（绝对的），故称这些波形为绝对码波形，信息码也称为绝对码。所谓差分波形是一种把信息码元 **1** 和 **0** 反映在相邻信号码元的相对电平变化上的波形，如图 7-2-1（e）所示。由图可见，差分波形中，码元 **1** 和 **0** 分别用电平的跳变和不变来表示，即用相邻信号码元的相对电平来表示码元 **1** 和 **0**，故差分波形也称为相对码波形。

差分波形也可以看成是差分码（差分码也称为相对码）序列 $\{b_n\}$ 对应的绝对码波形，差分码 b_n 与绝对码 a_n 之间的关系可用以下的编码方程表示：

$$b_n = b_{n-1} \oplus a_n \tag{7-2-1}$$

式中，$\oplus$ 为模 2 和运算符号。

由式（7-2-1）看出，当绝对码 a_n 每出现一个 **1** 码时，差分码 b_n 电平变化一次；当 a_n 出现 **0** 码时，差分码 b_n 电平与前一码元 b_{n-1} 相同。可见，b_n 前后码元取值的变化代表了原信码 a_n 中的 **1** 和 **0**。

由式（7-2-1）可以导出译码方程为

$$a_n = b_{n-1} \oplus b_n \tag{7-2-2}$$

由式（7-2-2）可看出，译码时只要检查前后码元电平是否有变化就可以判决发送的是 **1** 码还是 **0** 码。编码、译码电路和波形的变化关系如图 7-2-2 所示。

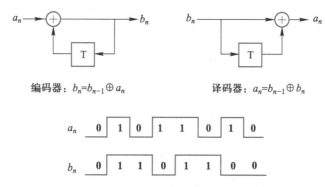

图 7-2-2　编码、译码电路和波形的变化关系

6. 多电平脉冲波形（多进制波形）

上述各种波形都是二进制波形，实际上还存在多电平脉冲波形，也称为多进制波形。这种波形的取值不是两值，而是多值的。例如，代表四种状态的四电平脉冲波形，每种电

平可用两位二进制码元来表示，如 **00** 代表 $-3E$，**01** 代表 $-E$，**10** 代表 $+E$，**11** 代表 $+3E$，如图 7-2-1（f）所示。这种波形一般在高速数据传输系统中用来压缩码元速率，提高系统的频带利用率。但在相同信号功率的条件下，多进制传输系统的抗干扰性能不如二进制系统。

7.2.3　常用的基带传输码型

前面提到，为满足基带传输系统的特性要求，必须选择合适的传输码型。基带传输系统中常用的线路传输型码主要有：极性交替反转码——AMI 码、三阶高密度双极性码——HDB$_3$ 码、分相码——Manchester 码、传号反转码——CMI 码以及 4B3T 码等。下面将详细介绍这些码型。

1. AMI 码

AMI（alternate mark inversion）码又称为平衡对称码。这种码的编码规则是：把码元序列中的 **1** 码变为极性交替变化的传输码 $+1$、-1、$+1$、-1、$\cdots$，而码元序列中的 **0** 码保持不变。

例如：

码元序列：　**1 00　1　10　10　1　1　1　100**

AMI　码：　$+1$ 00 -1 $+1$ 0 -1 0 $+1$ -1 $+1$ -1 00

对应的波形如图 7-2-3 所示。

码元序列：　**1　0　0　1　1　0　1　0　1　1　1　1　0　0**

AMI码：

图 7-2-3　AMI 码波形

由 AMI 码的编码规则可以看出，由于 $+1$ 和 -1 各占一半，因此，这种码中无直流分量，且其低频和高频分量也较少，信号的能量主要集中在 $f_T/2$ 处，其中 f_T 为码元速率。AMI 码的功率谱如图 7-2-4 所示。为便于比较，图 7-2-4 中还画出了 NRZ 及 HDB$_3$ 码的功率谱。此外，AMI 码编码过程中，将一个二进制符号变成了一个三进制符号，即这种码脉冲有三种电平，因此这种码称为伪三电平码，也称为 1B1T 码型。

AMI 码除了上述特点外，还有编译码电路简单及便于观察误码情况等优点。但是 AMI 码有一个重要的缺陷，就是当码元序列中出现长连 0 时，会造成提取定时信号的困难，因而实际系统中常采用 AMI 码的改进型——HDB$_3$ 码。

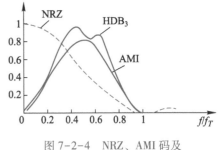

图 7-2-4　NRZ、AMI 码及
HDB$_3$ 码的功率谱

2. HDB$_3$ 码

HDB$_3$（high density bipolar 3）是三阶高密度双极性码，它是为了克服传输波形中出现长连 0 码情况而设计的 AMI 码的改进型。

HDB$_3$ 码的编码规则是：（1）把码元序列进行 AMI 编码，然后去检查 AMI 码中连 0 的个数，如果没有 4 个以上（包括 4 个）连 0 串，则这时的 AMI 码就是 HDB₃ 码；（2）如果出现 4 个以上（包括 4 个）连 0 串，则将每 4 个连 0 小段的第四个 0 变成与其前一个非 0 码（+1 或-1）相同的码。显然，这个码破坏了"极性交替反转"的规则，因而称其为破坏码，用符号 V 表示（即+1 记为+V，-1 记为-V）；（3）为了使附加 V 码后的序列中仍不含直流分量，必须保证相邻的 V 码极性交替。这一点，当相邻的 V 码之间有奇数个非 0 码时，是能得到保证的，但当相邻的 V 码之间有偶数个非 0 码时，就得不到保证。这时再将该连 0 小段中的第 1 个 0 变成+B 或-B，B 的极性与前一个非 0 码相反，并让后面的非零码从 V 码后开始再极性交替变化。

例如：

码元序列：	**1**	**0000**		**1 0 1**	**0 0 0 0**		**1**	**000 0**		**1 1**
AMI 码：	+1	0000		-1 0 +1	0 0 0 0		-1	000 0		+1 -1
HDB₃ 码：	+1	000+V		-1 0 +1	-B 0 0 -V		+1	000+V		-1 +1

上例中，第一个 V 码和第二个 V 码之间有 2 个非 0 码（偶数），故将第二个 4 连 0 小段中的第一个 0 变成-B；第二个 V 码和第三个 V 码之间有 1 个非 0 码（奇数），不需要变化。最后可看出，HDB₃ 码中，V 码与其前一个非 0 码（+1 或-1）极性相同，起破坏作用；相邻的 V 码极性交替；除 V 码外，包括 B 码在内的所有非 0 码极性交替。HDB₃ 码的波形如图 7-2-5 所示。

虽然 HDB₃ 码的编码规则比较复杂，但译码却比较简单。从编码过程中可以看出，每一个 V 码总是与其前一个非 0 码（包括 B 码在内）同极性，因此，从

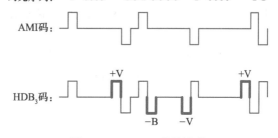

图 7-2-5　HDB₃ 码的波形

收到的码序列中可以很容易地找到破坏点 V 码，于是可断定 V 码及其前 3 个码都为 0 码，再将所有的-1 变为+1 后，便可恢复原始信息代码。

HDB₃ 码的特点是明显的，它既保留 AMI 码无直流分量，便于直接传输的优点，又克服了长连 0 串（连 0 的个数最多 3 个）的出现，其功率谱如图 7-2-4 所示。由图可见，HDB₃ 码的频谱中既消除了直流和甚低频分量，又消除了方波中的高频分量，非常适合基带传输系统的特性要求。因此，HDB₃ 码是目前实际系统中应用最广泛的码型。

虽然 HDB₃ 码比 AMI 码的性能更好，但它仍属于 1B1T 码型。

3. 曼彻斯特（Manchester）码

曼彻斯特码又称数字双相码或分相码，波形如图 7-2-6（b）所示，图 7-2-6（a）所示为对应的 NRZ 码波形。曼彻斯特码用一个周期的方波来代表码元 **1**，而用它的反相波形来代表码元 **0**。这种码在每个码元的中心部位都发生电平跳变，因此有利于定时同步信号的提取，而且定时分量的大小不受信源统计特性的影响。在曼彻斯特码

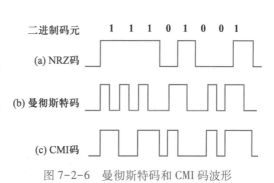

图 7-2-6　曼彻斯特码和 CMI 码波形

中，由于正、负脉冲各占一半，因此无直流分量，但这种码占用的频带增加了一倍。曼彻斯特码适合在较短距离的同轴电缆信道上传输。

4. CMI 码

CMI 码称为传号反转码。在 CMI 码中，**1** 码（传号）交替地用正、负电平脉冲来表示，而 **0** 码则用固定相位的一个周期方波表示，如图 7-2-6（c）所示。CMI 码和曼彻斯特码相似，不含有直流分量，且易于提取同步信号。CMI 码的另一个特点是具有一定的误码检测能力。这是因为，CMI 码中的 **1** 码相当于用交替的 **00** 和 **11** 两位码组表示，而 **0** 码则固定地用 **01** 码组表示。正常情况下，序列中不会出现 **10** 码组，且 **00** 和 **11** 码组连续出现的情况也不会发生，这种相关性可以用来检测因干扰而产生的部分错码。

根据原 CCITT 的建议，CMI 码可用作脉冲编码调制四次群的接口码型以及速率低于 8 448 kbit/s 的光纤数字传输系统中的线路传输码型。

此外，CMI 码和曼彻斯特码一样，都是将 1 位二进制码用一组 2 位二进制码表示，因此称其为 1B2B 码。

5. 4B3T 码

4B3T 码是 1B1T 码的改进型，它把 4 个二进制码元变换为 3 个三进制码元。显然，在相同信息速率的条件下，4B3T 码的码元传输速率要比 1B1T 码的低，因而提高了系统的传输效率。

4B3T 码的变换过程中需要同步信号，变换电路比较复杂，故一般较少采用。4B3T 码的编码规则读者可参考有关资料。

236

7.3　数字基带信号的功率谱

在研究数字基带传输系统时，对数字基带信号的频谱进行分析非常必要。数字基带信号是一个随机的脉冲序列信号，随机信号的频谱特性必须用功率谱密度来描述。对于随机序列信号，只能用统计的方法分析它的功率谱密度函数。计算数字基带信号功率谱的目的是：（1）可以根据功率谱特性设计最适当的基带传输系统及选择合理的传输方式；（2）明确序列中是否含有定时脉冲信号的线谱分量，以便确定是否可以直接从序列中提取定时信号。

下面分析二进制数字基带脉冲序列的功率谱。二进制数字基带脉冲序列波形如图 7-3-1 所示，该随机序列可表示为

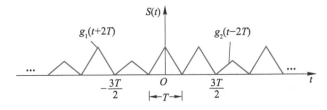

图 7-3-1　二进制数字基带脉冲序列波形

$$S(t) = \sum_{n=-\infty}^{\infty} g_k(t - nT) \tag{7-3-1}$$

式中

$$g_k(t) = \begin{cases} g_1(t) & \text{以概率 } P \text{ 出现} \\ g_2(t) & \text{以概率 } 1-P \text{ 出现} \end{cases} \qquad (7\text{-}3\text{-}2)$$

这里,用 $g_1(t)$ 和 $g_2(t)$ 分别表示码元符号的 **0** 和 **1**,T 为码元的宽度。图 7-3-1 中,虽然 $g_1(t)$ 和 $g_2(t)$ 都画成了三角形(高度不同),但实际上 $g_1(t)$ 和 $g_2(t)$ 可以是任意的脉冲。

一般来说,对广义平稳随机过程的典型分析方法是用随机过程的相关函数去求过程的功率谱。但图 7-3-1 中所示的二进制数字基带脉冲序列,并不是严格的广义平稳随机过程。对该随机序列的功率谱分析采用另一种简便的方法:根据功率谱的定义,先截取序列的有限项,然后用求极限的方法得到序列的功率谱密度函数 $P_s(f)$,即有

$$S_N(t) = \sum_{n=-N}^{N} g_k(t - nT) \qquad (7\text{-}3\text{-}3)$$

$$P_s(f) = \lim_{N \to \infty} \frac{E[\,|S_N(f)|^2\,]}{(2N+1)T} \qquad (7\text{-}3\text{-}4)$$

上式中,$S_N(f)$ 为截断信号 $S_N(t)$ 的频谱密度函数。

观察随机序列 $S(t)$,可以发现它由两部分组成,一部分为序列的统计平均分量(又称稳态分量)$\mu(t)$,另一部分为交变分量(变动部分)$v(t)$。$\mu(t)$ 分量取决于每个码元内出现 $g_1(t)$ 和 $g_2(t)$ 的概率加权平均,每个码元的统计平均波形 $\mu_n(t)$ 是相同的,所以稳态分量 $\mu(t)$ 是周期信号,周期为码元的宽度 T。交变分量 $v(t)$ 取决于 $g_1(t)$ 和 $g_2(t)$ 随机出现的情况,它可用序列信号与稳态分量的差表示,即统计平均分量 $\mu(t)$ 为

$$\mu(t) = \sum_{n=-\infty}^{\infty} \mu_n(t) = \sum_{n=-\infty}^{\infty} \left[Pg_1(t-nT) + (1-P)g_2(t-nT) \right] \qquad (7\text{-}3\text{-}5)$$

式(7-3-5)中,第 n 个码元 $\mu_n(t)$ 为

$$\mu_n(t) = Pg_1(t-nT) + (1-P)g_2(t-nT) \qquad (7\text{-}3\text{-}6)$$

交变分量 $v(t)$ 为

$$v(t) = S(t) - \mu(t) = \sum_{n=-\infty}^{\infty} v_n(t) \qquad (7\text{-}3\text{-}7)$$

式(7-3-7)中,第 n 个码元 $v_n(t)$ 为

$$v_n(t) = g_k(t-nT) - \mu_n(t) \qquad (7\text{-}3\text{-}8)$$

由式(7-3-2)及式(7-3-6),式(7-3-8)可写为

$$v_n(t) = \begin{cases} g_1(t-nT) - \left[Pg_1(t-nT) + (1-P)g_2(t-nT) \right] \\ = (1-P)\left[g_1(t-nT) - g_2(t-nT) \right] & \text{以概率 } P \text{ 出现} \\ g_2(t-nT) - \left[Pg_1(t-nT) + (1-P)g_2(t-nT) \right] \\ = -P\left[g_1(t-nT) - g_2(t-nT) \right] & \text{以概率 } 1-P \text{ 出现} \end{cases} \qquad (7\text{-}3\text{-}9)$$

于是,序列的交变分量 $v(t)$ 可写为

$$v(t) = \sum_{n=-\infty}^{\infty} b_n \left[g_1(t - nT) - g_2(t - nT) \right] \qquad (7\text{-}3\text{-}10)$$

式中

$$b_n = \begin{cases} 1-P & \text{以概率 } P \text{ 出现} \\ -P & \text{以概率 } 1-P \text{ 出现} \end{cases} \tag{7-3-11}$$

下面分别计算稳态分量 $\mu(t)$ 和交变分量 $v(t)$ 的功率谱。由于稳态分量 $\mu(t)$ 是周期为 T 的周期信号，所以其功率谱可以直接写为

$$P_\mu(f) = \sum_{m=-\infty}^{\infty} f_T^2 \left| P G_1(mf_T) + (1-P) G_2(mf_T) \right|^2 \delta(f - mf_T) \tag{7-3-12}$$

式中，$G_1(f)$ 和 $G_2(f)$ 分别为 $g_1(t)$ 和 $g_2(t)$ 的傅里叶变换，$f_T = 1/T$，为码元速率。

对于交变分量 $v(t)$，首先考虑其有限项 $v_N(t)$，即

$$v_N(t) = \sum_{n=-N}^{N} b_n \left[g_1(t-nT) - g_2(t-nT) \right] \tag{7-3-13}$$

对式（7-3-13）求傅里叶变换得

$$V_N(f) = \sum_{n=-N}^{N} b_n \left[G_1(f) - G_2(f) \right] e^{-j2\pi n Tf} \tag{7-3-14}$$

式中，$G_1(f)$ 和 $G_2(f)$ 分别为 $g_1(t)$ 和 $g_2(t)$ 的傅里叶变换。

现在计算 $V_N(f)$ 的模平方的统计平均值 $E[|V_N(f)|^2]$。由式（7-3-14）得到

$$E[|V_N(f)|^2] = E[|V_N(f) V_N^*(f)|]$$

$$= E\left\{ \sum_{m=-N}^{N} \sum_{n=-N}^{N} b_m b_n e^{-j2\pi(m-n)Tf} \left[G_1(f) - G_2(f) \right] \left[G_1(f) - G_2(f) \right]^* \right\} \tag{7-3-15}$$

式中，由于只有 b_m、b_n 是随机变量，故式（7-3-15）可写为

$$E[|V_N(f)|^2] = \sum_{m=-N}^{N} \sum_{n=-N}^{N} E[b_m b_n] e^{-j2\pi(m-n)Tf} |G_1(f) - G_2(f)|^2 \tag{7-3-16}$$

由式（7-3-11）可知，当 $m=n$ 时

$$b_m b_n = b_n^2 = \begin{cases} (1-P)^2 & \text{出现概率为 } P \\ P^2 & \text{出现概率为 } 1-P \end{cases}$$

这时有

$$E[b_n^2] = P(1-P)^2 + (1-P)P^2 = P(1-P) \tag{7-3-17}$$

当 $m \neq n$ 时

$$b_m b_n = \begin{cases} (1-P)^2 & \text{出现概率为 } P^2 \\ P^2 & \text{出现概率为 } (1-P)^2 \\ -P(1-P) & \text{出现概率为 } 2P(1-P) \end{cases}$$

这时有

$$E[b_m b_n] = P^2(1-P)^2 + (1-P)^2 P^2 - 2P(1-P)P(1-P) = 0 \tag{7-3-18}$$

由以上计算可见，由于当 $m \neq n$ 时，$E[b_m b_n] = 0$，所以式（7-3-16）的值只在 $m=n$ 时存在，即

$$E[|V_N(f)|^2] = |G_1(f) - G_2(f)|^2 \sum_{n=-N}^{N} E[b_n^2]$$

$$= (2N+1)P(1-P) |G_1(f) - G_2(f)|^2 \tag{7-3-19}$$

由式（7-3-4）可得到交变分量 $v(t)$ 的功率谱 $P_v(f)$ 为

$$P_v(f) = \lim_{N \to \infty} \frac{E\left[\,|V_N(f)|^2\,\right]}{(2N+1)T} = \lim_{N \to \infty} \frac{(2N+1)P(1-P)\,|G_1(f)-G_2(f)|^2}{(2N+1)T}$$

$$= f_T P(1-P)\,|G_1(f)-G_2(f)|^2 \tag{7-3-20}$$

将式（7-3-20）与式（7-3-12）相加，可得二进制随机数字基带脉冲序列的单边功率谱密度函数 $P_s(f)$ 为

$$P_s(f) = P_\mu(f) + P_v(f)$$

$$= \sum_{m=1}^{\infty} 2f_T^2\,|PG_1(mf_T) + (1-P)G_2(mf_T)|^2\delta(f - mf_T) +$$

$$f_T^2\,|PG_1(0)+(1-P)G_2(0)|^2\delta(f) +$$

$$2f_T P(1-P)\,|G_1(f)-G_2(f)|^2 \tag{7-3-21}$$

式（7-3-21）中，第一、二项为离散分量，第三项为连续分量。由此可见，随机基带序列的功率谱中包括离散谱和连续谱两部分，其中离散谱可直接提取作为时钟定时信号用。对连续谱来说，由于代表码元符号的 $g_1(t)$ 和 $g_2(t)$ 不能完全相同，故 $G_1(f) \neq G_2(f)$，因而连续谱总是存在的。对离散谱来说，一般情况下，它也是存在的，但在有些情况下可能不存在。例如，当 $g_1(t)$ 和 $g_2(t)$ 出现的概率相等，即 $P=1-P=1/2$，且采用双极性脉冲，即 $g_1(t) = -g_2(t) = g(t)$，$G_1(f) = -G_2(f) = G(f)$ 时，式（7-3-21）可写为

$$P_s(f) = 2f_T\,|G(f)|^2 \tag{7-3-22}$$

式（7-3-22）说明，双极性全占空随机序列中不含有离散分量，因而无法直接提取时钟定时信号。此时必须将双极性信号整流，并处理成归零脉冲，才可以进行时钟定时信号的提取。

7.4 无码间串扰传输系统与奈奎斯特准则

7.4.1 基带系统传输特性与码间串扰

在基带传输系统中，由于系统（主要是信道）特性不理想，接收端收到的数字基带信号波形会发生畸变，使码元之间互相产生干扰。此外，信号在传输过程中受信道加性噪声的影响，还会使接收波形叠加上随机干扰，造成接收端判决时发生误码。为了消除或减小这些干扰，必须合理地设计基带传输系统。为此，先对系统特性和信号波形进行讨论。

视频：无码间串扰传输系统

参考图 7-1-1 所示的基带传输系统模型，图中基带传输系统总的传输特性 $H(\omega)$ 可写为

$$H(\omega) = G_T(\omega)G_C(\omega)G_R(\omega) \tag{7-4-1}$$

相应地，基带传输系统的冲激响应为

$$h(t) = \frac{1}{2\pi}\int_{-\infty}^{\infty} H(\omega)\mathrm{e}^{\mathrm{j}\omega t}\mathrm{d}\omega = \frac{1}{2\pi}\int_{-\infty}^{\infty} G_T(\omega)G_C(\omega)G_R(\omega)\mathrm{e}^{\mathrm{j}\omega t}\mathrm{d}\omega \tag{7-4-2}$$

设系统输入的二进制随机序列为 $\{a_n\}$，a_n 的取值为 0、1 或 -1、+1。为便于分析，把序列对应的输入信号波形 $x(t)$ 表示为

239

$$x(t) = \sum_{n=-\infty}^{\infty} a_n \delta(t - nT) \tag{7-4-3}$$

即输入信号是由 a_n 决定的一系列冲激函数。这样基带传输系统的输出（接收滤波器的输出）信号 $s(t)$ 为

$$s(t) = x(t) * h(t) = \sum_{n=-\infty}^{\infty} a_n h(t - nT) \tag{7-4-4}$$

考虑信道加性噪声 $n(t)$ 的影响后，基带传输系统总的输出波形 $y(t)$ 为

$$y(t) = s(t) + n_R(t) = \sum_{n=-\infty}^{\infty} a_n h(t - nT) + n_R(t) \tag{7-4-5}$$

式中，$n_R(t)$ 为加性噪声 $n(t)$ 通过接收滤波器后输出的带限噪声。

$y(t)$ 被送入抽样判决电路，并由该电路确定 a_n 的取值。抽样时刻为 $t_k = kT + t_0$，其中，k 为整数，t_0 为可能的时间偏移（时偏）或系统时延。$y(t)$ 在 $t = t_k$ 时刻的抽样值是判决 a_n 取值的依据，将 $t_k = kT$（设 $t_0 = 0$）代入式（7-4-5）中，有

$$\begin{aligned} y(t_k) &= \sum_{n=-\infty}^{\infty} a_n h(kT - nT) + n_R(kT) \\ &= a_k h(0) + \sum_{n \neq k} a_n h[(k - n)T] + n_R(kT) \end{aligned} \tag{7-4-6}$$

式（7-4-6）中，$a_k h(0)$ 为第 k 个码元 a_k 在接收判决时刻的取值，是判决 a_k 取值的依据；$\sum_{n \neq k} a_n h[(k - n)T]$ 是接收信号中除第 k 个码元以外的其他码元产生的波形在 $t = t_k$ 时刻上的总和，它对 a_k 的正确判决产生干扰，称为码间串扰（inter symbol interference，ISI），ISI 的大小取决于系统的传输特性 $H(\omega)$；$n_R(kT)$ 是随机噪声在 $t = t_k$ 时刻上对第 k 个码元的干扰，它取决于信道加性噪声及接收滤波器的特性。

由以上分析可见，由于码间串扰及随机噪声的存在，判决电路在对码元 a_k 取值的判决时，有可能判错。为了获得足够小的误码率，必须最大限度地减小码间串扰及随机噪声的影响，这需要合理地设计基带信号和基带传输系统。从理论上说，只要合理地设计系统的传输特性，码间串扰是可以消除的，但对随机噪声来说，只能尽量减小其影响，不能完全消除。

7.4.2 无码间串扰系统特性

满足无码间串扰条件的系统称为理想基带传输系统。为了设计理想基带传输系统，先不考虑噪声的影响，即假设 $n_R(t)$ 为零。由式（7-4-6）可看出，系统无码间串扰的条件应为

$$y(kT) = \begin{cases} a_k h(0) = a_k & n = k \\ \sum_{n \neq k} a_n h[(k - n)T] = 0 & n \neq k \end{cases} \tag{7-4-7}$$

即系统的冲激响应 $h(t)$ 应满足

$$h(kT) = \begin{cases} 1 & k = 0 \\ 0 & k \neq 0 \end{cases} \tag{7-4-8}$$

式（7-4-8）说明，系统的冲激响应 $h(t)$ 除 $t = 0$ 处不为零外，在其他所有抽样时刻上的取值都为零。现在由这一条件导出无码间串扰的基带传输系统特性 $H(\omega)$。

由于

$$h(t) = \frac{1}{2\pi} \int_{-\infty}^{\infty} H(\omega) \mathrm{e}^{\mathrm{j}\omega t} \mathrm{d}\omega$$

故有

$$h(kT) = \frac{1}{2\pi} \int_{-\infty}^{\infty} H(\omega) \mathrm{e}^{\mathrm{j}\omega kT} \mathrm{d}\omega \qquad (7\text{-}4\text{-}9)$$

将式（7-4-9）用分段积分来表示，每段宽度为 $2\pi/T$，则有

$$h(kT) = \frac{1}{2\pi} \sum_i \int_{(2i-1)\pi/T}^{(2i+1)\pi/T} H(\omega) \mathrm{e}^{\mathrm{j}\omega kT} \mathrm{d}\omega \qquad (7\text{-}4\text{-}10)$$

对式（7-4-10）作变量代换，令 $\omega' = \omega - \dfrac{2\pi i}{T}$，则式（7-4-10）变为

$$\begin{aligned}
h(kT) &= \frac{1}{2\pi} \sum_i \int_{-\pi/T}^{\pi/T} H\left(\omega' + \frac{2\pi i}{T}\right) \mathrm{e}^{\mathrm{j}\omega' kT} \mathrm{e}^{\mathrm{j}2\pi ik} \mathrm{d}\omega' \\
&= \frac{1}{2\pi} \int_{-\pi/T}^{\pi/T} \sum_i H\left(\omega + \frac{2\pi i}{T}\right) \mathrm{e}^{\mathrm{j}\omega kT} \mathrm{d}\omega
\end{aligned} \qquad (7\text{-}4\text{-}11)$$

式中，$i = 0, \pm 1, \pm 2, \cdots$。

由式（7-4-11）可见，$h(kT)$ 是 $\sum_i H\left(\omega + \dfrac{2\pi i}{T}\right)$ 在区间 $[-\pi/T, \pi/T]$ 上的逆变换。此外，由傅里叶变换关系可知，$h(kT)$ 是频域函数 $\dfrac{1}{T} \sum_i H\left(\omega + \dfrac{2\pi i}{T}\right)$ 的指数型傅里叶级数的系数，即有

$$\frac{1}{T} \sum_i H\left(\omega + \frac{2\pi i}{T}\right) = \sum_k h(kT) \mathrm{e}^{-\mathrm{j}\omega kT} \qquad (7\text{-}4\text{-}12)$$

将式（7-4-8）中要求的条件代入式（7-4-12），得到无码间串扰时基带传输系统的特性为

$$\frac{1}{T} \sum_i H\left(\omega + \frac{2\pi i}{T}\right) = h(0) = 1 \quad |\omega| \leqslant \frac{\pi}{T} \qquad (7\text{-}4\text{-}13)$$

或

$$\sum_i H\left(\omega + \frac{2\pi i}{T}\right) = T \quad |\omega| \leqslant \frac{\pi}{T} \qquad (7\text{-}4\text{-}14)$$

令等效低通传输特性 $H_{\mathrm{eq}}(\omega)$ 为

$$H_{\mathrm{eq}}(\omega) = \begin{cases} \displaystyle\sum_i H\left(\omega + \frac{2\pi i}{T}\right) = T & |\omega| \leqslant \dfrac{\pi}{T} \\[2mm] 0 & |\omega| > \dfrac{\pi}{T} \end{cases} \qquad (7\text{-}4\text{-}15)$$

式（7-4-15）中，$\sum_i H\left(\omega + \dfrac{2\pi i}{T}\right)$ 的物理意义是：将 $H(\omega)$ 频移 $\dfrac{2\pi i}{T}$（$i = 0, \pm 1, \pm 2, \cdots$）后再相加。式（7-4-15）表明：若 $H(\omega)$ 频移相加后，能在区间 $[-\pi/T, \pi/T]$ 内得到某一常数（不一定为 T），则这样的基带传输系统可以完全消除码间串扰（码元速率为 $1/T$）。以上结论给出了一种检验 $H(\omega)$ 是否会产生码间串扰的方法，但并没有给出构造 $H(\omega)$ 的手段。

7.4.3　奈奎斯特第一准则

以上导出了无码间串扰时基带系统的等效低通传输特性 $H_{eq}(\omega)$。由式（7-4-15）看出，满足无码间串扰的基带传输系统的 $H(\omega)$ 并不是唯一的。容易想到的一种，就是 $H(\omega)$ 为理想低通传输系统，即

$$H(\omega) = H_{eq}(\omega) = \begin{cases} T & |\omega| \leqslant \dfrac{\pi}{T} \\ 0 & |\omega| > \dfrac{\pi}{T} \end{cases} \qquad (7\text{-}4\text{-}16)$$

式（7-4-16）中，$H_{eq}(\omega)$ 对应于式（7-4-15）取 $i = 0$ 的情况，即按式（7-4-15）的条件去检验 $H(\omega)$ 时，$H(\omega)$ 是符合无码间串扰传输特性要求的。$H(\omega)$ 如图 7-4-1（a）所示，图 7-4-1（b）为系统的冲激响应 $h(t)$。

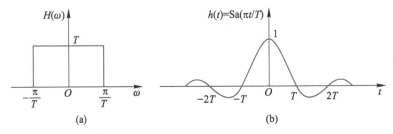

图 7-4-1　理想低通传输系统

由图 7-4-1 看出，系统带宽 $B = \dfrac{\pi}{T} \Big/ 2\pi = \dfrac{1}{2T}$（Hz）。冲激响应 $h(t)$ 在 $t = 0$ 时刻的抽样值最大，而在其他时刻的抽样值 $h(kT) = 0$，这时输入数据如果以 $1/T$（Baud）的速率进行传送时，在抽样时刻上的码间串扰是不存在的。同时还可以看出，若系统以高于 $1/T$（Baud）的速率传送时，将存在码间串扰。因此，该系统最大无码间串扰的传输速率为 $R = 1/T = 2B$（Baud），此时系统最高频带利用率为 $R/B = 2$ Baud/Hz〔对二进制系统为 2 bit/$(s \cdot Hz)$〕。从这里可以看出，一个理想的低通系统，无码间串扰的最高码元传输速率是系统带宽的 2 倍。这样一个既无码间串扰，又达到极限频带利用率的条件称为奈奎斯特第一准则。相应地，把理想低通传输系统的带宽 B（Hz）称为奈奎斯特带宽；把系统最大无码间串扰的传输速率 $R = 2B$（Baud）称为奈奎斯特速率；把 $\dfrac{\sin \pi t/T}{\pi t/T}$ 脉冲称为奈奎斯特脉冲。

7.4.4　无码间串扰的滚降系统特性

以上讨论了无码间串扰的理想低通传输系统。但遗憾的是，虽然理想低通传输特性达到了系统有效性能的极限，可是这种特性是无法实现的，因为它要求传输函数 $H(\omega)$ 具有无限陡峭的过渡带。此外，由于理想系统冲激响应 $h(t)$ 的"尾巴"拖得很长，且衰减振荡幅度较大，因此判决时对抽样定时的抖动（抽样时刻出现的偏差）要求十分严格，否则可能会出现严重的码间串扰。考虑到以上原因，实际系统中采用的是具有滚降特性的无码

间串扰系统，这种系统克服了理想低通传输特性的缺陷。

根据式（7-4-15）中的条件，考察定义在 $[-2\pi/T, 2\pi/T]$ 区间内的 $H(\omega)$。把 $H(\omega)$ 按区间 $[-\pi/T, \pi/T]$ 的宽度分为三段，频移后在区间 $[-\pi/T, \pi/T]$ 内叠加，即在式（7-4-15）中取 $i=0, \pm1$。这时

$$H_{eq}(\omega) = H\left(\omega - \frac{2\pi}{T}\right) + H(\omega) + H\left(\omega + \frac{2\pi}{T}\right) \tag{7-4-17}$$

若式（7-4-17）满足条件

$$H_{eq}(\omega) = \begin{cases} T & |\omega| \leqslant \dfrac{\pi}{T} \\ 0 & |\omega| > \dfrac{\pi}{T} \end{cases} \tag{7-4-18}$$

则这样的 $H(\omega)$ 是能消除码间串扰的。以上的叠加过程如图 7-4-2（a）所示，图中的 $H(\omega)$ 具有升余弦滚降特性，这里"滚降"的意思是指频谱的过渡特性。显然，满足式（7-4-18）特性要求的 $H(\omega)$ 不是唯一的。事实上，只要 $H(\omega)$ 具有以 $|\omega| = \dfrac{\pi}{T}$ 轴为中心的奇对称特性，那么这样的基带传输系统就满足无码间串扰条件，如图 7-4-2（b）所示。

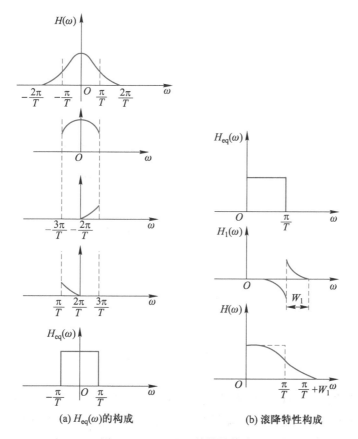

(a) $H_{eq}(\omega)$ 的构成　　(b) 滚降特性构成

图 7-4-2　$H_{eq}(\omega)$ 特性的构成

由图 7-4-2（b）看出，图中的 $H(\omega)$ 可视为 $H_{eq}(\omega)$ 和 $H_1(\omega)$ 叠加的结果，$H_1(\omega)$ 具有以 $|\omega| = \dfrac{\pi}{T}$ 轴为中心的奇对称特性。设 $H(\omega)$ 超出 π/T 的带宽部分为 W_1，定义描述 $H(\omega)$ 滚降程度的滚降系数 α 为

$$\alpha = W_1 \Big/ \frac{\pi}{T} \tag{7-4-19}$$

滚降系数的取值在 0~1 之间。图 7-4-3 画出了 $\alpha = 0$，0.5，1 时无码间串扰的升余弦滚降特性及对应的冲激响应 $h(t)$。滚降系数为 α 的升余弦特性 $H(\omega)$ 及冲激响应 $h(t)$ 可表示为

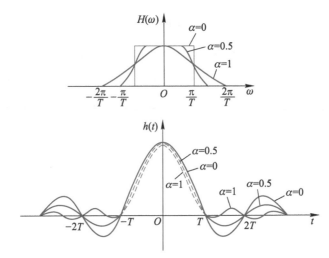

图 7-4-3　升余弦滚降特性及对应的冲激响应波形

$$H(\omega) = \begin{cases} T & 0 \leqslant |\omega| \leqslant (1-\alpha)\pi/T \\ \dfrac{T}{2}\big[1+\sin(\pi - T\omega)/2\alpha\big] & (1-\alpha)\pi/T < |\omega| \leqslant (1+\alpha)\pi/T \\ 0 & |\omega| > (1+\alpha)\pi/T \end{cases} \tag{7-4-20}$$

$$h(t) = \frac{\sin \pi t/T}{\pi t/T} \cdot \frac{\cos \alpha \pi t/T}{1 - 4\alpha^2 t^2/T^2} \tag{7-4-21}$$

当滚降系数 $\alpha = 1$ 时

$$H(\omega) = \begin{cases} \dfrac{T}{2}\left(1+\cos\dfrac{\omega T}{2}\right) & |\omega| \leqslant 2\pi/T \\ 0 & |\omega| > 2\pi/T \end{cases} \tag{7-4-22}$$

$$h(t) = \frac{\sin \pi t/T}{\pi t/T} \cdot \frac{\cos \pi t/T}{1 - 4t^2/T^2} \tag{7-4-23}$$

由图 7-4-3 看出，$\alpha = 0$ 时就是理想低通特性。$\alpha = 1$ 时，即为式（7-4-22）表示的升余弦特性，这时冲激响应波形 $h(t)$ 除了在 $t = 0$ 时不为零外，在 $t = kT$ 的其他抽样时刻的取值均为零，消除了码间串扰。不仅如此，$\alpha = 1$ 时，$h(t)$ 波形在各采样点之间又增加了一个零点，这样可使"拖尾"衰减更快，从而有利于减小由于定时误差造成的码间串扰。由

式（7-4-21）中$h(t)$的表示式可看出，具有升余弦特性的系统冲激响应是按$1/t^3$衰减的，这比理想低通系统的（按$1/t$）要快得多。但是系统的这种优点是用降低频带利用率换来的。由图7-4-3可看出，升余弦系统的频谱带宽为$B=(1+\alpha)/(2T)$（Hz），比理想低通系统带宽大，由于系统最高无码间串扰的传输速率为$R=1/T$（Baud），因此系统的最高频带利用率为

$$\rho = \frac{R}{B} = \frac{2}{1+\alpha} \text{（Baud/Hz）} \tag{7-4-24}$$

式（7-4-24）中，$\alpha=0$时，$\rho=2$ Baud/Hz；$\alpha=1$时，$\rho=1$ Baud/Hz。虽然升余弦滚降特性系统的频带利用率是理想系统的一半，但这种系统确是一种满足无码间串扰条件的可实现系统。

7.5 部分响应系统

上节分析了两种无码间串扰的系统：理想低通系统和升余弦滚降系统。理想低通系统虽然达到了2 Baud/Hz的极限（最高）频带利用率，但实现困难，且$h(t)$"拖尾"严重。升余弦滚降系统虽然克服了理想低通系统的缺点，但系统的频带利用率却下降了。那么能否找到一种既能消除码间串扰，又能达到最高频带利用率的系统呢？回答是肯定的，这可以利用奈奎斯特脉冲$\dfrac{\sin \pi t/T}{\pi t/T}$的延时加权组合得到部分响应波形来实现。这就是本节要讨论的部分响应编码方法，这种方法又称为波形的相关编码法。在部分响应基带传输系统中，通过有控制地引入一定的码间串扰，来达到压缩传输频带的目的。

7.5.1 余弦谱传输特性

为了得到部分响应波形，把间隔为T（码元间隔）的两个奈奎斯特脉冲叠加得到合成波形为

$$g(t) = \frac{\sin\dfrac{\pi}{T}\left(t-\dfrac{T}{2}\right)}{\dfrac{\pi}{T}\left(t-\dfrac{T}{2}\right)} + \frac{\sin\dfrac{\pi}{T}\left(t+\dfrac{T}{2}\right)}{\dfrac{\pi}{T}\left(t+\dfrac{T}{2}\right)}$$

$$= \frac{4}{\pi}\left[\frac{\cos(\pi t/T)}{1-(4t^2/T^2)}\right] \tag{7-5-1}$$

$g(t)$称为部分响应波形，其频谱特性为

$$G(\omega) = \begin{cases} Te^{-j\frac{\omega T}{2}} + Te^{j\frac{\omega T}{2}} = 2T\cos\dfrac{\omega T}{2} & |\omega| \leqslant \dfrac{\pi}{T} \\ 0 & |\omega| > \dfrac{\pi}{T} \end{cases} \tag{7-5-2}$$

余弦谱特性及冲激响应如图7-5-1所示。由图可见，$g(t)$波形的振荡衰减加快了，这是因为相距一个码元的奈奎斯特脉冲的振荡正负相反而互相抵消的缘故。$G(\omega)$具有滚降的余弦谱特性。

245

7.5 部分响应系统

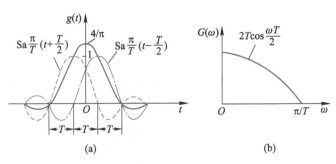

图 7-5-1　余弦谱特性及冲激响应

从图 7-5-1 中还可以看出，$g(t)$ 在各抽样点（抽样间隔为 T）上的值为

$$
\left.
\begin{aligned}
g(t=0) &= \frac{4}{\pi} \\
g\left(t = \pm\frac{T}{2}\right) &= 1 \\
g\left(t = \pm\frac{kT}{2}\right) &= 0 \quad k = 3,5,7,\cdots
\end{aligned}
\right\}
\tag{7-5-3}
$$

由以上分析可知：

（1）$g(t)$ 的"尾巴"按 $1/t^2$ 的速度变化，比 $\sin x/x$ 波形收敛快，衰减大。

（2）若用 $g(t)$ 作为传输波形，且码元间隔为 T，则在抽样时刻仅发生传输码元与其前后码元相互串扰，而与其他码元不发生串扰，如图 7-5-2 所示。由于这种串扰是确定的，因此可以消除其影响，使系统成为无码间串扰的系统，这就是可控码间串扰。

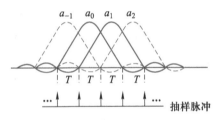

图 7-5-2　可控码间串扰示意图

（3）由于余弦谱特性的带宽 $B = \dfrac{\pi}{T}\bigg/ 2\pi = 1/2T$，

而传输速率为 $R = 1/T = 2B$，因而这种系统的频带利用率达到了 2 Baud/Hz。

但应注意，这种系统会造成误码扩散，即前一码元判错后，会影响后几个码元的判决（直到连 0 码出现为止）。例如，设发送码元为 a_k，接收码元为 c_k，则有

$$
c_k = a_k + a_{k-1} \quad \text{或} \quad a_k = c_k - a_{k-1} \tag{7-5-4}
$$

显然，若前一码元 a_{k-1} 判错，会使 a_k 也出现错判。

为防止误码扩散，可进行预编码。所谓预编码是指在发送端将 a_k 变为 b_k，使

$$
b_k = a_k \oplus b_{k-1} \quad \text{或} \quad a_k = b_k \oplus b_{k-1} \tag{7-5-5}
$$

然后发送 b_k 而不是 a_k，这样接收码元为

$$
c_k = b_k + b_{k-1} \tag{7-5-6}
$$

接收端对收到的 c_k 进行模 2 和运算，就可以恢复 a_k，即

$$
[c_k]_{\text{mod}\,2} = b_k \oplus b_{k-1} = a_k \tag{7-5-7}
$$

式（7-5-7）说明，接收端不必经过求差运算就可得到 a_k，因而不会造成误码扩散。式（7-5-5）称为预编码，而式（7-5-6）称为相关编码。

7.5.2 正弦谱传输特性

余弦谱特性有一个明显的缺陷，就是信号波形中含有直流分量，这是数字基带传输系统中不希望的。下面利用类似的方法，构成不含有直流分量的部分响应波形。将间隔为 $2T$ 的两个奈奎斯特脉冲相减得到合成波形为

$$
\begin{aligned}
g(t) &= \frac{\sin\frac{\pi}{T}(t+T)}{\frac{\pi}{T}(t+T)} - \frac{\sin\frac{\pi}{T}(t-T)}{\frac{\pi}{T}(t-T)} \\
&= \frac{2T^2\sin(\pi t/T)}{\pi(t^2-T^2)}
\end{aligned} \tag{7-5-8}
$$

其频谱特性为

$$
G(\omega) = \begin{cases} T(\mathrm{e}^{\mathrm{j}\omega T} - \mathrm{e}^{-\mathrm{j}\omega T}) = \mathrm{j}2T\sin\omega T & |\omega| \leqslant \dfrac{\pi}{T} \\ 0 & |\omega| > \dfrac{\pi}{T} \end{cases} \tag{7-5-9}
$$

正弦谱特性及冲激响应如图 7-5-3 所示。由图可见：① $G(\omega)$ 具有滚降的正弦谱特性，且有 $G(0)=0$，因而 $g(t)$ 波形中不含直流分量；② 码元波形 $g(t)$ 仅对隔一个码元有串扰，对其他码元无串扰，但由于串扰是确定的，因而可以消除其影响；③ 系统的频带利用率同样达到 2 Baud/Hz。

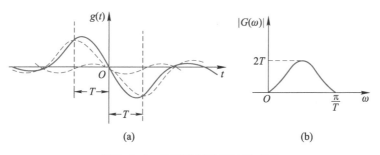

(a)   (b)

图 7-5-3 正弦谱特性及冲激响应

7.5.3 部分响应系统

上面介绍了余弦谱和正弦谱特性的构成方法，将其推广为更多个不同间隔的奈奎斯特脉冲的加权组合，就得到部分响应波形的一般形式，其表示式为

$$
g(t) = R_0\frac{\sin\frac{\pi t}{T}}{\frac{\pi t}{T}} + R_1\frac{\sin\frac{\pi}{T}(t-T)}{\frac{\pi}{T}(t-T)} + \cdots + R_N\frac{\sin\frac{\pi}{T}(t-NT)}{\frac{\pi}{T}(t-NT)} \tag{7-5-10}
$$

式（7-5-10）为 $N+1$ 个相继延时出现的奈奎斯特脉冲的加权组合，其中 R_i 为加权系数，取整数值。式（7-5-10）所示的部分响应波形的频谱为

$$G(\omega) = \begin{cases} T\sum_{m=0}^{N} R_m \mathrm{e}^{-j\omega mT} & |\omega| \leqslant \dfrac{\pi}{T} \\ \\ 0 & |\omega| > \dfrac{\pi}{T} \end{cases} \qquad (7-5-11)$$

　　根据加权系数 R_i 的不同，可以得到不同种类的部分响应波形。表 7-5-1 中列出了常用的五类部分响应波形及其频谱，为便于比较，将理想的 $\sin x/x$ 波形也列入其中，称为 0 类响应波形，实际系统中，第Ⅳ类部分响应波形应用最广。

表 7-5-1　部分响应波形及频谱

类别	R_0	R_1	R_2	R_3	R_4	$g(t)$（脉冲响应）	$\lvert G(\omega)\rvert,\ \lvert\omega\rvert\leqslant\frac{\pi}{T}$（频率特性）	接收电平数
0	1							2
Ⅰ	1	1					$2T\cos\dfrac{\omega T}{2}$	3
Ⅱ	1	2	1				$4T\cos^2\dfrac{\omega T}{2}$	5
Ⅲ	2	1	-1				$2T\cos\dfrac{\omega T}{2}\sqrt{5-4\cos\omega T}$	5
Ⅳ	1	0	-1				$2T\sin\omega T$	3
Ⅴ	-1	0	2	0	-1		$4T\sin^2\omega T$	5

　　设发送数字序列为 $\{a_k\}$，则接收端在 $t=kT$ 时刻的抽样值 $\{c_k\}$ 为

$$c_k = R_0 a_k + R_1 a_{k-1} + \cdots + R_N a_{k-N} \qquad (7-5-12)$$

式（7-5-12）说明，c_k 不仅与 a_k 有关，而且与 a_k 以前的 N 个码元有关，这就是相关编码的含义。加权系数 R_i 不同，产生不同的编码（注意，在这里会出现多电平波形）。为了消除接收端的误码扩散，发送端也应采取预编码，把 a_k 变换为 b_k 后再发送，编码规则为

$$a_k = R_0 b_k + R_1 b_{k-1} + \cdots + R_N b_{k-N} \quad （模\ L） \tag{7-5-13}$$

式中，L 为 a_k 和 b_k 所取的多电平数目。

然后将预编码后的 $\{b_k\}$ 序列进行相关编码，得

$$c_k = R_0 b_k + R_1 b_{k-1} + \cdots + R_N b_{k-N} \quad （算术加） \tag{7-5-14}$$

接收端对 c_k 作模 L 运算，则有

$$[c_k]_{\mathrm{mod}L} = [R_0 b_k + R_1 b_{k-1} + \cdots + R_N b_{k-N}]_{\mathrm{mod}L} = a_k \tag{7-5-15}$$

式中，$[\cdot]_{\mathrm{mod}L}$ 为模 L 运算符号。由式（7-5-15）可见，通过预编码-相关编码-模 L 运算后可以消除误码扩散。

最后需要指出的是，当输入数据为 L 进制时，部分响应波形的相关编码电平数要超过 L 个，表 7-5-1 中最后一列给出的是二进制输入时 c_k 的电平数目。因此，在同样输入信噪比的条件下，部分响应系统的抗噪声性能将比零类响应系统的要差。这表明，部分响应系统的优点是用可靠性的下降换来的。

7.6 基带系统的最佳化

前面几节讨论了基带传输系统中如何消除码间串扰的问题。实际系统中，除了存在码间串扰外还存在信道中加性噪声的干扰，因此基带系统即使无码间串扰，仍有可能由于信道随机干扰的存在而造成接收端误码，所以希望系统既能消除码间串扰，又能使信道噪声的影响最小化（具有最大输出信噪比），这样可使误码率达到最小。这种既无码间串扰，又有最小误码率的系统称为最佳基带系统。这里"最佳"是个相对概念，是指在最大输出信噪比准则意义上的最佳。下面讨论最佳基带系统应具有的传输特性。

7.6.1 理想信道下的最佳基带系统

理想信道是指无限宽的均匀信道，即 $G_C(\omega) = 1$。由于基带系统的总特性为

$$H(\omega) = G_T(\omega) G_C(\omega) G_R(\omega)$$

因此理想信道条件下的系统总特性为

$$H(\omega) = G_T(\omega) G_R(\omega) \tag{7-6-1}$$

第 4 章中讲过，在加性高斯白噪声的条件下，为使输出信噪比最大，须采用匹配滤波器接收，因此有

$$G_R(\omega) = k G_T^*(\omega) \mathrm{e}^{-\mathrm{j}\omega t_0} \tag{7-6-2}$$

若令 $k=1$，则

$$H(\omega) = G_T(\omega) G_R(\omega) = |G_T(\omega)|^2 \mathrm{e}^{-\mathrm{j}\omega t_0} \tag{7-6-3}$$

由式（7-6-3）可得

$$|G_T(\omega)| = |H(\omega)|^{\frac{1}{2}} \tag{7-6-4}$$

由于满足式（7-6-4）的相位是可以任意选择的，只要合适选择，可以使

$$G_T(\omega) = \sqrt{H(\omega)} \tag{7-6-5}$$

将式（7-6-5）代入式（7-6-1）可得

$$G_R(\omega) = \sqrt{H(\omega)} \tag{7-6-6}$$

可见，在理想信道下，最佳基带系统满足 $G_T(\omega) = G_R(\omega) = \sqrt{H(\omega)}$，即为收发等分的系统，这简化了基带系统的设计。这样的 $H(\omega)$ 当然应首先满足无码间串扰的条件。例如，对常采用的升余弦谱特性，可以用收发各为余弦谱特性来完成最佳设计，这时

$$H(\omega) = \frac{T}{2}\left(1 + \cos\frac{\omega T}{2}\right) = \frac{T}{2} \cdot 2\cos^2\frac{\omega T}{4} = T\cos^2\frac{\omega T}{4} \tag{7-6-7}$$

因此有

$$G_T(\omega) = G_R(\omega) = \sqrt{T}\cos\frac{\omega T}{4}$$

7.6.2　非理想信道下的最佳基带系统

若信道是非理想的，即 $G_C(\omega) \neq 1$，$G_C(\omega)$ 不为常数。这时最佳接收滤波器如何设计呢？假定已知发送滤波器的特性和已测得信道特性 $G_C(\omega)$，要寻求既无码间串扰，又使信道噪声影响最小的接收滤波器。设 $H(\omega) = G_T(\omega) G_C(\omega) G_R(\omega)$，满足无码间串扰特性 $H_{eq}(\omega)$ 为

$$H_{eq}(\omega) = \begin{cases} \sum_k H^{(k)}(\omega) = T & |\omega| \leqslant \dfrac{\pi}{T} \\ 0 & |\omega| > \dfrac{\pi}{T} \end{cases} \tag{7-6-8}$$

式中，$H^{(k)}(\omega)$ 是 $H(\omega)$ 按 $2\pi/T$ 所划分的各段，为

$$H^{(k)}(\omega) = H\left(\omega + \frac{2\pi k}{T}\right) = G_T^{(k)}(\omega) G_C^{(k)}(\omega) G_R^{(k)}(\omega) \tag{7-6-9}$$

由于 $H(\omega)$ 由式（7-6-8）决定，所以接收滤波器输出波形是一定的。在给定输入信号功率的情况下，要使接收滤波输出最大信噪比，则必须使接收滤波器输出噪声最小。设信道中存在着白噪声，其功率谱密度为 $n_0/2$，则输出噪声的平均功率 σ^2 为

$$\sigma^2 = \frac{1}{2\pi}\int_{-\frac{\pi}{T}}^{\frac{\pi}{T}} \frac{n_0}{2} \sum_k |G_R^{(k)}(\omega)|^2 \mathrm{d}\omega \tag{7-6-10}$$

式中，$G_R^{(k)}(\omega)$ 受式（7-6-8）约束。适当设计 $G_R(\omega)$ 要求 σ^2 最小，则要使式（7-6-10）对 $G_R^{(k)}(\omega)$ 求导，找出使 $\mathrm{d}\sigma^2/\mathrm{d}G_R^{(k)}(\omega) = 0$ 的值。用变分法求泛函值得到

$$G_R^{(k)}(\omega) = [G_T^{(k)}(\omega) G_C^{(k)}(\omega)]^* T(\omega) \tag{7-6-11}$$

式中

$$T(\omega) = \frac{T}{\sum_k |G_T^{(k)}(\omega) G_C^{(k)}(\omega)|^2} \tag{7-6-12}$$

由式（7-6-11）看出，非理想信道下的最佳接收滤波器特性由两个部分构成：一部分为 $[G_T^{(k)}(\omega) G_C^{(k)}(\omega)]^*$，是接收端输入信号的匹配滤波器；另一部分为 $T(\omega)$，是与发送滤波器、信道特性有关的均衡器，用它保证消除码间串扰。这样的系统可以达到最佳性

能。此系统示于图 7-6-1 中。

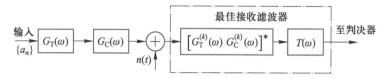

图 7-6-1 非理想信道下的最佳基带系统

从式（7-6-12）中看到 $T(\omega)$ 与 $G_R^{(k)}(\omega)$ 无关，不管在 $G_R(\omega)$ 的哪一段上，$T(\omega)$ 是相同的，所以它是一个周期函数，周期为 $2\pi/T$。$T(\omega)$ 可展成傅里叶级数

$$T(\omega) = \sum_{n=-\infty}^{\infty} c_n e^{-j\omega nT} \tag{7-6-13}$$

$T(\omega)$ 的冲激响应 $h_r(t)$ 为

$$h_r(t) = \sum_{n=-\infty}^{\infty} c_n \delta(t - nT) \tag{7-6-14}$$

$h_r(t)$ 是一系列间隔为 T 的 $\delta(\cdot)$ 函数之和，而加权系数 c_n 是 $T(\omega)$ 展开式的傅里叶系数。从式（7-6-14）看出，$h_r(t)$ 可以用 $2N+1$ 个抽头的横向滤波器来逼近，而抽头的增益加权系数为 c_n，如图 7-6-2 所示。N 的取值越大，滤波器的节数越多，逼近性能越好。

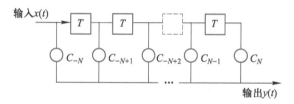

图 7-6-2 $T(\omega)$（横向滤波器）的实现原理图

251

7.7 基带系统的抗噪声性能

前面讨论了如何设计基带系统，以消除码间串扰和尽量减小信道噪声的影响。尽管如此，信号在传输过程中还是不可避免地会受到噪声的干扰，从而在接收端造成误码。本节将讨论在无码间串扰的理想基带系统和匹配接收的最佳基带系统中的误码率计算问题。

7.7.1 理想系统的抗噪声性能

这里所说的理想系统是指无码间串扰的基带系统，不是最佳系统。在这种情况下，如果信道中无噪声干扰，接收端会无误地接收信号。但实际系统中总存在干扰，从而在接收端造成误码，如图 7-7-1 所示。图（a）是既无码间串扰又无噪声影响的双极性码波形；图（b）为受信道干扰后接收端的波形，在由判决电路判决时，造成了误码，图中误码用 0^*、1^* 表示。

设信道中存在着高斯白噪声，其均值为 0、方差为 σ_n^2，则噪声的一维概率密度函数 $f(x)$ 为

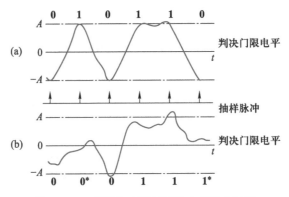

图 7-7-1　无噪和有噪时判决电路输入波形

$$f(x) = \frac{1}{\sqrt{2\pi}\,\sigma_n}\mathrm{e}^{-x^2/2\sigma_n^2} \qquad (7\text{-}7\text{-}1)$$

由图 7-7-1 可看出，有以下两种情况会发生误码（设信号幅度为 A，最佳判决电平值为 0）：

（1）发送 **1** 码时，抽样判决时刻噪声的瞬时值 $x<-A$ 时，则误判为 **0**。

（2）发送 **0** 码时，抽样判决时刻噪声的瞬时值 $x>+A$ 时，则误判为 **1**。

假设发送 **1** 和发送 **0** 的概率分别为 $P(1)$ 和 $P(0)$，且 $P(1)+P(0)=1$。发送 **1** 码时，误判为 **0** 码的概率 $P(0|1)$ 为

$$P(0|1) = P(x < -A) = \int_{-\infty}^{-A} f(x)\,\mathrm{d}x$$

发送 **0** 码时，误判为 **1** 码的概率 $P(1|0)$ 为

$$P(1|0) = P(x > +A) = \int_{+A}^{\infty} f(x)\,\mathrm{d}x$$

因而，系统的平均误码率 P_e 为

$$
\begin{aligned}
P_e &= P(1)P(0|1) + P(0)P(1|0) \\
&= P(1)\int_{-\infty}^{-A} f(x)\,\mathrm{d}x + P(0)\int_{+A}^{\infty} f(x)\,\mathrm{d}x
\end{aligned}
\qquad (7\text{-}7\text{-}2)
$$

由于 $f(x)$ 是偶函数，所以式（7-7-2）中的两个积分相同，故

$$
\begin{aligned}
P_e &= \int_{+A}^{\infty} f(x)\,\mathrm{d}x \\
&= \frac{1}{2}\left[1 - \mathrm{erf}(A/\sqrt{2}\,\sigma_n)\right] \\
&= \frac{1}{2}\mathrm{erfc}(\sqrt{r})
\end{aligned}
\qquad (7\text{-}7\text{-}3)
$$

式中，$r=A^2/2\sigma_n^2$ 为输入信噪比；$\mathrm{erfc}(x)=1-\mathrm{erf}(x)$ 为互补误差函数；$\mathrm{erf}(x)=\dfrac{2}{\sqrt{\pi}}\displaystyle\int_0^x \mathrm{e}^{-t^2}\mathrm{d}t$ 为误差函数。

由于互补误差函数 $\mathrm{erfc}(\cdot)$ 是单调减函数，所以 r 越大，P_e 越小。

如果是单极性码，则判决电平为 $A/2$，这时 P_e 为

$$P_e = \frac{1}{2}\mathrm{erfc}(A/2\sqrt{2}\sigma_n) = \frac{1}{2}\mathrm{erfc}(\sqrt{r}/2) \tag{7-7-4}$$

7.7.2 最佳基带系统的抗噪声性能

前面讲过，最佳基带系统是指既无码间串扰，又采用匹配接收使信道噪声影响最小的系统。这里分理想信道和非理想信道两种情况讨论。

1. 理想信道下最佳基带系统的抗噪声性能

讨论之前，先介绍无码间串扰基带系统 $H(\omega)$ 的一个特点，即

$$\frac{1}{2\pi}\int_{-\infty}^{\infty}|H(\omega)|\mathrm{d}\omega = 1 \tag{7-7-5}$$

该结论可用基带升余弦系统来验证（见习题7-19）。

在理想信道下，$|G_R(\omega)| = |G_T(\omega)| = |H(\omega)|^{\frac{1}{2}}$，利用式（7-7-5），有

$$\frac{1}{2\pi}\int_{-\infty}^{\infty}|G_R(\omega)|^2\mathrm{d}\omega = \frac{1}{2\pi}\int_{-\infty}^{\infty}|G_T(\omega)|^2\mathrm{d}\omega = 1 \tag{7-7-6}$$

现在来计算最佳系统的误码率。由于误码率总是用接收端输入信号的平均功率和噪声功率之比来表示的，所以这里先讨论信号平均功率的计算。设发送端序列 $\{a_n\}$ 有 L 种电平（L 进制），各电平间相邻间隔为 $2d$，各电平出现的概率相等，且相互独立。令 L 种电平为：$\pm d, \pm 3d, \cdots, \pm(L-1)d$，则这时输入信号序列电平的均方值 $\overline{a_n^2}$ 为

$$\overline{a_n^2} = \frac{2}{L}\sum_{i=1}^{L/2}[(2i-1)d]^2 = \frac{d^2(L^2-1)}{3} \tag{7-7-7}$$

设信号码元宽度为 T，波形为 $g_T(t)$ [$g_T(t)$ 是 $G_T(\omega)$ 的冲激响应]，每个码元的平均功率 S 为

$$S = \frac{1}{T}\int_{-\infty}^{\infty}\overline{a_n^2}g_T^2(t)\mathrm{d}t = \frac{\overline{a_n^2}}{T} \cdot \frac{1}{2\pi}\int_{-\infty}^{\infty}|G_T(\omega)|^2\mathrm{d}\omega = \overline{a_n^2}/T \tag{7-7-8}$$

将 $\overline{a_n^2} = d^2(L^2-1)/3$ 代入式（7-7-8）可得

$$S = \frac{d^2(L^2-1)}{3T} \tag{7-7-9}$$

若定义码元能量为 E，则

$$E = ST = \frac{d^2(L^2-1)}{3} \tag{7-7-10}$$

或

$$d = \sqrt{\frac{3E}{(L^2-1)}} \tag{7-7-11}$$

为了计算输出误码率，应找出输出端判决器之前信号加噪声后的合成信号分布密度。高斯白噪声经线性系统 $G_R(\omega)$ 后仍为高斯分布，所以判决器前的噪声仍为平稳高斯过程，且噪声的平均功率（方差）σ^2 为

$$\sigma^2 = \frac{1}{2\pi}\int_{-\infty}^{\infty}\frac{n_0}{2}|G_R(\omega)|^2\mathrm{d}\omega = \frac{n_0}{2} \tag{7-7-12}$$

设输出噪声为 $\eta(t)$，抽样时刻瞬时值为 η。在判决时刻，若 $|\eta|$ 超过判决间隔 $2d$ 的一半（即 d），就会产生误码，即误码概率为

$$P'_e = P(|\eta| \geq d)$$

$$= 2\int_d^\infty \frac{1}{\sqrt{2\pi}\sigma}\exp\left(-\frac{x^2}{2\sigma^2}\right)dx$$

$$= \text{erfc}(d/\sqrt{2}\sigma) \tag{7-7-13}$$

将式（7-7-11）及式（7-7-12）代入式（7-7-13）可得

$$P'_e = \text{erfc}\left(\frac{3}{L^2-1}\cdot\frac{E}{n_0}\right)^{\frac{1}{2}} \tag{7-7-14}$$

由于实际系统判决时，在 L 种判决电平中，两头的极限电平（最高和最低两种电平）只能在一个方向上判错，所以最佳系统真正的误码率 P_e 为

$$P_e = \left(1-\frac{1}{L}\right)\text{erfc}\left[\sqrt{\frac{3E}{(L^2-1)n_0}}\right] \tag{7-7-15}$$

式中，$E/n_0 = ST/n_0$ 为广义输入信噪比，E 为平均码元能量，n_0 为输入白噪声的单边功率谱密度。由式（7-7-15）可见，L 增加时，误码率增加。

当 $L=2$，即二进制时，式（7-7-15）为

$$P_e = \frac{1}{2}\text{erfc}(\sqrt{E/n_0}) \tag{7-7-16}$$

与式（7-7-3）表示类似。

2. 非理想信道下最佳系统的性能

在非理想信道下，式（7-7-5）已不成立，所以式（7-7-15）、式（7-7-16）都应修正。这里不作证明地引入有关结论。这时，系统误码率 P_e 的计算仅在式（7-7-15）中引入一个修正因子即可，为

$$P_e = \left(1-\frac{1}{L}\right)\text{erfc}\left(\sqrt{\frac{3}{L^2-1}\cdot\frac{E}{n_0}\cdot\beta}\right) \tag{7-7-17}$$

式中，β 为修正因子，且有

$$\beta = \left[\frac{T^2}{2\pi}\int_{-\infty}^\infty |G_T(\omega)|^2 d\omega \cdot \frac{1}{2\pi}\int_{-\frac{\pi}{T}}^{\frac{\pi}{T}} T(\omega)d\omega\right]^{-1} \tag{7-7-18}$$

应注意，以上所导出的误码率公式都是在无码间串扰时才成立的。为了消除码间串扰，在接收端一般应设置均衡器。

7.8　均衡器原理

由于实际的信道特性 $G_C(\omega)$ 难以预先精确知道，信道特性总会或多或少地偏离无失真条件，即信道的幅频特性有起伏，相频特性为非线性。所以，即使是按最佳基带系统设计方法得到的基带系统也会存在一定的码间串扰，从而使系统的性能不是最佳。

实践表明，在基带系统中插入一种可调节滤波器可减小上述的码间串扰，从而使实际系统的性能接近最佳系统。这种起补偿作用的可调节滤波器称为均衡器。实际系统中采用的均衡器虽然种类繁多，但按研究领域的不同，可分为频域均衡器和时域均衡器两大类。

7.8.1 频域均衡

频域均衡是利用可调滤波器的频率特性去补偿系统的传输特性，使其接近理想不失真系统特性的一种均衡方法。为此，先介绍理想的不失真系统应具有的传输特性。

所谓理想的不失真系统，是指系统的输出 $y(t)$ 与输入 $x(t)$ 信号波形相同，仅有幅度的变化及固定时延的线性系统，即满足

$$y(t) = Kx(t-\tau) \tag{7-8-1}$$

式中，K 为系统的放大倍数，τ 为系统的时延。

对式（7-8-1）进行傅里叶变换，得到

$$Y(\omega) = KX(\omega)e^{-j\omega\tau} \tag{7-8-2}$$

由式（7-8-2）可得到理想系统的传输特性为

$$H(\omega) = Y(\omega)/X(\omega) = Ke^{-j\omega\tau} \tag{7-8-3}$$

因此，对理想系统来说，有

$$\left. \begin{array}{ll} \text{幅频特性} & |H(\omega)| = K \\ \text{相频特性} & \varphi(\omega) = \omega\tau \\ \text{或群时延特性} & \tau(\omega) = \dfrac{d\varphi(\omega)}{d\omega} = \tau（常数） \end{array} \right\} \tag{7-8-4}$$

理想系统的传输特性如图 7-8-1 所示。由图可见，理想系统的幅频特性及群时延特性是一个与频率无关的常数，相频特性为频率的线性函数。

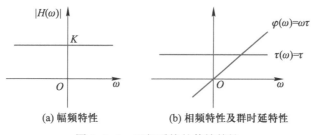

(a) 幅频特性　　　　(b) 相频特性及群时延特性

图 7-8-1　理想系统的传输特性

根据均衡对象的不同，可将频域均衡器分为幅度均衡器和群时延均衡器两种。幅度均衡器用于补偿信道和接收滤波器总的幅度频率特性，使总的幅频特性经均衡后变得平坦。而群时延均衡器则是对群时延频率特性进行补偿。均衡器可置于信道的两端（即发方、收方或双方同时设置）。

频域均衡器可根据网络理论，用无源或有源网络实现，调整时使相应的幅频特性或群时延特性达到一定平坦程度后就固定了，通信中不能调整，所以当信道特性有变化时，单靠频域均衡是不能完全消除码间串扰的。

1. 幅度均衡器

幅度均衡器常采用桥 T 形无源网络来实现，如图 7-8-2 所示。图中，$Z_1Z_2 = R^2$，网络的输入端与输出端均与电阻 R 匹配，其传输衰耗 b_2 为

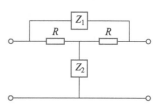

图 7-8-2　桥 T 形无源网络

$$b_2 = \ln\left|1+\frac{R}{Z_2}\right| = \ln\left|1+\frac{Z_1}{R}\right|$$

或有
$$b_2 = 20\lg\left|1+\frac{Z_1}{R}\right| = 20\lg\left|1+\frac{R}{Z_2}\right| \text{(dB)} \qquad (7\text{-}8\text{-}5)$$

　　一般情况下，R 给定后，b_2 就是 Z_1 或 Z_2 的函数，适当选择 Z_1 或 Z_2 就可补偿信道的幅频特性使其满足要求。图 7-8-3 所示为具体的均衡器结构及均衡特性，图 7-8-3（a）中，无源桥 T 形网络的衰减特性 b_2 将信道特性 b_1 补偿成 b_0，将原来随频率增加而上升的信道特性均衡成平坦的频率特性，如图 7-8-3（b）所示。而图 7-8-3（c）中的无源桥 T 形网络的凸形衰减特性 b_2 将信道的凹形衰减特性 b_1 均衡为平坦的频率特性 b_0，如图 7-8-3（d）所示。

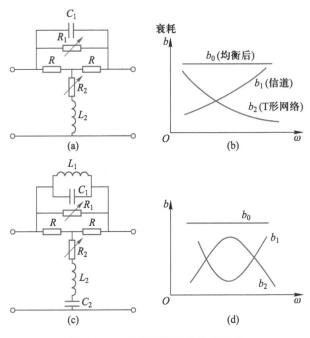

图 7-8-3　均衡器结构及均衡特性

　　幅度均衡器也可以采用有源网络来实现，这里就不再介绍了。

2. 群时延均衡器

　　群时延均衡器同样可以用无源或有源网络来实现。无源群时延均衡器常用无损耗而仅有相移的 X 形无损耗全通网络来实现，如图 7-8-4 所示。图中，Z_1、Z_2 均为电抗元件，且 $Z_1 Z_2 = R^2$。此网络的相位特性为

$$\alpha = 2\arctan\frac{Z_1}{R}$$

群时延特性为

$$\tau(\omega) = \frac{\mathrm{d}\alpha}{\mathrm{d}\omega} = \frac{2}{R} \cdot \frac{1}{1+(Z_1/R)^2} \cdot \frac{\mathrm{d}Z_1}{\mathrm{d}\omega} \qquad (7\text{-}8\text{-}6)$$

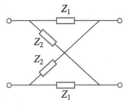

图 7-8-4　X 形无损耗全通网络

显然，Z_1 不同将有不同的群时延特性。群时延均衡就是选择适当的网络相位特性去补偿信道的群时延特性，使总的群时延特性满足要求。

7.8.2　时域均衡

　　频域均衡器适合于在信道特性不变且传送的数据速率较低的系统中使用。对信道特性不断变化及高数据传送率的传输系统，常采用时域均衡的方法来减小码间串扰。时域均衡的出发点与频域均衡不同，它不是为了获得信道平坦的幅度特性和群时延特性，而是要使包括时域均衡器在内的基带系统的总特性形成接近消除码间串扰的传输波形，即时域均衡是用均衡器产生的响应波形去补偿已畸变了的传输波形，使得经均衡后的波形在抽样时刻上能有效地消除码间串扰。

　　时域均衡器是通过横向滤波器来实现的。所谓横向滤波器是指具有固定延迟时间间隔、增益可调整的多抽头滤波器。图 7-6-2 中给出了一个具有 $2N+1$ 个抽头的横向滤波器的结构。一般来说，横向滤波器插入在基带系统的接收滤波器和判决器之间。横向滤波器的输入来自接收滤波器的输出 $x(t)$，即 $x(t)$ 为被均衡的对象，其输出 $y(t)$ 为均衡结果，送至判决器进行判决，$x(t)$ 和 $y(t)$ 的波形如图 7-8-5 所示。下面讨论时域均衡器的原理，讨论中不考虑噪声的影响。由图 7-6-2 可重新写出横向滤波器的冲激响应为

$$h_T(t) = \sum_{i=-N}^{N} c_i \delta(t - iT) \tag{7-8-7}$$

图 7-8-5　横向滤波器输入、输出波形

其对应的频谱特性 $T(\omega)$ 为

$$T(\omega) = \sum_{i=-N}^{N} c_i \mathrm{e}^{-\mathrm{j}\omega iT} \tag{7-8-8}$$

显见，$T(\omega)$ 由 $2N+1$ 个 c_i 确定，c_i 不同，$T(\omega)$ 也不同。

　　均衡器即横向滤波器的输出为

$$y(t) = x(t) * h_T(t) = \sum_{i=-N}^{N} c_i x(t - iT) \tag{7-8-9}$$

则在抽样时刻 $t = kT + t_0$ 时，有

$$y(kT + t_0) = \sum_{i=-N}^{N} c_i x(kT + t_0 - iT)$$

$$= \sum_{i=-N}^{N} c_i x[(k - i)T + t_0] \tag{7-8-10}$$

设系统无时延，即 $t_0 = 0$，式（7-8-10）可以简写为

$$y(kT) = y_k = \sum_{i=-N}^{N} c_i x_{k-i} \tag{7-8-11}$$

　　式（7-8-11）说明，均衡器在第 k 个抽样时刻上得到的样值 y_k 将由 $2N+1$ 个 c_i 与 x_{k-i} 的乘积决定。希望除 $k=0$ 外所有的 y_k 都等于零，因此，现在的问题是该有什么样的 c_i 才能使

$$y_k = \begin{cases} 1 & k=0 \\ 0 & k \neq 0 \end{cases} \tag{7-8-12}$$

根据式（7-8-11）及式（7-8-12），可以列出求解 c_i 的矩阵方程为

$$\begin{bmatrix} x_0 & x_{-1} & \cdots & x_{-2N} \\ \vdots & \vdots & \vdots & \vdots \\ x_N & x_{N-1} & \cdots & x_{-N} \\ \vdots & \vdots & \vdots & \vdots \\ x_{2N} & x_{2N-1} & \cdots & x_0 \end{bmatrix} \begin{bmatrix} c_{-N} \\ \vdots \\ c_0 \\ \vdots \\ c_N \end{bmatrix} = \begin{bmatrix} 0 \\ \vdots \\ 0 \\ 1 \\ 0 \\ \vdots \\ 0 \end{bmatrix} \tag{7-8-13}$$

实际系统中，在给定 $x(t)$ 各样点值 x_{k-i} 的情况下，调节 c_i 使 $k=0$ 以外的有限个 y_k 值等于零是可能的。下面通过一个具体例子来说明。

例 7.1　已知三抽头横向滤波器，即 $2N+1=3$，$N=1$，如图 7-8-6 所示。设输入信号的样点值为 $x_{-2} = 0.05$，$x_{-1} = -0.2$，$x_0 = 1$，$x_1 = -0.3$，$x_2 = 0.1$，其他 $x_n = 0$。要求 $y_{-1} = 0$，$y_0 = 1$，$y_{+1} = 0$，试用"迫零"调整法求解抽头增益 c_i 的值，即求解 c_{-1}，c_0，c_1 的值。

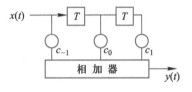

图 7-8-6　三抽头横向滤波器

解：由式（7-8-13）列出矩阵方程

$$\begin{bmatrix} x_0 & x_{-1} & x_{-2} \\ x_1 & x_0 & x_{-1} \\ x_2 & x_1 & x_0 \end{bmatrix} \begin{bmatrix} c_{-1} \\ c_0 \\ c_1 \end{bmatrix} = \begin{bmatrix} 0 \\ 1 \\ 0 \end{bmatrix}$$

求解逆矩阵得 c_i 为

$$\begin{bmatrix} c_{-1} \\ c_0 \\ c_1 \end{bmatrix} = \begin{bmatrix} x_0 & x_{-1} & x_{-2} \\ x_1 & x_0 & x_{-1} \\ x_2 & x_1 & x_0 \end{bmatrix}^{-1} \begin{bmatrix} 0 \\ 1 \\ 0 \end{bmatrix} = \begin{bmatrix} 1 & -0.2 & 0.05 \\ -0.3 & 1 & -0.2 \\ 0.1 & -0.3 & 1 \end{bmatrix}^{-1} \begin{bmatrix} 0 \\ 1 \\ 0 \end{bmatrix} = \begin{bmatrix} 0.209 \\ 1.126 \\ 0.319 \end{bmatrix}$$

即抽头增益为

$$c_{-1} = 0.209 \quad c_0 = 1.126 \quad c_1 = 0.319$$

由以上计算可知，输出波形 $y(t)$ 中，$y_0 = 1$，$y_{-1} = y_{+1} = 0$，即相邻抽样时刻的值都为零。这样的均衡效果改善了系统的性能。若要有更大的改善，N 的值应大于 1。实际中，滤波器的抽头数为 10～20 个。理论上可证明，只要 N 足够大，就可使码间串扰任意地小，但并不能完全消除码间串扰。实际中，均衡器由于受到经济因素的限制，横向滤波器的抽头数不可能无限多，因此有必要讨论有限长横向滤波器的抽头增益调整问题。这时一般按最小峰值畸变准则和最小均方畸变准则去调整抽头增益，即用最小峰值畸变准则和最小均方畸变准则来衡量均衡效果，并认为这时的均衡效果是最佳的。

峰值畸变定义为

$$D_{\mathrm{p}} = \frac{1}{y_0} \sum_{k=-\infty}^{\infty} {}' |y_k| \tag{7-8-14}$$

式中，$\sum\limits_{k=-\infty}^{\infty}{}'|y_k| = \sum\limits_{k=-\infty,k\neq0}^{\infty}|y_k|$，即为除 $k=0$ 以外的所有 $|y_k|$ 的值之和。为使 D_p 最小，显然要求 $|y_k|$ 最小，即调整 c_0 以外的 $2N$ 个抽头增益，迫使每个 $y_k=0$（除 $k=0$），就可获得最佳调整，这种调整方法常称为"迫零调整"法。

与式（7-8-14）对应，用 D_i 表示均衡器的输入峰值畸变，即

$$D_i = \frac{1}{x_0}\sum_{k=-\infty}^{\infty}{}'|x_k| \tag{7-8-15}$$

式中，$\sum\limits_{k=-\infty}^{\infty}{}'|x_k|$ 的含义与 $\sum\limits_{k=-\infty}^{\infty}{}'|y_k|$ 相同，为除 $k=0$ 以外的所有 $|x_k|$ 的值之和。

均方畸变定义为

$$\varepsilon^2 = \frac{1}{y_0^2}\sum_{k=-\infty}^{\infty}{}'y_k^2 \tag{7-8-16}$$

均方畸变所指出的物理意义与峰值畸变非常相似，这里不再重述。

时域均衡器的实现方法有多种，但从原理上分为预置式均衡和自适应式自动均衡两类。

预置式均衡是在实际数据传输之前，先传输预先规定的测试脉冲，然后按迫零调整原理调整各抽头增益；自适应式自动均衡是在数据传输过程中连续测出距最佳调整值的误差电压，并由该电压去调整各抽头的增益。一般来说，自适应式自动均衡除了能自适应信道特性随时变化外，还具有调整精度高的特点。

图 7-8-7 是预置式均衡器原理方框图。预置式均衡器是这样调整的：输入端（in）每个 $T(s)$ 送进一个来自发送端的测试单脉冲［指基带系统在冲激脉冲输入时，$G_R(\omega)$ 的输出波形］，在输出端（out）获得 $y_k(k=-N,-N+1,\cdots,N-1,N)$ 的波形。根据迫零调整原理，若得到的 y_k 为正极性，则相应的 c_k 下降适当增益 Δ；反之，若 y_k 为负极性，则相应的 c_k 上升适当增益 Δ。为实现这样的调整，在输出端将每个 y_k 依次抽样并进行极性判决，将判决的两种结果"有、无脉冲"送入控制电路，控制电路将在同一时刻（如测试信号终止时刻）把所有"极性脉冲"分别作用到相应的增益抽头上，使它们做出增加 Δ 或下降 Δ 的改变。这样，经多次调整就达到均衡的目的了。

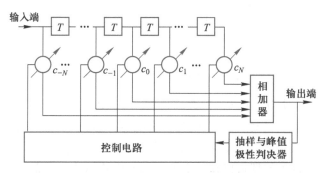

图 7-8-7　预置式均衡器原理方框图

图 7-8-8 是在最小均方（MSE）畸变准则下自适应均衡器的实例。自适应均衡器也是通过调整横向滤波器的抽头增益达到均衡目的的。但是自适应均衡器不再利用专门的单脉冲波形来调整，而是在数字信号传输过程中利用信号本身来自动均衡。下面简单介绍一

下自适应均衡器的工作原理。设发送序列为 $\{a_k\}$，每个 a_k 取值是随机的。发送序列通过基带系统（包括均衡器在内）后，将输出样值序列 $\{y_k\}$，定义下式

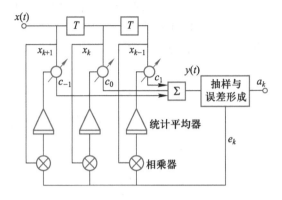

图 7-8-8　自适应均衡器的实例

$$\overline{\mu^2} = E[(y_k - a_k)^2] \tag{7-8-17}$$

为均方误差，总希望对任何 k 值，$\overline{\mu^2}$ 最小。$\overline{\mu^2}$ 值越小，表明均衡得到的效果越好。又因为

$$y_k = \sum_{i=-N}^{N} c_i x_{k-i}$$

代入式（7-8-17）可得

$$\overline{\mu^2} = E\left[\left(\sum_{i=-N}^{N} c_i x_{k-i} - a_k\right)^2\right] \tag{7-8-18}$$

可见，$\overline{\mu^2}$ 是各抽头增益 c_i 的函数。

设序列 $\{a_k\}$ 是互不相关的，并用 $Q(c)$ 表示 $\overline{\mu^2}$ 对第 i 个抽头增益 c_i 的偏导数，即

$$Q(c) = \frac{\partial \overline{\mu^2}}{\partial c_i} \tag{7-8-19}$$

将式（7-8-18）代入式（7-8-19），可得

$$Q(c) = 2E[e_k x_{k-i}] \tag{7-8-20}$$

式中

$$e_k = y_k - a_k = \sum_{i=-N}^{N} c_i x_{k-i} - a_k$$

要使 $\overline{\mu^2}$ 最小，就应使 $Q(c) = 0$。由此，得到一个重要的概念：使 $\overline{\mu^2}$ 最小，就要求误差 e_k 与均衡器输入样值 $x_{k-i}(|i| \leqslant N)$ 互不相关。这说明，抽头增益的调整应由误差 e_k 和样值 x_{k-i} 乘积的统计平均值来控制，直至使其均方误差趋于 0 为止。

图 7-8-8 中，统计平均器可以是一个求算术平均的部件，它完成如下运算：

$$\frac{1}{m} \sum_{n=1}^{m} c_n x_{n-i} \tag{7-8-21}$$

式中，m 是一次平均估算时所用的符号数。这个运算结果就是每次调整抽头增益的控制电压，只要该控制电压不等于零，就让增益增加或减少一个增量，以使该电压趋于 0。

自适应均衡器有许多实现方案，但无非是对式（7-8-21）的估计算法不同。总之是用不同的估计算法去连续估计，使误差趋于 0。目前，微处理器在自适应均衡器技术中正在发挥着积极的作用。

7.9 眼图

上面已经指出，一个实际的基带系统，尽管经过了精心设计和细心调整（包括均衡器的调整），但要使其特性完全理想是困难的，甚至是不可能的。因此，码间串扰就不能完全避免。由前面的讨论可知，码间串扰问题与发送滤波器特性、信道特性、接收滤波器特性及其他因素有关，要计算由这些因素所引起的误码率非常困难。即在码间串扰和噪声同时存在的情况下，要对系统性能进行定量的分析是很困难的，就是想得到一个近似的结果也是非常烦琐的。因此，在实际中，常采用实验的方法定性地分析系统的性能。

下面将介绍利用实验的手段方便地估计系统性能的一种方法，这就是眼图法。具体方法是：用一台示波器跨接在系统接收滤波器的输出端（即在均衡器与判决器之间跨接一台示波器），然后调整示波器的水平扫描周期（或扫描频率），使其与接收码元的周期同步。这时就可以在示波器的荧光屏上看到显示的图形，对二进制信号来说，显示的图形很像人的眼睛，所以称该图形为眼图，如图 7-9-1（c）所示。在该图形上，可以观察到码间串扰和噪声干扰的影响，从而可由眼图估计出系统性能的优劣程度。

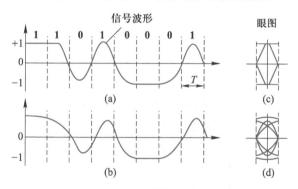

图 7-9-1　基带信号与眼图

现在来介绍这种观察方法。为了便于理解，先不考虑噪声的影响。这时，一个二进制的基带系统将在接收滤波器的输出端输出一个基带脉冲序列。如果基带系统是理想的，则输出序列的波形如图 7-9-1（a）所示；如果基带系统是非理想的，则输出基带脉冲序列波形如图 7-9-1（b）所示。现在先观察图（a）中的波形，将示波器的扫描周期调整到与码元的周期 T 相同，这时图（a）中的每一个码元都将重合在一起。尽管图（a）中的波形不是周期的（实际上是随机的），但由于荧光屏上的余辉作用，示波器仍将若干个码元重合显示，如图（c）所示。显然，由于码元间无串扰，因而重叠的波形完全重合，故示波器的迹线又细又清晰。当观察波形图（b）时，由于存在码间串扰，示波器的扫描迹线就不会完全重合，于是图形迹线粗而不清晰，如图 7-9-1（d）所示，像一个未睁开的眼睛。眼图中央的垂直线即表示最佳的抽样时刻，取值为±1，眼图中央横轴位置即为最佳

的判决门限电平。当波形存在码间串扰时，在抽样时刻得到的取值不等于±1，而分布在比+1 小，或比−1 大的区域附近，因而眼图将部分闭合。故眼图张开的大小反映出码间串扰的强弱。

当存在噪声时，眼图的迹线就更不清晰，于是眼图张开更小了。当然，从眼图上并不能观察到随机噪声的全部形态。例如出现机会少的大幅度噪声，由于它在荧光屏上一晃而过，因而人的眼睛是观察不到的，故只能大致估计噪声的强弱。为了说明眼图和系统性能之间的关系，可将眼图简化为一个模型，如图 7-9-2 所示。该图表达的意思已在图上全部标出了，现简述如下：（1）最佳抽样时刻应选在眼睛睁开最大的时刻；（2）定时误差灵敏度可由眼图的斜边的斜率决定，斜边越陡，对定时误差就越灵敏；（3）眼图的阴影区垂直高度表示信号的畸变范围；（4）图中横线位置表示判决门限电平；（5）在抽样时刻上，上下两阴影区距离之半为噪声容限（或叫噪声边际），即噪声瞬时值超过这个容限则可能发生错判；（6）眼图的宽度表明了信号可抽样的时间宽度，但最佳抽样时刻在眼睛睁开最大的时刻。

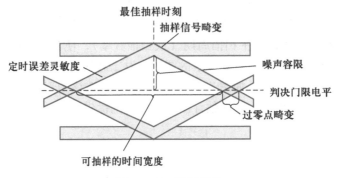

图 7-9-2　眼图模型

为了说明眼图的应用，利用上节均衡原理中所讲的最小峰值畸变准则。定义眼图的闭合度为 H_P，且 H_P 就是上节所讲的峰值畸变，即 $H_P = D_P$，而眼图的垂直张开度为 $1 - H_P$。如果眼图完全张开，就表明系统的峰值畸变接近零，则意味码间串扰为零。这样就可以利用眼图的张开闭合程度，估算出基带系统的畸变情况，从而估计系统的误码概率。

以上所提到的眼图是在信号为两电平的情况下得到的，如果是多电平的系统，则可以得到多层次的眼图。

习　题

7-1　设有数字序列为：$\{a_n\} = \{010011000001011100001\}$。

① 试画出对应的单极性 NRZ、RZ 和双极性 NRZ、RZ、差分码、AMI 码及 HDB₃ 码对应的波形；

② 试画出绝对码和相对码互相转换的电路图及绝对码和相对码波形图。

7-2 试写出对应全 **0** 码、全 **1** 码及 32 位循环码的 HDB$_3$ 码（32 位循环码为 **11101100011111001101001000001010**）。

7-3 假设差分编码器输入端的数据流为 **01101000101**。试根据编码器初始状态的不同，找出编码器输出端可能出现的两种差分编码数据流。

7-4 什么叫码间串扰？试说明其产生的原因及消除码间串扰的方法。

7-5 设有一传输信道，信道带宽为 300～3 000 Hz，现欲传输基带信号，其带宽为 0～1 200 Hz，试问：

① 该基带信号能否在此信道中直接传输？为什么？

② 若分别采用 DSB 及 SSB 两种调制方式传输，那么如何选择调制器所需的载波频率？

7-6 考查一个具有矩形 RZ 脉冲形状的二进制波形的频谱性质，脉冲形状由下式给定：

$$f(t) = \prod\left(\frac{2t}{T_s}\right)$$

其中，T_s 指发送一个二进制符号所需的时间。

① 当二进制符号以相同的概率出现，并且二进制波形的峰值信号电平为 +10 V 时，确定二进制传输脉冲的 PSD 表达式。

② 传输脉冲的零点带宽是多少？

7-7 设二进制随机序列中 **0** 和 **1** 分别用 $g(t)$ 和 $-g(t)$ 表示，它们出现的概率分别为 P 和 $1-P$。

① 写出随机序列功率谱中连续谱部分和离散谱部分的表达式；

② 若 $g(t)$ 是如图 E7-1（a）所示的波形，T 为码元宽度$\left(f_T = \dfrac{1}{T}\right)$。试问该随机序列中能否直接提取码元定时分量 f_T？

③ 若 $g(t)$ 是如图 E7-1（b）所示的波形，试问该随机序列中是否可提取 f_T 分量？若可以，请计算此分量的大小。

7-8 随机二进制序列中 **0** 和 **1** 分别用 $g_1(t)$ 和 $g_2(t)$ 表示，设

$$g_1(t) = \begin{cases} \dfrac{1}{2}\left(1 + \cos\dfrac{2\pi t}{T}\right) & -\dfrac{T}{2} \leq t \leq \dfrac{T}{2} \\ 0 & |t| \geq \dfrac{T}{2} \end{cases}$$

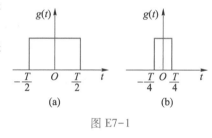

图 E7-1

① 当 $g_1(t)$ 和 $g_2(t)$ 出现的概率均为 1/2 时，试求 $g_2(t)$ 为 0 和 $g_2(t) = -g_1(t)$ 两种情况下，随机序列的功率谱密度；

② 在①中，当 $g_2(t)$ 为 0 时，能否直接从该随机序列中提取出 f_T 分量？若可以的话，f_T 分量的功率为多少？

7-9 考察一个由二进制码元 **1** 和 **0** 组成的随机数据序列，其中 **1** 和 **0** 出现的概率均为 1/2。假设将该数据编码为极性码类型的波形，使得每一位数据的脉冲形状可以由下式给出

$$f(t) = \begin{cases} \cos\left(\dfrac{\pi t}{T_b}\right) & |t| < T_b/2 \\ 0 & |t| \text{为其他值} \end{cases}$$

其中，T_b 是发送一位数据所需要的时间。

① 画出此波形的示意图；

② 找出此波形的功率谱密度表达式，并将结果画出；

③ 传输此类二进制信号时，系统的频谱利用率是多少？

7-10 考察一个由二进制码元 **1** 和 **0** 组成的随机数据序列，其中 **1** 和 **0** 出现的概率均为 1/2。试在以下类型的信号格式条件下，计算信号的 PSD，设发送一位数据所需时间为 T_b。

① 双极性 RZ 信号，其中脉冲宽度为 $\tau = \frac{1}{2}T_b$；

② 曼彻斯特 RZ 信号，其中脉冲宽度为 $\tau = \frac{1}{4}T_b$。

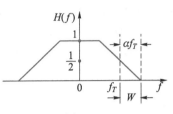

图 E7-2

7-11 设斜切滤波器的频谱特性如图 E7-2 所示，试求该滤波器的冲激响应，并回答以下问题：

① 当传输速率为 $2f_T$ 时，在抽样点有无码间串扰？

② 与理想低通滤波器特性相比，由于码元定时误差的影响所引起的码间串扰是增大了还是减小了？

③ 当 $\alpha = 1$ 时，将 $H(f)$ 分成三段，试检验在 $-\frac{1}{2T} \leqslant f \leqslant \frac{1}{2T}$（$T = 1/f_T$）区间内 $H(f)$ 是否能叠成矩形低通传输特性？

7-12 设基带传输系统的发送滤波器、信道及接收滤波器组成的总特性 $H(\omega)$ 如图 E7-3 所示，若要求以 $2/T$ Baud 的速率进行数据传输，试检验图中各种 $H(\omega)$ 是否满足无码间串扰的条件。

7-13 已知基带传输系统的传输特性具有图 E7-4 中的矩形及升余弦特性，当采用以下速率进行数据传输时，指出哪些情况下无码间串扰，哪些情况下会引起码间串扰。

① $R_B = 1\,000$ Baud；② $R_B = 2\,000$ Baud；③ $R_B = 1\,500$ Baud；④ $R_B = 3\,000$ Baud。

7-14 设无码间串扰的传输系统具有 $\alpha = 1$ 的升余弦传输特性。

① 试求该系统的最高无码间串扰的码元传输速率及单位频带的码元传输速率；

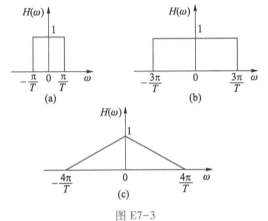

图 E7-3

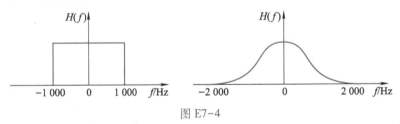

图 E7-4

② 若输入信号由单位冲激函数改为宽度为 T 的不归零脉冲，并保持输出波形不变，试求这时的系统传输特性；

③ 当升余弦谱传输特性的 $\alpha = 0.25$ 及 $\alpha = 0.5$ 时，若要传输 PCM30/32 路的数字电话（数码率为 $2\,048$ kbit/s），试求系统所需要的最小带宽。

7-15 设某传输系统具有如下的带通传输特性：

$$H(\omega) = \begin{cases} \dfrac{T}{2} & \dfrac{\pi}{T} \leqslant |\omega| \leqslant \dfrac{2\pi}{T} \\ 0 & \text{其他} \end{cases}$$

① 试求该系统的冲激响应函数；

② 对该频谱特性采用分段叠加后，试检验是否符合理想滤波器特性？

③ 该系统的最高码元传输速率为多少？单位频带的码元传输速率为多少？

7-16 一理想基带二进制传输系统中叠加有均值为零，方差为 σ^2 的高斯白噪声，二进制符号 **1** 用波形 $g_1(t)$ 表示，判决时刻的信号峰值为 A，二进制符号 **0** 对应波形为 0。试求该基带传输系统的误码率。

7-17 在一个二进制通信系统中接收机的统计检验量（接收机抽样）$r_0(t_0)=r_0$，由双极性信号加噪声组成。双极性信号的值为 $s_{01}=+A$ 和 $s_{02}=-A$。假定噪声服从拉普拉斯分布，即

$$f(n_0)=\frac{1}{\sqrt{2}\sigma_0}\mathrm{e}^{-\sqrt{2}\,|n_0|/\sigma_0}$$

其中，σ_0 是噪声的方均根值。

① 试求当信号服从等概分布时的误码率 P_e 及最优门限 v_T；

② 画出以 A/σ_0 为变量的 P_e 曲线；

③ 将噪声服从高斯分布时的误码率曲线与②进行比较。

7-18 某无码间串扰的二进制基带传输系统中，已知抽样时刻信号电压为 1 V，噪声的方差 $\sigma^2=20\,\mathrm{mW}$，试分别求出系统采用单极性和双极性脉冲传输时的误码率［注：当 $x\geqslant5$ 时，$\mathrm{erfc}(x)\approx\dfrac{\mathrm{e}^{-x^2}}{\sqrt{\pi}x}$］。

7-19 若一基带传输系统具有无码间串扰特性，即传输特性 $H(\omega)$ 满足

$$H_{eq}(\omega)=\begin{cases}\sum\limits_i H\left(\omega+\dfrac{2i\pi}{T}\right)=T & |\omega|\leqslant\dfrac{\pi}{T}\\[2mm]0 & |\omega|>\dfrac{\pi}{T}\end{cases}$$

试证明：

$$\frac{1}{2\pi}\int_{-\infty}^{\infty}|H(\omega)|\mathrm{d}\omega=1$$

7-20 设基带传输系统具有如下升余弦谱特性

$$H(\omega)=\begin{cases}\dfrac{T}{2}\left(1+\cos\dfrac{\omega T}{2}\right) & |\omega|\leqslant\dfrac{2\pi}{T}\\[2mm]0 & |\omega|>\dfrac{2\pi}{T}\end{cases}$$

若输入信号 L 种电平等概出现，分别为 $0,\pm2d,\pm4d,\cdots,\pm(L-2)d$。另外，设发送滤波器为 $G_T(\omega)=H(\omega)$，信道具有理想特性，但叠加有高斯噪声，噪声功率谱为 $\dfrac{n_0}{2}$，接收滤波器特性为

$$G_R(\omega)=\begin{cases}1 & |\omega|\leqslant\dfrac{2\pi}{T}\\[2mm]0 & |\omega|>\dfrac{2\pi}{T}\end{cases}$$

试写出该基带传输系统分别用 d 和平均功率 S 表示的误码率公式。

7-21 为了传输速率为 R_b 的二进制数据码流，现有如图 E7-5 所示的三种接收滤波器特性可供选择，试问该选择哪一种？为什么？

7-22 设信息传输速率为 128 kbit/s，若采用 $\alpha=0.4$ 的升余弦滚降频谱信号传输。

① 试求信号的时域表示式；

② 画出信号的频谱结构图。

7-23 已知二进制数字信息序列为：**1001011100110001010**，采用第Ⅳ类部分响应信号传输。

① 画出编、译码器方框图；

② 写出编、译码器各点信号的抽样值序列。

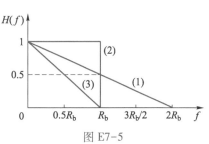

图 E7-5

7-24　设有一个三抽头的时域均衡器，如图 E7-6 所示。抽头增益分别为 $c_{-1} = -1/3$、$c_0 = 1$、$c_{+1} = 1/4$。$x(t)$ 在各抽样点上的值依次为 $x_{-2} = 1/8$，$x_{-1} = 1/3$，$x_0 = 1$，$x_{+1} = 1/4$，$x_{+2} = 1/16$（其他抽样点上的值均为 0），试求输入波形 $x(t)$ 的峰值畸变值及均衡输出波形 $y(t)$ 的峰值畸变值。

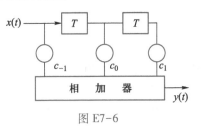

7-25　设有三抽头时域均衡器，输入信号 $x(t)$ 在各抽样点上的值依次为 $x_{-2} = 0.1$，$x_{-1} = 0.2$，$x_0 = 1$，$x_{+1} = -0.3$，$x_{+2} = 0.1$（其他抽样点上的值均为 0），试用"迫零调整法"计算均衡器抽头增益值。

图 E7-6

7-26　某信道输出端单个脉冲的抽样值为 0.02，-0.10，0.2，-0.2，1.0，-0.1，0.1，0.05 和 -0.01，抽样间隔为符号长度。

① 求能在主冲激响应的两边各提供一个零点的三抽头横向滤波器的抽头增益；

② 求在均衡器的输出端距离最大抽样值 ±2 和 ±3 个抽样时间间隔处的抽样值。

7-27　设输入信号的频谱特性满足

$$X_{eq}(\omega) = \begin{cases} T / \cos \dfrac{\omega T}{2} & |\omega| \leqslant \dfrac{\pi}{T} \\[2mm] 0 & |\omega| > \dfrac{\pi}{T} \end{cases}$$

试求横向滤波器（设只取 4 节）各抽头的增益 c_i。

7-28　一随机二进制序列为 10110001…，符号 0 对应于升余弦波形，1 波形与 0 波形相反，设升余弦波的持续时间为 T。

① 当示波器扫描周期 $T_0 = T$ 时，试画出此时的眼图；当 $T_0 = 2T$ 时重画眼图；

② 比较以上两个眼图的下列指标：最佳抽样判决时刻、判决门限及噪声容限值。

7-29　已知系统的传输特性如图 E7-7 所示。

① 试证明此系统可以构成无码间串扰系统；

② 求该系统的最高传输速率；

③ 系统的频带利用率是多少？

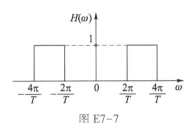

图 E7-7

第8章

数字载波传输系统

8.1 引言

前一章已经讲过，数字传输系统分为基带传输系统和载波传输系统。为了适应某种需要（如无线信道传输或多路信号复用等），大部分通信系统采用载波传输方式。这时在发射端需将数字基带信号对载波进行调制得到已调信号，已调信号经信道传输，在接收端经解调后恢复为数字基带信号。

数字信号对载波的调制与模拟信号对载波的调制过程类似，同样可以用数字信号去控制正弦载波的振幅、频率或相位的变化。但由于数字信号具有时间和取值离散的特点，从而使受控载波的参数变化过程离散化，故这种调制过程又称为"键控法"。

数字信号对载波的幅度调制称为幅移键控，记为 ASK（amplitude shift keying）；对载波的频率调制称为频移键控，记为 FSK（frequency shift keying）；对载波的相位调制称为相移键控，记为 PSK（phase shift keying）。

调制信号是二进制数字信号时的调制称为二进制数字调制。二进制数字调制系统中，载波的振幅、频率及相位只有两种变化状态，这时的幅度调制、频率调制及相位调制分别记为 2ASK、2FSK 及 2PSK。如果要求系统传输的有效性进一步提高，可采用多进制数字调制方式（如 4PSK 及 8PSK 等）。

本章将讨论数字信号载波调制及解调原理、已调信号的频谱宽度及载波传输系统的抗噪声性能等。本章最后还介绍了提高通信系统传输信息有效性的多进制数字调制技术。

8.2　二进制数字调制信号及其功率谱

最常用的二进制数字调制方式有幅移键控（2ASK）、频移键控（2FSK）及相移键控（2PSK 及 2DPSK）等。下面分别讨论这些二进制数字已调信号的产生方法、功率谱及解调过程。

8.2.1　2ASK 信号

ASK 信号的产生模型如图 8-2-1（a）所示，即数字基带信号与高频载波相乘，再通过带通滤波器（BPF）后输出 ASK 信号。

设数字基带信号为 $S_D(t)$，载波为 $A\cos\omega_0 t$，则输出信号 $S_{ASK}(t)$ 为

$$S_{ASK}(t) = S_D(t) \cdot A\cos\omega_0 t \tag{8-2-1}$$

当 $S_D(t)$ 为二进制单极性不归零矩形脉冲时，输出的信号为 2ASK 波形，如图 8-2-1（b）所示。当信号为 **1** 码时，输出载波 $A\cos\omega_0 t$；当信号为 **0** 码时，输出为零。这相当于载波信号在二进制码元 **1** 或 **0** 的控制下导通或断开，故这种二进制幅移键控方式也称为开关键控，记为 OOK（on-off keying）。

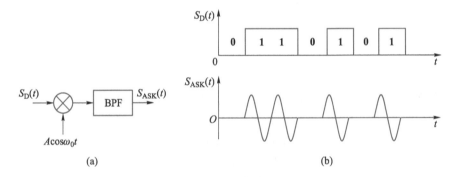

图 8-2-1　ASK 信号产生原理及波形

一般情况下，数字基带信号 $S_D(t)$ 可写为

$$S_D(t) = \sum_n a_n g(t - nT) \tag{8-2-2}$$

式中，T 为码元宽度；$g(t)$ 是宽度为 T，高度为 1 的矩形脉冲；a_n 为二进制码元，且

$$a_n = \begin{cases} 1 & \text{概率为 } P \\ 0 & \text{概率为 } 1-P \end{cases} \tag{8-2-3}$$

设数字基带信号 $S_D(t)$ 的频谱为 $S_D(\omega)$，则式（8-2-1）的傅里叶变换为

$$S_{ASK}(\omega) = \mathscr{F}\left[S_{ASK}(t)\right]$$

$$= \frac{A}{2}\left[S_D(\omega-\omega_0) + S_D(\omega+\omega_0)\right] \tag{8-2-4}$$

设 $S_D(\omega-\omega_0)$ 与 $S_D(\omega+\omega_0)$ 在频率轴上不重叠，则式（8-2-4）对应的功率谱密度为

$$P_{ASK}(\omega) = \frac{A^2}{4}\left[P_D(\omega-\omega_0) + P_D(\omega+\omega_0)\right] \tag{8-2-5}$$

式中，$P_{\mathrm{D}}(\omega)$ 是数字基带信号 $S_{\mathrm{D}}(t)$ 的功率谱。由于 $S_{\mathrm{D}}(t)$ 为单极性不归零矩形脉冲序列，根据第 7 章对基带数字随机脉冲序列功率谱的分析，可得 $P_{\mathrm{D}}(\omega)$ 为

$$P_{\mathrm{D}}(\omega) = f_T P(1-P) \mid G(\omega) \mid^2 + f_T^2 P^2 \sum_{m=-\infty}^{\infty} \mid G(m\omega_T) \mid^2 \delta(\omega - m\omega_T) \qquad (8\text{-}2\text{-}6)$$

式中，$G(\omega)$ 为 $g(t)$ 的傅里叶变换，$\omega_T = 2\pi f_T = 2\pi/T$。

对矩形脉冲 $g(t)$ 来说，有

$$\mid G(\omega) \mid^2 = T^2 \mathrm{Sa}^2\left(\frac{\omega T}{2}\right) \qquad (8\text{-}2\text{-}7)$$

假定 $P = 1-P = \dfrac{1}{2}$，即序列中码元 **1** 与 **0** 等概出现，则有

$$P_{\mathrm{D}}(\omega) = \frac{1}{4}f_T \mid G(\omega) \mid^2 + \frac{1}{4}f_T^2 \mid G(0) \mid^2 \delta(\omega)$$

$$= \frac{T}{4}\mathrm{Sa}^2\left(\frac{\omega T}{2}\right) + \frac{1}{4}\delta(\omega) \qquad (8\text{-}2\text{-}8)$$

将式（8-2-8）代入式（8-2-5）中，得到

$$P_{\mathrm{ASK}}(\omega) = \frac{A^2 T}{16}\left\{\mathrm{Sa}^2\left[\frac{(\omega-\omega_0)T}{2}\right] + \mathrm{Sa}^2\left[\frac{(\omega+\omega_0)T}{2}\right]\right\}$$

$$+ \frac{A^2}{16}\left[\delta(\omega-\omega_0) + \delta(\omega+\omega_0)\right] \qquad (8\text{-}2\text{-}9)$$

2ASK 信号的功率谱如图 8-2-2 所示。由图看出，ASK 信号的功率谱就是把数字基带信号 $S_{\mathrm{D}}(t)$ 的功率谱加权后分别搬移到 $\pm\omega_0$ 处，所以 ASK 信号的带宽是数字基带信号带宽的两倍。若只考虑数字基带信号频谱的主瓣，则 2ASK 信号的带宽为

$$B = 2f_T \quad （\mathrm{Hz}） \qquad (8\text{-}2\text{-}10)$$

式中，$f_T = 1/T$ 为码元速率，所以 2ASK 信号的频带利用率为 $\dfrac{1}{2}$ b/（s·Hz）。

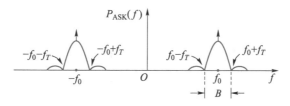

图 8-2-2　2ASK 信号的功率谱

对 2ASK 信号的解调可以像对模拟幅度调制信号一样，采用相干解调和包络检波两种方式。所不同的是，二进制数字信号传输系统中，由于被传输的信号只有 **1** 和 **0** 两种，因此需在每个码元的间隔内做出判决，这由抽样判决电路来完成。图 8-2-3（a）和（b）分别画出了两种方式的解调框图，其中，图（a）所示为相干（同步）检波法解调；图（b）所示为非相干（包络检波法）解调。

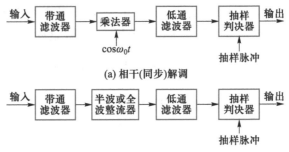

(a) 相干(同步)解调

(b) 非相干(包络检波法)解调

图 8-2-3　2ASK 信号的解调方式

8.2.2　2FSK 信号

频移键控（FSK）是用不同频率的载波来传送数字信号。二进制频移键控（2FSK）是用两个不同频率的载波来代表数字信号 **1** 和 **0**。**1** 对应于载波频率 f_1，**0** 对应于载波频率 f_2。2FSK 信号的典型波形如图 8-2-4 所示。

2FSK 信号的产生方法有两种：一是直接调频法，即用数字脉冲直接控制振荡器的某个参数从而实现调频，这种方法产生的调频信号相位是连续的，且产生容易，但频率稳定度较差；二是键控法，即用数字信号 $S_D(t)$ 去控制两个载波 f_1 和 f_2 的通断，如图 8-2-5 所示，该方法可用数字电路实现，转换速度快、波形好、频率稳定度高，但由于 f_1 和 f_2 是两个独立的振荡源，因此输出的信号相位一般不连续。

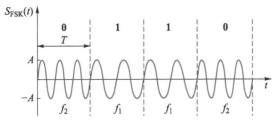

图 8-2-4　2FSK 信号的典型波形图

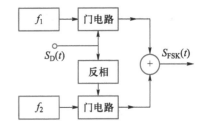

图 8-2-5　键控法产生 2FSK
信号原理图

FSK 属于非线性调制，讨论频谱比较困难。分析 FSK 信号的频谱一般有两种方法，即相位连续分析法和相位不连续分析法。前一种分析法过程复杂，这里采用后一种分析法。

在一定的近似条件下，可以把 2FSK 信号 $S_{FSK}(t)$（如图 8-2-4 所示）看成是载频为 f_1 和 f_2 的两个 2ASK 信号之和，即信号 $S_{FSK}(t)$ 可表示为

$$S_{FSK}(t)=S_1(t)\cos\omega_1 t+S_2(t)\cos\omega_2 t \tag{8-2-11}$$

式中，$S_1(t)=\sum_n a_n g(t-nT)$，$S_2(t)=\sum_n \overline{a_n} g(t-nT)$，$\overline{a_n}$ 是 a_n 的反码，且有

$$a_n=\begin{cases}1 & \text{概率为 } P \\ 0 & \text{概率为 } 1-P\end{cases}\qquad \overline{a_n}=\begin{cases}0 & \text{概率为 } P \\ 1 & \text{概率为 } 1-P\end{cases}$$

$S_{FSK}(t)$ 的功率谱密度 $P_{FSK}(\omega)$，可由它的自相关函数求傅里叶变换得到，但这里可直接引用 2ASK 信号的功率谱得到 $P_{FSK}(\omega)$。由公式（8-2-9）有

$$P_{\text{FSK}}(\omega) = \frac{T}{16}\left\{ \text{Sa}^2\left[\frac{(\omega - \omega_1)T}{2} \right] + \text{Sa}^2\left[\frac{(\omega + \omega_1)T}{2} \right] + \text{Sa}^2\left[\frac{(\omega - \omega_2)T}{2} \right] + \text{Sa}^2\left[\frac{(\omega + \omega_2)T}{2} \right] \right\}$$

$$+ \frac{1}{16}\left[\delta(\omega - \omega_1) + \delta(\omega + \omega_1) + \delta(\omega - \omega_2) + \delta(\omega + \omega_2) \right] \qquad (8\text{-}2\text{-}12)$$

$P_{\text{FSK}}(\omega)$（单边谱）如图 8-2-6 所示。图中，$f_0 = \dfrac{f_1 + f_2}{2}$ 为两个载频的平均值。由图可见，2FSK 的功率谱密度由连续谱和离散谱组成，连续谱由两个双边谱组成，离散谱出现在两个载频的位置上，当两个载频之差 $(f_1 - f_2)$ 变小时（如小于 f_T），连续谱将由双峰（图中的 a）变为单峰（图中的 b）。

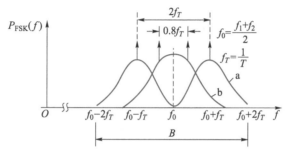

图 8-2-6　2FSK 信号功率谱

由图 8-2-6 还可看出，FSK 信号的带宽约为

$$B = |f_1 - f_2| + 2f_T \qquad (8\text{-}2\text{-}13)$$

式中，$f_T = 1/T$ 为码元传输速率，$|f_1 - f_2|$ 为两个载频的差值，通常选为 f_T 的整数倍，即

$$|f_1 - f_2| = m \cdot f_T \qquad (8\text{-}2\text{-}14)$$

式中，m 为正整数，将式（8-2-14）代入式（8-2-13）得到

$$B = m \cdot f_T + 2f_T \qquad (8\text{-}2\text{-}15)$$

当 $m = 1$ 时，2FSK 信号具有最小带宽，为

$$B_{\min} = f_T + 2f_T = 3f_T \qquad (8\text{-}2\text{-}16)$$

可见，2FSK 信号的最小带宽为码元传输速率的 3 倍，这时系统的频带利用率为 $R/B = \dfrac{1}{3}$ b/(s·Hz)，比 2ASK 系统的频带利用率低。

2FSK 信号常采用相干方式和非相干方式进行解调，分别如图 8-2-7（a）和（b）所示，其原理与 2ASK 信号解调时相同，只是包含了上、下两路而已，此时的抽样判决器用来判定哪一路输入样值大，不需要设置门限电平。

此外，2FSK 信号还有其他的解调方法，例如鉴频法、差分检波法及过零点检测法等。鉴频法在模拟调频中已经讲过，这里不再重复。差分检波法有一定的条件限制，一般较少采用。过零点检测法是一种常用的方法，这里稍作介绍。这种方法的基本思想是用 FSK 信号的过零数来检测 FSK 信号的频率变化。将 FSK 信号经限幅、微分、整流得到与频率变化相应的单极脉冲序列（该序列就代表调频波的过零点数），然后再经过脉冲形成电路形成一定宽度的脉冲，经 LPF（低通滤波器）后得到相应的数字信号，其原理框图及各点波形如图 8-2-8 所示。

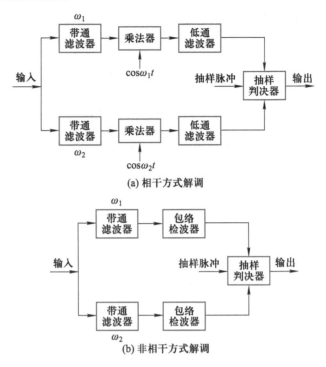

(a) 相干方式解调

(b) 非相干方式解调

图 8-2-7　2FSK 信号的解调

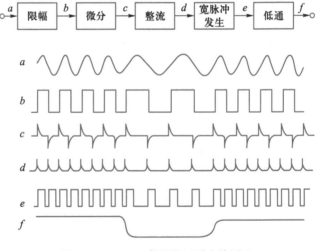

图 8-2-8　2FSK 信号的过零点检测法

8.2.3　2PSK 与 2DPSK 信号

二进制相移键控是用同一个载波的两种相位来表示数字信号。由于相移键控系统抗噪声性能优于 ASK 和 FSK，而且频带利用率较高，所以在中、高速数字通信系统中被广泛采用。

数字调相（相移键控）常分为：① 绝对调相，记为 PSK；② 相对调相，记为 DPSK。对于二进制的绝对调相记为 2PSK，相对调相记为 2DPSK。

所谓绝对调相，即 PSK，是利用载波的不同相位去直接传送数字信息的一种方式。对于二进制信号，假设用载波相位 $\varphi_1 = 0$ 代表 **0** 码，$\varphi_2 = \pi$ 代表 **1** 码（当然，码元与相位的对应关系也可以相反），则受控载波在 0、π 两个相位上变化，PSK 信号波形如图 8-2-9（b）所示。图 8-2-9（a）表示数字信号 $S_D(t)$（也称绝对码）。

另一种调相方式称为相对调相，即 DPSK，也称为差分调相。这种方式用前后码元载波相位的相对变化来传送数字信号。对二进制信号，假设用 $\Delta\varphi_1 = 0$ 代表 **0** 码，$\Delta\varphi_2 = \pi$ 代表 **1** 码（码元与相位的对应关系也可以相反），即当绝对码为 **0** 时，DPSK 的载波相位与前一码元的载波相位相同；当绝对码为 **1** 时，载波相位与前一码元的载波相位相差 π，DPSK 信号波形如图 8-2-9（d）所示。DPSK 信号也可以认为是将绝对码变为差分码（即相对码）之后，再用差分码按绝对调相的方式进行调制得到的 PSK 信号。图 8-2-9（c）中为差分码（相对码），它由图 8-2-8（a）中的绝对码变换而来，即图 8-2-9（d）所示的 DPSK 信号波形可由图 8-2-9（c）中的差分码按绝对调相方式得到。

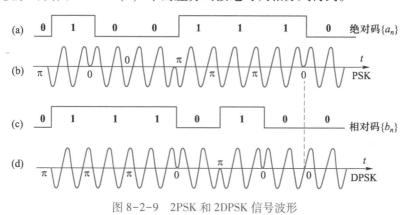

图 8-2-9　2PSK 和 2DPSK 信号波形

DPSK 信号与差分码之间是绝对调相关系。绝对码 $\{a_n\}$ 与差分码 $\{b_n\}$ 之间的关系为

$$b_n = b_{n-1} \oplus a_n \quad （\text{模 2 加}）$$

或

$$a_n = b_{n-1} \oplus b_n \quad （\text{模 2 加}）$$

即绝对码本身的值决定了传输的数字信息，与前后码元无关；相对码却是用前后脉冲的差别来传输数字信息的。绝对码 $\{a_n\}$ 与相对码 $\{b_n\}$ 可以用图 7-2-2 所示的两电路实现相互转换。

由以上 PSK 和 DPSK 的定义可见，PSK 实际上是以一个固定参考相位的载波为基准的，因而解调时也必须要有一个参考相位固定的载波。实际通信系统中的载波恢复电路由于各种干扰的影响常会引起参考相位发生变化（也称为"倒相"或"相位模糊"，即 0 相位变为 π 相位或 π 相位变为 0 相位），这时恢复出的数字信号就会发生 **0** 和 **1** 码反向（即 **0** 变为 **1** 或 **1** 变为 **0**），这种情况称为"反向工作"或"倒 π"现象。然而在 DPSK 系统中，由于码元状态只与相对相位有关，而与绝对相位无关，故解调时不存在反向工作的问题，所以实际系统中大多采用 DPSK 方式。

2PSK 信号的产生方法有两种：直接调相法和选择相位法，如图 8-2-10（a）和图 8-2-10（b）所示。图 8-2-10（a）中，电平转换器将输入的二进制单极性码转换为双极性码。产生 2DPSK 信号的方法通常是：首先对数字基带信号进行码变换（即将绝对码变为差分码），然后再进行绝对调相，如图 8-2-10（c）所示。

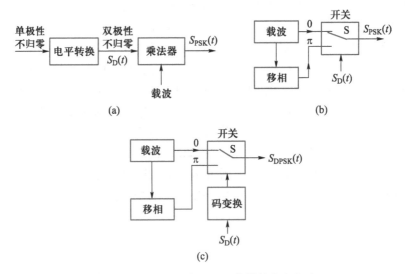

图 8-2-10　2PSK 及 2DPSK 信号的产生方法

由 2PSK 信号产生的原理图看出，$S_{\mathrm{PSK}}(t)$ 是一种在双极性数字基带信号调制下的抑制载波的双边带调幅信号，时域表示式为

$$S_{\mathrm{PSK}}(t) = S_{\mathrm{D}}(t) \cdot A\cos(\omega_0 t + \theta_0) \tag{8-2-17}$$

式中，$S_{\mathrm{D}}(t)$ 为双极性数字基带信号，电平取 +1 或 −1，码元宽度为 T。

如果 $S_{\mathrm{D}}(t)$ 是由绝对码转换成的相对码，那么式（8-2-17）表示的 $S_{\mathrm{PSK}}(t)$ 就是相对调相信号 $S_{\mathrm{DPSK}}(t)$。

由 PSK、DPSK 的波形和 $S_{\mathrm{PSK}}(t)$ 的表达式（8-2-17）看出，相移键控信号的功率谱是很容易求得的。由于 $S_{\mathrm{D}}(t)$ 是双极性数字信号，所以 $S_{\mathrm{PSK}}(t)$ 中无直流分量。设 $S_{\mathrm{D}}(t)$ 的功率谱为 $P_{\mathrm{D}}(\omega)$，则由式（8-2-17）可直接写出

$$P_{\mathrm{PSK}}(\omega) = \frac{A^2}{4}\left[P_{\mathrm{D}}(\omega - \omega_0) + P_{\mathrm{D}}(\omega + \omega_0) \right] \tag{8-2-18}$$

若 $S_{\mathrm{D}}(t)$ 为取值 +1 或 −1 的矩形脉冲（码元宽为 T），则

$$P_{\mathrm{PSK}}(\omega) = \frac{A^2 T}{4}\left\{ \mathrm{Sa}^2\left[\frac{(\omega - \omega_0)T}{2} \right] + \mathrm{Sa}^2\left[\frac{(\omega + \omega_0)T}{2} \right] \right\} \tag{8-2-19}$$

由式（8-2-19）看出，$P_{\mathrm{PSK}}(\omega)$ 中并无离散谱分量。比较式（8-2-19）与式（8-2-9）可以发现，$P_{\mathrm{PSK}}(\omega)$ 除无离散谱分量外，具有与 $P_{\mathrm{ASK}}(\omega)$ 相同的结构（连续谱）。因而，PSK 信号带宽与 ASK 信号相同，为 $B = 2f_T$，即 PSK 或 DPSK 信号的带宽是数字基带信号带宽的 2 倍，所以二进制相移系统的频带利用率是 $\frac{1}{2}$ b/（s·Hz）。

PSK 信号必须用相干解调方式进行解调，其原理框图如图 8-2-11（a）所示。由于 PSK 信号的相位和参考相位的关系是固定的，所以相干解调实际上就是将输入的 PSK 信号与本地恢复的相干载波进行相位比较，根据相位相同或相反形成二进制（绝对）码。图中

的解调过程实质上是已调信号与本地载波进行极性比较的过程，因此这种解调方式又称为极性比较法。

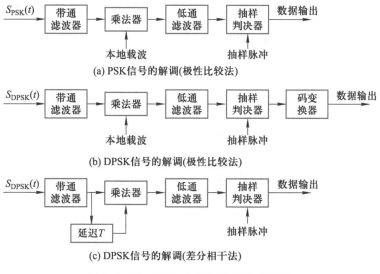

图 8-2-11　2PSK 及 2DPSK 信号的解调

显然，由图 8-2-10（c）中 2DPSK 信号的产生过程可以看出，2DPSK 信号也可以采用极性比较法进行解调，但必须把输出的相对码序列再变成绝对码序列，如图 8-2-11（b）所示。此外，2DPSK 信号还可以采用另一种方法进行解调：差分相干法。这种方法不需要恢复本地载波，只需将 2DPSK 信号延迟一个码元间隔，然后与 2DPSK 信号本身相乘，其原理框图如图 8-2-11（c）所示。在这种解调方式中，由于相乘的结果反映了前、后码元的相位关系，因此经低通滤波后可直接抽样判决恢复原始数字信号，而无须进行码变换。差分相干解调法又称为相位比较法，因为它实质上是通过比较 DPSK 信号前、后码元的相位差来解调信号的。由于这种解调法无须恢复本地载波，故是一种很实用的方法。不过通过后面的讨论会看到，DPSK 系统的抗噪声性能不如 PSK 系统。

8.3　二进制数字调制系统的性能分析

以上讨论了二进制数字调制系统的工作原理，下面将讨论二进制数字调制系统的抗噪声性能。

8.3.1　2ASK 系统的抗噪声性能

系统的抗噪声性能是通信系统的主要指标。在模拟通信系统中，抗噪声性能由系统输出端的信噪比 S/N 来衡量；数字通信系统中则由接收机输出端的误码率 P_e 来表示。当然 P_e 与信噪比（或码元能量与平均噪声功率之比）有关，在一定的准则下，误码率 P_e 与信噪比对系统的抗噪声性能的衡量是一致的。

对二进制 ASK 系统来说，在一个码元持续时间 T 内，发送信号波形为

$$S_{ASK}(t)=\begin{cases}S_1(t) & \text{当发送 } \mathbf{1} \text{ 时} \\ 0 & \text{当发送 } \mathbf{0} \text{ 时}\end{cases} \qquad (8\text{-}3\text{-}1)$$

式中
$$S_1(t) = \begin{cases} A\cos\omega_0 t & 0 \leq t \leq T \\ 0 & \text{其他} \end{cases} \quad (8\text{-}3\text{-}2)$$

信号通过信道时叠加了噪声 $n(t)$，假设信道中的噪声 $n(t)$ 为高斯分布的白噪声，其双边功率谱密度为 $\dfrac{n_0}{2}$。因此，接收端输入波形为

$$S_i(t) = S_{\text{ASK}}(t) + n(t) = \begin{cases} S_1(t) + n(t) & \text{当发送 1 时} \\ n(t) & \text{当发送 0 时} \end{cases} \quad (8\text{-}3\text{-}3)$$

由于对 2ASK 信号的解调可以采用相干解调和包络检波法解调两种方式，如图 8-2-3（a）和（b）所示。所以对 ASK 系统误码率的分析，分相干 ASK 和非相干 ASK 两种情况来进行讨论。

假设图 8-2-3 中的带通滤波器具有理想特性，能让信号不失真地通过，则带通滤波器的输出波形 $S(t)$ 为

$$S(t) = S_{\text{ASK}}(t) + n_i(t) = \begin{cases} S_1(t) + n_i(t) & \text{当发送 1 时} \\ n_i(t) & \text{当发送 0 时} \end{cases} \quad (8\text{-}3\text{-}4)$$

式中，$n_i(t)$ 为高斯白噪声通过带通滤波器后的窄带噪声。由第 3 章对窄带噪声的讨论可知，$n_i(t)$ 可以表示为

$$n_i(t) = n_c(t)\cos\omega_0 t - n_s(t)\sin\omega_0 t = R(t)\cos[\omega_0 t + \theta(t)] \quad (8\text{-}3\text{-}5)$$

因此

$$
\begin{aligned}
S(t) &= \begin{cases} A\cos\omega_0 t + n_c(t)\cos\omega_0 t - n_s(t)\sin\omega_0 t \\ n_c(t)\cos\omega_0 t - n_s(t)\sin\omega_0 t \end{cases} \\
&= \begin{cases} [A + n_c(t)]\cos\omega_0 t - n_s(t)\sin\omega_0 t & \text{当发送 1 时} \\ n_c(t)\cos\omega_0 t - n_s(t)\sin\omega_0 t & \text{当发送 0 时} \end{cases}
\end{aligned} \quad (8\text{-}3\text{-}6)
$$

下面分别计算相干 ASK 和非相干 ASK 解调时，系统的误码率。

1. 相干解调时 ASK 系统的误码率

为计算相干解调时 ASK 系统的误码率，必须知道抽样判决器前噪声的分布情况，以确定最佳判决电平。参考图 8-2-3（a），带通滤波器的输出波形 $S(t)$ 经乘法器和低通滤波器后，到达抽样判决器输入端的波形 $x(t)$ 为

$$x(t) = \begin{cases} A + n_c(t) & \text{当发送 1 时} \\ n_c(t) & \text{当发送 0 时} \end{cases} \quad (8\text{-}3\text{-}7)$$

式（8-3-7）中，为计算方便，去掉了系数 1/2。由第 3 章对噪声的分析可知，$n_c(t)$ 是均值为 0 的高斯过程，$A + n_c(t)$ 是均值为 A 的高斯过程。因此，发送 0 码和 1 码时进入抽样判决器输入端的噪声 $n_c(t)$ 和 $A + n_c(t)$ 的一维概率密度函数分别为

$$f_0(x) = \frac{1}{\sqrt{2\pi}\,\sigma}\exp\left(-\frac{x^2}{2\sigma^2}\right) \quad (8\text{-}3\text{-}8)$$

$$f_1(x) = \frac{1}{\sqrt{2\pi}\,\sigma}\exp\left[-\frac{(x-A)^2}{2\sigma^2}\right] \quad (8\text{-}3\text{-}9)$$

以上两式中，$\sigma^2 = n_0 B$ 为噪声 $n_c(t)$ 的方差（功率），它与 $n_i(t)$ 的方差相同，其中 n_0 为信道中加性高斯白噪声的单边功率谱密度，B 为接收端带通滤波器的带宽。$f_0(x)$ 和

$f_1(x)$ 曲线如图 8-3-1 所示。

设判决电平为 V_{th}，显然发送 **0** 时错判为 **1** 的概率 $P(1|0)$ 为图 8-3-1 中 A_0 部分的面积，且为

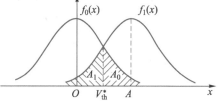

$$P(1|0) = P_0(x > V_{\text{th}}) = \int_{V_{\text{th}}}^{\infty} f_0(x)\, \mathrm{d}x$$

(8-3-10)

发送 **1** 错判为 **0** 的概率 $P(0|1)$ 为图 8-3-1 中 A_1 部分的面积，且为

图 8-3-1　ASK 同步解调时，抽样判决器输入端的噪声分布

$$P(0|1) = P_1(x < V_{\text{th}}) = \int_{-\infty}^{V_{\text{th}}} f_1(x)\, \mathrm{d}x$$

(8-3-11)

系统的平均误码率 P_e 为

$$P_e = P(0)P(1|0) + P(1)P(0|1)$$

(8-3-12)

式中，$P(0)$ 为发送 **0** 的概率，$P(1)$ 为发送 **1** 的概率。

假设发送 **0** 和发送 **1** 等概率，即 $P(0) = P(1) = P = \dfrac{1}{2}$，则式（8-3-12）的平均误码率 P_e 为

$$P_e = \frac{1}{2}\int_{V_{\text{th}}}^{\infty} \frac{1}{\sqrt{2\pi}\,\sigma}\mathrm{e}^{-x^2/2\sigma^2}\mathrm{d}x + \frac{1}{2}\int_{-\infty}^{V_{\text{th}}} \frac{1}{\sqrt{2\pi}\,\sigma}\mathrm{e}^{-\frac{(x-A)^2}{2\sigma^2}}\mathrm{d}x$$

(8-3-13)

显然，平均误码率 P_e 与判决电平 V_{th} 有关。在发送 **0** 和发送 **1** 等概率的条件下，容易判断使 P_e 为最小值的最佳判决电平 V_{th}^* 为

$$V_{\text{th}}^* = A/2$$

(8-3-14)

将式（8-3-14）代入式（8-3-13）中，可求得误码率为

$$P_e = \frac{1}{2}\mathrm{erfc}\left(\frac{A}{2\sqrt{2}\,\sigma}\right) = \frac{1}{2}\mathrm{erfc}\left(\frac{\sqrt{r}}{2}\right)$$

(8-3-15)

式中，$\mathrm{erfc}(x)$ 为互补误差函数，$r = \dfrac{A^2}{2\sigma^2}$ 为解调器输入信噪比。由于 $\sigma^2 = n_0 B$，故当 $B = 1/T$ 时，$r = \dfrac{A^2}{2n_0 B} = \dfrac{A^2 T}{2n_0} = \dfrac{E_b}{n_0}$，其中，$E_b = \dfrac{A^2 T}{2}$ 为码元比特平均能量。

当满足 $x \gg 1$ 时，互补误差函数还可以近似为

$$\mathrm{erfc}(x) \approx \frac{\mathrm{e}^{-x^2}}{\sqrt{\pi}\,x} \quad x \gg 1$$

(8-3-16)

因此，在大信噪比的条件下，利用式（8-3-16）可得到系统的平均误码率 P_e 为

$$P_e \approx \frac{1}{\sqrt{\pi r}}\mathrm{e}^{-r/4}$$

(8-3-17)

2. 非相干解调时 ASK 系统的误码率

ASK 系统非相干解调时，只是用包络检波器代替了相干解调时的相干检测器（乘法器和 LPF）。这时抽样判决器输入端的信号为：当发送 **1** 时，为带通滤波器输出信号和窄带高斯噪声合成波形的包络检波输出；当发送 **0** 时，只是窄带高斯噪声的包络检波输出。

8.3　二进制数字调制系统的性能分析

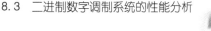

参考式（8-3-6），可得包络检波器的输入波形为

$$S(t) = \begin{cases} [A+n_c(t)]\cos\omega_0 t - n_s(t)\sin\omega_0 t & \text{当发送 1 时} \\ n_c(t)\cos\omega_0 t - n_s(t)\sin\omega_0 t & \text{当发送 0 时} \end{cases} \quad (8\text{-}3\text{-}18)$$

对应的包络为

$$V(t) = \begin{cases} \{[A+n_c(t)]^2 + n_s^2(t)\}^{1/2} & \text{当发送 1 时} \\ [n_c^2(t) + n_s^2(t)]^{1/2} & \text{当发送 0 时} \end{cases} \quad (8\text{-}3\text{-}19)$$

由第 3 章对噪声的分析可知，当发送 0 时，对应包络的一维概率密度函数服从瑞利分布；当发送 1 时，对应包络的一维概率密度函数服从莱斯分布，其概率密度函数分别为

$$f_0(v) = \frac{v}{\sigma^2}\exp\left(-\frac{v^2}{2\sigma^2}\right) \quad v \geq 0 \quad (8\text{-}3\text{-}20)$$

$$f_1(v) = \frac{v}{\sigma^2}I_0\left(\frac{Av}{\sigma^2}\right)\exp\left[-\frac{(v^2+A^2)}{2\sigma^2}\right] \quad v \geq 0$$

$$(8\text{-}3\text{-}21)$$

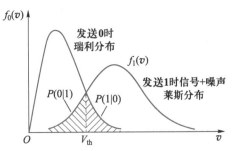

上两式中，σ^2 为噪声 $n_i(t)$ 的方差（功率），$I_0(x) = \frac{1}{2\pi}\int_0^{2\pi} e^{x\cos\phi}d\phi$ 为第一类零阶修正贝塞尔函数。$f_0(v)$ 和 $f_1(v)$ 的曲线如图 8-3-2 所示。

图 8-3-2　ASK 包络检波时，抽样判决器输入端的噪声分布

设判决门限电平为 V_{th}，则有发送 0 时错判为 1 的概率 $P(1|0)$ 为

$$P(1|0) = P_0(v > V_{th}) = \int_{V_{th}}^{\infty} f_0(v)\,dv \quad (8\text{-}3\text{-}22)$$

发送 1 时错判为 0 的概率 $P(0|1)$ 为

$$P(0|1) = P_1(v < V_{th}) = \int_0^{V_{th}} f_1(v)\,dv \quad (8\text{-}3\text{-}23)$$

在发送 0 和发送 1 等概率的条件下，系统的平均误码率 P_e 为

$$P_e = \frac{1}{2}\int_{V_{th}}^{\infty} f_0(v)\,dv + \frac{1}{2}\int_0^{V_{th}} f_1(v)\,dv \quad (8\text{-}3\text{-}24)$$

将式（8-3-24）对门限电平微分，并令 $\dfrac{dP_e}{dV_{th}} = 0$，解出最佳门限值 V_{th}^* 为

$$V_{th}^* \approx \frac{A}{2}\left(1 + \frac{8\sigma^2}{A}\right)^{\frac{1}{2}} \quad (8\text{-}3\text{-}25)$$

当信号 $A \gg 8\sigma^2$，即大信噪比时

$$V_{th}^* \approx \frac{A}{2} \quad (8\text{-}3\text{-}26)$$

将式（8-3-26）代入式（8-3-24）中，并利用近似公式

$$I_0(x) \approx \frac{e^x}{\sqrt{2\pi x}} \quad x \gg 1 \quad (8\text{-}3\text{-}27)$$

最后得到 P_e 为

$$P_e \approx \frac{1}{2}e^{-r/4} \quad (8\text{-}3\text{-}28)$$

式中，$r=\dfrac{A^2}{2\sigma^2}$ 为输入信噪比。

式（8-3-28）说明，在大信噪比的条件下，非相干解调时 ASK 系统的误码率将随输入信噪比近似地按指数规律下降。

比较式（8-3-28）与式（8-3-17）可以发现，在相同的输入大信噪比的条件下，ASK 系统相干解调时的误码率低于非相干解调时的误码率，但两者相差不大。由于非相干解调时，不需要提取相干载波，解调电路简单，因而在大信噪比的条件下，系统多采用非相干解调方式。

8.3.2 2FSK 系统的抗噪声性能

以上讨论了 ASK 系统的抗噪声性能，下面用类似的方法可以得到 FSK 系统的误码率计算公式。2FSK 系统的解调框图如图 8-2-7 所示。由图可以看出，2FSK 信号解调时分为上、下两个支路，每个支路的结构和 ASK 系统相同，可采用相干解调和包络检波方式解调。

1. 相干解调时 FSK 系统的误码率计算

相干解调时 FSK 系统的原理框图如图 8-2-7（a）所示。设在 $0<t<T$ 时间内，收到的码元为 **1**，对应的载波脉冲为 $A\cos\omega_1 t$，经上、下两个带通滤波器后的输出信号分别为

$$\left.\begin{array}{ll} S_1(t)=A\cos\omega_1 t+n_1(t)=\left[A+n_{1c}(t)\right]\cos\omega_1 t-n_{1s}(t)\sin\omega_1 t & \omega_1\text{通道} \\ S_2(t)=n_2(t)=n_{2c}(t)\cos\omega_2 t-n_{2s}(t)\sin\omega_2 t & \omega_2\text{通道} \end{array}\right\} \quad (8\text{-}3\text{-}29)$$

式中，$n_1(t)$、$n_2(t)$ 分别为信道中的高斯白噪声 $n(t)$ 经上、下两个带通滤波器后输出的窄带噪声。

$S_1(t)$ 及 $S_2(t)$ 经上、下两个支路的乘法器和低通滤波器后，送入抽样判决器进行比较，两路信号分别为

$$\left.\begin{array}{ll} x_1(t)=A+n_{1c}(t) & \omega_1\text{通道} \\ x_2(t)=n_{2c}(t) & \omega_2\text{通道} \end{array}\right\} \quad (8\text{-}3\text{-}30)$$

与前面分析时一样，式（8-3-30）中也去掉了系数 1/2。显然，两路噪声 $n_{1c}(t)$ 和 $n_{2c}(t)$ 为零均值的高斯噪声，且具有相同的方差（功率）σ^2。

两路信号送入抽样判决器进行比较，当 $x_1<x_2$ 时将发生错判，即发送 **1** 时错判为 **0** 的概率 $P(0|1)$ 为

$$\begin{aligned} P(0|1) &= P(x_1<x_2) \\ &= P\left[A+n_{1c}(t)<n_{2c}(t)\right] \\ &= P\left[A<n_{2c}(t)-n_{1c}(t)\right] \end{aligned} \quad (8\text{-}3\text{-}31)$$

令 $z(t)=n_{2c}(t)-n_{1c}(t)$，因为 $n_{1c}(t)$ 和 $n_{2c}(t)$ 是互相独立的高斯噪声，所以 $z(t)$ 也为高斯噪声，其均值为零，方差为 $n_{1c}(t)$ 和 $n_{2c}(t)$ 的方差之和，即 $2\sigma^2$，其一维概率密度函数为

$$f(z)=\frac{1}{2\sqrt{\pi}\,\sigma}\exp\left(-\frac{z^2}{4\sigma^2}\right) \quad (8\text{-}3\text{-}32)$$

因此

$$P(0\,|\,1) = P(A < z)$$

$$= \int_A^\infty f(z)\,\mathrm{d}z = \frac{1}{2\sqrt{\pi}\,\sigma}\int_A^\infty \mathrm{e}^{-\frac{z^2}{4\sigma^2}}\mathrm{d}z$$

$$= \frac{1}{2}\mathrm{erfc}\left(\frac{A}{2\sigma}\right) = \frac{1}{2}\mathrm{erfc}\left(\sqrt{\frac{r}{2}}\right) \qquad (8\text{-}3\text{-}33)$$

式中，$r = \dfrac{A^2}{2\sigma^2}$ 为输入信噪比。

按照相同的分析方法，可以得到发送 **0** 时错判为 **1** 的概率 $P(1\,|\,0)$。

这时，在 $0<t<T$ 时间内，收到的码元为 **0**，对应的载波脉冲为 $A\cos\omega_2 t$，经上、下两个带通滤波器后的输出信号分别为

$$S_1(t) = n_1(t) = n_{1c}(t)\cos\omega_1 t - n_{1s}(t)\sin\omega_1 t \qquad \omega_1\text{通道} \Big\}$$
$$S_2(t) = A\cos\omega_2 t + n_2(t) = \left[A + n_{2c}(t)\right]\cos\omega_2 t - n_{2s}(t)\sin\omega_2 t \qquad \omega_2\text{通道}$$
$$(8\text{-}3\text{-}34)$$

$S_1(t)$ 及 $S_2(t)$ 经上、下两个支路的乘法器和低通滤波器后，送入抽样判决器进行比较，两路信号分别为

$$x_1(t) = n_{1c}(t) \qquad \omega_1\text{通道} \Big\}$$
$$x_2(t) = A + n_{2c}(t) \qquad \omega_2\text{通道}$$
$$(8\text{-}3\text{-}35)$$

两路信号送入抽样判决器进行比较，当 $x_1>x_2$ 时将发生错判，即发送 **0** 时错判为 **1** 的概率 $P(1\,|\,0)$ 为

$$P(1\,|\,0) = P(x_1>x_2)$$
$$= P\left[n_{1c}(t)>A+n_{2c}(t)\right]$$
$$= P\left[n_{1c}(t)-n_{2c}(t)>A\right] \qquad (8\text{-}3\text{-}36)$$

令 $z(t) = n_{1c}(t) - n_{2c}(t)$，故 $z(t)$ 为高斯噪声，其均值为零，方差为 $2\sigma^2$，其一维概率密度函数与式（8-3-32）相同，故有

$$P(1\,|\,0) = P(z > A)$$

$$= \int_A^\infty f(z)\,\mathrm{d}z = \frac{1}{2\sqrt{\pi}\,\sigma}\int_A^\infty \mathrm{e}^{-\frac{z^2}{4\sigma^2}}\mathrm{d}z$$

$$= \frac{1}{2}\mathrm{erfc}\left(\frac{A}{2\sigma}\right) = \frac{1}{2}\mathrm{erfc}\left(\sqrt{\frac{r}{2}}\right) \qquad (8\text{-}3\text{-}37)$$

系统的平均误码率 P_e 为

$$P_e = P(0)P(1\,|\,0) + P(1)P(0\,|\,1) \qquad (8\text{-}3\text{-}38)$$

式中，$P(0)$ 及 $P(1)$ 为发送 **0** 及发送 **1** 的概率，在等概的条件下，有

$$P_e = \frac{1}{2}\left[P(1\,|\,0)+P(0\,|\,1)\right] = \frac{1}{2}\mathrm{erfc}\left(\sqrt{\frac{r}{2}}\right) \qquad (8\text{-}3\text{-}39)$$

在大信噪比的条件下，式（8-3-39）变为

$$P_e \approx \frac{1}{\sqrt{2\pi r}}\mathrm{e}^{-r/2} \qquad (8\text{-}3\text{-}40)$$

2. 非相干解调时 FSK 系统误码率计算

非相干解调时 FSK 系统的原理框图如图 8-2-7（b）所示。这时，送入抽样判决器进行比较的两路信号分别为 ω_1 通道的包络检波输出和 ω_2 通道的包络检波输出。

设在 $0<t<T$ 时间内，收到的码元为 **1**，参考式（8-3-29），可得到上、下两路包络检波器的输出信号分别为

$$\left.\begin{array}{ll} V_1(t)=\left\{\left[A+n_{1c}(t)\right]^2+n_{1s}^2(t)\right\}^{1/2} & \omega_1\text{通道} \\[2mm] V_2(t)=\left[n_{2c}^2(t)+n_{2s}^2(t)\right]^{1/2} & \omega_2\text{通道} \end{array}\right\} \tag{8-3-41}$$

由对噪声的讨论可知，$V_1(t)$ 的一维概率密度函数服从莱斯分布，$V_2(t)$ 的一维概率密度函数服从瑞利分布，其概率密度函数分别为

$$f(v_1)=\frac{v_1}{\sigma^2}I_0\left(\frac{Av_1}{\sigma^2}\right)\exp\left[-\frac{(v_1^2+A^2)}{2\sigma^2}\right] \quad v_1\geqslant 0 \tag{8-3-42}$$

$$f(v_2)=\frac{v_2}{\sigma^2}\exp\left(-\frac{v_2^2}{2\sigma^2}\right) \quad v_2\geqslant 0 \tag{8-3-43}$$

在抽样时刻，如果 $v_1<v_2$ 时就发生错判，即发送 **1** 时错判为 **0** 的概率 $P(0\,|\,1)$ 为

$$P(0\,|\,1)=P(v_1<v_2)=\int_0^\infty f(v_1)\left[\int_{v_1}^\infty f(v_2)\,\mathrm{d}v_2\right]\mathrm{d}v_1 \tag{8-3-44}$$

式（8-3-44）中，$[\,\cdot\,]$ 内的积分为 $\mathrm{e}^{-v_1^2/2\sigma^2}$，因此式（8-3-44）变为

$$P(0\,|\,1)=\int_0^\infty \frac{v_1}{\sigma^2}I_0\left(\frac{Av_1}{\sigma^2}\right)\exp\left(-\frac{v_1^2}{\sigma^2}\right)\exp\left(-\frac{A^2}{2\sigma^2}\right)\mathrm{d}v_1 \tag{8-3-45}$$

令 $x=\dfrac{\sqrt{2}\,v_1}{\sigma}$，$t=\dfrac{A}{\sqrt{2}\,\sigma}$，代入上式可得

$$P(0\,|\,1)=\frac{1}{2}\exp\left(-\frac{t^2}{2}\right)\int_0^\infty xI_0(xt)\exp\left(-\frac{x^2+t^2}{2}\right)\mathrm{d}x \tag{8-3-45}$$

利用马肯 Q 函数代入式（8-3-45）计算，马肯函数定义如下：

$$Q(\alpha,\beta)=\int_\beta^\infty tI_0(\alpha t)\mathrm{e}^{-\frac{(t^2+\alpha^2)}{2}}\mathrm{d}t \tag{8-3-46}$$

式中，$Q(\alpha,\beta)$ 表示峰值为 α 的正弦波加上单位功率的加性高斯噪声合成的包络超过 β 的概率。$Q(\alpha,\beta)$ 函数有以下性质：

$$\left.\begin{array}{l} Q(\alpha,0)=1 \\[2mm] Q(0,\beta)=\mathrm{e}^{-\frac{\beta^2}{2}} \end{array}\right\} \tag{8-3-47}$$

利用 $Q(\,\cdot\,)$ 函数的第一条性质，式（8-3-45）可简写为

$$P(0\,|\,1)=\frac{1}{2}\mathrm{e}^{-\frac{t^2}{2}}Q(t,0)=\frac{1}{2}\mathrm{e}^{-\frac{A^2}{4\sigma^2}} \tag{8-3-48}$$

同理，可得到发送 **0** 时错判为 **1** 的概率 $P(1\,|\,0)$ 为

$$P(1\,|\,0)=P(v_1>v_2)=\int_0^\infty f(v_2)\left[\int_{v_2}^\infty f(v_1)\,\mathrm{d}v_1\right]\mathrm{d}v_2=P(0\,|\,1) \tag{8-3-49}$$

因此，在等概率条件下，系统的平均误码率 P_e 为

$$P_e=P(0)P(1\,|\,0)+P(1)P(0\,|\,1)=\frac{1}{2}\mathrm{e}^{-\frac{A^2}{4\sigma^2}}=\frac{1}{2}\mathrm{e}^{-\frac{r}{2}} \tag{8-3-50}$$

式中，$r=\dfrac{A^2}{2\sigma^2}$ 为输入信噪比。

将式（8-3-50）与式（8-3-40）比较可发现，相干 FSK 与非相干 FSK 系统的抗噪声性能相差很小，但相干 FSK 系统的设备却复杂得多。因此，在满足一定输入信噪比的场合下，非相干 FSK 系统更为常用。

8.3.3　2PSK 与 2DPSK 系统抗噪声性能

不管 $S_{\mathrm{DPSK}}(t)$ 和 $S_{\mathrm{PSK}}(t)$ 的调制原理如何不同，从输出信号的波形看，它们都是一串倒相信号。因此，在讨论相移键控系统的性能时，可以认为收到的信号都为

$$S_i(t)=\begin{cases}S_1(t) & \text{发送 1 时}\\ S_0(t)=-S_1(t) & \text{发送 0 时}\end{cases} \qquad (8\text{-}3\text{-}51)$$

式中
$$S_1(t)=\begin{cases}A\cos\omega_0 t & 0\le t\le T\\ 0 & \text{其他}\end{cases}$$

$S_i(t)$ 在绝对相移时，式（8-3-51）中 1 和 0 就是原始的数字信号。在相对相移时，1 和 0 是经差分编码后的 1 和 0 码。

1. 2PSK 系统误码率计算

PSK 信号常用相干解调方式进行解调，其原理框图如图 8-2-11（a）所示。若将其与图 8-2-3（a）所示的 ASK 系统相干解调框图比较，可以发现除了所传信号不同之外，其他都是相同的。所以在分析 PSK 系统的性能时，可按相干 ASK 系统的分析步骤进行。

在一个码元持续时间 $0<t<T$ 内，带通滤波器的输出波形 $S(t)$ 为信号 $S_i(t)$ 和窄带高斯噪声 $n_i(t)$ 之和，即

$$S(t)=S_i(t)+n_i(t)=\begin{cases}S_1(t)+n_i(t) & \text{发送 1 时}\\ -S_1(t)+n_i(t) & \text{发送 0 时}\end{cases}$$
$$=\begin{cases}[A+n_c(t)]\cos\omega_0 t-n_s(t)\sin\omega_0 t & \text{发送 1 时}\\ [-A+n_c(t)]\cos\omega_0 t-n_s(t)\sin\omega_0 t & \text{发送 0 时}\end{cases} \qquad (8\text{-}3\text{-}52)$$

信号 $S(t)$ 经乘法器和低通滤波器后，到达抽样判决器输入端的波形 $x(t)$ 为

$$x(t)=\begin{cases}A+n_c(t) & \text{发送 1 时}\\ -A+n_c(t) & \text{发送 0 时}\end{cases} \qquad (8\text{-}3\text{-}53)$$

式（8-3-53）中，仍未考虑系数的影响。$A+n_c(t)$ 是均值为 A 的高斯过程；$-A+n_c(t)$ 是均值为 $-A$ 的高斯过程。$x(t)$ 的一维概率密度函数分别为

$$f_1(x)=\frac{1}{\sqrt{2\pi}\,\sigma}\exp\left[-\frac{(x-A)^2}{2\sigma^2}\right] \quad (8\text{-}3\text{-}54)$$

$$f_0(x)=\frac{1}{\sqrt{2\pi}\,\sigma}\exp\left[-\frac{(x+A)^2}{2\sigma^2}\right] \quad (8\text{-}3\text{-}55)$$

对应的曲线如图 8-3-3 所示。由图可清楚看到，使 P_e 最小的最佳判决电平 $V_{\mathrm{th}}=0$，$x>0$ 时判为 1，$x<0$ 时判为 0。因此，当发送 1 码时，如果 $x<0$ 将发生错判，即发送 1 时错判为 0 的概率 $P(0|1)$ 为

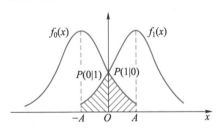

图 8-3-3　PSK 相干解调时抽样判决器输入端的噪声分布

$$P(0|1) = P(x < 0)$$

$$= \int_{-\infty}^{0} f_1(x) \, \mathrm{d}x$$

$$= \frac{1}{2}\mathrm{erfc}(\sqrt{r}) \qquad (8-3-56)$$

式中，$r = \dfrac{A^2}{2\sigma^2}$ 为输入信噪比。

当发送 **0** 码时，如果 $x>0$ 将发生错判，即发送 **0** 时错判为 **1** 的概率 $P(1|0)$ 为

$$P(1|0) = P(x > 0) = \int_{0}^{\infty} f_0(x) \, \mathrm{d}x = P(0|1) \qquad (8-3-57)$$

系统的平均误码率 P_e 为

$$P_e = P(0)P(1|0) + P(1)P(0|1)$$

当发送 **0** 及发 **1** 等概率时，有

$$P_e = \frac{1}{2}\mathrm{erfc}(\sqrt{r}) \qquad (8-3-58)$$

在大信噪比条件下，式（8-3-58）变为

$$P_e \approx \frac{1}{2\sqrt{\pi r}}\mathrm{e}^{-r} \qquad (8-3-59)$$

2. 2DPSK 系统误码率计算

DPSK 信号既可采用相干解调法（极性比较法）进行解调，也可以采用差分相干解调法（相位比较法）进行解调。下面先来讨论差分相干解调法解调时系统的性能。

采用差分相干解调法解调时不需要恢复本地载波，只需将 2DPSK 信号延迟一个码元间隔，然后与 2DPSK 信号本身相乘，其原理框图如图 8-2-11（c）所示。

设在 0~T 时间内，收到 **1** 码，且令前一个码元也为 **1** 码（当然也可以是 **0** 码），则差分检测器的两路输入波形可分别表示为

$$u_1(t) = [A + n_{1c}(t)]\cos\omega_0 t - n_{1s}(t)\sin\omega_0 t$$

$$u_2(t) = [A + n_{2c}(t)]\cos\omega_0 t - n_{2s}(t)\sin\omega_0 t$$

式中，$u_1(t)$ 表示无延时支路的信号；$u_2(t)$ 表示延时支路的信号。

两路信号相乘再经过低通滤波器后得到

$$x(t) = \frac{1}{2}\{[A + n_{1c}(t)][A + n_{2c}(t)] + n_{1s}(t)n_{2s}(t)\} \qquad (8-3-60)$$

抽样判决器按以下规则判决

$x>0$，判为 **1**——正确判决；

$x<0$，判为 **0**——错误判决，出现误码，即误码率 $P(0|1)$ 为

$$P(0|1) = P(x<0) = P\{[A + n_{1c}(t)][A + n_{2c}(t)] + n_{1s}(t)n_{2s}(t) < 0\} \qquad (8-3-61)$$

利用恒等式

$$x_1 x_2 + y_1 y_2 = \{[(x_1+x_2)^2 + (y_1+y_2)^2] - [(x_1-x_2)^2 + (y_1-y_2)^2]\}/4$$

有

$$P(0|1) = P\{[(2A + n_{1c} + n_{2c})^2 + (n_{1s} + n_{2s})^2 - (n_{1c} - n_{2c})^2 - (n_{1s} - n_{2s})^2] < 0\}$$

$$= P(R_1^2 < R_2^2)$$

8.3 二进制数字调制系统的性能分析

$$= P(R_1 < R_2) \tag{8-3-62}$$

式中

$$R_1 = \sqrt{(2A + n_{1c} + n_{2c})^2 + (n_{1s} + n_{2s})^2} = \sqrt{a_1^2 + b_1^2}$$

$$R_2 = \sqrt{(n_{1c} - n_{2c})^2 + (n_{1s} - n_{2s})^2} = \sqrt{a_2^2 + b_2^2}$$

$$a_1 = 2A + n_{1c} + n_{2c}, \quad b_1 = n_{1s} + n_{2s}$$

$$a_2 = n_{1c} - n_{2c}, \quad b_2 = n_{1s} - n_{2s}$$

因 n_{1c}、n_{2c}、n_{1s}、n_{2s} 都是统计独立的正态随机变量，故 a_1、a_2、b_1、b_2 也都是统计独立的随机变量，它们的方差均为 $2\sigma^2$。除了 a_1 均值为 $2A$ 之外，其他均值都为零，因而包络 R_1 为服从莱斯分布的随机变量，而 R_2 为服从瑞利分布的随机变量，它们的概率分布函数分别为

$$\left. \begin{array}{l} f(R_1) = \dfrac{R_1}{2\sigma^2} I_0 \left(\dfrac{AR_1}{\sigma_2} \right) e^{-\frac{R_1^2 + 4A^2}{4\sigma^2}} \\[3mm] f(R_2) = \dfrac{R_2}{2\sigma^2} e^{-\frac{R_2^2}{4\sigma^2}} \end{array} \right\} \tag{8-3-63}$$

将式（8-3-63）代入式（8-3-62）中，有

$$P(0|1) = P(R_1 < R_2) = \int_0^\infty f(R_1) \left[\int_{R_2 = R_1}^\infty f(R_2) \, dR_2 \right] dR_1$$

参照式（8-3-44）的积分结果，可得上式为

$$P(0|1) = \frac{1}{2} e^{-r} \tag{8-3-64}$$

式中，$r = \dfrac{A^2}{2\sigma^2}$ 为信噪比。

同理，可以求得将 **0** 错判为 **1** 的误码率 $P(1|0)$，结果与 $P(0|1)$ 相同，故在发送 **0** 及发送 **1** 等概率的条件下，系统的平均误码率 P_e 为

$$P_e = \frac{1}{2} e^{-r} \tag{8-3-65}$$

比较式（8-3-65）与式（8-3-59）可以发现，在相同的大信噪比条件下，PSK 系统的性能优于 DPSK 系统性能，但相差不大。由于 DPSK 差分相干解调时无须恢复本地载波，因此是一种很实用的方法。

此外，DPSK 信号还可以采用如图 8-2-11（b）所示的相干检测方法进行解调。这种方法与 PSK 相干解调法相比，只增加了一个码变换电路。因此，DPSK 相干解调系统的误码性能只需在 PSK 相干解调时得到的系统误码率［式（8-3-58）］的基础上，再考虑码变换器的影响即可。码变换时由于进行了差分译码，会引起一定的误码扩散，这从下面的分析中可以看出。

利用前面讨论的 PSK 系统相干解调时的误码率公式（8-3-58），令 P_e 为 P'，即

$$P' = \frac{1}{2} \text{erfc}(\sqrt{r}) = \frac{1}{2} [1 - \text{erfc}(\sqrt{r})] \tag{8-3-66}$$

差分译码时，若前后码元都正确，输出当然是正确的，但在前后码元都出错时，译码输出仍是正确的，所以译码输出正确的概率 P_c 为

$$P_c = P'P' + (1-P')(1-P') = 1 - 2P' + 2P'^2 \tag{8-3-67}$$

译码输出错误概率 P_e 为

$$P_e = 1 - P_c = 2P' - 2P'^2 = 2P'(1-P') \tag{8-3-68}$$

$$\frac{P_e}{P'} = 2(1-P') \tag{8-3-69}$$

若 P' 很小，则式（8-3-69）为

$$P_e \approx 2P' = \mathrm{erfc}(\sqrt{r}) \tag{8-3-70}$$

若 P' 很大，以致 $P' \approx \dfrac{1}{2}$ 时，式（8-3-69）为

$$P_e \approx P' \tag{8-3-71}$$

因此，差分译码引起的误码扩散系数为 1~2，这点也可以从表 8-3-1 中绝对码与相对码之间的关系看出。表中的相对码为差分译码器输入端序列，绝对码为差分译码器输出序列。译码器输出的绝对码是输入的两个相邻的相对码的模 2 和。表中带星号（*）的码元为误码。从表 8-3-1 中看出，当相对码中出现单个错码时，引起绝对码出现两个错码；当相对码中连续出现两个或多个错码时，绝对码仅出现头、尾两个错码。当 P' 很小时，相对码中连续出现两个或多个错码的可能性很小，此时，相对码中每一个错码，将引起绝对码出现两个错码，误码扩散系数为 2。

表 8-3-1　差分译码时引起的误码扩散情形

相对码（无错）	0	1	0	1	1	1	0	1	1	0	1	0	1	0	1	0
绝对码（无错）		1	1	1	0	0	1	1	0	1	1	1	1	1	1	1
相对码（有错）	0	0*	0	1	0*	0*	0	1	0*	1*	0*	0	1	0	1	0
绝对码（有错）		0*	0*	1	1*	0	0*	1	1*	1	1	0*	1	1	1	1

8.4　各种数字调制系统的性能比较

前面几节分别讨论了二进制的 ASK、FSK、PSK、DPSK 系统的工作原理、信号的频谱、相干和非相干解调系统的性能。为了比较各种数字调制系统的性能，现把前面得到的误码率公式一起写在下面。

相干解调 ASK 系统　　$P_e = \dfrac{1}{2}\mathrm{erfc}(\sqrt{r}/2)$

非相干解调 ASK 系统　$P_e = \dfrac{1}{2}\mathrm{e}^{-r/4}$

相干解调 FSK 系统　　$P_e = \dfrac{1}{2}\mathrm{erfc}\left[\sqrt{r/2}\,\right]$

非相干解调 FSK 系统　$P_e = \dfrac{1}{2}\mathrm{e}^{-r/2}$

相干解调 PSK 系统　　$P_e = \dfrac{1}{2}\mathrm{erfc}(\sqrt{r})$

差分相干 DPSK 系统　　$P_e = \dfrac{1}{2}e^{-r}$

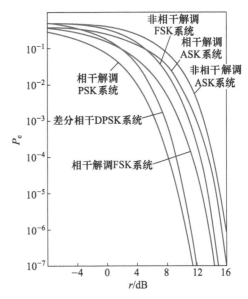

由以上公式可以看出，各种调制系统中，相干解调方式优于非相干解调方式，它们是函数 $\mathrm{erfc}(x)$ 与 $\exp(x)$ 之间的关系。根据以上诸公式，将 $P_e \sim r$ 曲线画在图 8-4-1 中。从这些曲线可清楚地看到，在相同输入信噪比 r 的条件下，相干解调 PSK 系统的抗噪声性能最好，其次是差分相干 DPSK 系统，非相干解调 ASK 系统最差。为了获得相同的误码率，在信噪比要求上，PSK 比 DPSK 小 1 dB，PSK 比 FSK 小 3 dB（相同的解调方式），FSK 比 ASK 小 3 dB（相同的解调方式）。

此外，从系统的频带利用率来看，PSK 和 ASK 系统具有相同的信道带宽，近似为 $2f_T$（f_T 为码元速率），比 FSK 系统的 $|f_1 - f_2| + 2f_T$ 要窄得多，因而 PSK 和 ASK 比 FSK 系统的频带利用率更高。

图 8-4-1　二进制数字调制
系统的 $P_e \sim r$ 曲线

综上所述，在抗高斯噪声能力及频带利用率方面，相干解调 PSK 系统性能最好，差分相干 DPSK 系统次之。但相干系统需要提取同步载波信号，从而使设备复杂化。因此，除了在高质量的数字通信系统中采用相干检测法外，一般都采用非相干检测。另外，PSK 系统性能虽优于 DPSK 系统，但可能会出现"反向工作"现象，故实际工程中多采用 DPSK 系统。

8.5　数字信号的最佳接收

前面讨论了二进制数字通信系统在不同解调方式下的抗噪声性能，并且得出系统的误码率与解调器输入端的信噪比有关，信噪比越高，误码率越低。因此，减小噪声和提高信道质量是降低误码率的重要措施。通常认为，信道中的加性高斯白噪声主要影响接收系统的性能。那么，从接收的角度看，前面讨论的解调方法是否是最佳的呢？要回答这个问题，必须涉及通信系统中的一个重要理论——最佳接收理论。

最佳接收理论，又称为信号检测理论，是研究在随机噪声干扰的条件下，使接收机最佳地完成接收和判决信号的一般性理论。它主要涉及两方面的问题：① 从噪声中判决有用信号是否出现；② 从噪声中测量有用信号的参数。从统计学的观点来看，前一个问题是假设检验问题，后一个问题是参数估值问题。数字通信系统中的统计判决问题就是讨论前者的，又称为数字信号的最佳接收问题。

当然，这里的"最佳"是一个相对的概念，是在一定准则下的最佳。在某一准则下的最佳接收机，在另一准则下不一定最佳。因此，在最佳接收理论中，选择什么样的准则是十分重要的。

数字通信系统中最直观的和最合理的准则是"最小差错概率"准则。此外，在数字通信系统中，还经常用到"最大输出信噪比""最小均方误差""最大后验概率"及"最大似然"等最佳准则。不过后面将证明，在高斯白噪声条件下，最小差错概率准则与最大输出信噪比准则、最大后验概率及最大似然准则是等价的。

本节将讨论最佳接收机的结构，并分析最佳接收机的抗干扰性能。

8.5.1 数字信号接收的统计描述

在数字通信系统中，发送端把几种可能出现的信号之一发送给接收机，但对接收端的接收者来说，观察到接收波形后，要无误地断定某一信号的到来却是一件困难的事。因为，一方面，哪一个信号被发送，对接收者来说是不确定的；另一方面，即使预知某一信号被发送了，但由于信号在传输过程中可能发生了各种畸变并受到干扰和噪声的影响，也会使接收者对收到的信号产生怀疑。这就是说，接收者收到的波形并不是确定的，而是一个受发送信号的不确定性和噪声的不确定性等因素影响的随机波形。然而，不确定性或随机性的存在，并不意味着信号就无法可靠地被接收。因为从概率论的观点看，任何因素总是遵循某种统计规律的。因而，只要掌握了接收波形的统计资料，就可以利用统计的方法——统计判决法获得满意的接收效果。因此，带噪声的数字信号的接收，实质上是一个统计接收的问题，或者说信号接收过程是一个统计判决的过程。

从统计的观点来看，数字系统可以等效为一个统计判决模型，如图 8-5-1 所示。图中消息空间、信号空间、噪声空间、观察空间及判决空间分别代表消息、发送信号、噪声、接收信号及判决结果的所有可能状态的集合。例如，$x_i(i=1,2,\cdots,m)$ 代表消息空间的 m 个点，即 m 种可能的状态。当 $m=2$ 时即为二进制系统，即 x_i 有两种状态，x_1 表示消息符号 $\mathbf{0}$，x_2 表示消息符号 $\mathbf{1}$。与此相应，$s_i(i=1,2,\cdots,m)$ 代表发送信号空间的 m 个点，x_i 与 s_i 一一对应。消息出现的概率可用概率分布函数 $P(x)$ 来描述，如图 8-5-2 所示。$x_i(i=1,2,\cdots,m)$ 出现的概率为 $P(x_i)$，称为先验概率，且 $P(x_i)=P(s_i)$。由于消息集合是完备的，所以消息 x_i 出现的概率 $P(x_i)$ 之和为 1，即

$$\sum_{i=1}^{m} P(x_i) = 1 \qquad (8-5-1)$$

与式（8-5-1）对应有

$$\sum_{i=1}^{m} P(s_i) = 1 \qquad (8-5-2)$$

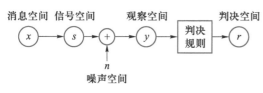

图 8-5-1 数字通信系统统计判决模型

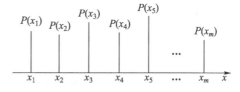

图 8-5-2 消息的概率分布

如图 8-5-1 所示，接收信号 y 是发送信号 s 与噪声 n 的叠加。所以，在 n 的统计特性已知的情况下，一旦得到关于 y 的统计资料，就可以借助一定的判决规则做出正确的判决，判决空间中可能出现的状态 r 与 x 一一对应。为此，必须对信号与噪声进行统计描述。

对噪声 n，其统计特性可用多维概率密函数 $f(n)$ 来描述。假设噪声是均值为零的高斯噪声，如果是高斯白噪声，则它在任意两个时刻上得到的值是统计独立的；如果噪声是高斯带限噪声，则它按抽样定理抽样得到的值也是统计独立的，即各抽样点的随机变量 n_1，$n_2,\cdots,n_k$ 为统计独立的高斯变量，其多维概率密度函数 $f(n)$ 可表示为

$$
\begin{aligned}
f(n) &= f(n_1, n_2, \cdots, n_k) \\
&= f(n_1)f(n_2)\cdots f(n_k) \\
&= \frac{1}{(\sqrt{2\pi}\,\sigma)^k} \exp\left[-\frac{1}{2\sigma^2} \sum_{i=1}^{k} n_i^2 \right]
\end{aligned}
\tag{8-5-3}
$$

式中，$f(n_1)$，$f(n_2)$，$\cdots$，$f(n_k)$ 为各抽样点随机变量的一维概率密度函数，σ^2 为噪声的方差，即平均功率，k 为 $[0,T]$ 时间内的抽样个数。

当噪声通过截止频率为 f_H 的带限信道时，在 $[0,T]$ 的时间内，共有 $2f_H T$ 个抽样值，其平均功率为

$$
N_0 = \frac{1}{2f_H T} \sum_{i=1}^{k} n_i^2
\tag{8-5-4}
$$

根据帕什瓦定理，式 (8-5-4) 可以写为

$$
\frac{1}{T} \int_0^T n^2(t)\,\mathrm{d}t = \frac{1}{2f_H T} \sum_{i=1}^{k} n_i^2
\tag{8-5-5}
$$

由式 (8-5-5) 有

$$
\sum_{i=1}^{k} n_i^2 = 2f_H \int_0^T n^2(t)\,\mathrm{d}t
\tag{8-5-6}
$$

将式 (8-5-6) 代入式 (8-5-3) 中，得到

$$
f(n) = \frac{1}{(\sqrt{2\pi}\,\sigma)^k} \exp\left[-\frac{1}{n_0} \int_0^T n^2(t)\,\mathrm{d}t \right]
\tag{8-5-7}
$$

式中，$n_0 = \sigma^2/f_H$ 为噪声的单边功率谱密度。

由于接收信号 $y(t) = n(t) + s_i(t)$ $(i=1,2,\cdots,m)$，所以 $y(t)$ 也服从高斯分布，其方差仍为 σ^2，但均值为 $s_i(t)$。因而当发送信号为 $s_i(t)$ 时，$y(t)$ 的条件概率密度函数可表示为

$$
f_{s_i}(y) = \frac{1}{(\sqrt{2\pi}\,\sigma)^k} \exp\left\{ -\frac{1}{n_0} \int_0^T [y(t) - s_i(t)]^2 \mathrm{d}t \right\}
\tag{8-5-8}
$$

例如，对二进制系统，$s_1(t) = \mathbf{0}$、$s_2(t) = \mathbf{1}$，因而当发送信号为 $s_1(t)$ 和 $s_2(t)$ 时，$y(t)$ 的条件概率密度函数分别为

$$
\left.
\begin{aligned}
f_{s_1}(y) &= \frac{1}{(\sqrt{2\pi}\,\sigma)^k} \exp\left[-\frac{1}{n_0} \int_0^T y^2(t)\,\mathrm{d}t \right] \\
f_{s_2}(y) &= \frac{1}{(\sqrt{2\pi}\,\sigma)^k} \exp\left\{ -\frac{1}{n_0} \int_0^T [y(t) - 1]^2 \mathrm{d}t \right\}
\end{aligned}
\right\}
\tag{8-5-9}
$$

下面将证明，若知道发送信号 $s_i(t)$ 的先验概率 $P(s_i)$ 和发送信号 $s_i(t)$ 条件下 $y(t)$ 的概率密度函数，则数字信号在一定的判决准则下就可以得到最佳接收。

视频：最佳
接收机

二进制系统中，发送的信号为 $s_1(t)$ 和 $s_2(t)$，设先验概率分别为 $P(s_1)$ 和 $P(s_2)$，则在发 s_1 的条件下出现 y 的概率密度函数 $f_{s_1}(y)$ 和在发 s_2 的条件下出现 y 的概率密度函数 $f_{s_2}(y)$ 可用图 8-5-3 表示。图中，a_1 和 a_2 分别表示 s_1 和 s_2 的取值（即无噪声时 y 的取值）。

设判决门限为 V_{th}，则发送 s_1 时错判为 s_2 的概率 $P(s_2|s_1)$ 为图 8-5-3 中的阴影面积 Q_1，且为

$$P(s_2|s_1) = \int_{V_{th}}^{\infty} f_{s_1}(y)\,\mathrm{d}y \qquad (8\text{-}5\text{-}10)$$

发送 s_2 时错判为 s_1 的概率 $P(s_1|s_2)$ 为图 8-5-3 中的阴影面积 Q_2，且为

$$P(s_1|s_2) = \int_{-\infty}^{V_{th}} f_{s_2}(y)\,\mathrm{d}y \qquad (8\text{-}5\text{-}11)$$

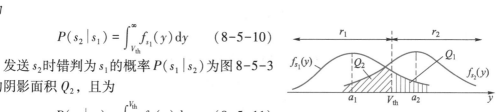

图 8-5-3 条件概率密度函数及判决门限

系统的平均误码率 P_e 为

$$\begin{aligned}
P_e &= P(s_1)P(s_2|s_1) + P(s_2)P(s_1|s_2) \\
&= P(s_1)\int_{V_{th}}^{\infty} f_{s_1}(y)\,\mathrm{d}y + P(s_2)\int_{-\infty}^{V_{th}} f_{s_2}(y)\,\mathrm{d}y
\end{aligned} \qquad (8\text{-}5\text{-}12)$$

要求在噪声干扰下，判决差错概率最小。在这个准则下得到的接收机称为最小差错概率最佳接收机。

因为先验概率 $P(s_1)$ 和 $P(s_2)$ 是确定的（已知的），所以 P_e 是判决门限 V_{th} 的函数，要使 P_e 最小，必然存在一个最佳判决门限。将式（8-5-12）对 V_{th} 求偏导，并令其为零，可得

$$\frac{\partial P_e}{\partial V_{th}} = -P(s_1)f_{s_1}(V_{th}) + P(s_2)f_{s_2}(V_{th}) = 0 \qquad (8\text{-}5\text{-}13)$$

满足式（8-5-13）的门限值为最佳门限值，记为 V_{th}^*。由式（8-5-13）求最佳判决时，有以下等式成立：

$$\frac{f_{s_1}(V_{th}^*)}{f_{s_2}(V_{th}^*)} = \frac{P(s_2)}{P(s_1)} \qquad (8\text{-}5\text{-}14)$$

因此，当按照下列规则（以 V_{th}^* 为判决门限）进行判决时，能使差错概率最小。

$$\left.\begin{aligned}
\frac{f_{s_1}(y)}{f_{s_2}(y)} &> \frac{P(s_2)}{P(s_1)} \qquad \text{判为 } r_1（\text{即 } s_1）\\[2mm]
\frac{f_{s_1}(y)}{f_{s_2}(y)} &< \frac{P(s_2)}{P(s_1)} \qquad \text{判为 } r_2（\text{即 } s_2）
\end{aligned}\right\} \qquad (8\text{-}5\text{-}15)$$

式中，$f_{s_1}(y)$、$f_{s_2}(y)$ 称为似然函数，$\dfrac{f_{s_1}(y)}{f_{s_2}(y)}$ 称为似然比，因而上述判决规则称为似然比准则。

当先验概率 $P(s_1)$ 和 $P(s_2)$ 相等时，式（8-5-15）可写为

$$\left.\begin{array}{ll} f_{s_1}(y) > f_{s_2}(y) & \text{判为 } r_1 \\ f_{s_1}(y) < f_{s_2}(y) & \text{判为 } r_2 \end{array}\right\} \tag{8-5-16}$$

式（8-5-16）说明，在收到信号 $y(t)$ 后，哪个信号的似然函数大，就判为那个信号。因此，上述判决规则又称为最大似然比准则。显然，最大似然比准则是似然比准则的一个特例。

此外，还可以将式（8-5-15）写为以下形式：

$$\left.\begin{array}{ll} P(s_1)f_{s_1}(y) > P(s_2)f_{s_2}(y) & \text{判为 } r_1 \\ P(s_1)f_{s_1}(y) < P(s_2)f_{s_2}(y) & \text{判为 } r_2 \end{array}\right\} \tag{8-5-17}$$

由联合概率定理，有

$$\left.\begin{array}{l} P(s_1)f_{s_1}(y) = P(y)f_y(s_1) \\ P(s_2)f_{s_2}(y) = P(y)f_y(s_2) \end{array}\right\} \tag{8-5-18}$$

将式（8-5-18）代入式（8-5-17），可得

$$\left.\begin{array}{ll} f_y(s_1) > f_y(s_2) & \text{判为 } r_1 \\ f_y(s_1) < f_y(s_2) & \text{判为 } r_2 \end{array}\right\} \tag{8-5-19}$$

式中，$f_y(s_1)$ 和 $f_y(s_2)$ 表示在接收到 y 的条件下，发送 $s_1(t)$ 和 $s_2(t)$ 的条件概率密度函数，称为后验概率密度函数。式（8-5-19）表示的判决规则是：哪个信号的后验概率密度函数大，就判为哪个信号。这一判决规则又称为最大后验概率准则。

以上分析表明，三种判决准则，即最小差错概率准则、最大似然比准则及最大后验概率准则，都能获得最小差错概率，因而这些准则是等价的。

以上结论还可以推广到多进制系统中。例如，对最大似然比准则，假设可能发送的信号有 m 个，且它们出现的概率相等，则最大似然比准则可以表示为

$$f_{s_i}(y) > f_{s_j}(y)\,(i=1,2,\cdots,m,\ j=1,2,\cdots,m,\ i \neq j), \quad \text{判为 } r_i \tag{8-5-20}$$

此外，根据似然比准则，可以推导出二进制最佳接收机的结构。为此，将式（8-5-8）代入式（8-5-17）中，可得

$$P(s_1)\exp\left\{-\frac{1}{n_0}\int_0^T [y(t) - s_1(t)]^2 \mathrm{d}t\right\}$$

$$> P(s_2)\exp\left\{-\frac{1}{n_0}\int_0^T [y(t) - s_2(t)]^2 \mathrm{d}t\right\} \quad \text{判 } s_1 \text{ 出现} \tag{8-5-21}$$

若以上不等式反号，则判 s_2 出现。

对以上不等式两边取对数，并整理得到

$$n_0\ln\frac{1}{P(s_1)} + \int_0^T [y(t) - s_1(t)]^2 \mathrm{d}t$$

$$< n_0\ln\frac{1}{P(s_2)} + \int_0^T [y(t) - s_2(t)]^2 \mathrm{d}t \quad \text{判 } s_1 \text{ 出现} \tag{8-5-22}$$

若以上不等式反号，则判 s_2 出现。

假设发送信号 $s_1(t)$ 和 $s_2(t)$ 具有相同的能量，即

$$\int_0^T s_1^2(t)\,\mathrm{d}t = \int_0^T s_2^2(t)\,\mathrm{d}t = E \tag{8-5-23}$$

且令

$$\begin{cases} U_1 = \dfrac{n_0}{2}\ln P(s_1) \\ \\ U_2 = \dfrac{n_0}{2}\ln P(s_2) \end{cases} \qquad (8\text{-}5\text{-}24)$$

将式（8-5-24）代入式（8-5-22）中，可得

$$U_1 + \int_0^T y(t)s_1(t)\,\mathrm{d}t > U_2 + \int_0^T y(t)s_2(t)\,\mathrm{d}t \quad 判\,s_1\,出现 \qquad (8\text{-}5\text{-}25)$$

若以上不等式反号，则判 s_2 出现。

由不等式（8-5-25），可得到二进制最佳接收机的结构如图 8-5-4 所示。由图看出，二进制最佳接收机的结构是通过比较接收信号 $y(t)$ 与发送信号 $s_1(t)$ 和 $s_2(t)$ 的互相关函数的大小而构成的。因此，这种接收机也称为相关接收机。如果 $y(t)$ 与发送信号 $s_1(t)$ 的互相关函数比 $y(t)$ 与发送信号 $s_2(t)$ 的互相关函数大，则比较器判 s_1 出现，反之，判 s_2 出现。它的物理意义也很明显，即互相关函数越大，说明接收到的波形 $y(t)$ 与该信号越相像，因此正确判决的概率也越大。若先验概率 $P(s_1)$ 和 $P(s_2)$ 相等，则最佳接收机的结构可进一步简化为如图 8-5-5 所示。

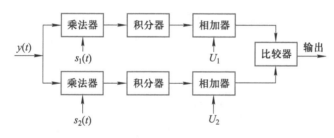

图 8-5-4　二进制最佳接收机的结构

由图 8-5-5 可看出，相关器是最佳接收机的关键部件。由第 4 章对匹配滤波器的讨论可知，相关器的功能可以用匹配滤波器来实现。因此，图 8-5-5 中的乘法器-积分器（相关器）可以用匹配滤波器代替，这样得到由匹配滤波器构成的二进制最佳接收机的结构，如图 8-5-6 所示。由于匹配滤波器在抽样时刻具有最大输出信噪比，因此由匹配滤波器构成的接收机是最大输出信噪比准则下的最佳接收机。

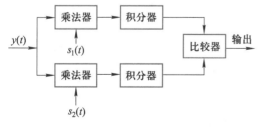

图 8-5-5　$P(s_1) = P(s_2)$ 时二进制
最佳接收机的简化结构

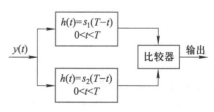

图 8-5-6　匹配滤波器构成
的二进制最佳接收机

8.5　数字信号的最佳接收

　　综上所述可知，在高斯白噪声干扰条件下，以上讨论的几种判决准则，即最小差错概率准则、最大似然比准则、最大后验概率准则及最大输出信噪比准则是相互等价的，它们都能获得最小的差错概率，由这些准则建立起来的接收机在性能上也是等效的，这一结论十分重要。但对非高斯信道，上述关系不一定正确。

　　应当注意，无论是相关器形式还是匹配滤波器形式的最佳接收机结构，它们的比较器都是在 $t=T$ 时刻才作最后判决的。换句话说，比较器是在每个码元信号的结束时刻才给出最佳判决结果的。因此，判决时刻的任何偏离将直接影响接收机的最佳性能。

8.5.3　二进制最佳接收机性能分析

　　以上得到了不同准则下二进制系统最佳接收机的结构，并且知道由这些准则建立起来的接收机在性能上也是等效的。因此可以任选一种结构进行性能分析。由式（8-5-12）可得系统的平均误码率为

$$P_e = P(s_1)P(s_2|s_1) + P(s_2)P(s_1|s_2) \tag{8-5-26}$$

式中，$P(s_1)$、$P(s_2)$ 分别为发送 $s_1(t)$ 和 $s_2(t)$ 的先验概率；$P(s_2|s_1)$、$P(s_1|s_2)$ 分别为发送 $s_1(t)$ 和 $s_2(t)$ 时的错判概率。通常先验概率是已知的，因此求 P_e 的问题实际上是求解 $P(s_2|s_1)$ 和 $P(s_1|s_2)$ 的问题。由于 $P(s_2|s_1)$ 和 $P(s_1|s_2)$ 的求解方法相同，故下面只介绍 $P(s_2|s_1)$ 的求解过程。

　　设发送端发送 $s_1(t)$，则接收端输入信号为 $y(t) = n(t) + s_1(t)$，下面选取式（8-5-21）进行性能分析。根据式（8-5-21），发送 $s_1(t)$ 时错判为 $s_2(t)$ 的概率，应为以下不等式成立的概率，即

$$P(s_1)\exp\left\{-\frac{1}{n_0}\int_0^T [y(t)-s_1(t)]^2 \mathrm{d}t\right\}$$
$$< P(s_2)\exp\left\{-\frac{1}{n_0}\int_0^T [y(t)-s_2(t)]^2 \mathrm{d}t\right\} \tag{8-5-27}$$

将 $y(t) = n(t) + s_1(t)$ 代入不等式（8-5-27）中可得

$$P(s_1)\exp\left\{-\frac{1}{n_0}\int_0^T [n(t)+s_1(t)-s_1(t)]^2 \mathrm{d}t\right\}$$
$$< P(s_2)\exp\left\{-\frac{1}{n_0}\int_0^T [n(t)+s_1(t)-s_2(t)]^2 \mathrm{d}t\right\} \tag{8-5-28}$$

　　对不等式（8-5-28）两边取对数，并整理得到

$$\int_0^T [s_1(t)-s_2(t)]n(t)\mathrm{d}t + E_1 - \rho\sqrt{E_1 E_2} < \frac{n_0}{2}\ln\frac{P(s_2)}{P(s_1)} + \frac{E_1-E_2}{2} \tag{8-5-29}$$

式中，$E_1 = \int_0^T s_1^2(t)\mathrm{d}t$、$E_2 = \int_0^T s_2^2(t)\mathrm{d}t$ 分别为 $s_1(t)$ 和 $s_2(t)$ 的能量；$\rho = \dfrac{\int_0^T s_1(t)s_2(t)\mathrm{d}t}{\sqrt{E_1 E_2}}$ 为 $s_1(t)$ 和 $s_2(t)$ 的互相关系数。

　　显然，不等式（8-5-29）的右边是常数，令其为 A，即

$$A = \frac{n_0}{2}\ln\frac{P(s_2)}{P(s_1)} + \frac{E_1-E_2}{2} \tag{8-5-30}$$

设不等式（8-5-29）的左边为 $\xi(t)$，即

$$\xi(t) = \int_0^T [s_1(t) - s_2(t)] n(t) \mathrm{d}t + E_1 - \rho \sqrt{E_1 E_2} \qquad (8\text{-}5\text{-}31)$$

式（8-5-31）中，由于 $n(t)$ 是高斯白噪声，因而 $\xi(t)$ 为高斯随机过程。这样不等式（8-5-29）可以简单地写为

$$\xi(t) < A \qquad (8\text{-}5\text{-}32)$$

由式（8-5-31）可得到 $\xi(t)$ 的数学期望为

$$E\xi = E\left\{ \int_0^T [s_1(t) - s_2(t)] n(t) \mathrm{d}t + E_1 - \rho \sqrt{E_1 E_2} \right\}$$

$$= E_1 - \rho \sqrt{E_1 E_2} = m_1 \qquad (8\text{-}5\text{-}33)$$

$\xi(t)$ 的方差为

$$D\xi = E\left\{ [\xi - E\xi]^2 \right\}$$

$$= E\left\{ \int_0^T [s_1(t) - s_2(t)] n(t) \mathrm{d}t \right\}^2$$

$$= E\left\{ \int_0^T \int_0^T [s_1(t) - s_2(t)] n(t) [s_1(t') - s_2(t')] n(t') \mathrm{d}t \mathrm{d}t' \right\}$$

$$= \int_0^T \int_0^T [s_1(t) - s_2(t)][s_1(t') - s_2(t')] E[n(t) n(t')] \mathrm{d}t \mathrm{d}t' \qquad (8\text{-}5\text{-}34)$$

式中，$E[n(t) n(t')] = E[n(t) n(t+\tau)]$ 为高斯白噪声 $n(t)$ 的自相关函数。由白噪声的性质可知：$E[n(t) n(t+\tau)] = \dfrac{n_0}{2} \delta(\tau)$，将其代入式（8-5-34）中得

$$D\xi = \frac{n_0}{2} \int_0^T [s_1(t) - s_2(t)]^2 \mathrm{d}t$$

$$= \frac{n_0}{2} (E_1 + E_2 - 2\rho \sqrt{E_1 E_2}) = \sigma_\xi^2 \qquad (8\text{-}5\text{-}35)$$

有了 $\xi(t)$ 的数学期望及方差后，则 $\xi(t)$ 的一维概率密度函数可表示为

$$f(x) = \frac{1}{\sqrt{2\pi}\, \sigma_\xi} \exp\left[-\frac{(x-m_1)^2}{2\sigma_\xi^2} \right] \qquad (8\text{-}5\text{-}36)$$

这样，可以得到发送 $s_1(t)$ 时错判为 $s_2(t)$ 的概率 $P(s_2 | s_1)$ 为

$$P(s_2 | s_1) = P(\xi < A)$$

$$= \int_{-\infty}^A f(x) \mathrm{d}x$$

$$= \frac{1}{\sqrt{2\pi}\, \sigma_\xi} \int_{-\infty}^A \exp\left[-\frac{(x - m_1)^2}{2\sigma_\xi^2} \right] \mathrm{d}x$$

$$= \frac{1}{2} \mathrm{erfc}\left(\frac{m_1 - A}{\sqrt{2}\, \sigma_\xi} \right) \qquad (8\text{-}5\text{-}37)$$

用同样的方法，可以得到发送 $s_2(t)$ 时，错判为 $s_1(t)$ 的概率 $P(s_1 | s_2)$ 为

$$P(s_1 | s_2) = \frac{1}{2} \mathrm{erfc}\left(\frac{A - m_2}{\sqrt{2}\, \sigma_\xi} \right) \qquad (8\text{-}5\text{-}38)$$

式中，$m_2 = \rho\sqrt{E_1 E_2} - E_2$，$A$、$\sigma_\xi$ 的含义与式（8-5-37）中相同。

将式（8-5-37）及式（8-5-38）代入式（8-5-26）中，得到误码率 P_e 为

$$P_e = \frac{1}{2}P(s_1)\,\text{erfc}\left(\frac{m_1-A}{\sqrt{2}\,\sigma_\xi}\right) + \frac{1}{2}P(s_2)\,\text{erfc}\left(\frac{A-m_2}{\sqrt{2}\,\sigma_\xi}\right) \tag{8-5-39}$$

假设发送 $s_1(t)$ 和 $s_2(t)$ 的先验概率 $P(s_1)$ 和 $P(s_2)$ 相等，即 $P(s_1) = P(s_2) = \frac{1}{2}$，则有 $A = \frac{E_1-E_2}{2}$，将其代入式（8-5-39）中并整理，可得 P_e 为

$$P_e = \frac{1}{2}\text{erfc}\left(\sqrt{\frac{E_1+E_2-2\rho\sqrt{E_1 E_2}}{4n_0}}\right) \tag{8-5-40}$$

至此得到了二进制最佳接收机平均误码率的一般表示式，下面运用该结论来讨论 ASK、FSK 及 PSK 系统的误码率表示式。

1. ASK 系统

ASK 系统中，有

$$s_1(t) = A\cos\omega_0 t$$
$$s_2(t) = 0$$

在一个码元的时间 T 内，信号 $s_1(t)$ 的能量 E_1 为

$$E_1 = \frac{A^2 T}{2} = E$$

信号 $s_2(t)$ 的能量 E_2 为 0，互相关系数 $\rho = 0$，将它们代入式（8-5-40）中可得

$$P_e = \frac{1}{2}\text{erfc}\left(\sqrt{\frac{E}{4n_0}}\right) \tag{8-5-41}$$

2. FSK 系统

FSK 系统中，有

$$s_1(t) = A\cos\omega_1 t$$
$$s_2(t) = A\cos\omega_2 t$$

在一个码元的时间 T 内，信号 $s_1(t)$ 和 $s_2(t)$ 的能量相等，即

$$E_1 = E_2 = \frac{A^2 T}{2} = E$$

当选择 ω_1 和 ω_2（假设 $\omega_2 > \omega_1$）为 $\frac{2\pi}{T}$ 的整数倍时，$s_1(t)$ 和 $s_2(t)$ 是正交的，即 $\int_0^T s_1(t)s_2(t)\,\mathrm{d}t = 0$，故互相关系数 $\rho = 0$。将它们代入式（8-5-40）中可得

$$P_e = \frac{1}{2}\text{erfc}\left(\sqrt{\frac{E}{2n_0}}\right) \tag{8-5-42}$$

3. PSK 系统

PSK 系统中，有

$$s_1(t) = A\cos\omega_0 t$$

$$s_2(t) = -A\cos\omega_0 t$$

在一个码元的时间 T 内，信号 $s_1(t)$ 和 $s_2(t)$ 的能量相等，即

$$E_1 = E_2 = \frac{A^2 T}{2} = E$$

互相关系数 $\rho = -1$。将它们代入式（8-5-40）中可得

$$P_e = \frac{1}{2}\text{erfc}\left(\sqrt{\frac{E}{n_0}}\right) \qquad (8-5-43)$$

根据式（8-5-41）、式（8-5-42）及式（8-5-43）画出的 $P_e \sim E/n_0$ 关系曲线如图 8-5-7 所示，由图可以看出，在 E/n_0 相同的条件下，PSK 系统的性能最好，其次为 FSK 系统，ASK 系统的性能最差。

如果与 8.4 节中讨论的实际接收系统相比，最佳接收系统的性能要优于实际接收系统。这是因为，实际接收系统的性能取决于接收端输入信号与噪声的功率之比，而噪声的功率取决于实际接收系统中解调器前的带通滤波器的带宽。为了使信号不失真，要求带通滤波器的带宽足够大，故增加了输入噪声的功率，从而使实际接收系统的性能下降。因此，最佳接收系统是值得重视的接收方式，目前，在卫星通信及移动通信系统中已广泛采用了相关接收技术。

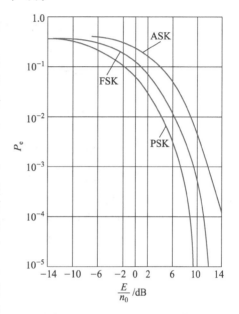

图 8-5-7　二进制时的最佳接收机性能曲线

8.6　多进制数字调制系统

以上讨论了二进制数字调制系统（2ASK、2FSK、2PSK）的基本原理和系统性能。为了提高通信系统传输信息的有效性（信息传输速率或系统的频带利用率）和可靠性（抗噪声性能），常采用多进制数字调制及改进型数字调制技术。本节将简单介绍常用的多进制数字调制系统的原理。改进型的数字调制系统将在第 9 章中讨论。

通常把状态数大于 2 的数字信号称为多进制（多元）信号。多进制数字调制，即用多进制信号去调制载波，例如用 M 进制的信号去键控载波而得到 M 进制已调信号。一般取 $M = 2^k$（k 为正整数），这样一个多进制码元所传输的信息量为 $\log_2 M = k$ bit，是二进制码元的 k 倍。因此，在相同的信息传输速率条件下，多进制传输系统与二进制系统相比，可以使传输频带压缩 k 倍，从而提高通信系统的有效性。但是，在同样的信号幅度下，多进制传输系统中信号状态之间判决电平的间隔（即信号间的最小距离）减小了，因此在同样大小的噪声干扰下，多进制传输系统的误码率会增加。可见，多进制传输系统有效性的提高是以系统可靠性的降低为代价的。不过只要选择合理的方法，可以使可靠性的下降并不严重。

8.6.1　多进制幅移键控（MASK）

MASK 又称为多电平幅移键控。在 M 进制的幅移键控信号中，载波的幅度有 M 种不同的取值，分别与 M 种不同的符号相对应。MASK 信号可以用下式来表示

$$S(t) = \left[\sum_n a_n g(t - nT) \right] \cos\omega_0 t \tag{8-6-1}$$

式中，$g(t)$ 是高度为 1、宽度为 T 的矩形脉冲；a_n 取 M 种不同的电平，即

$$a_n = \begin{cases} 0 & \text{以概率 } P_1 \\ 1 & \text{以概率 } P_2 \\ \vdots & \vdots \\ M-1 & \text{以概率 } P_M \end{cases}$$

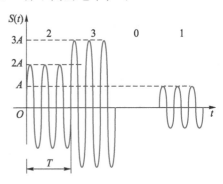

且有 $\sum\limits_{i=1}^{M} P_i = 1$。MASK 信号的波形如图 8-6-1 所示。由图可见，MASK 信号可视为 M 个二进制 ASK 信号的叠加。因此，MASK 信号的功率谱是 M 个二进制 ASK 信号的功率谱之和，故 MASK 信号的带宽 B_{MASK} 与二进制 ASK 信号的带宽相同，即

图 8-6-1　多进制幅移键控信号的波形

$$B_{MASK} = 2f_T = \frac{2}{T} \tag{8-6-2}$$

式中，T 为码元宽度，$f_T = \dfrac{1}{T}$ 为码元速率。

MASK 信号的产生方法与二进制 ASK 信号相同，可利用乘法器实现。解调方式也与二进制 ASK 信号相同，可采用相干解调及包络检波方式。

相干解调时，设 MASK 信号相邻电平之间的间隔为 $2d$，则 M 种电平的幅度取值为 $\pm d$、$\pm 3d$、$\cdots$、$\pm(M-1)d$。在接收端，收到的信号是发送信号与高斯白噪声 $n(t)$ 的叠加。经相干解调后，判决器前得到的信号可表示为

$$x(t) = V_i(t) + n_c(t)$$

式中，$V_i(t)$（$i = 1, 2, \cdots, M$）为第 i 个电平对应的信号，$n_c(t)$ 为窄带高斯噪声的同相分量。

在判决时刻，当抽样值 $x = V_i + n_c$ 中的噪声值 $|n_c| > d$ 时，第 i 个电平的码元将会判错。对每种判决电平来说，有两种（偏上及偏下）出错的可能。但对电平等于 $\pm(M-1)d$ 的两个外层码元来说，噪声值仅在一个方向上超过 d 时才会发生错误判决，所以系统的平均误码率为

$$P_e = \left(\frac{M-2}{M} \right) P[\,|n_c| > d\,] + \frac{2}{M} \cdot \frac{1}{2} P[\,|n_c| > d\,]$$

$$= \left(1 - \frac{1}{M} \right) P[\,|n_c| > d\,] \tag{8-6-3}$$

由于 n_c 是均值为零、方差为 σ^2 的正态随机变量，故式（8-6-3）为

$$P_e = 2 \left(1 - \frac{1}{M} \right) \frac{1}{\sqrt{2\pi}\,\sigma} \int_d^\infty \exp\left(-\frac{x^2}{2\sigma^2} \right) \mathrm{d}x$$

$$= \left(1 - \frac{1}{M} \right) \operatorname{erfc} \left[\frac{d}{\sqrt{2}\,\sigma} \right] \qquad (8\text{-}6\text{-}4)$$

式中，d 与信号的幅度有关，即与信号的平均功率 S 有关。假设信号各电平出现的概率相同，则信号的平均功率即为信号均方值的统计平均值，即

$$S = \frac{2}{M} \sum_{i=1}^{M/2} \left[(2i-1)d \right]^2 / 2 = \frac{M^2-1}{6} d^2 \qquad (8\text{-}6\text{-}5)$$

故有

$$d^2 = \frac{6S}{M^2-1} \qquad (8\text{-}6\text{-}6)$$

将式（8-6-6）代入式（8-6-4）中，得到 MASK 系统相干解调时的平均误码率为

$$P_e = \left(1 - \frac{1}{M} \right) \operatorname{erfc} \left[\sqrt{\frac{6S}{2(M^2-1)\sigma^2}} \right]$$

$$= \left(1 - \frac{1}{M} \right) \operatorname{erfc} \left[\sqrt{\frac{3r}{M^2-1}} \right] \qquad (8\text{-}6\text{-}7)$$

式中，$r = S/\sigma^2$ 为系统输入端的广义信噪比。

从式（8-6-7）中可以看出，当电平数 M 增加时，误码率 P_e 将会增加。因此，MASK 系统虽然传输效率较高，但抗干扰能力较差。多进制幅移键控方式仅适合在频带利用率较高的恒参信道（如有线信道）中采用。

8.6.2 多进制频移键控（MFSK）

MFSK 又称多进制调频或多频制。在 M 进制的频移键控信号中，有 M 个不同的载波频率与 M 种不同的符号相对应。MFSK 系统的框图如图 8-6-2 所示。图中，串-并变换电路和逻辑电路将一组（$\log_2 M$ 位）输入的二进制码转换为 M 进制码，控制相应的 M 种不同频率的载波振荡器后面所接的门电路，每一组二进制码对应一个门电路打开。因此，信道上每次只传送 M 种频率中的一种频率的载波信号。接收端的解调部分由多个带通滤波器、包络检波器及一个抽样判决电路和逻辑电路组成。各带通滤波器的中心频率就是各载波的

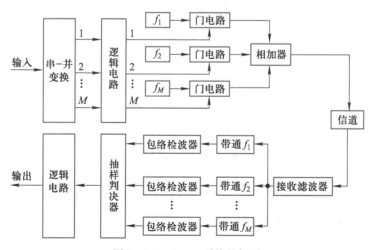

图 8-6-2　MFSK 系统的框图

频率。因此，当接收到某个载波时，只有一个带通滤波器有信号及噪声输出，而其他的带通滤波器只有噪声输出，抽样判决电路和逻辑电路的任务就是在给定时刻上比较各包络检波器的输出电压，选出最大的输出并恢复为二进制码元信息。

多频制系统提高了信息传输速率，但多频制占据了较宽的频带，所以信道利用率很低，且抗噪声性能低于 2FSK。多频制信号的带宽 B_{MFSK} 一般定义为 $B_{MFSK}=f_H-f_L+2f_T$，其中 f_H 为最高载波频率，f_L 为最低载波频率，f_T 为码元速率。可以证明，多进制调频非相干解调系统的误码率公式为

$$P_e = \frac{M-1}{2} e^{-\frac{1}{2}r} \tag{8-6-8}$$

式中，M 为系统的进制数，r 为系统输入端的广义信噪比。

多进制调频方式适合于在码元速率较低及多径时延比较严重的信道（如短波信道）中采用。

8.6.3　多进制相移键控（MPSK）

视频：多进制数字调制系统

MPSK 又称为多元调相或多相制。在 M 进制的相移键控信号中，载波的相位有 M 种不同的取值，与 M 种不同的符号相对应。这种多进制的相移键控方式是实际系统中采用的主要方式。常用的多进制相移键控方式有：四相制、八相制及 2^L（$L=2,3,\cdots,L$ 为正整数）相制等。

多进制相移键控信号 $S(t)$ 可以表示为

$$S(t) = \sum_n g(t - nT)\cos[\omega_0 t + \phi_n]$$
$$= \cos\omega_0 t \sum_n g(t - nT)\cos\phi_n - \sin\omega_0 t \sum_n g(t - nT)\sin\phi_n \tag{8-6-9}$$

式中，$g(t)$ 是高度为 1、宽度为 T 的矩形脉冲；ϕ_n 是对应 M 种不同符号的载波相位，且有

$$\phi_n = \begin{cases} \theta_1 & \text{出现概率 } P_1 \\ \theta_2 & \text{出现概率 } P_2 \\ \cdots & \cdots \\ \theta_M & \text{出现概率 } P_M \end{cases}$$

式（8-6-9）可重写为

$$S(t) = \left[\sum_n a_n g(t - nT)\right]\cos\omega_0 t - \left[\sum_n b_n g(t - nT)\right]\sin\omega_0 t \tag{8-6-10}$$

式中，$a_n=\cos\phi_n$，$b_n=\sin\phi_n$。

式（8-6-10）表明，MPSK 信号可等效为两个载波互相正交的多进制幅移键控信号之和。所以，MPSK 信号的带宽与 MASK 信号的带宽相同。因此，多进制相移键控是一种高效率的信息传输方式。

MPSK 信号常采用矢量图来描述。根据原 CCITT 的建议，多相制系统的相位状态分为 A 和 B 两种方式，它们规定的相位值如下：

$$2\text{PSK}\begin{cases} \text{A 方式：} 0°，180° \\ \text{B 方式：} 90°，-90° \end{cases}$$

$$4PSK \begin{cases} A\ 方式：0°，90°，180°，270° \\ B\ 方式：45°，135°，225°，315° \end{cases}$$

$$8PSK \begin{cases} A\ 方式：0°，45°，90°，135°，180°，225°，270°，315° \\ B\ 方式：22.5°，67.5°，112.5°，157.5°，-157.5°，-112.5°，-67.5°，-22.5° \end{cases}$$

相应的矢量图如图 8-6-3 所示。图中，以未调载波的相位（假设为 0°）为参考矢量。图 8-6-3 中画出了 $M=2$、4、8 三种情况下的矢量图。对于 2PSK，载波相位有 0° 和 180°（A 方式）或 90° 和 -90°（B 方式）两种取值。4PSK 时，相位有 0°、90°、180° 和 270°（-90°）（A 方式）或 45°、135°、225°（-135°）和 315°（-45°）（B 方式）4 种取值。对 8PSK，载波相位则有 8 种取值，如图 8-6-3 所示。

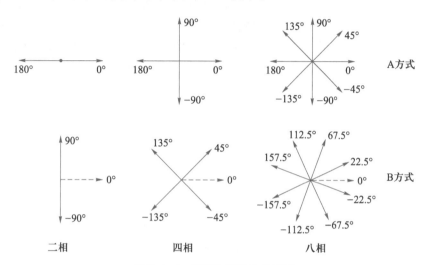

图 8-6-3　MPSK 信号的矢量图

MPSK 调制方式中最常用的是 4PSK 和 8PSK。4PSK 又称为 QPSK，它的产生可采用相位选择法或正交调制法。相位选择法的方框图如图 8-6-4 所示，图中输入的二进制信息序列经串-并变换后去控制逻辑选相电路的相位输出。由图 8-6-4 看出，系统工作在 A 方式。正交调制法产生 QPSK 信号的方框图如图 8-6-5 所示。从图中看出，它由两路正交的 2PSK 调相电路组合而成。二进制信息序列经串-并变换后，分为 A、B 两路，每路的码元速率是输入数据速率的一半。为了实现调相，加到乘法器的调制信号必须是双极性的，因此 A、B 两路各接入了单-双极性变换器。图 8-6-5 中给出了输出信号的矢量图，可看出系统工作在 B 方式。

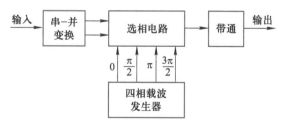

图 8-6-4　相位选择法产生 QPSK 信号的方框图

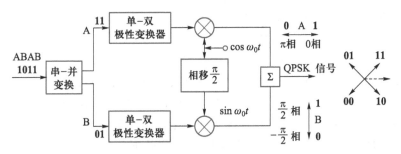

图 8-6-5　正交调制法产生 QPSK 信号的方框图

　　8PSK 信号可用正交法产生,如图 8-6-6 所示。图中,输入的二进制信息序列经串-并变换后,分为三路并行输出,每路的码元速率是输入数据速率的1/3。A 路和 C 路的码元送入上支路的 2-4 电平变换器,B 和 $\overline{C}$ 路的码元送入下支路的 2-4 电平变换器。两路电平变换器的输出分别对两路正交载波进行双边带多电平幅度调制,合并后得到 8PSK 信号。

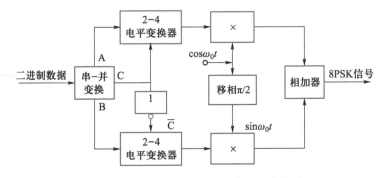

图 8-6-6　正交法产生 8PSK 信号的方框图

　　MPSK 信号可采用相干方式进行解调。由式（8-6-10）可以看出,用两路互相正交的载波信号可实现对 MPSK 信号的相干解调。图 8-6-7 所示为 QPSK 信号的相干解调方框图。图中的上支路和下支路称为正交和同相通路,分别设置了两个相关器（或匹配滤波器）,得到 $I(t)$ 和 $Q(t)$,经判决电路和并-串变换后即可恢复原始信息。

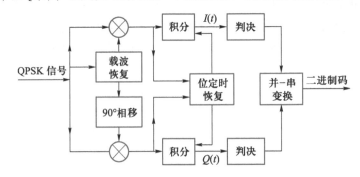

图 8-6-7　QPSK 信号的相干解调方框图

　　8PSK 信号也可以采用如图 8-6-7 所示的相干解调器进行解调,区别在于判决电路由二电平判决改为四电平判决,判决结果经逻辑运算后得到比特码组,再进行并-串变换。

8PSK 信号的另一种解调方案如图 8-6-8 所示，它由两组正交相干解调器组成。其中一组参考载波相位为 0°和 90°，另一组参考载波相位为-45°和 45°。每个相干解调器后接一个二电平判决电路，对判决结果经逻辑运算后得到比特码组，再进行并-串变换，即可恢复原始信息。

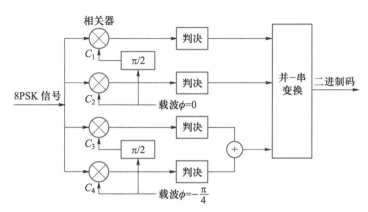

图 8-6-8　8PSK 信号的双正交相干解调

以上讨论的调制解调方法可以推广到任意的 MPSK 系统中去。

考虑到绝对调相系统中存在"相位模糊"的问题，故实际的系统中都采用相对调相方式，即 MDPSK。下面以 4DPSK 系统为例，进行简单介绍。

与 2DPSK 一样，4DPSK 也是利用前后码元之间的相对相位变化来传送信息的。因为 4DPSK 有 4 种相位状态，每种状态可代表 2 个比特，所以四相调制的相位与双比特流对应。若以前一组码元的相位为参考相位，并令 $\Delta\varphi$ 为本组码元的初相与前一组码元的初相之差，则常见的信息码与相位变化的关系如表 8-6-1 所示。

表 8-6-1　4DPSK 编码表

方　式	双比特信息与 $\Delta\varphi$ 的关系			
A$\left(\dfrac{\pi}{2}系统\right)$	0° **00**	90° **01**	180° **11**	270° **10**
B$\left(\dfrac{\pi}{4}系统\right)$	45° **00**	135° **01**	225° **11**	315° **10**

应当注意，DPSK 方式在不同的参考初相下，同一序列将有不同的信号编码波形，但解调后仍然重现原信息序列。对于差分调相系统，由于无固定的参考相位，所以 A 方式和 B 方式已无任何差别。

4DPSK 信号的产生与 2DPSK 相似。常用的方法有两种：一种是由码型变换和四相绝对调相两个步骤来完成，如图 8-6-9（a）所示。图中码型变换器包括在逻辑选相电路中，即该电路一方面完成绝对码到相对码的变换，另一方面按绝对相移规律选择载波相位。另一种产生 4DPSK 信号的方法如图 8-6-9（b）所示。该方法是用码型变换后的相对码对两路正交载波分别进行二相调制，然后合成得到 4DPSK 信号。通过式（8-6-10）很容易理解这种产生方法。

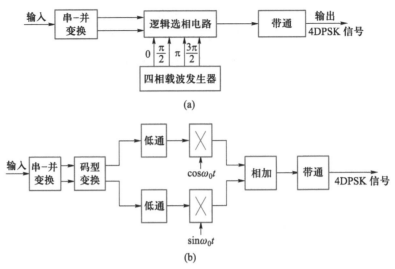

(a)

(b)

图 8-6-9　4DPSK 信号的产生方法

与 2DPSK 信号类似，4DPSK 信号也可以采用极性比较法和相位比较法进行解调，如图 8-6-10 所示。图 8-6-10（a）是极性比较法，即相干解调法；图 8-6-10（b）是相位比较法，采用这种方法时不需要产生本地载波，其原理与 2DPSK 系统类似，这里不再赘述。

302

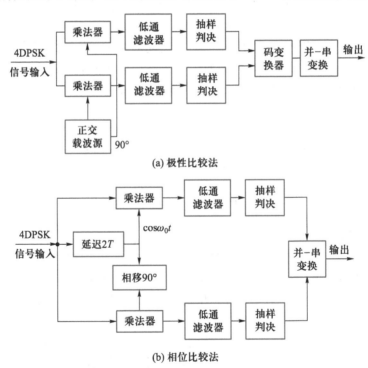

(a) 极性比较法

(b) 相位比较法

图 8-6-10　4DPSK 信号的解调

多进制相移键控系统的抗噪声性能一般比 2DPSK 系统性能差。可以证明，多进制绝对相移键控系统在相干解调时的误码率为

$$P_{eM} = \frac{1}{2}\mathrm{erfc}(\sqrt{r}\sin\pi/M) \tag{8-6-11}$$

式中，r 为多进制相移键控系统的输入信噪比，M 为多进制数目。

由式（8-6-11）可见，在 M 增加时误码率 P_{eM} 增加。可见，多进制传输系统中信息速率的提高是以降低系统的抗噪声性能换来的。

多进制相移键控系统与多进制幅移键控系统具有相同的频带利用率，但由于多进制相移键控信号包络恒定，因此系统的抗噪声性能优于多进制幅移键控系统。目前，多进制相移键控方式已广泛地应用于微波及卫星通信系统中。

习　题

8-1　设发送的数字序列为：**1011001010**，试分别画出以下两种情况下的 2ASK、2FSK、2PSK 及 2DPSK 的信号波形：

① 载频为码元速率的 2 倍；

② 载频为码元速率的 1.5 倍。

8-2　已知发送的数字序列为 **10011001**，试画出相对码波形及 2PSK、2DPSK 波形。

8-3　设发送的数字序列为 **0**、**1** 交替码，试计算并画出 2PSK 信号的频谱。

8-4　在带通信道上传输速率为 24 kbit/s 的矩形二进制脉冲数字基带信号。

① 计算由交替的 **1** 和 **0** 组成的基带数字测试信号键控的 ASK 信号的幅度谱；

② 画出该幅度谱，指出零点带宽值。假设载频为 150 MHz；

③ 对随机数据，确定其功率谱密度，并画出图形。

8-5　假设 FSK 信号传号频率为 50 kHz，空号频率为 55 kHz，比特率为 2 400 bit/s。

① 计算调制信号为交替变换的 **1** 和 **0** 时的 FSK 信号的幅度谱；

② 确定零点带宽。

8-6　具有载波分量的相移键控信号可写成

$$S(t) = A\sin\left[2\pi f_0 t + d(t)\cos^{-1}a\right]$$

这里 $d(t)$ 是二进制数据，即在 T_b 相邻比特间隔内为 ±1。

试证明：

① 载波分量和调制分量的功率之比为

$$\frac{P_c}{P_m} = \frac{a^2}{1-a^2}$$

② 给定总功率为 P_T 时，调制分量功率和载波分量功率分别为

$$P_c = a^2 P_T$$

和

$$P_m = (1-a^2)P_T$$

8-7　什么是 ASK 的包络检波法的判决门限、归一化门限及最佳门限？设码元 **0** 和 **1** 等概出现，且系统的输入信噪比 $S/N = 10$ dB，试计算归一化门限值及系统的误码率。

8-8　试比较 2ASK、2FSK 及 2PSK 的信号带宽及频带利用率。

8-9　一个二进制基带信号先通过滚降系数为 50% 的升余弦滚降滤波器，然后调制到载波上。数据

率为 64 kbit/s。试计算:

① 产生的 ASK 信号的绝对带宽;

② 当传号频率为 150 kHz,空号频率为 155 kHz 时产生的 FSK 信号的近似带宽。

8-10　为了节省频带和提高系统的抗干扰能力,对相位不连续的 2FSK 信号采用动态滤波器进行分路滤波,设码元速率为 1 200 Baud,试问发送频率 f_1、f_2 之间的间隔应为多少? 所需的系统带宽为多少?

8-11　在 ASK 相干检测系统中,若发送 **1** 码的概率为 P,发送 **0** 码概率为 $1-P$,试推导出系统的误码率公式,并说明 $P > \frac{1}{2}$ 时的最佳门限电压值与 $P = \frac{1}{2}$ 时相比是增大了还是减小了。

8-12　在频移键控相干解调系统中,如果要求系统的误码率 P_e 不超过 10^{-4}。

① 试求系统输入端的信噪比;

② 若以 256 个量化级的 PCM 方式来传送话音信号(设话音信号截止频率为 4 kHz),试问此时系统平均每秒钟产生的误比特数是多少?

8-13　某 FSK 系统中,传码率为 2×10^5 Baud,已知 $f_1 = 10$ MHz,$f_2 = 10.4$ MHz。接收端输入信号的幅度 $A = 40\ \mu V$,输入高斯白噪声的单边功率谱密度 $n_0 = 6 \times 10^{-17}$ W/Hz。

试求:

① FSK 信号带宽;

② 系统相干解调和非相干解调时的误码率。

8-14　设 2DPSK 信号采用相位比较法解调的原理框图及输入信号波形如图 E8-1 所示,试画出 b、c、d、e、f 各点的波形。

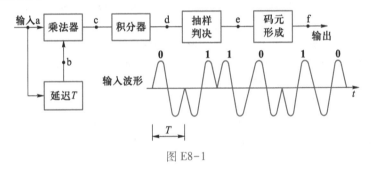

图 E8-1

8-15　在 2DPSK 系统中,设载波的频率为 2 400 Hz,码元速率为 1 200 Baud。已知绝对码序列为 **1011011100010**。

① 画出 2DPSK 信号波形;

② 若系统采用差分相干解调法接收信号,试画出输出信号波形;

③ 若发送码元符号 **0** 和 **1** 的概率分别为 0.6 和 0.4,试求此时 2DPSK 信号的功率谱密度。

8-16　在二进制相移键控系统中,已知解调器输入端的信噪比为 10 dB。试求:

① 2PSK 信号采用相干解调时系统的误码率;

② 2DPSK 信号采用相干解调—码型变换方式时系统的误码率;

③ 2DPSK 信号采用差分相干解调时系统的误码率。

8-17　在 2ASK 相干接收系统中,设发送端发送 **1** 时信号的幅度为 5 V,信道噪声平均功率 $\sigma_n^2 = 3 \times 10^{-12}$ W。若要求误码率 $P_e = 10^{-4}$,试问信道衰减应为多少分贝(假定在最佳门限值上判决)?

8-18　在习题 8-17 中,如果系统为以下三种情况,其他条件不变,试分别计算信道的衰减值。

① 2ASK 非相干接收;

② 2FSK 相干接收;

③ 2PSK 相干接收。

8-19 在 2ASK 相干接收系统中，已知发送数据 **1** 的概率为 $P(1)$，发送数据 **0** 的概率为 $P(0)$，且 $P(1) \neq P(0)$。设发送数据 **1** 时接收端解调器的信号幅度为 A，信道中窄带噪声的平均功率为 σ_n^2。试证明：此时的最佳门限值为 $b^* = \dfrac{A}{2} + \dfrac{\sigma_n^2}{A} \ln \dfrac{P(0)}{P(1)}$。

8-20 用 ASK 方式传送二进制数字消息，已知传码率 $R_B = 3 \times 10^6$ Baud，接收端输入信号的振幅 $A = 30\ \mu V$，输入高斯白噪声的单边功率谱密度 $n_0 = 8 \times 10^{-18}$ W/Hz，试求相干解调和非相干解调时系统的误码率。

8-21 已知 **1** 码和 **0** 码波形分别为 $s_1(t)$ 和 $s_0(t)$，如图 E8-2 所示，高斯噪声的双边功率谱密度为 $\dfrac{n_0}{2}$，试以最小错误概率准则用匹配滤波器构造最佳接收机模型，并写出该接收机误码率公式。

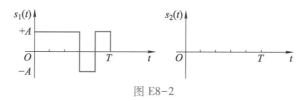

图 E8-2

8-22 一个使用匹配滤波器接收的 2ASK 相干解调系统，设发送的信号峰值电压为 5 V，接收端白噪声的功率谱为 $n_0 = 6 \times 10^{-18}$ W/Hz，码元间隔 T 为 0.5 μs，若要求系统的误码率 $P_e = 10^{-4}$，试计算信道的功率衰耗。

8-23 在带通信道上传输二进制数据，设数据速率为 1 000 bit/s，信道带宽为 3 kHz，噪声的功率谱密度为 $\dfrac{n_0}{2} = 10^{-10}$ W/Hz。若要求系统的误码率 $P_e = 10^{-5}$，试比较非相干 2ASK、相干 2PSK、2DPSK 及非相干 2FSK 系统平均功率的大小。

8-24 已知相干 2PSK 系统的输入信噪比 $S/N = 10$ dB，试计算系统的误码率 P_e。若相干载波的相位偏移 $\Delta \phi = 15°$，试问系统的误码率 P_e 上升多少？

8-25 设发送数字信息序列为 **01011000110100**，试分别画出 4ASK、4FSK、4PSK 及 4DPSK 信号的波形。

8-26 4PSK 系统中，若载频 $f_c = 2$ GHz，输入数据为二进制不归零序列 $\{a_n\}$，$a_n = \pm 1$，且认为它们等概、独立出现，其码元速率为 34 Mbit/s。

① 画出用正交调制法产生 4PSK 信号的系统框图；

② 试求 4PSK 信号的功率谱密度。

8-27 用 QPSK 方式在卫星通信系统中传送数据，数据率为 30 Mbit/s，收发机的带宽为 24 MHz。

① 若对卫星信号进行均衡使其具有等效升余弦滤波器特性，所需的滚降系数是多少？

② 是否可找到一滚降系数 α 支持 50 Mbit/s 的数据率？

8-28 单极性多进制信号传输系统中，设多电平调幅信号功率与噪声功率比为 $\varepsilon_m = A^2/2\sigma^2$，信道中的噪声为高斯噪声，试证明多电平($L$)调幅相干接收系统的误码率 P_e 为

$$P_e = \left(1 - \frac{1}{L}\right) \text{erfc}\left(\sqrt{\frac{3\varepsilon_m}{2(L-1)(2L-1)}}\right) \quad (L = 2^k)$$

如果 ε_m 用 k 个比特的码元能量 E_b 代替，上式可写为

$$P_e = \left(1 - \frac{1}{L}\right) \text{erfc}\left(\sqrt{\frac{3kE_b}{2(L-1)(2L-1)}}\right)$$

8-29 试证明：采用包络检波法解调多电平信号时，系统的误码率为

$$P_e = \left(1 - \frac{3}{2L}\right) \text{erfc}\left(\sqrt{\frac{3S}{2(L-1)(2L-1)N}}\right) + \exp\left(-\frac{3S}{2(L-1)(2L-1)N}\right) \quad (\text{设 } L \text{ 个电平等概发送})$$

第 9 章

改进型数字调制系统

9.1 引言

第 8 章中讨论了最基本的二进制和多进制数字调制技术。为了提高通信系统传输信息的有效性和可靠性，人们在此基础上发展和提出了多种具有较高频带利用率的改进型数字调制技术。

本章在之前章节的基础上，再介绍几种现代数字传输系统中的常见技术。本章具体内容包括：

（1）正交幅度调制（quadrature amplitude modulation，QAM）。QAM 是为了进一步增加 MPSK 或 MASK 等多进制数字调制信号空间中，各信号状态点之间的最小距离而提出的一种幅度和相位联合调制的方式。MQAM 具有和 MPSK 相同的频谱利用率，但在相同的传输功率下，可获得更好的误码性能。

（2）连续相位频移键控（continual phase FSK，CPFSK）。CPFSK 是针对 FSK 信号在频率跳变时的相位不连续导致带外衰减过高而提出的一种连续相位的 FSK 方式。CPFSK 通过保持信号相位连续变化，使带外衰减加快，频谱效率更高。

（3）高斯最小频移键控（Gaussian filtered minimum shift keying，GMSK）。GMSK 是在 MSK（minimum-shift keying）基础上进行改进的，能进一步加速带外衰减，降低邻道干扰，在蜂窝移动通信系统中得到了广泛的应用。

（4）正交频分复用（orthogonal frequency division multiplexing，OFDM）。OFDM 是一种能有效利用频谱资源的多载波传输方式。OFDM 具有频谱利用率高、能有效对抗频率选择性衰落、实现简单等多项优点，已成为现代移动通信系统中物理层的关键技术之一。

9.2 正交幅度调制（QAM）

视频：QAM 调制

根据 8.6 节中的分析，采用 MPSK 方式后，虽然系统的有效性提高了，但可靠性却降低了。这是因为 MPSK 包络恒定，随着多进制数目 M 的增大，更多的信号点被限制在单位圆上，使得各信号状态点之间的最小距离 $d_{\min}$ 减小，更容易在干扰和噪声的影响下出现判决错误。

如果解除这种恒包络约束，充分利用二维信号空间的平面来安排信号点，就可能在增加 M 的时候，不显著地减小信号点间的最小距离 $d_{\min}$，从而使得频带利用率与误码率的综合性能更好。基于这一概念，引出了幅度和相位联合键控的调制方式——正交幅度调制（QAM）。

9.2.1 QAM 信号表示与星座图

1960 年，有学者提出了幅度和相位联合键控方式，记为 APK（amplitude phase keying）。APK 信号可表示为

$$s(t) = \left[\sum_n a_n g(t - nT) \right] \cos(\omega_0 t + \varphi_n) \qquad (9\text{-}2\text{-}1)$$

式中，$g(t)$ 是基带成形脉冲，可以取幅度为 1，宽度为 T 的矩形脉冲；a_n 是载波可能取的 N 种不同的电平值；φ_n 是载波可能取的 L 种不同的相位，且有

$$a_n = \begin{cases} a_1 & \text{以概率 } P_1 \\ a_2 & \text{以概率 } P_2 \\ \vdots & \vdots \\ a_N & \text{以概率 } P_N \end{cases}$$

$$\varphi_n = \begin{cases} \varphi_1 & \text{以概率 } P_1 \\ \varphi_2 & \text{以概率 } P_2 \\ \vdots & \vdots \\ \varphi_L & \text{以概率 } P_L \end{cases}$$

显然，APK 信号的可能状态数为 $L \times N$。如 $L = N = 4$，则可合成 16APK 信号。

式（9-2-1）还可以写成另一种形式，即

$$s(t) = \left[\sum_n a_n g(t - nT) \right] \cos \varphi_n \cos \omega_0 t -$$
$$\left[\sum_n a_n g(t - nT) \right] \sin \varphi_n \sin \omega_0 t \qquad (9\text{-}2\text{-}2)$$

令

$$\left. \begin{array}{r} a_n \cos \phi_n = X_n \\ -a_n \sin \phi_n = Y_n \end{array} \right\} \qquad (9\text{-}2\text{-}3)$$

则式（9-2-2）可写为

$$s(t) = \left[\sum_n X_n g(t - nT) \right] \cos \omega_0 t + \left[\sum_n Y_n g(t - nT) \right] \sin \omega_0 t \qquad (9\text{-}2\text{-}4)$$

式（9-2-4）可看作两个载波正交的幅度调制信号之和，故 APK 亦称为正交幅度调

307

制。比较式（8-6-10）和式（9-2-4）可以看出，MQAM 信号的带宽与 MPSK 信号的带宽相同。因此，QAM 方式是一种高效率的信息传输方式，其频带利用率随着 M 的提高而提高。

在多进制数字调制系统中，为了直观，通常用星座图（signal point constellation）来表示已调信号。所谓星座图是指信号矢量端点的分布图。以十六进制数字调制为例，采用 16PSK 时的信号星座图如图 9-2-1（a）所示，采用 16QAM 方式时的信号星座图如图 9-2-1（b）所示。

星座图设计的基本思路是：在给定平均能量 $\overline{E}$ 的情况下，使信号点之间的最小距离 $d_{\min}$ 最大，从而使信号消耗最少的能量。因此，各信号点通常是关于原点对称的，从而保证信号的平均功率最小。一般来说，MQAM 信号的星座图为矩形或十字形，如图 9-2-2 所示。图 9-2-2 中叠加了不同多进制传输信号的星座图，其中 $M=4$、16、64、256 时的星座图为矩形，分别由 4 条虚线方框围成；而 $M=32$、128 时的星座图为十字形，为水平轴和垂直轴的两个矩形叠加而成。矩形星座图对应的 M 为 2 的偶次方，即每个符号携带偶数个比特信息；十字形星座图对应的 M 为 2 的奇次方，即每个符号携带奇数个比特信息。

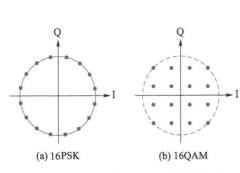

(a) 16PSK　　　　(b) 16QAM

图 9-2-1　16PSK 与 16QAM 信号星座图

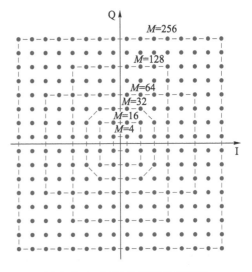

图 9-2-2　MQAM 信号的星座图

假设已调信号的最大幅度为 A，由 MPSK 信号的星座图不难得到相邻信号点间的最小距离为

$$d_{\text{MPSK}} = 2A\sin\left(\frac{\pi}{M}\right) \qquad (9\text{-}2\text{-}5)$$

而对矩形星座图的 MQAM 信号来说，相邻信号点间的最小距离为

$$d_{\text{MQAM}} = \frac{\sqrt{2}A}{L-1} = \frac{\sqrt{2}A}{\sqrt{M}-1} \qquad (9\text{-}2\text{-}6)$$

式中，$M=L^2$，L 为星座图中水平轴和垂直轴上信号的电平数。

由式（9-2-5）及式（9-2-6）可得，当 $M=4$ 时，$d_{4\text{PSK}} = d_{4\text{QAM}}$，这表明 4PSK 与

4QAM 的抗噪声能力相当。事实上，4PSK 与 4QAM 的星座图是相同的。但当 $M>4$ 时，QAM 方式的抗噪声能力会优于 PSK 方式。例如，$M=16$ 时，可算出 $d_{16PSK}=0.39A$，$d_{16QAM}=0.47A$，即 $d_{16QAM}>d_{16PSK}$，这表明，16QAM 的抗噪能力优于 16PSK。

根据星座图的设计思想，应该以信号的平均功率相等为条件来比较上述信号相邻点之间的距离才是合理的。可以证明，MQAM 信号的最大功率与平均功率之比为

$$k_{MQAM} = \frac{L(L-1)^2}{2\sum\limits_{i=1}^{L/2}(2i-1)^2} \tag{9-2-7}$$

这样，d_{MQAM} 增加为原来值的 $\sqrt{k_{MQAM}}$ 倍。对 16QAM 来说，$L=4$，由式（9-2-7）可得到 $k_{16QAM}=1.8$，故 $d_{16QAM}=0.47A\times\sqrt{1.8}\approx 0.63A$。而对 16PSK 信号来说，因其包络恒定，故信号的最大功率与平均功率相同，即 $k_{16PSK}=1$，因而在信号平均功率相等的条件下，MQAM 的优点更为明显。此时，$d_{16QAM}/d_{16PSK}=1.62$，约为 4.19 dB。

以上分析表明，随着 M 的增大，MQAM 的抗噪性能明显优于 MPSK，在同样的噪声环境下，同等功率的 MQAM 比 MPSK 可以获得更低的误码率。所以在实际通信系统中，在 $M>8$ 的情况下，大都采用 QAM 调制。

9.2.2　QAM 调制和解调

由式（9-2-4）可看出，MQAM 信号可以用正交调制的方法产生。图 9-2-3（a）给出了 MQAM 信号产生的一般方框图。图中，串-并变换器将速率为 R_b 的二进制输入信息序列分成上、下两路速率为 $R_b/2$ 的二进制序列，2-L 电平转换器将每个速率为 $R_b/2$ 的二进制序列变成速率为 $R_b/\log_2 M$ 的 L 进制信号，然后分别与两路正交的载波相乘，相加后即产生 MQAM 信号。上、下两条支路分别为同相和正交支路，也称为 I 路和 Q 路。

MQAM 信号的解调可以采用相干解调方式，如图 9-2-3（b）所示。图中，经上、下两路相干解调得到的 L 进制的基带信号用有 $L-1$ 个门限的判决器判决后，分别得到速率为 $R_b/2$ 的二进制序列，最后经并-串变换器合并后输出速率为 R_b 的二进制信息序列。

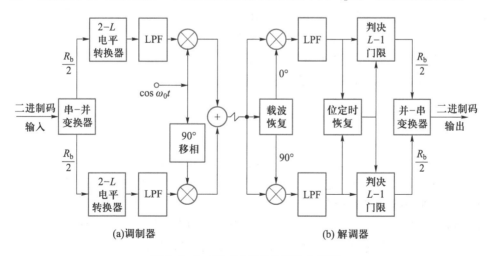

(a)调制器　　　　　　　　　　　(b)解调器

图 9-2-3　MQAM 信号的产生及解调

图9-2-3中的MQAM调制实质上是两路载波正交的MASK信号相加而成，故称为正交调幅法。对于矩形星座QAM，其正确判决符号的概率为

$$P_c = (1-P_L)^2 \tag{9-2-8}$$

式中，P_L表示同相或正交支路L进制ASK信号的误符号率。根据式（8-6-7）有

$$P_L = \left(1 - \frac{1}{L}\right) \text{erfc}\left[\sqrt{\frac{6S_L}{2(L^2-1)\sigma^2}}\right]$$

式中，S_L为L进制ASK信号的平均功率。令E_L为L进制ASK信号的平均符号能量，由于两路L-ASK信号的平均能量是MQAM信号平均能量E_{ave}的一半，即

$$P_L = \left(1 - \frac{1}{L}\right) \text{erfc}\left[\sqrt{\frac{3}{L^2-1} \cdot \frac{E_L}{N_0}}\right]$$
$$= \left(1 - \frac{1}{\sqrt{M}}\right) \text{erfc}\left[\sqrt{\frac{3}{2(M-1)} \cdot \frac{E_{\text{ave}}}{N_0}}\right] \tag{9-2-9}$$

由于QAM信号的平均比特能量为$E_b = E_{\text{ave}}/\log_2 M$，则式（9-2-9）可改写为

$$P_L = \left(1 - \frac{1}{\sqrt{M}}\right) \text{erfc}\left[\sqrt{\frac{3\log_2 M}{2(M-1)} \cdot \frac{E_b}{N_0}}\right] \tag{9-2-10}$$

于是，MQAM的误符号率为

$$P_s = 1 - P_c = 1 - (1-P_L)^2 = 2P_L - P_L^2 \tag{9-2-11}$$

MQAM的误符号率曲线如图9-2-4所示。

由图9-2-4看出，在相同的信噪比的条件下，随着M的增大，QAM的误符号率增大。

综合上述，MQAM信号具有和MPSK信号相同的频带利用率，理想情况下，MQAM和MPSK最高频带利用率均为$\log_2 M$ bit／(s·Hz)。但在信号平均功率相等的条件下，MQAM的抗噪能力优于MPSK。因此，QAM特别适合用于频带资源有限的场合，目前是无线通信中应用最为广泛的调制方式。

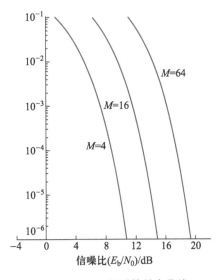

图9-2-4 MQAM的误符号率曲线

9.3 连续相位频移键控（CPFSK）

数字通信系统中为了提高系统的有效性，主要从提高系统的频带利用率着眼。因此，人们不仅希望已调信号具有恒定的包络，以适应在非线性信道中传输，而且还希望信号具有频带窄及带外频谱衰减快的特点。

前面讨论的MPSK方式，虽然具有较高的频带利用率，但在码元变化时，其载波相位会发生跳变。相位的跳变会使信号的频谱展宽，使信号功率谱的旁瓣变高、衰减变慢。为减小信号功率谱的旁瓣，并使其衰减变快，应令已调信号的相位变换连续，故而出现了连续相位的频移键控方式，记为CPFSK。

CPFSK 泛指载波相位以连续的形式变化的一大类频率调制技术。本节讨论 CPFSK 的基本原理及其最典型的两种调制方式——最小频移键控（MSK）和平滑调频（TFM）。

9.3.1 CPFSK 的基本原理

连续相位 FSK 信号通常使用某种数字 PAM 信号去控制压控振荡器来产生。M 进制的 PAM 基带信号为

$$m(t) = \sum_n a_n g(t - nT_s) \tag{9-3-1}$$

其中，$a_n \in \{\pm 1, \pm 3, \cdots, \pm(M-1)\}$ 是信息符号，$g(t)$ 是宽度为 T_s 的矩形脉冲。连续相位 FSK 可以表示为

$$s(t) = A\cos\left[2\pi f_c t + 4\pi f_d T_s \int_{-\infty}^{t} m(\tau)\,\mathrm{d}\tau + \varphi_0\right] \tag{9-3-2}$$

其中，f_c 是载波频率，f_d 是峰值频偏，φ_0 为初相。在相干解调时，不失一般性，可设初相 $\varphi_0 = 0$。带通信号的瞬时频率为 $f_c + 2f_d T_s m(t)$。注意，由于 $g(t)$ 是矩形脉冲，因此 $m(t)$ 在 $t = nT_s$ 时刻是不连续的，但是 $m(t)$ 的积分是连续函数。用

$$\theta(t,a) = 4\pi f_d T_s \int_{-\infty}^{t} m(\tau)\,\mathrm{d}\tau \tag{9-3-3}$$

表示信号 $s(t)$ 的瞬时相位偏移。显然，瞬时相位偏移与数据序列有关。在第 k 个符号周期内，即在时间区间 $[kT_s, (k+1)T_s]$ 中，瞬时相位偏移为

$$\begin{aligned}
\theta(t,a) &= 2\pi f_d T_s \sum_{j=-\infty}^{k-1} a_i + 4\pi T_s q(t - kT_s) f_d a_k \\
&= \theta_k + 2\pi h a_k q(t - kT_s)
\end{aligned} \tag{9-3-4}$$

式中，$h = 2f_d T_s$ 是调制指数，$\theta_k = \pi h \sum_{j=-\infty}^{k-1} a_i$ 是直到 $t = kT_s$ 时刻的累积相位，$q(t)$ 称为相位成形函数，是频率成形函数 $m(t)$ 的积分，且可以表示为

$$q(t) = \begin{cases}
0 & t \leqslant 0 \\[2mm]
\dfrac{t}{2T_s} & 0 < t \leqslant T_s \\[2mm]
\dfrac{1}{2} & t > T_s
\end{cases} \tag{9-3-5}$$

根据式（9-3-5）可以画出对于所有从 $t = 0$ 时刻开始，可能的数据序列所产生的相位变化。

由于 $g(t)$ 是矩形脉冲，所以此时的相位变化轨迹是分段线性的折线。如果利用连续的成形函数，如升余弦波形的成形脉冲，则可以使相位轨迹更加平滑。

在 CPFSK 方式中，如果在每个码元内的调频指数 h 都是一个常数，则这种连续相位的频移键控称为单模 CPFSK。如果在每个码元内的频偏或 h 不是一个常数，而是随码元的不同而周期地改变，则称这种调制方式为多模 CPFSK（MA-CPFSK）。

对 CPFSK 信号的解调，不一定在收到某一码元时就立即做出判决，还可以在观察后续几个码元之后，再对这一码元进行判决。这种方式称为延迟判决，目的是提高判决时的可靠性。

9.3.2   最小频移键控（MSK）

最小频移键控（MSK）是调频指数 $h=0.5$ 的连续相位频移键控方式，是 FSK 方式的一种改进形式。在 FSK 方式中每一个码元的频率不变或者跳变某一个固定值。当相邻码元对应的频率跳变时，一般来说，相位是不连续的，因而 FSK 信号占据较宽的带宽。而最小频移键控（MSK）是保持相位连续的一种特殊频移键控形式。

MSK 信号通常可表示为

$$s(t) = \cos\left[\omega_0 t + a_i\frac{\pi}{2T}\,t + \varphi_i\right]$$

$$(i-1)T \leq t \leq iT \quad i=1,2,3\cdots \tag{9-3-6}$$

式中，ω_0 为载波中心频率；T 为数据码元宽度；a_i 为第 i 个数据信号（取值 $a_i=\pm1$）；φ_i 为相位常数，在码元宽度 T 内保持不变。

从式（9-3-6）中看出，当 $a_i=1$ 时，MSK 信号频率为 $f_1=f_0+\dfrac{1}{4T}$；当 $a_i=-1$ 时 MSK 信号频率为 $f_2=f_0-\dfrac{1}{4T}$。

频移键控信号的调制指数定义为：$h=(f_1-f_2)T$，其中，f_1 和 f_2 分别为对应于二进制频移键控信号两种符号的频率。显然，MSK 信号的调制指数 $h=0.5$。由于一般频移键控信号的调制指数都大于 0.5，所以称 $h=0.5$ 的 MSK 为最小频移键控方式。

由式（9-3-6）可得到 MSK 信号的相位函数为

$$\varphi(t) = \varphi_i + a_i\frac{\pi}{2T}\,t \quad (i-1)T \leq t \leq iT \tag{9-3-7}$$

为了满足码元转换时相位连续，必须保证第 i 个码元的起始相位等于第 $i-1$ 个码元的终了相位。所以，相位常数取值必须满足

$$\varphi_i = \varphi_{i-1} + a_{i-1}\frac{\pi}{2} = \varphi_{i-1} + \begin{cases} \dfrac{\pi}{2} & a_{i-1}\text{为}+1 \\[2mm] -\dfrac{\pi}{2} & a_{i-1}\text{为}-1 \end{cases} \tag{9-3-8}$$

由此可见，在每个码元的时间间隔内，MSK 信号的相位必须准确地增加或减小 $\dfrac{\pi}{2}$。

设 $t=0$ 时，初相 $\varphi_0=0$，在输入信号序列为 +1 -1 -1 +1 +1 +1 -1 +1 的条件下，式（9-3-7）所表示的 $\varphi(t)$ 和式（9-3-8）所表示的初相如图 9-3-1 所示。

将 MSK 的信号表达式（9-3-7）展开，以便找到 MSK 信号的产生方法。

$$s(t) = \cos\left(\omega_0 t + a_i\frac{\pi}{2T}\,t + \varphi_i\right)$$

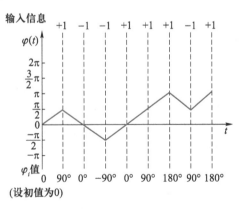

图 9-3-1   MSK 信号的相位变化

$$= \cos\varphi_i \cos\frac{\pi t}{2T} \cos\omega_0 t - a_i \sin\varphi_i \sin\frac{\pi t}{2T} \cos\omega_0 t -$$

$$a_i \cos\varphi_i \sin\frac{\pi t}{2T} \sin\omega_0 t - \sin\varphi_i \cos\frac{\pi t}{2T} \sin\omega_0 t \quad (i-1)T \leqslant t \leqslant iT \qquad (9-3-9)$$

由式（9-3-9）看出，MSK 信号可用正交载波调制的方法产生。由式（9-3-9）可以得到产生 MSK 信号的调制方框图，如图 9-3-2 所示。

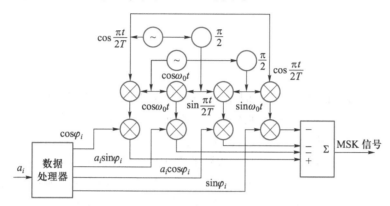

图 9-3-2　MSK 信号的调制方框图

MSK 信号的解调一般采用最佳相干解调方式，如图 9-3-3 所示。图中，两路正交参考载波与接收信号相乘，再对两路积分器的输出在 $0 < t < 2T$ 的时间间隔内进行交替判决，最后恢复原数据。

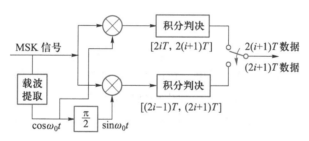

图 9-3-3　MSK 信号的解调方框图

MSK 解调器采用延迟判决法。下面举例说明在 $(0, 2T)$ 内判决一次的过程。设 $(0, 2T)$ 内，$\varphi(0) = 0$，则 MSK 的 $\varphi(t)$ 的变化规律可用图 9-3-4（a）表示。在 $t = 2T$ 时刻，$\varphi(t)$ 的可能相位为 $\pm\pi$，0。若信号 $\cos[\omega_0 t + \varphi(t)]$ 与相干载波 $\cos\left(\omega_0 + \frac{\pi}{2}\right)$ 相乘，则输出为

$$\cos[\omega_0 t + \varphi(t)]\cos\left(\omega_0 + \frac{\pi}{2}\right) = \cos\left[\varphi(t) - \frac{\pi}{2}\right] + 频率为 2\omega_0 项 \qquad (9-3-10)$$

若用低通滤波器（或积分器）输出第一项，则

$$U(t) = \cos\left[\varphi(t) - \frac{\pi}{2}\right] = \sin\varphi(t) \quad 0 \leqslant t \leqslant 2T \qquad (9-3-11)$$

由图 9-3-4（a）可知，当输入信号为 +1　+1 或 +1　-1 时，$\sin\phi(t)$ 为正值；当输入数据为 -1　-1 或 -1　+1 时，$\sin\phi(t)$ 为负值。$U(t)$ 的变化过程如图 9-3-4（b）所示。

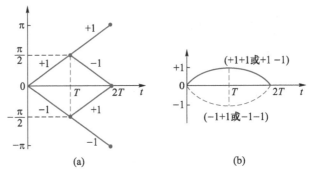

图 9-3-4　MSK 码元判决示意图

由图 9-3-4（b）看出，当判决时刻 $\sin\phi(t)$ 为正值时，可知道这两个码元的数字信息不是+1　+1，就是+1　-1；从而判决第一个码元为+1，后一个码元待下一次判决；若 $\sin\phi(t)$ 为负值，则可判决第一个码元为-1。这种方法利用了后一码元的条件来判决前一码元，使系统的可靠性增加了。在上面所讲的例子中，是在 $(0,2T)$ 内判决，即在偶数码元之间判决。若在奇数个码元间，即在 $[(2i-1)T,(2i+1)T]$ 内判决，则由另一路相乘积分判决器完成。所以，判决是在偶数码元间和奇数码元间交替完成的。

对于 MSK 系统的性能，可以证明，相干解调时系统的误码率为

$$P_e = \frac{1}{2}(1-\mathrm{erf}\sqrt{r}) = \frac{1}{2}\mathrm{erfc}\sqrt{r} \tag{9-3-12}$$

由式（9-3-12）看出，MSK 相干解调时的抗噪声性能与 2PSK 系统相同，具有最优的抗干扰性能。

MSK 信号的功率谱密度为

$$S(f) = 8T(1+\cos 4\pi\Delta fT)/\pi^2(1-16\Delta f^2 T^2)^2 \tag{9-3-13}$$

式中，$\Delta f = f - f_0$。由式（9-3-13）看出，在远离中心频率处，MSK 信号的功率谱密度旁瓣峰值按频率的 4 次幂衰减，而幅移键控和相移键控信号的功率谱密度旁瓣按频率的 2 次幂衰减。显然，MSK 的频谱非常集中，带外功率很小。因此，MSK 方式的频谱利用率较高，同时对相邻信道的干扰较小。

综上所述，MSK 的频带利用率优于 2FSK 及 2PSK，它的抗噪声性能相当于 2PSK，而且它的同步恢复也较方便。因此，MSK 方式在实际系统中得到广泛的应用。

9.3.3　平滑调频（TFM）

前面介绍的 QPSK 及 MSK 信号都是一种恒定包络的信号，在频带利用率和功率效率方面，它们是一种较好的折中调制方式，但它们的带外功率辐射仍较大，在有些场合不能满足要求。为此，人们提出一种称为相关相移键控（Cor-PSK）的新的调制方式。这种调制方式具有信号包络恒定、频谱主瓣窄及带外辐射低等特点。它采用了部分响应技术，在一组码元之间引入了一定的相关性，从而使信号的频谱特性得以改善，同时由于信号的相位连续，相位轨迹平滑，大大减小了信号的带外辐射。

根据相关编码输入和输出电平数的不同，部分响应编码的规则也不一样，因而产生了不同类型的相关相移键控方式。其中一种类型称为平滑调频（tamed FM，TFM）方式，记

为 Cor-PSK$[2$-$5,(1+D)^2]$。这里，$(1+D)^2$ 为部分响应编码多项式；"2-5"表示编码器输入数据 a_i 为"2"电平信号，而编码器输出数据 b_i 为"5"电平信号，相关编码式为

$$b_i = a_{i-1} + 2a_i + a_{i+1} \tag{9-3-14}$$

定义在一个码元符号间隔内的相移 $\Delta\varphi_i$ 为

$$\Delta\varphi_i = \varphi\left[(i+1)T\right] - \varphi(iT) = b_i \frac{2\pi}{n} \tag{9-3-15}$$

式中，n 为一个固定的正整数，它是信号可能的相位数。对 TFM 信号来说，$n=8$。设 a_i 取 ±1 双极性，而 b_i 取值极性对称，则式（9-3-14）中 b_i 可写为

$$b_i = (a_{i-1} + 2a_i + a_{i+1})/2 \tag{9-3-16}$$

这时，b_i 的取值为 $0, \pm1, \pm2$。将式（9-3-16）代入式（9-3-15）中，有

$$\Delta\varphi_i = \frac{\pi}{4}\left[\frac{a_{i-1}}{2} + a_i + \frac{a_{i+1}}{2}\right] \tag{9-3-17}$$

由式（9-3-17）可知，TFM 信号在各码元内的相位变化是不均匀的，其变化的值可以是 0、$\pm\pi/4$ 和 $\pm\pi/2$。由式（9-3-17）不难看出，TFM 信号相位变化的规律为：当连续三个数据交替变化时，信号相位保持不变；当连续三个数据极性相同时，信号相位变化 $\pi/2$；当连续三个数据为 ++-、--+、+-- 和 -++ 时，信号相位变化均为 $\pi/4$。图 9-3-5 中给出了信号相位与数据变化的关系。由图看出，在码元转换点处，TFM 信号的相位变化相当平滑。因此，TFM 信号的频谱特性非常理想，其主瓣窄且带外衰减比 MSK 信号快。图 9-3-5 中，为了便于比较，还画出了 MSK 信号的相位变化。图 9-3-6 中给出了 TFM 信号、MSK 信号及 QPSK 信号的功率谱，由图看出，当 $|f-f_0|>f_T$（其中，f_0 和 f_T 分别为载波频率和码元速率）时，TFM 信号的功率谱衰减在 60 dB 以上，比 MSK 和 QPSK 优越得多。

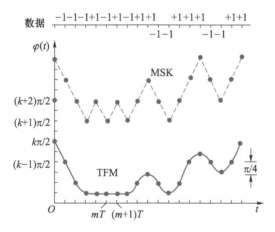

图 9-3-5　MSK 和 TFM 信号的相位轨迹

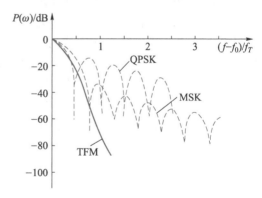

图 9-3-6　TFM 信号、MSK 信号及 QPSK 信号的功率谱

理论上已经证明，在理想情况下，TFM 系统误码性能仅比 QPSK 系统的性能恶化 1 dB 左右。所以，TFM 方式在有效性和可靠性上都具有良好的表现。

TFM 信号的产生可以用直接调频法或正交调幅的方法实现。TFM 的解调一般采用正交相干解调方式。如果系统在发送端采用差分编码，则在接收端应采用相应的译码。

9.4　高斯最小频移键控（GMSK）

　　高斯最小频移键控（GMSK）是移动通信系统中采用的一种调制方式。由于在移动通信系统中，频率资源非常紧张，信道带宽受限，因此对信号的带外辐射功率的限制十分严格，以避免对相邻信道产生干扰。MSK 信号虽然具有恒定的幅度及功率谱旁瓣衰减较快的特点，但仍不满足移动通信系统的要求。

　　高斯最小频移键控（GMSK）就是针对 MSK 方式的不足而提出的。GMSK 是在 MSK 调制器前加入高斯低通滤波器来实现的，即信号在进行 MSK 调制之前，先通过高斯低通滤波器滤波，如图 9-4-1 所示。图中的高斯低通滤波器应满足下列要求：

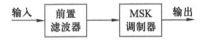

图 9-4-1　GMSK 调制原理方框图

　　（1）带宽窄，且具有锐截止特性，以抑制高频分量；

　　（2）冲激响应过冲量要小，以防止产生过大的瞬时频偏；

　　（3）冲激响应曲线下的面积保持不变（对应于 $\pi/2$ 相移），以使调频指数为 1/2。

　　图 9-4-2 给出了 GMSK 信号的功率谱密度。图中，横坐标为归一化频率 $(f-f_0)T$（其中 f_0 为载波频率，T 为码元宽度），纵坐标为功率谱密度，参变量 B_bT 为高斯低通滤波器的归一化 3 dB 带宽 B_b 与码元宽度 T 的乘积。当 $B_bT>1$ 时，表明高斯低通滤波器的带宽大于数据信号的带宽，B_bT 的值越大，滤波器的作用越弱。当 $B_bT=\infty$ 时，相当于未加滤波器，这时的曲线为 MSK 信号的功率谱密度。当 $B_bT<1$ 时，滤波器的作用明显。B_bT 的值越小，表明滤波器的带宽越窄，已调波的高频滚降就越快，频谱的主瓣也越小。随着 B_bT 值的减小，GMSK 的频谱变得越来越紧凑，但误码性能也将变差。通常，GMSK 选择 $B_bT=(0.2\sim0.25)$ 的高斯低通滤波器，这时 GMSK 的频谱对邻道的干扰小于 -60 dB，但误码性能下降并不严重。

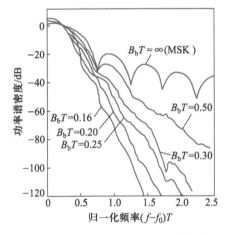

图 9-4-2　GMSK 信号的功率谱密度

9.5　正交频分复用（OFDM）

　　第 8 章的基本数字调制方式以及本章前几节讨论的改进型数字调制方式都是单载波调制，也就是用基带信号数据流去调制单一的正弦波。还有另外一类调制方式是将传输比特流分成多个子比特流，再调制到不同的子载波上并行传输，这种传输方式称为多载波调制。第 5 章中讨论的频分复用（FDM）就是多载波调制。

　　对于单载波调制系统，之前的章节主要分析了加性噪声对误码性能的影响，而没有考虑衰落和码间串扰。事实上，对于移动通信系统，衰落是影响误码性能的主要因素之一。基于多径在空间的干涉原理，信号衰落的强度跟载波频率有关。当信号带宽较窄时，各频率分量经历的衰落差别不大，接收信号波形无明显变化。当信号带宽较宽时（大于信道的相干带宽），衰落会造成不同频率分量产生差异较大的幅度相位变化，使信号波形严重失真，这种现象反映到时域就是码间串扰。可以说，衰落和码间串扰会限制数字调制信号的带宽，制约系统的最大传输速率。

正交频分复用（OFDM）技术是对抗频率选择性衰落、有效消除码间串扰的一种多载波调制技术，非常适合高速率的宽带传输。它是一种特殊的多载波调制技术，其基本思想是将高速的数据流调制到多个正交的子载波上，形成并行传输的多个低速数据流，具有较高的频带利用率，并通过引入循环前缀（cyclic prefix，CP）消除码间串扰。本节将讨论OFDM技术的基本原理、实现方法及特性。

9.5.1 OFDM 基本原理

在具体讨论 OFDM 之前，首先考虑基本的多载波调制系统，其发射端原理框图如图 9-5-1 所示。图中，输入端的信息速率为 R_b，符号间隔为 $T_b = 1/R_b$。通过串-并变换将数据流划分为 N 个并行的子数据流，符号速率降为 R_b/N，符号间隔为 $T_s = N/R_b = NT_b$，T_s 也称为码元持续期。每个子数据流分别对各自的子载波进行 BPSK 调制，A_k 和 $f_k (k = 0, 1, \cdots, N-1)$ 分别为第 k 路子载波的传输码元和频率，$g(t)$ 为脉冲成形函数。经过 N 路合并，多载波调制系统的发射信号可以表示为

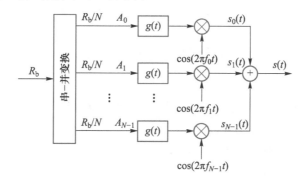

图 9-5-1　多载波调制系统发射端原理框图

$$s(t) = \sum_{k=0}^{N-1} s_k(t) = \sum_{k=0}^{N-1} A_k g(t) \cos(2\pi f_k t + \varphi_k) \tag{9-5-1}$$

式中，φ_k 为第 k 路子载波的初始相位。式（9-5-1）也可以表示为

$$s(t) = \sum_{k=0}^{N-1} A_k(t) e^{j(2\pi f_k t + \varphi_k)} \tag{9-5-2}$$

式中，$A_k(t) = A_k g(t)$ 为第 k 路子载波上的复输入信号。

为了使 N 路子载波在接收端可以完全分离，传统的多载波调制系统（FDM）令每个子信道的频谱不重叠，且留有一定的保护间隔 B_g 来防止各个子信道之间的串扰，如图 9-5-2（a）所示，并在接收端使用 N 个对应的解调器。OFDM 技术允许各个子信道有50%的频谱交叠，因而可以极大地提升频谱利用率，如图 9-5-2（b）所示。

OFDM 在频谱交叠的情况下要分离多个子信道，则要求各个子载波满足正交条件。在码元持续期 T_s 内任意两个子载波都正交的条件是

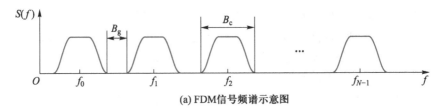

(a) FDM信号频谱示意图

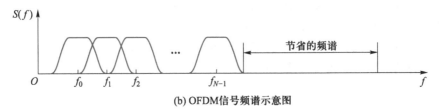

(b) OFDM信号频谱示意图

图 9-5-2 多载波调制频谱示意图

$$\frac{1}{T_s}\int_0^{T_s}\cos(2\pi f_l t + \varphi_l)\cos(2\pi f_m t + \varphi_m)\mathrm{d}t = 0 \tag{9-5-3}$$

$$\forall l,m\in\{0,1,\cdots,N-1\}, \quad l\neq m$$

式（9-5-3）可以改写为

$$\frac{1}{2T_s}\int_0^{T_s}\cos\left[2\pi(f_l + f_m)t + \varphi_l + \varphi_m\right]\mathrm{d}t +$$

$$\frac{1}{2T_s}\int_0^{T_s}\cos\left[2\pi(f_l - f_m)t + \varphi_l - \varphi_m\right]\mathrm{d}t = 0$$

积分后可得

$$\frac{\sin\left[2\pi(f_l+f_m)T_s+\varphi_l+\varphi_m\right]}{2\pi(f_l+f_m)}+\frac{\sin\left[2\pi(f_l-f_m)T_s+\varphi_l-\varphi_m\right]}{2\pi(f_l-f_m)}-$$

$$\frac{\sin(\varphi_l+\varphi_m)}{2\pi(f_l+f_m)}+\frac{\sin(\varphi_l-\varphi_m)}{2\pi(f_l-f_m)}=0 \tag{9-5-4}$$

满足式（9-5-4）中等号成立的条件是 $(f_l\pm f_m)T_s$ 均为整数。令 $(f_l+f_m)T_s = i$，$(f_l-f_m)T_s = j$，其中 i 和 j 均为整数，可解出

$$f_l = (i+j)/2T_s, \quad f_m = (i-j)/2T_s \tag{9-5-5}$$

式（9-5-5）表明，对于任意的子载波 f_k，需满足是 $1/2T_s$ 的整数倍。两个子载波间的间隔为

$$\Delta f = f_l - f_m = j/T_s \tag{9-5-6}$$

则满足各个子载波正交性的条件可归纳为

$$f_k = n/2T_s, \quad \Delta f_{\min} = 1/T_s \tag{9-5-7}$$

当满足式（9-5-7）的条件时，可保证携载于不同子载波上的信息彼此之间互不影响。这种正交性是子载波在时域上的正交性，所有的子载波都是同一个基率 $1/T_s$ 的倍数，任意两个子载波在一个码元持续期上的内积为零。

依照式（9-5-7）的正交性条件，取 $f_k = (k+1)/T_s$，并代入式（9-5-1），可得 OFDM 系统的发射信号表达式为

$$s(t) = \sum_{k=0}^{N-1} A_k g(t) \cos(2\pi kt/T_s + \varphi_k)$$

$g(t)$ 一般采用矩形脉冲成形，它能保证子载波信号的正交性，避免子载波间干扰。矩形脉冲成形的子载波频谱是 sinc 函数，OFDM 系统中子载波的频谱如图 9-5-3 所示。

图 9-5-3 中，各相邻子载波的频率间隔等于最小容许间隔 $\Delta f = 1/T_s$，各路子载波的频谱重叠，但是实际上在一个码元持续时间内它们是正交的，在接收端可以很容易地利用正交特性将各路子载波分离开。由于各子信道是相互独立的，因此其统计特性是独立的，也就是说每个子信道可独立地传送具有不同星座图的信息。因此，OFDM 的各个子载波可以具有不同的调制制度，从而得到不同的信息传输速率，并且可以自适应地改变调制制度以适应信道特性的变化。

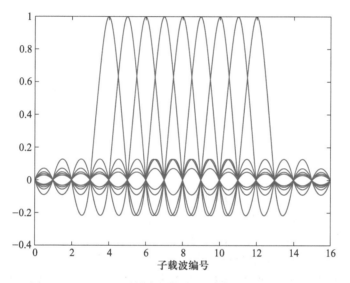

图 9-5-3　OFDM 系统中子载波的频谱（矩形脉冲成形）

同频分复用的思想类似，OFDM 调制把数据流串-并变换为 N 路速率较低的子数据流，用它们分别去调制 N 路正交的子载波后再进行传输。因子数据流的传输速率是原来的 $1/N$，即符号周期扩大为原来的 N 倍，可以远远大于信道的最大延迟扩展。因此，OFDM 具有较强的抗多径衰落和抗脉冲干扰的能力，特别适合高速数据传输。目前，人们已不再严格区分 OFDM 与 MC，而是将它们彼此视为同义词。

9.5.2　OFDM 的实现

为了实现 OFDM 调制的基带数字信号处理，首先要对 OFDM 信号的复包络进行采样，称为离散时间信号。对式（9-5-2）进行采样，可得采样的基带 OFDM 符号为

$$s\left(n\frac{T_s}{N}\right) = \sum_{k=0}^{N-1} A_k \exp\left(j2\pi k \frac{1}{T_s} \cdot n\frac{T_s}{N}\right) = \sum_{k=0}^{N-1} A_k \exp(j2\pi nk/N) \qquad (9-5-8)$$

由于各个子载波对于任意的初始相位均保持正交，因此式（9-5-8）中省略了初始相位 φ_k。通过观察，公式（9-5-8）实际上是发射符号 $\{A_k\}$ 的离散傅里叶逆变换（IDFT），可以通过快速傅里叶变换（FFT）来提升运算效率。同理，接收端亦可采用 DFT 操作来实

现接收信号的解调。图 9-5-4 为典型的 OFDM 系统框图。

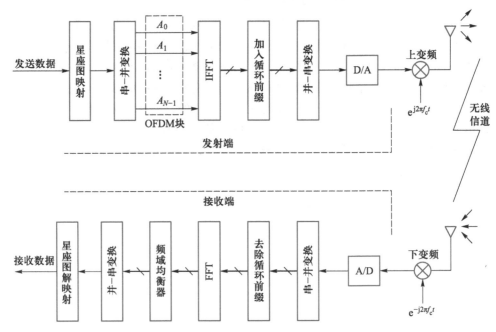

图 9-5-4　典型的 OFDM 系统框图

由于信道的延迟特性，接收到的 OFDM 符号不仅与当前接收的符号有关，还与上一个或上若干个 OFDM 符号有关，这样，符号间干扰就产生了。为了消除符号间干扰，可以在每个 OFDM 符号之间插入保护间隔（guard interval，GI），其保护间隔的长度一般大于无线信道的最大延迟扩展，即在 N 个数据组成的块后或块前加入 M 个数据的保护间隔。最常见的方法是将 N 个数据的后面 M 个拷贝到数据块的前面，这种保护间隔称为循环前缀（CP），其基本原理如图 9-5-5 所示。

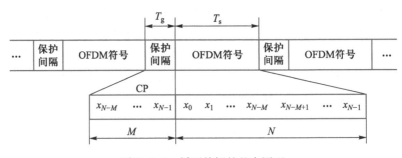

图 9-5-5　循环前缀的基本原理

保护间隔也可选择插入 M 个零的方式。在实际应用中，通常采用循环前缀的主要原因是，加入 CP 可以在 FFT 运算长度内保持发送信号的相位连续，保证了子载波间的正交性。下面将通过 OFDM 信号的矩阵表示来分析循环前缀如何保证 OFDM 系统载波间的正交性。

9.5.3 OFDM 信号的矩阵表示

在进行本小节分析前，首先要了解平衰落和频率选择性衰落这两个概念。若发射信号是频率为 f_c 的未调制正弦载波，经过无线信道的时变多径传输会带来接收信号幅度的起伏变化（瑞利分布或赖斯分布等），一般称这种现象为信号衰落。f_c 不同时，观察到的衰落可能不同。这样，根据已调信号带宽的不同对信道进行分类：窄带信号经过信道传输时，所有频率分量有相同的衰落，称为平坦衰落（或平衰落）；宽带信号经过信道传输时，不同的频率分量会经历不同的衰落，称为频率选择性衰落。一般来讲，数字调制信号的带宽越小，则经过多径信道传输后，在信号带宽内的不同频率分量的幅度相关性越大，近似于平衰落。平衰落对接收信号波形无明显影响，码间串扰可以忽略；反之，当数字调制信号的带宽越大时，信号带宽内不同频率分量通过信道传输时会受到差异越大的衰落。这种频率选择性衰落使信号中的不同频率分量产生不同的幅度变化，造成接收信号波形严重失真，引起码间串扰，进而产生误码。

OFDM 信号是一个典型的宽带信号，经过无线传输，其接收信号将经历较严重的频率选择性衰落。下面具体讨论循环前缀对频率选择性衰落的影响。

考虑一个离散时间等效基带信道，其有限长冲激响应为 $h_n = \{h_0, h_1, \cdots, h_L\}$，其中 L 为信道的最大时延扩展。为了消除码间串扰，循环前缀的长度 M 应不小于 L，则 OFDM 接收机接收到的信号 y_n 为

$$y_n = x_n * h_n + \omega_n \tag{9-5-9}$$

式中，"$*$"表示卷积，ω_n 表示接收端噪声。这里的序列 x_n 是加入循环前缀扩展得到的。将式（9-5-9）展开为矩阵形式，可表示为

$$
\begin{bmatrix} y_0 \\ \vdots \\ y_{N-1} \end{bmatrix} =
\begin{bmatrix}
h_L & \cdots & h_1 & h_0 & 0 & \cdots & 0 \\
0 & h_L & \vdots & h_1 & h_0 & & \vdots \\
\vdots & & \vdots & & & & 0 \\
0 & \cdots & 0 & h_L & \cdots & h_1 & h_0
\end{bmatrix}_{N \times (N+L)}
\begin{bmatrix} x_{N-L} \\ \vdots \\ x_{N-1} \\ x_0 \\ \vdots \\ x_{N-1} \end{bmatrix} +
\begin{bmatrix} \omega_0 \\ \vdots \\ \omega_{N-1} \end{bmatrix}
\tag{9-5-10}
$$

由于信道存在多径时延，输出符号不仅受当前发送的 OFDM 符号 $[x_0, \cdots, x_{N-1}]^T$ 的影响，还要受之前的 L 个信息比特的影响，这部分恰好是循环前缀，用 $[x_{N-L}, \cdots, x_{N-1}]^T$ 表示。两者合并构成了 $(N+L) \times 1$ 维的 OFDM 输入信息序列 $[x_{N-L}, \cdots, x_{N-1}, x_0, \cdots, x_{N-1}]^T$。接收序列 $\{y_{N-L}, \cdots, y_{N-1}\}$ 受到了前一数据块的 ISI 影响，而且恢复数据也不需要，故在接收端被去掉。式（9-5-10）用矢量形式可表示为

$$\boldsymbol{y} = \boldsymbol{Hx} + \boldsymbol{\omega} \tag{9-5-11}$$

式中，$\boldsymbol{H}$ 为 $N \times (N+L)$ 维的线性信道矩阵。

合并式（9-5-10）中输入序列 x_n 中循环前缀和数据相同的部分，可等价于

$$
\begin{bmatrix} y_0 \\ \vdots \\ y_{N-1} \end{bmatrix} = \begin{bmatrix} h_0 & 0 & \cdots & 0 & h_L & \cdots & h_1 \\ h_1 & h_0 & & \vdots & \vdots & & \vdots \\ \vdots & & & 0 & & 0 & h_L \\ h_L & \cdots & h_1 & h_0 & 0 & & 0 \\ 0 & h_L & \cdots & h_1 & h_0 & \vdots & \vdots \\ \vdots & & & \vdots & & & 0 \\ 0 & \cdots & 0 & h_L & \cdots & h_1 & h_0 \end{bmatrix}_{N \times N} \begin{bmatrix} x_0 \\ \vdots \\ x_{N-1} \end{bmatrix} + \begin{bmatrix} \omega_0 \\ \vdots \\ \omega_{N-1} \end{bmatrix} \tag{9-5-12}
$$

式（9-5-12）也可用矢量形式表示为

$$
y = \widetilde{H}x + \omega \tag{9-5-13}
$$

式中，$\widetilde{H}$ 为 $N \times N$ 维的循环信道矩阵，是正规矩阵。式（9-5-12）说明，通过插入循环前缀，信道可以从线性卷积变为循环卷积，OFDM 的接收序列等价于

$$
y_n = x_n \otimes h_n + \omega_n \quad n = 0, 1, \cdots, N-1 \tag{9-5-14}
$$

式中，$\otimes$ 表示循环卷积。根据 DFT 的时域卷积定理，式（9-5-14）经过 FFT 后可以得出如下的乘积关系：

$$
Y_n = X_n \cdot H_n + W_n \quad n = 0, 1, \cdots, N-1
$$

式中，$Y_n = \mathrm{DFT}\{y_n\}$，$X_n = \mathrm{DFT}\{x_n\}$，$H_n = \mathrm{DFT}\{h_n\}$，$W_n = \mathrm{DFT}\{\omega_n\}$。通过上述处理后，可将具有时延扩展的频率选择性衰落信道转换为相互独立的具有平坦衰落特性的多个并行独立的子信道。

通过上面讨论可知，在 OFDM 系统中，通过加入循环前缀和控制循环前缀的长度，可以完全消除 OFDM 符号间干扰和子信道间的干扰。但是，接收端接收的信号在去除循环前缀之后、做 DFT 运算之前，仍然存在帧内的干扰，即各个子载波上的畸变。因此，通过 DFT 解卷积后，还必须进行均衡处理。但此时的均衡为频率域的一阶均衡，实现较为简单。

9.5.4　OFDM 的特点和应用

在工程应用中，由无线通信传播环境得到信道的统计参量 σ_τ 后，再根据具体的通信质量要求，选取合适的数字调制信号的符号间隔 T，以确保在数字调制信号带宽 $(B \approx 1/T)$ 内近似为平衰落。如果无法保证这一点，就需要采用均衡等措施来减小码间串扰。这样一来，因受到多径信道时延扩展的影响，为避免码间串扰，数字调制信号的最大符号速率受到很大限制。OFDM 技术是对抗频率选择性衰落、有效消除码间串扰的一种多载波调制技术，非常适合高速率的宽带传输。它既是一种调制技术，也可视为一种复用方式，其最大的优点是，发射和接收端可以用 IDFT 和 DFT 来执行。概括起来，OFDM 系统主要有如下优点：

（1）能够有效克服频率选择性衰落，消除 ISI 对系统性能的影响。

（2）结构简单，实现复杂度低。在 OFDM 系统的接收端，由于各子信道彼此相关且具有频率平衰落特性，因此对每个子信道而言，一阶均衡即可实现数据的检测，从而避免了单载波系统中复杂的时域均衡问题。此外，随着数字信号处理器的发展，DFT/FFT 算法能够以较高的效率实现。

（3）多子信道正交的结构更易于和一些高级信号处理方法结合。由于 OFDM 技术是一种并行的频率域发送技术，各个子载波上的发送可以独立进行，这就使得发射机可以针对每个子信道的具体情况，对所采用的调制方式、发射功率等进行灵活的调整，并且互相之间不会产生影响。目前，已有大量自适应调制、功率分配和发射/接收分集策略被应用于 OFDM 系统，以进一步提升发射效率，更高效地利用频谱资源。

然而，在具有上述优势的同时，OFDM 技术也存在一些缺点和不足：

（1）对频率偏移极为敏感。频域分子信道发送数据的本质，使得 OFDM 系统对频率偏移和相位噪声更加敏感。由收发信机晶振频率失配造成的载波频率偏移（carrier frequency offset，CFO）或由终端移动性引起的多普勒频移（Doppler shift）都会破坏各子载波间的正交性，从而产生子载波间干扰，使系统性能恶化，产生误码率平台效应。

（2）存在较高的峰均功率比（peak-to-average power ratio，PAPR）。OFDM 符号是由多个独立的子载波上的信号叠加而成，若多个子载波上的信号同相叠加，会使得合成符号具有较大的功率，而发送符号的平均功率将远小于最大功率值。这样，为了保证接收信号不失真，对系统功放的要求则会非常高。

目前，OFDM 已经较广泛地应用于非对称数字用户环路（ADSL）、高清晰度电视（HDTV）信号传输、数字视频广播（DVB）、无线局域网（WLAN）等领域，并且开始应用于无线广域网（WWAN）和第四代蜂窝移动通信系统中。IEEE 的 5 GHz 无线局域网标准 IEEE 802.11a 和 2～11 GHz 的标准 IEEE 802.16a 均采用 OFDM 作为它的物理层标准。欧洲电信标准化组织（ETSI）的宽带射频接入网（BRAN）的局域网标准也把 OFDM 定为它的调制标准技术。

以上简单介绍了几种改进型的数字调制方式。除此以外，目前还有许多其他的改进形式，如正交部分响应调制（QPR）、偏置正交相移键控（OQPSK）及 π/4 QPSK 调制等。由于篇幅所限这里不再介绍，读者可参阅有关资料。

习　题

9-1　假定图 E9-1 中信号点相应的符号是等概率的。

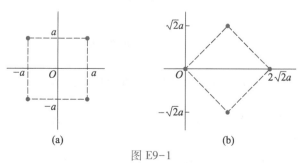

图 E9-1

① 试证明图中的两个信号星座图具有相同的平均符号差错概率；

② 图中的两个星座图的平均能量分别是多少？

9-2　给定 8PSK 与 8QAM 信号空间图如图 E9-2 所示。

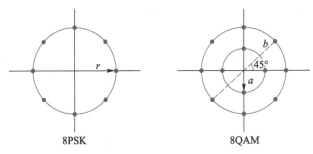

8PSK　　　　　　　8QAM

图 E9-2

① 若 8QAM 信号空间图中两相邻矢量端点之间的最小欧式距离为 d，其内、外圆半径 a 和 b 的值是多少？

② 若 8PSK 信号空间图中两相邻矢量端点之间的最小欧式距离为 d，其半径 r 的值是多少？

③ 给定最小欧式距离 d，计算并比较两种星座图的平均能量。

9-3　信号空间图如图 E9-2 所示，其中每个信号矢量携带 3 个比特的二进制符号。

① 若调制器输入的信息速率 $R_b = 90$ Mbit/s，请求出 8PSK 和 8QAM 信号的符号速率 R_s 的值。

② 在给定 d 的条件下，比较 8PSK 和 8QAM 所需 E_b/N_0 的比值。

9-4　考虑正方形 16QAM 星座图，试推导 16QAM 信号的最大功率与平均功率之比。

9-5　两个通带数字传输系统分别使用 16PSK 与 16QAM 调制方式，如果都要求达到 10^{-5} 的平均符号差错概率。

① 试给出各自的 E_b/N_0 要求，比较两种信号的功率；

② 考虑正方形 QAM 星座图，比较两种信号的信号幅度特点。

9-6　在带宽为 25 kHz 的无线信道上进行 40 kbit/s 的数据传输，试问：具有最小能量的调制与解调方式与达到 10^{-5} 误比特率的 E_b/N_0 要求。

9-7　欲在带宽为 10 MHz 的带通信道上传输 32 Mbit/s 的数据，试给出系统设计，包括确定调制方式、滚降系数，并画出发射和接收框图。

9-8　输入的数据 $\{a_k\} = \{+1 \quad +1 \quad -1 \quad -1 \quad -1 \quad +1 \quad +1 \quad +1 \quad +1 \quad -1 \quad +1 \quad -1 \quad -1 \quad +1 \quad +1 \quad +1 \quad -1\}$，请给出 MSK 信号可能的相位轨迹线。

9-9　一个二进制数字序列的码元速率为 10 kbit/s，采用 MSK 传输，如果载波为 5 MHz，请给出 MSK 系统的参数。

① 计算传输码元 **1** 和 **0** 的频率；

② 计算系统的传输带宽；

③ 给出传输信号的表达式。

9-10　如果 MSK 系统传输的二进制序列为 $\{a_n\} = $ **11001000010**，请给出：

① 相应的正交支路和同相支路的基带波形；

② 相应的正交支路和同相支路的调制波形和叠加后的 MSK 信号波形；

③ 相应的相位路径网格图。

9-11　试根据 MSK 信号的功率谱密度表达式（9-3-13）证明，MSK 传输信号的第一个过零点带宽为输入基带信号速率的 1.5 倍。

9-12　设有一个 MSK 信号，其码元速率为 1 000 Baud，分别用频率 f_0 和 f_1 表示码元 **0** 和 **1**。若 $f_1 =$

1 250 Hz，试求其 f_0，并画出三个码元 **101** 的波形。

9-13 请说明恒包络调制和连续相位调制方式的优点。

9-14 与 MSK 信号的平均功率谱相比较，GMSK 信号平均功率谱的旁瓣随着频率偏离中心频率衰减得快，为什么？

9-15 简述 OFDM 系统的基本原理。

9-16 OFDM 相邻符号间插入循环前缀的目的是什么？

9-17 请解释频率选择性衰落信道的产生原因和对信号的影响。

9-18 某城市环境的均方根时延扩展 $\sigma_\tau = 3$ μs。若要求传输 1.024 Mbit/s 的数据，采用无线通信正交频分复用系统，其中每个子信道的调制方式为 16QAM，试求：

① 信道的相干带宽；

② 子载波数（取 N 是 2 的整数幂）；

③ 每个子载波的符号速率。

9-19 简述 OFDM 技术的优点和缺点。

9-20 参照 9.5.3 节中的内容，试推导 OFDM 采用在符号间补零的方式。如何才能实现频率平衰落？

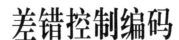

第 10 章

差错控制编码

10.1 差错控制编码的基本原理

在实际的通信过程中，由于信道传输特性不理想以及加性噪声的影响，收到的信息不可避免地会发生错误。对于一个通信系统而言，其主要质量指标是通信的有效性和通信的可靠性。在数字通信系统中，编码器分为两大类：一类是信源编码，另一类是信道编码。信源编码的目的是解决有效性问题，前面已经做过讨论。信道编码（即差错控制编码）的目的是提高通信的可靠性。以上两类编码都属于信息论的主要内容。1948 年，香农发表的《通信的数学理论》论文奠定了数字通信的理论基础。随着数字通信技术的普及，高速数据网的出现与发展，大容量、高速传输的数字通信可靠性问题已越来越受到人们的重视。根据不同的通信业务，用户对误码率有不同的要求。当一般的信道不能满足要求时，就要采用差错控制编码技术。降低误码率，提高数字通信的可靠性已成为数字通信的重要研究课题之一。差错控制编码正是为此而发展起来的一项技术，它产生于 20 世纪 50 年代，于 20 世纪 70 年代走向成熟。

10.1.1 引起误码的原因与降低误码的常用方法

数字信号在实际通信的过程中不可避免地会发生错误。这是因为，一方面通信系统的特性并非完全理想，数字信号波形通过这样的通信系统时会产生波形失真，因而在接收端判决时会产生判决错误。这种干扰称为乘性干扰。另一方面，信道中的噪声也会产生干扰，这种干扰随机地与信号叠加，使信号波形产生失真，也会引起判决错误，这种干扰称为加性干扰。对于乘性干扰，可以通过均衡器来消除码间串扰的影响。随机加性干扰通常由信道产生，根据随机加性干扰的不同特点，相应的信道可以分为三类：随机信道、突发信道、混合信道。

（1）随机信道：在这种信道中，错码的出现是互不相关、统计独立的。比如，当信道中的随机加性干扰主要是高斯分布的白噪声时，引起的错码就具有这种性质。

（2）突发信道：错码的出现是前后相关的。当错码出现时，会在短时间内有一连串的错码，而该时间过后又有较长的时间无错码。造成突发错码的原因是信道中存在随机的强突发脉冲干扰，比如闪电、电焊、电火花干扰等。当信道中的随机加性干扰主要是随机强突发脉冲干扰时，称为突发信道。

（3）混合信道：以上两种随机干扰都存在，产生的错码既有随机错码又有突发错码，称这种信道为混合信道。

了解了不同的信道类型，就可以根据不同的信道特点采用相应的差错控制方式。

在介绍差错控制方式之前，首先了解一下降低误码、提高数字通信可靠性的几种途径。根据实际通信系统对其可靠性的要求，可以用以下方法提高通信的可靠性。

（1）适当增加发送信号功率。增大信号的功率，即提高输入端的信噪比，可以减少信道中随机加性干扰对信号的影响，降低误码率，提高数字通信的可靠性。但是发送信号功率由于受到设备和环境条件的限制，不能无限增大。比如，空间探测器上的发射机由于体积和重量受到限制，其发射功率不可能无限增大，所以这种方法在实际中受到一定限制。

（2）选择抗噪声性能好的调制解调方式。比如，在数字系统中 PSK 方式比 ASK 方式的误码率要小得多，所以在实际中多采用 PSK 方式，而很少采用 ASK 方式。

（3）采用最佳接收。最佳接收可以使数字通信的误码率达到最小。接收机中的滤波器可以是带通滤波器，也可以是匹配滤波器。在数字通信中采用匹配滤波接收，可以最大限度地抑制白噪声，从而在判决时达到最大输出信噪比，降低误码率。

（4）采用差错控制编码。它通过一定的编码和译码方法，采用前向纠错或检错重传技术，可以自动纠正传输错误。对于不同类型的信道，应采用不同的差错控制方式。这是本章要介绍的主要内容。

10.1.2 差错控制编码的基本方法与差错控制方式

差错控制编码的基本方法是：在发送端，给要传送的信息序列按照事先约定好的规律增加一些码元，称为监督码元，使信息序列与监督码元之间具有某种相关性。在接收端，按照事先约定好的规律检验信息序列与监督码元之间的关系。如果数字信号在传输的过程中发生了错误，则信息序列与监督码元之间的关系就被破坏。根据被破坏的情况，就可以发现错误或纠正错误。有些编码方式能够发现错误，有些编码方式不仅能够发现错误，而且还能纠正错误。

对于不同类型的信道，要采用不同的差错控制方式。不同的差错控制编码也要与相应的差错控制方式配合使用。常用的差错控制方式有以下几种。

1. ARQ（automatic repeat request）方式

ARQ 方式又称检错重发或自动请求重发方式，其系统组成如图 10-1-1 所示。

编码器采用能够发现错误的编码方式。发送端发送出可以发现错误的码字，经过传输，到接收端译码后，如果没有发现错误，则输出。如果发现错误，则自动请求发送端重发，直到正确接收到码字为止。可见，自动请求重发方式需要双向信道，一个是信息传输的正向信道，另一个是传送请求重发指令的反向信道。自动请求重发方式发出的码字只需能够发现错误即可，所以需要的监督码元很少。这种方式对各种信道都能进行检测，并且解码电路很简单。但是自动请求重发方式由于需要双向信道，所以不能用于单向信道系统和网络中的广播系统。当干扰很大时，由于不断有错码，需要不断重发，会使通信效率降低，甚至不能通信，使系统出现死锁。因为重发时会产生延迟，所以自动请求重发不适合速率要求较高的实时系统。

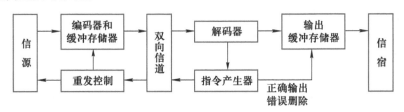

图 10-1-1　ARQ 系统组成

常用的自动请求重发系统有三种类型：停止等待 ARQ、连续 ARQ、选择重发 ARQ。

（1）停止等待 ARQ

停止等待 ARQ 是最简单的 ARQ 系统，也称为空闲 RQ（idle-RQ）。这种系统每发送一个分组就停止发送，等待接收端的应答信号。收到接收端的确认应答后，再发送下一个分组。如果收到的是否认应答，则重发原分组。

停止等待 ARQ 操作简单，所需缓冲器容量小，但是在等待应答时花费了时间却没有传输数据，所以传输效率很低。停止等待 ARQ 不适合工作在高速传输系统中，也不适合信号往返延迟较大的场合。

（2）连续 ARQ

连续 ARQ 工作在全双工方式，需要有一定的缓冲器容量。这种系统两端同时发送信息，发送端连续发送数据，并接收应答信号，接收端连续接收数据并发送应答信号。发送的每个分组可以分配一个顺序号。如果发送端收到的都是确认应答，则发送端按顺序号连续发送分组。如果发送端收到了否认应答，则发送端取出否认应答所含的序号，并返回至接收端希望收到的分组的顺序号，从该顺序号开始，按顺序连续发送分组。所以连续 ARQ 重发时要将错误分组及其以后的分组全部重发。比如发送端连续发送分组，并不断收到确认应答，如果传输中出现错误，假设当发完 9 号分组后收到否认应答，该否认应答表示 5 号分组有错，希望收到 5 号分组，则发送端返回至 5 号分组，并按顺序从 5 号分组开始重发 5 号分组及其以后的分组数据。

连续 ARQ 在信道好、误码率低时传输效率很高，但在信道差、误码率高、信号往返延迟较大时，由于重发的分组太多，使其传输效率较低，不宜使用。

（3）选择重发 ARQ

选择重发 ARQ 是由连续 ARQ 发展而来的。工作在全双工方式，需要有较大的缓冲器容量，其工作过程类似于连续 ARQ，但在发送端重发时，不是将错误分组及其以后的分组全部重发，而是仅重发出错的分组。这样就要求对分组的顺序进行管理，需要复杂的控制和大容量的缓冲器，增加了系统的复杂程度。但与其他 ARQ 系统相比，选择重发 ARQ 在信道差、误码率高时性能较好。

2. 反馈校验方式

反馈校验方式是发送端一边发送码字，一边将发送的码字在发送端缓冲存储。当接收端收到码字后，立即将接收到的码字返回发送端。发送端将返回的码字与发送端缓冲存储器中相应的码字比较，若发现与发送码不同，即认为产生了错误，就重发上一次的码字，直到发送端校验正确为止。利用这种方式进行差错控制设备简单，但要求双向信道，并且传输效率很低。

3. FEC（forward error control）方式

FEC 方式即采用前向纠错的差错控制方式。编码器采用能够纠正错误的编码方式。发送端发出的码字不仅能够发现错误，而且能够纠正错误。在接收端译码后，若没有错误则直接输出。若有错误，则在接收端自动纠正后再输出。这种方法不需要反向信道，实时性好，传输效率高。但纠错编译码方法复杂，所以所需设备较复杂。

4. HEC（hybrid error control）方式

HEC 方式即混合纠错检错方式。它是将 ARQ 方式和前向纠错方式结合使用。一般的纠错编码能够检错和纠错的位数都是有限的。比如，一种纠错编码能纠正一个码字内的两位错，检出三位错，当码字中出现两位以下错码时，它能自动纠正错码，当码字中出现两位以上错码时，它不能自动纠正。所以在传输错码较少时，采用前向纠错方式，自动纠正错码。在错码较多时，采用 ARQ 方式自动请求重发。这种方式综合了 ARQ 方式和前向纠错方式的优点，既有利于提高通信的可靠性，又有利于提高系统的传输效率。

10.1.3 有扰信道的编码定理

香农有扰信道的编码定理表明：在有扰信道中，只要信息的传输速率 R 小于信道容量 C，总可以找一种编码方法，使信息以任意小的差错概率通过信道传送到接收端，即误码率 P_e 可以任意小，而且传输速率 R 可以接近信道容量 C。但若 $R>C$，在传输过程中必定带来不可纠正错误，不存在使差错概率任意小的编码。上述误码率 $P_e = \mathrm{e}^{-nE(R)}$。式中，$n$ 为编码的码字长度（简称码长），$E(R)$ 为误码指数。$E(R)$ 与 R、C 有关，它与 R、C 的关系可用曲线表示，如图 10-1-2 所示。

从公式 $P_e = \mathrm{e}^{-nE(R)}$ 及 $E(R)$ 与 R、C 的关系曲线可以看出，要提高抗干扰能力，减小误码率 P_e 可以有两种途径：

（1）在码长 n 及信息的传输速率 R 一定时，为减小 P_e，可以增加信道容量 C。由图 10-1-2 可见，$E(R)$ 随信道容量 C 的增加而增大。由公式可见，误码率 P_e 随 $E(R)$ 的增大而指数减小。从信道容量公式 $C = B\log_2\left(1+\dfrac{S}{N}\right)$ 看出：要增加信道容量 C，可以通过增加信号功率 S 和系统带宽 B 来实现。

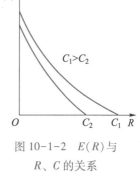

图 10-1-2 $E(R)$ 与 R、C 的关系

（2）在信道容量 C 及信息的传输速率 R 一定的情况下，增加码长 n 可以使误码率 P_e 指数减小，这从公式可直接看出。

香农有扰信道的编码定理本身并未给出具体的纠错编码方法，但它为信道编码奠定了理论基础，从理论上指出了信道编码的发展方向。

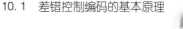

10.1.4　重复编码的例子

假设要发送天气预报消息，而且天气只用两种状态表示：有雨或无雨。采用第一种编码方法，将有雨编为 **1**，无雨编为 **0**。两个码字只有一位差别。在信道噪声干扰下，如果 **1** 误传为 **0** 或者 **0** 误传为 **1**，在接收端都不可能识别是否有错，只能得到错误的结论，因为所收到的码字都是许用码（预先约定好的码字）。这种情况下，只能收到错误的天气预报。

可以采用另一种编码方法，将有雨编为 **11**，无雨编为 **00**，即给第一种编码再加一位重复码元，这样两个码字之间的差别有两位。增加的重复码元称为监督码元，而原有的码元称为信息码元。该码字总的码长为 2。在信道噪声干扰下，如果干扰使码字中仅一位发生错误，即接收端出现 **10** 或 **01** 码，则接收端会发现在预先约定好的码字（许用码）中并不存在这样的码字，称为禁用码（通信双方未约定好的码字）。出现了禁用码，接收端就可以判断必然是传输中出现了错误，但是发送端原来所发的码字到底是 **11** 还是 **00**，接收端还是难以判断。可见，这种两个码字之间的差别有两位时，可以检测出一位错，但不能纠正错误。如果两位同时出错，即 **11** 误传为 **00** 或者 **00** 误传为 **11**，也不可能识别是否有错。

还可以采用第三种编码方法，将有雨编为 **111**，无雨编为 **000**，即给第一种编码再加两位重复监督码元。**111** 和 **000** 这两个码字之间有三位不同。该码字总的码长为 **3**。传输过程中，当码字受到干扰，将 **111** 或 **000** 错误地传输为 **001**、**010**、**011**、**100**、**101**、**110** 时，接收端都可以很容易地判断是传输出现了错误，因为这些码字都不是许用码，都是禁用码。这些错误的码字可能是错一位造成的（如 **000** 错传为 **001**），也可能是错两位造成的（如 **111** 错传为 **001**），所以它可以发现两位错。如果在二进制对称信道（BSC）中，转移概率（误码率）$P_e \ll \dfrac{1}{2}$，则根据最大似然译码准则可以纠正一个错误，做出正确的判决。

最大似然译码准则是：在收到码字 r 的条件下，计算 2^k 个许用码的条件概率 $P(r|C_L)$，其中，C_L 为许用码。若某个许用码的条件概率 $P(r|C_L)$ 最大，则认为收到的就是该 C_L 码字。$P(r|C_L)$ 可用下式计算：

$$P(r|C_L) = \prod_{i=0}^{n-1} P\left(\frac{r_i}{C_{Li}}\right) \tag{10-1-1}$$

式中，r_i 为接收码字的第 i 位元素；C_{Li} 为许用码字 C_L 的第 i 位元素。

显然，若接收码元出错，即 $r_i \neq C_{Li}$ 时，概率 $P(r_i|C_{Li}) = P_e$；当码元接收正确，即 $r_i = C_{Li}$ 时，概率 $P(r_i|C_{Li}) = 1 - P_e$。令 d 为接收的码字与许用码 C_L 之间不同的位数（即出错位的位数），则式（10-1-1）可以写成

$$P(r|C_L) = (1 - P_e)^{n-d} P_e^d \tag{10-1-2}$$

可见，由于 $P_e < \dfrac{1}{2}$，故 $P(r|C_L)$ 随 d 单调下降。因此，d 越小，$P(r|C_L)$ 越大。

$P(r|C_L)$ 越大表明接收到的码字 r 越像码字 C_L，而不像其他许用码，因为传输中码字错的位数多比错的位数少出现的概率更小。比如上面所举的例子中，收到的码字为 **001**、**010**、

100 时，根据上述准则可认为是 **000** 错一位造成的，判决为 **000**；当收到的码字为 **011**、**101**、**110** 时，则可认为是 **111** 错一位造成的，直接判决为 **111**。可见，这种编码可纠正 1 位错。从上文可知，最大似然译码就是看接收到的码字最像哪个许用码，即判决为该许用码。

由上例可见，码字（用 C 表示）由许多码元组成，码字中码元的个数称为码长（用 n 表示），如码字 $C = (c_{n-1} c_{n-2} \cdots c_0)$，其中，$c_{n-1}$、$c_{n-2}$、$\cdots$、$c_0$ 表示码字中的码元。由多个许用码字构成一组码，称为码组，如上述的码组 **111**、**000**，由两个许用码字构成。其中，码字 **111** 的码长 $n = 3$。从上述例子还可以看出，两个码字之间不同位数的多少直接决定着其检错纠错能力的大小。两个码字之间不同的位数越多，其检错纠错能力越强。

10.1.5 码间距离 d 及检错纠错能力

1. 码间距离 d

码间距离是一个码组中任意两个码字之间对应位上码元取值不同的位数，用 d 表示。码间距离（code distance）简称码距，又称汉明距离。对二元码，码间距离 d 可用下式计算：

$$d(c_i, c_j) = \sum_{p=0}^{n-1} (c_{ip} \oplus c_{jp}) \tag{10-1-3}$$

即码间距离 d 等于两个码字对应位模 2 相加后 **1** 的个数。如上述例子中三位重复码的码距 $d(\mathbf{111}, \mathbf{000}) = 3$。

又如两个码字 c_i、c_j 分别为 **101110** 和 **101011**，则码距可按下式计算：

$$
\begin{array}{r}
c_i: \mathbf{101110} \\
\oplus\ c_j: \mathbf{101011} \\
\hline
\mathbf{000101}
\end{array}
$$

故 $d(c_i, c_j) = 2$。

在一个码组中各码字之间的距离不一定都相等，有的大，有的小。称码组中最小的码距为最小码间距离，用 d_0 表示。由上述重复编码的例子可知，两个码字之间不同的位数越多，其检错纠错能力越强，即码间距离越大，其检错纠错能力越强。所以，一个码组的最小码间距离 d_0 决定了该码组的检错纠错能力。

对于三位编码的码间距离，可用三维几何空间来说明。三位编码的码字共有 $2^3 = 8$ 个，可用三维几何空间立方体的 8 个顶点来表示，如图 10-1-3 所示。码字之间的距离可用对应两顶点间沿立方体各棱行走的最短几何距离来示意。由图 10-1-3 可见，对上述重复编码的例子，其码组只有 **111**、**000** 两个许用码字，从 **111** 到 **000** 要经过三条边，显然它们之间的距离为 $d = 3$。同样，对于多位编码的码间距离，可用多维空间来说明。

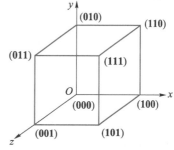

图 10-1-3　码间距离的几何意义

2. 最小码间距离 d_0 与检错纠错能力的关系

（1）当码组仅用于检测错误时，若要求检测 e 个错误，则最小码距为

$$d_0 \geqslant e + 1 \tag{10-1-4}$$

这可由图 10-1-4（a）来说明。图中，A 为一个码字，B 为另一个码字。若码字 A 有两位错，则 A 变为以 A 为圆心、以 2 为半径的圆上某点。只要最小码距不小于 3，在半径为 2 的圆上及圆内就不会有其他许用码，因而可判断出其出错，所以能检测错码的位数等于 2。也就是说，最小码距为 d_0，将能检测 d_0-1 个错误。若要检测 e 个错误，则必须满足 $d_0 \geq e+1$ 的要求。

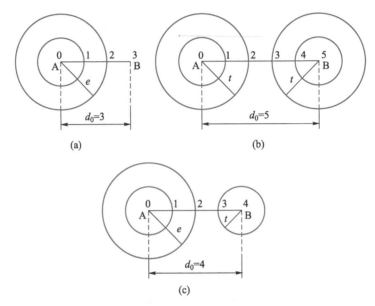

图 10-1-4　码间距离与检错纠错能力的关系

（2）当码组仅用于纠正错误时，为纠正 t 个错误，要求最小码距为

$$d_0 \geq 2t+1 \qquad (10\text{-}1\text{-}5)$$

这可用图 10-1-4（b）来说明。当码字 A 发生两位错时，则落在以 A 为圆心、以 2 为半径的圆上某点。码字 B 有两位错时，则落在以 B 为圆心、以 2 为半径的圆上某点。只要这两个圆不重叠、不相交，就能区分判别出左边圆上的为码字 A，右边圆上的为码字 B。可见，它能纠正两位错码，它要求的最小码距为 5，所以纠正 t 个错误，必须满足 $d_0 \geq 2t+1$ 的要求。

（3）当码组既要检错、又要纠错时，为纠正 t 个错误，同时检测 e 个错误，则要求的最小码距为

$$d_0 \geq e+t+1 \quad (e>t) \qquad (10\text{-}1\text{-}6)$$

这可用图 10-1-4（c）来说明。当码字 A 出现 e 个错误，将落在以 A 为圆心、以 e 为半径的圆上某点。码字 B 出现 t 个错误时，将落在以 B 为圆心、以 t 为半径的圆上某点。要纠正码字 B 的错误，同时又能检出码字 A 的错误，就要求 A 的大圆和 B 的小圆不相交、不重叠，即 A 和 B 之间的距离要大于 $e+t$，也即最小码距 $d_0 \geq e+t+1$。

3. 差错控制编码的效果

对于随机错误的情况，假设误码率为 $P(P \ll 1)$。在码长为 n 的码字中，刚好发生 r 个错误的概率为 $P_n(r) = C_n^r P^r (1-P)^{n-r}$。当 $n=7$，$P=10^{-3}$ 时，有

$$P_7(1) \approx 7 \times 10^{-3}$$

$$P_7(2) \approx 2.1 \times 10^{-5}$$

$$P_7(3) \approx 3.5 \times 10^{-8}$$

可见，若采用差错控制编码纠正 1~2 位错，就可以使误码概率下降很多，其效果显著。

4. 纠错编码的分类

纠错编码的分类如图 10-1-5 所示。

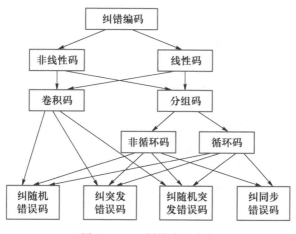

图 10-1-5　纠错编码分类

纠错编码按照其实现的功能可以分为检错码和纠错码。能够发现错误但不能纠正错误的码称为检错码。在译码时不仅能够发现错误，而且能够自动纠正错误，通过译码产生正确的码字，称为纠错码。

按信息码元与监督码元的关系，可以分为线性码和非线性码。线性码中信息码元与监督码元之间存在线性关系。目前实际应用的一般都是线性码。当信息码元与监督码元之间为非线性关系时，称为非线性码。

纠错编码还可分为分组码和卷积码。分组码是把信息码分为许多小段，即分组，每组信息码附加若干监督码。监督码元仅与本分组中的信息码元有关。而在卷积码中，监督码元不仅与本组中的信息码有关，而且与前后若干分组中的信息码元有关。

另外，按照码字的结构特点是否具有循环性，还可分为循环码和非循环码。按照码元的取值可分为二进制码和多进制码。按照纠错的类别分为纠随机错误的码字和纠突发错误的码字。

5. 编码效率

在分组码编码中，加入的监督位越多，检错纠错能力越强，但这会使总的码长增加，即要传输的位数增加，使编码的效率降低。设码字的信息码元个数为 k，监督码元个数为 r，总码元的个数（即总的码长）为

$$n = k + r \tag{10-1-7}$$

编码效率 η 是指码字的信息码元个数 k 与总的码长 n 的比值，即

$$\eta = \frac{k}{n} = \frac{n-r}{n} = 1 - \frac{r}{n} \tag{10-1-8}$$

可见，监督位越多，编码效率越低。

10.2　常用的简单编码

在数字通信技术的发展过程中，人们通过不断地摸索和实践总结，创造了多种简单有效的编码方法。下面介绍几种实用的简单编码。

10.2.1　奇偶监督码

奇偶监督码（也称奇偶校验码）广泛应用于计算机数据传输中。

奇偶监督码的编码规则是在每个分组的信息位后增加监督位，无论信息位有多少位，监督位只有一位。奇偶监督码可分为奇监督码和偶监督码两种，这两种编码的工作原理和检错能力相同。

偶监督码是在信息位后增加一位监督位，使码字中 **1** 的数目为偶数。满足如下关系

$$c_{n-1} \oplus c_{n-2} \oplus \cdots \oplus c_1 \oplus c_0 = \mathbf{0} \tag{10-2-1}$$

其中，c_{n-1}、c_{n-2}、$\cdots$、c_1 为信息位，c_0 为监督位。式（10-2-1）即为偶监督码的监督关系，也称为校验方程。由校验方程可见，它能检测出奇数个错。当发生奇数个错时，**异或**结果为 **1**，不满足校验方程，可判断该码字有错。当发生偶数个错时，**异或**结果为 **0**，满足校验方程，虽然码字有错，但检测不到，所以这种码不能检测偶数个错。

在编码的过程中监督位是由信息位产生的，该编码监督位的产生方程为

$$c_0 = c_{n-1} \oplus c_{n-2} \oplus \cdots \oplus c_1 \tag{10-2-2}$$

奇监督码是在信息位后增加一位监督位，使码字中 **1** 的数目为奇数，其校验方程为

$$c_{n-1} \oplus c_{n-2} \oplus \cdots \oplus c_1 \oplus c_0 = \mathbf{1} \tag{10-2-3}$$

奇监督码也只能检测出奇数个错，其监督位的产生方程为

$$c_0 = c_{n-1} \oplus c_{n-2} \oplus \cdots \oplus c_1 \oplus \mathbf{1} \tag{10-2-4}$$

奇偶监督码的编码效率 η 较高，尤其是当码长 n 较大时，这一特点更为明显。在 n 值很大时编码效率趋近于 1，即

$$\eta = 1 - \frac{r}{n} = 1 - \frac{1}{n} \quad n \to \infty \to \eta \to 1 \tag{10-2-5}$$

奇偶监督码的编码和译码在电路上也很容易实现，采用简单的数字电路即可完成。

10.2.2　二维奇偶监督码

二维奇偶监督码也称方阵码、行列监督码或水平-垂直奇偶监督码。其编码方法是把 m 个信息码字排列成一个方阵，每个码字构成方阵的一行，在每一行的最后按奇偶监督规则增加一位水平监督位，按行检测每行的奇数个错，对行实行监督；然后再按列的方向每列增加一位垂直监督位（包括行监督位的列），按列检测每列的奇数个错，对列实行监督，构成水平-垂直奇偶监督码，如图 10-2-1 所示。

$$
\begin{array}{cccc|c}
C_{n-1}^1 & C_{n-2}^1 & \cdots & C_1^1 & C_0^1 \\
C_{n-1}^2 & C_{n-2}^2 & \cdots & C_1^2 & C_0^2 \\
\multicolumn{5}{c}{\cdots\cdots\cdots\cdots} \\
C_{n-1}^m & C_{n-2}^m & \cdots & C_1^m & C_0^m \\
\hline
C_{n-1}^0 & C_{n-2}^0 & \cdots & C_1^0 & C_0^0 \\
\end{array}
$$

图 10-2-1　二维奇偶监督码示意图

二维奇偶监督码不仅可以检测每行的奇数个错和每列的奇数个错，而且行列交叉可以检测每行或每列的偶数个错。但当发生的错误为刚好构成矩形的 4 个错码时，则不能检测出错误。例如，当图中 C_{n-1}^2、C_1^2、C_{n-1}^m、C_1^m 同时出错时，按行为偶数个错，按列也为偶数个错，均不能检测出来。

二维奇偶监督码在某些情况下还可以进行纠错。当出现短时的突发干扰时，误码出现得非常集中，可能只有一行出现奇数个错码。此时，按行检测可以判断出错在哪一行，按列检测可以确定该行的哪一列发生了错误，行列交叉可以判断错误的位置，即可纠错。此外，此种编码的效率较高。

10.2.3　恒比码

恒比码的特点是每个许用码字含有相同数目的 **1**。在码字中，**1** 与 **0** 的个数之比是恒定的，所以称为恒比码。一个码字中 **1** 的个数称为该码字的码重，因此恒比码又称为等重码。对于某种特定的恒比码，当码长确定后，其 **1** 的个数就确定了，所以在检测中只要计算 **1** 的个数就可以确定是否发生错误。恒比码多用于电传机中。我国电传机传输汉字采用的是"5 中取 3"恒比码，其码长为 5，码字中 **1** 的个数为 3，我国称这种码为保护电码。码长为 5 的二进制数共有 32 种组合，选择其中含有 3 个 **1** 的组合作为许用码，所以"5 中取 3"恒比码许用码的个数为 $C_5^3 = 5!/(3!2!) = 10$ 个。这十个码字刚好用来表示十个阿拉伯数字 0~9，再用这十个阿拉伯数字拼成汉字进行电码传输。我国的保护电码比国际用五单位码具有更强的抗干扰能力。表 10-2-1 中列出了这两种编码。

表 10-2-1　我国的保护电码与国际电码

阿拉伯数字	保护电码	国际电码	阿拉伯数字	保护电码	国际电码
0	**01101**	**01101**	5	**00111**	**00001**
1	**01011**	**11101**	6	**10101**	**10101**
2	**11001**	**11001**	7	**11100**	**11100**
3	**10110**	**10000**	8	**01110**	**01100**
4	**11010**	**01010**	9	**10011**	**00011**

国际无线电报码广泛采用"7 中取 3"恒比码。每个码字中有三个 **1**，其码长为 7，是从 128 个码字中选出 $C_7^3 = 7!/(3!4!) = 35$ 个作为许用码，用于代表 26 个英文字母及其他符号。国际通用的"7 中取 3"恒比码如表 10-2-2 所示。

表 10-2-2　国际通用的"7 中取 3"恒比码

字　　符		码	字　　符		码
A	–	**0011010**	G		**1100001**
B	?	**0011001**	H		**1010010**
C	:	**1001100**	I	8	**1110000**
D	+	**0011100**	J		**0100011**
E	3	**0111000**	K	(	**0001011**
F	%	**0010011**	L	)	**1100010**

字　符		码	字　符		码
M	.	**1010001**	Y	6	**0010101**
N	,	**1010100**	Z	+	**0110001**
O	9	**1000110**	回　行		**1000011**
P	0	**1001010**	换　行		**1011000**
Q	1	**0001101**	字母键		**0100110**
R	4	**1100100**	数字键		**0001110**
S	'	**0101010**	间　隔		**1101000**
T	5	**1000101**	（不用）		**0000111**
U	7	**0110010**	RQ		**0110100**
V	=	**1001001**	α		**0101001**
W	2	**0100101**	β		**0101100**
X	/	**0010110**			

恒比码的主要优点是简单，它适用于电传机及其他产生固定字符的键盘设备中。

10.3　线性分组码

10.3.1　线性分组码的概念

　　线性分组码是将信息序列分为每 k 位一组的信息序列段，每一信息序列段按照一定规律添加 r 个监督码元，构成总码长为 $n=k+r$ 的分组码，记为 (n,k)。在分组码中，监督码元仅与本分组中的信息码元有关，即只监督本码字中的信息码元。当监督码元与信息码元之间为线性关系时，即监督码元与信息码元之间的关系可用模 2 加代数方程描述时，称其为线性分组码。线性码是建立在代数学中群论的基础上的，线性码的各许用码的集合构成代数学中的群，又称为群码。

　　表 10-3-1 给出了线性分组码的一种结构。码字的前一部分是连续 k 个信息码元，后一部分是连续 r 个监督码元，具有这种结构的线性分组码称为系统码。不按这种结构顺序排列的线性分组码称为非系统码。

表 10-3-1　线性分组码的一种结构

$c_{n-1}\ c_{n-2}\ c_{n-3}\cdots c_r$	$c_{r-1}\ c_{r-2}\ c_{r-3}\cdots c_1\ c_0$
k 个信息码元	r 个监督码元
总码长 $n=k+r$	

　　上节讲述的重复码、奇偶校验码均为线性分组码。如重复码组 **111**、**000** 为 $(3,1)$ 分组码，$n=3$，$k=1$，$r=2$。

线性分组码 (n,k)，总码长为 n，可以表示 2^n 个状态，即共有 2^n 个码字。k 位信息位可以表示 2^k 个状态，即共有 2^k 个码字是表示信息的，称这 2^k 个码字为许用码。这 2^k 个码字中的监督位都是由监督关系确定的。当 k 个信息位的值确定后，r 个监督位的值也就确定了。余下的 2^n-2^k 个码字不表示信息，为禁用码。在接收端解码校验时，利用监督关系判断。当接收端出现禁用码时，即可判断出错。

10.3.2 线性分组码的构成与监督矩阵

设要构成的线性分组码为 $(7,3)$ 码，码长 $n=7$，信息位长 $k=3$，监督位长 $r=n-k=4$。码字矢量 $\boldsymbol{C}=\begin{bmatrix}c_6c_5c_4c_3c_2c_1c_0\end{bmatrix}$，其中，$c_6c_5c_4$ 为信息码元，$c_3c_2c_1c_0$ 为监督码元。假定监督码元与信息码元的关系由下列线性方程组决定：

$$\left.\begin{aligned}c_3&=c_6\oplus c_4\\c_2&=c_6\oplus c_5\oplus c_4\\c_1&=c_6\oplus c_5\\c_0&=c_5\oplus c_4\end{aligned}\right\}\qquad(10\text{-}3\text{-}1)$$

上式移项后可得 4 个监督关系式（该方程组在二元有限域上求解，系数取值为 **0** 或 **1**）

$$\left.\begin{aligned}c_6\oplus c_4\oplus c_3&=\mathbf{0}\\c_6\oplus c_5\oplus c_4\oplus c_2&=\mathbf{0}\\c_6\oplus c_5\oplus c_1&=\mathbf{0}\\c_5\oplus c_4\oplus c_0&=\mathbf{0}\end{aligned}\right\}\qquad(10\text{-}3\text{-}2)$$

按照监督关系式（10-3-1）或式（10-3-2），可以确定 $(7,3)$ 码的许用码共有 $2^3=8$ 个。它是从 $2^7=128$ 种组合中选出的，如表 10-3-2 所示。

表 10-3-2 (7,3) 码的许用码

信 息 码	许 用 码						
	c_6	c_5	c_4	c_3	c_2	c_1	c_0
000	**0**	**0**	**0**	**0**	**0**	**0**	**0**
001	**0**	**0**	**1**	**1**	**1**	**0**	**1**
010	**0**	**1**	**0**	**0**	**1**	**1**	**1**
011	**0**	**1**	**1**	**1**	**0**	**1**	**0**
100	**1**	**0**	**0**	**1**	**1**	**1**	**0**
101	**1**	**0**	**1**	**0**	**0**	**1**	**1**
110	**1**	**1**	**0**	**1**	**0**	**0**	**1**
111	**1**	**1**	**1**	**0**	**1**	**0**	**0**

该 $(7,3)$ 码的全部许用码字都必须受到监督方程组式（10-3-2）的监督和检验，因此又称该方程组为一致监督方程。

将式（10-3-2）中的零系数项补上，可得到下式：

$$1 \cdot c_6 \oplus 0 \cdot c_5 \oplus 1 \cdot c_4 \oplus 1 \cdot c_3 \oplus 0 \cdot c_2 \oplus 0 \cdot c_1 \oplus 0 \cdot c_0 = 0$$
$$1 \cdot c_6 \oplus 1 \cdot c_5 \oplus 1 \cdot c_4 \oplus 0 \cdot c_3 \oplus 1 \cdot c_2 \oplus 0 \cdot c_1 \oplus 0 \cdot c_0 = 0$$
$$1 \cdot c_6 \oplus 1 \cdot c_5 \oplus 0 \cdot c_4 \oplus 0 \cdot c_3 \oplus 0 \cdot c_2 \oplus 1 \cdot c_1 \oplus 0 \cdot c_0 = 0$$
$$0 \cdot c_6 \oplus 1 \cdot c_5 \oplus 1 \cdot c_4 \oplus 0 \cdot c_3 \oplus 0 \cdot c_2 \oplus 0 \cdot c_1 \oplus 1 \cdot c_0 = 0$$

(10-3-3)

把式（10-3-3）写成矩阵形式为

$$\begin{bmatrix} 1&0&1&1&0&0&0 \\ 1&1&1&0&1&0&0 \\ 1&1&0&0&0&1&0 \\ 0&1&1&0&0&0&1 \end{bmatrix} \begin{bmatrix} c_6 \\ c_5 \\ c_4 \\ c_3 \\ c_2 \\ c_1 \\ c_0 \end{bmatrix} = \begin{bmatrix} 0 \\ 0 \\ 0 \\ 0 \end{bmatrix}$$

(10-3-4)

并将式（10-3-1）也写成矩阵形式，即

$$\begin{bmatrix} c_3 \\ c_2 \\ c_1 \\ c_0 \end{bmatrix} = \begin{bmatrix} 1&0&1 \\ 1&1&1 \\ 1&1&0 \\ 0&1&1 \end{bmatrix} \begin{bmatrix} c_6 \\ c_5 \\ c_4 \end{bmatrix} = P \begin{bmatrix} c_6 \\ c_5 \\ c_4 \end{bmatrix}$$

(10-3-5)

令式（10-3-4）的系数矩阵为

$$H = \begin{bmatrix} 1&0&1&1&0&0&0 \\ 1&1&1&0&1&0&0 \\ 1&1&0&0&0&1&0 \\ 0&1&1&0&0&0&1 \end{bmatrix}$$

(10-3-6)

则式（10-3-4）可简写为

$$HC^{\mathrm{T}} = O^{\mathrm{T}} \quad \text{或} \quad CH^{\mathrm{T}} = O$$

(10-3-7)

其中，行矩阵 $C = [c_6 c_5 c_4 c_3 c_2 c_1 c_0]$ 为码字矢量，$O = [0000]$。C^{T}、O^{T}、H^{T} 分别为 C、O、H 的转置矩阵。

　　系数矩阵 H 决定着信息码元和监督码元之间的监督关系，称为线性分组码的一致监督矩阵或称一致校验矩阵。对 (n,k) 线性分组码，H 为 r 行 n 列的矩阵，它表示了 r 个监督关系式。H 确定则监督关系确定。H 是产生监督码元 $c_3 c_2 c_1 c_0$ 的依据，也是检错纠错的依据。由式（10-3-4）和式（10-3-5）可见，当 H 确定后，已知信息码即可确定监督码，其产生的许用码满足式（10-3-7），因此所有的许用码必然都满足式（10-3-7），在接收端就可以用 H 矩阵来校验接收的码字是否是许用码。设接收到的码字为 R，将 R 代入式（10-3-7），若 $RH^{\mathrm{T}} = O$，则说明 R 为许用码。若 $RH^{\mathrm{T}} \neq O$，则表明不是许用码，即可以判断为误码。

　　进一步分析 H，利用矩阵分块的方法，H 可写为

$$H = \begin{bmatrix} 1\ 0\ 1 & 1\ 0\ 0\ 0 \\ 1\ 1\ 1 & 0\ 1\ 0\ 0 \\ 1\ 1\ 0 & 0\ 0\ 1\ 0 \\ 0\ 1\ 1 & 0\ 0\ 0\ 1 \end{bmatrix} = \begin{bmatrix} P & I_4 \end{bmatrix} \tag{10-3-8}$$

其中，P 为式（10-3-5）中的 P，I_4 为 4 阶单位矩阵，即

$$P = \begin{bmatrix} 1\ 0\ 1 \\ 1\ 1\ 1 \\ 1\ 1\ 0 \\ 0\ 1\ 1 \end{bmatrix} \qquad I_4 = \begin{bmatrix} 1\ 0\ 0\ 0 \\ 0\ 1\ 0\ 0 \\ 0\ 0\ 1\ 0 \\ 0\ 0\ 0\ 1 \end{bmatrix} \tag{10-3-9}$$

对于 (n,k) 分组码，$r=n-k$，H 可写为

$$H = \begin{bmatrix} P & I_r \end{bmatrix} \tag{10-3-10}$$

其中，P 为 $r \times k$ 阶矩阵，I_r 为 r 阶单位矩阵。具有这种形式的 H 矩阵称为典型监督矩阵。典型监督矩阵 H 中的每一行都是彼此独立的，即线性不相关，故不能从几个方程的组合推出方程组的另一个方程。应当注意，各种码的 H 矩阵不一定是典型矩阵，只有系统码才符合。

10.3.3　线性分组码的生成矩阵

生成矩阵是在已知信息码元时确定相应的许用码字 $C = \begin{bmatrix} c_6 c_5 c_4 c_3 c_2 c_1 c_0 \end{bmatrix}$ 的矩阵。由式（10-3-1）已经可以产生监督码元 $c_3 c_2 c_1 c_0$，只要在其中添上信息码元的方程即可得出许用码字，如下式：

$$\left. \begin{aligned} c_6 &= c_6 \\ c_5 &= c_5 \\ c_4 &= c_4 \\ c_3 &= c_6 \oplus c_4 \\ c_2 &= c_6 \oplus c_5 \oplus c_4 \\ c_1 &= c_6 \oplus c_5 \\ c_0 &= c_5 \oplus c_4 \end{aligned} \right\} \tag{10-3-11}$$

将式（10-3-11）写成矩阵形式为

$$C^{\mathrm{T}} = \begin{bmatrix} c_6 \\ c_5 \\ c_4 \\ c_3 \\ c_2 \\ c_1 \\ c_0 \end{bmatrix} = \begin{bmatrix} 1\ 0\ 0 \\ 0\ 1\ 0 \\ 0\ 0\ 1 \\ 1\ 0\ 1 \\ 1\ 1\ 1 \\ 1\ 1\ 0 \\ 0\ 1\ 1 \end{bmatrix} \begin{bmatrix} c_6 \\ c_5 \\ c_4 \end{bmatrix} = \begin{bmatrix} I_k \\ \text{---} \\ P \end{bmatrix} \begin{bmatrix} c_6 \\ c_5 \\ c_4 \end{bmatrix} \tag{10-3-12}$$

对式（10-3-12）的矩阵转置，可得

$$C = \begin{bmatrix} c_6 & c_5 & c_4 \end{bmatrix} \begin{bmatrix} 1\,0\,0\,1\,1\,1\,0 \\ 0\,1\,0\,0\,1\,1\,1 \\ 0\,0\,1\,1\,1\,0\,1 \end{bmatrix} = \begin{bmatrix} c_6 & c_5 & c_4 \end{bmatrix} G \qquad (10\text{-}3\text{-}13)$$

在式（10-3-13）中

$$G = \begin{bmatrix} 1\,0\,0\,1\,1\,1\,0 \\ 0\,1\,0\,0\,1\,1\,1 \\ 0\,0\,1\,1\,1\,0\,1 \end{bmatrix} = \begin{bmatrix} I_k & \vdots & Q \end{bmatrix} \qquad (10\text{-}3\text{-}14)$$

其中
$$Q = \begin{bmatrix} 1\,1\,1\,0 \\ 0\,1\,1\,1 \\ 1\,1\,0\,1 \end{bmatrix} \quad 且 \ Q = P^T 或 \ P = Q^T \qquad (10\text{-}3\text{-}15)$$

矩阵 G 称为线性分组码的生成矩阵。G 为 $k \times n$ 阶矩阵，行数为信息位的个数，列数为码字的长度。已知矩阵 G 和信息码后，由式（10-3-13）可生成许用码字 C。

由式（10-3-14）可见，$G = [I_k \vdots Q]$，其中 I_k 为 k 阶单位矩阵。这种形式的生成矩阵 G 是典型生成矩阵。同样，典型生成矩阵的各行也是线性无关的。由典型生成矩阵得出的码字 C 是信息位在前，监督位在后的系统码。实际上，G 中的每一行都是一个许用码字。G 中的第一行、第二行、第三行分别是信息位为 $[100]$、$[010]$、$[001]$ 时计算出的许用码字。

由式（10-3-14）和式（10-3-15）可知，$Q = P^T$（或 $P = Q^T$）。由于 $H = [P \vdots I_r]$，$G = [I_k \vdots Q]$，所以当已知监督矩阵 H 和生成矩阵 G 中的任意一个时，另一个即可确定，其监督关系和它所对应的分组码也就确定了。

在线性分组码中，任意两个许用码字对应位模 2 相加还是此码组中的一个码字，所以线性分组码具有封闭性。对 (n,k) 线性分组码来说，其信息位长为 k，共有 2^k 个不同组合的信息码。设 C_{ix}、C_{jx} 为其中两个信息码，由式（10-3-13）可算出它们所对应的许用码字 C_i、C_j 为

$$C_i = C_{ix} G \qquad C_j = C_{jx} G$$

所以

$$C_i \oplus C_j = C_{ix} G \oplus C_{jx} G = (C_{ix} \oplus C_{jx}) G = C_l G \qquad (10\text{-}3\text{-}16)$$

式（10-3-16）中，C_l 还是一个 k 位的二元序列，它必然是 2^k 个不同组合的信息码中的一个，所以 $C_i \oplus C_j$ 必然是生成矩阵为 G 的线性分组码中的一个许用码字。

(n,k) 线性分组码 A 的生成矩阵 G 的每一行都是码组 A 的一个许用码字，它一定满足 H 矩阵所确定的 r 个监督关系。如果把 G 当作另一个码组 B 的监督矩阵，H 当作码组 B 的生成矩阵，则码组 B 为 $(n, n-k)$ 线性分组码，H 的每一行一定满足 G 矩阵所确定的 k 个监督关系。这样的码组 A 和码组 B 称为对偶码。

线性分组码的最小距离 $d_{\min}$ 等于该码的最小重量（除全 0 码字外），即

$$d_{\min} = d_{\min}(C_i, C_j) = W_{\min} \qquad (10\text{-}3\text{-}17)$$

由于线性分组码具有封闭性，从码距的定义可知，任意两个许用码字之间的距离必然是另一个许用码字的重量，所以该码的最小重量（除全 0 码字外）必然是该线性分组码的最小距离。

对线性分组码，由监督矩阵 $\boldsymbol{H}$ 中线性不相关的列数可以得到线性分组码中最小码距的上界，即

$$d_{\min} \le n-k+1 = r+1 \qquad (10\text{-}3\text{-}18)$$

由 $\boldsymbol{CH}^{\mathrm{T}} = \boldsymbol{O}$ 可见，当 $\boldsymbol{C}$ 取最小重量的码字，即 $\boldsymbol{C}$ 中 $\mathbf{1}$ 的个数为 $W_{\min}$ 时，得到 $\boldsymbol{H}$ 中最小相关的列的数目，即 $\boldsymbol{H}$ 中小于或等于 $W_{\min}-1$ 列是线性独立、不相关的。$\boldsymbol{H}$ 为 $n-k$ 行矩阵，其最大的秩为 $n-k$。根据矩阵的性质，$\boldsymbol{H}$ 中最大不相关的列数小于或等于 $\boldsymbol{H}$ 的秩，可得 $W_{\min}-1 \le n-k$，即 $d_{\min}-1 \le n-k$，或写为 $d_{\min} \le n-k+1 = r+1$。当上式取等号时，$d_{\min} = n-k+1 = r+1$，称为最大可辨距离。

以上介绍了线性分组码的构成原理及其监督矩阵和生成矩阵，下面讨论线性分组码的译码。

10.3.4 线性分组码的伴随式与检错纠错能力

设发送端发出的许用码字为 $\boldsymbol{C} = [c_{n-1} c_{n-2} \cdots c_1 c_0]$，它符合 $\boldsymbol{CH}^{\mathrm{T}} = \boldsymbol{O}$。经过信道传输后，假设接收端收到的码字为 $\boldsymbol{R} = [r_{n-1} r_{n-2} \cdots r_1 r_0]$。如果 $\boldsymbol{R} = \boldsymbol{C}$，把 $\boldsymbol{R}$ 代入式（10-3-7）中，则 $\boldsymbol{RH}^{\mathrm{T}} = \boldsymbol{O}$，判断为正确。但由于传输误差 $\boldsymbol{R}$ 与 $\boldsymbol{C}$ 不一定相同，其误差为

$$\boldsymbol{E} = \boldsymbol{R} - \boldsymbol{C} = [e_{n-1} e_{n-2} \cdots e_1 e_0] \quad (\text{模 }2) \quad \text{或} \quad \boldsymbol{R} = \boldsymbol{C} \oplus \boldsymbol{E} \qquad (10\text{-}3\text{-}19)$$

式中，$\boldsymbol{E}$ 称为差错序列或错误图样。$\boldsymbol{E}$ 表示了 $\boldsymbol{R}$ 中具体哪一位发生了错误，即

$$e_i = 0 \quad \text{表示第 } i \text{ 位无错} \quad r_i = c_i$$
$$e_i = 1 \quad \text{表示第 } i \text{ 位有错} \quad r_i \ne c_i$$

把 $\boldsymbol{R}$ 代入式（10-3-7）中计算，得

$$\boldsymbol{RH}^{\mathrm{T}} = (\boldsymbol{C} \oplus \boldsymbol{E})\boldsymbol{H}^{\mathrm{T}} = \boldsymbol{CH}^{\mathrm{T}} \oplus \boldsymbol{EH}^{\mathrm{T}} = \boldsymbol{EH}^{\mathrm{T}} = \boldsymbol{S} \quad \text{或} \quad \boldsymbol{S}^{\mathrm{T}} = \boldsymbol{HE}^{\mathrm{T}} \qquad (10\text{-}3\text{-}20)$$

其中，$\boldsymbol{S} = [s_{r-1} s_{r-2} \cdots s_1 s_0]$ 为 $1 \times r$ 阶行矢量。由式（10-3-20）可见，$\boldsymbol{S}$ 只与错误图样 $\boldsymbol{E}$ 有关，而与发送的码字 $\boldsymbol{C}$ 无关。所以，$\boldsymbol{S}$ 称为监督矩阵为 $\boldsymbol{H}$ 的 (n,k) 线性分组码的伴随式。当 $\boldsymbol{E} = [000\cdots00]_{1 \times n}$ 时，$\boldsymbol{S} = [000\cdots00]_{1 \times r}$；当 $\boldsymbol{E}$ 不为零时，$\boldsymbol{S}$ 不为零。译码器可通过伴随式 $\boldsymbol{S}$ 进行检错、纠错。如果 $\boldsymbol{S}$ 为零，则译码器判断接收码字正确，并从该码字中除去监督位，然后输出信息位。如果 $\boldsymbol{S}$ 不为零，则必定有错，由 $\boldsymbol{S}$ 可判断出错码的位置。下面举例说明。

对于 $(7,3)$ 码，设 $\boldsymbol{C} = [1110100]$，若发生一位错，使 $\boldsymbol{R} = [11100^*00]$（ * 表示错码），则 $\boldsymbol{E} = [0000100]$，可知

$$\boldsymbol{S}^{\mathrm{T}} = \boldsymbol{HE}^{\mathrm{T}} = \begin{bmatrix} 1 & 0 & 1 & 1 & 0 & 0 & 0 \\ 1 & 1 & 1 & 0 & 1 & 0 & 0 \\ 1 & 1 & 0 & 0 & 0 & 1 & 0 \\ 0 & 1 & 1 & 0 & 0 & 0 & 1 \end{bmatrix} \begin{bmatrix} 0 \\ 0 \\ 0 \\ 0 \\ 1 \\ 0 \\ 0 \end{bmatrix} = \begin{bmatrix} 0 \\ 1 \\ 0 \\ 0 \end{bmatrix} = \begin{bmatrix} s_3 \\ s_2 \\ s_1 \\ s_0 \end{bmatrix} \qquad (10\text{-}3\text{-}21)$$

可见，$\boldsymbol{S}^{\mathrm{T}}$ 刚好是错误图样 $\boldsymbol{E}$ 中 $\mathbf{1}$ 所对应的 $\boldsymbol{H}$ 中的一列，即 $\boldsymbol{R}$ 的第 i 位有错，则 $\boldsymbol{E}$ 的第 i 位为 $\mathbf{1}$，$\boldsymbol{S}^{\mathrm{T}}$ 与 $\boldsymbol{H}$ 中的第 i 列相同。判断出错误后，可利用 $\boldsymbol{R} \oplus \boldsymbol{E} = \boldsymbol{C}$ 纠错。

对于前面所介绍的偶校验码，当总码长为 n 时，即为 $(n,n-1)$ 线性分组码。它只有一

位监督码元 c_0，其构成的监督关系如式（10-2-1）所示。在接收端进行解码校验时，要判断接收到的码是否满足监督关系式（10-2-1），实际上就是计算

$$S=r_{n-1}\oplus r_{n-2}\oplus\cdots\oplus r_1\oplus r_0$$

当 $S=0$ 时，符合监督关系式，判断接收到的码无错；当 $S=1$ 时，不符合监督关系式，就认为有错。S 的取值只有两个，它只能表示无错、有错两种状态，而无法指出错在哪一位，因此它只能检错不能纠错。如果再增加一位监督位，则相应地再增加一个监督关系式，那么 S 就有 4 种情况：00，01，10，11。用其中一种 00 表示无错，剩余的 3 种能够用来指示一位错码的三种不同位置，即具有纠错功能。同理，如果有 r 个监督位，即有 r 个监督关系式，它可以指示出一位错码的 2^r-1 个可能的位置。

前述已知，对 (n,k) 线性分组码，有 $r=n-k$ 个监督关系式，有 2^r 个不同的 S。全 0 矢量表示无错，所以 S 最多可指出 2^r-1 种错误。要纠正所有小于或等于 t 个错，必须满足

$$2^r-1\geqslant C_n^1+C_n^2+\cdots+C_n^t \tag{10-3-22}$$

式中，C_n^i 为组合数，也即

$$2^r\geqslant 1+C_n^1+C_n^2+\cdots+C_n^t=\sum_{i=0}^n C_n^i \tag{10-3-23}$$

式（10-3-23）说明了监督位数 r 与纠错能力的关系。当式（10-3-23）取等号时，2^r 最小，即 r 达到满足要求时的最小值，此时监督位利用得最充分，称为完备码。

10.3.5　汉明码

汉明码是一种可以纠正单个随机错误的线性分组码，它是一种完备码，编码效率很高。在式（10-3-22）中，令 $t=1$（即纠正一位错），并取等号，可得

$$2^r-1=n \tag{10-3-24}$$

此时构成的 $(2^r-1,2^r-1-r)$ 线性分组码称为汉明码。

汉明码具有以下特点（m 为任意正整数，$m\geqslant 3$）：

监督位长 $r=m$

码长 $n=2^r-1=2^m-1$

信息位长 $k=n-r=2^r-1-r=2^m-1-m$

最小码距 $d_0=3$

纠错能力 $t=1$

编码效率 $\eta=1-\dfrac{r}{n}=1-\dfrac{r}{2^r-1}$　　　n 越大，η 越高

下面给出 $(7,4)$ 汉明码的典型监督矩阵 $\boldsymbol{H}$ 和生成矩阵 $\boldsymbol{G}$

$$\boldsymbol{H}=\begin{bmatrix}1&1&1&0&1&0&0\\0&1&1&1&0&1&0\\1&1&0&1&0&0&1\end{bmatrix}=\begin{bmatrix}\boldsymbol{P}&\vdots&\boldsymbol{I_3}\end{bmatrix} \tag{10-3-25}$$

$$\boldsymbol{G}=\begin{bmatrix}1&0&0&0&1&0&1\\0&1&0&0&1&1&1\\0&0&1&0&1&1&0\\0&0&0&1&0&1&1\end{bmatrix}=\begin{bmatrix}\boldsymbol{I_4}&\vdots&\boldsymbol{P}^{\mathrm{T}}\end{bmatrix} \tag{10-3-26}$$

汉明码只能纠正一位错，其最小码距 $d_0 = 3$。当码字中出现两位错时，它检测不出，故会造成漏判。如果在汉明码的基础上增加一位对所有码元都进行校验的监督码元，则监督码元的位数由原来的 m 变为 $m+1$。码长由原来的 2^m-1 变为 2^m，信息位长度不变，形成 $(2^m, 2^m-1-m)$ 的线性码，称这种码为增余汉明码或扩展汉明码。增余汉明码的最小码距在汉明码的基础上增加了一位，变为 4。所以增余汉明码不仅能纠正一位错，同时也能检测二位错。

增余汉明码的构成是增加一位监督码元，使原汉明码的最小码重由奇数变为偶数，其监督矩阵可以由原汉明码的监督矩阵 $\boldsymbol{H}$ 得到，即

$$\boldsymbol{H}_e = \begin{bmatrix} & & & 0 \\ & & & 0 \\ & \boldsymbol{H} & & \vdots \\ & & & 0 \\ & & & 0 \\ 1 & 1 & 1 \cdots & 1 \end{bmatrix} \tag{10-3-27}$$

$\boldsymbol{H}_e$ 即为增余汉明码的监督矩阵，它在 $\boldsymbol{H}$ 的右边增加一列全 **0**，再在最后一行添加一行全 **1**。

如把上述 $(7,4)$ 汉明码变为对应的 $(8,4)$ 增余汉明码，则其监督矩阵为

$$\boldsymbol{H} = \begin{bmatrix} 1 & 1 & 1 & 0 & 1 & 0 & 0 & 0 \\ 0 & 1 & 1 & 1 & 0 & 1 & 0 & 0 \\ 1 & 1 & 0 & 1 & 0 & 0 & 1 & 0 \\ 1 & 1 & 1 & 1 & 1 & 1 & 1 & 1 \end{bmatrix} \tag{10-3-28}$$

10.4　循环码

10.4.1　循环码的基本概念与码多项式

循环码是线性分组码中重要的一类，它是在严密的代数学理论基础上建立起来的。循环码的编码和解码设备通过反馈移位寄存器就可以实现，比较简单，其检错纠错能力也较强，因此在实际中得到了较大的发展。

循环码是一种线性分组码，它除了具有线性分组码的封闭性之外，还具有循环性。通常其前 k 位是信息码元，后 r 位为监督码元，具有系统码的形式。循环性是指：循环码组中的任一许用码字循环左移（或循环右移）后所得到的码字仍为该循环码组中的一个许用码字。设码字矢量 $\boldsymbol{C} = [c_{n-1} c_{n-2} \cdots c_1 c_0]$ 是码长为 n 的循环码中的一个码字。对其进行循环左移、右移，无论移动多少位，得到的结果均为该循环码中的一个码字。式（10-4-1）中的各码字均为该循环码中的一个码字

$$\left. \begin{array}{l} c_{n-1} c_{n-2} \cdots c_1 c_0 \\ c_{n-2} c_{n-3} \cdots c_0 c_{n-1} \\ c_0 c_{n-1} \cdots c_2 c_1 \end{array} \right\} \tag{10-4-1}$$

从表 10-4-1 中可得到 $(7,3)$ 循环码的全部许用码字。

表 10-4-1　一种(7,3)循环码

序号	移位次数	信 息 位	监 督 位	序号	移位次数	信 息 位	监 督 位
0		000	0000	4	6	100	1110
1	0	001	1101	5	4	101	0011
2	5	010	0111	6	3	110	1001
3	1	011	1010	7	2	111	0100

为了便于用代数学的理论分析计算循环码，把循环码中的码字用多项式来表示，称为码多项式。它是把码字中各码元的取值作为码多项式的系数。对于码字矢量 $C = [c_{n-1}c_{n-2}\cdots c_1 c_0]$ 可以用码多项式表示为

$$T(x) = c_{n-1}x^{n-1} + c_{n-2}x^{n-2} + \cdots + c_2 x^2 + c_1 x + c_0 \qquad (10\text{-}4\text{-}2)$$

式中，x^i 是码元位置的标记，它表示由其系数所决定的码元取值所处的对应位置，其系数只能取 0 或 1，运算时其系数的运算为模 2 运算。如码字 1001110、0011101 用码多项式表示分别为

$$T_1(x) = x^6 + x^3 + x^2 + x \qquad T_2(x) = x^4 + x^3 + x^2 + 1$$

且　　　　　$T_1(x) + T_2(x) = x^6 + x^4 + x + 1$　（即 1001110 $\oplus$ 0011101 = 1010011）

在整数的按模运算中，最熟悉的是模 2 运算：$1+1 \equiv 0$（模 2）、$1+2 \equiv 1$（模 2）等。对于模 n 运算，如果一个整数 m 可以表示为

$$\frac{m}{n} = Q + \frac{p}{n} \qquad (p < n) \qquad (10\text{-}4\text{-}3)$$

式中，Q 为整数，p 为 m 被 n 除后所得的余数。那么

$$m \equiv p \quad (\text{模 } n) \qquad (10\text{-}4\text{-}4)$$

在多项式中同样可以进行类似的按模运算。如

$$\frac{F(x)}{N(x)} = Q(x) + \frac{r(x)}{N(x)} \qquad (10\text{-}4\text{-}5)$$

式中，$N(x)$ 是幂次为 n 的多项式，$Q(x)$ 为商，$r(x)$ 为幂次低于 n 的余式，多项式的系数在二元域上。式（10-4-5）可写为

$$F(x) = Q(x)N(x) + r(x) \qquad (10\text{-}4\text{-}6)$$

所以

$$F(x) \equiv r(x) \quad [\text{模 } N(x)] \qquad (10\text{-}4\text{-}7)$$

比如 x^3 被 (x^3+1) 除可得余式为 1，则

$$x^3 \equiv 1 \quad (\text{模 } x^3+1) \qquad (10\text{-}4\text{-}8)$$

同理有

$$x^4 + x^2 + 1 \equiv x^2 + x + 1 \quad (\text{模 } x^3+1) \qquad (10\text{-}4\text{-}9)$$

循环码的码多项式符合如下定理。

定理 10.1　若 $T(x)$ 是长为 n 的循环码组中某个许用码字的码多项式，则 $x^i \cdot T(x)$ 在按模 $x^n + 1$ 运算下，也是该循环码组中一个许用码字的码多项式。

如 $(7,3)$ 循环码中许用码字 **0011101** 的码多项式为 $T(x)=x^4+x^3+x^2+1$，则

$$\frac{x^3 T(x)}{x^7+1}=1+\frac{x^6+x^5+x^3+1}{x^7+1}$$

$$x^3 T(x)\equiv x^6+x^5+x^3+1 \quad （模\ x^7+1）$$

$x^6+x^5+x^3+1$ 对应的码字为 **1101001**，它是该 $(7,3)$ 循环码中的一个许用码字，而且它是上述循环码 **0011101** 左移 3 次后形成的。

证明： 设 $T(x)=c_{n-1}x^{n-1}+c_{n-2}x^{n-2}+\cdots+c_2 x^2+c_1 x+c_0$

那么

$$x^i \cdot T(x)=c_{n-1}x^{n-1+i}+c_{n-2}x^{n-2+i}+\cdots+c_2 x^{2+i}+c_1 x^{1+i}+c_0 x^i$$

$$\frac{x^i \cdot T(x)}{x^n+1}=Q(x)+\frac{c_{n-1-i}x^{n-1}+c_{n-2-i}x^{n-2}+\cdots+c_0 x^i+c_{n-1}x^{i-1}+\cdots+c_{n-i}}{x^n+1}$$

$$=Q(x)+\frac{r_i(x)}{x^n+1}$$

$$x^i \cdot T(x)\equiv r_i(x) \quad （模\ x^n+1） \tag{10-4-10}$$

其中，$r_i(x)=c_{n-1-i}x^{n-1}+c_{n-2-i}x^{n-2}+\cdots+c_0 x^i+c_{n-1}x^{i-1}+\cdots+c_{n-i}$。它是 $T(x)$ 左移 i 位后形成的码字。若把 i 取不同的值重复做上述运算，可得到该循环码的其他许用码字。所以，码长为 n 的循环码的每一个许用码字都是按模 x^n+1 运算的余式。如果已知码多项式 $T(x)$，则相应的循环码就可以由 $x^i \cdot T(x)$ 按模 x^n+1 运算的余式求得。

10.4.2 循环码的生成多项式与生成矩阵

从线性分组码的讨论中可以知道，有了生成矩阵就可以由信息位产生出相应的循环码。下面首先讨论有关生成多项式的定理。

定理 10.2 在循环码 (n,k) 中，$n-k$ 次幂的码多项式有一个，且仅有一个，用 $g(x)$ 表示，称这唯一的 $n-k$ 次多项式 $g(x)$ 为循环码的生成多项式，$g(x)$ 的常数项不为零。

现在对上述定理加以说明。线性分组码的信息位和监督位之间呈线性关系，可以由线性方程确定。所以当信息位为全 **0** 时，监督位必然也为全 **0**。循环码是一种线性分组码，它具有同样的性质，即信息位为全 **0** 时的循环码必然是全 **0** 码。在 (n,k) 循环码中，除全 **0** 码外，不可能出现连续 k 位均为 **0** 的码字。因为如果出现 k 个连续的 **0**，经过若干次移位后，将变为前 k 个信息码元全为 **0** 而监督码元不全为 **0** 的情况，这显然是不可能的。因此在 (n,k) 循环码的码集中，除全 **0** 码外，连续为 **0** 的长度最多只能有 $k-1$ 位。前 $k-1$ 位为 **0** 的码字，其末位必然为 **1**。因为，若其末位为 **0**，则经移位后必然出现 k 个连续的 **0**，这是不可能的。此前 $k-1$ 位为 **0**、末位为 **1** 的码字，所对应的码多项式是最高次幂为 $(n-1)-(k-1)=n-k$ 次的码多项式，而且它是循环码中幂次最低的码多项式。称它为循环码的生成多项式 $g(x)$。由该码字末位为 **1** 可知，$g(x)$ 的常数项不为零，这样的码多项式只有一个。因为如果有两个最高次幂为 $n-k$ 次的码多项式，则由循环码的封闭性可知，把这两个码字相加产生的码字连续前 k 位都为 **0**。这种情况不可能出现，所以在 (n,k) 循环码中，最高次幂为 $n-k$ 次的码多项式只有一个，生成多项式 $g(x)$ 具有唯一性。

一旦 $g(x)$ 确定，则该 (n,k) 循环码就被确定了。$g(x)$ 是循环码中幂次最低的码多项式，由它左移就可产生其他码多项式，比如 $xg(x)$、$x^2 g(x)$、$x^3 g(x)$ 等。用 k 个互相独立

的码多项式 $g(x)$、$xg(x)$、$x^2g(x)$、$\cdots$、$x^{k-1}g(x)$ 可以构造出循环码的生成矩阵 $\boldsymbol{G}(x)$ 为

$$\boldsymbol{G}(x)=\begin{bmatrix} x^{k-1}g(x) \\ x^{k-2}g(x) \\ \vdots \\ x^2g(x) \\ xg(x) \\ g(x) \end{bmatrix} \tag{10-4-11}$$

例如，有一个 $(7,3)$ 循环码其最高次幂为 $n-k$ 次的码字为 **0010111**，其生成多项式 $g(x)=x^4+x^2+x+1$。利用（10-4-11）式可得其生成矩阵 $\boldsymbol{G}(x)$ 为

$$\boldsymbol{G}(x)=\begin{bmatrix} x^2g(x) \\ xg(x) \\ g(x) \end{bmatrix} \tag{10-4-12}$$

将此生成矩阵用系数表示，写为生成矩阵 $\boldsymbol{G}$，即

$$\boldsymbol{G}=\begin{bmatrix} 1\,0\,1\,1\,1\,0\,0 \\ 0\,1\,0\,1\,1\,1\,0 \\ 0\,0\,1\,0\,1\,1\,1 \end{bmatrix} \tag{10-4-13}$$

式（10-4-13）不符合典型生成矩阵的形式，所以它不是典型生成矩阵，由它编出的码字不是系统码，但是对此矩阵作线性变化可以变换成典型生成矩阵的形式。

上例中，设信息码为 $[c_6c_5c_4]$，由生成矩阵多项式可以写出该循环码的码字为

$$\boldsymbol{T}(x)=\begin{bmatrix} c_6c_5c_4 \end{bmatrix}\boldsymbol{G}(x)=\begin{bmatrix} c_6c_5c_4 \end{bmatrix}\begin{bmatrix} x^2g(x) \\ xg(x) \\ g(x) \end{bmatrix} \tag{10-4-14}$$

$$=c_6\,x^2\,g(x)+c_5x\,g(x)+c_4\,g(x)$$
$$=(c_6\,x^2+c_5x+c_4)g(x)$$
$$=u(x)g(x)$$

式中的 $u(x)$ 为信息码 $[c_6c_5c_4]$ 的多项式。

所以已知信息码 $\boldsymbol{U}=[u_{k-1}u_{k-2}\cdots u_1u_0]$ 和 $g(x)$ 后就可求得循环码的所有码多项式为

$$\boldsymbol{T}(x)=[u_{k-1}u_{k-2}\cdots u_1u_0]\boldsymbol{G}(x)=u(x)g(x) \tag{10-4-15}$$

其中，$u(x)$ 为信息位所对应的多项式。信息位有 k 位，所以 $u(x)$ 的最高阶数为 $k-1$ 次幂。

此种方法求得的码多项式为非系统码。从式（10-4-15）还可见，所有的码多项式都可以被 $g(x)$ 整除。

定理 10.3　循环码 (n,k) 的生成多项式 $g(x)$ 是 x^n+1 的一个因式。

$g(x)$ 是最高次幂为 $n-k$ 次的码多项式。$x^kg(x)$ 是最高次幂为 n 的多项式。利用定理 10.1 对 $x^kg(x)$ 作模 x^n+1 运算，得

$$\frac{x^kg(x)}{x^n+1}=1+\frac{r(x)}{x^n+1} \tag{10-4-16}$$

式中，$r(x)$ 也是该循环码的一个码多项式，它可以被 $g(x)$ 整除，即 $r(x)=I(x)g(x)$，故式（10-4-16）可写为

346

$$x^k g(x) = (x^n + 1) + r(x) = (x^n + 1) + I(x)g(x)$$

对上式移项可得

$$x^n + 1 = x^k g(x) + I(x)g(x) = \left[x^k + I(x) \right] g(x) = h(x)g(x) \qquad (10\text{-}4\text{-}17)$$

式 (10-4-17) 中，$h(x) = (x^n + 1)/g(x)$ 为循环码的一致校验多项式，可见 $g(x)$ 是 $x^n + 1$ 的一个因式。利用这一特点可以产生 $g(x)$，其方法是对 $x^n + 1$ 进行因式分解，从中找出一个最高次幂为 $n - k$ 次且常数项不为零的因式，作为生成多项式 $g(x)$。

例如对于 $(7,3)$ 循环码，$g(x)$ 的最高次幂为 4，可以从 $x^7 + 1$ 中分解得到 $g(x)$。

$$x^7 + 1 = (x + 1)(x^3 + x^2 + 1)(x^3 + x + 1) \qquad (10\text{-}4\text{-}18)$$

生成多项式可选为

$$g_1(x) = (x + 1)(x^3 + x^2 + 1) = x^4 + x^2 + x + 1 \qquad (10\text{-}4\text{-}19)$$

或者

$$g_2(x) = (x + 1)(x^3 + x + 1) = x^4 + x^3 + x^2 + 1 \qquad (10\text{-}4\text{-}20)$$

两种生成多项式分别产生两种 $(7,3)$ 循环码。

10.4.3 循环码的编码与解码

1. 循环码的编码

对 (n,k) 循环码，通过对 $x^n + 1$ 进行因式分解选择出生成多项式 $g(x)$，就可由信息码编出相应的循环码字。如何从 $g(x)$ 和信息码直接编出相应的系统码是下面要讨论的。设信息码多项式为 $m(x)$

$$m(x) = m_{k-1}x^{k-1} + m_{k-2}x^{k-2} + \cdots + m_1 x + m_0 \qquad (10\text{-}4\text{-}21)$$

信息码多项式 $m(x)$ 的最高次幂为 $k - 1$。将 $m(x)$ 左移 $n - k$ 位成为 $x^{n-k}m(x)$，其最高次幂为 $n - 1$。$x^{n-k}m(x)$ 的前一部分为连续 k 位信息码，后一部分为 $r = n - k$ 位的 **0**，r 正好是监督码的位数，所以在它的后一部分添上监督码，就编出了相应的系统码。监督码由监督关系确定，循环码的生成多项式 $g(x)$ 确定循环码，因此 $g(x)$ 也确定监督关系。从前述知，循环码的任何码多项式都可以被 $g(x)$ 整除，即 $T(x) = I(x)g(x)$。用 $x^{n-k}m(x)$ 除以 $g(x)$，可得

$$\frac{x^{n-k}m(x)}{g(x)} = q(x) + \frac{r(x)}{g(x)} \qquad (10\text{-}4\text{-}22)$$

所得的余式 $r(x)$ 的最高次幂为 $n - k - 1$ 次，即 $r(x) = r_{n-k-1}x^{n-k-1} + r_{n-k-2}x^{n-k-2} + \cdots + r_1 x + r_0$。将 $r(x)$ 作为监督位的多项式，与 $x^{n-k}m(x)$ 模 2 相加，形成新的多项式

$$T(x) = x^{n-k}m(x) + r(x) \qquad (10\text{-}4\text{-}23)$$

由式 (10-4-22) 可见

$$x^{n-k}m(x) + r(x) = g(x)q(x) \qquad (10\text{-}4\text{-}24)$$

所以 $T(x)$ 能被 $g(x)$ 整除，其最高次幂为 $n - 1$。$T(x)$ 的前一部分为连续 k 位信息码，后一部分为 $r = n - k$ 位的监督码，故 $T(x)$ 为循环码的码多项式，而且是系统码。

对于这种编码方式，具体可分为以下三步，下面通过一个 $(7,3)$ 循环码的例子具体说明。对 $(7,3)$ 循环码选择生成多项式为式 (10-4-20)，即 $g(x) = x^4 + x^3 + x^2 + 1$，并设已知信息码为 **111**。

（1）将信息位 $m(x)$ 左移 $n-k$ 位成为 $x^{n-k}m(x)$

对上面的例子来说，信息码 **111** 左移 4 位成为 **1110000**。

（2）利用（10-4-22）式做除法，求出余式 $r(x)$

对该例子来说，为

$$\frac{x^6+x^5+x^4}{x^4+x^3+x^2+1}=x^2+\frac{x^2}{x^4+x^3+x^2+1}$$

得余式为 $r(x)=x^2$，即监督码的多项式。把此码多项式的形式用其系数代替，写成码字的形式为

$$\frac{1110000}{11101}=100+\frac{0100}{11101}$$

余式的码字为 **0100**。

（3）构成系统码 $T(x)=x^{n-k}m(x)+r(x)$

对具体的例子为 **1110000** + **0100** = **1110100**。

上述编码过程可以用模 2 除法电路完成，它由移位寄存器和模 2 加法电路实现。对上例中的 (7,3) 循环码，$g(x)=x^4+x^3+x^2+1$ 时的编码器如图 10-4-1 所示。

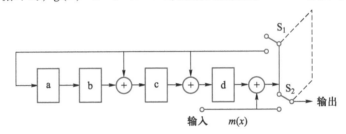

图 10-4-1 (7,3) 循环码的编码器

编码器的工作过程如下：编码器工作之前先清零，使寄存器的初态为零，并使转换开关 S_1、S_2 均向下，S_1 使反馈线接通，S_2 使输入直接加到输出，然后开始输入三位信息码。输入的信息码一路直接送到输出端，作为系统码的前面一部分（即信息码部分）；另一路送入除法器作为被除数。三位信息码送完之后，使开关 S_1、S_2 均向上，S_1 使反馈线断开，S_2 使输出与除法器的输出相连，输入端输入的为全零。在此种开关状态下，输出的是除法器的余数，即监督位。经过这样两个阶段，输出端得到前面为信息码后面为监督码的系统码。表 10-4-2 给出上述编码过程中各点的状态变化过程。

表 10-4-2 (7,3) 循环码的编码过程（信息位为 111）

输入 m	移位寄存器 a b c d		反 馈	输 出
0	初态	0 0 0 0	0	0
1		1 0 1 1	1	1
1		0 1 0 1	0	1
1	余数	0 0 1 0	0	1
0		0 0 0 0	无	0
0		0 0 0 0	反	1
0		0 0 0 0	馈	0
0		0 0 0 0		0

通常对于一个(n,k)循环码，若生成多项式为

$$g(x)=x^{n-k}+g_{n-k-1}x^{n-k-1}+\cdots+g_1x+1 \tag{10-4-25}$$

则对应的编码器如图10-4-2所示。

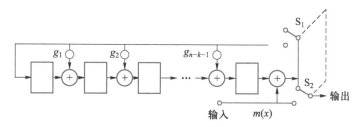

图 10-4-2　(n,k)循环码的编码器

2. 循环码的解码

循环码的解码分检错和纠错两种情况。只进行检错的解码原理很简单，它是利用任何码多项式都可以被生成多项式$g(x)$整除的原理实现的。设发送码字为$T(x)$，接收到的码多项式为$R(x)$，做除法有

$$\frac{R(x)}{g(x)}=q'(x)+\frac{r'(x)}{g(x)} \tag{10-4-26}$$

其中$r'(x)$为余式。若余式$r'(x)$为零，接收码字$R(x)$能被整除，则$R(x)=T(x)$，判断无错码。若余式$r'(x)$不为零，即接收码字$R(x)$不能被整除，则$R(x)\neq T(x)$，判断有错码。可以通过 ARQ 差错控制方式使发送端重发，得到正确的码字。

若要纠正错误，需要知道错误图样$E(x)$，以便纠正错误。原则上，纠错解码可按以下步骤进行：

（1）用生成多项式$g(x)$除接收码字$R(x)=T(x)+E(x)$，得到余式$r'(x)$；

（2）按余式$r'(x)$用查表的方法或通过某种运算得到错误图样$E(x)$；

（3）从$R(x)$中减去$E(x)$，得到纠错后的原发送码字$T(x)$。

第一步与检错解码相同，用除法器等就可实现。第三步做减法也较简单。第二步可能需要较复杂的设备，并且在计算余式和决定错误图样$E(x)$时，需要把接收码字$R(x)$暂时存储起来。

例如，一种$(7,3)$循环码纠单个错的解码器如图10-4-3所示。它包含除法器、缓冲器、门电路，以及输出前做模 2 运算的**异或**电路。接收到的码字$R(x)$输入后分两路，一路送入缓冲器暂存，另一路送入除法器做除法。当码字全部进入除法器后，若$R(x)$能被$g(x)$整除，则除法器中移位寄存器的状态全为零，说明接收码字为许用码字，判断为无错，直接将缓冲器暂存的$R(x)$输出。若$R(x)$不能被$g(x)$整除，则除法器中的存数指出错误位置，经移位（码字全部进入除法器后，再移位则输入为零）**与**门输出$e=\bar{a}\,b\,\bar{c}\,d$在相应的出错码位上为输出 **1**。该 1 与缓冲器输出的错码模 2 相加，纠正错误，使输出码字正确。另一方面反馈回除法器，使各级移位寄存器清零。

实际中接收的码字是连续不断输入的，中间没有停顿。为了使解码器在移位纠错时不丢失输入的接收码字，需要两套除法电路及**与**门和一个缓冲寄存器配合使用。这种解码方法为捕错解码，又称梅吉特（Meggitt）解码法。

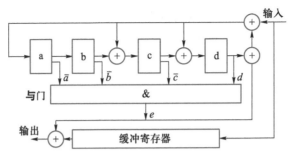

图 10-4-3　(7,3)循环码纠单个错的解码器

循环码纠错能力强，编码解码设备简单，在实际中应用较广。实用的循环码种类很多，如费尔（Fire）码、高莱（Golay）码、BCH 码等。

10.4.4　BCH 码

BCH 码是取 Bose、Chandhari、Hocquenghem 三人姓名的开头字母 B、C、H 命名的一种循环码。

BCH 码是循环码的一个重要子类，它能纠正多个随机错误。BCH 码具有严密的代数结构，其生成多项式 $g(x)$ 和编码的最小距离 d_0 之间有密切的关系，可以根据需要构造出具有特定纠错能力的 BCH 码。BCH 码具有纠错能力强、构造方便、编码电路简单、译码也容易实现等特点，在实际中应用广泛。

最早的 BCH 码是定义在 GF(2) 域[①]上的二进制码，后来被推广到 GF(q) 多元域上。BCH 码的参数为：码长 $n=2^m-1(m>3)$；校验位数 $n-k\leqslant mt$；最小距离 $d_0\geqslant 2t+1$。其中，m 和 t 为正整数。

在实际中，为了较快地进行 BCH 码的设计选择，可以参考现成的 BCH 码生成多项式表。表 10-4-3 列出了部分本原 BCH 码的生成多项式。其中，n 为码长，k 为信息位长度，t 为所能纠错的位数，生成多项式 $g(x)$ 的系数用八进制表示，并从最高项开始，可以根据表 10-4-3 来选择所需 BCH 码。

表 10-4-3　部分本原 BCH 码的生成多项式

n	k	t	生成多项式 $g(x)$，用八进制表示
7	4	1	13
7	1	3	177
15	11	1	23
15	7	2	721
15	5	3	2 467
15	1	7	77 777
31	26	1	45

① GF(2)域为二元域，GF(q)为多元域。了解有限域的知识，可参考相关资料。

n	k	t	生成多项式 $g(x)$，用八进制表示
31	21	2	3 551
31	16	3	107 657
31	11	5	5 423 325
31	6	7	313 365 047
31	1	15	17 777 777 777
63	57	1	103
63	51	2	12 471
63	45	3	1 701 317
63	39	4	166 623 567
63	36	5	1 033 500 423
63	30	6	157 464 165 547
63	24	7	17 323 260 404 441
63	18	10	1 363 026 512 351 725
63	16	11	6 331 141 367 235 453
63	10	13	472 622 305 527 250 155
63	7	15	5 231 045 543 503 271 737
63	1	31	777 777 777 777 777 777 777

例如，要构造一个 $n=15$、$t=3$ 的本原 BCH 码。查表 10-4-3 可得，$n=15$、$t=3$ 时，$k=5$，$g(x)$ 的系数为八进制 2467。经变换，$(2467)_8 = (\textbf{010 100 110 111})_2$，可得 $g(x) = x^{10} + x^8 + x^5 + x^4 + x^2 + x + 1$。得到了生成多项式 $g(x)$，即可用构造循环码的方法构造出本原 BCH 码。

10.4.5 CRC 码

循环冗余检验码，简称 CRC（cylic redundancy check）码，是一种简单有效的实用循环编码，其编码器和错误检测电路都很容易实现，已成为最常用的一种校验方式。因为 $r=n-k$，所以常将 (n,k) 循环码的编码称为 CRC-r 编码。

实用的 CRC 编码已有多种生成多项式。表 10-4-4 列出的是部分已成为国际标准的 CRC-r 编码。其中，CRC-4 在 CCITT G.704 建议中应用于 2.048 Mbit/s 基群帧结构的校验，CRC-12 应用于字符长度为 6 比特的情况，CRC-16、CRC-CCITT 和 CRC-32 应用于字符长度为 8 比特的情况。CRC-12 能够生成 12 个监督位。CRC-16 和 CRC-CCITT 生成 16 个监督位，CRC-32 生成 32 个监督位，即 CRC-r 有 r 个监督位。前面已经介绍过，监督位的数目 r 越长，检错能力越强。所以在表 10-4-4 的 CRC-r 编码中，CRC-32 的检错能力最强，它能检测长度不大于 32 位的突发错误，CRC-32 常用于局域网中。

表 10-4-4　部分已成为国际标准的 CRC-r 编码

CRC-r 编码	生成多项式
CRC-4	$g(x) = x^4 + x + 1$
CRC-12	$g(x) = x^{12} + x^{11} + x^3 + x^2 + x + 1$
CRC-16	$g(x) = x^{16} + x^{15} + x^2 + 1$
CRC-CCITT	$g(x) = x^{16} + x^{12} + x^5 + 1$
CRC-32	$g(x) = x^{32} + x^{26} + x^{23} + x^{22} + x^{16} + x^{12} + x^{11} + x^{10} + x^8 + x^7 + x^5 + x^4 + x^2 + x + 1$

　　本节介绍了循环码的编、解码方式，确定了生成多项式即可进行编、解码。在实际应用中，软件和硬件都可以实现 CRC 编码。用软件实现时，其编、解码速度会受到 CPU 速度的限制。用硬件方式实现时，其编、解码速度有很大提高。由于 CRC 编、解码非常简单，一般简单应用下都能达到速度要求。用硬件实现 CRC 有串行和并行两种方式。串行编码方式结构简单，能够工作在较高的时钟频率下，但编、解码速度相对并行方式会慢一些。并行方式编码速度较快，但结构稍复杂。并行方式中的多级组合逻辑反馈电路会产生一定的延迟，在时钟周期很小、对时延要求很高时，要考虑电路的延迟是否超出了系统所能允许的延迟限度。

10.5　交织编码

10.5.1　交织编码的基本原理

　　前面讨论的主要是纠正随机错误的纠错编码。在实际的通信过程中，有时会出现突发干扰，它会在短时间内造成一连串的错码，一个码字内会出现多个码元的连续错误。由于错误码元太多，有时甚至成为另一个许用码字。这时用前面所讲的纠错编码方法就不能进行检错、纠错。对抗这种突发错误，交织编码是一种有效的方法。交织编码能将聚集的突发错误分散化、不规则化，使其变换为随机误码。交织编码通过交织器实现，实际上是将原来的码流置乱，还原时再做解交织，还原为原来的顺序。交织在系统中的位置和作用如下：在发送端为"信道编码—交织—信道"，交织器把信道编码的输出序列按一定规律置乱，即重新排序。在接收端为"信道—解交织—信道解码"，解交织将序列还原为原来的顺序，即交织的逆过程。交织有分组交织、卷积交织，这里主要讨论分组交织。按照置乱的规律交织器可分为规则交织、不规则交织、伪随机交织等。规则交织即行列交织，将数据排成矩阵形式，按行输入按列输出，或者按列输入按行输出。不规则交织也是将数据排成矩阵形式，按行输入按对角线输出，或者其他的顺序方式输出。伪随机交织是输入和输出之间的对应关系通过一串伪随机码来对应。

　　下面通过一个简单的例子讨论交织的原理。假设原来的码元序列为原序列 A，4 个码元为一个码字，见表 10-5-1。交织后的排序为序列 B，序列已经被置乱。传输后为序列 C，出现了突发错误，其中码元 3、7、11、15 发生了错误（有下划线表示出现错误），该码字的 4 个码元全都发生了错误，不能检、纠错。解交织后的排序为序列 D，可见突发错误被分散，只要原来的编码能检、纠一位错，即可实现检、纠错。

表 10-5-1 交织原理的简单例子

原序列 A	1	2	3	4	5	6	7	8	9	10	11	12	13	14	15	16	...
交织后序列 B	1	5	9	13	2	6	10	14	3	7	11	15	4	8	12	16	...
传输后序列 C	1	5	9	13	2	6	10	14	3	7	11	15	4	8	12	16	...
解交织后序列 D	1	2	3	4	5	6	7	8	9	10	11	12	13	14	15	16	...

10.5.2 交织编码的方法与性能

对于一个 (n,k) 线性分组码，可以通过交织构造成一个 $(\lambda n,\lambda k)$ 线性分组码，称为交织码。其中，λ 称为交织深度或交织度。分组交织中原理最简明的是行列交织，它是通过建立矩阵，然后按照行进行编码和译码，如表 10-5-2 所示。

表 10-5-2 交织编码的构造和传输

	输出列 1	输出列 2	输出列 3	...	...	...	...	...	...	...	...	...	输出列 n
输入行 1	c11	c12	c13	...									c1n
输入行 2	c21	c22	c23	...									c2n
...	...	...	...										...
输入行 $\lambda-1$	...	...	...										...
输入行 λ	cλ1	cλ2	cλ3										cλn
	$n-k$ 位监督位						k 位信息位						

表 10-5-2 中每一行为该 (n,k) 线性分组码的一个码字，码长为 n。共 λ 个码字构成 λ 行，形成一个 λ 行 n 列的矩阵，即 $(\lambda n,\lambda k)$ 的交织码，其编码的方法是把已编码的 (n,k) 码字按行输入随机存储器（RAM），再按列输出送至发送信道，这样就实现了交织过程。这一过程产生了对原始数据以 λ 个比特为周期的分隔效果，使传输中的突发错误在交织后被分散了。在接收端的解交织操作与交织过程正好相反，即按列顺序写入 RAM，再按行读出，将数据还原为原来的顺序，然后再对每一行的一个码字进行纠错译码。可见，如果在传输中出现突发错误，在收到的矩阵中它只可能按列的顺序出现，而纠错译码是按行进行的。解交织后突发错误被分散，使纠错成为可能。假设在传输中第 3 列整列出现突发错误，即突发错误长度为 λ，解交织后每一行只有一位错。如果原来一行的码字能纠一位错，它就能纠该 λ 长的突发错误。假设在传输中第 2 列和第 3 列出现突发错误，即突发错误长度为 2λ，解交织后每一行有 2 位错。如果原来一行的码字能纠 2 位错，它就能纠该 2λ 长的突发错误。长度为 $b\lambda$ 的突发错误被分散成每行中有 b 个错误，分别处于 λ 行中。如果原来的 (n,k) 线性分组码能纠 b 个错误，则交织码 $(\lambda n,\lambda k)$ 就能纠长度为 $b\lambda$ 的突发错误。当且仅当每行中的错误模式对原始码是可纠正的错误模式时，交织码矩阵的错误模式是可纠正的。交织码的码长扩大了 λ 倍，纠突发错误的

能力也扩大了 λ 倍。但是它的编码效率并没有降低，仍和原来的 (n,k) 码相同。它所付出的代价是增加了存储设备 RAM 和加大了编、解码延时。交织度 λ 越大，编、解码延时越长，所需 RAM 越大。

10.6　卷积码

10.6.1　卷积码

1. 卷积码的概念

前面介绍的分组码是把信息序列分成长为 k 的许多子段，然后每个子段独立地编出各自的监督码形成长为 n 的码字。每个子段的监督位只与本子段的信息位有关，而与其他子段无关。各子段形成的码字在编码、译码时各自独立进行。为了达到一定的纠错能力和效率，分组码的码字长度通常比较大。编码、解码时必须把本子段的信息码存储起来再进行编码、解码。这样当码长 n 较大时，编码、解码过程所产生的时延也随之增加。若降低码长 n，又会使纠错能力和效率下降。卷积码是由伊莱亚斯于 1955 年首先提出的，它对信息位的处理与分组码完全不同，它是一种连续处理信息序列的编码方式。码字的监督位不仅和本段的信息位有关而且与其他段落的信息位也有关。整个编码过程前后相互关联，连续进行，所以又称为连环码。在编码时将信息序列分成长度为 k 的子段，把长度为 k 的信息比特编为 n 个比特，k 和 n 取值通常都很小，特别适合以串行形式传输信息，时延小。长为 n 的每个码字包括 k 个信息位和 $r=n-k$ 个监督位，但这里的监督位不仅与本段的 k 个信息位有关，也与前面 $N-1$ 段的信息位有关，N 为相关联的信息序列的分段数目。编码后相互关联的码元数目为 nN 个。卷积码的纠错能力随 N 的增加而增大，差错率随 N 的增加而指数下降。目前还未找到严密的数学手段把卷积码的纠错性能与码的构成十分有规律地联系起来。通常采用计算机来搜索性能好的卷积码。在译码时，不但要从本段提取信息，还要提取出与此关联的前面 $N-1$ 段的信息。与分组码相比，在设备复杂度相同的条件下卷积码的性能优于分组码，因此卷积码已广泛应用于实际通信系统中。

2. 卷积码的结构、原理

（1）卷积码的结构、原理

图 10-6-1 所示为卷积码编码器的一般结构。它由输入移位寄存器、模 2 加法器、输出移位寄存器三部分构成。输入移位寄存器共有 N 段，每段有 k 级，共 Nk 位寄存器，信息序列由此不断输入。输入端的信息序列进入这种结构的输入移位寄存器即被自动划分为 N 段，每段 k 位，它使输出的 n 个比特的卷积码与 N 段每段有 k 位的信息位相关联。通常把 N 称为约束长度（有些文献中把 $N-1$ 称为约束长度。由于该 N 段信息共有 Nk 个信息比特，所以也有称 Nk 为约束长度的）。一组模 2 加法器共 n 个，它实现卷积码的编码算法。输出移位寄存器，共有 n 级。输入移位寄存器每移入 k 位，它输出 n 个比特的编码，所以编码效率为

$$\eta = \frac{k}{n} \qquad (10\text{-}6\text{-}1)$$

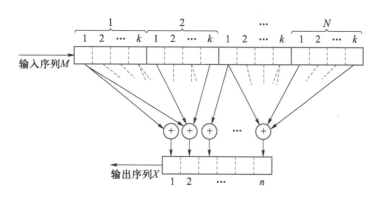

图 10-6-1　卷积码编码器的一般结构

此 n 比特的编码不仅与当前输入的 k 个信息位有关，而且与之前的 $(N-1)k$ 个信息位有关。对于具有上述结构的卷积码通常记作 (n,k,N)。

图 10-6-2 所示为一种 $(2,1,3)$ 卷积码编码器，其 $n=2$，$k=1$，$N=3$，编码效率为 $\eta=\dfrac{1}{2}$。图中的输出移位寄存器用开关代替。输入 $k=1$ 位信息比特，输出 $n=2$ 位编码，其输出方程为

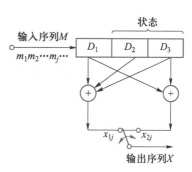

图 10-6-2　$(2,1,3)$ 卷积码编码器

$$x_{1j}=D_1\oplus D_2\oplus D_3,\quad x_{2j}=D_1\oplus D_3 \qquad (10\text{-}6\text{-}2)$$

其输入、输出对应关系如表 10-6-1 所示。

表 10-6-1　输入、输出对应关系

输入	m_1		m_2		m_3		m_4		m_5		$\cdots$
输出	x_{11}	x_{21}	x_{12}	x_{22}	x_{13}	x_{23}	x_{14}	x_{24}	x_{15}	x_{25}	$\cdots$

寄存器中新输入的信息码元进入 D_1，而以前存储的信息位进入 D_2D_3，称 D_3D_2 的状态为寄存器的状态（也即编码器的状态）。在本例中，D_3D_2 共有四种组合 **00**、**01**、**10**、**11**，所以寄存器共有四种状态。D_3D_2 等于 **00**、**01**、**10**、**11**，分别对应状态 a、b、c、d。设寄存器的初态全为零，当第一个输入信息比特 $m_1=0$ 时，输出 $x_{11}x_{21}=$**00**；若输入 $m_1=1$，则输出 $x_{11}x_{21}=$**11**。当第二个信息比特 m_2 输入，第一个信息比特右移一位，第三个信息比特输入，第一、二个信息比特右移一位，此时两个输出由这三个信息比特决定。第四个信息比特移入时，第一个信息比特移出寄存器，不再起作用。在整个编码中每一位输出比特始终由存储于寄存器中的 3 位信息码元决定，其关系符合输出方程式（10-6-2）。每个信息比特会影响到输出的 $nN=6$ 个码元。当输入信息序列为 **11010** 时，其移位编码过程如表 10-6-2 所示。

表 10-6-2　输入信息序列为 11010 时，(2,1,3)卷积码的移位编码过程

输　　入		寄存器状态	编码器状态	输　　出	
符　号	数　值	$D_1D_2D_3$ 初态 **000**		符　　号	数　值
m_1	**1**	**100**	a	$x_{11}x_{21}$	**11**
m_2	**1**	**110**	b	$x_{12}x_{22}$	**01**
m_3	**0**	**011**	d	$x_{13}x_{23}$	**01**
m_4	**1**	**101**	c	$x_{14}x_{24}$	**00**
m_5	**0**	**010**	b	$x_{15}x_{25}$	**10**

（2）生成多项式

由移位寄存器和模 2 加法器构成的编码器可以用生成多项式表示。在图 10-6-2 所示的(2,1)卷积码编码器中，针对输出 x_{1j}、x_{2j}，编码器的生成多项式分别为

$$g_1(x) = 1+x+x^2 \quad g_2(x) = 1+x^2 \qquad (10\text{-}6\text{-}3)$$

设输入序列对应的多项式为 $M(x)$，则 $x_1(x) = g_1(x)M(x)$、$x_2(x) = g_2(x)M(x)$。

（3）生成矩阵

卷积码的输出与输入的关系也可以用生成矩阵描述。卷积码的输出序列可以看成是输入序列与编码器的冲激响应的卷积。当输入为单位冲激序列时（**100000…**），上述(2,1,3)编码器输出冲激响应序列为 **1110110000…**。任一输入序列都可看成是单位冲激序列不同时延的线性组合，因此，其输出也为其冲激响应序列不同时延的线性组合。所以卷积码的生成矩阵可写为

$$G = \begin{bmatrix} 1\,1\,1\,0\,1\,1\,0\,0\,0\,0\cdots \\ 0\,1\,1\,1\,0\,1\,1\,0\,0\,0\,0\cdots \\ 0\,0\,1\,1\,1\,0\,1\,1\,0\,0\,0\,0\cdots \\ \vdots \end{bmatrix} \qquad (10\text{-}6\text{-}4)$$

3. 卷积码的图解表示

图解表示卷积码的方法有三种：树状图（又称码树图）、网格图、状态图。

（1）树状图

本例(2,1,3)卷积码的树状图如图 10-6-3 所示。

图 10-6-3 中的每一分支代表一个输入比特。一般输入为 **0** 对应上分支，输入为 **1** 对应下分支，每个分支上面标出与输入对应的输出码。设输入移位寄存器的初态全为 **0**，树状图从节点 a（即寄存器的状态为 $D_3 D_2 = \mathbf{00}$，对应状态 a）开始画起。当第一个输入信息位 $m_1 = \mathbf{0}$ 时，对应上分支输出为 $x_{11} x_{21} = \mathbf{00}$，存储器状态不变仍为状态 a。若 $m_1 = \mathbf{1}$，对应下分支，输出为 $x_{11} x_{21} = \mathbf{11}$，存储器状态变化，$D_3 D_2 = \mathbf{01}$，对应状态 b，共有两条支路。当输入第二个信息位 m_2 时，根据寄存器原状态不同和 m_2 的取值不同可分为 4 个支路。原状态为 a 时：$m_2 = \mathbf{0}$，从 a 出发画上分支，$D_1 D_2 D_3 = \mathbf{000}$，输出为 **00**；$m_2 = \mathbf{1}$，从 a 出发画下

分支，$D_1D_2D_3=100$，输出为 **11**。原状态为 b 时：$m_2=0$，从 b 出发画上分支，输出为 **10**；$m_2=1$，从 b 出发画下分支，输出为 **01**。以此类推，可画出图 10-6-3 的二叉树图形。输入信息序列长度增加一位，树状图分支增加一倍。对于第 j 个输入信息比特有 2^j 条支路。由于卷积码的约束长度为有限值 N，当 $j \geq N$（本例中 $N=3$）时，树状图的节点自上而下开始重复出现 2^{N-1} 种状态（本例中为 4 种状态），如图 10-6-3 中的虚线框所示。当输入的信息序列为 **11010** 时，在树状图中所对应的路径如图中粗线所示。相应的输出序列为 **1101010010**。

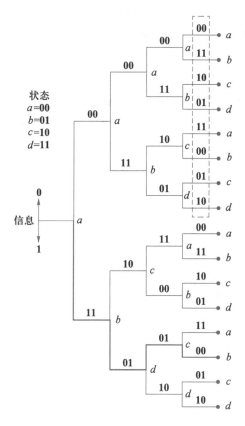

图 10-6-3　(2,1,3)卷积码的树状图

（2）网格图

树状图具有重复性，利用这一特点将其变化为另一种更为紧凑的表示形式，如图 10-6-4 所示，称为网格图。

由树状图得到网格图的方法是：把树状图中具有相同寄存器状态的节点合并在一起，画于同一行中。输入为 **0** 对应上分支，用实线表示。输入为 **1** 对应下分支，用虚线表示。各分支上标出对应的输出。四行节点即存储器的四

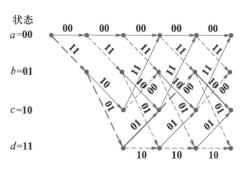

图 10-6-4　(2,1,3)卷积码的网格图

种状态 a、b、c、d。一般约束长度为 N，则有 2^{N-1} 种状态。随着输入信息序列的增加，网格图的节向右延伸。从第 N 节开始，网格图的图形开始完全重复。和树状图一样，每种输入序列都对应着网格图中一条相应的路径。如输入序列 **11010** 对应的路径如图中粗线所示，其输出序列为 **1101010010**。

（3）状态图

由上述例子可见，移位寄存器的状态对应着编码器的状态 a、b、c、d。编码器的输出由其输入和编码器的状态所决定。每一次输入都使移位寄存器移位，编码器状态变为一个新的状态。由此可画出编码器的状态转移图，如图 10-6-5（a）所示。由于网格图也表示了编码器的状态变化过程，所以该状态图也可由网格图得到，如图 10-6-5（b）所示。

图 10-6-5（a）中 4 个圆圈表示 $(2,1,3)$ 卷积码编码器的 4 种状态。状态转移路线上面为输入比特，下面为相应的输出比特。由于输入比特只可能取 0、1 两种，也可以用虚线表示输入比特为 1，用实线表示输入比特为 0，而在转移路线上只标出输出比特，如图 10-6-6 所示。

（4）距离的定义

对于一种编码，其纠错能力的大小与码距密切相关。在线性分组码中常以最小距离来度量其纠错能力的大小。卷积码距离的定义有多种，根据所取的编码比特组的不同而不同。通常使用的有最小距离 $d_{\min}$ 和自由距离 d_{free}。对于卷积码 (n,k,N)，卷积码中长度为 nN 的编码后序列之间的最小汉明距离称为最小距离 $d_{\min}$。任意长编码后序列之间的最小汉明距离称为自由距离 d_{free}。当译码算法仅限于处理长度为 nN 的接收序列时，最小距离 $d_{\min}$ 是一个重要参量。当译码时所考察的编码序列长度大于 nN 时，自由距离 d_{free} 是一个重要参量。

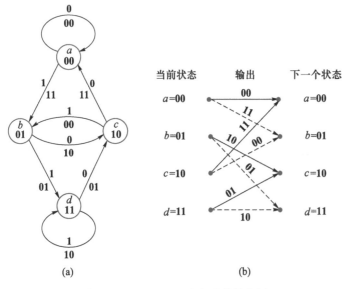

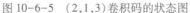

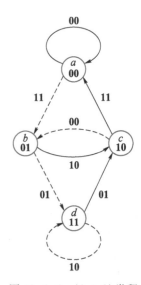

图 10-6-5　$(2,1,3)$ 卷积码的状态图　　　　　图 10-6-6　$(2,1,3)$ 卷积码的状态图

4. 卷积码的译码

与分组码类似，卷积码也可用来检错和纠错。卷积码的译码可以分为代数译码和概率译码两大类。

（1）代数译码

代数译码是基于码的代数结构进行的，即信息码元和监督码元之间的约束关系、生成矩阵等，如门限译码。门限译码是一种较早使用的卷积码的译码方法，它设备简单，译码速度快，主要用于系统卷积码的译码，适合于有突发错误的信道。门限译码的误码性能比目前应用的概率译码差。门限译码的原理以分组码为基础，它把卷积码看成是在译码约束长度含义下的分组码，通过计算伴随式对接收到的码字进行译码纠错输出。

（2）概率译码

概率译码是根据信道统计特性，从概率的角度进行译码的。目前概率译码已成为卷积码主要的译码方式，主要有两种译码技术：维特比译码和序列译码。它们都是建立在最大似然译码基础之上的。图 10-6-7 给出了卷积码的编、译码系统模型。

图 10-6-7　卷积码的编、译码系统模型

输入序列 M 经卷积编码成为发送序列 X，此 X 序列可用树状图或网格图中的某一特定路径来表示。发送序列 X 经过有噪声的离散无记忆信道后，接收端收到序列 Y。受到信道噪声的影响，接收序列有可能不同于发送序列。离散无记忆信道是一种数字输入和数字输出的（或称为量化输出）信道模型，其输入 X 是一个二进制符号序列，输出 Y 是具有 J 种符号的序列。如 X 序列发出一个符号 $x_i (i = 0, 1)$，信道输出端收到一个相应的符号 $y_j (j = 0, 1, 2, \cdots, J-1)$。信道无记忆 y_j 只与 x_i 有关。若 $J = 2$，则输出是一个二进制序列。如果各种概率满足下列关系：$P(y_0 | x_0) = P(0|0) = P(y_1 | x_1) = P(1|1)$，$P(y_0 | x_1) = P(0|1) = P(y_1 | x_0) = P(1|0)$，称该信道为二进制对称信道，或硬判决信道。若 $J > 2$，称为软判决信道。所以概率译码又分为硬判决和软判决两种。复杂的译码器就是采用软判决信道，其性能较好。

概率译码考察输出序列，以判定长度为 L 的 2^L 个可能发送的序列中究竟是哪一个进入了编码器。最大似然译码是将接收序列与所有可能的传输序列进行比较，从中选择对应最大似然函数的传输序列，然后确定译码器的输出。发送序列 X 变成接收序列 Y 的条件概率 $P(Y|X)$ 称为似然函数，$\log P(Y|X)$ 为对数似然函数。在接收端只知道接收序列 Y，译码的任务就是要寻找具有最大似然函数的发送序列 X。对于二进制对称信道，设 X 序列的长度为 L 个符号，$P(0|1) = P(1|0) = P$，在传输中产生了 e 个符号的错误，即 Y 与 X 有 e 个位置上符号不同，$d(Y, X) = e$，则

$$\log P(Y|X) = \log \left[P^e (1-P)^{L-e} \right] = L\log(1-P) - e\log\frac{1-P}{P}$$

对于 $P < \dfrac{1}{2}$，$\log\dfrac{1-P}{P} > 0$。因此汉明距离 $d(Y, X) = e$ 最小等同于对数似然函数最大。对于二进制对称信道，最大似然译码等于最小汉明距离译码。在汉明距离 $d(Y, X)$ 最小时，

图：输入序列M → 卷积编码 → 发送序列X → 离散无记忆信道 → 接收序列Y → 卷积译码 → 输出序列

$\log P(Y|X)$ 最大，寻找 $\log P(Y|X)$ 最大就相当于寻找最小汉明距离 $d(Y,X)$。卷积码的发送序列 X 都对应着编码器树状图或网格图中的一条路径。在进行解码算法时也是对可能的路径计算其最小汉明距离 $d(Y,X)$（或似然函数）并进行比较选择。在卷积码的译码中，通常称可能的译码序列与接收序列之间的汉明距离为量度。对于长为 L 的二进制序列，要对 2^L 条路径的汉明距离（或似然函数）进行计算比较，选取其中汉明距离最小（或似然函数最大）的一条作为最佳路径，译码的计算量随 L 的增加指数增长。

维特比译码是建立在最大似然译码基础之上的。它利用了网格图的重复性结构，降低了所需的计算次数。它延伸所有状态下可能的最佳路径，然后比较选择。有关维特比译码的过程及算法分析与实现请参考有关文献。

序列译码也是建立在最大似然译码基础之上的，它以路径的度量为准则，选择出与接收序列最相近的路径。序列译码中，一次只搜索一条可能路径，其计算量和存储量大大减少。但在这种只延伸一条路径的有限搜索情况下，如果后来发现此条路径不符合要求，则要退回重新搜索。序列译码有两种主要算法：费诺算法和堆栈算法。有关序列译码的详细内容请参考有关文献。

10.6.2　网格编码调制（TCM）

调制解调技术和差错控制编码技术是数字通信系统的两个基本问题。在前面的讨论中，这两个问题是分别独立考虑的。它们对误码性能的改善是以系统传输带宽的增加换取的。在带限信道中，希望在不增加传输带宽的条件下，使差错率降低。网格编码调制（TCM）可以达到这一目的，它把编码与调制综合考虑，统一设计。

通常用汉明距离来说明分组码或卷积码的抗干扰性能。在网格编码调制中，影响系统差错率的重要参数是信息点之间的欧几里得距离（简称欧氏距离），所以网格编码调制就是要想办法增加这个距离，以改善系统的误码性能。纠错编码通常是以汉明距离作为度量标准，但当把编码和调制作为一个整体考虑时，对于具有最大汉明距离的卷积码，已调信号不一定具有最大欧氏距离。对于 2PSK 调制，汉明距离与欧氏距离等价，按照汉明距离最佳而设计的卷积码对信号的欧氏距离来说也是最佳的，而在一般的多进制调制中，汉明距离与欧氏距离不等价。因此要把编码与调制综合考虑，统一设计，使编码器和调制器级联后产生的编码信号序列具有最大的欧氏距离。

实现 TCM 的关键是确定编码符号到调制信号的映射规则，通常可采用集合划分映射。图 10-6-8 画出了 8PSK 信号空间划分成子集的情况。所有 8 个信号点分布在一个圆周上，最小欧氏距离 $\Delta_0 = 2\sin\dfrac{\pi}{8} \approx 0.765$。第一次划分将 8 个信号点划分为 2 个子集，每个子集各含有 4 个信号点，同一子集中信号点之间的最小欧氏距离为 $\Delta_1 = \sqrt{2}$。由图 10-6-8 可见，经过三次划分后，分别产生 2、4、8 个子集。它们具有以下特点：2 个信号点之间的最小欧氏距离逐次增大，即 $\Delta_0 < \Delta_1 < \Delta_2$。所以，集合划分映射是把信号点不断地分解为 2、4、8…个子集，使它们中信号点之间的最小欧氏距离不断增大。图 10-6-9 给出编码的 16QAM 方式的集合划分过程，由图可见，子集最小欧氏距离也是逐渐增大的，即 $\Delta_0 < \Delta_1 < \Delta_2 < \Delta_3$。

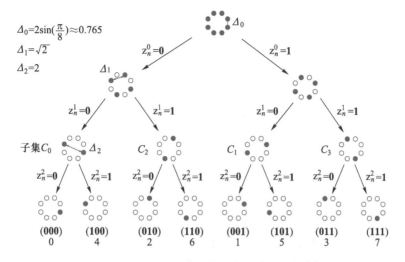

$\Delta_0=2\sin(\frac{\pi}{8})\approx 0.765$

$\Delta_1=\sqrt{2}$

$\Delta_2=2$

子集C_0

图 10-6-8　8PSK 信号集合划分图

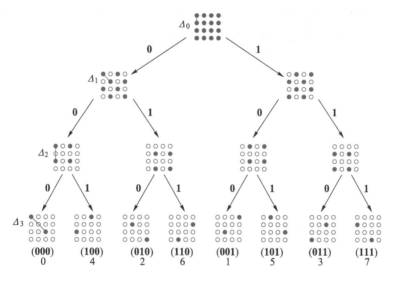

图 10-6-9　16QAM 方式的集合划分过程

根据上述集合划分映射的原理，可以得到 TCM 编码器的一般结构，如图 10-6-10 所示，它由卷积码编码器和信号映射两部分构成。TCM 信号是通过如下方式产生的：在每一编码调制间隔，有 k 比特待传输的信息送入。此 k 比特未编码的输入信息分为两部分，一部分经卷积码编码器，编码输出用于选择相应的子集，另一部分不经过编码用于确定信号与子集中信号点之间的映射关系，其中的 $\tilde{k}$ 比特($\tilde{k}<k$)通过一效率为 $\dfrac{\tilde{k}}{\tilde{k}+1}$ 的二进制卷积码编码器，输出 $\tilde{k}+1$ 编码比特。调制信号集合分成 $2^{\tilde{k}+1}$ 个信号子集，每个子集中含 $2^{k-\tilde{k}}$ 个信号。卷积码编码器输出的 $\tilde{k}+1$ 编码比特用来选择 $2^{\tilde{k}+1}$ 个信号子集中的一个，剩余的 $k-\tilde{k}$ 个未编码输入信息比特用于选择传送该子集的 $2^{k-\tilde{k}}$ 个信号中的某一个。

361

10.6　卷积码

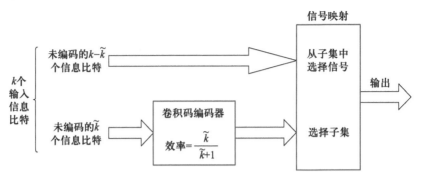

图 10-6-10　TCM 编码器的一般结构

下面看一个四状态 8PSK TCM 编码器的例子，如图 10-6-11 所示。其中，$k=2$，$\tilde{k}=1$。编码器每次输入 2 比特（m_n^1, m_n^2），m_n^1 经卷积码编码器产生（z_n^0, z_n^1），（z_n^0, z_n^1）用来选择信号子集。m_n^2 不经过卷积码编码器直接送到信号映射输入端即 z_n^2，z_n^2 用来确定被选择子集中的信号。四状态 8PSK TCM 编码器的网格图如图 10-6-12 所示。图中还画出了最小距离路径编码效率为 1/2 的卷积码编码器。实现网格编码调制的关键是根据不同的调制方式找出相应的具有最大欧氏距离的卷积码，通常采用计算机搜索的方法来寻找。

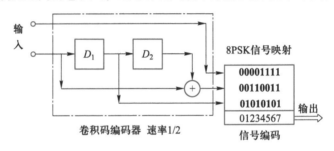

图 10-6-11　四状态 8PSK TCM 编码器

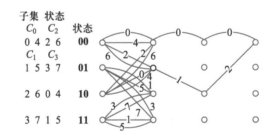

图 10-6-12　四状态 8PSK TCM 编码器的网格图

10.7　Turbo 码

香农有扰信道的编码定理指出：在有扰信道中只要信息的传输速率 R 小于信道容量 C，总可以找一种编码方法，使信息以任意小的差错概率通过信道传送到接收端，即误码率 P_e 可以任意小，而且传输速率 R 可以接近信道容量 C。香农有扰信道的编码定理本身并未给出具体的纠错编码方法，但它为信道编码奠定了理论基础，从理论上指出了信道编码的发展方向。很多科技工作人员为此进行了不断的探索，设计出许多有效的信道编码方法，纠错码的性能也越来越好。但从实际应用来看，各种纠错码的性能与香农在信道编码定理中给出的极限仍有差距。1993 年，法国科学家贝鲁等人发表了一篇论文《接近香农极限的纠错编码和译码：Turbo 码》。Turbo 码一经出现，立即引起了全世界信道编码学术界的广泛关注。Turbo 码是近年来纠错编码领域研究的重要突破，它是一种并行级联码，它的内码、外码均使用卷积码。它采用了迭代译码方法，挖掘了级联码的潜力。计算机仿真结果表明，在加性高斯白噪声（AWGN）无记忆信道上，特定参数条件下，Turbo 码的性能可以达到与香农理论极限相差 0.7 dB 的性能，接近香农极限。Turbo 码的优异性能吸引了许多科技工作者对此进行研究，使 Turbo 码有了很大的发展，并且在多方面得到了实际应用。Turbo 码已经被确定为第三代移动通信系统 IMT-2000 中高质量、高速率传输业务的首选编码方案。WCDMA、CDMA2000 和我国的 TD-SCDMA 的信道编码方案都使用了 Turbo 码。

1. Turbo 码编码器

Turbo 码编码器的典型结构如图 10-7-1 所示。它由分量编码器、交织器、删余器及复用器等部分组成。

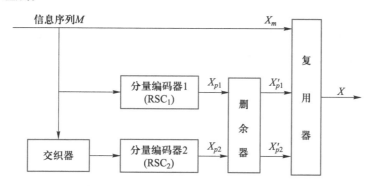

图 10-7-1 Turbo 码编码器的典型结构

输入信息序列 M 的一路直接送到复用器，作为信息比特；另一路送入分量编码器 1 进行编码，编码后的输出 X_{p1} 送入删余器，经删余后得到校验码 X'_{p1}；还有一路送至交织器，信息序列 M 经过交织器后再送入分量编码器 2，分量编码器 2 的输出 X_{p2} 经删余后得到另一校验码 X'_{p2}。最后信息比特和校验码复用后形成 Turbo 码序列 X。

（1）分量编码器

研究实践表明，递归系统卷积码 RSC（recursive systematic convolutional）比非递归的非系统卷积码 NSC（non systematic convolutional）具有更好的性能。目前，典型的 Turbo 码编码器采用反馈型递归系统卷积码 RSC，即分量编码器 1 和分量编码器 2 分别为 RSC1 和 RSC2，RSC1 和 RSC2 可以相同也可以不同。

递归系统卷积码 RSC 可以由非系统卷积码 NSC 转化后得到。图 10-7-2 为一个非系统卷积编码器，图（a）为 NSC 编码器框图，图（b）为 NSC 编码电路图，其生成多项式分别为

$$g_1(x) = x^4 + x^3 + x^2 + x + 1 \qquad (10-7-1)$$

$$g_2(x) = x^4 + 1 \qquad (10-7-2)$$

用矢量表示为：$\boldsymbol{g}_1 = \begin{bmatrix} 011111 \end{bmatrix}$　　$\boldsymbol{g}_2 = \begin{bmatrix} 010001 \end{bmatrix}$

写成八进制形式即(37,21)，也可以写成生成矩阵形式，即

$$\boldsymbol{G}(x) = \begin{bmatrix} x^4+x^3+x^2+x+1 & x^4+1 \end{bmatrix} \tag{10-7-3}$$

对该矩阵的第一行各项除 $x^4+x^3+x^2+x+1$，可得

$$\boldsymbol{G}'(x) = \begin{bmatrix} 1 & \dfrac{x^4+1}{x^4+x^3+x^2+x+1} \end{bmatrix} \tag{10-7-4}$$

$$g_1'(x) = 1 \qquad g_2'(x) = \frac{x^4+1}{x^4+x^3+x^2+x+1}$$

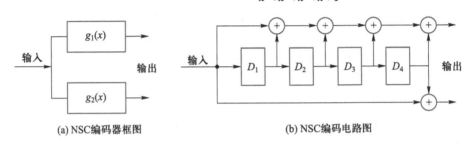

(a) NSC编码器框图　　　　　　　　(b) NSC编码电路图

图 10-7-2　(37,21)非系统卷积编码器

画出此新的编码器的框图如图 10-7-3（a）所示，其对应的编码电路图如图 10-7-3（b）所示。它是一个递归系统卷积码 RSC。

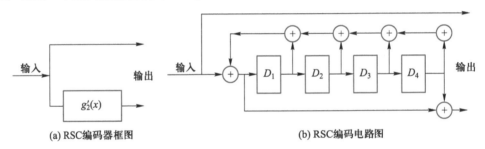

(a) RSC编码器框图　　　　　　　　(b) RSC编码电路图

图 10-7-3　递归系统卷积码 RSC

（2）交织器

交织器是 Turbo 码的关键部件之一，它对 Turbo 码性能的影响非常重要。在一般传统的信道传输时，交织器使突发产生的集中错误分散化，其目的是抗信道突发错误。在 Turbo 码中，运用交织器置乱原始数据的排列顺序，改变码的重量分布，提高输出 Turbo 码的整体性能。

在 Turbo 码中常用的为随机交织器。随机交织器交织过程的映射规律是随机的，即数据写入存储器和从存储器中读出的地址对应是随机的。但完全的随机交织在接收端很难进行解交织以便恢复原来的信息，或者说要把每一次交织过程的映射规律传送到接收端，接收端才能进行解交织，其传输的工作量太大，它会增加信道负担和译码器复杂度，不实用。实际使用的为伪随机交织器，它的关键是要选取一定的伪随机序列，由伪随机序列确定交织过程的映射规律。

（3）删余及复用

删余与复用的目的是得到合适的码率。从图 10-7-1 可见，Turbo 码编码器中有两个

分量编码器 RSC_1 和 RSC_2。两个分量编码器不一定完全相同，设其码率分别为 R_1 和 R_2。如果不做删余及复用处理，合成后的码率 R 与 R_1、R_2 的关系为

$$\frac{1}{R} = \frac{1}{R_1} + \frac{1}{R_2} - 1$$

两个分量编码器 RSC_1 和 RSC_2 产生两个序列 X_{p1}、X_{p2}，如果不进行删余处理，则在输出码流中的冗余比特太多。为了提高码率，使序列 X_{p1}、X_{p2} 经过删余器，按照一定规律删除一些校验比特，形成新的校验序列 X'_{p1}、X'_{p2}。比如，图 10-7-1 中两个分量编码器 RSC_1 和 RSC_2 的码率为 $\frac{1}{2}$，如果不做删余处理直接复用，则得到 Turbo 码的码率为 $\frac{1}{3}$。为了产生码率为 $\frac{1}{2}$ 的 Turbo 码，可以从 RSC_1 和 RSC_2 的输出分别删去 1 比特，即校验序列在 RSC_1 和 RSC_2 的输出之间轮流取值，经过复用就得到了码率为 $\frac{1}{2}$ 的 Turbo 码。

Turbo 码编码器也可以由二维扩展到多维，如图 10-7-4 所示。

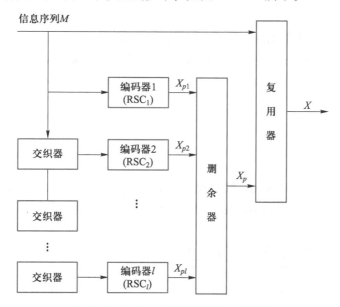

图 10-7-4   Turbo 码编码器的一般结构

2. Turbo 码译码器

Turbo 码的译码通常是运用最大似然译码准则，采用迭代译码的方法实现的。图 10-7-1 所示的 Turbo 码编码器含有两个分量编码器，与此对应的 Turbo 码译码器也有两个分量译码器 DEC_1、DEC_2。Turbo 码译码器的典型结构如图 10-7-5 所示，它由两个分量译码器及相应的交织器和解交织器组成。其中的分量译码器均采用软输入、软输出（SISO——soft input soft output）译码器。分接与内插是对接收序列进行处理，其功能与编码器中的删余及复用刚好相反。接收到的数据流结构是经删余及复用后的数据流：信息码加校验码。它要经过解复用，对数据流分接与内插后，恢复成删余及复用前 X_m 和 X_{p1}、X_{p2} 的结构，然后分别送入相应的分量译码器。DEC_1 对 RSC_1 进行最佳译码，DEC_2 对 RSC_2 进行最佳译码。由于两个分量来自于同一个输入信息序列 M，必然具有一定的相关性，可以互为参考。所以

在 Turbo 码译码器中，将 DEC_1 的软输出经交织器后作为附加信息送入 DEC_2，使输入到 DEC_2 的原始信息增加，提高译码的正确性。同样，将 DEC_2 的软输出经解交织后作为附加信息送入 DEC_1。经过多次迭代得到对应于输入信息序列 M 的最佳值 $\hat{M}$ 作为译码输出。

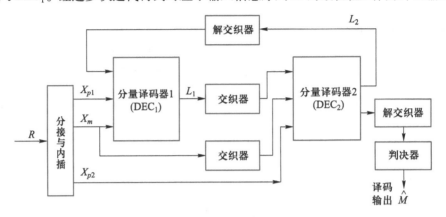

图 10-7-5　Turbo 码译码器的典型结构

在 Turbo 码译码器中采用的软输入、软输出迭代译码算法有多种。常见的如标准 MAP 算法（MAP——maximum aposteriori probability，即最大后验概率算法）、对数 MAP 算法（log-MAP 算法）、max-log-MAP 算法、软输出维特比译码（SOVA——soft output viterbi-algorithms）等。

10.8　低密度奇偶校验码

香农信道编码理论告诉我们，要有效地使用信道，需要让传输速率接近信道容量。此时，为了达到足够低的差错概率，编码约束长度应当很大。现在的问题就是怎样在编码约束长度很大时构造编译码。

已经证明，对大多数信道，从理论上来说采用奇偶校验码编码时所需设备的复杂性很低。但奇偶校验码的译码并不容易实现，因此需要寻找一类特殊的奇偶校验码。低密度奇偶校验码（low density parity check code，LDPC）不但具备了奇偶校验码的优点，性能接近于香农极限，而且其译码也很简单。LDPC 码由加拉格在 1962 年首先提出，但当时并未受到人们的重视，直到 1996 年麦凯和尼尔证明 LDPC 码可以达到 Turbo 码的性能且成本远低于 Turbo 码，LDPC 码才又引起了人们的研究兴趣。目前，LDPC 码已成为编码领域的一个研究热点。

1. LDPC 码的基本原理

加拉格对 LDPC 码的定义是：(n,j,k) 码是长为 n 的码字，在它的奇偶校验矩阵中，每一行和列中 **1** 的个数是固定的，其中每一列 $j(j>3)$ 个 **1**，每行 $k(k>j)$ 个 **1**，列之间 **1** 的重叠数目不大于 1。

按该定义生成的码就是现在所说的规则 LDPC 码，式（10-8-1）是 LDPC 构造的一个 $(20,3,4)$ 码的校验矩阵。可以看出，在校验矩阵 $\boldsymbol{H}$ 中，其行和列中 **1** 的个数都固定。有了校验矩阵后，通过高斯消元法，得到生成矩阵，从而生成码字。

$$H=\begin{bmatrix}
1 & 1 & 1 & 1 & 0 & 0 & 0 & 0 & 0 & 0 & 0 & 0 & 0 & 0 & 0 & 0 & 0 & 0 & 0 & 0\\
0 & 0 & 0 & 0 & 1 & 1 & 1 & 1 & 0 & 0 & 0 & 0 & 0 & 0 & 0 & 0 & 0 & 0 & 0 & 0\\
0 & 0 & 0 & 0 & 0 & 0 & 0 & 0 & 1 & 1 & 1 & 1 & 0 & 0 & 0 & 0 & 0 & 0 & 0 & 0\\
0 & 0 & 0 & 0 & 0 & 0 & 0 & 0 & 0 & 0 & 0 & 0 & 1 & 1 & 1 & 1 & 0 & 0 & 0 & 0\\
0 & 0 & 0 & 0 & 0 & 0 & 0 & 0 & 0 & 0 & 0 & 0 & 0 & 0 & 0 & 0 & 1 & 1 & 1 & 1\\
1 & 0 & 0 & 0 & 1 & 0 & 0 & 0 & 1 & 0 & 0 & 0 & 1 & 0 & 0 & 0 & 1 & 0 & 0 & 0\\
0 & 1 & 0 & 0 & 0 & 1 & 0 & 0 & 0 & 1 & 0 & 0 & 0 & 1 & 0 & 0 & 0 & 1 & 0 & 0\\
0 & 0 & 1 & 0 & 0 & 0 & 1 & 0 & 0 & 0 & 1 & 0 & 0 & 0 & 1 & 0 & 0 & 0 & 1 & 0\\
0 & 0 & 0 & 1 & 0 & 0 & 0 & 1 & 0 & 0 & 0 & 1 & 0 & 0 & 0 & 1 & 0 & 0 & 0 & 1\\
0 & 0 & 0 & 1 & 0 & 0 & 1 & 0 & 0 & 1 & 0 & 0 & 1 & 0 & 0 & 0 & 1 & 0 & 0 & 1\\
1 & 0 & 0 & 0 & 0 & 1 & 0 & 0 & 0 & 0 & 1 & 0 & 0 & 0 & 1 & 0 & 0 & 1 & 0 & 0\\
0 & 1 & 0 & 0 & 0 & 1 & 0 & 0 & 1 & 0 & 0 & 0 & 1 & 0 & 0 & 0 & 0 & 0 & 0 & 0\\
0 & 0 & 1 & 0 & 0 & 1 & 0 & 0 & 0 & 0 & 1 & 0 & 0 & 0 & 0 & 0 & 0 & 0 & 1 & 0\\
0 & 0 & 0 & 1 & 0 & 0 & 1 & 0 & 0 & 0 & 1 & 0 & 0 & 0 & 0 & 1 & 0 & 0 & 0 & 0\\
0 & 0 & 0 & 0 & 1 & 0 & 0 & 0 & 0 & 1 & 0 & 0 & 0 & 0 & 0 & 1 & 0 & 0 & 0 & 1
\end{bmatrix}\qquad(10\text{-}8\text{-}1)$$

2. LDPC 码的译码算法

LDPC 码一般采用置信传播（BP，belief propagation）的迭代概率译码算法，该算法过于复杂，本书未涉及。

在这里提供一种简单的译码算法，这种方法仅能应用于二进制对称信道（BSC），而且要求信息传输率远低于信道容量，但它对理解译码的思路很有帮助。译码算法的步骤如下：

（1）译码器计算所有的校验方程，如果所有包含某一位比特的校验方程有超过一定数目的方程不满足校验规则，则翻转这一位；

（2）使用这些更改后的值重新计算所有校验方程；

（3）重复进行这样的译码过程，直到所有的校验方程都满足为止，这时的值就是译码结果。

当每个校验方程包含的位数很少时，某一个方程中要么没有错误，要么包含一个错误。这种译码方法就可以很有效地进行纠错，即使某一个校验方程中发生了多于一个的错误，仍可以进行纠错。

例如，在（20，3，4）LDPC 码中，一个发送的码字为全 **0** 码，接收的码字为 [**10000000000000000000**]，也就是第一个比特发生了错误，这时候校验矩阵中的包含第一个比特的第 1 行、第 6 行和第 11 行不满足校验条件，这时把第一个比特翻转为 **0**，重新计算这时所有的校验方程都满足，就纠正了第一个比特的错误。

3. LDPC 码和 Turbo 码的比较

经研究发现 Turbo 码就是 LDPC 码的一种特例。规则 LDPC 性能不如 Turbo 码接近香农极限，但 Turbo 码对低码重的码字存在较严重的"地板效应"（Error Floor），大约是在 10^{-6}，也就是在误码率小于 10^{-6} 时，即使增大信噪比，Turbo 码的误码率也几乎不再减小。而在 LD-PC 码中，该特性明显减小，LDPC 码的性能优于 Turbo 码。另一方面，LDPC 码的译码也比 Turbo 码简单。

10.9 极化码

极化码（Polar 码）是一种新型的编码方式，它于 2008 年由土耳其毕尔肯大学的教授首次提出，是编码界的新星。极化码是目前唯一可理论证明能达到香农极限，且具有线性复杂度编译码能力的信道编码。2016 年，3GPP 确定了由华为技术有限公司主推的极化码方案作为 5G 增强移动宽带（eMBB）场景的控制信道编码方案。本节将对极化码进行简单介绍。

10.9.1 信道极化

信道极化的过程分为信道合并和信道分裂两个部分，信道合并可以视作编码的过程，而信道分裂的思想被应用于串行抵消译码之中。

信道合并的特定方式使得 Polar 码具有相当规则整齐的递归结构。首先，选取特定的核矩阵（kernel matrix），核矩阵的大小和元素都对极化效果有影响，不同的核矩阵具有不同的极化速率（polarization rate）。研究人员选取了 2×2 大小的核矩阵，决定了信道组合的基本方式，然后核矩阵通过克罗内克积进行扩展，得到 Polar 码的生成矩阵。将 N 个二进制离散无记忆信道 W 以递归的方式进行合并，得到的矢量信道记为 $W_N:x^N \to y^N$。其中，$N=2^n, n \geq 0$。

以 $n=2$ 为例，将两个 W_2 信道合并，得到矢量信道 $W_4:x^4 \to y^4$，如图 10-9-1 所示，图中，$\oplus$ 表示模 2 加运算。矢量信道 W_4 具有递归的结构。图 10-9-1 中的 R_4 表示奇偶置换操作，当输入向量为 (s_1,s_2,s_3,s_4)，经过 R_4 操作，输出向量为 $v_1^4 = (s_1,s_3,s_2,s_4)$。$W_4$ 的输入与输出之间的关系可以表示为 $x_1^4 = u_1^4 G_4$，其中

$$G_4 = \begin{bmatrix} 1 & 0 & 0 & 0 \\ 1 & 0 & 1 & 0 \\ 1 & 1 & 0 & 0 \\ 1 & 1 & 1 & 1 \end{bmatrix}$$

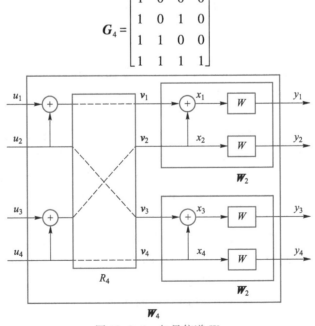

图 10-9-1 矢量信道 W_4

10.9.2 Polar 码的编码

经过信道合并和信道分裂后，比特信道的信道容量产生极化现象，利用信道极化现象进行编码，能够达到对称信道容量 $I(W)$，这种编码方式即 Polar 码编码。衡量比特信道的参数有信道容量或者巴氏参数。Polar 码编码的基本思想是在 $I[W_N^{(i)}]$ 趋近于 1 的这些信道上传送信息比特，在 $I[W_N^{(i)}]$ 趋近于 0 的这些信道上传送收发双方已知的比特（冻结比特）。传送信息比特的位置集合叫作信息位集合。编码时，首先在长度为 N 的信源序列中的信息位上放置对应的信息比特，剩余的位置放置冻结比特，然后将信源比特送入 Polar 码的编码器，Polar 码编码的过程与信道组合的方式相对应。关于 Polar 码更具体的编译码方法，限于篇幅，本书不做赘述。

习　题

10-1　请说明随机信道、突发信道、混合信道各自的特点。

10-2　请说明差错控制方式的目的是什么。常用的差错控制方式有哪些？

10-3　请说明 ARQ 方式有哪几种。

10-4　已知线性分组码的八个码字为：**000000, 001110, 010101, 011011, 100011, 101101, 110110, 111000**，求该码组的最小码距。

10-5　题 10-4 给出的码组若用于检错，能检出几位错码？若用于纠错，能纠几位错？若同时用于纠错、检错，可以检、纠几位错码？

10-6　若一个码组由两个重复码字 **0000**、**1111** 构成，试问该码组的纠、检错能力如何？

10-7　写出 $k=1$，$n=5$ 时重复码的一致检验矩阵 H 及生成矩阵 G，并讨论它的纠、检错能力。

10-8　现考虑一个简单的把每一信息符号重复 5 次生成一个码字的纠错编码系统。

① 求编码效率；

② 编码中有多少个码字？

③ 最小码间距离是多少？

④ 发生多少个信道错误就会使其中一个码字混淆为另一个码字？

⑤ 编码中所用到的码字占所有可能码字的比例是多少？

10-9　某 BSC 信道的错误概率为 $p=0.01$，在其上传送码字 x = **0110100**，接收到的码字为 y = **0010101**。问发生这一事件的概率为多少？求引起这一错误的错误矢量。

10-10　写出 $n=7$ 时偶校验码的一致校验矩阵 H 和生成矩阵 G，并讨论其纠、检错能力。

10-11　一个线性分组码的校验矩阵为

$$H = \begin{bmatrix} 1 & 0 & 0 & 1 & 0 & 0 & 1 & 1 & 0 \\ 1 & 0 & 1 & 0 & 1 & 0 & 0 & 1 & 0 \\ 0 & 1 & 1 & 1 & 0 & 0 & 0 & 0 & 1 \\ 1 & 0 & 1 & 0 & 1 & 1 & 1 & 0 & 1 \end{bmatrix}$$

试求该码的生成矩阵与最小码间距离。

10-12　一线性编码的监督矩阵为

$$H = \begin{bmatrix} 1 & 0 & 0 & 1 & 0 & 1 & 1 \\ 0 & 1 & 0 & 1 & 1 & 1 & 0 \\ 0 & 0 & 1 & 0 & 1 & 1 & 1 \end{bmatrix}$$

问下列矢量是否为编码中的码字？

$$y_1 = 0011000$$

$$y_2 = 1010001$$

$$y_3 = 1110100$$

$$y_4 = 0101011$$

$$y_5 = 1101000$$

10-13　令 $g(x) = 1 + x + x^2 + x^4 + x^5 + x^8 + x^{10}$ 为 $(15,5)$ 循环码的码生成多项式。

① 画出编码电路；

② 写出该码的生成矩阵 G；

③ 当信息多项式 $m(x) = x^4 + x + 1$ 时，求码多项式及码字；

④ 求出该码的一致校验多项式 $h(x)$。

10-14　循环码的生成多项式 $g(x) = x^8 + x^7 + x^6 + x^4 + 1$，试问 $V(x) = x^{14} + x^5 + x + 1$ 是否是码多项式？若不是，求其伴随式，即如何使 $V(x)$ 变为码多项式。

10-15　已知某汉明码的校验矩阵

$$H = \begin{bmatrix} 1 & 1 & 1 & 0 & 1 & 0 & 0 \\ 0 & 1 & 1 & 1 & 0 & 1 & 0 \\ 1 & 1 & 0 & 1 & 0 & 0 & 1 \end{bmatrix}$$

① 试求此码的生成矩阵；

② 当输入序列为 **110101101010** 时，求编码器的输出序列；

③ 利用 H 作生成矩阵产生此码的对偶码（要求是系统码）。

10-16　已知一个 $(6,3)$ 线性分组码的全部码字为

$$\begin{matrix} 1 & 1 & 0 & 1 & 0 & 0 \\ 1 & 1 & 0 & 0 & 1 & 1 \\ 0 & 1 & 1 & 0 & 1 & 0 \\ 0 & 1 & 1 & 1 & 0 & 1 \\ 1 & 0 & 1 & 0 & 0 & 1 \\ 0 & 0 & 0 & 1 & 1 & 1 \\ 1 & 0 & 1 & 1 & 1 & 0 \\ 0 & 0 & 0 & 0 & 0 & 0 \end{matrix}$$

求该码的生成矩阵和校验矩阵，并讨论其纠、检错能力。

10-17　已知 $(6,3)$ 分组码的一致监督码方程组为

$$\begin{cases} c_5 + c_4 + c_1 + c_0 = 0 \\ c_5 + c_3 + c_1 = 0 \\ c_4 + c_3 + c_2 + c_1 = 0 \end{cases}$$

① 写出相应的一致监督矩阵 H；

② 变换该矩阵为典型矩阵。

10-18 已知(7,3)分组码的监督关系式为

$$\begin{cases} C_6+C_3+C_2+C_1=0 \\ C_6+C_2+C_1+C_0=0 \\ C_6+C_5+C_1=0 \\ C_6+C_4+C_0=0 \end{cases}$$

求其监督矩阵、生成矩阵,写出全部码字,求其纠错能力。

10-19 若已知监督位 $r=4$,汉明码的长度 n 应为多少?编码效率为多少?写出此汉明码的一致校验矩阵 $\boldsymbol{H}$ 和生成矩阵 $\boldsymbol{G}$。

10-20 已知 $x^{15}+1=(x+1)(x^2+x+1)(x^4+x+1)(x^4+x^3+1)(x^4+x^3+x^2+x+1)$,写出所有能构成(15,10)循环码的 $g(x)$,并写出对应的生成矩阵。

10-21 一个(15,4)循环码的生成多项式为 $g(x)=x^{11}+x^{10}+x^6+x^5+x+1$。

① 求此码的校验多项式 $h(x)$;

② 求此码的生成矩阵(系统码与非系统码形式)$\boldsymbol{G}$;

③ 求此码的校验矩阵 $\boldsymbol{H}$。

10-22 一个码长为 $n=15$ 的汉明码,监督位 r 应为多少?编码效率为多少?

10-23 (3,1,3)卷积码编码器框图如图 E10-1 所示。设移位寄存器初始状态是全 **0**。

当输入序列为 **10110**…时

① 写出输出序列;

② 画出其树状图。

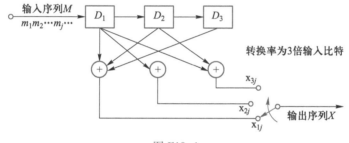

图 E10-1

10-24 一个(3,1,2)卷积码,其中 $g_1(x)=1+x+x^2$,$g_2(x)=1+x+x^2$,$g_3(x)=1+x^2$,画出该码的编码器框图、码树、网格图和状态转移图。

10-25 卷积编码器的前 13 个输入符号由多项式 $\boldsymbol{w}(x)=1+x^2+x^3+x^5+x^7+x^{11}+x^{12}$ 给出,编码器由图 10-6-2 定义。

① 由图 10-6-2 求编码器的输出;

② 利用编码器的状态转移图求编码器的输出;

③ 利用网格图求编码器的输出;

④ 直接利用码的生成多项式求编码器的输出;

⑤ 求对应输入多项式 $\boldsymbol{w}(x)=0+0x+0x^2+\cdots$ 的编码器输出序列与对应输入多项式 $\boldsymbol{w}(x)=1+0x+0x^2+\cdots$ 的编码器输出序列间的汉明距离。

10-26 某卷积码由下列生成多项式所定义

$$\boldsymbol{g}_1(x)=1+x+x^2+x^3+x^4$$

$$\boldsymbol{g}_2(x)=1+x+x^3+x^4$$

$$\boldsymbol{g}_3(x)=1+x^2+x^4$$

① 求编码的约束长度；

② 画出用移位寄存器实现的编码器图；

③ 求该码网格图中的状态数；

④ 求对应输入序列 $w(x) = 1+x+x^2+x^5+x^7+x^{11}$ 的编码器输出序列。

10-27　什么是编码调制？它有哪些特点？

10-28　通过查表的方法构造一个码长为 31，能纠正 3 位错误的 BCH 码，写出其生成多项式。

第 11 章

同 步 原 理

11.1 同步的基本概念

通信是收发两端双方的事情，接收端和发送端的设备必须在时间上协调一致地工作，其中必然涉及同步问题。同步是数字通信中一个重要的实际问题。如果出现同步误差或失去同步，通信系统的性能就会降低或发生通信失效，所以同步是实现数字通信的前提。同步的准确可靠及同步的方法是数字通信必须研究的课题。

在数字通信系统中，同步是指收发两端的载波、码元速率及各种定时标志都应步调一致地进行工作。同步不仅要求同频，而且对相位也有严格的要求。

通信系统的同步包括：载波同步、位（码元）同步、帧同步及通信网同步。

在调制解调系统中，当采用相干解调（又称同步检测）时，接收端必须恢复出与发送端载波同频同相的载波，即相干载波，其误差直接影响到通信的质量。在接收端对这个载波的提取称为载波同步。

在数字通信中，任何消息都要变换成码元序列来传送。在接收端要进行码元的判决和再生，码元判决的时刻必须准确，码元时钟的周期和相位都要与发送端一致，否则，由于判决时刻不准而产生的错判会使误码率增加很多，甚至使通信无法进行。在数字通信中，对接收端码元时钟信号的提取称为码元同步，也称为位同步。

在数字通信中，信息数据总是先成帧之后，再一帧一帧地发送。所以，除了以上所说的两种同步外，还必须具有帧同步，有时称为群同步。前面讲到的 PCM 信号、DM 信号或其他信源编码所提供的数字信号都是时分复用的。比如在 PCM 30/32 电话系统中，在一个抽样间隔内，发送第 1 路到第 30 路的语音编码，并构成一帧。这个按次序排队的一串码字不断地发送出去，在接收端必须区分哪个是第 1 路的码字，哪个是第 2 路码字。为了使

接收端能够区分每一帧的起、止位置，在发送端发出信息帧的时候，必须要提供每帧的起、止标志。在接收端检测并获得这一标志的过程，称为帧同步。在一般电报信号中，检测一个字、一段报文分组的开头和结束，也要有字同步、分组同步的标志。接收端获得了这个标志信号之后，才能正确地将数字信号分路、译码。

有了载波同步、位同步、群同步之后，两点间的数字通信就可以较可靠地进行。多点（多用户）之间的通信和数据交换，构成了数字通信网，信息在网络中传输，为了数字通信网能够稳定可靠地工作，全网必须有一个统一的时间标准时钟，也就是说整个网络必须要同步工作。实现整个网的同步称为通信网的网同步。

在实际的同步系统中，总是离不开锁相环的应用，锁相环是解决同步问题的基本技术之一。所以下面先介绍一下锁相环的基本概念。

11.2　锁相环（PLL）的基本工作原理

视频：锁相环

在同步系统中，载波信号和时钟同步信号的提取，常常要用到窄带滤波器。窄带滤波器在通带内的相位-频率特性是陡峭的，因此如果接收到的载波或码元信号的频率相对于滤波器的中心频率产生漂移（可能由于滤波器不稳或发送端信号频率不稳），将出现很大的相位误差，使系统性能下降。

如果采用的窄带滤波器的中心频率能跟踪输入信号频率的变化，就可以避免上述相位误差的出现。锁相环就相当于这样一个窄带滤波器。为了提高数字通信系统的性能，在同步系统中，主要应用锁相环的跟踪、窄带滤波和记忆性能。锁相环的跟踪性能，使载波提取不仅频率相同，而且相位差也很小；它的窄带滤波特性，可以改善同步系统的噪声性能；它的记忆特性，可以使输入信号中断后，在一定的时间内保持同步。

11.2.1　模拟锁相环

1. 锁相环的组成及工作原理

锁相环的基本组成如图 11-2-1 所示。它是由压控振荡器（VCO），鉴相器或相位检测器（PD）和环路滤波器（F）三个部分构成的反馈环路。

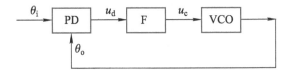

图 11-2-1　锁相环的基本组成

锁相环的工作过程是：在鉴相器中将输入信号的相位 θ_i 与压控振荡器 VCO 输出信号的相位 θ_o 进行比较，鉴相器的输出电压 u_d 经过环路滤波器 F 滤除高频分量及噪声后，输出电压 u_c，用 u_c 去控制压控振荡器 VCO 的振荡频率，使本地振荡频率锁定在输入信号的频率上，且锁定后输出信号的相位与输入信号的相位误差很小（当压控振荡器 VCO 的自然频率十分接近信号的参考频率时）。

下面将进一步分析各部分的工作原理，以便得到环路系统的传递函数 $H(s)$。

观察图 11-2-1，设两个正弦波的相位差为 θ_e，$\theta_e = \theta_i - \theta_o$，鉴相器的输出电压 u_d 为

$$u_d = K_d \sin\theta_e = K_d \sin(\theta_i - \theta_o) \tag{11-2-1}$$

当式（11-2-1）中的 θ_e 很小时

$$u_d = K_d(\theta_i - \theta_o) \tag{11-2-2}$$

对式（11-2-2）作拉普拉斯变换（简称拉氏变换），得

$$U_d(s) = K_d[\theta_i(s) - \theta_o(s)] \tag{11-2-3}$$

式中，K_d 为鉴相器的增益系数。

u_d 经环路滤波器（F）滤波。此滤波器是一个低通滤波器，如图 11-2-2 所示。图 11-2-2（a）为无源 RC 低通滤波器，图 11-2-2（b）为有源低通滤波器。一般 $R_1 \gg R_2$，令 $\tau_1 = R_1 C$，$\tau_2 = R_2 C$，则（a）、（b）滤波器特性分别为

$$F_a(s) = \frac{U_c(s)}{U_d(s)} = \frac{s\tau_2 + 1}{s(\tau_1 + \tau_2) + 1} \tag{11-2-4}$$

$$F_b(s) = \frac{U_c(s)}{U_d(s)} = \frac{A(s\tau_2 + 1)}{s\tau_2 + 1 + (1-A)s\tau_1} \tag{11-2-5}$$

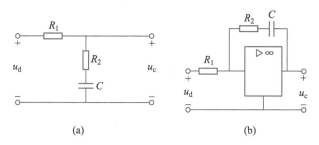

图 11-2-2　环路低通滤波器

当放大系数 A 很大时，式（11-2-5）近似为

$$F_b(s)^① = -\frac{s\tau_2 + 1}{s\tau_1} \tag{11-2-6}$$

由式（11-2-4）和式（11-2-5）看出：在 $s \to 0$（即 $\omega \to 0$）时，$F_a(0) = 1$，$F_b(0) = A$；当 $\omega \to \infty$ 时，$F_a(\omega) \approx \tau_2/\tau_1$。当 A 很大时，$F_b(\infty) \approx \tau_2/\tau_1$ 趋于一个很小的值。可见，$F_a(\omega)$ 和 $F_b(\omega)$ 都是低通函数。

在 u_c 控制下，压控振荡器 VCO 输出频率偏差 $\Delta\omega$，使输出频率等于输入信号频率 ω_i，这时，$\Delta\omega$ 为

$$\Delta\omega = K_0 u_c \tag{11-2-7}$$

式中，K_0 为压控振荡器的增益系数。由 $\Delta\omega$ 所引起的相差 $\theta_o(t)$ 为

$$\theta_o(t) = \int_0^t \Delta\omega \, d\tau = \int_0^t K_0 u_c(\tau) \, d\tau \tag{11-2-8}$$

对式（11-2-8）进行拉氏变换，并且应用式（11-2-4）或式（11-2-5），可得

---

① 在以下的讨论中，式（11-2-6）略去负号。

$$\theta_o(s) = \frac{K_0 U_c(s)}{s} = K_0 U_d(s) F(s) / s \qquad (11-2-9)$$

从以上的调整过程看出，虽然刚开始 ω_i 与 ω_0（VCO 自然频率）不同，但经 θ_e 的控制作用，总可以使 $\omega_0' = \omega_i = \omega_0 + \Delta\omega$，且增大 K_d 和 K_0，可以使 θ_e 很小很小〔由下面的式（11-2-17）式可以看出〕。

由式（11-2-3）和式（11-2-9）得到锁相环的传递函数 $H(s)$ 为

$$H(s) = \frac{\theta_o(s)}{\theta_i(s)}$$

$$= \frac{K_0 U_d(s) F(s)}{s} \bigg/ \left[\frac{U_d(s)}{K_d} + \frac{K_0 U_d(s) F(s)}{s}\right]$$

$$= K_0 K_d F(s) / [s + K_0 K_d F(s)] \qquad (11-2-10)$$

令 $K = K_0 K_d$ 为环路总增益，则式（11-2-10）改写为

$$H(s) = KF(s) / [s + KF(s)] \qquad (11-2-11)$$

若将环路滤波器（无源 RC 低通）特性式（11-2-4）代入式（11-2-11），则

$$H(s) = \frac{K(s\tau_2 + 1)}{s^2(\tau_1 + \tau_2) + s(K\tau_2 + 1) + K} \qquad (11-2-12)$$

设环路的自然频率

$$\omega_n = \sqrt{K/(\tau_1 + \tau_2)} \qquad (11-2-13)$$

阻尼系数

$$\xi = \frac{1}{2}\sqrt{K/(\tau_1 + \tau_2)} \cdot \left(\tau_2 + \frac{1}{K}\right) \qquad (11-2-14)$$

则式（11-2-12）可改写为

$$H(s) = \frac{s\omega_n(2\xi - \omega_n/K) + \omega_n^2}{s^2 + 2\xi\omega_n s + \omega_n^2} \qquad (11-2-15)$$

若将有源滤波器特性式（11-2-6）代入式（11-2-11），则

$$H(s) = \frac{2\xi\omega_n s + \omega_n^2}{s^2 + 2\xi\omega_n s + \omega_n^2} \qquad (11-2-16)$$

由式（11-2-15）和式（11-2-16）看出，环路传递函数的分母中，最高为 s 的二次方，所以称这种锁相环为二阶锁相环。在二阶环路中，有三个可选择的参数 K、τ_1 及 τ_2 或 K、ω_n 及 ξ。这对环路的设计是有益的。

2. 锁相环路的主要性能指标

（1）锁相环的跟踪特性

在环路锁定之后，环路处于稳态（设这时稳态相差很小 $\theta_e \to 0$）。当输入信号频率变化 $\Delta\omega$，或相位变化 $\Delta\theta_i$ 时，锁相环重新开始调整，这时处于瞬变状态。当瞬态结束后，出现新的稳态。这时 $\omega_0 = \omega_i$，但这时本地输出必定与输入有一个相差 θ_v，它产生一个电压去控制 VCO 的频率，使之调整到 ω_i。用这个 $\Delta\omega$ 所引起的相差 θ_v 来衡量锁相环路的跟踪性能，稳态相差 θ_v 越小，性能越好。可以证明

$$\theta_v = \frac{\Delta\omega}{KF(0)} = \frac{\Delta\omega}{K_v} \qquad (11-2-17)$$

式中 K_v 为环路的直流增益。由式（11-2-17）看出，只要 K_v 足够大，跟踪性能就会很好。若采用有源低通 $F(0)=A$ 时，由于 A 很大，所以一般锁相环的跟踪性能是好的。

当输入信号仅产生相位变化 $\Delta\theta_i$ 时，则

$$\theta_v = 0 \tag{11-2-18}$$

（2）锁相环的同步带宽

锁相环的同步带宽可由式（11-2-17）直接求得，即

$$\Delta\omega = \theta_v K_v \tag{11-2-19}$$

式（11-2-19）中，如果 θ_v 取能够保证 VCO 正常跟踪的最大相差 θ_{VH}，则 $\Delta\omega$ 就是输入信号的最大允许频率偏差 $\Delta\omega_H$。在输入信号相对参考频率的频偏小于 $\Delta\omega_H$ 时，锁相环就能正常工作，所以称 $\Delta\omega_H = \theta_{VH}K_v$ 为锁相环的最大同步范围。在 θ_{VH} 较大时，式（11-2-19）可改写为

$$\Delta\omega_H = K_v\sin\theta_{VH} \tag{11-2-20}$$

由于 $\sin\theta_{VH}\leqslant 1$，所以最大允许输入偏差

$$\Delta\omega_H = \pm K_v \tag{11-2-21}$$

这里 $\Delta\omega_H$ 就是同步带宽。可见，锁相环路的直流增益 K_v 越大，同步带宽越宽，这与跟踪特性对 K_v 的要求是一致的。

（3）锁相环的捕捉带宽、捕捉时间

当输入信号频率与 VCO 频率有误差时，环路处于捕捉状态，经一定时间达到稳定。这一段调整的时间称为捕捉时间。$\Delta\omega$ 越小，捕捉时间越小，称为快速捕捉锁定。可以证明，二阶环的快捕带宽 $\Delta\omega_L$ 及快捕时间 t_L 为

$$|\Delta\omega_L| \approx 2\xi\omega_n \tag{11-2-22}$$

$$t_L \approx \frac{1}{\omega_n} \tag{11-2-23}$$

当 $\Delta\omega$ 较大时，捕捉同步时间较长，称为慢捕锁定。慢捕带宽为 $\Delta\omega_p$，可以证明环路高增益情况下，慢捕带宽 $\Delta\omega_p$ 及慢捕时间分别为

$$|\Delta\omega_p| \approx 2\sqrt{\xi\omega_n K} \tag{11-2-24}$$

$$t_p \approx \frac{\Delta\omega}{2\xi\omega_n^3} \tag{11-2-25}$$

由以上 4 个公式看出，若要捕捉带宽大，捕捉时间短，则要求 $\xi\omega_n$ 大些。

（4）同步保持时间 t_c

同步保持时间是指锁相环已锁定的情况下，由于信号中断，失去基准而压控振荡器输出相位变化不超过某一允许值（失锁值）所经历的时间。t_c 越长，锁相环性能越好，这就是锁相环的记忆特性。由于信号中断，VCO 的控制电压 $u_c(t)$ 按指数规律衰减，即 $u_c(t)=F_0\mathrm{e}^{-dt}$，$d$ 为环路滤波器电容放电时间常数的倒数。可见，放电越慢，保持时间越长［即 $u_c(t)$ 达到允许值所需时间越长］。但是由式（11-2-23）、式（11-2-25）及式（11-2-13）、式（11-2-14）看出，若要放电慢，即时间常数 τ_1 和 τ_2 大，则捕捉时间必须增大，这是不希望的，所以捕捉时间和同步保持时间的要求是互相矛盾的。为了解决这个矛盾，可采用使滤波器元件在捕捉和稳态时自动转换的方法。

377

（5）锁相环的噪声性能（窄带滤波性能）

由式（11-2-11）$H(s)$ 的表达式看出，它取决于 $F(s)$。而在 $s=\mathrm{j}\omega$ 时，$F(\omega)$ 具有低通特性，所以环路对高频噪声的滤除能力较强。从式（11-2-16）、式（11-2-17）中看到，环路具有带通滤波特性。这就是说，环路锁定后，只有那些与锁定频率相差很小的噪声频率分量才可能通过环路，而绝大部分干扰噪声被抑制，从而使环路的带通滤波变为性能良好的窄带滤波器。

为了描述环路噪声，引入噪声带宽的概念，等效噪声带宽 B_L 定义为

$$B_\mathrm{L} = \int_0^\infty |H(f)|^2 \mathrm{d}f \tag{11-2-26}$$

B_L 越小，环路抑制噪声的能力越强。若环路传输特性采用式（11-2-16），则式（11-2-26）积分结果为

$$B_\mathrm{L} = \frac{\omega_\mathrm{n}}{2}\left(\xi + \frac{1}{4\xi}\right) \tag{11-2-27}$$

将式（11-2-27）与式（11-2-22）~式（11-2-25）比较可以看出，锁相环的噪声性能与捕捉带宽、捕捉时间的要求（对 ω_n）是矛盾的。

为了描述随机噪声对锁相输出相位抖动的影响，定义环路的信噪比 r_L 为

$$r_\mathrm{L} = r_\mathrm{i}\frac{B_\mathrm{i}/2}{B_\mathrm{L}} \tag{11-2-28}$$

式中，r_i 为锁相环输入信噪比；B_i 为锁相环路前带通滤波器的带宽。

可以证明，在大信噪比且噪声为高斯分布时，由噪声干扰所引起的输出相位抖动的均方根 σ_φ 为

$$\sigma_\varphi = \sqrt{\frac{1}{2r_\mathrm{L}}} = \sqrt{\frac{B_\mathrm{L}}{r_\mathrm{i}B_\mathrm{i}}} \tag{11-2-29}$$

由式（11-2-29）看出，环路信噪比 r_L（或输入 r_i）越高，相位抖动越小。为了减少 σ_φ，应尽量减小 B_L。由 $H(\mathrm{j}\omega)$ 看出，减小 B_L 可使环路增益 K 减小，这显然与稳态相差 θ_v 的要求是相矛盾的，但这种矛盾可以通过合理选择环路的其他参数得到缓和，而不像简单窄带滤波器那样两者不能兼顾。

11.2.2　数字锁相环

1. 数字锁相环的组成及工作原理

数字锁相环在数字通信的位同步（码元同步）系统中被广泛地采用。它的主要组成部件有过零检测器、数字鉴相器、高稳定振荡器及可变分频器四个部分。数字锁相环的原理框图如图 11-2-3 所示。

数字锁相环的工作原理同模拟锁相环类似。输入基准定时脉冲与本地产生的位同步定时脉冲在鉴相器中进行相位比较。若两者相位不一致（超前或滞后），鉴相器输出误差信息，并去控制调整分频器输出的脉冲相位，直到输出信号的频率、相位与输入信号的频率、相位一致时，才停止调整。

以下对数字锁相环各部分的工作原理进行较详细的讨论。

过零检测器的作用是从接收的二进制序列中得到正确的相位基准。它由微分整流和单

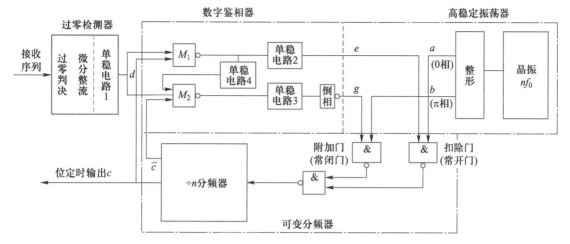

图 11-2-3　数字锁相环的原理框图

稳电路 1 构成，如图 11-2-3 所示。它将接收到的 **0** 或 **1** 随机信号进行限幅、微分、整流，得到信号过零点的位置脉冲，经过单稳，形成相位基准脉冲。这些脉冲的间隔虽然是随机的，但这些过零点的间隔总是码元脉冲周期的整数倍。用这些出现在码元整数倍周期的间隔上的脉冲，可以衡量本地定时脉冲的相位是否合乎标准。

高稳定振荡器一般为晶振，它的振荡频率 F 是接收信号速率的 n 倍，即 $F = nf_0$ $\left(f_0 = \dfrac{1}{T}$ 为码元速率$\right)$。振荡信号经过整形，分为 0 相和 π 相脉冲，分频后提供本地定时时钟。

数字鉴相器又称为相位误差检测器。由图 11-2-3 看出，它由超前门 M_1、滞后门 M_2 及 3 个单稳电路构成。当本地定时与接收定时基准在鉴相器比较相位时，产生超前或滞后脉冲，控制可变分频器去调节本地定时的相位，使本地定时相位与接收定时一致。

可变分频器实际上由固定除 n 的分频器、扣除门（常开门）和附加门（常闭门）组成。当超前脉冲到来时，常开门扣除一个脉冲，使本地定时相位推后。当滞后脉冲到来时，常闭门打开，附加一个脉冲，使分频器输出定时相位提前。这样，根据鉴相器相位比较的结果去不断调整，最后达到收、发定时一致。具体比相出现的情况可能有以下四种，它们的调节原理如图 11-2-4 所示。

第一种情况如图 11-2-4 中的波形 c（实线）所示。这时，本地定时超前接收定时基准（d 波形，以上升沿为准），鉴相器由超前门 M_1（单稳电路 1 与本地定时**与**）和单稳电路 2 产生超前脉冲（负脉冲）e。此超前脉冲加至扣除门上扣除一个 a 脉冲（0 相），使本地定时输出相位向后推迟 T/n 时间。这样不断调整，最后可使输出定时相位与接收定时的相位一致。

第二种情况如图中波形 c（虚线）所示。这时，本地定时相位滞后于接收定时相位。由 $\bar{c}$ 脉冲与接收定时单稳脉冲经滞后门 M_2 及单稳电路 3 产生负脉冲 g，倒相后变为滞后脉冲并加至附加门上，使分频器增加一个附加 b 脉冲（π 相），这样本地定时输出相位向前移位 T/n。不断比较调整后，最后本地定时输出相位与基准同相（如波形 h）。

11.2　锁相环（PLL）的基本工作原理

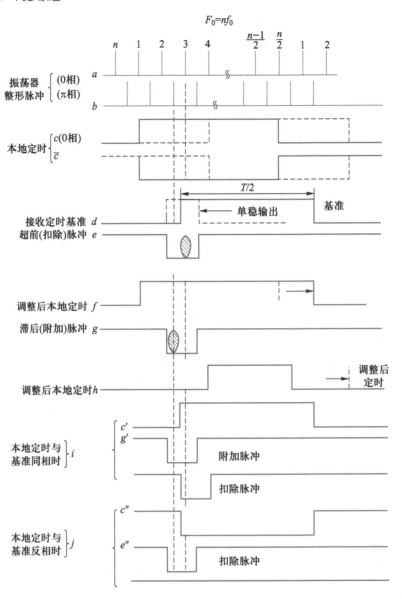

图 11-2-4　数字锁相环工作波形图

第三种情况如波形 d 所示。这时，本地定时的上升沿与接收定时上升沿对齐，即收发同相。由 i 波形看出，在这种情况下，先产生滞后脉冲使分频器附加一个 b 脉冲，接着又产生超前脉冲，使分频器扣除一个 a 脉冲，则结果使本地定时相位不变。

第四种情况如图中 j（组）波形所示。这时，本地定时相位与基准定时相位差 π。在这种情况下，首先产生超前脉冲，封闭滞后门 M_2，使其不输出滞后脉冲。这样不断产生超前脉冲去调整本地相位，最后使收、发定时同相。

2. 数字锁相环的性能

与同步有关的主要指标是：相位误差 θ_e、同步建立时间 t_s、同步保持时间 t_c 及同步带宽。

（1）相位误差 θ_e

相位误差是由于本地定时调整的相位跃变引起的。每次调整相位改变 $2\pi/n$，因此最大相差为 $2\pi/n$（n 为分频系数），即

$$\theta_e = 360°/n \tag{11-2-30}$$

（2）同步建立时间 t_s

同步建立时间 t_s 是指失去同步后重新建立同步所需要的最长时间。由前面的分析可知，当本地相位与接收基准相位差 $180°$ 时，调整时间最长。这时，所需调整次数为

$$N = \frac{T}{2} \bigg/ \frac{T}{n} = \frac{n}{2} \tag{11-2-31}$$

在接收脉冲序列中，并不是每个码元周期都有过零点。由二元数字序列的统计特性可以估计过零脉冲仅占码元脉冲总数的 $\frac{1}{2}$（如 **00**、**01**、**10**、**11** 情况中，只有两种情况过零点），即每两个脉冲周期（T）可能有一次调整，所以调整 $\frac{n}{2}$ 次所需时间为

$$t_s = 2T \times \frac{n}{2} = nT \tag{11-2-32}$$

（3）同步保持时间 t_c

同步保持时间 t_c 是指同步建立后，在信号中断时，由于收发双方固有的定时频率差，使同步逐渐漂移，漂移大到一定程度而超出同步范围所需要的时间。定义信号中断后，收发仍能保持同步的最长时间为同步保持时间 t_c。

设收发两地定时频差为 $\Delta F = |F_2 - F_1|$，并假定接收端周期 $T_1 = \frac{1}{F_1}$，发送端周期 $T_2 = \frac{1}{F_2}$，则有

$$|T_1 - T_2| = \left| \frac{1}{F_1} - \frac{1}{F_2} \right| = \frac{|F_2 - F_1|}{F_1 F_2} = \frac{\Delta F}{F_0^2} \tag{11-2-33}$$

式中，$F_0 = \sqrt{F_1 F_2}$，整理式（11-2-33）可得

$$F_0 |T_1 - T_2| = \frac{\Delta F}{F_0}, \quad 即 \frac{|T_1 - T_2|}{T_0} = \frac{\Delta F}{F_0} \tag{11-2-34}$$

式中，$T_0 = \frac{1}{F_0}$。

式（11-2-34）说明，当有频差 ΔF 存在时，经过 T_0 时间收发定时产生时差为 $|T_1 - T_2|$，或称 $|T_1 - T_2|/T_0$ 为单位时间的时差漂移。设在同步范围内达到允许的最大时差漂移 $\Delta t = T_0/k$（k 为常数），则漂移 Δt 所需时间 t_c 为

$$t_c = \Delta t \bigg/ \frac{|T_1 - T_2|}{T_0} = \frac{T_0}{k} \bigg/ \frac{\Delta F}{F_0} = \frac{1}{k\Delta F} \tag{11-2-35}$$

当然，在给定 t_c 时，也可以确定两端的频率稳定度要求，即

$$\Delta F = \frac{1}{kt_c} \tag{11-2-36}$$

11.2 锁相环（PLL）的基本工作原理

若收发两端频率稳定度相同，则振荡器的频率稳定度不能低于

$$\frac{\Delta F}{2F_0} = \pm \frac{1}{2t_c k F_0} \qquad (11\text{-}2\text{-}37)$$

以上分析表明，同步保持时间 t_c 与频率偏差（或频率稳定度）成反比。收发频差越小，同步保持时间越长。

（4）同步带宽

收发两地总存在频差，经调整后才达到同步。同步带宽是指能够调整到同步状态的最大频差。由数字锁相环工作原理可知，调整过程中，在一个码元周期内平均最多可调整 $\frac{T}{2n}$ 时差。若两端在每个码元周期时差超过 $\frac{T}{2n}$，则锁相环不可能调整到同步状态。由最大时差推算允许的频差，即

$$|\Delta t|_{允} \leqslant \frac{T}{2n} \approx \frac{T_0}{2n} = \frac{1}{2nF_0} \qquad (11\text{-}2\text{-}38)$$

将式（11-2-34）及 $|\Delta t|_{允} = T_1 - T_2$ 代入式（11-2-38），则求得 $\Delta F_{允}$ 为

$$\Delta F_{允} \leqslant \frac{1}{2nF_0} \cdot \frac{F_0}{T_0} = \frac{F_0}{2n} \qquad (11\text{-}2\text{-}39)$$

上式取等号时 $\Delta F = F_0/2n$ 为同步带宽。

以上仅讨论了与同步有关的数字锁相环的主要指标，并且没有考虑噪声的影响，其他指标这里不再介绍。

3. 数字锁相环的改进

由以上所介绍的数字锁相原理可以知道，当输入信号在传输中受到随机干扰时，即输入基准信号的相位在随机变化时，鉴相器会随机输出超前或滞后脉冲，使系统又重新调整。这样会使已稳定的同步状态遭到破坏。实际上，这是随机干扰，不是发送端基准在变化，所以不应该引起系统的重新调整。为了消除这种随机干扰所引起的电路的不必要的调整现象，对上述数字锁相环路应加以改进。

改进的思路是：确认超前或滞后脉冲。随机干扰所引起的基准信号的相位变化是随机超前和滞后，不会出现一长串连续的超前或连续的滞后脉冲。这样可以通过计数器，记忆连续超前或连续滞后脉冲的个数来确认是随机干扰还是真正的收、发端相差。当确认超前或滞后之后，才允许超前、滞后脉冲去调整本地定时相位。这种改进方案就是在数字锁相环路中加入"保护滤波器"，即环路滤波器。图 11-2-5 给出了两种数字保护滤波器。

图 11-2-5（a）点画线框内称为先 N 后 M 滤波器，其中 $N<M<2N$。当收发两端真正出现相位差时（不管超前还是滞后），必定有一个除 N 计数器先计满，并输出确认脉冲，此脉冲通过控制门发出超前或滞后脉冲去进行调整，同时使各计数器置零。当随机干扰出现，即出现随机超前、随机滞后脉冲时，两个除 N 计数器未记满，而除 M 计数器已记满，使除 N 计数器置零。这种情况下，无确认脉冲输出，电路不会引起不必要的调整，这样就提高了抗干扰能力。但加入数字保护滤波器后，出现超前或滞后脉冲不是马上调整，而是要先计数，确认之后才调整，因此虽然抗干扰能力提高，但却使得相位调整速度减慢了。图 11-2-5（b）为随机徘徊滤波器，其作用和工作原理与图（a）相同，这里不再赘述。

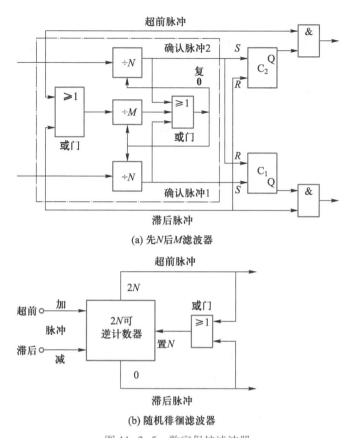

(a) 先N后M滤波器

超前脉冲

2N

超前 ○—— 加

脉冲   2N可
          逆计数器   或门
                    置N   ≥1

滞后 ○—— 减

0

滞后脉冲

(b) 随机徘徊滤波器

图 11-2-5　数字保护滤波器

11.3　载波同步

在调制解调系统中，接收端恢复出与调制载波同频同相的相干载波是相干或同步解调的关键。在接收端提取或恢复出与发送端同频同相的载波称为载波同步。载波同步的方法一般有两种：插入导频法和直接提取法。插入导频法是在发送端发送有用信号的同时，在适当的频率位置上插入正弦波作为导频，在接收端可提取导频，作为相干载波；直接提取法是接收端从接收到的有用信号中直接（或经变换）提取相干载波。

11.3.1　插入导频法

在前面介绍的抑制载波的双边带信号、部分响应编码（如 IV 类）或双极全占空脉冲调幅以及二进制数字调制的信号中都不含有载波分量。为了在接收端能够获得载波，在发送端有时插入导频载波。插入导频的方法有两种：频域插入导频法和时域插入导频法。

1. 频域插入导频法

抑制载波双边带调制和二进制数字调制信号的频谱如图 11-3-1 所示，在载波频率 f_0 点的信

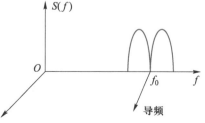

图 11-3-1　抑制载波双边带信号的频谱

383

号能量为零，这时可以在 f_0 处插入导频。这个导频的频率就是 f_0，但它的相位与被调制载波正交，称为"正交载波"。接收端提取这一导频，相移后作为相干载波。

发送端插入导频和接收端提取导频的方框图如图 11-3-2（a）、（b）所示。图中，$m(t)$ 为调制信号，无直流分量。被调载波为 $A\sin\omega_0 t$，插入导频为 $-A\cos\omega_0 t$。于是，输出信号为

$$u_0(t)=Am(t)\sin\omega_0 t-A\cos\omega_0 t \tag{11-3-1}$$

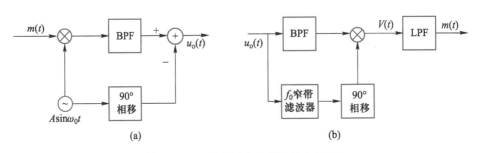

图 11-3-2　导频插入和提取的方框图

设收到的信号与发送端相同，接收端用中心频率为 f_0 的窄带滤波器去提取导频 $-A\cos\omega_0 t$，经 90° 相移就得到与发送端载波同频同相的相干载波。

如果不是插入"正交导频"，而是插入同相载波，显然相加之后将使调制信号的频谱改变。解调后，会使低频信号增加直流分量而使 $m(t)$ 失真。

单边带信号插入导频的方法与此相同，不再赘述。

导频提取所用的窄带滤波器可以用锁相环来代替。应用锁相环提取相干载波时，同步性能比用一般窄带滤波器有所改善。这在 11.2 节中已经讲过。

2. 时域插入导频法

这种方法在时分多址卫星通信中应用较多，在一般数字通信中也有应用。时域插入导频法是按照一定的时间顺序，在指定的时间间隔内发送载波，即把载波插到每帧的数字序列中，其结果是只在每帧的一小段时间内才出现载波。在接收端应用控制信号将载波取出。从理论上讲，可以用窄带滤波器直接提取这个载波，但实际上是比较困难的。这是因为发送的载波是不连续的，并在一帧中只有很少时间发送载波信号。所以，时域插入导频法常用锁相环来提取相干载波，例如图 11-3-3 所示的方框图。锁相环的压控振荡器频率尽可能接近载波频率，且应有足够的频率稳定度。

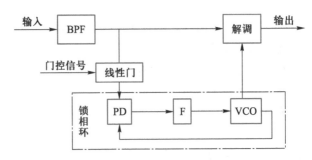

图 11-3-3　时域插入导频的提取

11.3.2 直接提取法

直接提取法适用于接收信号中具有载波分量或接收到的信号（如 PSK 信号）进行某种非线性变换后，具有载波的谐波分量的情况。下面对几种直接提取载波的不同方法做简单介绍。

1. 平方变换法和平方环法

设调制信号为 $m(t)$ 且无直流分量，则抑制载波的双边带信号 $s(t)$ 为

$$s(t) = m(t)\cos\omega_0 t \tag{11-3-2}$$

接收端将此信号进行平方变换，即将信号 $s(t)$ 通过一个平方律器件后得到

$$e(t) = m^2(t)\cos^2\omega_0 t$$

$$= \frac{m^2(t)}{2} + \frac{1}{2}m^2(t)\cos2\omega_0 t \tag{11-3-3}$$

由式（11-3-3）可以看出，$s(t)$ 经平方处理之后产生了直流分量。由于 $m^2(t)$ 中具有直流分量，所以上式第二项 $\frac{1}{2}m^2(t)\cos2\omega_0 t$ 中具有 $2\omega_0$ 频率分量。如果应用一个窄带滤波器将 $2\omega_0$ 项滤出，再经过二分频，便可得到所需要的载波分量。平方变换法提取载波的实现方案如图 11-3-4 所示。如果数字信号 $m(t)=\pm1$，则该抑制载波的双边带信号变为二进制相移键控信号，即

$$e(t) = \left[m(t)\cos\omega_0 t \right]^2 = \frac{1}{2} + \frac{1}{2}\cos2\omega_0 t \tag{11-3-4}$$

从式（11-3-4）很明显看出，可以通过图 11-3-4 所示的平方变换提取载波。

图 11-3-4 平方变换法提取载波的实现方案

由于图 11-3-4 中应用了二分频器，所以提取载波存在 180° 的相位模糊。但对差分相移键控信号来讲，这种载波相位倒置没有什么不良效果。

在图 11-3-4 中提取载波用的窄带滤波器常用锁相环代替。正如前一节所讲，应用锁相环具有良好的跟踪、窄带滤波和记忆性能。若平方变换法中采用锁相环提取载波则称平方环法，这种方法的实现方案如图 11-3-5 所示。它的性能良好，在提取载波中得到较广泛的应用。

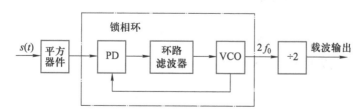

图 11-3-5 平方环提取载波

2. 同相正交环

以上讲的平方环法中压控振荡器 VCO 的工作频率为 $2f_0$。当载频 f_0 很高时，实现 $2f_0$ 压控振荡有一定的困难。而同相正交环提取载波所用的 VCO 工作频率就在 f_0。同相正交环提取载波的方案如图 11-3-6（a）所示。加于两个乘法器相乘的本地载波分别是 VCO 的输出信号 $\cos(\omega_0 t + \Delta\varphi)$ 和它的正交信号 $\sin(\omega_0 t + \Delta\varphi)$。因此，称这种环路为同相正交环，又称科斯塔斯（Costas）环。

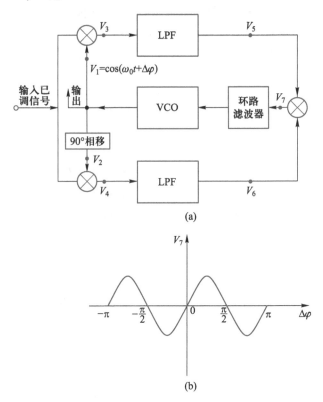

(a)

(b)

图 11-3-6　同相正交环法提取载波的方框图和鉴相特性

设输入信号是抑制载波的双边带信号 $m(t)\cos\omega_0 t$，则

$$V_3 = m(t)\cos\omega_0 t\cos(\omega_0 t + \Delta\varphi)$$

$$= \frac{1}{2}m(t)\left[\cos\Delta\varphi + \cos(2\omega_0 t + \Delta\varphi)\right] \tag{11-3-5}$$

$$V_4 = m(t)\cos\omega_0 t\sin(\omega_0 t + \Delta\varphi)$$

$$= \frac{1}{2}m(t)\left[\sin\Delta\varphi + \sin(2\omega_0 t + \Delta\varphi)\right] \tag{11-3-6}$$

经低通滤波器滤除高频信号后，有

$$V_5 = \frac{1}{2}m(t)\cos\Delta\varphi \tag{11-3-7}$$

$$V_6 = \frac{1}{2}m(t)\sin\Delta\varphi \tag{11-3-8}$$

$$V_7 = V_5 \cdot V_6 = \frac{1}{4}m^2(t)\cos\Delta\varphi\sin\Delta\varphi$$

$$= \frac{1}{8}m^2(t)\sin2\Delta\varphi \qquad (11-3-9)$$

鉴相特性如图 11-3-6（b）所示。

式（11-3-9）中，$\Delta\varphi$ 为压控振荡器输出信号与输入已调信号载波的相位误差。当 $\Delta\varphi$ 较小时

$$V_7 \approx \frac{1}{4}m^2(t)\Delta\varphi \qquad (11-3-10)$$

由式（11-3-10）看出，乘法器输出的 V_7 与收发两端的载波相位差成正比。这相当于锁相环的鉴相器（PD）输出。V_7 经环路滤波器滤除高频噪声后去控制压控振荡器的输出相位，最后使稳态相差减小到很小的数值，这时 VCO 输出的 V_1 就是所要求的相干载波。

由鉴相特性看出，锁相稳定点在 $\Delta\varphi = 0$ 或 π 处，这样会产生 180° 相位模糊，这种相位模糊，由差分编译码可以消除。

3. 逆调制环

这种环路常用于 PSK 信号的载波提取。它的主要特点是在环路内设置了相位检波器和判决器，对输入的已调 PSK 信号进行再调制，得到无调制的载波作为鉴相器的输入，如图 11-3-7 所示。

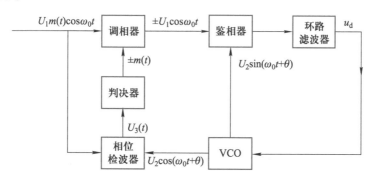

图 11-3-7　逆调制环原理方框图

假定环路已锁定，则相位检波器的输出电压为

$$U_3(t) = \frac{U_1 U_2}{2}m(t)\cos\theta \qquad (11-3-11)$$

式中，θ 为锁定时的相差。

根据 θ 的大小可判决输出为 $\pm m(t)$。用此基带信号对输入信号再调制（设为二进制调制），得到 $\pm U_1\cos\omega_0 t$，最后鉴相输出为

$$U_d = \pm K_m U_1\cos\omega_0 t \cdot U_2\sin(\omega_0 t+\theta)\big|_{低通滤波}$$

$$= \pm K_d\sin\theta \qquad (11-3-12)$$

式中，K_d 为常数，正、负号取决于 θ 所在的象限。

逆调制环与同相正交环的工作频率相同，都等于载波频率，而且环路本身已包括解调判决功能。

4. 判决反馈环

上述介绍的逆调制环提取载波，环路工作在载波频率上，当频率较高时，就不太方便。如果载波提取环路工作在基带频率上，就会给信号的处理带来方便，而判决反馈环就是工作在基带上的载波恢复环。图 11-3-8（a）给出了判决反馈环的原理方框图。

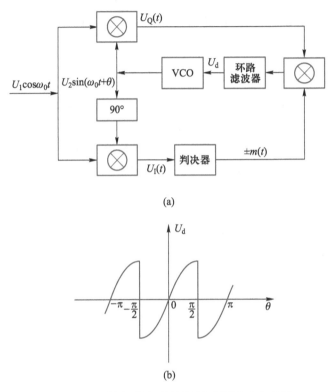

图 11-3-8　判决反馈环的原理方框图和鉴相特性

由图看出，若输入 $s(t)$ 为 2PSK 信号 $U_1 m(t)\cos\omega_0 t$，其中，$m(t)$ 的取值为 ±1，经乘法器（相干解调）和低通滤波之后，得到 $U_1(t)$ 和 $U_Q(t)$ 分别为

$$U_1(t) = \frac{K_m}{2}U_1 U_2 m(t)\cos\theta \tag{11-3-13}$$

$$U_Q(t) = \frac{K_m}{2}U_1 U_2 m(t)\sin\theta \tag{11-3-14}$$

对 $U_1(t)$ 进行判决，得到 ±$m(t)$，当相差 θ 在第一、四象限时取正号，在第二、三象限时取负号。将判决输出与 $U_Q(t)$ 相乘，经环路滤波之后得到控制电压 U_d，即

$$U_d = \pm K_d \sin\theta \tag{11-3-15}$$

式中，$K_d = \frac{K_m}{2}U_1 U_2$，正、负号取决于判决输出 $m(t)$ 的正、负。

由式（11-3-15）看出，环路的鉴相特性（$U_d \sim \theta$ 曲线）与逆调制环路相同，曲线如图 11-3-8（b）所示。由曲线看出，环路锁定相位可以是 0 相，也可以是 π 相，所以存在相位模糊问题，这需要由差分编码来消除。

11.3.3 载波同步系统的性能与相位误差对解调信号的影响

载波同步系统的主要性能指标是高效率及高精度。所谓高效率就是在获得载波的情况下，尽量减少发送功率的消耗。很明显，直接提取载波法不需专门发送导频，因而效率高，且发送电路简单。所谓高精度是要求所提取的相干载波的相位误差尽量小。

除了以上指标，还有同步建立时间、保持时间、相位抖动等。这些指标对不同的提取方法、不同信号及噪声的情况各有不同，而这些指标主要取决于提取载波的锁相环的性能。这在第 11.2 节已讲过，这里不再赘述。

对解调信号的影响主要体现为所提取的载波与接收信号中的载波的相位误差。由 11.2 节的分析可以知道，相位误差 $\Delta\varphi$ 应是两部分误差之和，即稳态相差 θ_v 与相位抖动 σ_φ 之代数和，即

$$\Delta\varphi = \theta_v + \sigma_\varphi \tag{11-3-16}$$

下面讨论所提取的载波相位误差对解调性能的影响。对于双边带已调信号，设 $s(t) = m(t)\cos\omega_0 t$，而所提取的相干载波为 $\cos(\omega_0 t + \Delta\varphi)$，这时解调输出的低频信号 $m'(t)$ 为

$$m'(t) = \frac{1}{2}m(t)\cos\Delta\varphi \tag{11-3-17}$$

若提取的相干载波与输入载波没有相位差，即 $\Delta\varphi = 0$，则解调输出信号 $m'(t) = \frac{1}{2}m(t)$。

若存在相位误差 $\Delta\varphi$，则输出信噪比为原来的 $\dfrac{1}{\cos^2\Delta\varphi}$，因此会使误码率增加。如对二进制调制系统来说，误码率影响由下式决定：

$$P_{e\Delta\varphi} = \frac{1}{2}\mathrm{erfc}\left[\sqrt{\frac{E}{n_0}}\cos\Delta\varphi\right] \tag{11-3-18}$$

而对四进制调制系统，误码影响可由下式求得：

$$P_{e\Delta\varphi} = 1 - \left\{1 - \frac{1}{2}\mathrm{erfc}\left[\sqrt{\frac{E}{n_0}}\cos\left(\frac{\pi}{4} + \Delta\varphi\right)\right]\right\} \cdot \left\{1 - \frac{1}{2}\mathrm{erfc}\left[\sqrt{\frac{E}{n_0}}\cos\left(\frac{\pi}{4} - \Delta\varphi\right)\right]\right\}$$

$$\tag{11-3-19}$$

以上说明相干载波的相位误差 $\Delta\varphi$ 引起双边带解调系统的信噪比下降，误码率增加。而对单边带解调系统而言，相位误差 $\Delta\varphi$ 会引起输出信号的失真。设 $m(t) = \cos\Omega t$，且单边带信号取上边带 $\frac{1}{2}\cos(\omega_0 + \Omega)t$，相干载波为 $\cos(\omega_0 t + \Delta\varphi)$，则由下式滤除高频可得解调信号 $m'(t)$，即

$$\frac{1}{2}\cos(\omega_0 + \Omega)t\cos(\omega_0 t + \Delta\varphi) = \frac{1}{4}\left[\cos(2\omega_0 t + \Omega t + \Delta\varphi) + \cos(\Omega t - \Delta\varphi)\right]$$

$$m'(t) = \frac{1}{4}(\cos\Omega t - \Delta\varphi) = \frac{1}{4}\cos\Omega t\cos\Delta\varphi + \frac{1}{4}\sin\Omega t\sin\Delta\varphi \tag{11-3-20}$$

由式（11-3-20）看出，存在 $\Delta\varphi$ 时，不仅信噪比下降，而且会产生原基带信号的正交项，使基带信号发生畸变。这种影响随 $\Delta\varphi$ 的增大而严重。

由以上分析可以看出，在接收端提取相干载波时，要求相位误差 $\Delta\varphi$ 越小越好。

11.4 码元同步

在数字传输系统的接收端，不管是解调后得到的基带信号，还是本来由基带传输所收到的基带信号，都会受到一定程度的干扰和畸变。要真正恢复数字信号，必须进行整形判决，这要求本地码元定时与发送端定时脉冲的重复频率相等，而且判决时刻必须在最佳点，以保证对输入信号的最佳抽样进行判决。在接收端提取码元定时的过程称为位同步。实现位同步的方法与载波同步类似。

位同步的方法可以采用插入导频法和直接提取法。

11.4.1 插入导频法

插入导频法与载波同步的插入导频类似，也是在基带信号频谱的零点处插入所需要的导频信号，如图 11-4-1 所示。图（a）表示双极性全占空的基带信号插入导频的位置是 $f_s = 1/T$（T 为码元周期）。图（b）表示经波形相关编码之后，基带信号中插入导频的位置 $f'_s = \frac{1}{2}T$。在接收端应用窄带滤波器提取导频信号，经相移整形形成位定时脉冲。为减小导频对信号的影响，应从接收的总信号中减去导频信号。导频提取的原理方框图如图 11-4-2 所示。

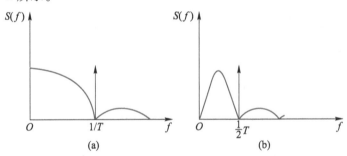

图 11-4-1 插入导频法

另外一种插入导频的方法是利用调制的方法插入，又称双重调制插入导频法。

在频移键控、相移键控的数字通信系统中，对已调信号再进行附加调幅。调幅用的调制信号就是位同步信号。在接收端进行包络检波，就可以形成位同步信号。

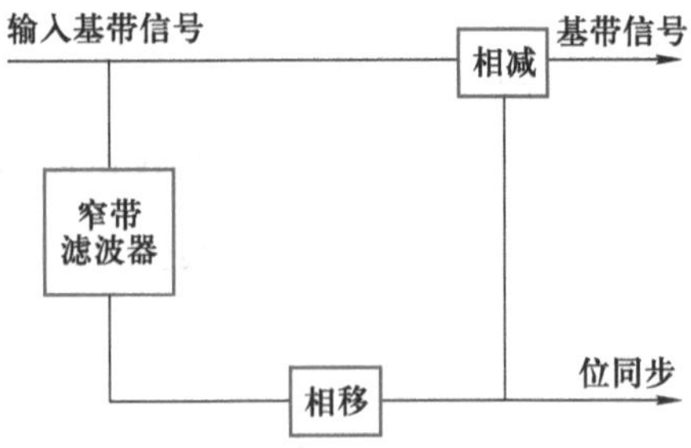

设相移键控信号 $s(t)$ 为

$$s(t) = \cos[\omega_0 t + \varphi(t)] \qquad (11\text{-}4\text{-}1)$$

图 11-4-2 导频提取的原理方框图

现在利用含有位同步信号的某种波形，如升余弦波 $m(t)$ 对相移载波进行调幅，可有

$$s'(t) = m(t)s(t) = \frac{1}{2}\{(1+\cos\Omega t)\cos[\omega_0 t + \varphi(t)]\} \qquad (11\text{-}4\text{-}2)$$

如果对 $s'(t)$ 进行包络解调，输出为 $\frac{1}{2}(1+\cos\Omega t)$，再经滤除直流分量后得位同步信号 $\cos\Omega t$。

另外，还有一种方法是利用一个独立的信道传送位定时同步信号，这种方法常用于信道富余或是多路并发系统中。当然，位同步信号单占一个通道是不经济的。

对于位同步信号的插入，除了以上所提到的三种方法外，还可以采用时域插入的方法。在时域插入方法中，位同步信号仅在每帧的指定时间间隔内发送。

11.4.2 直接提取法

这种方法就是不用发送导频，而直接从接收的数字信号中提取位同步信号。这种提取位同步的方法在数字通信中得到了广泛的应用。

直接提取位同步的方法又分为滤波法和锁相法，下面分别介绍。

1. 滤波法

在前面介绍基带传输的内容时知道，不归零的随机二进制脉冲序列功率谱中无位同步信号的离散分量，所以不能直接从中提取位同步。但若将不归零脉冲变为归零二进制脉冲序列，则变换后的信号中会出现码元信号的频率分量，因此，可以应用窄带滤波器提取，相移后形成位定时脉冲。图11-4-3就是滤波法提取位同步的原理方框图。图中波形变换部分是应用微分、整流而形成含有位定时分量的窄脉冲序列，然后用滤波器提取。当然这个窄带滤波器也可以与载波提取时一样，用模拟锁相环路来代替。

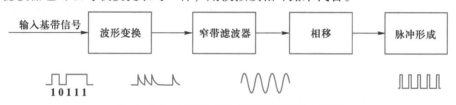

图11-4-3　滤波法提取位同步的原理方框图

另外一种波形变换的方法是对带限信号进行包络检波。这种方法常用于数字微波中继通信系统中，图11-4-4给出了频带受限的2PSK信号的位同步提取过程。由于频带受限，在相邻码元相位突变点附近会产生幅度的"凹陷"，经包络检波后，可以用窄带滤波器提取位同步信号。

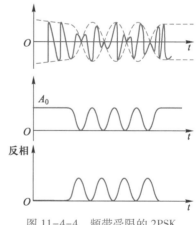

图11-4-4　频带受限的2PSK
信号的位同步提取过程

2. 锁相环法

在位同步信号的直接提取法中，经常应用的是数字锁相环法。在11.2节详细介绍了数字锁相环提取位同步的原理及其同步的性能指标，这里不再重复。但应当注意，这种环路所用到的位同步参考标准是由过零脉冲微分整流得到的，故也称这种数字锁相环为微分整流环。这种过零脉冲在信噪比较低时，过零点位置受干扰很大，不够可靠。一种改进的锁相环是首先对输入基带信号进行匹配滤波最佳接收，然后提取同步，以减少噪声干扰的影响，使位同步性能得到改善。这种方案就是同相正交积分型数字锁相环，如图11-4-5所示。这里与微分整流环的不同点仅在于基准相位的获得方法和鉴相器的结构，其他部分工作原理与11.2节中所讲的数字锁相环相同，这里不再详述。

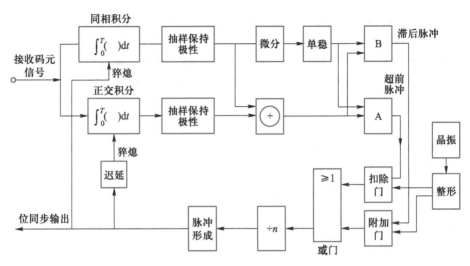

图 11-4-5　同相正交积分型数字锁相环

11.4.3　位同步相位误差对性能的影响

式（11-2-30）给出了数字锁相环的相位误差 $\theta = 360°/n$。为了便于计算对输出误码的影响，有时用时差来表示相位差。对于上述相位误差，用时差表示为

$$T_e = \frac{T}{n} \tag{11-4-3}$$

式中，T 表示码元周期。下面用波形图 11-4-6 来分析存在时间相差 T_e 时，对系统误码性能的影响。

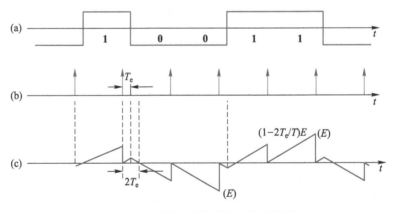

图 11-4-6　位同步相位误差对性能的影响

设解调器输出的基带数字脉冲如图 11-4-6（a）所示。这时，对脉冲的抽样时刻偏离了信号能量的最大点，使信噪比下降。图（c）画出了相位误差为 T_e 时的积分判决波形。由图看出，最不利的情况出现在 **1**、**0** 码交替的情况下。这时判决点信号能量减小到无误差时能量 E 的 $1-2T_e/T$ 倍。由于码元交替的情况是总码元数的 $1/2$，所以系统的误码率可用两部分来计算。一部分（$1/2$）是连 **1** 或连 **0** 时，误码率仍按数字载波调制一章相应的误码公式计算；另一部分（$1/2$）按信噪比下降后计算。如 2PSK 信号最佳相干解调时，

由于存在位同步相差 T_e，误码率公式变为

$$P_e = \frac{1}{4}\text{erfc}\left[\sqrt{\frac{E}{n_0}}\right] + \frac{1}{4}\text{erfc}\left[\sqrt{E\left(1-\frac{2T_e}{T}\right)/n_o}\right] \tag{11-4-4}$$

由式（11-4-4）看出，收、发位定时存在相位差，使误码率比位同步无相差时增加。

11.5 群（帧）同步

群同步的任务是找出数字信号中一个分组、一个字符或一帧的开头和结尾，从而使各分组、各字符或时分复用信号中各路信码得到正确的分路译码。为实现群同步，常用的方法是插入同步码法。这种同步码是一种特殊的码字。插入特殊同步码字的方法有两种：连贯式插入法和间隔式插入法。下面进一步分析实现帧同步的原理。

11.5.1 起止式同步法

数字电传机中广泛使用的是起止式同步法。在电传中，常用的是五单位码。为标志每个字的开头和结尾，在五单位码的前后分别加上一个单位的起码（低电平）和 1.5 个单位的止码（高电平），组成一个 7.5 单位的码字，如图 11-5-1 所示。接收端由高电平第一次转到低电平这一特殊标志来确定码字的起始位置，从而实现字同步。

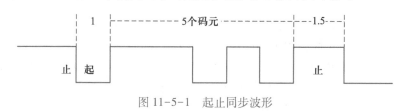

图 11-5-1　起止同步波形

这种 7.5 单位码（码元的非整数倍）给数字通信的同步传输带来一定困难。另外，由于实际通信的效率 $\eta = \frac{5}{7.5} = \frac{2}{3}$，所以此种同步方式传输效率较低，只在电传中应用。

11.5.2 连贯插入特殊码字同步法

连贯插入同步码方法是在每帧（或每一群）的开头插入一个特殊的码字。对这种同步码的要求是：具有区别于一般信号的特殊规律，易于检测和识别，便于实现同步。常用的有第 4 章介绍的巴克（Barker）码。巴克码是一种有限长的非周期序列，具有尖锐的自相关特性。另外还有一些常用的码字，是国际上 ITU-T（原 CCITT）推荐的 PCM 时分复用的帧同步码，如 PCM30/32 电话帧同步码——"**0011011**" 等。

1. 巴克码

巴克码在第 4 章已经做过介绍。巴克码检测识别器及识别器输出波形如图 11-5-2（a）、（b）所示。

巴克码的检测识别器是由移位寄存器组成的相关器。当巴克码全部进入时，检测器输出最高电压，再由判决器判决后输出同步脉冲，从而确定一帧的开头，也就实现了帧同步。

393

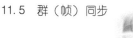

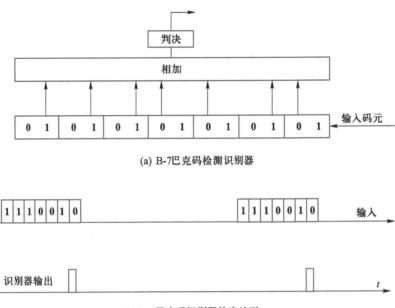

(a) B-7巴克码检测识别器

(b) B-7巴克码识别器输出波形

图 11-5-2　巴克码的识别

2. PCM 30/32 路电话基群的帧同步码 "0011011"

由于同步码组是插在信息码流中传送到接收端，且在传输过程中又可能产生误码，所以接收端检测同步码时可能会出现漏同步（概率 P_1）和假同步（概率为 P_2）现象。同步码的选择应兼顾假同步和漏同步，使 P_1 和 P_2 尽量小。可以证明（由下节帧同步性能分析可知），在误码率 $P_e = 10^{-3}$ 时（基本满足 PCM 语音通信要求），选择同步码组长度 $n=7$ 最佳，所以 ITU-T 建议基群帧同步码长 $n=7$。

在误码率 $P_e = 10^{-6}$，且 $n=7$ 时，漏同步概率 P_1 远小于假同步概率 P_2。为了解决这个问题，适当选择同步码型是十分重要的。根据分析，ITU-T 在 PCM 30/32 路电话基群中，建议采用的帧同步码为 "0011011"，它可以使假同步概率较小。

图 11-5-3 画出了检测同步码 "0011011" 的电路。这是由 $n=7$ 级移位寄存器和与门电路构成的识别器。当同步码完全进入检测器时，检测器输出帧同步脉冲。

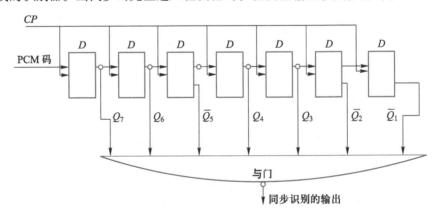

图 11-5-3　"0011011" 同步码检测电路

11.5.3　间隔式插入同步码法

在某些情况下同步码并不集中插入信码中，而是分散地插入信码中。如 24 路 PCM 系统和 30/32 路增量编码系统一般都采用 **1**、**0** 码作为同步码间隔插入的方法，即一帧插 **1** 码，另一帧插入 **0** 码作为同步码。接收端为了确定同步码的位置，就必须对接收总信码逐位进行检测，故称这种同步检测方法为逐码移位法。这种同步检测原理如图 11-5-4 所示。在检测帧同步码时，本地首先产生 **1**、**0** 交替的帧同步码——本地同步码，本地同步码与接收码逐位比较（实际采用模 2 加法器 ⊕ 运算）。当本地同步码与接收码不一致时，产生"不一致脉冲"去调整本地同步码，直到收、发同步为止。当本地同步码与接收码一致时无"不一致脉冲"产生。图 11-5-4 中，保护电路能消除随机干扰造成的同步不稳定，提高了抗干扰能力。

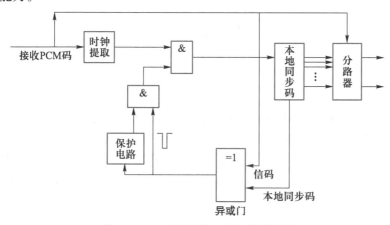

图 11-5-4　逐码移位法同步检测原理

11.5.4　群同步系统的性能

衡量群同步性能的主要指标是同步可靠性（包括漏同步和假同步概率）及同步建立时间。下面，先以连贯插入同步码为例进行分析。

设同步码字长为 n。在检测过程中，对检测电路赋予一定的判决电平，以保证同步判决的可靠。但在给定判决电平后，可能会由于传输中的误码，使帧同步码漏测而出现漏同步（设概率为 P_1）。给定的判决电平越高，漏同步的概率越大。如果判决电平较低，有可能使信码中的 n 位码凑巧被判为帧同步码，这就出现了假同步（设概率为 P_2）。计算 n 位同步码中出现任意 m 位错仍可判为同步和大于 m 位错而漏同步的概率 P_2 和 P_1。假定系统的误码率为 $P_e(P_e \ll 1)$ 且信码中 **1**、**0** 等概出现。

1. 漏同步概率 P_1

现在先求 $k \leqslant m$ 位错 $(m < n)$ 时，不漏判决的概率 P_0，即判为同步的概率

$$P_0 = \sum_{k=0}^{m} C_n^k P_e^k (1 - P_e)^{n-k} \tag{11-5-1}$$

故漏同步概率为

$$P_1 = 1 - P_0 = 1 - \sum_{k=0}^{m} C_n^k P_e^k (1 - P_e)^{n-k} \tag{11-5-2}$$

当 $m=0$ 时（即不允许有错时的漏同步概率）

$$P_1 = 1 - P_0 = 1 - (1-P_e)^n \approx nP_e \qquad (11-5-3)$$

由式（11-5-2）和式（11-5-3）看出，m 越小（即判决电平越高）漏同步概率越大。

2. 假同步概率 P_2

现在来计算假同步的概率 P_2。由于 **1** 和 **0** 码的出现概率在数字码流中各占 $\dfrac{1}{2}$，所以 n 长的码字共有 2^n 种组合。如果错 0 位（即不错时）判为同步，则有 C_n^0 种（即一种）。若出现 k 位错也判为同步码的组合数为 C_n^k 种，所以出现 $k \leqslant m$ 种错都错判为同步的码组数为 $\sum\limits_{k=0}^{m} C_n^k$ 种，则假同步的概率 P_2 为

$$P_2 = \sum_{k=0}^{m} C_n^k / 2^n \qquad (11-5-4)$$

当 $m=0$ 时

$$P_2 = \frac{1}{2^n} \qquad (11-5-5)$$

由式（11-5-4）和式（11-5-5）看出，m 越小，假同步概率越小。由 P_1 和 P_2 的计算公式看出，它们对检测判别电平的要求是矛盾的。由式（11-5-3）和式（11-5-4）看出漏同步和假同步对同步码长的要求也是矛盾的（在严格判决时）。在 $P_e = 10^{-3}$ 时，为使 $P_1 \approx P_2$，选择 $n=7$（这时 $P_1 = 7 \times 10^{-3}$，$P_2 = 7.8 \times 10^{-3}$），这就是 ITU-T 建议 PCM 基群帧同步码选择 7 位的依据。

3. 同步平均建立时间 t_s

同步建立时间是指系统从确认失步开始搜捕起，一直到重新进入同步工作状态这段时间。同步平均建立时间与同步检测的方式有关。

假定用连贯式插入同步码组且采用同步码组检出的方法（图 11-5-3），下面计算同步的平均建立时间 t_s。

当漏同步和假同步都不发生时，且在最不利的时刻开始搜捕（即从信码中的同步码后位开始），则检测到同步码需要一帧的时间。设每帧由 N 个码元构成（其中 n 位为群同步码），每个码元时间为 T，则一群（帧）时间为 NT。考虑到每出现一次漏同步或假同步大约需要花费一帧（NT）时间，所以群同步平均建立时间大约为

$$t_s \approx (1 + P_1 + P_2) NT \qquad (11-5-6)$$

为了使同步系统的性能可靠，抗干扰能力强，在实际系统中总是加以前向、后向保护。前向保护使假同步概率减小而增加了同步建立时间，后向保护可以使漏同步概率减小。关于详细分析请参阅有关资料。

11.5.5　关于自群同步简介

在群同步的方法中，除了以上所讲的插入同步码的方法外，还有一种不加入额外码组而采用将信息进行适当编码的方法。这种方法使这些代码既代表信息，本身又具有分群的能力。这种群同步称为自群同步法。

例如，待发送的天气预报消息共分四种：晴、云、阴、雨，它们的二进制代码分别为 $w_1 = 0$、$w_2 = 101$，$w_3 = 110$，$w_4 = 111$。当接收到序列"1110110110"时，它将被正确地译为"雨晴阴阴"，不可能有别的译法。这种码称为"唯一可译码"。构造这种码的方法用图11-5-5所示的"码树"表示。画此码树的原则是：用作码字的节点不能再有分枝，例如图11-5-5中所示的节点 0、101、110、111 各点；有分枝的节点，不能用作码字。

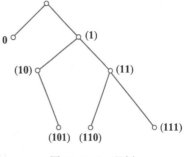

图 11-5-5　码树

上述编码的"唯一可译"是有条件的，要正确译码则接收码字必须正确。若收码产生丢失或误码，就会出现几组错误，或者一直错下去，如在上面所举例中"1110110110"码丢失前两位码，成为序列"10110110…"则译码为"云云……"。可见，若要使编码能够自群同步，则编码不仅唯一可译而且又必须是可同步的，即在丢失开头的码元时，可经过几个错译码后自动回到正确译码，这就是可同步码。如令编码 $w_1 = 01$，$w_2 = 100$，$w_3 = 101$，$w_4 = 1101$，分别表示四种天气：云、雨、阴、晴。若发送"雨晴阴……"，其相应的序列为"1001101101" = "$w_2 w_4 w_3$"。当丢失第一位码元时，接收到"001101101…"。由于前两个符号为 00，编码表中找不到这样的码字，可知同步出错，并选择第二个符号开始为"$w_1 w_3 w_3$"，这样经开头两个码错译之后，到第三个码字获得正确同步。

11.6　数字通信网的网同步

随着通信技术的发展，计算机数据的交换、传真及数字电话信息的传送已形成了一个数字通信网。数字通信网是由许多交换局、复用设备、多条连接线路和终端机构成的。各种不同数码率的信息码要在同一通信网中进行正确的交换、传输和接收，必须建立通信网的网同步。

图11-6-1所示的是一个局部数字通信网的复接系统。图中，复用设备把各支路不同码元速率的数字流合群，或把高速数字流分路。在合路（合群）时，若用较高速率去抽样各支路数据，对数据率偏低的支路就会增码（信息重叠）。如果用较低速率对各支路数据抽样，则合群时较高速率的数据支路就会少码（信息丢失）。由此可见，为了保证整个网内信息能灵活、可靠地交换和复接，必须实现网同步，即必须使整个网各转接点的时钟频率和相位相互协调一致。

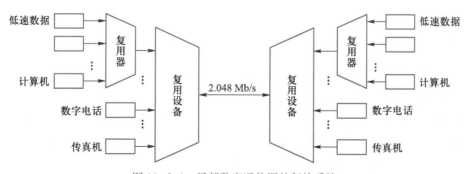

图 11-6-1　局部数字通信网的复接系统

11.6　数字通信网的网同步

实现数字通信网同步的主要方式有三种：主从同步方式、相互同步方式和独立时钟同步方式，以下对这三种方式进行进一步讨论。

11.6.1　主从同步方式

这种同步方式如图 11-6-2 所示。主从同步方式是在整个通信网中设置一个高稳定度的主时钟源，时钟信号送往各局，使其他局的时钟频率全部以主时钟为标准。

在每一个局内，本局的信号时钟通过锁相环与主时钟源保持一致，在交换局内转接的时钟也是由主时钟源控制的，如图 11-6-3 所示。由于各局的连接线路延时不同，因而各局来的信号时延也不同，但经过缓冲存储器后，就可以解决相位不一致的问题。

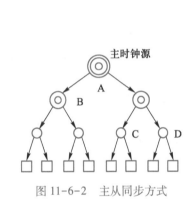

图 11-6-2　主从同步方式

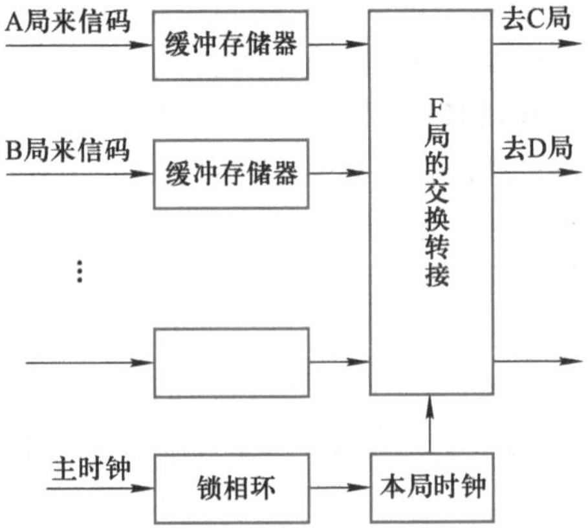

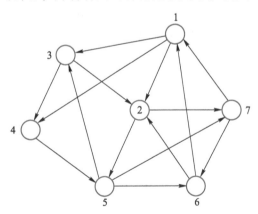

图 11-6-3　主从同步方式的一个局

主从同步方式的优点是时钟稳定度高，设备简单。它的主要缺点是主时钟源出故障时，全网通信中断。尽管如此，由于主从同步方法简单易行，在小型通信网中应用十分广泛。

11.6.2　相互同步方式

为了克服主从同步方式中过于依赖主时钟源的缺点，人们提出了相互同步方式。这种方式如图 11-6-4 所示。通信网内各局都设有时钟源，并将各局时钟源连接起来，使其互相影响，最后使时钟频率锁定在网内各局的固有频率的平均值上，使之产生平均频率（称为网频率），实现网同步。

这种同步是一个互相控制的过程。当某一局（站）出故障时，网频率将平滑地过渡到一个新的值，其他各站仍能正常工作。因而相互同步法提高了通信网工作的可靠性，这就是它的主要优点。

相互同步方式交换局的结构方框图如图 11-6-5 所示。此交换局的结构与图 11-6-3 基本相同，只是时钟源锁相环的输入信号不

图 11-6-4　相互同步方式

是来自主时钟源，而是来自各局的时钟源，以达到各局时钟相互控制的目的。图 11-6-5 中，各鉴相器的输出送至相加平均电路，（∑也可以根据稳定度不同而进行加权平均），经过低通滤波器再去控制 VCO，产生网频时钟。网频的稳定度与各局频率的稳定度有关。由于多个频率源的变化有时可以互相抵消，所以网频的稳定度会比各局的频率稳定度高一些。互联局越多，网频稳定度越高。

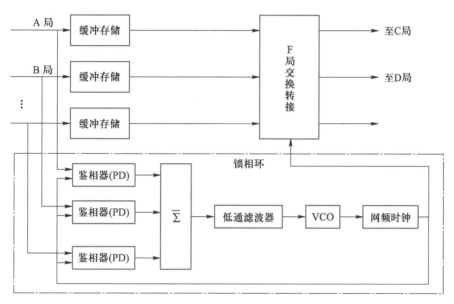

图 11-6-5　相互同步方式交换局的结构方框图

由图 11-6-5 看出，各局的频率变化都会引起网频的变化，出现暂时的不稳，引起转接误码，这是相互同步的一个缺点，所以要求各局频率源稳定度尽量高一些，且要求锁相环的调整时间尽可能短。这种相互同步方式的另一个缺点是各局设备比较复杂，多输入端的锁相环调整困难。

以上介绍的两种同步方式（主从同步及相互同步）称为全网同步方式。还有一种兼顾以上两种方式优点的等级制主从同步方式，它按频率的稳定度分等级进行互相同步。高一级局的时钟出问题，可使用低一级局的频率。

11.6.3　独立时钟同步方式

独立时钟同步又称为准同步方式，或称异步复接。这种方式是全网内各局都采用独立的时钟源。各局的时钟频率不一定完全相等，但要求时钟频率稍高于所传送的码元速率，即使码元速率波动时，也不会高于时钟频率。在传输过程中，可以采用"填充脉冲"的方法完成同步转接，也可以采用"水库法"调整码元速率。

填充脉冲的方法又称为正码速调整法，它的同步原理可由图 11-6-6 说明。图中画出了码速调整转接设备（每个支路都具有收、发两个部分）。这种同步方法可用两个独立的信道，一个信道传送信码，另一个信道传输指示填充脉冲位置的标志信号，如图 11-6-6（a）所示，也可以用单通道，使填充标志在帧码中固定位置传送，原理框图如图 11-6-6（b）所示。下面简单说明填充脉冲同步的原理。

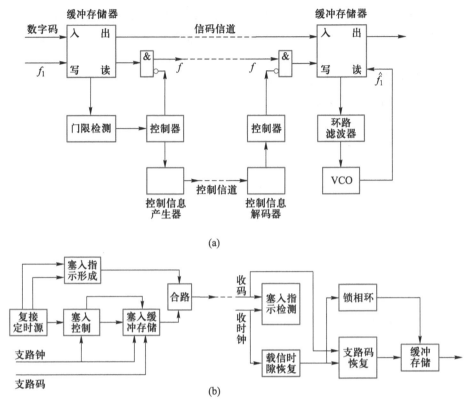

(a)

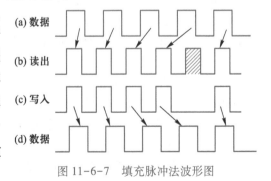

(b)

图 11-6-6　填充脉冲法同步原理

填充脉冲同步方式调整码速的波形图如图 11-6-7 所示。图 11-6-6 支路中数字流的速率为 f_1，波形图如图 11-6-7（a）所示，即在复接设备中支路的数字流以 f_1 的速率写入缓冲存储器。假设以 f 的速率（$f>f_1$）从缓冲存储器中读出，波形如图 11-6-7（b）中所示。若缓冲存储器起始于半满状态，那么随着时间的推移，由于"写"得慢，"读"得快，缓冲存储器的数据势必越来越少，最后导致"取空"。如果规定在缓冲存储器中存储量少于一定门限值时，由复接设备控制器发出指令，使存储器禁读一位，而发送一个不代表信息的"填充脉冲"，如图 11-6-7（b）所示，这样存储器"喘息"一次，再继续读出时，不会出现"取空"现象。在发送"填充脉冲"的同时通过另一个信道送出指示填充脉冲位置的标志信号，以便接收端扣除填充脉冲。发送端各支路经过码率调整都变成速率为 f 的数码流，然后合路送出，使速率和相位达到同步。

在接收端根据控制信号和解码输出，使填充脉冲被扣除，如图 11-6-7（c）所示，形成有许多"空隙"的数码流。而缓冲存储器读出的脉冲速率是输入不均匀脉冲速率的平均值 $\hat{f}_1$，它通常利用锁相环得到。应用 $\hat{f}_1$ 的速率读取存储器，又恢复了数字流，如图 11-6-7（d）所示，如果数码要重新转发就要重复发送端的过程。

图 11-6-7　填充脉冲法波形图

图 11-6-6（b）工作原理基本与图 11-6-6（a）相同，只是在发送端将填充脉冲的指示信息码通过合路控制插入复接帧结构的固定位置。在接收端检出指示信息，扣除填充脉冲来恢复支路信码。

这种同步方式的主要缺点是 $\hat{f}_1$ 有相位抖动，因为 $\hat{f}_1$ 是从不均匀脉冲提取出来的。

独立时钟的另一种同步方法是采用"水库法"。这种方法是依靠在通信网各局（站）设有极高稳定度的时钟源和容量足够大的缓冲存储器，使得在较长时间间隔内不会出现"取空"。容量大的存储器像水库一样，既不会将水抽干，又很难将水灌满，因而无须进行码速调整。但是，在很长一段时间之后，必须对缓冲存储器进行校正，以防"溢出"或"取空"。

现在简单介绍对"水库法"进行计算的基本公式。设存储器的存储量为 $2n$，半满状态为 n，且写入与读出的频率差为 $\pm\Delta f$。显然，发生"取空"或"溢出"一次的时间间隔 T 为（起始状态为半满态）

$$T=\frac{n}{\Delta f} \tag{11-6-1}$$

若数字流的速率为 f，并令 S 为频率稳定度

$$S=\left|\pm\frac{\Delta f}{f}\right| \tag{11-6-2}$$

则由以上两式得

$$fT=\frac{n}{S} \tag{11-6-3}$$

式（11-6-3）是"水库法"的基本公式。例如，当 $S=10^{-9}$，而 $f=512$ kbit/s 时，代入式（11-6-3）计算，当 $n\geqslant45$ 时，$T\geqslant24$ h，即存储器仅 90 位就可以使一天一夜连续工作不发生"溢出"或"取空"，这是很容易办到的。若采用更高稳定度的时钟源，如铷原子钟，其频率稳定度可达 5×10^{-11}，那么就可以在更高速率的数字通信网中采用"水库法"同步。

本章简单介绍了数字通信网的几种同步方式。网同步方式的选择与网的结构形式、信道种类、转接要求、自动化程度、同步码型及码率的选择等多方面有关。一般来说，大型的通信网常常采用准同步复接方式，主从同步方式适于小型通信网。

习　题

11-1　设锁相环路滤波器的传递函数 $F(s)=1$，环路增益 K 一定。试画出环路相位传递函数 $H(s)$ 的频率响应曲线及相位误差 $\theta_e(s)$ 的频率响应曲线。

11-2　数字通信系统的同步是指哪几种同步？它们各有哪几种同步的方法？

11-3　若频域插入导频法中插入导频 $A\sin\omega_0 t$ 不经 90° 相移，直接与已调信号相加输出。试证明接收的解调输出信号中有直流分量。

11-4 已知锁相环路的输入噪声相位方差 $\overline{\theta_{\text{ni}}^2} = \dfrac{1}{2r_{\text{i}}}$，证明环路的输出相位方差 $\overline{\theta_{\text{n0}}^2}$ 与环路信噪比 r_{L} 的关系为 $\overline{\theta_{\text{n0}}^2} = \dfrac{1}{2r_{\text{L}}}$。

11-5 设有如图 E11-1 所示的基带信号，它经带限滤波器之后，变为带限信号。画出从带限基带信号中提出位同步信号的原理方框图及波形。

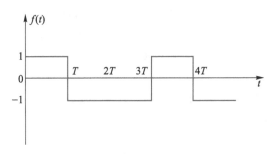

图 E11-1

11-6 试证明：单边带信号不能采用平方变换法提取载波同步。

11-7 如果 7 位巴克码 **1110010** 为帧同步码，设巴克码前后为数字码流，设 **1**、**0** 码等概出现，且误码率为 P_{e}。

① 求假同步的概率（设 $m=0$）及漏同步的概率；

② 画出巴克码相关检测的最大输出及对应的概率曲线图。

11-8 PCM 系统中同步码长 $n=7$，若传输误码率 $P_{\text{e}} = 10^{-4}$；

① 假定出现 $m(\leqslant 1)$ 个错仍判为同步，求正确判定帧同步的概率及漏同步概率；

② 假定序列中 **1**、**0** 出现的概率各为 $\dfrac{1}{2}$，并假定同步码中有小于、等于 2 个码不同时，也可判为同步码，求假同步的概率；

③ 如果一帧长 $N=512$，且传送速率 $R = 2.048$ Mbit/s，求平均建立同步时间（设 $m=0$）。

11-9 设一个数字通信系统采用"水库法"进行码速率调整，已知数据率为 8.192 Mbit/s，存储参量 $z_n = 100$ 位，时钟频率的稳定度为 $\left| \pm \dfrac{\Delta f}{f} \right| = 10^{-10}$，试问应每隔多少时间校正一次？

11-10 单路 PCM 系统是否需加帧同步码？单路 ΔM 系统是否需帧同步？为什么？

11-11 传输速度为 1 kbit/s 的通信系统，设误码率 $P_{\text{e}} = 10^{-4}$，群同步采用 7 位巴克码，试分别计算出 $m=0$ 和 $m=1$ 位错时，漏同步和假同步概率各为多少。若每一群中信息位数为 153，试估算群同步平均建立时间。

11-12 试叙述位同步的基本原理和关键技术。

11-13 试叙述帧同步的基本原理和关键技术。

11-14 试叙述网同步的基本原理和关键技术。

第12章

现代通信网

12.1 通信网的基本概念

12.1.1 通信网的定义与构成

1. 通信网的产生

通信的目的是传输消息中包含的信息，信息经过传输才能体现它的价值，如何准确又经济地实现信息传输是通信要解决的问题。从一般意义上讲，通信是指按约定规则进行的信息传送。一个通信系统至少由发送或接收信息的终端和传输信息的媒介组成。终端将消息（如话音、数据、图像等）转换成适合传输媒介传输的电磁信号，同时将来自传输媒介的电磁信号还原成原始消息；传输媒介负责把电磁信号从一端传输到另一端。这种只涉及两个终端的通信系统称为点对点通信系统。点对点通信系统如图 12-1-1 所示。

图 12-1-1　点对点通信系统

点对点通信系统并不是通信网，若要实现多个用户之间的通信，则需要采用一种合理的组织方式将多个用户有机地连接在一起，并定义标准的通信协议，让它们能够协同工作，形成一个互联互通的通信网络，即通信网。构建通信网最简单、最直接的方法就是将任意两个用户通过线路连接起来，构成如图 12-1-2 所示的全互联通信网，各用户之间都需要一条直接相连的通信线路。显然，这种方法并不适用于构建大型通信网，主要原因如下：

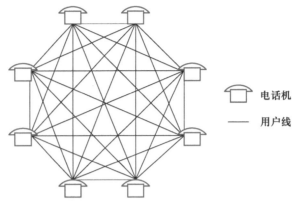

图 12-1-2　全互联通信网示意图

（1）当用户数量较大时，任意一个用户到其他 $N-1$ 个用户都需要一条直达线路，构建成本高、可操作性差；

（2）每一对用户之间独占一条永久通信线路，信道资源无法共享，造成巨大浪费；

（3）这样的网络结构难以实施集中控制和网络管理。

为解决上述问题，通信网引入了交换节点（交换机），组建了如图 12-1-3 所示的交换式通信网。在交换式通信网中，直接连接电话机或终端的交换机称为本地交换机或市话交换机，相应的交换局称为端局或市话局，主要实现与其他交换机连接的交换机称为汇接交换机。当交换机相距很远，使用长途线路连接的汇接交换机就称为长途交换机。交换机之间的连接线路称为中继线。另一种交换机是用户交换机（private branch exchange，PBX），用于公众网的延伸，主要用于内部通信。用户终端通过用户线与交换节点相连，交换节点之间通过中继线相连，任何两个用户之间的通信都要通过交换节点进行转接。在这种网络中，交换节点负责用户接入、业务集中、通信链路的建立、信道资源的分配、用户信息的转发，以及必要的网络管理和控制。交换式通信网具有以下优点：

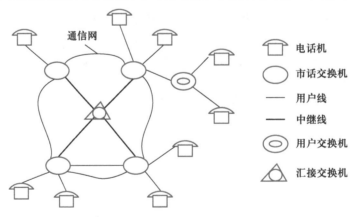

图 12-1-3　交换式通信网示意图

（1）通过交换节点易于组成大型网络。由于大多数用户并不是时刻需要通信服务，因此，通信网中的交换节点可以用少量的中继线路以共享的方式为大量用户服务，这大大降低了网络的建设成本；

（2）交换节点的引入使通信网更易扩展，同时便于网络的控制与管理。

实际应用中，大型通信网大多具有复合型网络结构，用户之间的通信连接往往涉及多段线路和多个交换节点。

在计算机局域网（local area network，LAN）中也有名为 LAN switch 的交换机，俗称网络交换机。LAN switch 的基本任务是将来自输入端口的数据包，根据其目的地址转发到输出端口。只要目的地址不变，输出、输入端口之间的对应关系就保持不变，这相当于建立了端口之间的连接。因此，LAN switch 和电话交换机具有类似的功能。

2. 通信网的定义

从不同的角度看，通信网的定义也不同。从用户的角度看，通信网是一个信息服务设施，或者是一个娱乐设施，用户可以利用它获取信息、发送信息、参与娱乐等；从工程师的角度看，通信网是由各种软硬件设施按照一定的规则互联在一起，完成信息传送任务的系统。工程师希望这个系统能可管、可控、可运营。因此，通信网的通俗定义是由一定数量的节点（包括终端、交换机）和连接这些节点的传输系统有机地组织在一起的、按照约定规则或协议完成任意用户之间信息交换的通信体系。用户可以利用它克服空间、时间等障碍进行有效的信息传送。

在通信网中，信息的交换可以发生在两个用户之间、两个设备之间或者用户和设备之间。交换的信息包括用户信息（如话音、数据、图像等）、控制信息（如信令信息、路由信息等）和网络管理信息三类。通信网要解决的是任意两个用户之间的通信问题，由于用户数量多、地理位置分散，且需要将采用不同技术体制的各类网络相互连接在一起，因此通信网的设计较为复杂。

在通信网中，信息由信源传送至信宿具有面向连接（connection oriented，CO）和无连接（connectionless，CL）两种工作方式。这两种工作方式可以比作铁路交通和公路交通。铁路交通是面向连接的，如从北京到南京，只要铁路信号提前送达沿线各站，道岔一合（类似于交换），火车就可以从北京直达南京，一路畅通，准时到达。公路交通是无连接的，汽车从北京到南京一路要经过许多立交或岔路口，在每个路口都要进行选择路线，道路拥塞时需考虑绕行问题，所以路况可能会对运输造成时延，出现货物运输时效性（通信中称为服务质量）问题。

（1）面向连接网络

面向连接网络的工作原理如图 12-1-4 所示。假定终端 A 有三个数据分组需要传送到终端 C，A 首先发送一个"呼叫请求"信号到节点 1，请求网络建立到终端 C 的连接，节点 1 通过选路确定将该请求发送到节点 2，节点 2 又决定将该请求发送到节点 3，节点 3 决定将该请求发送到节点 6，节点 6 最终将"呼叫请求"信号传送到终端 C。如果终端 C 接受本次通信请求，就响应一个"呼叫接受"信号到节点 6，这个消息通过节点 3、2 和 1 原路返回到 A。一旦建立连接，终端 A 和 C 就可以通过这个连接（图 12-1-4 中的虚线所示）来传送（交换）数据分组。终端 A 需要发送的三个分组依次通过连接路径传送，各分组传送时不再需要选择路由。因此，来自终端 A 的数据分组依次穿过节点 1、3、6，而来自终端 C 的数据分组依次穿过节点 6、3、2、1。通信结束时，终端 A、C 任意一方均可发送一个"释放请求"信号来终止连接。

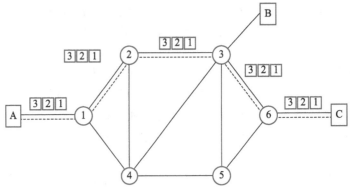

图 12-1-4　面向连接网络的工作原理

面向连接网络的连接可以分为两种：实连接和虚连接。用户通信时，如果建立的连接是由各段专用电路级联而成时，无论是否有信息传送，这条专用连接（专线）始终存在，且每一段占用恒定的电路资源（如带宽），那么这种连接就称为实连接（如电话交换网）；如果电路的分配是随机的，用户在信息传送时占用电路资源（带宽根据需要分配），无信息传送就不占用电路资源，对用户信息采用标记进行识别，各段线路使用标记统计占用线路资源，那么这些串接（级联）起来的标记链称为虚连接（如分组交换网）。显而易见，实连接的资源利用率比虚连接低。

（2）无连接网络

无连接网络的工作原理如图 12-1-5 所示。同样，如果终端 A 有三个数据分组需要送往终端 C，A 直接将分组 1、2、3 按顺序发给节点 1，节点 1 为每个分组独立选择路由。在到达分组 1 后，节点 1 得知输出至节点 2 的队列较短，于是将分组 1 放入输出至节点 2 的队列。同理，对分组 2 的处理方式也是如此。对于分组 3，节点 1 发现当前输出到节点 4 的队列最短，则将分组 3 放在输出到节点 4 的队列中。在通往 C 的后续节点上，都做类似的选路和转发处理。这样，每个分组虽然都包含同样的目的地址，但并不一定走同一路由。另外，分组 3 先于分组 2 到达节点 6 也是完全可能的。因此，这些分组可能以不同于发送顺序到达 C，这就需要终端 C 重新排列恢复原来的顺序。

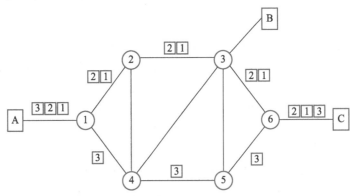

图 12-1-5　无连接网络的工作原理

上述两种工作方式的主要区别如下：

① 面向连接网络对每次通信都需进行连接建立、信息传送、连接释放 3 个阶段，而无

连接网络则没有建立和释放的过程；

② 面向连接网络中的节点必须是相关的呼叫选路，一旦路由确定即建立连接，路由中各节点需要为后面的通信维持相应的连接状态，而无连接网络中的节点必须为每个分组独立选路，而无须维持连接状态。

当用户信息较长时，采用面向连接方式通信效率较高；反之，无连接方式通信效率较高。

3. 通信网的构成

实际的通信网是由软件和硬件按特定方式构成的一个通信系统，每一次通信都需要软硬件设施相互协调配合来完成。从硬件组成来看，通信网由终端节点、交换节点和传输系统构成，实现通信网的基本功能（接入、交换和传输）。软件设施则包括信令、协议、控制、管理、计费等功能，主要负责通信网的控制、管理、运营和维护，实现通信网的智能化。下面重点介绍通信网的硬件组成部分。

（1）终端节点

最常见的终端节点有电话机、传真机、计算机、移动终端、视频终端和 PBX 等。它们是通信网上信息的产生者，同时也是通信网上信息的使用者，其主要功能如下：

① 用户信息的处理：主要包括用户信息的发送和接收，负责将用户信息转换成适合传输系统传输的信号及相应的反变换；

② 信令信息的处理：主要包括产生和识别连接建立、业务管理等所需的控制信息。

（2）交换节点

交换节点是通信网的核心设备，最常见的有电话交换机、分组交换机、路由器、转发器等。交换节点负责集中、转发终端节点产生的用户信息，但它自己并不产生和使用这些信息，交换节点的功能结构如图 12-1-6 所示，其主要功能如下：

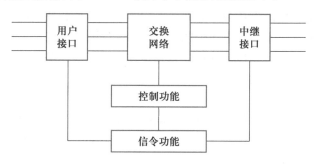

图 12-1-6 交换节点的功能结构

① 用户业务的集中和接入功能：通常由各类用户接口和中继接口组成；

② 交换功能：通常由交换矩阵完成任意入线到出线的数据交换；

③ 信令功能：负责呼叫控制和连接的建立、监视、释放等；

④ 其他控制功能：路由信息的更新维护、计费、话务统计、维护管理等。

（3）传输系统

传输系统为信息的传输提供传输信道，并将网络节点连接在一起。通常传输系统的硬件组成包括线路接口设备、传输媒介、交叉连接设备等。

传输系统主要的设计目标之一就是如何提升物理线路的使用效率，因此传输系统通常

12.1 通信网的基本概念

都采用多路复用技术，如频分复用、时分复用、波分复用等。另外，为保证交换节点能正确接收和识别传输系统的数据流，交换节点必须与传输系统协调一致，这需要保持帧同步、位同步、遵守相同的传输体制（如 PDH、SDH、OTN）等。

12.1.2　通信网的基本要求

通信网若要达到令人满意的通信服务质量，继续生存和发展下去，必须满足一定的要求。本节将对通信网的一些基本要求进行介绍。

1. 任意性和接通的快速性

对通信网最基本的要求是网内任意两个用户都能在需要的时候实现互相通信，即接通的任意性。在通信中，时间因素很重要，如果在任意时刻不能立刻接通，就不具有任意性。影响快速接通的主要原因可能是转接次过多或是在某些环节中出现阻塞，但通信网完全不出现阻塞往往是不经济的，有时也是不可能的。对于紧急用户，可以借助于直通电路、租用专线来解决。当某一个通信网内部都是紧急用户时，可以采用全连接网。对于紧急用户，也可以采用优先制，但是这会造成一般用户的接通率降低（即呼损率增加）。对于接通的快速性，可规定一个时限，平均能在某一时限内接通，就可认为已满足快速性的要求。实际应用中，这一时限的确定应根据需求和成本进行综合考虑。

2. 可靠性

通信网的可靠性是在概率的意义上衡量平均故障间隔时间或平均运行率是否达到要求。提高可靠性，一方面是要求运行的每台设备都要达到一定的可靠性，另一方面要从系统设计上考虑，采用备用信道和备用设备，这必然要增加投资成本和维护费用，通常要根据实际通信业务的性质和需求来综合考虑。在军用通信网中，中断通信的损失往往是无法估量的，因此，这类通信网的可靠性要求很高，其相应的费用预算也高。民用通信网在可靠性要求上通常较低，但随着社会的发展，人们的经济水平和技术水平不断提高，成本不断降低，对通信的要求也不断提高，因此，对可靠性的要求也在不断提高。此外，由于呼损而产生的等待也被视为可靠性来处理，尤其是发生了某些线路故而引起的呼损，完全是由于系统的可靠性不高引起的。

3. 透明性

通信网的透明性是指所有信息都可以在网内传递，不加任何限制。理想的通信网应满足任何形式的信息都能在网内传递，不存在过高的要求和限制。完全绝对的透明性实现起来非常困难，只能尽可能地对用户减少限制。

4. 一致性

这里的一致性是指整个通信网中通信质量的一致性。在通信网中，无论是远距离还是近距离，无论是各子系统还是全程指标均应满足规定的最低质量指标，通常要求所有网内通信的质量都高于这个指标，以保证任意两地的用户都能通过网络正常通信。

5. 灵活性

通信网的灵活性是指通信网建成后便于扩容、增加新业务、与其他网络互联互通。另外，灵活性还应包含网络的过载能力。当业务量超过网络的设计容量时，应具有一定的适应能力。根据现有网络的运行情况，网内业务的总通过量与用户的总需求（或称总话务量）有这样的关系：当话务量远小于设计容量时，总通过量随话务量的增加按线性规律逐渐上升，但当需求量进一步增加时，通过量的上升就减缓，被拒绝的部分逐渐增大；当需求量再增加时，总通过量达到饱和点，这就是阻塞现象。此饱和点常称为阻塞点，它是网络过载能力的限度。一个优良的通信网应具有足够的灵活性，以适应这类过载状态，尽量避免或推后阻塞点。

6. 合理性

通信网的合理性是指经济上的合理性。如果一个通信网造价太高或维护费用太贵，那么再好的网络也很难实现，所以通信网在经济上的合理性十分重要。在设计通信网时，应根据当时的社会条件、技术条件、需求条件、经济条件进行综合考虑。

上述介绍了一个通信网所应满足的六项基本要求。当然，人们还可以根据不同的需求提出许多其他要求。

12.1.3 通信网的业务

目前，各种网络为用户提供了许多不同业务，业务的分类并无统一的标准，好的业务分类有助于运营商进行网络规划和运营管理。这里借鉴传统 ITU-T 建议的方式，根据信息类型的不同将业务分为四类：话音业务、数据业务、图像业务、视频和多媒体业务。

1. 话音业务

话音业务主要是电话业务，目前通信网提供固定电话业务、移动电话业务、VoIP、会议电话业务和电话语音信息服务业务等。该类业务不需要复杂的终端设备，所需带宽小于 64 kbit/s，采用电路或分组方式承载。

2. 数据业务

低速数据业务主要包括电报、电子邮件、数据检索、Web 浏览等。该类业务主要通过分组网络承载，所需带宽小于 64 kbit/s。高速数据业务包括局域网互联、文件传输、面向事务的数据处理业务，所需带宽均大于 64 kbit/s，采用电路或分组方式承载。

3. 图像业务

图像业务主要包括传真、CAD/CAM 图像传送等。该类业务所需带宽差别较大，G4 类传真需要 2.4～64 kbit/s 的带宽，而 CAD/CAM 则需要 64 kbit/s～34 Mbit/s 的带宽。

4. 视频和多媒体业务

视频和多媒体业务包括可视电视、视频会议、视频点播、普通电视、高清晰度电视等。该类业务所需的带宽差别很大，例如，会议电视需要带宽 64 kbit/s～2 Mbit/s，而高清晰度电视需要 140 Mbit/s 左右的带宽。

此外，还有另一种广泛使用的业务分类方式，即按照网络提供业务的方式不同，将业务分为三类：承载业务、用户终端业务和补充业务。承载业务和用户终端业务的实现位置如图 12-1-7 所示。其中，承载业务与用户终端业务合起来称为基本业务。

（1）承载业务

承载业务是网络提供的信息传送业务，具体地说，是在用户网络接口处提供的一种服务。网络用电路或分组交换方式将信息从一个用户网络接口（user network interface, UNI）透明地传送到另一个用户网络接口，而无须对信息进行任何处理和解释，与终端类型无关。一个承载业务通常由承载方式（分组或电路交换）、承载速率、承载能力（语音、数据、多媒体）来定义。

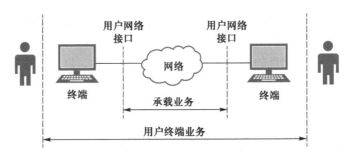

图 12-1-7　承载业务与用户终端业务的实现位置

（2）用户终端业务

用户终端业务指所有面向用户的业务，在人与终端的接口上提供业务。它既反映了网络的信息传递能力，又包含了终端设备的能力。用户终端业务包括电话、电报、传真、数据、多媒体等。一般来讲，用户终端业务都是在承载业务的基础上增加高层功能而形成。

（3）补充业务

补充业务又称为附加业务，是在承载业务和用户终端业务的基础上由网络提供的附加业务特性。补充业务不能单独存在，它必须与基本业务一起提供。常见的补充业务有主叫号码显示、呼叫转移、三方通话、闭合用户群等。

未来通信网提供的业务应呈现以下特征：

① 移动性，包括终端移动性、个人移动性；

② 带宽按需分配；

③ 多媒体性；

④ 交互性。

12.1.4　通信网的基本结构

1. 拓扑结构

从网络拓扑的观点来看，通信网是由节点和链路构成的集合。链路是指两个节点之间的传输线路。通信网的拓扑结构可概括为以下几类，如图 12-1-8 所示。

（1）星形，如图 12-1-8（a）所示。在星形结构中，存在一个中心节点，每个节点均以一条单独的链路与中心节点相连。这种结构具有简单、建网容易、便于管理、终端到中心节点平均时延较小的优点。若其中某一条线路出现故障，不会影响到其他节点的正常工作。这种结构最大的缺点是如果中心节点发生故障，则全网停止工作，因此可靠性较差。

（2）环形，如图 12-1-8（b）所示。各个节点通过链路连成一个环形，采取分布式控制方式，信息流在环路中传输。环路是公用的，若其中某一段出现故障，则会影响到整个环路的通信。

（3）网状形，如图 12-1-8（c）所示。网状形网络中任何两个节点之间都有直达链路相连，故网状形网络也称为全连接网络。如果有 n 个节点，共需要 $n(n-1)/2$ 条传输链路。当节点数增加时，传输链路数目迅速增加，建网成本随之增加。网状形网络为分布式网络结构，其链路冗余度较大，其中任一条链路出现故障时，信息流可经其他链路通过。所以这种网络结构可靠性高、稳定性好，但其链路的利用率较低，不经济，适合节点之间业务量较大和节点数目少的情况。在网状形结构中，如果有些节点之间没有直达链路相连，则其结构变为网孔形，如图 12-1-8（d）所示，它是网状形网络的一种变形，也就是不完全网状形网络。这些网络中有些节点之间业务量较少，不需要直达链路，降低了传输链路的数目和组网成本。

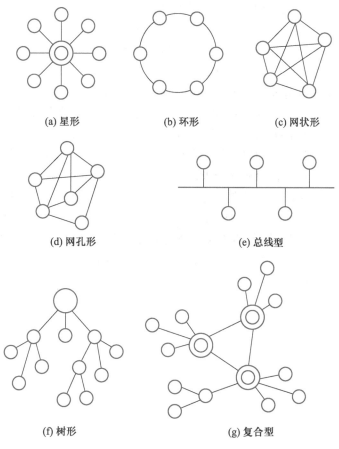

(a) 星形 (b) 环形 (c) 网状形

(d) 网孔形 (e) 总线型

(f) 树形 (g) 复合型

图 12-1-8 通信网络的拓扑结构

（4）总线型，如图 12-1-8（e）所示。所有的节点都连接在一条单总线上，总线为公共传输链路。总线型网络结构简单、连接方便、需要的传输链路少、增减节点较为方便，但稳定性较差，网络范围受到总线长度的限制。

（5）树形，如图 12-1-8（f）所示。树形结构可以看成是星形结构的扩展，是多个星形网络的集合。树形结构中节点按层次连接，信息交换主要在上下节点之间进行，适用于分级控制系统。

（6）复合型，如图 12-1-8（g）所示。它由网状形结构和星形结构组合而成。组网时，通信业务量较大的区域通常由网状形网络构成，而在业务量较小的局部以星形结构为基础，这样可以兼顾以上两种结构的优点，使整个网络可靠性较高，又比较经济，是常采用的一种结构。

如何确定最合适的网络拓扑结构，是通信网络设计中的一个重要问题。这个问题的解决必须根据可靠性、信息交换量、费用等方面的要求进行综合分析。

12.1 通信网的基本概念

2. 体系结构

现代通信网是节点和链路的有机结合，是可以实现各种通信功能的复杂通信网络体系。实际运营的多种类型的网络，结构各有差异，可以采用分层的概念来描述。在描述网络体系结构时，开放系统互连参考模型（open system interconnection reference model，OSI-RM）通常作为一个参考的通用框架。本节对此进行介绍。

自 20 世纪 70 年代初美国国防部高级研究计划局的 ARPA（Advanced Research Project Agency）网产生以后，70 年代中期一批计算机厂家纷纷宣布了自己的网络体系结构（如 SNA、DNA 等）。随后国际标准化组织（International Standardization Organization，ISO）提出了开放式系统互连（open system interconnection，OSI）的国际参考模型（OSI-RM）。OSI-RM 中的"开放系统"是指与其他系统通信时遵守 OSI 标准的系统，或者说这些交换信息通过使用统一的标准而彼此"开放"。这里所指的"开放式系统"是一种概念性、功能性的结构，它并未涉及任何特定系统互连的具体实现技术或方法，但这一国际标准却协调了系统互连的标准化研究。ISO 在 1982 年推出的开放系统互连参考模型（OSI-RM）分为七个层次：① 物理层；② 数据链路层；③ 网络层；④ 传送层；⑤ 对话层；⑥ 表示层；⑦ 应用层，其功能结构如图 12-1-9 所示。在这个模型的基础上，精确而详细地描述 OSI 的功能而形成了 OSI 的各种服务和协议。分层结构的特点是，所有低层功能是其上一层的基础，并且一般仅在相邻层之间有接口关系，不同层之间的功能相对独立，层间接口是简单的单向功能依赖关系。

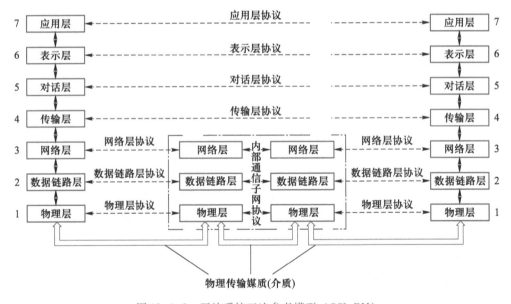

图 12-1-9　开放系统互连参考模型（OSI-RM）

下面从低层到高层对 OSI 的七层功能作简单介绍。

（1）物理层。物理层的作用是为数据链路层提供物理连接，透明地传输比特流。物理层通过具体的物理媒体传输比特流，这些具体的物理媒体包括双绞线、同轴电缆、光缆等，它们不包含在物理层之内。有时处于物理层之下的物理媒体也被称为第 0 层，具有机械特性、电气特性、功能特性和过程特性等。相应的通用标准接口有 X. 21、X. 26、X. 27、

V. 24、V. 28、R S232-C、RS422-A、RS423-A 等。

（2）数据链路层。数据链路层面向网络层提供无差错、高可靠的数据传送链路，其数据的传送是以帧为单位进行的。数据链路层完成数据链路管理、成帧（包括：同步、定界及透明传输）、流量控制、差错控制、寻址等功能。常用的数据链路层协议有高级数据链路控制（high-level data link control protocol，HDLC）规程、同步数据链路控制（SDLC）规程、ITU-T 建议 X. 25-2 等。

（3）网络层。网络层是对通信子网进行管理和控制的重要层。它屏蔽了不同子网的差异，实现端到端的网络连接。网络层数据传输的协议数据单元（protocol data unit，PDU）是分组或包。它的主要功能是路由选择和转发、分组的分段与成块、网络层差错控制、流量控制等。相关的主要协议有 ITU-T 建议 X. 25-3、因特网的 IP、局域网 Novell 的 IPX 协议等。

（4）传送层。传送层对高层屏蔽通信子网的细节，提供通用的传送接口，即提供端到端无差错、透明、可靠的通信，主要功能是建立、拆除和管理传送连接。相关的主要协议有传输控制协议 TCP、用户数据报协议 UDP 等。

（5）对话层、表示层。对话层用于管理数据传送，使用户进程之间逻辑信道的建立、结束和对话控制过程标准化。表示层负责大部分与数据表示有关的功能，主要解决不同实体相互连接时的信息表示问题，如字符转换、数据压缩与解压、数据加密与解密等。在实际的网络中一般不单独设立这两层。

（6）应用层。应用层直接向应用进程或用户提供服务。服务的功能常因用户而异，很难标准化。它的功能不限于传送与信息有关的项目，还可以涉及系统管理与应用管理，如事务处理程序、文件传送协议和网络管理等。

12.1.5　通信网的交换方式

1. 交换及其在通信网中的作用

"交换"就是"转接"，这是多节点网络中实现信息传输的必要而有效的手段。交换是通过"交换中心"将信号汇集后再转发，以实现多个节点和它们的终端之间的通信访问。交换方式的优点是可以大大节省通信线路的数目。一个不采用交换的 n 个节点的全通网所需的通信链路数为 $C_n^2 = \frac{1}{2}n(n-1)$。显然，当 n 增大时，链路数接近正比于 $\frac{1}{2}n^2$。实际上，对于交换方式，最低可以只建立 $n-1$ 条链路，但此时各终端来的信号和数据必须首先集中于"交换中心"（转换中心），实现链路多点公用，这就出现了"多路复用"的概念。

以"交换"方式进行通信，虽然降低了线路成本，但也带来了新的问题：多个用户同时争用线路可能引起"拥挤"或"阻塞"。这与网络结构、转换中心设置以及转接方式有关。所以，交换方式是通信网络设计时必须考虑的重要因素。

2. 交换方式

通信网中交换方式的选择与信息的特性有关。常用的交换方式有多种，按其性质可以分为以下三类：

（1）电路交换

电路交换又称线路交换。它是根据通信需要，利用交换机在许多输入线和输出线之间建立可任意切换的物理通路的交换方式，又可分为空分交换和时分交换。电路交换方式如图 12-1-10 所示。

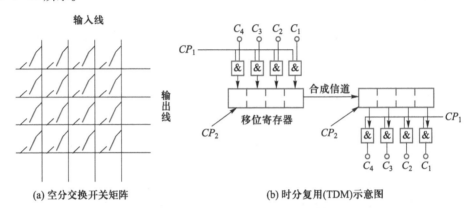

图 12-1-10　电路交换方式

空分交换比较简单，其结构如图 12-1-10（a）所示，它的主要特点是所建立起来的每一条信道都有一路单独使用的实际线路与之相对应，交换机如同一个坐标网式的接点群，通过它可在各输入线和输出线之间构成任意物理通路。这种实际线路的接通是由呼叫装置自动完成的。

时分交换就是时分复用（time division multiplexing，TDM）在交换上的应用，其特点是多个信道共用一条物理线路，以提高线路的利用率。用户所传送的数据在时间上是不连续的。但由于电子转接开关速度足够高，用户收发速度远低于传输速度，所以用户不会产生中断的感觉。时分线路交换的示意图如图 12-1-10（b）所示，这是一个采用存储器的 TDM，图中时钟 CP_2 的速率等于四倍的 CP_1 速率。每一个通道占一个预先分配定的时隙（time slot），按编定的次序进行接通。各路数据按时序排列构成了"帧"（frame）。时分交换大大提高了线路的利用率。但它出现的新问题是"帧"的同步和时钟的同步问题，同步问题在第 11 章中已有详细讨论，这里不再说明。

（2）存储-转发交换

通信系统中，当信息不是实时传输或对传输速率要求不高时，可采用"存储-转发"交换方式进行通信。这种交换的特点是交换机设有缓冲存储器，输入线路送来的数据首先在缓存器中存储（必要时对它进行处理），等待输出线路空闲时立即送出。这种方式允许不同类型、不同速率的数据终端进网互通。它的优点是：① 使信息流量均匀，调节线路的忙闲，提高了线路和交换机的利用率，与时分复用结合，提高了传输效率；② 有利于信息格式、速率转换及报文分组的拆装等处理，扩展了功能，提高了灵活性；③ 合理使用存储容量，防止"阻塞"和死锁发生。

"存储-转发"交换又分为报文交换和分组交换两种：

① 报文交换。"报文"包括所发的正文和用来指明收发站地址及其他辅助信息的信息段。报文一般有规定的长度，或有起始、结尾标志，报文长度一般较大（几千个字符以上）。信息交换以报文为单位，报文交换有存储量大、延迟时间长的缺点。

② 分组交换即报文分组交换，又叫"包交换"。这种交换方式把较长的报文分解成若干较短的"报文分组"或打包成若干个"信息包"，以"分组"作为存储单位。这样报文以"分组"为单位在各节点之间传送，比较灵活，"分组"可自由选择路径，因而既压缩了缓存器的容量，又缩短了网络的延迟时间。由于每组都有各自的附加地址和控制信息等，"分组"或"包装"也加大了开销，增加了系统的额外工作，但它的优点是毋庸置疑的，目前这种交换方式被广泛采用。

（3）混合交换（综合交换）

混合交换的思想最初是在 1962 年被提出的。为了提高通信设备和线路的利用率，混合交换把电路交换（CS）和报文交换（PS）方式结合在一个系统中。混合交换方式（hybrid-switching，HS）又称综合交换（integrated switching，IS），具有以下三个特点：对多种通信业务的适应性好；通信设备和线路利用率高；网络传输可靠性高。

12.1.6　通信网的类型

415

现有的通信网有多种类型。通信网按照通信的范围可以分为局域网（小范围内实现的网络）、城域网（可以覆盖一座城市）、广域网（可以跨越省、国家）；按照传输的信号可以分为模拟通信网、数字通信网；还可以分为国内网、国际网、公用网、专用网等。

目前，通信网按其传输的内容和业务发展的行业不同可分为三大类：有线电视网、计算机网、电信网。

有线电视（cable television，CATV）网主要用于传送视频和音频信号。传统的有线电视网主要以广播的形式出现，只能接收信号，不能上传信号。随着技术的发展，目前的有线电视网已经支持双向交互，其采用频率分割的方式，经同一电缆利用不同的频段传送上行和下行信号。同轴电缆/光纤混合网（HFC）是以现有的 CATV 网为基础开发的一种全业务网，可以提供数据、语音、图像及其他交互型业务，其分配网络的主干部分采用光纤传输，利用光分配器将光信号分配到各个服务区，在光节点处完成光电转换，再用同轴电缆将信号分至用户家中，用户在家即可享受音频、视频、VOD、图像、信息浏览等多媒体服务。

计算机网络是计算机技术与通信技术相结合的产物，是多个自主的计算机通过一定的媒介互联组成的集合，它们彼此之间能够相互通信，实现信息共享、软件资源共享、硬件资源共享、数据资源共享等。计算机网络可分为局域网、城域网、广域网以及 Internet 互联网。近年来，以 Internet 为代表的计算机网络得到了异常快速的发展，已从最初的教育科研网络发展成为商业网络。由于互联网的飞速发展，计算机网络已经成为人们获取信息、相互通信的重要手段之一，被广泛采用，并拥有大量的用户群。

电信网主要有以下几种：

（1）公用电话网（public switched telephone network，PSTN）。公用电话网历史悠久、

规模最大、覆盖面最广、用户最多。电话网由电话机、交换设备和传输设备组成，主要用于传输语音信号。它由本地网和长途网构成。本地网由一些端局和汇接局组成，它们处于同一个长途编号区域范围内。长途网采用多级制，一般由四级长途交换中心构成多级汇接网，并可经国际交换中心进入国际电话网。由于电话网的覆盖范围巨大，目前人们也利用电话网加上调制解调器进行数据传输。

（2）公用分组交换数据网（public switched packet data network，PSPDN）。它采用分组交换技术实现数据传输，如文本数据、传真、可视图文等。

（3）数字数据网（digital data network，DDN）。它是利用数字信道提供半永久性连接电路来传送数据信号的数据传输网。它能提供速率较高、质量较好的传输通道，主要是为那些相对固定且业务量很大的用户提供数据通信业务，从而替代租用专线。

（4）综合业务数字网（integrated services digital network，ISDN）。它分为窄带综合业务数字网（narrowband-integrated services digital network，N-ISDN）和宽带综合业务数字网（broadband-integrated services digital network，B-ISDN）。

为了适应信息化时代的需要，移动通信网作为电信网的重要补充，因其具有移动性和个性化服务特征，受到了广泛的关注，下面将着重介绍有线电视网、计算机网络及移动通信网络的发展历史以及趋势。

12.2　有线电视网

12.2.1　有线电视网的概念

我国有线电视（community antenna television，CATV）网络从 20 世纪 70 年代开始建设，目前已有 13 000 km 的国家光缆网络。我国的有线电视网络已从闭路电视发展到光纤同轴混合（hybrid fiber coaxial，HFC）网络，它是一种以模拟频分复用技术为基础，综合应用模拟和数字传输技术、光纤和同轴电缆技术、射频技术以及高度分布式智能技术的宽带接入网络，是 CATV 网、电信网、计算机网技术相结合的产物。有线电视 HFC 系统模型如图 12-2-1 所示，主要包含四个部分：信号源、前端系统、传输系统、用户分配网。

图 12-2-1　有线电视 HFC 系统模型

1. 信号源

有线电视的节目源通常包括卫星电视信号、本地节目信号等，由卫星信号接收设备和本地信号编码复用器等设备组成信号源。信号源分为模拟信号和数字信号。但随着系统更新换代，相同的带宽下，数字信号能比模拟信号传输更多的节目，因此目前很少使用模拟信号，一般提到的有线电视信号均为数字信号。

2. 前端系统

前端系统通常是指前端机房内各种前端设备的组合，主要功能是接收信号源信号，并对信号源信号进行调制、解调、转换和混合分配，最终经光发射模块转化成光信号，使其能够在光纤传输网中传输。

3. 传输系统

传输系统是指连接前端至用户端之间的物理通道。传输系统的性能指标直接影响到用户接收端的信号质量。目前的广电网络传输系统通常由光纤网与同轴电缆网组成。

4. 用户分配网

用户分配网是有线电视系统的末端，主要是将传输系统输送过来的信号均匀地分配至用户家中，确保每个用户接收信号电平都处在一定的范围内。用户分配网包含有分支分配器、放大器、用户终端盒、用户线等器件。目前，我国的有线电视用户分配网系统均为电缆入户。

图 12-2-2 是有线电视单向 HFC 网络拓扑，由前端机房、干线传输网、分配网、用户端组成。

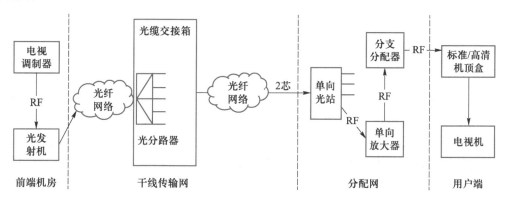

图 12-2-2 有线电视单向 HFC 网络拓扑

前端机房提供电视信号源，将 A/V 信号经编码复用后，合成用户管理系统、条件接收系统，经调制器调制到需要的频率上转化成 RF 信号（射频信号），RF 信号输入光发射机。光发射机实现电-光的转换，将 RF 信号转换成光信号并耦合进光纤。光信号输入到城域光纤网络，使用 1 310 nm 波段下行发送。光信号在光缆交接箱进行跳接，并进行分光，光分路器可安装在光缆交接箱内，也可上移至机房端。光信号从光缆交接箱至单向光站，光站内置光接收模块进行光-电转换。光站对光信号的输入范围有要求，输出的 RF 信号与输入的光信号成正比。一个光站可覆盖 300~500 个用户。从光站输出 RF 信号后，若线路损耗过大，可增加单向放大器，也可不加放大器直接经分支分配器进行信号分配后送入用户家中。单向 HFC 的信号由前端机房至用户端广播式单向传输，用户只能被动接收节目信号，而无法反馈信息给运营商。

12.2.2 有线电视网络双向改造

有线电视网原先采取广播单向网络，只有下行链路。实现网络融合必须对网络进行双向改造，即把原来单向的有线电视网络改成双向宽带的 HFC 网络。双向 HFC 网络可同时传送下行信号和上行信号，它有三种信号分割方式：空间分割、时间分割和频率分割。空间分割采用不同的线路分别传输上行信号和下行信号。例如，HFC 的光纤传输部分就是采用这种方式，它利用两条光纤来分别传输上行信号和下行信号。时间分割是利用一条线路在不同的时间内分别传送上行信号和下行信号，传送上、下行信号的时间由一个脉冲开关进行控制，在一个脉冲周期内传送下行信号，下一个脉冲周期内传送上行信号。频率分割是用不同载波频率分别传送上行和下行信号。根据上行和下行信号传输内容的不同，可采用不同的上行和下行信号频带，但上行和下行信号中间必须有一个大于 20 MHz 的保护频带。

12.2.3　交互式网络电视

交互式网络电视（interactive network TV，IPTV）是基于宽带互联网的一项以网络视频资源为主体，以电视机、计算机为显示端的媒体服务，是互联网业务和传统电视业务融合后产生的新业务。IPTV 可提供电视节目直播、视频点播、准视频点播、时移电视点播、电视网络冲浪等基本业务，还可提供视频即时通信、电视短信、互动广告、在线游戏、在线购物等各种视频增值业务。

12.3　计算机网络

21 世纪的重要特征是数字化、网络化和信息化，是一个以网络为核心的信息时代。计算机网络是以计算机技术与通信技术相互渗透密切结合而形成的一门交叉学科。计算机网络出现的历史不长，但发展很快，其演变与发展可分为 4 个阶段：以主机为中心的联机终端系统；以通信子网为中心的主机相互连接；开放式标准化的、易于普及和应用的网络；计算机网络的高速化发展阶段。

12.3.1　计算机网络的概念

计算机网络典型的概念有以下 3 种：

（1）从应用观点分析：以相互共享资源的方式连接起来，且各自具有独立功能的计算机系统的集合。

（2）从物理的观点分析：在网络协议控制下，由若干台计算机和数据传输设备组成的系统。

（3）从其他方面分析：利用各种通信手段，把地理分散的计算机相互连接起来，能够互相通信且共享资源的系统。

从以上分析可以看出，计算机网络有不同的定义，但主要特性为互连和自治。因此，计算机网络可简单理解为互相连接的自治计算机的集合。所谓自治，即能独立运行，不依赖于其他计算机；所谓互连，即以任何可能的通信连接方式，如有线方式（铜线、光纤）或无线方式（红外、无线电、卫星）实现互连。

12.3.2　计算机网络的分类

1. 按拓扑结构分类

拓扑结构一般是指点和线的几何排列或组成的几何图形。计算机网络的拓扑结构是一个网络的通信链路和节点的几何排列或物理布局图形。按拓扑结构，计算机网络可以分为六类：星形网络、环形网络、网状形网络、总线型网络、树形网络及复合型网络，拓扑结构如图 12-1-8 所示。

2. 按地域范围（网络作用范围）分类

（1）局域网

局域网是指在几百米到十几千米范围内的办公楼群或校园内的计算机相互连接所构成的计算机网络。局域网被广泛用于连接校园、工厂以及机关的个人计算机或工作站，以利于个人计算机或工作站之间共享资源（如打印机）和数据通信。在历经使用了链式局域网、令牌环与 AppleTalk 技术后，以太网和 Wi-Fi（无线网络连接）是现今局域网中最常用的两项技术。

以太网（IEEE 802.3 标准）是最常用的局域网组网方式。以太网使用双绞线作为传输介质，在没有中继的情况下，最远可以覆盖 200 m 的范围。最普及的以太网类型数据传输速率为 100 Mbit/s，更新的标准则支持 1 000 Mbit/s 和 10 Gbit/s 的速率。

其他主要的局域网类型有令牌环和 FDDI（光纤分布数字接口，IEEE 802.8）。令牌环网络采用同轴电缆作为传输介质，具有更好的抗干扰性，但网络结构不能轻易地改变；FDDI 采用光纤传输，网络带宽大，适于用作连接多个局域网的骨干网。

近年来，随着 IEEE 802.11 标准的制定，无线局域网的应用大为普及。这一标准采用 2.4 GHz 和 5 GHz 的频段，数据传输速度最高可以达到 300 Mbit/s 和 866 Mbit/s。

① 局域网的特点

局域网和广域网一样，是一种连接各种设备的通信网络，并为这些设备之间的信息交换提供相应的路径。与广域网相比，局域网主要有以下特点。

规划、建设、管理与维护的自主性强：局域网通常为一个单位或一个部门所设立，不受其他网络规定的约束，容易进行设备的更新和技术的更新，易于扩充，但是需要自己负责网络的管理和维护。

覆盖地理范围小：局域网的分布地理范围小，如一个学校、工厂、企事业单位，各节点距离一般较短。

综合成本低：由于局域网覆盖范围有限，通信线路较短，网络设备相对较少，使得网络建设、管理和维护的成本相对较低。

传输速率高：由于局域网通信线路较短，故可选用较高性能的传输介质作为通信线路，通过较宽的频带，可以大幅度提高通信速率，缩短延时。目前，局域网的传输速率均在 100 Mbit/s 以上。

支持多种通信传输介质：根据网络本身的性能要求，局域网中可使用多种通信介质，例如双绞线、光纤、无线传输等。

误码率低、可靠性高：局域网通信线路短，其信息传输可以避免时延和干扰，因此时延低，误码率低。

② 局域网的关键技术

网络拓扑结构：局域网在网络拓扑结构上主要分为总线型、环形和星形三种基本结构。

传输介质：局域网常用的传输介质有同轴电缆、双绞线、光纤和无线通信。早期（20世纪 80 年代到 90 年代中期）应用最多的是同轴电缆。随着计算机通信技术的飞速发展和

网络应用的日益普及，双绞线与光纤，尤其是双绞线产品的发展更快，应用更广泛。

介质访问控制方法（media access control，MAC）：传统的局域网采用"共享介质"的工作方法。为了实现对多节点使用共享介质发送和接收数据的控制，经过多年的研究，学者们提出了多种不同的介质访问控制方法。IEEE 802 标准主要定义了三种类型的 MAC 方法：带有冲突检测的载波监听多路访问（CSMA/CD）方法的总线型局域网（以太网）、令牌总线（token bus）方法的总线型局域网、令牌环（token ring）方法的环形局域网。

③ 局域网的体系结构

图 12-3-1 所示是 IEEE 802 委员会制定的局域网分层协议参考模型，它分为三层：物理层、介质访问控制（MAC）层和逻辑链路控制（logical link control，LLC）层。在互联网中，LLC 层的上层是 IP 层，MAC 层和 LLC 层合并起来可实现 OSI 参考模型中数据链路层的功能。

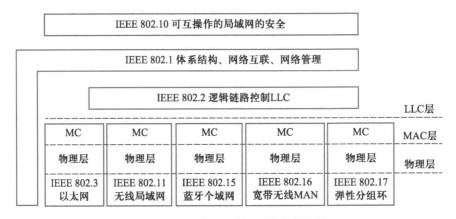

图 12-3-1　局域网分层协议参考模型

④ 无线局域网

无线局域网（wireless local area networks，WLAN）是指应用无线通信技术将计算机设备互联起来，构成可以互相通信和实现资源共享的网络体系，是局域网技术与无线通信技术结合的产物。

一般局域网的传输介质大多采用双绞线、同轴电缆或光纤，这些有线传输介质往往存在铺设费用高、施工周期长、改动不方便、维护成本高、覆盖范围小等问题。无线局域网的出现使得原来有线网络所遇到的问题迎刃而解，它可以使用户在不进行传统布线的情况下任意对有线网络进行扩展和延伸。只要在有线网络的基础上通过无线接入点、无线网桥、无线网卡等无线设备，就可以使无线通信得以实现，并能够保持有线局域网的所有功能。相对于有线局域网，WLAN 体现出以下几点优势。

可移动性：在无线局域网中，由于没有线缆的限制，只要是在无线网络的信号覆盖范围内，用户可以在不同的地方移动工作，而在有线网络中做不到这点，只有在离信息插座很近的位置通过线缆的连接，计算机等设备才能接入网络。

安装便捷：一般在网络建设中，施工周期最长、对周边环境影响最大的就是网络布线工程。而 WLAN 最大的优势就是免去或减少了网络布线的工作量，一般只需要合理地布放接入点，就可建立覆盖整个建筑或地区的局域网络。

组网灵活：无线局域网可以组成多种拓扑结构，可以十分容易地从少数用户的点对点模式扩展到上千用户的基础架构网络。

成本优势：由于有线网络缺少灵活性，这就要求网络规划者要尽可能考虑未来发展的需要，因此往往导致预设大量利用率较低的信息点。一旦网络的发展超出了设计规划，又要花费较多的费用进行网络改造，而无线局域网则可以尽量避免这种情况的发生。

与有线局域网比较时，WLAN也有很多不足之处。例如，无线通信受外界环境影响较大，传输速率不高，并且在通信安全上也不如有线网络。所以在大部分的局域网建设中，还是以有线通信方式为主干，以无线通信作为有线通信的补充，而不是替代。

（2）城域网

城域网（metropolitan area network，MAN）是作用范围在广域网与局域网之间的网络，其网络覆盖范围通常可以延伸到整个城市，借助通信光纤将多个局域网连同公用城市网络形成大型网络，使得不仅局域网内的资源可以共享，局域网之间的资源也可以共享。

城域网的传输介质主要为光缆，使用有源交换的网络技术，网络的传输时延很小，传输速率大于0.1 Gbit/s，覆盖范围从几千米至几百千米。城域网可用作为骨干网络连接同一个城市中的不同位置的数据库、主机和局域网，相当于一种大型的局域网，通常使用与局域网相似的技术。城域网的一种典型的应用是宽带城域网，它是一种在全市范围内基于IP技术并使用光纤作为传输介质的网络。它将全市范围内的数据、语音和视频服务集成于一体，具备高带宽、多功能、多服务的特点。宽带城域网可以满足政府、金融、教育、企业等机构对高速率、高质量的数据通信业务方面快速增长的要求。随着科学技术的不断发展，社会机构需求类型也在不断发展和快速变化。目前，我国逐步完善的城市宽带城域网已经给我们的生活带来了许多便利，高速上网、视频点播、视频通话、网络电视、远程教育、远程会议等这些我们正在使用的各种互联网应用，背后正是城域网在发挥着巨大的作用。局域网或广域网通常是为了一个单位或系统服务的，而城域网则是为整个城市，而不是为某个特定的部门服务的。

城域网本质具有分层的特性，通过分层结构的设置，实现通信网络组网以及网络升级改造，其结构可以划分为核心层、汇聚层、接入层，基本的分层结构如图12-3-2所示。

城域网的三层结构是通过核心路由器进行连接的，在实际应用中，重点是从数据的快速转发、网络通信传输以及数据传输等角度进行完善，三层结构的具体功能如下。

① 核心层：在城域网的搭建过程中，核心层是以通信维护为核心，在实现数据快速化转发及传输的基础上，通过数据连接及传输实现通信传输及控制。核心层包含大容量路由器设备、核心交换设备以及快速传输网络等。其中，核心路由器对核心层的路由表进行保护，并实现路由连接；核心交换设备则是以城域网的数据交换、转发为主要功能；传输网络是在宽带的应用下，以传输介质、传输设备为组成元件，进而实现数据的快速传输。在城域网的核心层中，节点设备常用于城区用户密集区域。在核心层节点以及设备应用中，以城区光缆以及网络通信需求为中心，在优化网络结构的前提下，可利用负载均衡的方式提高网络本身的可靠性。

② 汇聚层：城域网的汇聚层具有中间传输属性。在实际应用中，主要解决核心层端口数量的问题；在实现节点连接的基础上，通过交换机的应用，实现光缆资源以及业务数据的有效控制；在对汇聚层进行针对设计的过程中，需要从汇聚节点以及数据交换等角度

12.3 计算机网络

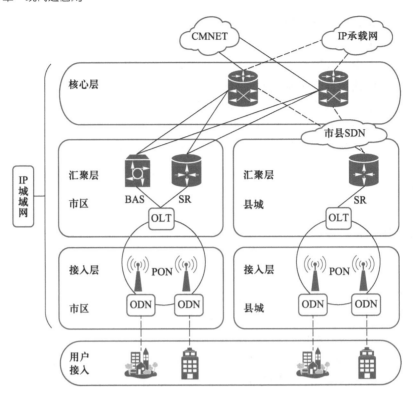

图 12-3-2 城域网的基本分层结构

进行完善，在提高系统性能的基础上，提供汇聚层的节点控制以及数据传输，提高数据传输效率。

③ 接入层：城域网的接入层主要是业务分析。在通信环境下，需要对用户业务流量、用户密度以及数据设置等方面进行控制；在满足接入传输控制的基础上，通过用户接入网络的性能以及设备应用，实现数据传输效果的综合提升。

（3）广域网

广域网是一种远程网，涉及长距离的通信，覆盖范围可以是一个国家或多个国家，甚至整个世界。例如，Internet 就是全球覆盖范围最广、规模最大的国际互联网，它连接了多个国家和地区的几千万个网络。由于广域网地理上的距离可以超过几千千米，所以信息衰减非常严重，这种网络一般要租用专线，通过接口信息处理协议和线路连接起来，构成网状结构，解决寻径问题。

广域网通常利用公用通信网络提供的信道进行数据传输，传输时延很大，传输速率一般低于局域网。广域网主要用于实现局域网的远程互联，扩大网络规模，以实现远距离计算机之间的数据通信及更大范围的资源共享。广域网实际上由相距较远的计算机、局域网、城域网互联而成，通常除了计算机设备以外，还涉及一些电信通信方式，主要有公用电话网、分组交换网、综合业务数字网、数字数据网、帧中继和 ATM 技术。

① 公用电话网

公用电话网（public switched telephone network，PSTN）即公用交换电话网，其用户端接入速度一般可达 9.6～56 kbit/s，需要异步 Modem（调制解调器）和电话线，投资少，安装调试容易，家庭访问 Internet 可采用此种方式。

② 分组交换网

分组交换是一种存储-转发方式，它将到达交换机的分组先送到存储器暂时存储和处理，等到相应的输出电路有空闲时才送出。能进行分组交换的公用数据网（public data network，PDN）称为分组交换网。在分组交换网上传输的线路可以是数字信道或模拟信道，目前大多数是数字信道。分组交换网采用原国际电报电话咨询委员会（Consultative Committee of International Telegraph and Telephone，CCITT）制定的 X.25 通信协议，所以常把分组交换网叫作 X.25 网。

X.25 网的速度为 9.6~64 kbit/s，采用冗余校验纠错，可靠性高，但速度慢、时延长。

③ 综合业务数字网

综合业务数字网（integrated service digital network，ISDN）是电话网与数字网结合而成的网络。目前，我国对公众开放的综合业务数字网属于窄带 ISDN。

ADSL（asymmetrical digital subscriber line）即非对称数字用户线，是以铜质电话线为传输介质的一种传输技术，可用于传输视频、音频及多媒体等信号，是性能更好的综合业务数字网。目前，在现有的电话线上使用 ADSL 技术进行数据传输时，需要在线路一端安装 ADSL Modem。

④ 数字数据网

数字数据网（digital data network，DDN）是利用数字信道传输数据信号的数据传输网，是一个半永久性连接电路的公共数据网。所谓半永久性连接，是指提供的信道为非交换型，用户数据在传输率、到达地点等方面应根据事先的约定进行传输，而不能自行改变。利用 DDN 的主要方式是租用专线。利用数字信道传送网络内的计算机信号，比用公用电话网具有更高的信道容量和可靠性。

⑤ 帧中继

帧中继（frame relay）又称为快速分组交换，是一种由现有协议（X.25）发展而来的网络传输技术，它使分组交换技术从窄带发展到宽带，其平均传输速率是 X.25 的 10 倍。它采用一点对多点的连接方式，在传输信息量大的情况下可以超越传输线速度。

⑥ ATM 技术

ATM（asynchronous transfer mode）即异步传输模式，是由原国际电报电话咨询委员会（CCITT）在 1989 年制定的一种高速网络传输和交换的信息格式。它的优势是可以把局域网与广域网融为一体，可以在同一条线路上实现高速率、高带宽地传输数据、音频及视频等信息，从而能满足多媒体信息的传输需要，而传统的电路交换模式要用不同的线路来传输不同类型的数据。传统的网络技术都在传输距离上受到一定的限制［如以太网连接距离在 2.5 km 以内、光纤分布式数据接口（FDDI）的连接距离在 100 km 以内］，而 ATM 不受传输距离的限制，它既可以用于局域网，也可以用于广域网。

12.4　移动通信网络

移动通信是用各种可能的网络技术来实现任何人、在任何时间、任何地点与任何人进行任何种类的信息交换。这种通信是全天候的，不受时间和地点的限制。移动通信泛指在

移动终端之间或固定终端和移动终端之间的通信，这些通信可能发生在地面、地下、水上、水下、空中和太空。移动通信的概念不仅是指通信对象可以移动，而且更重要的是指通信对象可以在运动中通信。因此，移动通信的这个特点决定了它必然是一种无线通信。

　　无论从什么角度看，无线通信都是通信产业中发展最快的部分。正因为如此，无线通信受到媒体的普遍关注，公众对它充满了期待。在过去的几十年中，无线通信技术快速发展。本节主要以蜂窝通信网络为主线，概括性地介绍第 1 代（1G）移动通信系统到第 6 代（6G）移动通信系统的发展历程。

12.4.1　1G~3G 网络

　　蜂窝通信系统分为模拟蜂窝通信系统和数字蜂窝通信系统两种，模拟蜂窝通信系统是早期的移动通信系统，现在应用的都是数字蜂窝通信系统。比较有代表性的数字蜂窝通信系统包括全球移动通信系统（global system for mobile communication，GSM）、通用分组无线业务、2.5G 和 3G 通信系统。蜂窝通信网络的发展过程如图 12-4-1 所示。

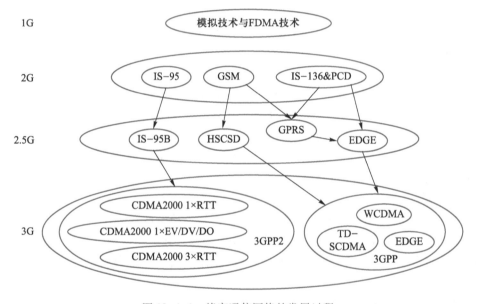

图 12-4-1　蜂窝通信网络的发展过程

1. 第一代（1G）移动通信系统

　　20 世纪 60 年代，AT&T 公司和 Motorola 公司开始研究移动通信技术，并在 1973 年由马丁·库伯研制出世界上第一部手机，正式面向用户应用。20 世纪 70 年代末，移动通信采用的接口为频分多址（frequency division multiple access，FDMA），所传输的无线信号为模拟量，是第一代（1G）移动通信系统。由于受到传输带宽的限制，1G 移动通信系统不能进行长途漫游，只能是一种区域性的移动通信系统。具有代表性的 1G 通信系统有美国的先进移动电话系统（advanced mobile phone system，AMPS）、欧洲的全接入通信系统（total access communication system，TACS）、法国的 450 系统、北欧的 NMT-450 系统等。我国早期主要采用全接入通信系统。1G 移动通信系统有很多不足之处，如容量有限、制式太多、互不兼容、保密性差、通话质量不高、不能提供数据业务、不能提供自动漫游等。目前，第一代蜂窝网已经被淘汰。

2. 第二代（2G）移动通信系统

全球移动通信系统（global system for mobile communications，GSM）由欧洲电信标准组织（European Telecommunications Standards Institute，ETSI）制定，是当前应用最为广泛的第二代蜂窝移动通信标准。自20世纪90年代中期投入商用以来，被全球超过100个国家采用。

GSM移动通信网络的空中接口采用时分复用技术，使用900/1 800 MHz频段。其中，900 MHz频段是使用最广的频段，双工间隔为45 MHz（上行890~915 MHz，下行935~960 MHz），有效带宽为25 MHz，124个载频，每个载频有8个信道。1 800 MHz频段双工间隔为95 MHz（上行1 710~1 785 MHz，下行1 805~1 880 MHz），有效带宽为75 MHz，374个载频，每个载频有8个信道。1 800 MHz频段更适用于对信道容量需求大的市场。

GSM系统主要由移动台（mobile station，MS）、网络交换子系统（network switching subsystem，NSS）、基站子系统（base station subsystem，BSS）和运维支撑子系统（operations support system，OSS）四部分组成。移动台是GSM移动通信网中用户使用的设备，也是用户能够直接接触的整个GSM系统中的唯一设备。移动台（MS）的类型不仅包括手持台（手机），还包括车载台和便携式台。基站子系统（BSS）包括基站控制器（base station controller，BSC）和基站收发信台（base transceiver station，BTC）。基站子系统通过无线接口直接与移动台相连，负责无线发送、接收和无线资源管理。另一方面，基站子系统与网络交换子系统中的移动业务交换中心（mobile switching center，MSC）相连，实现移动用户之间或移动用户与固定网络用户之间的通信连接，传送系统信号和用户信息等。网络交换子系统主要包含有GSM系统的交换功能和用于用户数据与移动性管理、安全性管理所需的数据库功能，它对GSM移动用户之间通信和GSM移动用户与其他通信网用户之间通信起着管理作用。运维支撑子系统需要完成许多任务，包括移动用户管理、移动设备管理以及网络操作和维护。

2.5G是从2G迈向3G的过渡性技术，针对2G系统数据传输能力不足的弱点，2.5G系统通过在2G网络中添加分组交换控制功能，可为用户提供一定速率的数据业务。

3. 第三代（3G）移动通信系统

第三代移动通信系统将无线通信与互联网多媒体通信结合，它能够处理图像、音乐、视频等多种媒体信号，提供包括网页浏览、电话会议、电子商务等多种信息服务。在室内、室外和运动的环境中能够分别支持至少2 Mbit/s、384 kbit/s以及144 kbit/s的数据传输速率。码分多址（code division multiple access，CDMA）是数字移动通信系统中采用的一种多址技术，它能够满足市场对移动通信容量和品质的高要求，具有频谱利用率高、语音质量好、保密性强、掉话率低、电磁辐射小、容量大、覆盖广等特点，因此成为第三代移动通信技术的首选。基于CDMA技术推出的全球标准有欧洲的宽带码分多址（wide band code division multiple access，WCDMA）、北美的CDMA2000和我国的时分同步码分多址（time division-synchronous code division multiple access，TD-SCDMA）。

（1）WCDMA支持者主要是以GSM系统为主的欧洲厂商，日本的公司也参与其中，包括欧美的爱立信、阿尔卡特、诺基亚、朗讯、北电及日本的NTT、富士通、夏普等公司。WCDMA在GSM/GPRS网络的基础上进行演进，核心网基于TDM、ATM和IP，并向

全 IP 的网络结构演进，在网络结构上分为电路域和分组域，WCDMA 具有市场优势。

（2）CDMA2000 由美国高通北美公司主导提出，摩托罗拉和后来加入的韩国三星公司参与其中，三星公司现在成为主导者。目前使用该标准的国家和地区只有日本、韩国和北美。所以，CDMA2000 的支持者不如 WCDMA 多。

（3）TD-SCDMA 标准是由我国制定的具有自主知识产权的 3G 标准。于 1999 年 6 月 29 日由中国原邮电部电信科学技术研究院（大唐电信）向国际电信联盟首次提出。该标准将智能无线、同步 CDMA 和软件无线电等当今国际领先技术融于其中，在频谱利用率、对业务支持、频谱灵活性及成本等方面具有独特优势。全球一半以上的设备厂商都宣布支持 TD-SCDMA 标准。它非常适用于 GSM 系统，可不经过 2.5G 时代，直接向 3G 过渡。

12.4.2　4G 网络

1. 4G 网络概述

第四代（4G）移动通信系统也被称为 3G 的长期演进（long term evolution，LTE）系统，即 3G 向 4G 过渡升级过程中的演进标准。后来，LTE 技术的发展远远超出了预期，LTE 的后续演进版本 Release10/11（即 LTE-A）被确定为 4G 标准。LTE 包含时分双工（TDD）LTE 和频分双工（FDD）LTE 两种模式，也被简称为 TD-LTE 和 LTE-FDD。和以往的数字移动通信系统相比，4G 网络具有更高的数据速率、传输质量以及频谱利用率，可以容纳更多的用户，支持多种业务及全球范围内的多个移动网络间的无缝漫游，其主要指标需求如下：

（1）更灵活的频谱调度能力。LTE 要求支持的系统带宽包括 1.4 MHz、3 MHz、5 MHz、10 MHz、15 MHz、20 MHz。这一目标可以通过可扩展的 OFDMA（正交频分多址）技术来实现。

（2）更高的峰值速率。通过收、发双端配置多天线系统以及高阶的 QAM 调制技术，LTE 可实现在 20 MHz 带宽下，上行峰值速率可达 50 Mbit/s，下行峰值速率可达 100 Mbit/s。

（3）更高的频谱效率。LTE 利用 MIMO-OFDM、自适应编码调制以及小区间干扰协调等技术，可以进一步提升频谱效率。

（4）更低的延迟。在延迟方面，LTE 要求控制面的时延小于 50 ms，建立用户面的时延小于 100 ms，从 UE 到服务器的用户面时延小于 10 ms。实际实现时，可以通过优化空中接口设计，采用扁平化的网络结构来降低时延。

（5）更高的移动速度。LTE 支持终端移动性的目标是对 15 km/h 的低速运动（步行）进行优化设计，对低于 120 km/h 的移动速度（车载）维持高传输性能，对达到 350 km/h 的高速移动场景（高铁、动车）能够保持连接。

2. 4G 关键技术

（1）载波聚合。根据香农定理，网速受限于带宽，而运营商可使用的频谱比较零碎，在低频段很难找到连续频带的大带宽信号进行高速传输，因此载波聚合技术应运而生。载波聚合可以通过联合调度和使用多个可用频段来实现频谱扩展。

（2）MIMO 增强技术。多天线技术是满足 LTE-A 峰值谱效率和平均谱效率提升需求的重要途径之一。LTE-A 通过增大收、发送端可配置的天线数目来提升频谱效率，下行链路扩展至空分复用 8 个数据流并行传输，使峰值频谱效率达到 30 bit/(s·Hz)；上行链路扩展至空分复用 4 个数据流并行传输，峰值频谱效率达到 16 bit/（s·Hz）。

（3）OFDM。OFDM 技术的实质是频率分集，利用串并变换和正交性将信道分成若干正交的窄带子信道，从时域看，是展宽了信息符号的持续时间，变高速数据信号为并行低速子数据流；从频域看，是将频率选择信道变为平坦衰落信道，在小于信道相干时间的时间间隔内，信道可视为线性时不变。把 OFDM 技术和 MIMO 技术有机组合使用，可先通过 OFDM 调制把频率选择性衰落信道转换成一组并行非频率选择平坦衰落信道，再利用可显著提高平坦衰落信道容量的 MIMO 技术来提高系统的信道容量。

（4）协作多点传输。近年来，无线基站部署越发密集，宏基站、微站、Femto（家庭基站）、中继等各种站型组成分层网络，基站之间的干扰已经成为影响系统性能的主要因素。协作多点传输（coordinated multiple point transmission and reception，CoMP）技术通过引入协作技术，化干扰为有用信号，可极大改善小区边缘地区的覆盖性能。

（5）中继技术。中继的目的是覆盖扩展和增强，既可以增强高速率数据的覆盖和小区边界吞吐量，又可以解决盲点和提升覆盖面积。中继组网的一个显著优势是能提供较低的网络部署成本。

由于 LTE 是一个持续演进的标准，因而有很多不同版本的 LTE 标准和系列版本，这些标准构成了第四代移动通信系统的主要内容，其中的部分关键技术在第五代移动通信系统中仍发挥重要的作用，具体可参阅相关文献。

12.4.3　5G 网络

1. 5G 网络概述

第五代（5G）移动通信技术是目前商用的最新一代的宽带移动通信技术。与 4G 相比，5G 的数据传输速度更快、延迟更低、设备连接更广泛、应用场景更多，它能够实现人与人、人与物、物与物互联互通，可极大地促进物联网、智能制造、智慧城市等领域的发展。

在 5G 的发展过程中，ITU 定义了 5G 的三大类应用场景，即增强移动宽带（eMBB）、超高可靠低时延通信（uRLLC）和海量机器类通信（mMTC）。增强移动宽带主要面向移动互联网流量爆炸式增长，为移动互联网用户提供更加极致的应用体验；超高可靠低时延通信主要面向工业控制、远程医疗、自动驾驶等对时延和可靠性具有极高要求的垂直行业应用需求；海量机器类通信主要面向智慧城市、智能家居、环境监测等以传感和数据采集为目标的应用需求。基于这三大应用场景，5G 网络不仅应具备高传输速率，还应满足低时延、低功耗这样更高的要求。因此，5G 网络主要有以下技术特征。

（1）高速率

相对于 4G，5G 要解决的首要问题就是实现高速传输。网络速度提升了，用户的体验才会有较大的改善，通信才能在面对超高清业务时不受限制，对网络速度要求高的业务才能被推广和使用。因此，5G 网络的第一个技术指标就是高速传输。根据当前 5G 技术的发展，5G 的网络速度可以达到每秒数 Gbit 的峰值传输速度，比 4G 网络传输速度快数百倍。具体而言，5G 网络在理论情况下的下载速度可以达到 20 Gbit/s，上传速度可以达到 10 Gbit/s。

（2）低功耗

相比于之前的移动通信技术，5G 技术的功耗要求更为严格，这主要是由于 5G 技术应

用范围更广、数据速率更高、网络容量更大，同时需要实现低延迟和高可靠性等多种要求。在终端设备方面，5G 设备的处理器需要具有更高的效率和更低的功耗，同时需要采用一些新的技术，如功耗管理技术和功耗优化技术，来提高终端设备的电池寿命。在基础设施方面，5G 技术需要提供更高的数据吞吐量和更低的延迟，同时需要维护网络的可靠性和安全性。为了满足这些需求，5G 技术需要采用高效的天线和功率放大器，以及智能化的网络管理和资源分配技术。此外，5G 技术还需要采用绿色能源技术，如太阳能电池和风力发电机等，来降低基础设施的能源消耗。

（3）低时延

低时延对于 5G 网络的发展具有重要的意义。它不仅可以满足当前对于高速、高容量、低时延等多种通信需求，而且也为未来智能化、自动化等技术的发展提供了坚实的基础。在 5G 网络中，低时延是指网络传输时延要在毫秒级别，通常是 1 ms 以下。低时延对于许多应用非常重要，特别是对于需要实时响应的应用，如远程医疗、自动驾驶汽车、虚拟现实和增强现实等。然而，低时延的实现还需要在多个方面进行技术创新：首先，在无线通信技术方面，需要使用更高的频率和更宽的带宽来增加数据传输的速率和容量；其次，在网络架构方面，需要引入更多的边缘计算和分布式计算，以便将数据存储和处理推向网络的边缘，从而减少数据传输的时间和延迟；再次，还需要使用更先进的传输协议和数据压缩算法来减少数据传输的时间和网络延迟。

（4）万物互联

传统通信系统中，终端数量是非常有限的。固定电话时代，电话是以人群来定义的；而手机时代，终端数量爆发式增长，手机是按个人应用来定义的；到了 5G 时代，终端不是按人数来定义的，因为每人可能拥有多个终端。5G 的愿景为每平方千米可以支持 100 万个移动终端。未来接入到网络中的终端，不仅是今天的手机，还会有更多种类的产品。可以说，生活中每一个产品都有可能通过 5G 接入网络。眼镜、手机、衣服、腰带、鞋子都有可能接入网络，成为智能产品。家中的门窗、门锁、空气净化器、新风机、加湿器、空调、冰箱、洗衣机都可能进入智能时代。随着 5G 网络的接入，家庭将成为智慧家庭。

（5）重构安全

在 5G 基础上建立的互联网是智能互联网，它的基本要求是安全、高效、方便。其中，安全是 5G 基础上智能互联网第一位的要求。假设 5G 建设起来却无法重新构建完善的安全体系，将会产生巨大的破坏力。如果无人驾驶系统被攻破，可能就会像电影上展现的那样，道路上汽车被黑客控制；智能健康系统被攻破，大量用户的健康信息会被泄露；智慧家庭被攻破，家中安全根本无法保障。这种情况造成的损失不是可以轻易弥补的。因此，5G 的网络构建中，在底层就应该解决安全问题。从网络建设之初，就应该加入安全机制及信息加密机制。网络并不应该是开放的，对于特殊的服务还需要建立起专门的安全机制。

2. 5G 关键技术

（1）毫米波通信

毫米波通信在频率范围 30~300 GHz 之间进行，相比于传统的低频无线通信技术，毫米波通信具有更高的频率和更大的带宽。在 5G 网络中，毫米波通信被用于增强网络容量和速度，因为它可以提供更高的数据速率和更短的时延。然而，毫米波通信的覆盖范围较窄，需要更多的天线以弥补信号传输距离的限制。此外，由于毫米波的信号易受遮挡和反射的影响，因此需要在信号传输过程中使用波束成形技术和其他信号处理技术来优化信号质量和稳定性。毫米波通信在 5G 技术中的应用主要包括以下方面：① 增强移动宽带体验，毫米波通信可以提供高达 10 Gbit/s 的通信速率，这对于高清视频、虚拟现实、增强现实等应用来说非常重要；② 增强物联网连接，毫米波通信可以支持更多的物联网设备连接，并提供更稳定和高效的通信服务；③ 增强智能制造和自动驾驶等场景应用，毫米波通信可以提供更快速和准确的通信服务，使得在工业自动化和无人驾驶等场景中的实时决策更加可靠和精确。

（2）大规模 MIMO

大规模 MIMO 是 5G 无线通信技术中的一项重要技术，它是指在基站和用户设备之间采用大量的天线来进行通信，以增强通信的信号质量和容量。相较于传统的 MIMO 技术，大规模 MIMO 技术的优点主要体现在以下几个方面：① 高信号质量，大规模 MIMO 技术通过多路传输和多路接收来提高通信信号的质量，可以有效地减小干扰和噪声，提高通信的可靠性和稳定性；② 高通信容量，大规模 MIMO 技术可以在同样的频带宽度下，同时为多个用户提供高速率和高容量的通信服务，大大提高了无线通信的吞吐量；③ 降低功耗，较于传统的 MIMO 技术，大规模 MIMO 技术可以在提高通信容量的同时降低功耗，有效地节约了能源资源；④ 提高网络覆盖，大规模 MIMO 技术可以提高网络的覆盖范围和质量，使得在大规模室内和室外场景中都可以获得更好的通信体验。随着 5G 技术的不断发展，大规模 MIMO 技术将继续发挥重要作用，为未来的智能交通、智慧城市、物联网等领域提供更加可靠和高效的无线通信服务。

（3）D2D 技术

D2D（device to device）是指在基站控制下，终端设备之间直接进行数据传输的一种技术。作为 5G 通信系统的核心技术之一，D2D 技术建立了基站与各种终端设备之间的联系与通信，这在很大程度上提高了用户满意度与用户使用体验，同时也解决了 4G 网络中流量浪费的问题，提高了网络运行效率以及网速。该技术的应用还使得蜂窝数据连接更加稳定，用户间的距离对信号传输的影响也变弱，设备性能大大提高。

（4）超密集网络技术

超密集网络技术对 5G 技术的发展起到了非常大的助推作用。近些年，5G 技术的发展呈现出多元化、综合化的发展趋势，在多种类型的移动设备中，5G 技术得到了普及，这使得移动数据流量快速增加，低功率节点数量也明显增多。此时，超密集网络技术通过应用于局部网络，可以发挥其智能化、多元化的优势，通过合理增加传输线数量的方式，缩小传输站点之间的距离，进而提高网络覆盖率，缓解网络干扰。另外，超密集网络技术还能够对大规模节点进行协作，结合网络动态部署技术，可以对大量节点进行控制，进而从整体上改善 5G 网络结构。

（5）同时同频全双工技术

同时同频全双工技术在 5G 早期提出时，就被业内认为是可以大幅度提高容量的关键技术。它指的是设备的发射机和接收机占用相同频率资源、在相同时间进行工作，使得通信两端的上、下行可以在相同时间使用相同的频率，突破现有的频分双工和时分双工模式，是通信节点实现双向通信的关键技术之一，也是 5G 高吞吐量和低时延的关键所在。

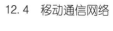

目前，同时同频全双工技术还存在一些技术瓶颈。对于网络侧和终端侧均为全双工的场景，由于需要发射端进行自干扰消除，终端侧全双工存在较高的复杂度，可能会拖延全双工技术的商用进程。另外，全双工技术的实现还需要克服电路板设计、物理层/MAC 层优化、全双工和半双工之间动态切换的控制面优化、对现有帧结构和控制信令的优化问题，以及对上下行链路之间的干扰进行模拟或数字隔离的问题。尽管 5G 第一阶段并没有实际采用全双工技术，但在整个行业，包括产业界和学术界的共同努力推进下，同时同频全双工技术会越来越成熟，很有可能在未来 5G 版本中得到应用。

（6）边缘计算技术

边缘计算技术是将计算、存储和网络资源从云端转移到网络边缘，以提高数据传输速度和降低网络延迟。边缘计算技术可以在设备端或者网络边缘的服务器上进行数据处理和存储，从而避免将数据传输到云端进行处理，大幅降低数据传输时间和网络延迟。在 5G 网络中，边缘计算技术可以支持更低的网络延迟，从而实现更快的响应和更高的数据处理速度。例如，对于无人驾驶车辆这类对网络延迟要求非常高的应用，边缘计算可以在车辆附近的边缘节点上进行数据处理和存储，实现更快的决策和更高的精度。同时，边缘计算还可以减轻云端的负担，提高网络的可靠性和稳定性。

（7）虚拟化技术

5G 系统中的虚拟化技术是指将网络功能、服务、应用等通过软件实现虚拟化，从而实现网络资源的灵活、高效、智能的分配和管理。这种技术可以将硬件资源与软件资源分离，实现网络资源的弹性调度，从而提高网络的性能和灵活性，同时也降低了网络的维护成本。在 5G 网络中，虚拟化技术可以应用于核心网、边缘计算和无线接入等多个方面：在核心网方面，通过网络功能虚拟化技术，将传统的硬件设备虚拟化为软件，从而实现网络功能的灵活调度和部署；在无线接入方面，通过虚拟无线电网络技术，将传统的无线基站虚拟化为软件，实现无线资源的灵活调度和部署。虚拟化技术的应用可以提高 5G 网络的可靠性和安全性，同时也能够提高网络的可扩展性和灵活性，从而实现更加智能化、高效化、安全化的 5G 网络服务。

（8）安全技术

5G 系统的安全技术是指在 5G 网络中，采用一系列技术和策略，保障网络和用户的信息安全、数据隐私以及服务可用性。5G 网络的安全技术主要包括以下几个方面：

① 网络边界安全；

② 身份认证与访问控制安全；

③ 加密技术；

④ 安全传输协议；

⑤ 安全管理与监控；

⑥ 5G 网络切片安全。

12.4.4　6G 网络

1. 6G 网络概述

6G 是新一代智能化综合性数字信息基础设施，具备泛在互联、普惠智能、多维感知、全域覆盖、绿色低碳、安全可信等典型特征，将实现从服务于人、人与物到支撑智能体的高效连接的跃迁，全面引领经济社会数字化、智能化、绿色化转型。目前，针对此愿景，学术界和产业界正通力合作，期望使得 6G 网络具备如下能力。

6G 网络需要具备比 5G 更高的性能，支持 1 Gbit/s 至几十 Gbit/s 的用户体验速率、每平方千米千万至上亿的连接数密度、毫秒甚至亚毫秒级的空口时延、每平方米 0.1 Gbit/s 至数十 Gbit/s 的流量密度、每小时 1 000 km 以上的移动速率、数百乃至 Tbit/s 的峰值速率，以上指标在原有 5G 的基础上将提升 10~100 倍。此外，6G 网络还进一步扩展了新的能力范畴，需要支持微秒级的抖动，覆盖范围将扩展至空天地海的全球覆盖，感知和定位精度将达到厘米级，人工智能的服务精度和效率也将达到 90% 以上。

推动绿色低碳转型是全球共同目标，也是 ICT 产业可持续发展的必然趋势。6G 网络将以绿色低碳作为网络设计的基本准则，降低 6G 网络自身能耗的同时，赋能行业低碳发展。为此，6G 网络将在系统设计、技术创新、产品设计、网络运维等多个环节融入节能减排理念，助力绿色可持续发展。

6G 网络中信息技术的跨界融合和服务场景多样化对网络可信提出新的挑战，需要从设计初期就构建一张能够满足安全泛在、持久隐私保护、智能韧性的可信网络。可信涵盖了网络安全、隐私、韧性、功能安全、可靠性等多个方面。6G 的可信网络需要具备自我免疫、主动防御、安全自治、动态演进等能力，有效满足不同业务场景的差异化安全需求。

6G 技术研发的过程中，还需要考虑网络的运营成本和维护成本，把低成本也作为网络核心设计目标之一，构建低成本的柔性、至简、孪生自治网络。综合考虑网络性能和潜在频谱，相比 5G，预计 6G 频谱效率将提升 1.5~3 倍。

2. 6G 关键技术

为了满足 6G 发展的技术需求，学术界和企业界提出了以下候选技术。

（1）空天地一体化

空天地一体化是以地基网络为基础，天基网络和空基网络为补充和延伸，为广域空间范围内的各种网络应用提供泛在、智能、协同、高效的信息保障的基础设施。在空天地一体化网络中，地基网络主要由地面互联网、移动通信网组成，负责业务密集区域的网络服务；空基网络由高空通信平台、无人机自组织网络等组成，具有覆盖增强、使能边缘服务和灵活网络重构等作用；天基网络由各种卫星系统构成天基骨干网和天基接入网，实现全球覆盖、泛在连接、宽带接入等功能。通过多维度网络的深度融合，空天地一体化网络可以有效地综合利用各种资源，进行智能网络控制和信息处理，从而游刃有余地应对需求迥异的网络服务，实现"网络一体化、功能服务化、应用定制化"的目标。

（2）通信感知一体化

通信感知一体化是指基于软硬件资源共享或信息共享，同时实现感知与通信功能协同的新型信息处理技术，可以有效提升系统的频谱效率、硬件效率和信息处理效率。一方面，通信系统可以利用相同的频谱甚至复用硬件或信号处理模块完成不同类型的感知服务；另一方面，感知结果可用于辅助通信接入或管理，提高服务质量和通信效率。然而，通信感知一体化技术还存在多方面的挑战。在一体化基础理论方面，无线感知通常是以目标检测概率、定位精度、分辨率和无模糊范围等作为评估标准，而通信系统通常是以通信容量、误码率以及多普勒容限等作为评估标准，因此，如何构建通信感知一体化的系统评估准则是一项重要的工作。此外，通信感知应用场景复杂，涉及智慧生活、产业升级、社会治理等方方面面，这使得通信感知一体化技术研究需要匹配不同的场景需求和应用特征，面临严峻的挑战。未来，通信感知一体化研究将逐步走向能力互助阶段，需从理论、空口、硬件、灵活组网、多站协作等方面展开探索，实现资源维度灵活感知；形成通信和感知的有机内生，构建面向全频段的统一通感系统框架。

（3）智能超表面

智能超表面（RIS）技术采用可编程新型亚波长二维超材料，通过数字编码对电磁波进行主动的智能调控，形成幅度、相位、极化和频率可控的电磁场。作为一种全新且极具潜力的基础性关键技术，RIS 能够突破传统无线信道不可控特性，允许以可编程的方式动态控制超表面的电磁特性，从而实现传统超材料无法实现的各种功能，典型应用包括覆盖空洞补盲、覆盖范围扩展、电磁干扰抑制、支持大规模连接及辅助感知与定位，将有机会给未来 6G 带来一种全新的网络范式。RIS 还具有低成本、低功耗、易部署等特点，将能够支持绿色通信、使能智能无线环境，实现未来通信感知一体化。

（4）全息无线电

全息无线电是通过 RF 干涉测量和 RF 计算全息技术实现电磁空间的重构（上行链路）和精密调控（下行链路），一方面实现无线通信超高分辨率的空-时-频三维复用，另一方面实现无线通信、成像和感知的融合。具体而言，上行链路通过空间谱全息或编码的孔径相关全息，实现全息电磁空间的再现与重构；下行链路通过空间波场合成或时间反演（相共轭）实现电磁空间的全维调制与调控，并将全息无线电（或全息空口）概念和卷积定理结合在一起，同时将部分信号处理从数字层面转移到电磁层面（引入光学计算或超表面作为计算单元），以满足智能全息无线电在灵活性、低延迟、功耗和复杂性方面的要求。

（5）超大规模 MIMO

随着天线和芯片集成度的不断提升，天线阵列规模持续增大，大规模 MIMO 也演进升级为超大规模 MIMO。超大规模 MIMO 具备在三维空间内进行波束调整的能力，除地面覆盖外，还可以提供非地面覆盖，如覆盖无人机、民航客机甚至低轨卫星等。分布式超大规模 MIMO 有利于构造超大规模的天线阵列，网络架构趋近于无定形网络，有利于实现均匀一致的用户体验，获得更高的频谱效率，降低系统的传输能耗。此外，超大规模 MIMO 阵列具有极高的空间分辨能力，可以在复杂的无线通信环境中提高定位精度，实现精准的三维定位。超大规模 MIMO 还具有超高的处理增益，可以有效补偿高频段的路径损耗，能够在不增加发射功率的条件下提升高频段的通信距离和覆盖范围。引入人工智能的超大规模 MIMO 技术更有助于在信道探测、波束管理、用户检测等多个环节实现智能化。总之，通过应用新材料、引入新的技术和功能，超大规模 MIMO 技术将与环境更好地融合，进而在更加多样的频率范围内实现更高的频谱效率、更广更灵活的网络覆盖、更高的定位精度和更高的能量效率。

（6）太赫兹通信

太赫兹（terahertz，THz）波是指位于 0.1～10 THz 频段的电磁波，其波长范围是 30 μm～3 mm，在整个电磁波谱中位于微波和红外波频段之间。太赫兹通信是以太赫兹频段作为载波实现无线通信的技术。相比于 5G 的 sub6G 频段和毫米波频段，太赫兹频段凭借丰富的频谱资源优势，受到学术界的广泛关注。太赫兹通信技术发展的重心在于高频核心器件研发、太赫兹空口关键技术研发和高效灵活的太赫兹组网。目前，我国已针对多频段，在多场景下完成太赫兹信道测量，同时在如太赫兹波形、定向组网等太赫兹空口设计研究及其与新技术的融合方面也取得了进展。未来，太赫兹通信需要结合应用导向，加快从芯片到系统的通信产业链成熟化，向绿色节能、多种新兴技术融合的方向发展。

12.5 现代通信网的发展趋势

12.5.1 融合化发展

1. 网络融合

统一的 TCP/IP 协议使各种基于 IP 的业务都能互通，如数据网络、电话网络、视频网络都可融合在一起。这种融合技术有很多优势，如企业在现有设施的基础上，通过融合技术将数据、语音及多媒体信息建立在统一的网络平台上，既降低了管理和企业运营的成本，又提高了企业工作效率。融合技术的迅猛发展又将使网络本身增加很多新的延展特性。由于 IP 对物理距离不敏感，因此，融合将有助于解决劳动力紧缺的问题。人们几乎可以在任何时间、任何地点满足工作和生活需求，如可以利用一条线路使移动用户具有局域网接入、Internet 接入、PBX 分机、语音邮件以及高速拨号等相关功能。

2. 信息融合

目前，通信网传输的信息主要有语音、数据、图像及视频 4 种类型，不同类型的信息对网络容量的要求、对网络延时的可接受程度，特别是对网络损耗、网络延时偏差以及对网络中潜在的堵塞可容忍度的要求等都有一定的差异。

（1）语音。语音带宽需求较低，网络容量较小，实时性强。

（2）数据。数据通信支持的通信业务多，所需带宽的变化也较大，对时延的容忍也不尽相同。

（3）图像。图像所提供的信息量更大，要求也更高。

（4）视频。视频要求带宽大，对时延极为敏感。

以上 4 种类型的信息在传统的通信网络中采用的信息处理手段不同，应用对应的通信网络来进行传输。随着通信技术的发展，数字化技术在通信网络中全面应用，不同类型的信息都可以用数字技术来进行处理。信息融合使得通信网络的自适应性和扩展性大大增强。

3. 技术融合

在传统的通信业务中，电话、有线电视主要采用模拟技术进行传输。数字技术由于具有容量大、品质好、可靠性高、保密性强等特点，已成为整个通信网络的基础，在通信系统中得到全面应用。

伴随着网络技术的发展，IP 技术以其业务适应能力强，可扩展性强等优势已成为通信网络发展的方向。IP 技术的发展，还提供了统一通信网络协议——TCP/IP，它为通信系统在业务面上的融合奠定了基础。电话网、有线电视网、计算机网的网络形态不同，差异主要体现在接入技术不同。用户关心的是客户端如何接入网络。信息的融合要求技术上能够提供统一的接入技术，满足各种业务的需求，因此宽带接入技术已成为通信系统发展的重要方向。

12.5.2　智能化发展

1. 智能通信的概念及意义

智能通信是指通过人工智能（artificial intelligence，AI）技术提供智能化的电信服务。人性化的电信服务包括智能交换服务、智能目录服务、智能通信处理服务。

智能化是信息化的新动向、新阶段，通信的智能已成为目前通信研究的热点。智能通信将改变通信方法，使通信更加方便。智能通信将逐渐融合到人们的生活中，可自由选择通信业务和设备，也将赋予人们通过技术和业务实现个性化的能力，以满足各种需求。

互动智能通信是在通信过程中能实现人与人、人与机器、机器与机器之间的智能的、灵巧的、敏捷的和友好的互动通信。通过开放平台将通信应用和经营无缝整合，能够在恰当的时间通过恰当的通信媒介，将员工、用户和业务流程连接到恰当的人员，从而实现他们之间的互动，使用户获得更加友好的人性化服务，使智能通信具有重要的意义。

（1）多媒体化。提供声、像、图、文并茂的交互式通信和多媒体信息服务，从而能以最有效的方式通过视、听等多种感知途径，迅速获取最全面的信息，促进多媒体通信及由此开发出的可视电话、远程教育、远程医疗、网上购物、视频点播等多媒体服务。

（2）个性化。能随时、随地随意地获得信息服务，个性服务不仅是指用户可在地球上的任何地方随时进行通信，随时上网，通过个人号码提供最大的移动可能性，还包括具有友好、和谐的人机交互界面，用户可按照个人的爱好和支付能力定制服务项目、网络宽带服务等。

（3）人性化。随着通信网络在个人生活中重要性的提高，人们需要更加人性化的电信服务。为此，需要将人工智能的相关技术应用到电信服务中。

（4）智能化。为了提高大规模信息网协调运行与互动信息服务的智能水平，需要开发分布智能通信、互动智能通信的理论、方法和技术，在数字化通信的基础上，实现智能化通信。

2. 智能通信技术基础

无线人工智能将是智能通信的核心技术之一，涉及空口、网络、协议和算法的各个层面，也将深度影响感知、通信、计算、控制等网络功能，其性能潜力已经得到证实。相关研究成果在感知、预测、定位、跟踪、反馈、调度、优化、调控等方面的应用潜力巨大，初步构建了未来标准化和产业化的基础。

无线 AI 是指内生于无线通信系统，通过机器学习（machine learning，ML）等手段深度挖掘利用无线数据和无线模型，由此形成的涵盖新型智能无线架构、无线空口、无线算法和无线应用在内的人工智能技术体系。它主要包括：一是内生智能的新型空口，即深度融合人工智能/机器学习技术，将打破现有无线空口模块化的设计框架，实现无线环境、资源、干扰、业务、语义和用户等多维特性的深度挖掘和利用，显著提升无线网络的高效性、可靠性、实时性和安全性，并实现网络的自主运行和自我演进；二是内生智能的新型网络架构，即充分利用网络节点的通信、计算和感知能力，通过分布式学习、群智式协同以及云边端一体化算法部署，实现更为强大的网络智能，支撑未来各种智慧应用。

无线 AI 自 2016 年前后开始蓬勃发展，当前已掀起全球学术界和工业界的研究热潮。

IEEE 通信学会启动"Machine Learning For Communications Emerging Technologies Initiative"，欧盟 Horizon 2020 启动"智能网络与服务"6G 研究项目，重点发展 AI 增强的通信与网络技术。欧美一批著名高校和企业研究机构均开展了大量的研究工作，部分机构还推出了无线 AI 原型系统。国内主要高校和部分行业领先企业围绕无线智能网络架构、无线智能空口、无线 AI 算法、无线 AI 数据集、无线语义通信等基础理论和关键技术展开了深入的研究和探索，并取得了丰富的成果，部分成果还完成了测试，有效验证了无线人工智能的技术可行性和应用潜力，并初步形成了如下基本结论和重要共识：

（1）AI/ML 能很好地表征和重构未知无线信道环境、有效地跟踪预测反馈信道状态、挖掘利用大状态空间的内在统计特征，大幅度提升物理层信号处理算法的性能。

（2）AI/ML 能够智能挖掘利用无线网络时空频通信、感知和计算资源，有效降低干扰，并实现多用户、多目标、高维度、分布式、准全局优化调度决策。

（3）若干 AI/ML 架构能够很好地与无线网络拓扑、无线传输接入协议、无线资源约束、无线分布式数据特征相适配，从而有潜力建构新型无线智能网络架构。在此基础上，进一步利用网络分布式算力和动态运力，自主适应无线网络分布式计算业务需求，实现网络高效资源利用、自主运行和智能服务。

（4）无线语义通信作为一种全新的智能通信架构，通过将用户对信息的需求和语义特征融入通信过程，有望显著提升通信效率、改进用户体验，解决基于比特的传统通信协议中存在的跨系统、跨协议、跨网络、跨人机不兼容和难互通等问题。

（5）无线数据隐藏结构特征复杂，跨时空分布式小样本问题突出，无线数据集的构建、访问、训练、迁移及其隐私安全保障将显著影响无线 AI 系统的架构设计和算法部署。

3. 智能通信网络协议

（1）无线智能网（wireless intelligent network，WIN）是由 ANSI 提出的专为 CDMA 网络服务的先进的智能网平台，它基于 ITU-T 的 CS-2，并采取了融合的思想，把 CDMA 移动网络本身具有的功能实体（包括无线接入功能、无线终端功能等）纳入到无线智能网的总体体系结构当中，使无线智能网平台向 CDMA 网络提供全方位的、综合的、多种特性的智能业务成为可能。

（2）CAMEL 协议：在 GSM Phase2+ 阶段，引入了 CAMEL 标准，建立了 CAMEL 的体系结构，是由 ETSI 提出的，称为移动网增强业务的客户化应用。它允许运营者定义和实施新的增值业务，并可实现业务的移动，使用户不仅能在归属网络中使用这些业务，而且同样可以在拜访网络中使用，从而满足人们对智能业务的需求。

（3）INAP 协议：智能网通信采用的是 ITU-T 的 SS7 信令，SS7 信令系统中定义了智能网应用协议（intelligent network application protocol，INAP），是专门用于智能网通信的。我国依据 INAP 制定了我国的智能网应用协议，称为 C-INAP（China-INAP）。INAP 实际上定义的是业务点之间的接口规范，包括的接口有：

① 业务交换点（SSP）和业务控制点（SCP）之间的接口。

② 业务控制点（SCP）和智能外设（IP）之间的接口。

③ 业务控制点（SCP）和业务数据点（SDP）之间的接口。

④ 业务交换点（SSP）和智能外设（IP）之间的接口。

435

习　题

12-1　什么是通信网？通信网有哪几个构成要素？各有什么作用？通信网主要有哪些类型？

12-2　通信网的网络拓扑结构有哪些类型？

12-3　在通信网中引入交换机的目的是什么？

12-4　无连接网络和面向连接网络各有什么特点？

12-5　按照业务提供方式不同，ITU-T 将通信网业务划分为哪些类型？

12-6　通信网的基本拓扑结构有哪些？

12-7　通信网的交换方式有哪几种？

12-8　计算机网络体系结构可分为哪七层？每层的主要内容是什么？

12-9　4G 网络有哪些特点？

12-10　5G 系统的主要技术场景包括哪些？

12-11　6G 网络的关键技术有哪些？

12-12　大规模 MIMO 技术与超大规模 MIMO 技术的异同点有哪些？

12-13　怎么理解空天地一体化？其实现难点在哪？

部分习题答案

附录

缩略词中英文对照